Reinhold Pregla

Grundlagen der Elektrotechnik

Reinhold Pregla

Grundlagen der Elektrotechnik

9., durchgesehene Auflage

unter Mitarbeit von
Dr.-Ing. Hans-Georg Bergandt
Dr.-Ing. Uwe Schulz
Dr.-Ing. Volker Tulaja

VDE VERLAG GMBH

Bibliografische Information der Deutschen Nationalbibliothek
Die Deutsche Nationalbibliothek verzeichnet diese Publikation in der Deutschen Nationalbibliografie; detaillierte bibliografische Daten sind im Internet über http://dnb.dnb.de abrufbar.

ISBN 978-3-8007-4205-9 (Buch)
ISBN 978-3-8007-4206-6 (E-Book)

Druck: druckhaus köthen GmbH & Co. KG, Köthen (Anhalt)
Printed in Germany 2016-05

Vorwort

Dieser Band „Grundlagen der Elektrotechnik“ enthält den obligatorischen Lehrstoff, der für die Studierenden der Elektrotechnik an der FernUniversität als Einführung in die Elektrotechnik für die ersten beiden Semester entwickelt wurde. Der vermittelte Stoff entspricht im Wesentlichen den Inhalten, die meist unter der gleichen Bezeichnung in den Vorlesungen für Studierende der Elektrotechnik auch an anderen Universitäten oder Technischen Hochschulen in den ersten beiden Fachsemestern als Einführung vorgetragen werden. Der Kurs soll die Studierenden mit den grundlegenden physikalischen Phänomenen, auf denen die Elektrotechnik aufbaut, und mit ihrer Beschreibung mit Hilfe der Mathematik vertraut machen. Da alle beschriebenen Phänomene und ihre Gesetzmäßigkeiten gleichsam einen Kanon des Grundlagenwissens eines Diplomingenieurs der Elektrotechnik bilden, werden sie auch in einem Band zusammengefasst. Bei der mathematischen Beschreibung wird in der Weise vorgegangen, dass die Gleichungen anschaulich entwickelt werden, wie es in der Physik und den Ingenieurwissenschaften üblich ist.

Voraussetzung zum Verständnis dieses Kurses sind gewisse Grundkenntnisse aus der Physik, insbesondere aus dem Bereich der Mechanik. Auf dem Gebiet der Mathematik werden Grundkenntnisse aus der Differential- und Integralrechnung und aus der linearen Algebra (lineare Gleichungssysteme) verlangt. Weiterhin werden gewisse Rechenfertigkeiten vorausgesetzt. Es wird angenommen, dass z. B. einfache Funktionen sofort differenziert oder integriert werden können oder einfache Gleichungssysteme sofort aufgelöst werden können.

In den Kurseinheiten 1 bis 8, die für das erste Semester (Wintersemester) vorgesehen sind, wird nach einer kurzen Einführung über Einheiten und das gesetzliche Einheitensystem mit der ruhenden elektrischen Ladung begonnen und aus der Kraftwirkung der Feldbegriff eingeführt. Aus der bewegten Ladung folgen dann der elektrische Strom und die Strömungsfelder und aus deren Kraftwirkung das magnetische Feld. Im Kapitel über den elektrischen Strom werden auch die Strömung im Hochvakuum und damit verbunden das Raumladungsgesetz sowie – hauptsächlich qualitativ – der Leitungsmechanismus in Halbleitern behandelt und die einfachsten Halbleiterbauelemente beschrieben. Der systematischen Analyse von linearen Netzwerken ist eine ganze Kurseinheit gewidmet.

In den Kurseinheiten 9 bis 14, die für das zweite Semester (Sommersemester) vorgesehen sind, werden zunächst das magnetische Feld in Materie und magnetische Kreise und anschließend dynamische Vorgänge behandelt. Nach Beschreibung der elektromagnetischen Induktion wird das Gesamtsystem der Maxwell'schen Gleichungen angegeben. Es folgen die Berechnung von Ausgleichsvorgängen und die Behandlung von Netzwerken bei Wechselströmen mit Hilfe der komplexen Darstellung.

Der Kurs ist so gestaltet, dass er den Studierenden ein selbstständiges Erarbeiten des Stoffs ermöglichen soll. Für den Studienbetrieb ist er in 14 Kurseinheiten und jede Kurseinheit in zwei bis drei Lernzyklen gegliedert. Die Nummerierung der Lernzyklen bezieht sich auf die Kapitelnummerierung. Im Text und am Ende eines Lernzyklus sind Fragen und Aufgaben vorhanden, anhand deren Studierende im Wege des Vergleichs mit den auf der beigefügten CD-ROM zusammengestellten Lösungen ihr

Wissen und ihr Problemlösungsvermögen überprüfen können. Auf dieser CD-ROM finden die Studierenden weitere Aufgaben und dazugehörige Lösungen. Für jeden Lernzyklus ist einschließlich der zu lösenden Aufgaben eine Bearbeitungszeit von etwa 5 Stunden vorgesehen. Für die wichtigsten Begriffe ist im Glossar eine kurze qualitative und zum Teil auch eine quantitative Erläuterung gegeben.

An der ersten Gestaltung des Kurses, insbesondere des Übungsteils hatten meine wissenschaftlichen Assistenten Herr Dipl.-Ing. Uwe Schulz und Herr Dipl.-Ing. Volker Tulaja bedeutenden Anteil. Die damals geleistete Arbeit war von hohem Wert. Die didaktische Grundstruktur dieses Kurses ist nach Vorschlägen von Prof. Dr. F. H. Effertz, Köln, gestaltet worden, für dessen hilfreiche Beratung in didaktischen Fragen der Autor ihm sehr verbunden ist.

Die hier vorliegende 9. Auflage ist bezüglich des Buchtextes nahezu ein unveränderter Druck der 8. Auflage. Bei diesen Überarbeitungen hat mir mein wissenschaftlicher Mitarbeiter Herr Akad. Oberrat Dr.-Ing. H.-G. Bergandt mit Rat und Tat beigestanden. Die Arbeit der elektronischen Erfassung und Gestaltung des Textes lag ganz in seiner Hand. Die Zusammenstellung und Gestaltung der beigefügten CD-ROM wurde von ihm völlig selbstständig vorgenommen. Herrn Dr. Bergandt gilt mein besonderer Dank.

In der letzten Auflage der CD-ROM wurde ein neuer Block aus Kurzfragen und speziell aufbereiteten Aufgaben eingebracht. Bei den Kurzfragen kann der Bearbeiter die von ihm vorgesehene Antwort direkt auf dem Bildschirm anklicken und ihre Richtigkeit überprüfen. Falls erforderlich bekommt er hilfreiche Erklärungen. Bei den Aufgaben in diesem Block wird er schrittweise an die Lösung herangeführt, falls er Unterstützung benötigt. Bei der Gestaltung dieses Blocks hat Herr Dipl.-Ing. Werner Schubert wesentlichen Anteil. Insbesondere die Programmierung in HTML wurde von ihm vorgenommen. Dafür danke ich ihm sehr.

Auf die hier vorliegende CD-ROM wurden die von Dr. Bergandt entwickelten PowerPoint-Applikationen zusätzlich aufgenommen. Außerdem ist eine „Vorlesung“ vom Autor zum Thema „Arbeit-Potential-Spannung“ eingebracht worden.

Bei der formalen Aufbereitung des ursprünglichen Textes hatte Herr Georg Schindel einen wichtigen Anteil. Er besorgte die elektronische Darstellung und Gestaltung der Bilder und Diagramme. Auch ihm gilt mein Dank.

Hagen, im Sommer 2016 Reinhold Pregla

Inhaltsverzeichnis

Vororientierung zur Kurseinheit 8 230

Vororientierung zur Kurseinheit 9 265

Vororientierung zur Kurseinheit 1

In der ersten Einheit wird Ihnen zunächst kurz dargelegt, wie physikalische Erscheinungen und Vorgänge quantitativ erfasst werden. Dieses Beschreibungsprinzip bildet die Grundstruktur für die gesamte weitere Darstellung. Sie sollten es sich deshalb gut aneignen. Es wird anschaulich an Beispielen aus der Mechanik, deren wesentliche Gesetzmäßigkeiten als bekannt vorausgesetzt werden, dargelegt. Sollten Sie deshalb auf diesem Gebiet zu geringe Kenntnisse haben, dann sei Ihnen die Lektüre eines Physikbuches - insbesondere auch des Schulphysikbuches - über dieses Gebiet empfohlen.

Das erste Kapitel des Kurses gibt eine Einführung in die Gesetzmäßigkeiten des elektrostatischen Feldes. Zunächst werden einige elektrische Grunderscheinungen wie z.B. die Kraftwirkung zwischen elektrisch geladenen Körpern und deren quantitative Beschreibung behandelt. Dazu sind einfache Grundkenntnisse aus der Vektorrechnung von Vorteil, Sie finden diesen Stoff in Büchern über „Höhere Mathematik“. Besondere Aufmerksamkeit sollten Sie aber in diesem Abschnitt dem physikalischen Feldbegriff widmen.

0 Zur Beschreibung physikalischer Vorgänge

Lernzyklus 0.1

Studienziele

Nach dem Durcharbeiten dieses Lernzyklus sollen Sie in der Lage sein,

- die Darstellung einer physikalischen Größe als Produkt von Zahlenwert und Einheit an Beispielen zu erläutern;
- die Basisgrößen und Basiseinheiten der Mechanik anzugeben;
- die Definition von physikalischen Größen mit Bezug auf die Basisgrößen der Mechanik zu entwickeln;
- die physikalische Basisgröße der Elektrodynamik und die Definition der entsprechenden Basiseinheit zu beschreiben;
- einen Überblick über die Basisgrößen und Basiseinheiten des MKSA-Systems zu geben;
- Größen- und Zahlenwertgleichungen zu unterscheiden;
- die Dimensionsprobe bei einer Größengleichung auszuführen;
- Beispiele für Zahlenwertgleichungen zu bilden und diese anzuwenden.

0.1 Physikalische Größen

Eine Aufgabe der Physik ist es, die in der Natur ablaufenden Vorgänge durch systematische Beobachtungen und Messungen zu erfassen und dabei Gesetzmäßigkeiten zu finden, die sich mathematisch in Form von Gleichungen oder Formeln beschreiben lassen. Ein Beispiel für eine derartige Gesetzmäßigkeit ist die mathematische Beschreibung für den Vorgang des freien Falles:

Fallweg (s) = 1/2 × Erdbeschleunigung (g) × Quadrat der Fallzeit (t).

Man schreibt dafür einfach

$$s = \frac{1}{2} g t^2 \ . \tag{0.1}$$

Dabei ist vorausgesetzt worden, dass der fallende Körper zur Zeit $t = 0$ aus dem Ruhezustand losgelassen wurde. Die Begriffe Weg, Zeit und Beschleunigung in dieser Formulierung bezeichnet man als *physikalische Größen* und die Gleichung als *Größengleichung*. Beispiele für andere physikalische Größen sind in der

Mechanik:	Geschwindigkeit, Kraft, Masse, Arbeit
Elektrizitätslehre:	Ladung, Spannung, Feldstärke, Strom
Wärmelehre:	Temperatur, Druck, Wärmemenge, Entropie usw.

Wie aus der mathematischen Form des Fallgesetzes hervorgeht, schreibt man für die verschiedenen Größen zur Abkürzung einfache Zeichen, meist in Form von Buchstaben, die ggf. noch mit Indizes oder anderen zusätzlichen Zeichen versehen werden. Allgemein erkennt man physikalische Größen, aber auch andere Formelbuchstaben, die für eine aktuell einzusetzende Größe stehen, an ihrer *kursiven* Schreibweise. Bei den häufig vorkommenden und allgemein bekannten Größen verwendet man immer wieder dieselben Formelzeichen, für die Zeit beispielsweise den Buchstaben t. Wir werden die gebräuchlichen Zeichen jeweils an den entsprechenden Stellen kennen lernen.

Die verschiedenen physikalischen Größen können eingeteilt werden in *Basisgrößen* und solche, die aus diesen abgeleitet werden können. Die Zahl der physikalischen Größen übersteigt die Zahl der physikalischen Grund- und Definitionsgleichungen. Die Differenz beider ergibt die Zahl der notwendigen Basisgrößen, die a priori festzulegen sind. Darüber hinaus können aus Zweckmäßigkeitsgründen weitere Basisgrößen festgelegt werden. In der Mechanik – dem Teilgebiet der Physik, das sich mit den Bewegungen unter dem Einfluss von Kräften befasst – sind drei Basisgrößen erforderlich. Es sind festgelegt worden als

Vereinbarung

Basisgrößen der Mechanik:
Länge, Zeit und Masse.

Die Kraft beispielsweise ist dann als abgeleitete Größe zu betrachten. Sie ist gegeben durch das von ISAAC NEWTON[1)] entdeckte Grundgesetz der Mechanik:

Grundgesetz der Mechanik

Kraft = Masse × Beschleunigung,

$$F = m \cdot a\ . \qquad (0.2)$$

Andere abgeleitete Größen können durch Definition festgelegt sein. Ein Beispiel hierfür sei die Geschwindigkeit (v), die sich als Augenblickswert als Quotient aus Wegänderung und der dazu benötigten infinitesimal kleinen Zeit berechnet. Die Definitionsgleichung lautet:

Definition

$$v = \lim_{\Delta t \to 0} \frac{\Delta s}{\Delta t} = \frac{\mathrm{d}s}{\mathrm{d}t}\ . \qquad (0.3)$$

Dabei lassen wir hier noch unberücksichtigt, dass die Wegänderung und deshalb auch die Geschwindigkeit eine bestimmte Richtung im Raum haben. Das Gleiche gilt für die Kraft und die Beschleunigung.

Die Beschleunigung ist analog zur Definition der Geschwindigkeit festgelegt als

Definition

$$a = \lim_{\Delta t \to 0} \frac{\Delta v}{\Delta t} = \frac{\mathrm{d}v}{\mathrm{d}t}\ . \qquad (0.4)$$

Welche der physikalischen Größen als Basisgrößen, d. h. als nicht mehr ableitbar anzusehen sind, hängt vom physikalischen Erkenntnisstand, d. h. von der Auffassung, welche der Größen als primär anzusehen sind, ab. Im Prinzip ist die Wahl frei. Es müssen jedoch folgende Bedingungen erfüllt werden:

Basisgrößen müssen voneinander unabhängig sein, d. h., sie dürfen nicht auseinander herleitbar sein.
Alle anderen physikalischen Größen müssen durch das Basisgrößensystem als abgeleitete Größen ausgedrückt werden können.

---

1 NEWTON, Sir Isaac, 1643-1727, engl. Mathematiker, Physiker und Astronom. Begründer der klassischen theoretischen Physik. Hauptwerk (1687): „Philosophiae naturalis principia matematica“.

0.2 Einheiten und Einheitensysteme

Um eine physikalische Größe messtechnisch zu erfassen, ist es notwendig, eine *Einheit* festzulegen. Das Messergebnis gibt dann an, wievielmal die Einheit in der Messgröße enthalten ist. Die Festlegung der Einheit erfolgt durch eine sinnvolle Vereinbarung. Beispielsweise kann für die physikalische Größe *Udo* die Einheit Schmidt festgelegt sein, und ein Messergebnis könnte dann lauten

$$Udo = 7{,}41\ \mathsf{Schmidt}\ ,$$

d. h., die physikalische Größe *Udo* hat einen Wert, der 7,41 mal so groß ist wie die Bezugseinheit Schmidt für diese Größe. Somit gilt allgemein:

Messen ist Vergleichen mit einer festgelegten Bezugseinheit.

Das heißt

physikalische Größe = Zahlenwert × Einheit

oder in Symbolschreibweise

$$x = \{x\} \cdot [x]\ . \tag{0.5}$$

Die Einheit ist im mathematischen Sinn als algebraischer Faktor aufzufassen. Erweist sich eine Einheit in einem gewissen Bereich als unpraktisch, weil die Zahlenwerte entweder sehr klein oder sehr groß werden, so ist es möglich, dekadische Teile oder Vielfache der Einheit als neue Einheit zu verwenden. Das Symbol für die Einheit wird dann mit einem zusätzlichen, vorangestellten Buchstaben gekennzeichnet. Nach DIN 1301 und Gesetz[2)] sind zu verwenden

10^1	→	da	=	Deka	10^{-1}	→	d	=	Dezi
10^2	→	h	=	Hekto	10^{-2}	→	c	=	Zenti
10^3	→	k	=	Kilo	10^{-3}	→	m	=	Milli
10^6	→	M	=	Mega	10^{-6}	→	μ	=	Mikro
10^9	→	G	=	Giga	10^{-9}	→	n	=	Nano
10^{12}	→	T	=	Tera	10^{-12}	→	p	=	Piko
10^{15}	→	P	=	Peta	10^{-15}	→	f	=	Femto
10^{18}	→	E	=	Exa	10^{-18}	→	a	=	Atto

2 In Deutschland bindend eingeführt durch das „Gesetz über Einheiten im Messwesen“ vom 2.7.’69 (BGBl I S. 709) in der Fassung der Bekanntmachung vom 22.2.1985 (BGBl I S. 408) mit der „Ausführungsverordnung zum Gesetz über Einheiten im Messwesen“ vom 13.12.1985 (BGBl I S. 2272) und der Änderungsverordnung vom 22.3.1991.

Wie das System der Basisgrößen, so ist auch das Einheitensystem oder Maßsystem frei wählbar. Im Laufe der Zeit hat es die verschiedensten Einheitensysteme gegeben. Für die oben genannten Basisgrößen der Mechanik sind heute nach dem Internationalen Einheitensystem (SI = Standard International)

Meter (m), Sekunde (s) und Kilogramm (kg)

als Einheiten zu verwenden. Ein Meter[3] (1 m) war ursprünglich als der vierzig millionste Teil des Erdumfangs gedacht, eine Sekunde (1 s) der 86400ste Teil eines mittleren Sonnentages und 1 Kilogramm (1 kg) die Masse von einem Liter ($10^{-3}\mathsf{m}^3$) Wasser bei 4° C. Heute sind diese Einheiten folgendermaßen festgelegt:

Definition

Die Basiseinheit 1 Meter ist die Länge der Strecke, die Licht im Vakuum während der Dauer von 1/299792458 Sekunden durchläuft.

Definition

Die Basiseinheit 1 Sekunde ist das 9192631770fache der Periodendauer der dem Übergang zwischen den beiden Hyperfeinstrukturniveaus des Grundzustandes von Atomen des Nuklids ^{133}Cs entsprechenden Strahlung.

Definition

Die Basiseinheit 1 Kilogramm ist die Masse des internationalen Kilogrammprototyps[4].

Diese Definitionen sind der Vollständigkeit halber aus dem genannten Gesetz zitiert.

Zur Beschreibung der Elektrodynamik wird eine weitere Basiseinheit verwendet. Sie ist nicht unbedingt notwendig, ihre Einführung erweist sich aber als sehr nützlich (s. Abschn. 5.6). Im Internationalen Einheitensystem wird dafür das *Ampere* als Einheit der elektrischen Stromstärke gewählt. Die Definition lautet:

Definition

Die Basiseinheit 1 Ampere ist die Stärke eines zeitlich unveränderlichen elektrischen Stromes, der, durch zwei im Vakuum parallel im Abstand 1 Meter voneinander angeordnete, geradlinige, unendlich lange Leiter von vernachlässigbar kleinem, kreisförmigem Querschnitt fließend, zwischen diesen Leitern je 1 Meter Leiterlänge elektrodynamisch die Kraft $2 \cdot 10^{-7}$ Newton hervorrufen würde.

---

3 Der Urmeter, eine Stange aus gehärtetem Platinschwamm, wird in Sèvres aufbewahrt. In Frankreich wurde das metrische System am 7. April 1795 per Gesetz eingeführt, in Deutschland erst 1875.

4 Aufbewahrt im Internationalen Büro für Maß und Gewicht in Sèvres.

Die genannten vier Basiseinheiten bilden zusammen das sogenannte MKSA-System (Abkürzung für Meter-Kilogramm-Sekunde-Ampere-System, Teilsystem des SI), das heute in der Elektrotechnik ausschließlich in Gebrauch ist.

Das SI-System enthält drei weitere Basisgrößen, nämlich die absolute oder thermodynamische Temperatur mit der Basiseinheit Kelvin, die Lichtstärke mit der Einheit Candela und die Stoffmenge mit der Einheit Mol. In der nachfolgenden Tabelle 0.1 sind die Basisgrößen und Basiseinheiten zusammengestellt:

Tabelle 0.1: *Basisgrößen mit Formelzeichen und Basiseinheit*

Basisgröße mit gebräuchlichem Formelzeichen		Name der Basiseinheit mit Abkürzung	
Länge	l	Meter	m
Masse	m	Kilogramm	kg
Zeit	t	Sekunde	s
elektrische Stromstärke	I	Ampere	A
absolute Temperatur	T	Kelvin	K
Lichtstärke	I_v	Candela	cd
Stoffmenge	n	Mol	mol

In der Definition für das Ampere wurde das Newton als Einheit für die Kraft verwendet. Es handelt sich hierbei um die Benennung einer abgeleiteten Einheit. Aus Gl. (0.2) folgt nämlich unter Verwendung der in Gl. (0.5) eingeführten Schreibweise

$$F = \{F\}[F] = \{m\}[m]\{a\}[a] = \{m\}\{a\}[m][a] \tag{0.6}$$

und somit durch Aufteilung in Zahlenwert und Einheit, wobei die Basiseinheiten in unveränderter Form, d. h. weder verkleinert noch vergrößert eingesetzt werden:

$$\{F\} = \{m\}\{a\} \tag{0.7}$$

$$[F] = [m][a] = \mathsf{kg\ m/s^2} \tag{0.8}$$

Wir haben uns dabei zunutze gemacht, dass die Einheiten wie algebraische Faktoren zu verwenden sind. Als Einheit für die Kraft erhält man auf diese Weise den zusammengesetzten Ausdruck $\mathsf{kg\ m/s^2}$, wofür die Bezeichnung Newton (N) eingeführt wird. Es ist also $1\ \mathsf{N} = 1\ \mathsf{kg\ m/s^2}$.

In der nachfolgenden Tabelle 0.2 sind einige Benennungen für die Einheiten abgeleiteter Größen zusammengestellt, die in analoger Weise erhalten werden können wie die Einheit für die Kraft.

Diese Tabelle ist natürlich nicht vollständig. Sie soll auch nur ein paar Beispiele geben. Weitere Benennungen abgeleiteter Einheiten werden wir später kennen lernen.

Aus der Tabelle ist aber ersichtlich, dass der Umrechnungsfaktor bei Benutzung dieser im SI definierten Einheiten stets gleich eins ist.

Es ist natürlich auch möglich, dass Teile oder Vielfache eines zusammengesetzten Ausdrucks für eine abgeleitete Einheit mit einem neuen Namen belegt werden. Dann ergäben sich aber Umrechnungsfaktoren ungleich eins.

Tabelle 0.2: *Einige wichtige physikalische Größen*

Physikalische Größe mit Formelzeichen		Name der Einheit nach SI und seine Abkürzung		Definition bzw. Umrechnung
Kraft	F	Newton	(N)	1 N = 1 kg m/s^2
Energie	W	Joule	(J)	1 J = 1 Nm
Leistung	P	Watt	(W)	1 W = 1 Nm/s = 1 J/s
Druck	p	Pascal	(Pa)	1 Pa = 1 N/m^2
Ladung	Q	Coulomb	(C)	1 C = 1 As
Spannung	U	Volt	(V)	1 V = 1 W/A
Widerstand	R	Ohm	(Ω)	1 Ω = 1 V/A
Kapazität	C	Farad	(F)	1 F = 1 As/V = 1 C/V
Induktivität	L	Henry	(H)	1 H = 1 Vs/A
magnetischer Fluss	Φ	Weber	(Wb)	1 Wb = 1 Vs
magnetische Flussdichte	B	Tesla	(T)	1 T = 1 Vs/m^2 = 1 Wb/m^2

Auf solche und andere Einheiten soll hier nicht eingegangen werden, obwohl sie in Physikbüchern noch anzutreffen sind. Es sei lediglich bemerkt, dass die früher benutzte Krafteinheit 1 kp (Kilopond) gleich der Kraft ist, die auf die Masse von 1 kg im Erdschwerefeld mit der Fallbeschleunigung 9,80665 m/s^2 wirkt.

0.3 Dimension, Zahlenwertgleichung

Zum Schluss dieses Kapitels soll noch auf zwei Dinge hingewiesen werden. Zum Ersten soll der Begriff *Dimension* geklärt werden. Man versteht unter der Dimension einer physikalischen Größe die qualitative Darstellung dieser Größenart aus den Basisgrößen, und zwar wird durch sie die Proportionalität zwischen der untersuchten Größenart und dem System der Basisgrößenarten exakt beschrieben. Gekennzeichnet wird die Dimension einer Größe z durch $\dim[z]$. Zu den Basisgrößen A_i eines Systems gehören Basisdimensionen $\dim[A_i] = A_i$. Die Basisdimensionen sollen in unserem Teilsystem mit den in der Tabelle 0.3 zusammengefassten Dimensionszeichen belegt werden.

Tabelle 0.3: *Basisgrößen mit Basisdimension*

Basisgröße	Basisdimension
Länge	$\dim\,[s\,] \quad = \mathsf{L}$
Zeit	$\dim\,[t\,] \quad = \mathsf{T}$
Masse	$\dim\,[m\,] \quad = \mathsf{M}$
Stromstärke	$\dim\,[I\,] \quad = \mathsf{I}$

Die Dimension einer Größe z erhält man nun aus der Gleichung, die den quantitativen Zusammenhang dieser Größe mit den Basisgrößen wiedergibt, indem man alle Zahlenfaktoren und mathematischen Operationszeichen außer denen der Multiplikation und Division weglässt und anstelle der Formelzeichen die Dimensionszeichen einführt.

Als Dimension für die Geschwindigkeit (Gl. (0.3)) ergibt sich danach zum Beispiel

$$\mathsf{dim}[\,v\,] = \frac{\mathsf{dim}[\,s\,]}{\mathsf{dim}[\,t\,]} = \mathsf{LT}^{-1}\ . \tag{0.9}$$

Eine Größe ist dimensionslos oder von der Dimension 1, wenn in dem so gewonnenen Dimensionsprodukt alle Exponenten Null sind. Zum Beispiel ist ein Winkel dimensionslos. Gemäß Definition ist nämlich

$$\alpha = \frac{\text{Kreisbogenlänge}}{\text{Radiuslänge}} \tag{0.10}$$

und deshalb

$$\mathsf{dim}[\alpha] = \frac{\mathsf{L}}{\mathsf{L}} = 1\ . \tag{0.11}$$

Die Dimension einer Größe ist abhängig vom verwendeten Basisgrößensystem. Aber andererseits gibt es auch physikalisch völlig verschiedene Größen mit gleicher Dimension, z. B. ist

$$\mathsf{dim}[\mathsf{Energie}] = \mathsf{dim}[\mathsf{Drehmoment}] = \mathsf{ML}^2\mathsf{T}^{-2}\ . \tag{0.12}$$

Da in einer Größengleichung die Dimensionen auf beiden Seiten des Gleichheitszeichens gleich sein müssen, kann man mit Hilfe der sogenannten Dimensionsanalyse die formale Richtigkeit eines Funktionszusammenhangs prüfen. Für die Masse m eines kreiszylindrischen Vollkörpers vom Radius r, Länge l und der Dichte ϱ gilt z. B.

$$m = \pi \cdot r^2 \cdot l \cdot \varrho\ . \tag{0.13}$$

Die Dimensionsprobe lautet

$$\begin{aligned} \mathsf{dim}[m] &= \mathsf{dim}[\pi \cdot r^2 \cdot l \cdot \varrho], \\ \mathsf{M} &= \mathsf{L}^2 \cdot \mathsf{L} \cdot \frac{\mathsf{M}}{\mathsf{L}^3} = \mathsf{M}\ . \end{aligned} \tag{0.14}$$

Es muss jedoch beachtet werden, dass die Dimensionsgleichheit auf beiden Seiten eine notwendige, aber nicht hinreichende Bedingung ist. Die Dimensionsanalyse kann umgekehrt auch Anhaltspunkte dafür liefern, wie ein gesuchtes physikalisches Gesetz aussehen könnte.

Zum Zweiten soll kurz auf die mitunter verwendeten Zahlenwertgleichungen eingegangen werden. Es handelt sich hierbei um Gleichungen von der Art der Gl. (0.7). Diese Gleichung ist für sich allein sinnlos. Bei Zahlenwertgleichungen muss stets mit angegeben sein, in welchen Einheiten die Größen einzusetzen sind und in welcher Einheit das Ergebnis erscheint.

Als Beispiel ist das Fallgesetz (Gl. (0.1)) in der Form

$$s = 4903325\, t^2 \tag{0.15}$$

angegeben. Die notwendigen zusätzlichen Angaben sind:

„Für t ist lediglich der Zahlenwert der Zeit in Sekunden einzusetzen, und als Ergebnis erhält man den Zahlenwert des Fallweges s in μm." Unserer Abmachung entsprechend müßte Gl. (0.15) in der Form $\{s\} = 4903325\{t\}^2$ geschrieben werden. Man findet Zahlenwertgleichungen in manchen Bereichen der Praxis, vor allem als *Faustformeln* für den Techniker. Im wissenschaftlichen Bereich sollte man aber stets Größengleichungen angeben.

Aktivierungselement 0.1

Bearbeitungshinweis

Das Aktivierungselement soll möglichst ohne Zuhilfenahme des Textes bearbeitet werden und Ihnen u. a. zur Selbstkontrolle dienen! Wenn die Antworten ohne Schwierigkeiten dem Text zu entnehmen sind, wird im Anhang auf eine Lösung verzichtet.

1. Schreiben Sie das Gesetz des freien Falles auf, und interpretieren Sie die einzelnen Größen! Welche beiden Größen sind Basisgrößen der Mechanik?

2. Wie lauten die gebräuchlichen Formelzeichen für die Basisgrößen des MKSA-Systems, und welche Bedeutung haben diese? Geben Sie eine sinngemäße richtige Definition der verwendeten Basiseinheiten!

3. Bilden Sie aus den Basisgrößen nach 2 mindestens vier verschiedene abgeleitete Größen!

4. Welche zwei verschiedenen physikalischen Bedeutungen kann eine Größe haben, wenn nur bekannt sei, dass sie in der Einheit Nm (Newtonmeter) gemessen werden kann?

5. Definieren Sie die früher gebräuchliche Basiseinheit Kilopond, und leiten Sie die Umrechnung in SI-Einheiten her!

6. Welche Dimension haben die Größen Arbeit, Beschleunigung, Leistung, Druck, Kraft?

7. Schreiben Sie die Einheit für die magnetische Flussdichte (T) als Produkt von MKSA-Basiseinheiten!

8. Welche der beiden unten stehenden Gleichungen ist eine physikalische Größengleichung?

$$a)\; v = 6{,}375 \cdot 10^4\, t^2 \qquad t \text{ in } \mathsf{s} \qquad v \text{ in } \frac{\mathsf{km}}{\mathsf{h}}$$

$$b)\; v = 4{,}905 \frac{\mathsf{m}}{\mathsf{s}^2}\, t$$

9. Was bedeutet die physikalische Größe *Leistung* (P), und in welcher der unten stehenden zusammengesetzten Maßeinheiten kann man sie messen?

$$a)\; \frac{\mathsf{kg\;\; m}^2}{\mathsf{s}^3} \qquad b)\; \frac{\mathsf{N}}{\mathsf{m}} \qquad c)\; \frac{\mathsf{kp}}{\mathsf{cm}^2} \qquad d)\; \mathsf{VA}$$

1 Das statische elektrische Feld

Lernzyklus 1.1

Studienziele

Nach dem Durcharbeiten dieses Lernzyklus sollen Sie in der Lage sein,

– die Erzeugung elektrischer Ladungen zu beschreiben und ihre Wirkungen zu nennen;

– den die Ladungen umgebenden Raum zu charakterisieren;

– die Definition der elektrischen Feldstärke anzugeben;

– das Coulomb'sche Gesetz für die Kraftwirkung zwischen zwei Punktladungen wiederzugeben;

– das Feld einer Punktladung zu beschreiben;

– die Felder mehrerer Punktladungen zum Gesamtfeld zu überlagern;

– die Konstruktion von Feldlinien auszuführen;

– die Eigenschaften elektrostatischer Felder aufzulisten;

– eine Versuchsordnung zu beschreiben, mit der das Coulomb'sche Gesetz nachgewiesen werden kann.

1.1 Die elektrische Ladung und ihre Wirkungen

1.1.1 Zum Aufbau der Materie

In einem langwierigen Prozess gelang es den Naturwissenschaftlern, Schritt für Schritt in das Innere der Materie vorzudringen. Schon in den philosophischen Schulen der Griechen wurde vor etwa 2500 Jahren durch LEUKIPP und DEMOKRIT der Atombegriff geprägt. Atome waren nach ihrer Vorstellung die kleinsten, nicht weiter teilbaren Bestandteile der Materie (atomos = unteilbar). Aber erst im letzten Jahrhundert kam der Atombegriff voll zur Geltung. Zu Beginn des 19. Jahrhunderts fanden Physiker und Chemiker heraus, dass etwa 90 verschiedene Grundbausteine (Atome) in der Natur vorkommen. Diese bildeten die Elementarteilchen der Physik des 19. Jahrhunderts.

Die verschiedenen Stoffe in der Natur bestehen entweder aus gleichartigen Atomen oder aus gleichartigen Molekülen, die aus der Verbindung von verschiedenen Atomen in einem bestimmten ganzzahligen Verhältnis hervorgehen. Im Bild 1.1 ist als Beispiel Kochsalz angegeben. Durch Experimente zu Beginn dieses Jahrhunderts fanden die Physiker heraus, dass ein Atom *nicht* unteilbar ist. Es besteht vielmehr aus einem *Atomkern* und der *Elektronenhülle* um diesen Kern. Nach einer einfachen Modellvorstellung kreisen die Elektronen um den Kern wie die Planeten um die Sonne (s. Bild 1.1). Die Gesamtheit der Elektronen bezeichnet man als Elektronenhülle. Innerhalb der Elektronenhülle kann sich ein Elektron allerdings nur auf ganz bestimmten Bahnen (man spricht auch von Plätzen) aufhalten. Mehrere Elektronenbahnen bilden zusammen eine Schale. Eine Schale kann nur eine bestimmte Zahl von Elektronen aufnehmen. Der Atomkern besteht aus den Neutronen und den Protonen. Die Zahl der Protonen im Kern ist gleich der Zahl der Elektronen in der Hülle. Zwischen Elektronen und Protonen besteht eine Wechselwirkung, nicht aber zwischen Neutronen und den anderen Teilchen. (Auf Kernkräfte soll hier nicht eingegangen werden.) Da die Zahl der Elektronen und Protonen im Atom gleich ist, ist die Wirkung nach außen neutral. Wird aber dem Atom z. B. ein Elektron entzogen, dann können gewisse Wirkungen beobachtet werden, die man als *elektrisch* bezeichnet. Protonen, Neutronen und Elektronen bezeichnet man heute als Elementarteilchen. Die Physik kennt inzwischen aber mehr als zweihundert weitere Teilchen. Die Erforschung dieser Teilchen und insbesondere der Struktur der Protonen und Neutronen ist Aufgabe der Elementarteilchenphysik. Für unsere Betrachtungen genügt zunächst die Kenntnis des einfachen Modells über den Atomaufbau.

1.1.2 Grundversuche zur Wirkung der elektrischen Ladung

Elektronen kommen in der Natur auch frei vor. Die Elektronen der äußeren Schale sind nämlich nur relativ schwach an den Atomkern gebunden und können daher leicht isoliert werden. Die verschiedenen Stoffe besitzen eine unterschiedliche Elektronenaffinität, d. h., bei Berührung zweier verschiedener Stoffe entzieht derjenige mit der größeren Elektronenaffinität dem anderen so lange Elektronen, bis ein energetischer Gleichgewichtszustand hergestellt ist. Nach Trennung der beiden Stoffe hat dann der eine Elektronenüberschuss, der andere Elektronenmangel. Beide Stoffe sind, jeder für sich betrachtet, elektrisch nicht mehr neutral. Wir bezeichnen diesen Zustand jedes der beiden Stoffe mit *elektrisch geladen.*

Vereinbarung

> Der Elektronen*überschuss* wird mit *minus*, der Elektronen*mangel* mit *plus* bezeichnet. Diese Bezeichnungsweise ist willkürlich und lediglich historisch bedingt.

Chemische Grundstoffe z. B. in kristalliner Form

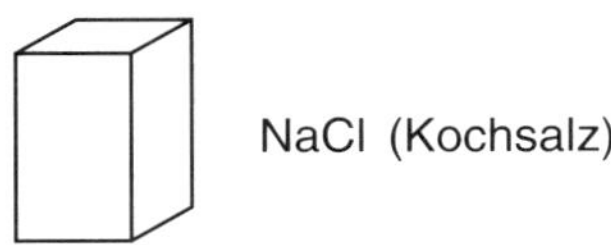

bestehen aus Molekülen und Atomen.

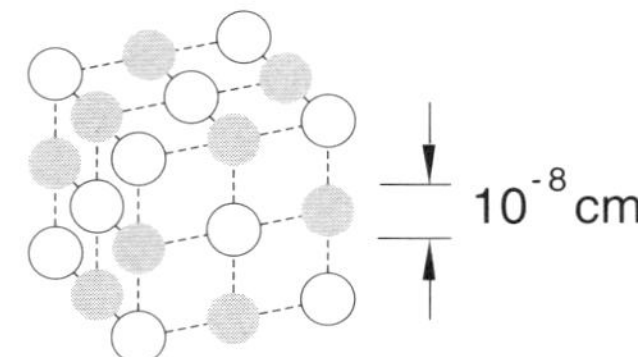

Atome bestehen aus Hülle und Kern.

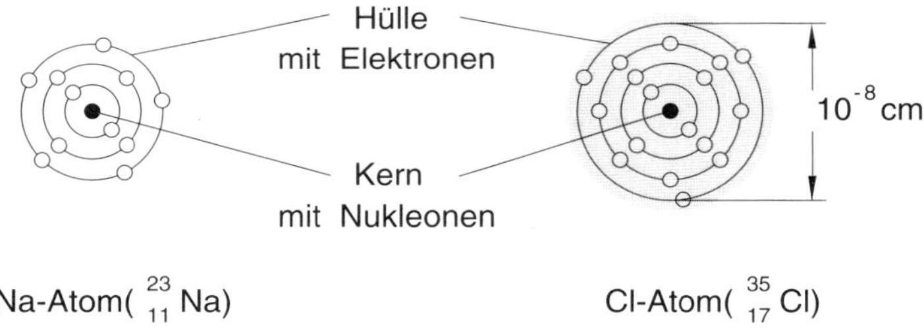

Atomkerne bestehen aus Kernteilchen (Nukleonen) = Protonen und Neutronen.

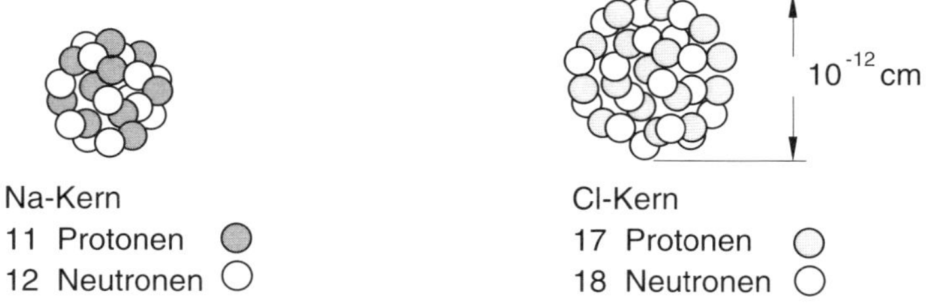

Nukleonen bestehen aus sechs verschiedenen Quarks.

Bild 1.1: *Zum Aufbau der Materie*

Wir betrachten nun einige klassische Versuche zur Demonstration der Wirkungen elektrisch geladener Körper:

Versuch

Reibt man eine Glasstange oder einen Hartgummistab mit einem Wolllappen oder einem Stück Fell, so kann man die Beobachtung machen, dass diese Körper danach leichte Gegenstände wie Papierschnitzel, Federn, Haare u. ä. anziehen. Diese Beobachtung haben schon die alten Griechen mit geriebenem Bernstein (griech. = Elektron) gemacht, daher unser Begriff *Elektrizität.*

Der die geladenen Stäbe umgebende Raum ist durch die Anwesenheit der Ladungen in einen besonderen Zustand versetzt worden. Er hat die physikalische Eigenschaft, auf bestimmte Körper Kräfte auszuüben, die diese auf die Stäbe hin– oder von ihnen wegtreibt. Einen Raum mit besonderen Eigenschaften bezeichnet man in der Physik als *Feld.* Wir halten deshalb fest:

Elektrisch geladene Körper sind von einem elektrischen Feld umgeben.

Dieses Feld ist aufgrund der beschriebenen Wirkungen ein *Kraftfeld.*

Versuch 1

Wir wollen nun eine Versuchsanordnung betrachten, mit der wir einige grundsätzliche Beobachtungen machen können: An einem dünnen, trockenen Seidenfaden wird ein außen metallisiertes Kügelchen aus einem leichten Material aufgehängt. Wir

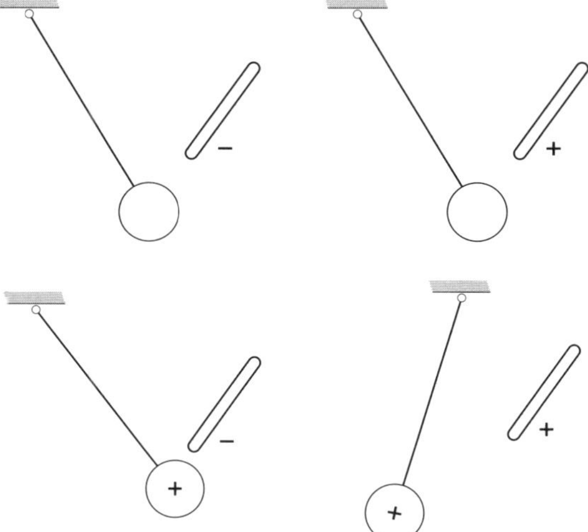

Bild 1.2: *Neutrale Kugel und geladene Stäbe*

Bild 1.3: *Geladene Kugel und geladene Stäbe*

bringen einen mit einem Wolllappen geriebenen Glasstab in die Nähe des Kügelchens und beobachten, dass es von dem Stab angezogen wird. Das Gleiche erreichen wir durch einen mit einem Fell geriebenen Hartgummistab (s. Bild 1.2).

Versuch 2

Wir berühren das Kügelchen mit einem der geladenen Stäbe und stellen fest, dass es jetzt von dem jeweiligen Stab, von dem es berührt wurde, abgestoßen, von dem jeweils anderen Stab dagegen angezogen wird (s. Bild 1.3).

Erklärung

Während wir die Anziehung des ungeladenen Kügelchens (Fall 1) erst später in den Abschnitten über Influenz und Polarisation erklären können, ist die Erklärung für die zweite Beobachtung nicht schwierig: Beim Berühren des Kügelchens mit dem Stab fließt ein Teil der elektrischen Ladung dieses Stabes auf die Kugel. Die Kugel trägt dann Ladung der gleichen Art wie der jeweilige Stab. Der jeweils andere Stab trägt aber offenbar eine entgegengesetzte Ladung, da von ihm eine umgekehrte Kraft ausgeht.

Mit der oben getroffenen Festlegung von positiver und negativer Ladung kann man durch weitere Versuche, die an dieser Stelle nicht beschrieben werden können, nachweisen, dass der Glasstab positiv, der Hartgummistab jedoch negativ aufgeladen war. Wir können jetzt aber folgenden Satz formulieren:

> Ladungen unterschiedlichen Vorzeichens ziehen einander an.
> Ladungen gleichen Vorzeichens stoßen einander ab.

1.1.3 Ladungserhaltungssatz, Leiter und Nichtleiter

Nun wollen wir zeigen, dass beim Reiben eines Stabes lediglich die sich vorher neutralisierenden Ladungen getrennt werden.

Versuch 3

Wir reiben wieder einen Stab, umhüllen diesen aber anschließend mit dem benutzten Lappen und bringen diese Gesamtanordnung in die Nähe des Kügelchens. Es zeigt sich keine Wirkung. Trennen wir aber beide Teile, so erzeugt jeder für sich eine deutliche Wirkung.

Durch Versuche wie oben können wir außerdem zeigen, dass die Ladungen entgegengesetzter Art sind. Wir erkennen, dass mit der Erzeugung der einen Ladungsart auch gleichzeitig die andere mit erzeugt wird, und formulieren daraus sofort den *Erhaltungssatz der elektrischen Ladung:*

Ladungserhaltungssatz

> Die Summe der erzeugten positiven und negativen elektrischen Ladungen ist stets gleich Null.

An diesem Satz und an der entgegengesetzten Kraftwirkung der beiden Ladungsarten wird deutlich, dass es sinnvoll ist, sie mit positiv oder negativ zu bezeichnen, denn positiv oder negativ fügen sich sinnvoller in die mathematische Beschreibung ein als a oder b.

Aus dem Versuch 2 haben wir entnommen, dass sich die Ladung von einem Körper auf den anderen übertragen lässt. Wir wollen nun untersuchen, ob sich die verschiedenen Körper (Stoffe) unterschiedlich verhalten.

Versuch 4

Wir berühren das geladene Probekügelchen im Bild 1.3 mit dem Finger und stellen fest, dass es danach vollkommen unelektrisch wird. Berühren wir dagegen den Stab, so wird dieser nur an der Berührungsstelle unelektrisch.

Erklärung

Durch die Berührung mit dem Finger wird also die elektrische Ladung abgeführt. Bei dem metallisierten Probekügelchen können sich offenbar alle Ladungsteilchen zum Berührungspunkt bewegen und dort abfließen. Beim Glas- oder Hartgummistab dagegen ist dies nicht möglich. Man teilt die Körper deshalb in elektrische *Leiter* und *Nichtleiter* (Isolatoren) ein, je nachdem, ob sich die Ladung in sehr kurzer Zeit über den gesamten Körper ausdehnt oder ob sie an der Stelle haften bleibt, wo sie durch die Reibung erzeugt wird. Vollkommene Isolatoren gibt es nicht. Alle Körper sind mehr oder weniger gute Leiter. Nach unseren bisherigen Erfahrungen sind Metalle gute Leiter, Glas und Hartgummi dagegen Isolatoren. Auch die Luft ist ein schlechter Leiter, also ein Isolator, andernfalls würden die Ladungen von unseren Stäben und vom Probekügelchen schnell wieder verschwinden.

Versuch 5

Unsere Versuche haben bisher alle in dem Medium Luft stattgefunden. Wir können den Versuch 1 wiederholen und dabei das Probekügelchen in einem Glasgefäß unterbringen (s. Bild 1.4), aus dem die Luft mit einer geeigneten Pumpe abgesaugt wird. Bringen wir, wie im Versuch 1, einen geladenen Stab in die Nähe des Gefäßes, dann

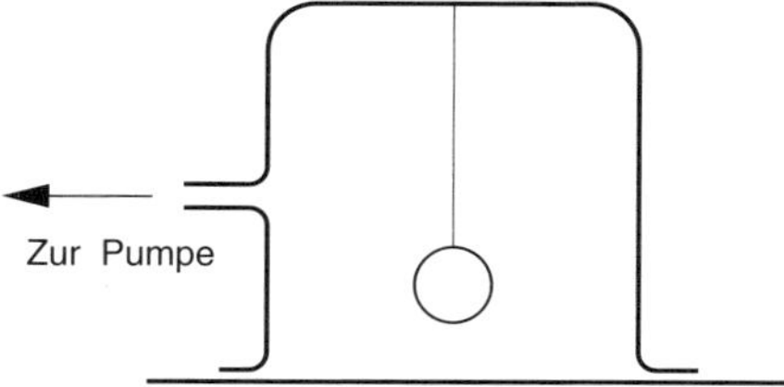

Bild 1.4: *Probekugel im Vakuum*

können wir wie dort Kraftwirkungen ohne merkbare Unterschiede registrieren. Das Feld um den geladenen Stab durchdringt also die Glaswand und ist auch im Vakuum vorhanden. Zwischen Kugel und Stab können auch andere Isolatoren gebracht werden. Jedes Mal werden Kraftwirkungen beobachtet. Eine Kraftwirkung wird jedoch nicht beobachtet, wenn man eine Probekugel mit einem Metallgehäuse umgibt. Wir schließen daraus:

In Isolatoren (einschließlich des Vakuums) kann ein elektrisches Feld existieren. In Leitern ist kein elektrostatisches Feld möglich.

Wir werden später sehen, dass in idealen Leitern auch kein zeitlich veränderliches Feld existieren kann.

1.2 Feldstärke und Coulomb'sches Gesetz

Wir wollen nun versuchen, die Kraftwirkung des elektrischen Feldes mathematisch zu fassen. Wir ordnen dazu in jedem Punkt des Raumes dem Feld einen Vektor[1] $\boldsymbol{E}$ zu, den wir elektrische Feldstärke nennen. Dieser Vektor soll die Richtung der dort wirkenden Kraft $\boldsymbol{F}$ auf einen sehr (streng genommen: infinitesimal[2]) kleinen positiv geladenen elektrischen Probekörper haben, und sein Betrag soll proportional dem Betrag der Kraft sein (s. Bild 1.5).

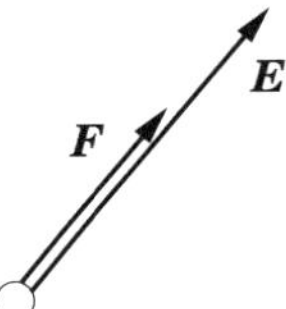

Bild 1.5: *Zur Definition der Feldstärke*

Dies können wir mathematisch so beschreiben:

Definition der elektrischen Feldstärke

$$\boldsymbol{F} = Q \cdot \boldsymbol{E} \,. \tag{1.1}$$

Wir betrachten als einfaches Beispiel das Feld einer kleinen positiv geladenen Kugel (s. Bild 1.6). Bringen wir in ihre Nähe den oben erwähnten Probekörper, so wird dieser gemäß unserer Erfahrung abgestoßen.

1 Ein Vektor ist eine gerichtete Größe. Er ist festgelegt durch seinen Betrag und seine Richtung.

2 In diesem Fall spricht man von Punktladungen.

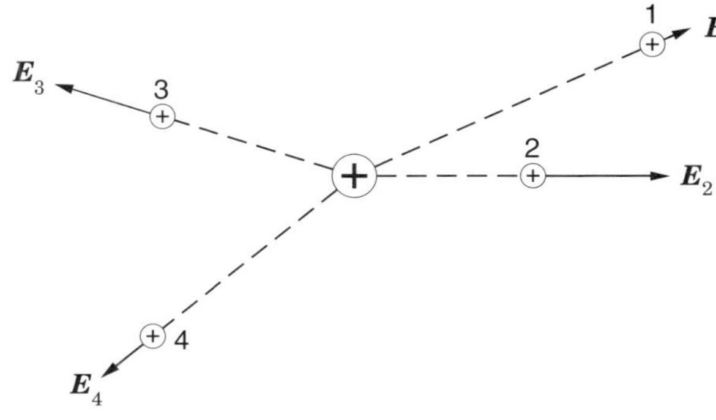

Bild 1.6: *Feldstärkevektoren in der Umgebung einer positiven Punktladung oder einer positiv geladenen Kugel*

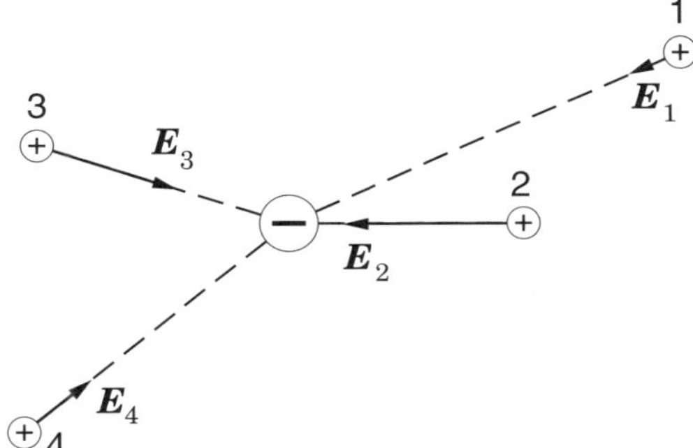

Bild 1.7: *Feldstärkevektoren in der Umgebung einer negativen Punktladung oder einer negativ geladenen Kugel*

Die Kraft wirkt in Richtung der Verbindungslinie zwischen der Kugel und dem Probekörper. Im Bild 1.6 sind vier verschiedene Orte des Raumes (in der Darstellung natürlich in einer Ebene) mit den aufgrund der Kraftwirkung sich ergebenden Feldstärken dargestellt. Das ganze Feld der positiv geladenen Kugel bekommt man, wenn man den Probekörper an jeden Ort des Raumes bringt und die Kraft nach Größe und Richtung bestimmt. Im Bild 1.7 ist das Gleiche wiederholt für eine negativ geladene Kugel.

Versuch

Das Q in der Gl. (1.1) ist zunächst nur eine Proportionalitätskonstante. Um sie zu deuten, machen wir folgenden Versuch:

Wir messen die Kraft in der Anordnung nach Bild 1.8 zwischen den beiden verschieden geladenen Kügelchen A und B. Die Kugel A ist hier als Probekörper in dem oben genannten Sinn zu verstehen.

Ist die Länge l des Fadens, an dem das Kügelchen A hängt, im Vergleich zur Auslenkung s wesentlich größer, dann ist die Kraft auf das Kügelchen A durch das Feld der Kugel B näherungsweise proportional der Auslenkung s. Berühren wir das Kügelchen A mit einem gleichgroßen und gleichbeschaffenen Kügelchen A', dann geht der

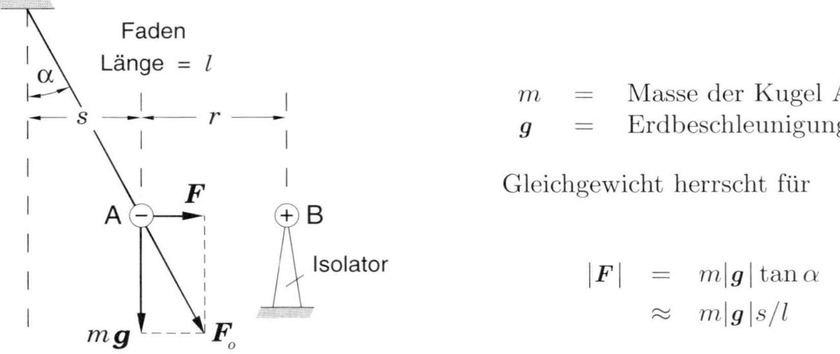

Bild 1.8: *Zur Messung der Kraft zwischen zwei Punktladungen*

Ausschlag s bei gleichgroßem r auf den halben Wert hinunter, d. h., dass jetzt auch die Kraft nur noch halb so groß ist wie vorher. Das bedeutet aber, dass die Kraft auf die Kugel A nicht nur vom Feld abhängt, das die Kugel B am Ort der Kugel A erzeugt – dieses hat sich ja nicht geändert; denn an der Kugel B wurde nicht manipuliert und die relative Lage der Kugeln zueinander wurde beibehalten –, sondern auch vom Ladungszustand der Kugel A. Durch das Berühren der Kugel A mit der Kugel A' ist an diesem eine Änderung erfolgt. Ersetzt man die Kugel A durch die Kugel A', so ergibt sich der gleiche Ausschlag. Beide Kugeln haben somit die gleiche Zahl von Ladungen, nämlich jede halb soviel, wie die Kugel A ursprünglich hatte. Mit Halbierung der Ladung ist die Kraft proportional auf den halben Wert zurückgegangen. Der Faktor Q ist also direkt proportional der Ladungsmenge des Probekörpers. Da wir mit der Gl. (1.1) die elektrische Feldstärke festlegen wollten, können wir so verfahren, dass dabei Q selbst die Ladungsmenge darstellt. Q ist eine ungerichtete Größe. Solche ungerichteten Größen bezeichnet man in der Physik als Skalare[3)]. Maßeinheit für die Ladungsmenge ist das *Coulomb* (C). Das Coulomb ist im MKSA-System eine abgeleitete Einheit. Es gilt 1 C = 1 As. Ein Coulomb ist also die elektrische Ladungsmenge, die bei einem Strom von 1 A durch einen gegebenen Querschnitt in einer Sekunde fließt.

Aus unserer Darstellung am Anfang wissen wir, dass sich die Gesamtladung aus einzelnen geladenen Teilchen aufbaut. Die Gesamtladung kann daher nur ganzzahlige Vielfache der Ladung der einzelnen Elementarteilchen betragen.

Für diese *Elementarladung* schreibt man e, und man erhält durch Messungen

Elementarladung

$$e = 1{,}602 \cdot 10^{-19}\,\mathrm{C}. \tag{1.2}$$

3 Ein Skalar ist eine Größe, die nur den Charakter einer Quantität hat.

Dass sich für e ein derartig *krummer* Dezimalbruch ergibt, liegt daran, dass man das Ampere in der oben angegebenen Weise als Basiseinheit festgelegt hat, ohne auf die Elementarladung Rücksicht zu nehmen. Ein Elektron trägt die negative Elementarladung. Die Kraftwirkung auf ein Elektron ist deshalb auch in entgegengesetzter Richtung zur elektrischen Feldstärke.

Versuch

Mit der oben angegebenen Versuchsanordnung können wir noch weitere Untersuchungen durchführen. Wir verändern jetzt beispielsweise die Ladung der Kugel B und stellen fest, dass sich die Kraft auch zu dieser Ladung proportional verhält. Verdoppeln wir den Abstand r, dann sinkt die Kraft auf ein Viertel des Wertes, den sie vorher hatte. Das bedeutet, dass die Kraft umgekehrt proportional dem Quadrat der Entfernung zwischen den beiden Ladungen ist. Unsere Beobachtungen können wir mathematisch zusammenfassen zum *Coulomb'schen Gesetz:*

Coulomb'sches Gesetz

$$|\boldsymbol{F}| = k\frac{Q_\mathrm{A}Q_\mathrm{B}}{r^2} \quad . \tag{1.3}$$

In Worten:

Die Kraft, die zwei Punktladungen aufeinander ausüben,
ist proportional dem Produkt der beiden Ladungen
und umgekehrt proportional dem Quadrat ihres Abstandes.

Dieses Gesetz stellt das erste quantitativ formulierte Gesetz der Elektrizitätslehre dar und wurde 1785 von COULOMB [4] gefunden.

Der Proportionalitätsfaktor k wird noch bestimmt werden. Das Coulomb'sche Gesetz ist übrigens ganz analog zu dem von Newton entdeckten Gravitationsgesetz (siehe Aufgabe 0.2 aus „Aufgaben zur Vertiefung 1", Seite 29) aufgebaut. In diesem stehen an den Stellen der Ladungen die Massen der beiden sich anziehenden Körper.

Das Coulomb'sche Gesetz gilt auch für den atomaren Bereich. Es beschreibt nämlich korrekt die Bindung der Elektronen an den Kern oder die Bindung der Atome zueinander in den Molekülen. Schreiben wir die Gl. (1.3) um in die Form

$$|\boldsymbol{F}| = Q_\mathrm{A}\frac{kQ_\mathrm{B}}{r^2} \quad , \tag{1.4}$$

4 Coulomb, Charles Augustin de, 1736-1806, französischer Physiker

dann erhalten wir durch Vergleich mit Gl. (1.1) den Betrag der Feldstärke der Ladung Q_B am Ort der Ladung Q_A, d.h. an einem Ort im Abstand r von der erzeugenden Ladung:

$$|\boldsymbol{E}_\mathrm{B}| = k\frac{Q_\mathrm{B}}{r^2} \; . \tag{1.5}$$

Allgemein gilt also für die Feldstärke einer Punktladung Q im Abstand r

$$|\boldsymbol{E}| = k\frac{Q}{r^2} \; . \tag{1.6}$$

Wir stellen fest:

> Die Feldstärke einer Punktladung
> ist proportional der sie verursachenden Ladung.

Überlagerung von Feldern

Sind mehrere Punktladungen vorhanden, dann erzeugt jede für sich ein elektrisches Feld, und alle Teilfelder überlagern sich linear zu einem Gesamtfeld, da die Beziehung zwischen $\boldsymbol{E}$ und Q linear ist. Im Bild 1.9 ist dieser Vorgang für drei verschiedene Ladungen Q_1, Q_2 und Q_3 dargestellt. P ist der sogenannte *Aufpunkt*, in dem die Feldstärke bestimmt werden soll. $r_\mathrm{1P}, r_\mathrm{2P}$ und r_3P sind die Abstände zwischen jeweiliger Ladung und Aufpunkt. Die Beträge der einzelnen Feldstärken im Punkt P

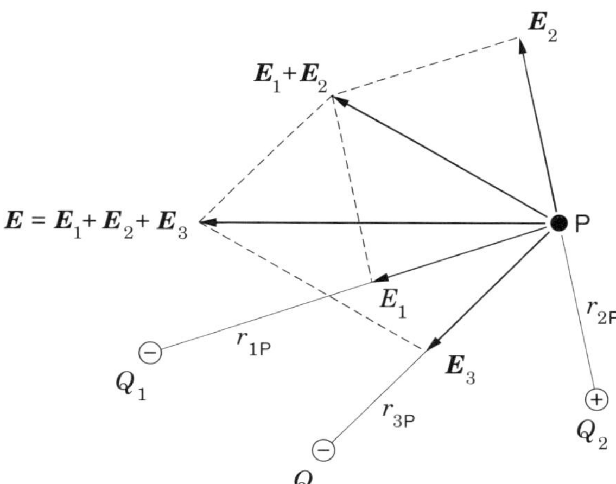

Bild 1.9: *Überlagerung der Feldstärken dreier Punktladungen*

sind dann gegeben durch

$$|\boldsymbol{E}_i| = k\frac{Q_i}{r_{i\mathrm{P}}^2}; \qquad i = 1, 2, 3. \tag{1.7}$$

Die Richtungen entsprechen den Richtungen der Verbindungsstrahlen von der Ladung zum Aufpunkt für positive und entgegengesetzt für negative Ladungen. Im Bild 1.9 werden Q_1 und Q_3 also negativ angenommen. Zunächst werden $\boldsymbol{E}_1$ und

$\boldsymbol{E}_2$ überlagert. Das geschieht durch Konstruktion des Parallelogramms, das von den beiden Vektoren $\boldsymbol{E}_1$ und $\boldsymbol{E}_2$ aufgespannt wird. Die resultierende Feldstärke ergibt sich als Diagonale zwischen $\boldsymbol{E}_1$ und $\boldsymbol{E}_2$. Dieses Zwischenergebnis muss nun noch mit $\boldsymbol{E}_3$ in gleicher Weise überlagert werden.

Allgemein gilt also bei n Punktladungen

$$\boldsymbol{E} = \boldsymbol{E}_1 + \boldsymbol{E}_2 + \ldots + \boldsymbol{E}_n = \sum_{i=1}^{n} \boldsymbol{E}_i \ , \tag{1.8}$$

wobei die Addition vektoriell wie oben beschrieben durchgeführt werden muss.

1.3 Feldlinien, Feldlinienbilder

In den Bildern 1.6 und 1.7 haben wir in einigen Punkten des Raumes um eine Punktladung herum die Feldstärkevektoren angegeben. Um einen optischen Eindruck von der Gestalt des jeweiligen Feldes zu gewinnen, müsste man in sehr vielen Punkten des Raumes die Feldstärkevektoren nach Betrag und Richtung zeichnen. Besser ist es, den Zustand mit Hilfe von *Feldlinien* wiederzugeben.

Man erhält eine Feldlinie, wenn man von einem gegebenen Punkt des Raumes ein kleines Stück in Richtung des Feldstärkevektors voranschreitet, dann erneut die Richtung des Feldstärkevektors bestimmt, wieder ein Stück weiterschreitet und so fort. Genau gesagt: Man muss beim Fortschreiten die jeweilige Fortschreitungsrichtung

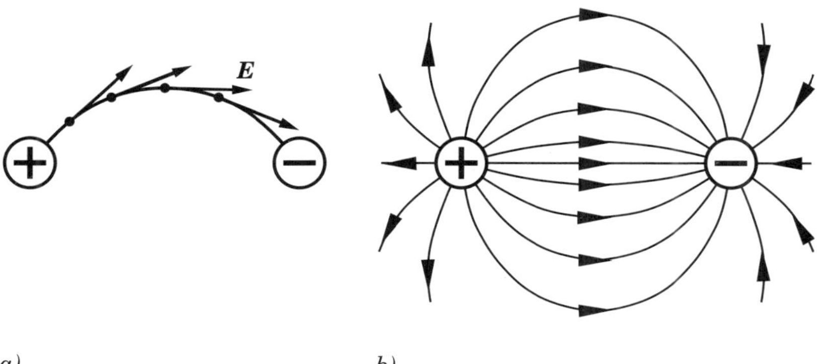

Bild 1.10: *Konstruktion von Feldlinien*

entsprechend der augenblicklichen Feldrichtung einstellen. Die Linie, die auf diese Weise gezeichnet wird, heißt *Feldlinie*. Im Bild 1.10 a ist dieses Vorgehen dargestellt für eine Anordnung aus zwei gleichgroßen und gleichstark, jedoch entgegengesetzt aufgeladenen Kugeln. Eine weitere Feldlinie ist die direkte Verbindungslinie zwischen den Kugeln. Im Bild 1.10 b ist für die gleiche Anordnung der Raum mit einer ganzen

Reihe von Feldlinien ausgefüllt. Man bezeichnet eine derartige Darstellung als *Feldlinienbild* oder kurz *Feldbild*. Aus dieser Darstellung erkennt man sofort in jedem Punkt die Richtung der elektrischen Feldstärke. Diese ist gemäß der Konstruktion der Feldlinie durch die Richtung der Tangente an dieser Feldlinie durch den jeweiligen Punkt gegeben. Die Richtung wird eindeutig festgelegt durch die kleinen Pfeile auf den Feldlinien.

Grafische Näherungsmethode

Man kann die Feldlinienbilder auch so zeichnen, dass sie auch Auskunft über den Betrag der elektrischen Feldstärke an einem Ort geben. Dazu wird lediglich vereinbart, dass die Feldlinien dort, wo die elektrische Feldstärke größer ist, dichter gezeichnet werden. Unter *Feldliniendichte* soll die Zahl der Feldlinien verstanden werden, die durch die Einheit einer senkrecht zu den Feldlinien gestellten Fläche hindurchgehen. Die Feldliniendichte an einem Ort soll somit proportional dem Betrag der Feldstärke sein. Es dürfte klar sein, dass die Größe der Feldstärke in einem Punkt nur näherungsweise aus dieser Darstellung zu entnehmen ist; denn die Zahl der Feldlinien ist eine endliche ganze Zahl, d. h., die Feldstärkewerte werden *quantisiert*. Außerdem muss die Auszählung in einer endlichen Fläche, in der sich die Feldstärke im Allgemeinen von Punkt zu Punkt ändert, erfolgen. Wir wollen uns nun eine Reihe von Feldlinienbildern ansehen. Für die beiden Ladungen in den Bildern 1.6 und 1.7 erhält man die Feldbilder im Bild 1.11 a und b. Diese Bilder konnten einfach gezeich-

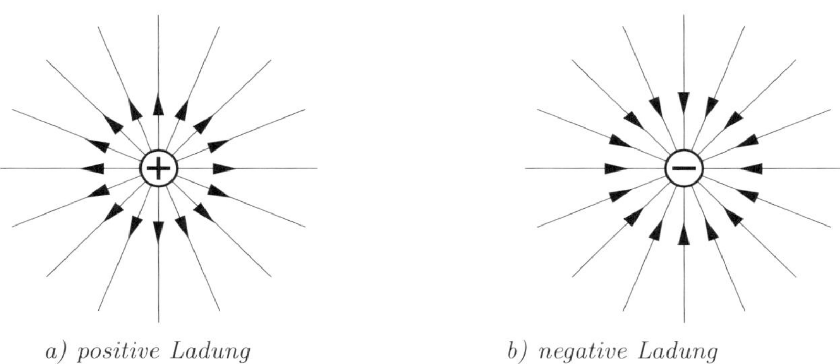

a) positive Ladung *b) negative Ladung*

Bild 1.11: *Feldlinienbilder einer geladenen Kugel*

net werden, da wir wissen, dass die Feldlinien einer geladenen Kugel stets radial von dieser weg bzw. auf diese hin gerichtet sind.[5] Da hier das Feld von allen *drei* Raumrichtungen abhängt, kann aus der ebenen Darstellung allerdings *keine quantitative Aussage* über die Feldstärke gewonnen werden.

5 Die nach dem Ladungserhaltungssatz erforderlichen Gegenladungen befinden sich bei diesen Feldern auf der im Unendlichen gedachten *Fernkugel*, die den ganzen Feldraum umschließen soll.

Veranschaulichung von Feldern

Für kompliziertere Anordnungen kann man qualitative Feldbilder folgendermaßen sichtbar machen: Die Schnitte der Metallkörper werden aus Metallfolie ausgeschnitten, auf eine Glasplatte geklebt und elektrisch aufgeladen. Streut man nun bei leichtem Schütteln kleine Körperchen wie pulverisierten Gips auf das Glas oder verwendet in Öl aufgeschwemmte längliche Körperchen (Suppengrieß), so lassen diese, nachdem sie sich durch die Kraftwirkung ausgerichtet haben,[6] die Form des Feldes erkennen. Im Bild 1.12 sind einige solche Feldbilder abgebildet.

Eigenschaften elektrostatischer Felder

Die Bilder machen deutlich, dass die Feldlinien stets einen Anfangs- und einen Endpunkt haben. Gemäß unserer Festlegung beginnen sie in den positiven Ladungen und enden in den Negativen (s. Bild 1.10). Somit gilt:

> Die Quellen und Senken der elektrischen Feldlinien
> sind die positiven bzw. die negativen elektrischen Ladungen.

Für die Feldlinien im Bild 1.11 liegen die Senken bzw. die Quellen im Unendlichen. In keinem der aufgenommenen Feldbilder erfolgt eine Überschneidung von Feldlinien. Würden sie sich an einer Stelle überkreuzen, so würde die Kraft im Kreuzungspunkt mehrere Richtungen haben können. So etwas ist nie beobachtet worden. Die Feldstärke hat stets eine eindeutige Richtung.

Bereiche eines Feldes, in dem die Feldlinien geradlinig und parallel verlaufen, nennen wir homogen. Ein praktisch homogenes Feld liegt in der Mitte zwischen zwei parallelen Platten vor (s. Bild 1.12 c). Andernfalls nennen wir das Feld inhomogen. Fast alle Felder sind inhomogen. Ein spezielles inhomogenes Feld ist das radiale Feld. Bei diesem laufen die Feldlinien strahlförmig von einem gemeinsamen Mittelpunkt geradlinig auseinander (s. Bilder 1.11 und 1.12 d). Im Bild 1.12 e wurde ein metallisches Rohr in das homogene Feld zwischen zwei parallelen Platten eingebracht. Man erkennt, dass innerhalb des Rohres kein Feld vorliegt. Das Feld wird durch Metall abgeschirmt. Zur Abschirmung genügt schon ein geschlossener Drahtkäfig (Faraday'scher Käfig).

> Elektrische Felder werden durch metallische Körper abgeschirmt.

Diese Tatsache kann man ausnutzen, um empfindliche elektrische Geräte gegen den Einfluss äußerer elektrischer Felder zu schützen.

Wir können noch zwei weitere bedeutende Aussagen an dieser Stelle machen und verifizieren:

---

6 Auf diese Kraftwirkung wird später eingegangen werden.

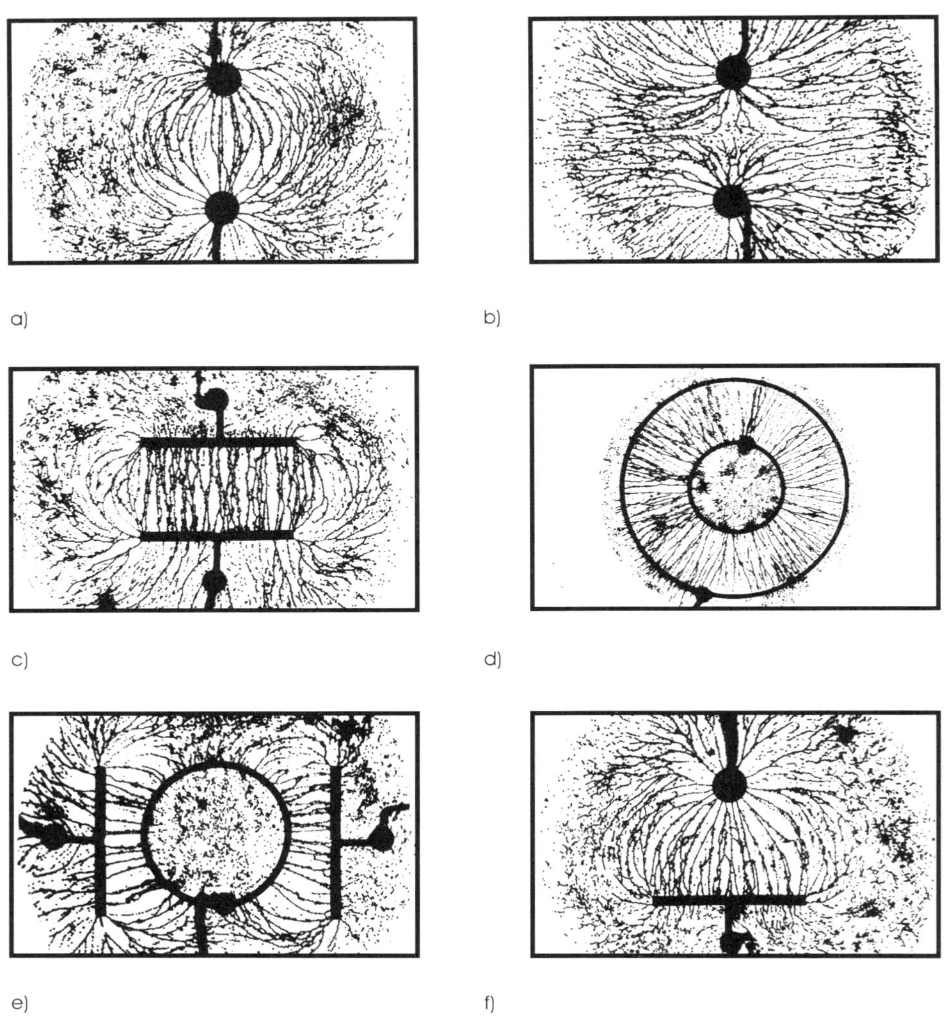

Bild 1.12: *Feldlinienbilder*

Die elektrischen Feldlinien münden auf metallischen Oberflächen stets senkrecht ein.

Und:

Die Ladungen auf einem Leiter haben ihren Sitz ausschließlich auf dessen Oberfläche.

Erklärung

Die erste Aussage ist anhand der Feldlinienbilder, besonders des Bildes 1.12 f, sofort überprüfbar: Würden die Feldlinien nicht senkrecht heraustreten oder einmünden, so würde die dann vorhandene tangentiale Feldstärkekomponente auf die an der Oberfläche im Metall befindlichen (und frei beweglichen!) Ladungen eine Kraft ausüben und diese bewegen. Ein statischer Ruhezustand wäre damit nicht gegeben. Bevor sich dieser Zustand einstellt, werden die Ladungen solange verschoben, bis das Feld schließlich die angegebene Bedingung erfüllt.

Die zweite Aussage kann mit dem Feldbild 1.12 e geprüft werden. Ändert man den Innenradius des Rohres oder ersetzt das Rohr sogar durch einen massiven Stab, so ändert sich außen nichts am Feldbild. Die Ladungen, an denen die Feldlinien enden oder von denen sie ausgehen, können daher nur am Außenrand sitzen. Genauer kann man diesen Sachverhalt mit einer Hohlkugel und einer gleichgroßen Vollkugel nachweisen. Bringt man beide gleichzeitig mit einem elektrisch geladenen Metallkörper in Berührung, dann zeigen beide anschließend die gleiche elektrische Wirkung. Das Ergebnis der letzten Beobachtungen ist die schon einmal ausgesprochene Tatsache, dass die Feldstärke im Innern der Leiter gleich Null ist.

Man kann den Sachverhalt auch folgendermaßen erklären: Infolge der abstoßenden Kräfte der gleichartigen Ladungsträger streben diese soweit als möglich voneinander weg und sind deshalb an der Oberfläche zu finden.

Aktivierungselement 1.1

1. Wie lautet das Coulomb'sche Gesetz für die Kraftwirkung zwischen zwei Ladungen Q_A und Q_B, die sich an Orten mit dem Abstand r voneinander entfernt befinden?

2. Formulieren Sie den Ladungserhaltungssatz!

3. Skizzieren Sie ein qualitatives Feldlinienbild für die folgenden ebenen (senkrecht zur Papierebene unendlich ausgedehnten) Anordnungen:

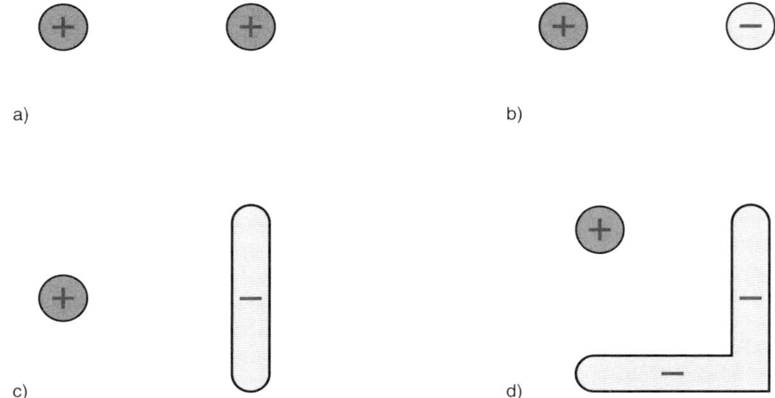

4. Stellen Sie die Ihnen bereits bekannten Eigenschaften der elektrostatischen Felder zusammen! Welche Merkmale charakterisieren ein homogenes Feld?

5. Angenommen, man hätte die Einheit Coulomb nicht festgelegt. Der Proportionalitätsfaktor k im Coulomb'schen Gesetz werde, wie auch sonst oft üblich, gleich eins gesetzt. In welcher *merkwürdigen* zusammengesetzten Einheit müsste man dann die Ladung angeben?

6. Erklären Sie, warum man geladene Körper durch Berühren mit dem Finger entladen kann! Was geschieht mit den Ladungen?

7. Können sich die Linien des elektrischen Feldes irgendwo im Feldraum überkreuzen bzw. schneiden? Erläutern Sie Ihre Antwort kurz!

8. Im Vakuum mögen sich zwei Punktladungen A und B befinden, die aufeinander eine Feldkraft $\boldsymbol{F}$ ausüben. Eine dritte Punktladung C werde in den Feldraum gebracht. Was ändert sich an der Kraft $\boldsymbol{F}$ zwischen den Ladungen A und B?

Aufgaben zur Vertiefung 1

Übung

0.1 Geben Sie eine Beziehung (physikalische Größengleichung) für die Geschwindigkeit an, die ein Körper nach einer Fallhöhe h im Vakuum erreicht! Die Erdbeschleunigung g sei auf der Fallstrecke konstant.

Theoretische Vertiefung

0.2 Das Newton'sche Gravitationsgesetz besagt, dass sich zwei punktförmige Massen mit einer Kraft anziehen, die dem Produkt der Massen direkt und dem Quadrat ihrer Entfernung voneinander umgekehrt proportional ist.

$$F = f\frac{m_1 m_2}{r^2}$$

Die Gravitationskonstante f wurde durch genaue Messungen ermittelt und beträgt

$$f = 6{,}67 \cdot 10^{-11} \frac{\mathsf{Nm}^2}{\mathsf{kg}^2} \ .$$

a) Berechnen Sie die Masse der Erde! Diese kann man sich als im Erdmittelpunkt konzentrierte Punktmasse vorstellen.

Erdradius:	R	$=$	$6{,}37 \cdot 10^6\,\text{m}$
Fallbeschleunigung auf der Erdoberfläche:	$\lvert\boldsymbol{g}\rvert$	$=$	$9{,}81\,\text{m/s}^2$

b) Ermitteln Sie den Zusammenhang zwischen der Fallbeschleunigung $\boldsymbol{g}$ und der Höhe h über der Erdoberfläche, und stellen Sie ihn grafisch dar!

Hinweis:

Ein Körper mit der Masse m wird von der Erde mit der Kraft $m\lvert\boldsymbol{g}\rvert$ angezogen.

Übung

1.1 Bestimmen Sie die Richtung des elektrischen Feldvektors zweier gleichgroßer positiver Ladungen Q in den in der Skizze angegebenen Punkten A, B, C und D! Wie verlaufen die Feldlinien in größerer Entfernung?

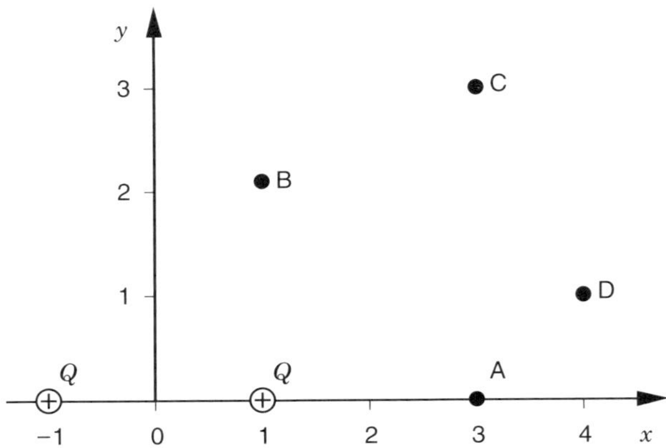

1.2 Welche Beziehungen bestehen zwischen den vier Ladungen, die sich wie in der Skizze an den Ecken eines Quadrats befinden, wenn gegeben ist, dass die Gesamtkraft auf Q_1 gleich Null ist?

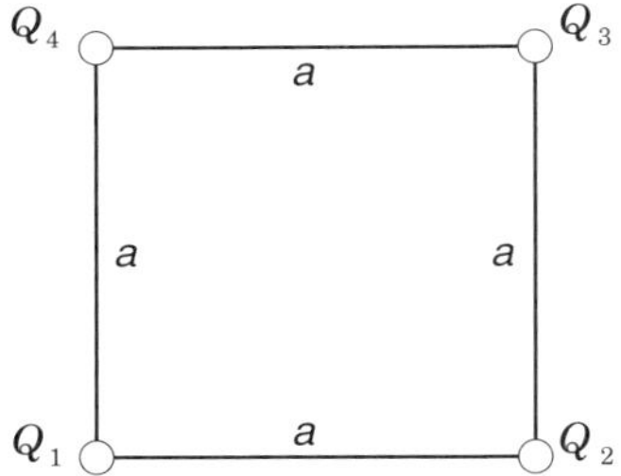

Praktische Anwendung

1.3 Man studiere das Prinzip der von Charles A. de Coulomb erfundenen Drehwaage zur Messung der Kräfte zwischen punktförmigen Ladungen!

Vororientierung zur Kurseinheit 2

Wir fahren fort in der Betrachtung des statischen elektrischen Feldes. Insbesondere wollen wir eine weitere Beschreibungsmöglichkeit des elektrischen Feldes, nämlich mit Hilfe des sogenannten elektrostatischen Potentials, kennen lernen. Potentialdifferenzen sind uns aus der täglichen Praxis unter dem Begriff *elektrische Spannung* bekannt. Mit Potentialen und Spannungen lassen sich die im elektrischen Feld zur Bewegung von Ladungen zu leistenden Arbeiten leicht angeben. Es handelt sich somit um wichtige Größen.

Anschließend beschäftigen wir uns mit der Erscheinung der Influenz und dem Faraday'schen Becherversuch. Diese liefern das Grundprinzip zur Konstruktion von Apparaten zur Erzeugung von starken statischen Feldern (Influenzmaschinen) und dienen uns vor allem dazu, über die Erregung des elektrischen Feldes quantitative Aussagen zu machen. Mit den Erkenntnissen daraus formulieren wir dann den Satz von der Konstanz der elektrischen Erregung und können mit ihm einfache Felder berechnen.

Eingangsvoraussetzung

Vorausgesetzt wird für diese Studieneinheit die Kenntnis des Integralbegriffs und die Fähigkeit, einfache Funktionen zu integrieren.

Mathematische Schwierigkeiten

Sie werden dabei auch wahrscheinlich zum ersten Mal auf die Begriffe des sogenannten Wegintegrals, Oberflächenintegrals und Volumenintegrals stoßen. Diese mögen Ihnen auf den ersten Blick sehr schwierig erscheinen. Wir wollen trotzdem nicht auf diese exakte Darstellungsweise verzichten. Es sei aber angemerkt, dass die Auswertung derartiger Ausdrücke in diesem Kurs nur in solchen Fällen verlangt wird, bei denen diese ganz einfach auf elementare Integrale zurückgeführt werden können.

Lernzyklus 1.2

Studienziele

Nach dem Durcharbeiten dieses Lernzyklus sollen Sie in der Lage sein,

- die Arbeit anzugeben, die bei der Bewegung einer Ladung im elektrischen Feld aufgewendet werden muss bzw. gewonnen werden kann;
- die Arbeit für einfache Felder zu berechnen;
- zu begründen, warum das elektrostatische Feld wirbelfrei ist;
- die Begriffe Potential, Spannung, Äquipotentialfläche zu erläutern;
- den Zusammenhang zwischen Potential und Feldstärke anzugeben.

1.4 Bewegung einer Ladung im elektrischen Feld – Arbeit, Potential, Spannung

Arbeit im Feld

Wir haben gesehen, dass im elektrischen Feld auf eine Ladung eine Kraft ausgeübt wird. Verschiebt man beispielsweise eine positive Ladung im Feld, so wird deshalb, wenn diese Verschiebung überwiegend in Gegenrichtung zum Feld erfolgt, eine Zufuhr von Energie von außen erforderlich sein, d. h., es muss *Arbeit* verrichtet werden. Erfolgt umgekehrt die Bewegung überwiegend in Richtung der Feldstärke, dann verrichtet das Feld die notwendige Arbeit. Wir wollen die jeweils aufgewendete Arbeit berechnen.

Vereinbarung

Sie soll als positiv bezeichnet werden, wenn sie vom Feld verrichtet wird.

Die Arbeit ist eine skalare, d. h. eine ungerichtete Größe. Wie aus der Mechanik bekannt, ist sie definiert als Produkt aus der längs des Weges wirkenden Kraft und dem zurückgelegten Weg. Im einfachsten Fall ist also die vom Feld zur Verschiebung der Ladung Q um das Wegstück Δs verrichtete Arbeit ΔW (s. Bild 1.13 a):

$$\Delta W = |\boldsymbol{F}|\Delta s \; . \tag{1.9}$$

Im allgemeinen Fall können Bewegungsrichtung der Ladung und Richtung der Kraft

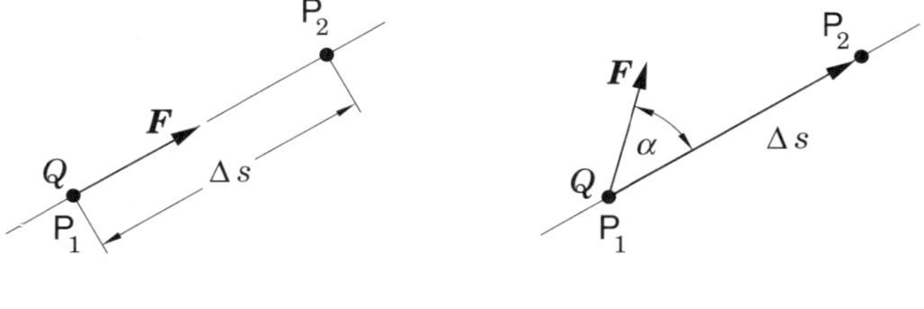

Bild 1.13: *Zur Bestimmung der Arbeit in einem Kraftfeld*

unterschiedlich sein. In Richtung des Weges von P_1 nach P_2 im Bild 1.13 b wirkt von der Kraft $\boldsymbol{F}$ jetzt nur noch der Anteil $|\boldsymbol{F}|\cos\alpha$. Nur dieser kann die notwendige Arbeit verrichten. Somit gilt jetzt

$$\Delta W = |\boldsymbol{F}|\Delta s \cos\alpha \; . \tag{1.10}$$

Eine einfachere Schreibweise dieser Gleichung erhält man, wenn man das Wegstück Δs durch einen Vektor darstellt. $\Delta\boldsymbol{s}$ habe die Richtung von P_1 nach P_2 und den Betrag Δs. Da das *skalare Produkt zweier Vektoren* durch das Produkt der Beträge und des Kosinus des eingeschlossenen Winkels definiert ist, können wir anstelle von Gl. (1.10)

$$\Delta W = \boldsymbol{F}\Delta\boldsymbol{s} = Q\boldsymbol{E}\Delta\boldsymbol{s} \tag{1.11}$$

schreiben. Für $\boldsymbol{F}$ wurde mit Gl. (1.1) die elektrische Feldstärke $\boldsymbol{E}$ eingeführt.

Bisher haben wir angenommen, dass der zurückgelegte Weg klein ist und geradlinig verläuft und dass sich die Kraft (bzw. die Feldstärke) deshalb in ihrer Richtung und Größe längs des Weges nicht ändert. Bewegt sich aber die Ladung beispielsweise im Feld einer elektrisch geladenen Kugel längs eines Weges wie im Bild 1.14 gezeichnet, dann ändert sich die Feldstärke längs des Weges sehr stark.

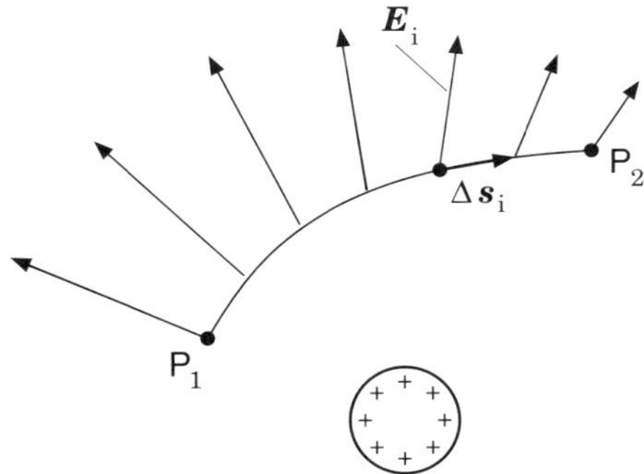

Bild 1.14: *Zur Bestimmung der Arbeit im inhomogenen Feld*

Allgemeiner Weg

Zur Berechnung der Gesamtarbeit zwischen P_1 und P_2 zerlegen wir deshalb den Weg in n kleine gerade Abschnitte der Länge Δs und definieren die Vektoren $\Delta \boldsymbol{s}_i$. Wir nehmen an, dass sich die Feldstärke längs eines Abschnittes nicht merklich ändert und deshalb konstant angesetzt werden kann. Die Gesamtarbeit kann jetzt näherungsweise als Summe der Teilarbeiten über die einzelnen Wegabschnitte bestimmt werden:

$$W = \sum_{i=1}^{n} \Delta W_i = Q \sum_{i=1}^{n} \boldsymbol{E}_i \Delta \boldsymbol{s}_i \; . \qquad (1.12)$$

Die Genauigkeit des Ergebnisses hängt davon ab, wie stark sich die Feldstärke längs des Weges ändert und wie gut der Weg selbst durch die Geradenstücke angenähert wird. Je feiner die Unterteilung (je größer n) gewählt wird, desto genauer wird das Ergebnis. Lassen wir n nach unendlich gehen, dann erhalten wir schließlich das exakte Ergebnis. Anstelle des Summenzeichens erscheint in der Gleichung dann das Integralzeichen. Für das infinitesimal kleine Wegelement schreiben wir $\mathrm{d}\boldsymbol{s}$:

Ergebnis

$$W = Q \int_{P_1}^{P_2} \boldsymbol{E} \mathrm{d}\boldsymbol{s} \; . \qquad (1.13)$$

Die Integration ist längs des (oder eines) vorgeschriebenen Weges (oder Linie) auszuführen. Man bezeichnet das Integral deshalb als *Linienintegral* der Feldstärke über den Weg C.

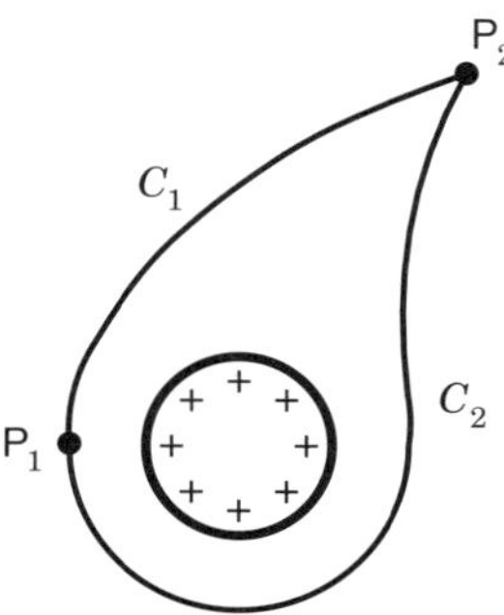

Bild 1.15: *Zur Bestimmung der Arbeit längs verschiedener Wege*

Wir wollen uns nun die Frage vorlegen, ob die Arbeit W, die entweder von außen oder vom Feld für die Verschiebung der Ladung Q zu verrichten ist, vom Verlauf des Weges zwischen diesen beiden Punkten abhängt (s. Bild 1.15).

Antwort und Begründung

Zunächst ist sofort einzusehen, dass sich für die Arbeit bei Verschiebung der Ladung Q von P_2 nach P_1 längs des Weges C_1 der entgegengesetzt gleiche Wert ergibt wie für die Bewegung von P_1 nach P_2; denn für die umgekehrte Bewegungsrichtung ändert sich nur das Wegelement $d\boldsymbol{s}$ in $-d\boldsymbol{s}$. Bezeichnen wir nun die Arbeit von P_1 nach P_2 längs des Weges C_1 mit W_1 und längs des Weges C_2 mit W_2, dann ergibt sich als Gesamtarbeit $W_1 - W_2$, wenn wir von P_1 längs C_1 nach P_2 gelangen und von dort längs C_2 nach P_1 zurückkehren. Diese Gesamtarbeit muss aber den Wert Null annehmen, da wir an den Ausgangspunkt zurückkehren und fordern müssen, dass das Feld wieder die gleiche Form und Größe hat wie vor dem Umlauf. Anderenfalls wäre es möglich, bei geeigneter Umlaufrichtung und dauerndem Durchlaufen der Schleife beliebig viel Energie zu gewinnen, was einem Perpetuum mobile entsprechen würde. Eine andere Erklärung ist die folgende: Nehmen wir an, dass bei einem Umlauf die Arbeit nicht gleich Null ist, so muss sich auch das Feld ändern. Bei geeigneter Umlaufrichtung muss seine Energie durch Energieabgabe kleiner werden. Dies geschieht so lange, bis die Arbeit längs des geschlossenen Weges Null wird. Dann ist der statische Gleichgewichtszustand erreicht. Es wird deutlich, dass die Form eines statischen Feldes auch mit der in ihm gespeicherten Energie zusammenhängt. Es gilt:

Prinzip des Energieminimums

Das elektrostatische Feld in einer gegebenen Anordnung bildet sich so aus, dass seine Feldenergie den kleinstmöglichen Wert (Minimum) annimmt.

Es ist ein in der Natur allgemein verbreitetes Prinzip, dass die Energie in einem System ein Minimum anstrebt.

Als Antwort auf die oben gestellte Frage haben wir gefunden, dass $W_1 = W_2$ sein muss, und da Q lediglich eine Konstante ist, können wir das Ergebnis folgendermaßen formulieren:

Das Linienintegral über die elektrische Feldstärke zwischen zwei Punkten P_1 und P_2 ist unabhängig vom Verlauf des Weges.

$$\int_{\substack{P_1 \\ (C_1)}}^{P_2} \boldsymbol{E} \mathrm{d}\boldsymbol{s}_1 = \int_{\substack{P_1 \\ (C_2)}}^{P_2} \boldsymbol{E} \mathrm{d}\boldsymbol{s}_2 \tag{1.14}$$

Oder

Das Linienintegral über die elektrische Feldstärke im elektrostatischen Feld längs eines geschlossenen Weges ist gleich Null.

$$\oint \boldsymbol{E} \mathrm{d}s = 0 \tag{1.15}$$

Der Kreis im Integralzeichen deutet auf den geschlossenen Weg hin. Ein Feld mit der Eigenschaft nach Gl. (1.15) bezeichnet man auch als *wirbelfreies Feld.* Dies bedeutet auch, dass es keine in sich geschlossenen Feldlinien gibt. Da auf einer Feldlinie die Feldstärke immer die gleiche Richtung (nämlich entweder in Richtung oder in Gegenrichtung zur Fortbewegungsrichtung auf der Feldlinie) hat, würde das Integral in Gl. (1.15) für eine geschlossene Feldlinie einen endlichen von Null verschiedenen Wert erhalten.

Elektrostatische Felder haben keine in sich geschlossenen Feldlinien.
Sie sind wirbelfrei.

Mit dem Ergebnis (1.14) können wir nun versuchen, den Weg so zu wählen, dass die Integration in Gl. (1.13) möglichst leicht durchgeführt werden kann. Eine Möglichkeit dafür ist im Bild 1.16 angegeben. Die Integration muss in diesem Fall nicht unbedingt einfach sein. Der Weg besteht aber aus Geradenstücken parallel zu den Koordinatenachsen.
Gemäß den drei Wegabschnitten 1, 2 und 3 werde die Gesamtarbeit aus drei Anteilen gebildet. Auf dem Abschnitt 1 gilt

$$W_1 = Q \int_{(1)} \boldsymbol{E} \, \mathrm{d}\boldsymbol{s} = Q \int_{(1)} \boldsymbol{E}\boldsymbol{e}_x \, \mathrm{d}x = Q \int_{(1)} E_x \, \mathrm{d}x = Q \int_{x_1}^{x_2} E_x(x, y_1, z_1) \, \mathrm{d}x \; .$$

Es wurde $\mathrm{d}\boldsymbol{s} = \mathrm{d}x \, \boldsymbol{e}_x$ gesetzt. $\boldsymbol{e}_x$ ist der Einheitsvektor in Richtung der Koordinate x. $\boldsymbol{E}\boldsymbol{e}_x$ bedeutet nun die Projektion des Vektors $\boldsymbol{E}$ an jeder Stelle x auf die Richtung dieses Einheitsvektors. Wir bezeichnen sie mit E_x. Es wird jetzt über x integriert.

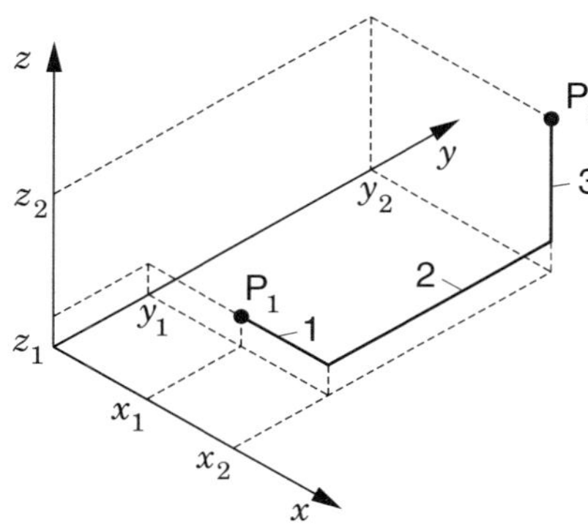

Bild 1.16: *Integrationsweg längs Geradenstücken parallel zu den Koordinatenachsen*

Die Grenzen für diesen Wegabschnitt sind durch x_1 und x_2 festgelegt. Analog geht man für die Wegabschnitte 2 und 3 vor.

Mit den Projektionen E_x, E_y, E_z des Vektors $\boldsymbol{E}$ auf die jeweilige Koordinatenachse (Komponenten des Vektors) erhält man deshalb für die Gesamtarbeit

$$W = Q \int_{x_1}^{x_2} E_x(x, y_1, z_1)\mathrm{d}x + Q \int_{y_1}^{y_2} E_y(x_2, y, z_1)\mathrm{d}y + Q \int_{z_1}^{z_2} E_z(x_2, y_2, z)\mathrm{d}z \ . \qquad (1.16)$$

Beispiel

Als Beispiel zur Anwendung dieser Gleichung betrachten wir die Arbeit im Feld einer Punktladung Q_1, die im Ursprung des oben gezeichneten Koordinatensystems liegen möge. Das Feld einer Punktladung Q_1 hat die Stärke $|\boldsymbol{E}| = kQ_1/r^2$ und zeigt in radialer Richtung. Die Projektionen E_x, E_y, E_z des Vektors $\boldsymbol{E}$ auf die jeweilige Teilstrecke sind in diesem Fall

$$E_x = |\boldsymbol{E}| \cdot \frac{x}{r} \ , \qquad E_y = |\boldsymbol{E}| \cdot \frac{y}{r} \ , \qquad E_z = |\boldsymbol{E}| \cdot \frac{z}{r} \ .$$

Die Arbeit für die erste Teilstrecke ergibt sich aus

$$\begin{aligned} W_1 &= Q \int_{x_1}^{x_2} E_x(x, y_1, z_1)\mathrm{d}x \\ &= Q \int_{x_1}^{x_2} \frac{kQ_1}{r^2} \frac{x}{r} \mathrm{d}x \ . \end{aligned}$$

Ersetzt man nun r durch $(x^2 + y^2 + z^2)^{1/2}$, so wird

$$W_1 = kQQ_1 \int_{x_1}^{x_2} \frac{x}{(x^2 + y_1^2 + z_1^2)^{3/2}} \mathrm{d}x \ .$$

Das Ergebnis für die Integration entnimmt man einer geeigneten Integraltafel. Man kann es durch Differentiation auch leicht nachprüfen.

$$
\begin{aligned}
W_1 &= kQQ_1 \left[\frac{-1}{(x^2 + y_1^2 + z_1^2)^{1/2}} \right]_{x_1}^{x_2} \\
&= kQQ_1 \left[\frac{-1}{(x_2^2 + y_1^2 + z_1^2)^{1/2}} + \frac{1}{(x_1^2 + y_1^2 + z_1^2)^{1/2}} \right] .
\end{aligned}
$$

Ganz analog erhalten wir für die anderen beiden Teilstrecken

$$
\begin{aligned}
W_2 &= kQQ_1 \left[\frac{-1}{(x_2^2 + y_2^2 + z_1^2)^{1/2}} + \frac{1}{(x_2^2 + y_1^2 + z_1^2)^{1/2}} \right] \\
W_3 &= kQQ_1 \left[\frac{-1}{(x_2^2 + y_2^2 + z_2^2)^{1/2}} + \frac{1}{(x_2^2 + y_2^2 + z_1^2)^{1/2}} \right] \\
W &= W_1 + W_2 + W_3 = kQQ_1 \left(\frac{1}{r_1} - \frac{1}{r_2} \right) .
\end{aligned}
$$

Wie der Weg auch immer gewählt wird, das Ergebnis für W ist nur vom Anfangs- und Endpunkt des Weges abhängig. Wir ordnen daher jedem Punkt im Feld einen charakteristischen Funktionswert zu. Es hat sich eingebürgert, dafür $\Phi(\mathrm{P})$ (oder Φ_{P}) zu schreiben, und man bezeichnet Φ als *elektrostatisches Potential.* $\Phi(\mathrm{P})$ ist nicht absolut festgelegt. Die relative Größe ist bestimmt durch

Definition des Potentials Φ

$$
\int_{\mathrm{P}_1}^{\mathrm{P}_2} \boldsymbol{E} \mathrm{d}\boldsymbol{s} = -(\Phi(\mathrm{P}_2) - \Phi(\mathrm{P}_1)) . \qquad (1.17)
$$

Man beachte die Einführung des negativen Vorzeichens. Zu $\Phi(\mathrm{P})$ kann eine beliebige Konstante addiert oder subtrahiert werden, ohne dass das Ergebnis des Linienintegrals geändert wird. Im Allgemeinen wählt man aber das Potential der Erde oder das des unendlich fernen Raumes zu Null. Ist das Potential Φ in jedem Punkt des Raumes bekannt, dann ist auch das Feld eindeutig festgelegt. Anstelle des Feldvektors $\boldsymbol{E}$ kann somit auch die skalare Größe Φ zur Charakterisierung des elektrostatischen Feldes benutzt werden. Sind die Punkte P_1 und P_2 sehr nahe beieinander (im Grenzfall infinitesimal), dann wird aus Gl. (1.17)

$$
\boldsymbol{E} \mathrm{d}\boldsymbol{s} = -\mathrm{d}\Phi \qquad (a)
$$

oder[7] (1.18)

$$
\boldsymbol{E} = -\frac{\mathrm{d}\Phi}{\mathrm{d}\boldsymbol{s}} \qquad (b) .
$$

Die Feldstärke kann damit aus Φ eindeutig berechnet werden. Für die Potentialdifferenz in Gl. (1.17) schreiben wir abgekürzt

$$\Phi(\mathrm{P}_1) - \Phi(\mathrm{P}_2) = U_{12} = \int_{\mathrm{P}_1}^{\mathrm{P}_2} \boldsymbol{E}\mathrm{d}\boldsymbol{s} \tag{1.19}$$

und bezeichnen U_{12} als *elektrische Spannung* zwischen den Punkten P_1 und P_2. Die elektrische Spannung ist also als Linienintegral der elektrischen Feldstärke bestimmt.

Das Ergebnis unserer ursprünglich formulierten Aufgabe stellt sich jetzt so dar:

Arbeit und Spannung

> Die Arbeit, die das Feld bei der Verschiebung einer Ladung Q vom Punkt P_1 zum Punkt P_2 verrichtet, ist gleich dem Produkt aus Ladung und elektrischer Spannung zwischen P_1 und P_2.

Entsprechend können wir die physikalische Bedeutung des Begriffes Potential interpretieren. Das Potential ist ein Maß für die Energie, die eine positive Probeladung aufnimmt, wenn sie im Feld vom Potential Null auf ein höheres Potential verschoben wird. Diese Energie bezeichnet man als potentielle Energie (oder auch Arbeitsfähigkeit). Es gilt:

Potentielle Energie

> Die potentielle Energie einer Ladung im Feld ist (bezogen auf das Nullpotential) gleich dem Produkt aus Potential und Ladung.

Elektrische Spannung und Potential erweisen sich damit als überaus nützliche und grundlegende Begriffe im statischen elektrischen Feld, da sie direkt angeben, welche Arbeit das Feld pro Ladungseinheit zu leisten imstande ist. Für die Einheit der Spannung wurde daher auch eine eigene Bezeichnung, das *Volt* [8)] (V), eingeführt. Die Einheit 1 V ist so festgelegt, dass die Arbeit

---

7 Diese zweite Gleichung ist nur eine symbolische Schreibweise. Sie werden später die genaue Formulierung kennen lernen. Aus dieser Formulierung erkennen wir aber: Die Feldstärke in einer bestimmten Richtung erhält man durch Differenzieren nach dem Wegelement in dieser Richtung. Um den Feldstärkevektor zu erhalten, müssen die Komponenten in drei voneinander linear unabhängigen Richtungen bestimmt werden.

8 Nach Volta, Graf Alessandro, 1745-1825, italienischer Physiker.

Festlegung

$$1\ \mathsf{VC} = 1\ \mathsf{VAs} = 1\ \mathsf{Nm} = 1\ \mathsf{kg\ m^2/s^2} \tag{1.20}$$

ist. In den Grundeinheiten erhält man also

$$1\ \mathsf{V} = 1 \frac{\mathsf{kg\ m^2}}{\mathsf{A \cdot s^3}} \ . \tag{1.21}$$

Die Einheit der Arbeit kg $\mathrm{m}^2/\mathsf{s}^2$ trägt auch die Bezeichnung *Joule*, und es ist 1 J = 1 VAs = 1 Nm.

Im Bereich der Elektrotechnik kommt die Masse kaum direkt vor. Deshalb ist es üblich, die Einheiten Meter, Sekunde, Ampere und Volt zu benutzen.

Nachdem die Einheit der Spannung bekannt ist, können wir auch die Einheit der elektrischen Feldstärke bestimmen. Nach Gl. (1.17) oder (1.18) ist nämlich die Dimension der elektrischen Feldstärke gleich der Dimension der Spannung, dividiert durch die Dimension der Länge. Es ergibt sich also

$$[E] = \mathsf{V/m}\ , \tag{1.22}$$

wofür keine eigene Bezeichnung eingeführt wurde.

Wir wollen uns noch ein wenig mit der Felddarstellung mit Potentialen befassen. Man bezeichnet eine Fläche, auf der das Potential konstant ist, als *Äquipotentialfläche.* Gl. (1.18 a) zeigt, wie man diese Flächen bestimmen kann. Bei

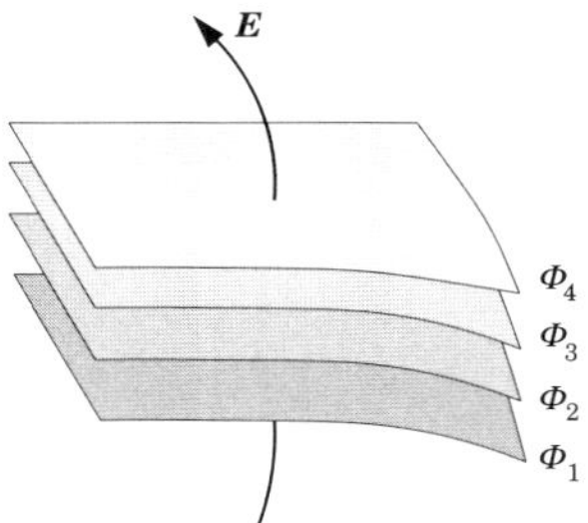

Bild 1.17: *Teile von Äquipotentialflächen eines Feldes*

endlicher Feldstärke ergibt sich $\mathrm{d}\Phi = 0$ nur dann, wenn $\boldsymbol{E}$ und $\mathrm{d}\boldsymbol{s}$ miteinander einen rechten Winkel bilden, d. h., dass die Feldstärkevektoren und damit auch die Feldlinien senkrecht auf den Potentialflächen stehen. Im Bild 1.17 sind Teilstücke von vier Äquipotentialflächen eines Feldes dargestellt. Ändert sich das Potential in den dargestellten Flächen von Fläche zu Fläche jeweils um den gleichen Wert, dann kann man aus dem Abstand auf die relative Größe der Feldstärke schließen. Die Feldstärke ist dort größer, wo der Abstand kleiner ist.

Da auf Leiteroberflächen die Feldlinien senkrecht einmünden (s. Abschn. 1.3), sind diese immer Äquipotentialflächen.

Im Bild 1.18 sind für eine Punktladung und für eine Zweiplattenanordnung die Äquipotentialflächen gezeichnet. Infolge der Kugelsymmetrie bei der Punktladung sind auch die Äquipotentialflächen Kugelflächen.

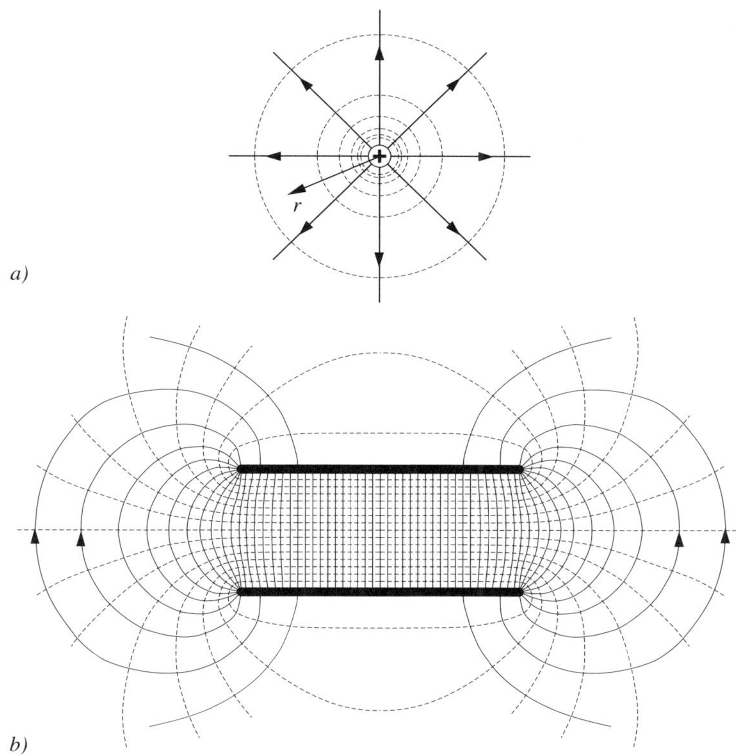

Bild 1.18: *Feldlinien (ausgezogen) und Äquipotentialflächen (gestrichelt)*
a) einer geladenen Kugel
b) einer Zweiplattenanordnung

Beispiel

Um für die Punktladung das Potential zu berechnen, benutzen wir die Gl. (1.17). P_1 möge im Unendlichen liegen ($r' = \infty$) und $\Phi\ (P_1)\ = 0$ sein. Wir integrieren längs einer Feldlinie von $r' = \infty$ bis zur Fläche im Abstand r. Dann ist $\boldsymbol{E}\mathrm{d}\boldsymbol{s} = -|\boldsymbol{E}|\mathrm{d}s = |\boldsymbol{E}|\mathrm{d}r'$, denn $\boldsymbol{E}$ und $\mathrm{d}\boldsymbol{s}$ haben entgegengesetzte Richtung, und ebenso ist $\mathrm{d}s = -\mathrm{d}r'$. Für $|\boldsymbol{E}|$ können wir jetzt die Gl. (1.6) einsetzen. Somit ist

$$-\Phi(r) = \int\limits_{\infty}^{r} k\frac{Q}{r'^2}\mathrm{d}r' = kQ\int\limits_{\infty}^{r}\frac{\mathrm{d}r'}{r'^2} \qquad (1.23)$$

und

Potential einer Punktladung

$$\Phi(r) = k\frac{Q}{r} \; . \tag{1.24}$$

Dieser Potentialverlauf ist im Bild 1.19 in Abhängigkeit von r dargestellt.

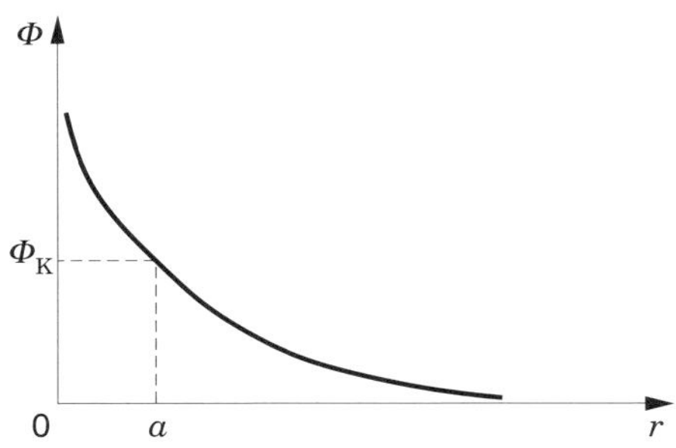

Bild 1.19: *Potential einer positiven Punktladung in Abhängigkeit vom Abstand r*

Ersetzt man eine Kugelschale im Bild 1.18 a durch eine metallische Kugelfläche und bringt die Ladung Q auf die Oberfläche dieser Hohlkugel, dann ändert sich an dem Feld außerhalb der Kugel überhaupt nichts; denn es werden keine der vorher gefundenen Beziehungen verletzt. Die Ladung verteilt sich gleichmäßig auf der Oberfläche. Die Hohlkugel kann nun auch beliebig ausgefüllt werden. Sie ist ja ladungs- und feldfrei. Anstelle der Metallkugel kann man auch einen anderen Kugelkörper nehmen, wenn man nur die Ladung Q gleichmäßig auf der Oberfläche verteilt. Hat die Kugel jeweils den Radius a, dann gelten für $r \geq a$ auch für diese Fälle die Gln. (1.6) und (1.24), und Φ_K im Bild 1.19 ist das konstante Potential der Kugel. Anstelle der Gl. (1.24) können wir mit Φ_K auch schreiben

$$\Phi(r) \;=\; \Phi_K \frac{a}{r} \; .$$

Aktivierungselement 1.2

1. Wie lautet die allgemeine Gleichung für die Arbeit, die erforderlich ist, um ein geladenes Teilchen im elektrostatischen Feld von einem Punkt P_1 nach einem Punkt P_2 zu bewegen?

2. Erläutern Sie, warum es beim elektrostatischen Feld keine in sich geschlossenen Feldlinien geben kann!

3. Skizzieren Sie die Feldlinien und Äquipotentialflächen (im Schnitt ebenfalls Linien) in einem Plattenkondensator! Überlegen Sie sich, wie diese im Randbereich verlaufen! Die normalerweise notwendigen Zuleitungsdrähte sind zu vernachlässigen.

4. Stellen Sie die Potentialfunktion für den homogenen Bereich einer Zweiplattenanordnung auf! Die $x - y$-Ebene bilde die untere Platte, die obere Platte sei durch $z = h$ festgelegt.

5. Was bedeutet der Begriff *potentielle Energie* im Zusammenhang mit dem elektrostatischen Feld?

6. In einem Bereich eines elektrostatischen Feldes werde beobachtet, dass die Feldlinien parallel verlaufen. Prüfen Sie mit Hilfe des Linienintegrals, ob sich die Feldstärke quer zur Feldrichtung, also von Feldlinie zu Feldlinie, ändern darf!

Lernzyklus 1.3

Studienziele

Nach dem Durcharbeiten dieses Lernzyklus sollen Sie in der Lage sein,

- die Erscheinung der Influenz zu erläutern und die Größe der Influenzladungen für bestimmte Fälle anzugeben;
- die Definition für den Begriff *Fluss* eines Vektorfeldes wiederzugeben und den Fluss für einfache Felder zu berechnen;
- zu erläutern, was mit *Nahewirkungstheorie* gemeint ist;
- die Definition und Bedeutung des Vektors $\boldsymbol{D}$ anzugeben;
- den Satz von der Konstanz der elektrischen Erregung zu begründen;
- mit Hilfe dieses Satzes einfache Felder zu berechnen.

1.5 Ungeladene Leiter im statischen elektrischen Feld

1.5.1 Influenz

Bevor wir mit der quantitativen Beschreibung des Feldes fortfahren, wollen wir uns mit einer Erscheinung im statischen elektrischen Feld befassen, die man Influenz nennt. Wir bringen in das Feld einer beispielsweise positiv geladenen Kugel einen

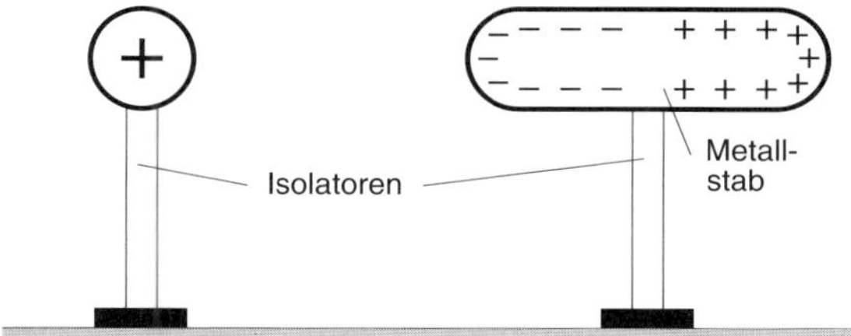

Bild 1.20: *Metallstab im Feld einer geladenen Kugel*

Metallstab, wie im Bild 1.20 dargestellt. Es zeigt sich, dass der vorher ungeladene Stab jetzt an seinen Enden Ladungen aufweist, und zwar eine positive Ladung am der Kugel abgewandten und eine negative am der Kugel zugewandten Ende. Man bezeichnet diese Ladungen als *Influenzladungen.* Das Vorhandensein dieser Ladungen kann man mit einer kleinen metallischen Probekugel, mit der man durch Berühren Ladungen an den Enden des Stabes entnimmt und auf ihre Polarität untersucht, nachprüfen. Diese Erscheinung können wir uns aufgrund unseres bisherigen Wissens leicht erklären. Die im Leiter frei beweglichen Elektronen werden den Feldkräften der positiv geladenen Kugel folgen und sich am der Kugel zugewandten Ende des Stabes ansammeln. Hier ergibt sich also eine negative Ladung, während am anderen Ende eine gleichgroße positive zurückbleibt.

Influenzkraft

Die Influenz erklärt uns nun auch, warum die ungeladene metallisierte Kugel im Bild 1.2 (s. Abschn. 1.1.2) von den geladenen Stäben angezogen wird. Die anziehende Kraft auf die influenzierten Gegenladungen auf der den Stäben zugewandten Seite ist größer als die abstoßende auf die anderen, da die Gegenladungen näher am Stab sind und sich deshalb in einem Bereich höherer Feldstärke befinden.

Versuch

Die Größe der influenzierten Ladungen kann man bestimmen, indem man die beiden unterschiedlich geladenen Teile des Stabes noch im Feld voneinander trennt und dann beide Teile für sich außerhalb des Feldes, das die Ladungen influenziert hat, untersucht. Anstelle eines Stabes nimmt man besser zwei gleiche Metallscheiben, die mit isolierenden Griffen gehalten werden können. Wir untersuchen die auf diesen Scheiben influenzierten Ladungen in einem homogenen Feld, z. B. in einer Zweiplattenanordnung (s. Bild 1.21).

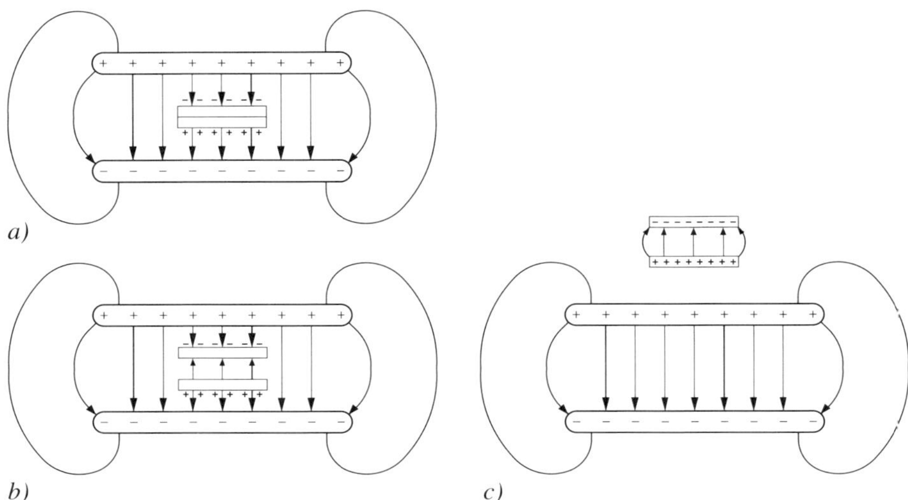

Bild 1.21: *Influenz im homogenen Feld einer Zweiplattenanordnung*
a) Influenz von Ladungen auf der Doppelscheibe im Feld der Zweiplattenanordnung
b) Trennung der beiden Plättchen innerhalb der Zweiplattenanordnung
c) Die getrennten Plättchen wurden zur Bestimmung der influenzierten Ladungsmenge aus dem Feld herausgezogen

Ist die Doppelscheibenanordnung (auch Doppelplättchen genannt) genügend (theoretisch unendlich) dünn, dann wird das homogene Feld nicht merklich gestört oder geändert, solange die Scheiben zusammen sind und senkrecht zum Feld liegen.

Wir verändern nun für diese Scheibenlage die Stärke des Feldes[9)] und die Größe A der Scheibenfläche und finden zwischen diesen Größen und der influenzierten Ladung Q_i einen linearen Zusammenhang. Somit können wir schreiben

Influenzierte Ladung

$$Q_i = \varepsilon_0 A |\boldsymbol{E}| \ . \qquad (1.25)$$

Die Proportionalitätskonstante ε_0 hat für den leeren Raum, symbolisiert durch den Index Null, den Wert

$$\varepsilon_0 = 8{,}854 \cdot 10^{-12} \frac{\mathsf{As}}{\mathsf{Vm}} \ . \qquad (1.26)$$

Wir wollen ε_0 als Permittivität des leeren Raumes bezeichnen. In der Literatur findet man auch die Bezeichnungen *Dielektrizitätskonstante*, *Influenzkonstante*, u. a. Der Wert von ε_0 gilt praktisch auch für den luftgefüllten Raum. Den Fall, dass sich irgendein anderer Stoff im Feld befindet, werden wir später behandeln.

---

9 Die Feldstärke kann aus der Spannung zwischen den beiden Platten und ihrem Abstand berechnet werden. Die Spannung wird mit einem elektrostatischen Spannungsmesser gemessen.

Wir haben die Gl. (1.25) im homogenen Feld abgeleitet. Sie gilt im Prinzip aber auch im inhomogenen Feld. Wir müssen dazu nur die Fläche A genügend klein machen. Die Ladung ΔQ_i ist dann auf dieser kleinen Fläche ΔA entsprechend Gl. (1.25)

$$\Delta Q_i = \varepsilon_0 \Delta A |\boldsymbol{E}| \,. \tag{1.27}$$

Wir dividieren beide Seiten dieser Gleichung durch ΔA und schreiben für den Quotienten $\Delta Q_i / \Delta A$ im Grenzfall der infinitesimal kleinen Fläche

$$\rho_{\mathrm{F}\,i} = \varepsilon_0 |\boldsymbol{E}| \,. \tag{1.28}$$

$\rho_{\mathrm{F}\,i}$ ist die Flächendichte (Ladung pro Flächeneinheit) der influenzierten Ladungen. $\rho_{\mathrm{F}\,i}$ kann auch Dichte der verschobenen Ladungen genannt werden; denn bei der Influenz werden Ladungen verschoben. Als elektrische Verschiebung werden wir im nächsten Abschnitt einen Feldvektor kennen lernen, dessen Betrag unmittelbar mit $\rho_{\mathrm{F}\,i}$ übereinstimmt.

1.5.2 Der Faraday'sche Becherversuch

Wir wollen noch ein wichtiges Experiment durchführen, das mit den bisher gesammelten Erkenntnissen relativ leicht zu verstehen ist, uns weiteren Aufschluss liefert und außerdem das Grundprinzip der Influenzmaschinen wiedergibt. Wir verwenden einen ungeladenen Metallkasten (s. Bild 1.22), der auf einem isolierenden Fuß aufgestellt wird und auf seiner Oberseite eine kleine Öffnung besitzt. Durch die Öffnung

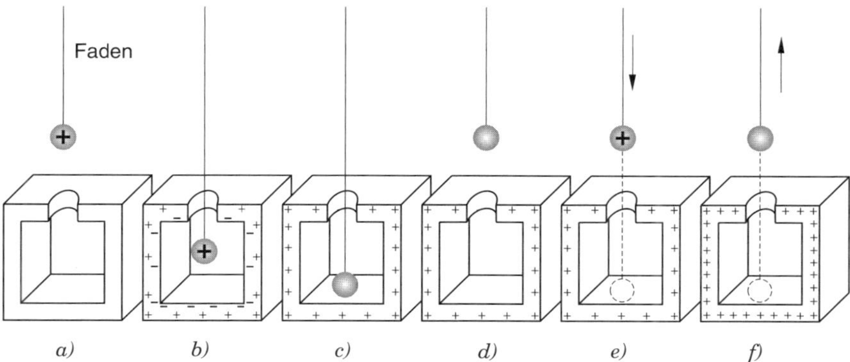

Bild 1.22: *Übertragung der Ladung einer Kugel auf die Oberfläche eines metallischen Kastens*

führen wir nun eine beispielsweise positiv geladene Metallkugel in das Innere des Kastens ein, ohne seine Wandung zu berühren (a, b). Aufgrund der Influenzwirkung bildet sich nun auf der Innenseite des Kastens eine negative und auf der Außenseite eine positive Ladung aus (b). Wir messen das elektrische Feld der Anordnung außerhalb des Kastens z. B. mittels der Kraftwirkung auf eine Probeladung wie im Bild 1.8 und stellen fest, dass die Kraft und damit das Feld unabhängig vom Ort der geladenen Kugel innerhalb des Kastens ist. Nun lassen wir die Kugel den Boden des

Kastens berühren (c). Von diesem Vorgang ist außerhalb des Kastens nichts zu bemerken. Die Kraftwirkung des Kastens bleibt die gleiche, auch wenn die Kugel ganz aus ihm herausgezogen wird (d). Die Kugel ist allerdings nicht mehr geladen. Die Erklärung ist einfach: Beim Berühren gleichen sich die entgegengesetzten Ladungen der Kugel und des Kasteninneren aus. Da die Kugel anschließend vollkommen entladen ist und sich an der Größe und Verteilung der übrig gebliebenen Ladung auf der Außenfläche des Kastens nichts geändert hat, folgern wir:

Die Gesamtgröße der influenzierten Ladungen auf der Innen- und Außenseite des Kastens ist betragsmäßig jeweils gleich der Größe der Ladung der Kugel.

Exakt gilt dies allerdings nur für den völlig geschlossenen Kasten. Wir können das Ergebnis kurz auch so angeben: Die Kugel gibt bei Berührung im Kasten ihre gesamte Ladung an diesen ab. Die Ladung wandert an die Außenseite, weil im ladungsfreien Inneren eines leitenden Hohlkörpers kein Feld existieren kann.

Diesen Vorgang können wir wiederholen (e): Wir führen in den geladenen Kasten die erneut auf den gleichen Wert aufgeladene Kugel ein und lassen diese den Kastenboden berühren. Die Kugel ist dann leitend mit dem Kasten verbunden und somit ein Teil des Kastens. Ihre gesamte Ladung muss an die Außenseite des Kastens fließen, wodurch dieser jetzt eine Ladung trägt, deren Wert doppelt so groß ist wie vorher. Die entladene Kugel kann wieder herausgezogen werden. Bei jedem erneuten Einführen erhöht sich die Ladung um den Wert der Kugelladung.

Der zuletzt geschilderte Vorgang kann als Prinzip zur Konstruktion eines elektrostatischen Generators verwendet werden. Im Bild 1.23 ist schematisch der *Hochspannungsgenerator von* VAN DE GRAAF[10] angegeben.

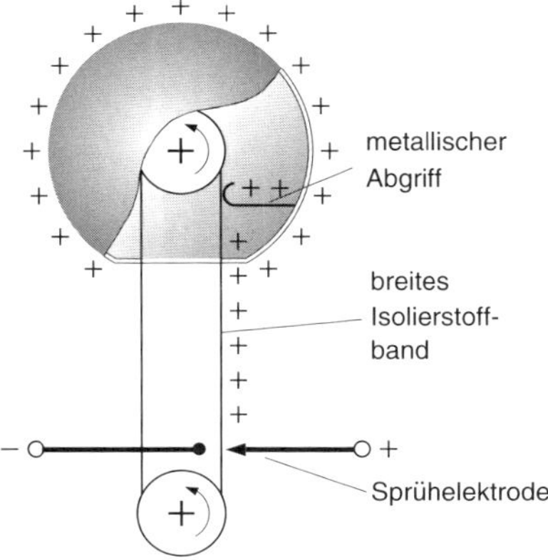

Bild 1.23: *Prinzip des Hochspannungsgenerators nach van de Graaf (schematisch)*

10 van de Graaf, Robert Jemison, 1901-1967, amerik. Physiker

Die Beförderung der Ladung in das Innere einer metallischen Hohlkugel erfolgt über ein Band aus Isolierstoff, auf das die Ladungen mit einer Sprühelektrode aufgebracht werden. Unter Sprühelektrode versteht man eine Metallspitze. An leitenden Spitzen kann die Feldstärke so hoch werden, dass die Isolation der Luft aufhört. In unserem Fall werden die aus der Spitze austretenden Ladungsträger vom Riemen aufgenommen. Mit dem van-de-Graaf-Generator lassen sich Spannungen von bis zu 10 MV erzeugen.

1.6 Die elektrische Verschiebungsdichte

1.6.1 Fluss eines Vektorfeldes

Bevor wir das eigentliche Anliegen dieses Abschnittes behandeln, wollen wir eine wichtige Größe in einem (beliebigen) Vektorfeld kennen lernen. Es handelt sich um den *Fluss*. Der Fluss wird definiert für eine angenommene oder irgendwie gegebene

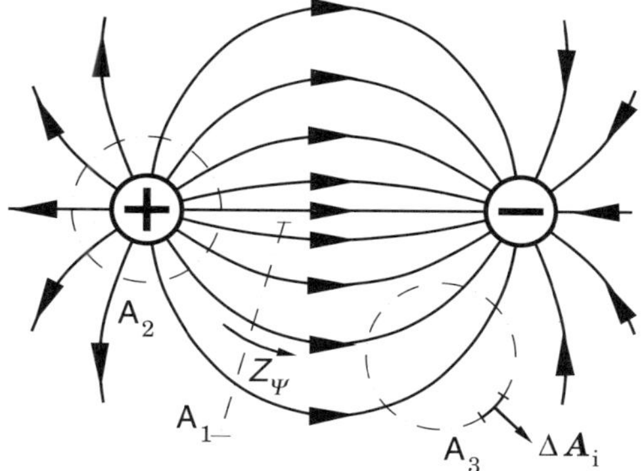

Bild 1.24: *Feldbild zweier Punktladungen mit eingezeichneten Flächen A_1, A_2 und A_3*

Fläche im Feld. Diese Fläche kann offen (A_1 im Bild 1.24) oder geschlossen (A_2 und A_3 im Bild 1.24) sein, wobei unter einer geschlossenen Fläche eine Fläche zu verstehen ist, die ein Volumengebiet vollständig umhüllt. Man kann den Fluss anschaulich durch die Zahl der Feldlinien, die durch die Fläche hindurchtreten, angeben.

Festlegung

Bei einer geschlossenen Fläche wollen wir den Fluss positiv zählen, wenn die Linien des Feldes aus dieser Fläche heraustreten.

Der Fluss des elektrischen Feldes durch die Fläche A_2 wäre demnach eine positive skalare Größe. Würden wir um die negative Ladung eine geschlossene Fläche legen, erhielten wir entsprechend einen negativen Wert. Durch die geschlossene Fläche A_3

treten genauso viel Linien ein wie aus. Der Fluss durch diese Fläche ist deshalb insgesamt gleich Null.

Bei einer offenen Fläche geben wir einen Richtungspfeil Z_Ψ vor, in dessen Richtung wir den Fluss positiv zählen wollen. Der Flussbeitrag einer Feldlinie ist positiv, wenn die Feldlinie die Fläche in der Richtung von Z_Ψ durchsetzt. Nun wollen wir den Fluss, den wir mit Ψ bezeichnen wollen, mathematisch exakt festlegen. In einem

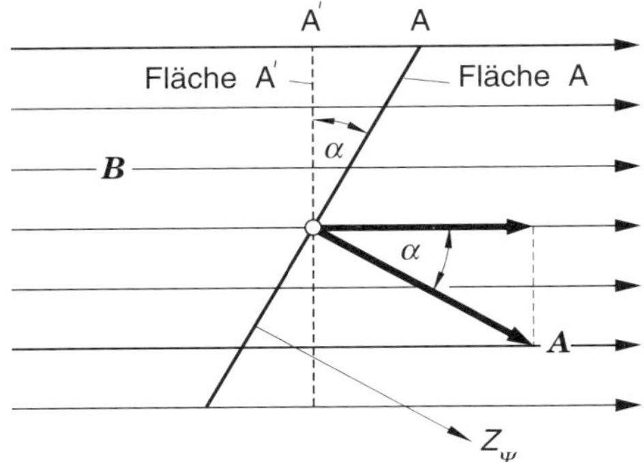

Bild 1.25: *Zur Bestimmung des Flusses des Vektors* ***B*** *durch die Fläche A*

homogenen Feld (s. Bild 1.25) mit dem Feldvektor $\boldsymbol{B}$ ist der Fluss durch die Fläche A durch

$$\Psi = |\boldsymbol{B}| \cdot A' \tag{1.29}$$

gegeben; denn die *Zahl* der Feldlinien durch eine senkrecht zu den Feldlinien stehende Fläche ist bestimmt durch das Produkt aus Feldliniendichte (diese ist ein Maß für den Betrag des Feldvektors, hier $\boldsymbol{B}$) und dieser Fläche. Außerdem ist die Zahl der Feldlinien durch A' gleich der durch A. Mit $A' = A\cos\alpha$ und Einführung eines Vektors $\boldsymbol{A}$ für die Fläche können wir anstelle von Gl. (1.29)

$$\Psi = \boldsymbol{B} \cdot \boldsymbol{A} \tag{1.30}$$

schreiben. Der Betrag des Vektors $\boldsymbol{A}$ ist gleich der Fläche A, und seine Richtung ist die Normalenrichtung[11)].

Ist das Feld inhomogen wie im Falle von Bild 1.24, dann zerlegen wir die Gesamtfläche in lauter kleine Teilflächen ΔA_i mit den Flächenvektoren $\Delta\boldsymbol{A}_i (i = 1, 2, ..., n)$. Im Bereich dieser Teilflächen möge das Feld nahezu homogen sein. Dann können wir durch jede dieser Teilflächen näherungsweise den Teilfluss bestimmen und anschließend zum Gesamtfluss durch diese Fläche aufsummieren. Es ist also

$$\Psi = \sum_{i=1}^{n} \boldsymbol{B}_i \Delta\boldsymbol{A}_i \ . \tag{1.31}$$

Nun lassen wir wieder n gegen ∞ gehen und schreiben für die unendliche Summe mit den infinitesimal kleinen Teilflächen $\mathrm{d}\boldsymbol{A}_i$ das Integralzeichen. Das Endergebnis

11 Ein Vektor ist zu einer Linie oder Fläche *normal*, wenn er auf dieser senkrecht steht.

lautet schließlich

Definition des Flusses

$$\Psi = \iint\limits_{(A)} \boldsymbol{B} \mathrm{d}\boldsymbol{A} \, . \tag{1.32}$$

Die Richtung von d$\boldsymbol{A}$ ist nach Vereinbarung bei geschlossenen Flächen stets die nach außen zeigende Normalenrichtung. Bei offenen Flächen steht d$\boldsymbol{A}$ auf derjenigen Seite der Fläche, aus der der (willkürlich gewählte) Richtungspfeil Z_Ψ herauszeigt (s. Bild 1.24: $\Delta \boldsymbol{A}_i$ auf A_3).

1.6.2 Die Erregung des elektrischen Feldes

Wir haben durch unsere bisherigen Versuche und Betrachtungen erkannt, dass zwischen dem Zustand des Raumes – dem elektrischen Feld – und den Ladungen ein ursächlicher Zusammenhang besteht. Wir könnten deshalb zu dem Schluss kommen, dass die Annahme eines besonderen Zustandes gar nicht erforderlich sei und die Ladungen, von denen ja die Feldlinien ausgehen, durch Fernwirkung Kräfte aufeinander ausüben. Diese Anschauung, die zunächst auch vorgeherrscht hat, wird scheinbar auch durch das Coulomb'sche Gesetz bestärkt, in dem ja nur Ladungen und ihr Abstand (mech. Größe), aber keine Feldgrößen vorkommen.

Auf Michael Faraday [12] geht die entscheidende Einsicht für eine *Nahewirkungstheorie* zurück:

> Nicht die Ladungen, sondern der Raum ist der Träger der elektrischen Kräfte. Diese pflanzen sich, bei den Ladungen beginnend, von Punkt zu Punkt in den Raum hinaus fort.

Es ergeben sich dann aber sofort weitere Fragen. Zum Beispiel: *Wie lange dauert es, bis die Kraftwirkung von den Ladungen bis an einen gewissen Punkt gelangt?* oder *Welche Bedeutung hat dabei der sich im Raum befindende Stoff?*

Ohne jetzt schon auf diese Fragen einzugehen, wollen wir eine andere Beschreibungsmöglichkeit des Feldes kennen lernen, die die Beantwortung vorläufig auch noch nicht erforderlich macht. Wir nehmen einfach die Erregung des elektrischen Zustandes direkt im jeweiligen Feldpunkt an. Wir gehen dazu von den Erfahrungen des letzten Abschnittes (1.5) aus und betrachten noch einmal das Bild 1.21 a. Ist die

---

12 Faraday, Michael, 1791-1867, lieferte wichtige Beiträge für die Elektrochemie (Faraday'sche Gesetze), führte die Begriffe des elektrischen und magnetischen Feldes ein, entdeckte das Induktionsgesetz (1831).

dort eingefügte Doppelscheibenanordnung im Gedankenexperiment unendlich dünn, dann wird durch sie das Feld in seiner Form – abgesehen von der Durchtrennung der Feldlinien durch die Scheibe – nicht verändert. Im Bereich der Scheibe haben die Feldlinien oberhalb der Scheibe ihre Quellen an der oberen Platte und ihre Senken auf der Oberseite der Doppelscheibe. Im Bereich unterhalb der Doppelscheibe liegen die Quellen auf der Unterseite der Doppelscheibe und die Senken auf der unteren Platte. Wir erkennen, dass beispielsweise das Feld unterhalb der Scheibe, das ursprünglich von den Quellen auf der oberen Platte ausging, jetzt in gleicher Form und Größe von den Quellen auf der Scheibenunterseite erzeugt wird.

Mit Gl. (1.27) hatten wir einen quantitativen Ausdruck für die Größe einer derartigen Quelle auf einer kleinen Scheibe senkrecht zu den Feldlinien im inhomogenen Feld erhalten. Die Größe dieser Quelle kann nun aber durch Vergleich mit Gl. (1.31) bzw. (1.32) als Fluss eines Vektors, nämlich $\varepsilon_0 \boldsymbol{E}$, gedeutet werden. Man schreibt

$$\boldsymbol{D} = \varepsilon_0 \boldsymbol{E} \tag{1.33}$$

und nennt diesen neuen Vektor elektrische *Verschiebung(sdichte)* oder elektrische Erregung, da $\boldsymbol{D}$ in jedem Punkt des Raumes als Ursache des Feldes $\boldsymbol{E}$ angesehen werden kann. Dabei kann jetzt die kleine Doppelscheibe vergessen werden. Da diese Erregung und die elektrische Feldstärke jeweils am gleichen Ort miteinander vorkommen, kann ohne Schwierigkeiten angenommen werden, dass Ursache und Wirkung auch gleichzeitig vorhanden sind.

Der Betrag der elektrischen Verschiebung ist gleich der Flächenladungsdichte der influenzierten Ladungen auf der senkrecht zu den Feldlinien stehenden Doppelscheibe ($\rho_{\mathrm{F}} = |\boldsymbol{D}|$). Aus dem Faraday'schen Becherversuch wissen wir, dass die influenzierte Gesamtladung auf der Außenseite einer geschlossenen Fläche gleich der eingeschlossenen Ladung Q ist ($\oint\!\!\oint \rho_{\mathrm{F}_i}\, \mathrm{d}A = Q$). Für den Gesamtfluss Ψ_{D} des Vektors $\boldsymbol{D}$ durch eine geschlossene Fläche folgt dann, wenn eine beliebige Lage des Flächenelementes $\mathrm{d}\boldsymbol{A}$ zum Feld angenommen wird, allgemein die folgende grundlegende Beziehung:

Gaußscher Satz

$$\Psi_{\mathrm{D}} = \oint\!\!\oint \boldsymbol{D}\mathrm{d}\boldsymbol{A} = Q\ . \tag{1.34}$$

Dies ist die mathematische Formulierung des *Satzes von* GAUSS [13] von der Konstanz der elektrischen Erregung.[14] Er besagt:

Auf einer beliebigen geschlossenen Fläche ist der Gesamtfluss der elektrischen Erregung gleich dem Gesamtwert der Ladungen der im Inneren dieser Fläche das Feld erregenden Körper.

13 Gauß, Carl Friedrich, 1777-1855, deutscher Mathematiker, Astronom und Physiker. Gauß gehörte zu den bedeutendsten Mathematikern aller Zeiten.

14 Der kleine Kreis im Integralzeichen weist darauf hin, dass hier über die geschlossene Oberfläche eines Volumengebietes integriert wird.

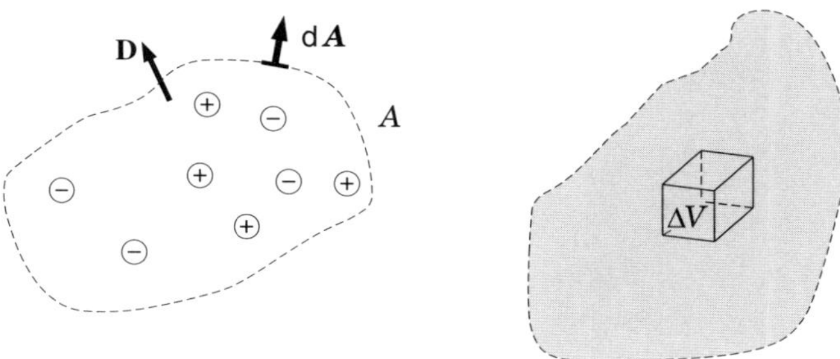

a) Einzelladungen *b) Raumladung*

Bild 1.26: *Feldquellen*

Die Ladung Q in Gl. (1.34) ist für den Fall a) von Bild 1.26 dabei gegeben durch

$$Q = \sum_{i=1}^{n} Q_i \tag{1.35}$$

und für den Fall b), wo sehr viele Ladungen eine Raumladung mit der Dichte ϱ bilden, durch

$$Q = \sum \varrho_i \Delta V_i = \iiint \varrho \mathrm{d}V \ . \tag{1.36}$$

Ladungen außerhalb der Fläche A dürfen nicht mit berücksichtigt werden. Eine Anwendung des Gauß'schen Satzes hatten wir bereits am Ende des Abschnittes 1.4 kennen gelernt. Jetzt haben wir die Begründung dafür.

Beispiel 1

Wir können nun auch die bisher noch unbekannte Konstante k im Coulomb'schen Gesetz bestimmen. Dazu wenden wir Gl. (1.34) auf das Feld einer Punktladung oder einer geladenen Kugel mit der Ladung Q an (s. Bild 1.27).

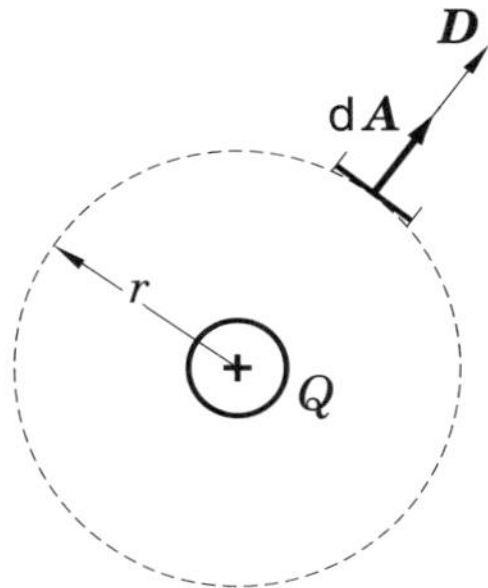

Bild 1.27: *Anwendung von Gl. (1.34) im Feld einer geladenen Kugel*

Als geschlossene Fläche um diesen Körper wählen wir wegen der Kugelsymmetrie eine konzentrische Kugelschale. Auf dieser haben an jedem Flächenelement die Vektoren $\boldsymbol{E}$ bzw. $\boldsymbol{D}$ und $\mathrm{d}\boldsymbol{A}$ die gleiche Richtung. Es gilt also

$$Q = \varepsilon_0 \oiint \boldsymbol{E}\mathrm{d}\boldsymbol{A} = \varepsilon_0 \oiint |\boldsymbol{E}|\mathrm{d}A \; .$$

Außerdem ist der Betrag von $\boldsymbol{E}$ überall auf der Kugelschale gleich. $|\boldsymbol{E}|$ kann daher vor das Integralzeichen gezogen werden, so dass mit dem Integral nur noch die Oberfläche der Kugelschale mit dem Radius r bestimmt wird, die mit $4\pi r^2$ gegeben ist:

$$Q = \varepsilon_0 |\boldsymbol{E}| \oiint \mathrm{d}A = \varepsilon_0 |\boldsymbol{E}| 4\pi r^2$$

oder

$$|\boldsymbol{E}| = \frac{1}{4\pi\varepsilon_0}\frac{Q}{r^2} \; . \tag{1.37}$$

Durch Vergleich mit Gl. (1.6) erhält man $k = \dfrac{1}{4\pi\varepsilon_0}$.

Beispiel 2

Als weiteres Beispiel betrachten wir eine dünne, unendlich ausgedehnte, nichtleitende ebene Fläche, die gleichmäßig mit einer Ladung der Flächenladungsdichte ρ_F belegt sein soll (s. Bild 1.28). Wir fragen nach der Größe der elektrischen Feldstärke

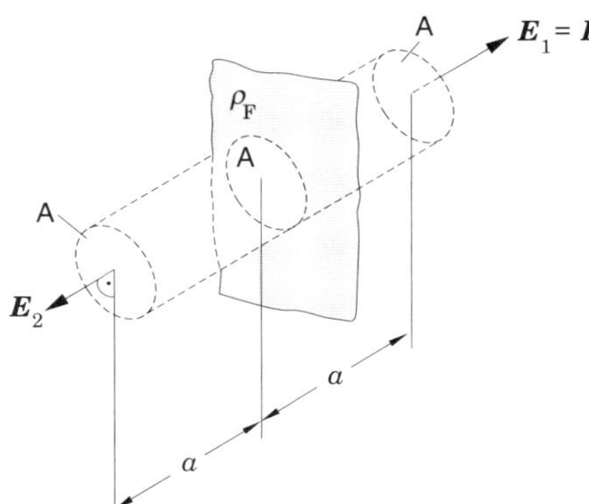

Bild 1.28: *Anwendung von Gl. (1.34) auf eine unendlich ausgedehnte ladungsbelegte Fläche (Schnitt)*

im Abstand a von dieser Ebene. Als geschlossene Fläche wählt man sinnvollerweise die Oberfläche eines Zylinders, der im Bild 1.28 gestrichelt gezeichnet ist. Sein Querschnitt muss nicht unbedingt kreisförmig sein wie im Bild. Aus Symmetriegründen steht $\boldsymbol{E}$ senkrecht auf den Endflächen dieses Zylinders, und es ist $\boldsymbol{E}_2 = -\boldsymbol{E}_1 = -\boldsymbol{E}$. Die Mantelfläche leistet deswegen keinen Beitrag zum Fluss. Gl. (1.34) ergibt

$$Q = \rho_F A = \varepsilon_0 \oiint \boldsymbol{E}\mathrm{d}\boldsymbol{A} = \varepsilon_0(|\boldsymbol{E}|A + |\boldsymbol{E}|A)$$

oder

$$|\boldsymbol{E}| = \frac{\rho_{\mathrm{F}}}{2\varepsilon_0} \ . \tag{1.38}$$

Die Feldstärke ist also in allen Punkten des Raumes gleich groß. Obgleich eine unendlich ausgedehnte Flächenladung nicht existiert, ist das Ergebnis in Gl. (1.38) durchaus von Bedeutung. Es gibt nämlich auch für eine endlich ausgedehnte ebene Ladungsschicht für Punkte, die weit genug von den Kanten, aber nahe genug an der Schicht liegen, die Feldstärke gut wieder.

Wir betrachten noch ein weiteres Beispiel zur Anwendung des Gauß'schen Satzes. In einem Kugelvolumen mit dem Radius a sei eine Raumladung vorhanden (s. Bild 1.29).

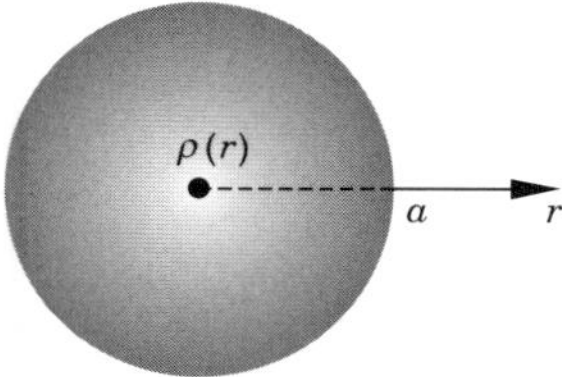

Bild 1.29: *Raumladungskugel:* $\rho = \rho(r)$

Die Raumladungsdichte ρ sei eine Funktion von der radialen Koordinate r gemäß

$$\rho \ = \ \rho_0 - \rho_1 \left(\frac{r}{a}\right)^2 \qquad r \ \leq \ a \ .$$

ρ ändert sich also vom Wert ρ_0 bei $r = 0$ bis zum Wert $\rho = \rho_0 - \rho_1$ bei $r = a$. Für $r > a$ ist $\rho = 0$. Da die Raumladung als Quelle des Feldes vollkommene Kugelsymmetrie besitzt, muss auch das von dieser Ladung hervorgerufene elektrostatische Feld diese Symmetrie aufweisen. Es muss also gelten

$$\begin{aligned} \boldsymbol{E} &= E_r \boldsymbol{e}_r \\ \boldsymbol{D} &= D_r \boldsymbol{e}_r \end{aligned}$$

mit $\boldsymbol{e}_r$, dem Einheitsvektor, in r-Richtung. Da der Raum nicht einheitlich beschaffen ist – es liegt ein Bereich mit Raumladung (Bereich der Raumladungskugel) und ein Bereich ohne Raumladung (der Bereich außerhalb der Kugel) vor –, kann die Lösung auch nicht sofort einheitlich für den ganzen Raum angegeben werden. Wir müssen vielmehr für jeden Raumbereich die Lösung separat bestimmen. Wir beginnen mit dem Bereich der Raumladung (s. Bild 1.30), d. h., es soll die Größe des Feldes an der Stelle $r < a$ bestimmt werden. Der Gauß'sche Satz besagt, dass das Integral des Vektors der Erregung $\boldsymbol{D}$ über eine geschlossene Fläche (Oberfläche eines Volumens) gleich der von dieser Fläche eingeschlossenen Ladung ist. Der Punkt P muss also auf einer Oberfläche liegen, für die das Integral von $\boldsymbol{D}$ bestimmbar ist. Wir wählen deshalb eine Kugeloberfläche (KO) mit dem Radius r. Der Betrag von $\boldsymbol{D}$ ist auf ihr

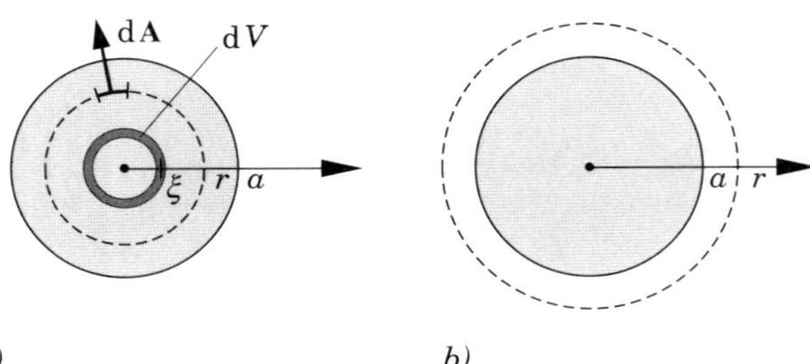

Bild 1.30: *Zur Anwendung des Gauß'schen Satzes auf die Raumladungskugel im Bild 1.29*

gleich D_r und überall gleich groß. Die Flächenelemente d$\boldsymbol{A}$ haben die Richtung von $\boldsymbol{e}_r$. Somit ist also d$\boldsymbol{A} =$ d$A\boldsymbol{e}_r$, und es ergibt sich

$$\oiint_{(\mathrm{KO})} \boldsymbol{D}\mathrm{d}\boldsymbol{A} \;=\; \oiint_{(\mathrm{KO})} D_r\boldsymbol{e}_r\mathrm{d}A\boldsymbol{e}_r \;=\; D_r \oiint_{(\mathrm{KO})} \mathrm{d}A \;=\; D_r 4\pi r^2 \;.$$

Das Produkt des Einheitsvektors mit sich selbst ist gleich eins. Das auf der Kugeloberfläche konstante D_r kann vor das Integral gezogen werden, und die Integration aller dA auf der Kugeloberfläche ergibt die Kugeloberfläche. Nun muss noch die in dem von dieser Kugeloberfläche begrenzten Volumen enthaltene Ladung $Q(r)$ bestimmt werden. Dazu ist wieder eine Integration notwendig. Es müssen alle

$$\mathrm{d}Q \;=\; \rho\mathrm{d}V$$

innerhalb des von der Kugeloberfläche mit dem Radius r eingeschlossenen Volumens aufintegriert werden. Wir wählen dV möglichst groß, müssen aber die Bedingung erfüllen, dass innerhalb von dV die Raumladungsdichte konstant ist. Da ρ nur eine Funktion des Radius ist, wählen wir dV in der Form einer Kugelschale mit dem Radius ξ und der Dicke dξ. ξ muss natürlich kleiner gleich r sein. Somit ergibt sich

$$\mathrm{d}V \;=\; 4\pi\xi^2\,\mathrm{d}\xi \qquad \text{und } \mathrm{d}Q \;=\; \rho(\xi)\mathrm{d}V \;=\; \left[\rho_0 - \rho_1\left(\frac{\xi}{a}\right)^2\right] 4\pi\xi^2\,\mathrm{d}\xi \;.$$

Nun werden alle dQ bis zum Radius r aufintegriert mit dem Ergebnis

$$Q(r) \;=\; 4\pi\int_0^r \left[\rho_0 - \rho_1\left(\frac{\xi}{a}\right)^2\right]\xi^2\mathrm{d}\xi \;=\; 4\pi\left[\frac{1}{3}\rho_0\xi^3 - \frac{\rho_1}{5a^2}\xi^5\right]\Bigg|_0^r$$

$$Q(r) \;=\; 4\pi r^3\left[\frac{1}{3}\rho_0 - \frac{1}{5}\rho_1\left(\frac{r}{a}\right)^2\right] \;=\; 4\pi r^2\left[\frac{1}{3}\rho_0 a\left(\frac{r}{a}\right) - \frac{1}{5}\rho_1 a\left(\frac{r}{a}\right)^3\right] \;.$$

Gemäß dem Gauß'schen Satz setzen wir nun dieses $Q(r)$ mit dem Ergebnis für die Integration von $\boldsymbol{D}$ gleich und erhalten deshalb

$$D_r \;=\; \varepsilon_0 E_r \;=\; \frac{1}{3}\rho_0 a\left(\frac{r}{a}\right) - \frac{1}{5}\rho_1 a\left(\frac{r}{a}\right)^3 \qquad 0 \le r \le a \;.$$

Die elektrische Feldstärke ergibt sich durch die Division mit ε_0.

Nun wollen wir das Feld außerhalb der Raumladungskugel bestimmen, d. h., r sei größer als a (s. Bild 1.30 b). Für die Bestimmung des Oberflächenintegrals ändert sich nichts. Es gilt wieder

$$\oint\!\!\!\oint_{(\mathrm{KO})} \boldsymbol{D}\mathrm{d}\boldsymbol{A} \;=\; D_r 4\pi r^2 \;.$$

Alle Kugeloberflächen mit $r > a$ schließen jetzt stets die gleiche Ladung ein; denn im Außenbereich ist keine Ladung vorhanden. Die gesamte eingeschlossene Ladung erhält man aus der oben berechneten Gleichung durch Einsetzen von $r = a$. Somit ist

$$Q_\mathrm{G} \;=\; Q(r=a) \;=\; 4\pi a^3 \left(\frac{1}{3}\rho_0 - \frac{1}{5}\rho_1\right) \;.$$

Für die Feldstärke erhalten wir

$$E_r \;=\; \frac{1}{\varepsilon_0} D_r \;=\; \frac{1}{\varepsilon_0}\left(\frac{1}{3}\rho_0 a - \frac{1}{5}\rho_1 a\right)\frac{a^2}{r^2} \;=\; \frac{Q_\mathrm{G}}{4\pi\varepsilon_0 r^2} \qquad r \;\geq\; a \;.$$

Dieses Ergebnis entspricht dem der Punktladung. Im Bild 1.31 ist der Verlauf von E_r in Abhängigkeit von r dargestellt. Bei $r = a$, dem Übergang der beiden Lösungsbereiche, sind die beiden Ergebnisse gleich.

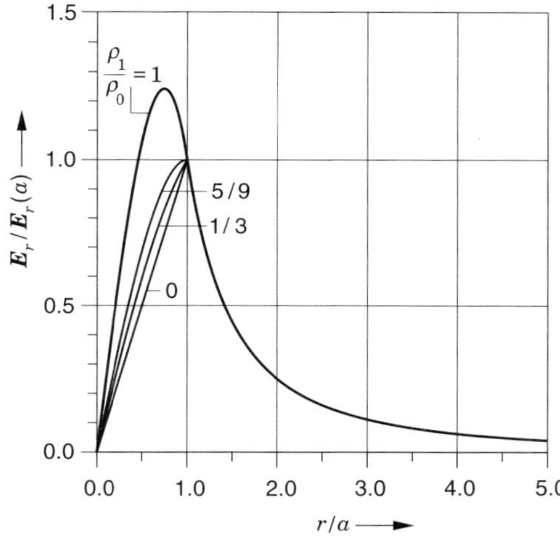

Bild 1.31: *Verlauf der elektrischen Feldstärke, verursacht durch die Raumladungskugel im Bild 1.29, in Abhängigkeit von* r. ρ_0 *und* ρ_1 *wurden positiv angenommen*

Wir wollen nun annehmen, dass die Raumladungskugel auf ihrer Oberfläche noch eine Flächenladung trägt. Die Dichte sei ρ_F. Die gesamte Flächenladung Q_F beträgt dann

$$Q_\mathrm{F} \;=\; 4\pi a^2 \rho_\mathrm{F} \;.$$

Die Feldverhältnisse im Inneren der Raumladungskugel ändern sich nicht. Für den Außenraum müssen wir jetzt aber zu Q_{G} noch Q_{F} hinzuaddieren. Die Feldstärke im Außenraum ist jetzt durch

$$E_r = \frac{Q_{\mathrm{G}} + Q_{\mathrm{F}}}{4\pi\varepsilon_0 r^2} \qquad r > a$$

gegeben.

Der neue Verlauf von E_r ist im Bild 1.32 gezeichnet. Dazu wurde $Q_{\mathrm{F}} = \frac{1}{2} Q_{\mathrm{G}}$ angenommen. $E_r(a)$ ist derselbe Wert wie im Bild 1.31. E_r hat jetzt einen Sprung bei $r = a$.

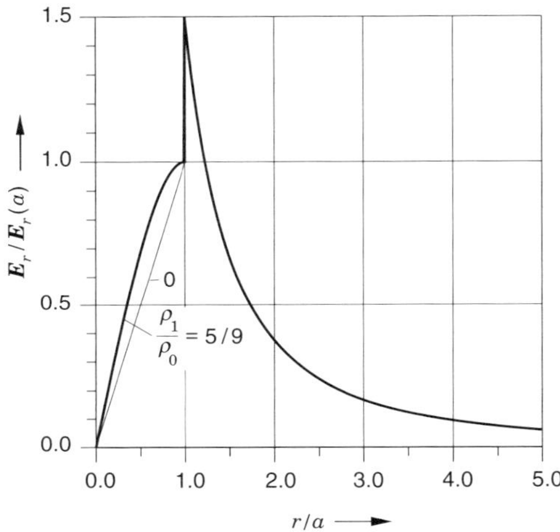

Bild 1.32: *Verlauf der elektrischen Feldstärke, verursacht durch die Raumladungskugel im Bild 1.29, mit zusätzlicher Oberflächenladung*

Dieser ist durch

$$E_r(a_+) - E_r(a_-) = \frac{Q_{\mathrm{F}}}{4\pi\varepsilon_0 a^2}$$

gegeben. Die Änderung von D_r beträgt also

$$D_r(a_+) - D_r(a_-) = \frac{Q_{\mathrm{F}}}{4\pi a^2} = \rho_{\mathrm{F}} \ .$$

wie gemäß der Einführung von $\boldsymbol{D}$ nicht anders zu erwarten war.

Aktivierungselement 1.3

1. Unter welchen Umständen können auf der Oberfläche eines leitenden Körpers gleichzeitig positive und negative Ladungen beobachtet werden?

2. Ein positiv geladener Glasstab ziehe einen leichten Gegenstand an. Muss man daraus schließen, dass letzterer dann negativ geladen ist?

3. Ein positiv geladener Glasstab stoße einen leichten Gegenstand ab. Muss man daraus schließen, dass dieser dann ebenfalls positiv geladen ist?

4. Ist der Fall denkbar, dass eine Feldlinie zwei Punkte auf der Oberfläche eines leitenden Körpers miteinander verbindet?

5. Wie groß ist die Influenzladung auf einem Doppelplättchen in einer aufgeladenen Zweiplattenanordnung?

6. Wie lautet die allgemeine Gleichung zur Berechnung des Flusses eines Vektorfeldes $\boldsymbol{B}$ durch eine bestimmte Fläche A?

7. Formulieren Sie den Gauß'schen Satz (zunächst anschaulich in Worten und dann mathematisch)!

8. Begründen Sie kurz, warum äußerlich neutrale leitfähige Körper in einem elektrischen Feld eine Kraftwirkung erfahren. Welche Eigenschaften hat ein Feld, in dem diese Kraft zu beobachten ist?

9. Zum Faraday'schen Becherversuch: Im Zustand des Bildes 1.22 b wird das Gefäß kurzzeitig mit der Erde (Fernkugel als idealisierte Form der Erde) verbunden. Skizzieren Sie die Ladungsverteilung danach! Ändert sich die Ladungsverteilung, wenn die Erdverbindung wieder gelöst wird?

Aufgaben zur Vertiefung 2

Übung

1.4 In der Umgebung einer geladenen leitenden Kugel mit dem Radius R sei das Potential im Abstand a von der Kugeloberfläche gleich V. (Das Potential im unendlich fernen Raum sei gleich Null.) Bestimmen Sie einen Ausdruck für die Oberflächenladungsdichte ρ_{F}!

1.5 In der in der Skizze dargestellten Zweiplattenanordnung herrsche homogen die elektrische Feldstärke

$$\boldsymbol{E}_0 = \begin{pmatrix} E_x \\ E_y \\ E_z \end{pmatrix} = \begin{pmatrix} 0 \\ -10 \\ 0 \end{pmatrix} \mathsf{kV/cm} \; .$$

Berechnen Sie die Arbeit, die geleistet werden muss, um eine Ladung $Q = 1\mu$C

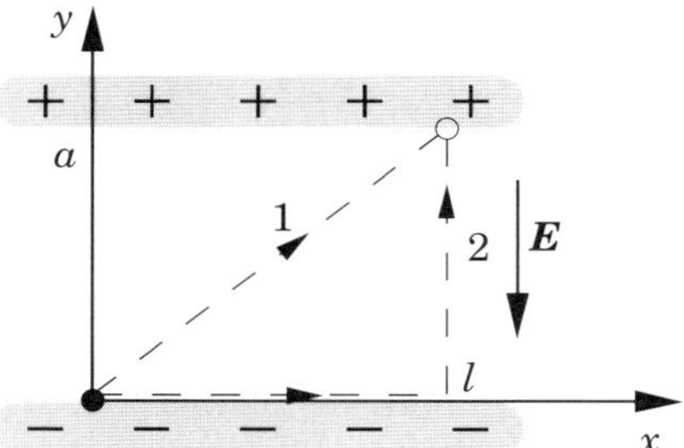

vom Punkt $\mathrm{P}_1(0,0,0)$ zum Punkt $\mathrm{P}_2(l,a,0)$ zu bewegen! Integrieren Sie zur Übung einmal über den direkten, schrägen Weg und einmal über den eckigen Weg entlang den Koordinatenachsen!

1.6 Eine *ungeladene* Metallkugel werde in das Feld einer Punktladung gebracht, dabei aber *isoliert* gehalten.

a) Wie groß ist der Fluss durch eine geschlossene Fläche, welche die Punktladung *und* die Metallkugel umschließt?

b) Wie groß ist die gesamte auf der Oberfläche der Metallkugel influenzierte Ladungsmenge?

Theoretische Vertiefung

1.7 Mit welcher Kraft ziehen sich zwei parallele Stäbe der Länge l und des Abstandes a an, wenn sie die Ladungen Q und $-Q$ tragen? Die Stäbe sollen dabei als unendlich dünn angenommen werden. Das Randfeld soll vernachlässigt werden (d. h., man kann die Stäbe als Ausschnitte zweier unendlich langer Stäbe betrachten).

Praktische Anwendung

1.8 Warum stellt das Innere der Karosserie eines Kraftfahrzeuges oder eines Flugzeuges während eines Gewitters einen gewissen Blitzschutz dar?

1.9 Kann der Blitzschutzeffekt beim Kraftfahrzeug durch eine leitende Verbindung zur Erde verbessert werden?

Vororientierung zur Kurseinheit 3

Motivation

In dieser Einheit wird Ihnen erstmalig in diesem Kursus ein wichtiges Bauelement der Elektrotechnik vorgestellt. Sie lernen den Kondensator, seine Charakterisierung durch die Kapazität und deren Berechnung kennen.

Weiterhin beschäftigen wir uns mit der Energie im elektrischen Feld. Wir bestimmen die Energiedichte und zeigen, wie man aus der Energie mit einem allgemein gültigen Prinzip die Kraftwirkung berechnen kann.

Als Anwendung der Kraftwirkung werden die Bauprinzipien einiger elektrostatischer Spannungsmesser beschrieben.

Schließlich behandeln wir den Einfluss von isolierenden Stoffen (Dielektrika) auf das Feld. Solche Stoffe haben eine große technische Bedeutung, z. B. für die Herstellung von Kondensatoren oder als Isolatoren in elektrischen Einrichtungen. Wir bestimmen das Feld im Inneren des Dielektrikums und sein Verhalten auf der Grenzfläche. Um eine Erklärung für die elektrischen Eigenschaften der Stoffe zu finden, betrachten wir ihre Veränderungen im atomaren Bereich durch das elektrische Feld.

Voraussetzung

Vorausgesetzt werden für diese Einheit die Inhalte der vorangegangenen Einheiten und die dort genannten mathematischen Kenntnisse.

Lernzyklus 1.4

Studienziele

Nach dem Durcharbeiten dieses Lernzyklus sollen Sie in der Lage sein,

- den Begriff Kapazität zu erläutern und die allgemeine Berechnungsgleichung anzugeben;
- die Kapazität einfacher Kondensatoranordnungen zu berechnen;
- die wirksame Gesamtkapazität der Zusammenschaltung von Kondensatoren anzugeben;
- die Spannungsaufteilung für in Reihe geschaltete und die Ladungsaufteilung für parallel geschaltete Kondensatoren zu bestimmen.

1.7 Die Kapazität

1.7.1 Begriff und Berechnungsgleichung

Bei einer Anordnung, in der ein elektrisches Feld existiert, interessiert oft nicht die genaue Verteilung der Feldstärke und des elektrostatischen Potentials, sondern vielmehr die Größen, die das Gesamtfeld von außen her charakterisieren.

Integrale Größen des Feldes

Als solche Größen haben wir die elektrische Spannung und die elektrische Ladung kennen gelernt. Bei beiden handelt es sich um integrale Größen, d. h., sie werden durch Aufsummierung des Feldverhaltens längs einer Linie bzw. auf einer geschlossenen Fläche bestimmt. Wir wollen nun untersuchen, welcher Zusammenhang zwischen diesen beiden Größen besteht. Dazu betrachten wir als Beispiel eine Parallelplattenanordnung (s. Bild 1.33). Die Platten haben die Fläche A, ihre Form ist beliebig.

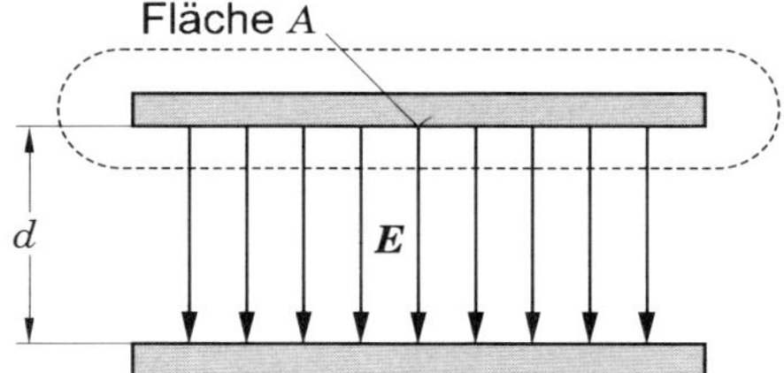

Bild 1.33: *Idealisiertes Feld in einer Zweiplattenanordnung*

Die Ladungen auf ihnen seien entgegengesetzt gleich groß. Der Einfachheit halber nehmen wir an, dass im gesamten Bereich zwischen den Platten ein homogenes Feld vorliegt und dass das Streufeld außerhalb vernachlässigbar klein ist. Diese Verhältnisse werden näherungsweise dann erreicht, wenn der Abstand d wesentlich kleiner als die Querabmessungen der Platte ist. Die Spannung zwischen den Platten beträgt dann

$$U = |\boldsymbol{E}|d \ ,$$

und der Gauß'sche Satz ergibt für die positiv geladene Platte die Ladung

$$Q = \varepsilon_0 |\boldsymbol{E}| A \ .$$

Verknüpfen wir beide Gleichungen, indem wir $|\boldsymbol{E}|$ in der zweiten mit Hilfe der ersten ersetzen, so erhalten wir

$$Q = \frac{\varepsilon_0 A}{d} U \ . \tag{1.39}$$

Spannung und Ladung sind also einander direkt proportional. Den Proportionalitätsfaktor wollen wir mit C bezeichnen. Er ist nur von der Geometrie der Anordnung und vom Stoff im Feldraum abhängig. Wir können allgemein, d. h. unabhängig vom betrachteten Beispiel,

Definition der Kapazität

$$Q = CU \tag{1.40}$$

schreiben. Erhöhen wir die Spannung in der Anordnung, dann erhöht sich auch die Ladung. Oder anders ausgedrückt: Bei einer gegebenen Spannung kann jede der beiden Platten einer Anordnung nur eine bestimmte, durch Gl. (1.40) gegebene Ladungsmenge aufnehmen. Diese Ladungsmenge ist umso größer, je größer C ist. Man bezeichnet C deshalb als *Kapazität* (= Aufnahmefähigkeit) der Anordnung.

Die Kapazität einer allgemeinen Anordnung aus zwei leitenden Körpern im freien Raum (s. Bild 1.34) lässt sich wie folgt berechnen: Wir teilen den beiden Körpern

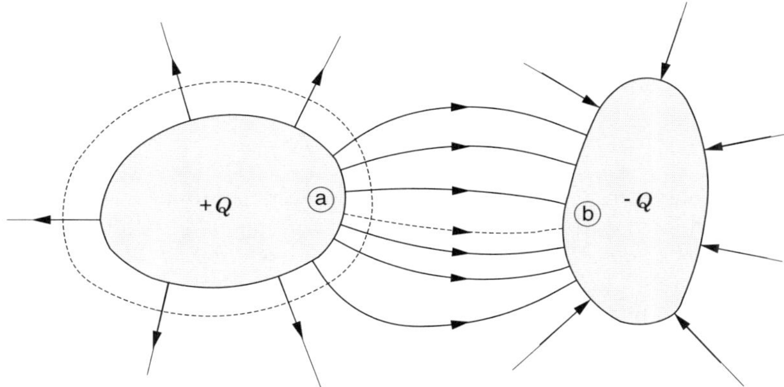

Bild 1.34: *Zur Berechnung der Kapazität zwischen zwei leitenden Körpern*

zwei entgegengesetzt gleichgroße Ladungen Q mit. Dann enden alle Feldlinien, die vom Leiter mit $+Q$ ausgehen, auf dem Leiter mit $-Q$. Die Kapazität erhalten wir nun aus Gl. (1.40) durch Einsetzen der Gln. (1.34) und (1.19) für Q und U:

Allgemeine Bestimmungsgleichung der Kapazität

$$C = \frac{Q}{U} = \frac{\oint\limits_{A} \boldsymbol{D}\mathrm{d}\boldsymbol{A}}{\int\limits_{a}^{b} \boldsymbol{E}\mathrm{d}\boldsymbol{s}} \,. \tag{1.41}$$

Legen wir die Fläche A um den Leiter mit der positiven Ladung (wie im Bild 1.34), dann ist das Linienintegral längs einer Linie, die sich vom positiv zum negativ geladenen Leiter hin erstreckt, zu berechnen. Für die Kapazität C ergibt sich somit stets ein positiver Wert. Die Dimension der Kapazität ist gegeben durch

$$\mathsf{dim}[C] = \frac{\mathsf{dim}[Q]}{\mathsf{dim}[U]} = \frac{\mathsf{I}^2\mathsf{T}^4}{\mathsf{ML}^2} \,.$$

Ihre abgeleitete Einheit ergibt sich zu

Einheit der Kapazität

$$[C] = \frac{[Q]}{[U]} = \frac{\mathsf{C}}{\mathsf{V}} = \frac{\mathsf{As}}{\mathsf{V}}\ .$$

Da die Größe Kapazität sehr oft vorkommt, hat man dieser Einheit nach dem englischen Physiker MICHAEL FARADAY den Namen Farad (F) gegeben. Die Kapazität 1 F wird von gewöhnlichen Anordnungen bei weitem nicht erreicht. Als Beispiel möge die Anordnung nach Bild 1.33 mit $d = 1$ mm und $A = 10$ cm^2 dienen. Es ergibt sich dafür:

$$\begin{aligned} C &= \varepsilon_0 \frac{A}{d} = 8{,}854 \cdot 10^{-12} \frac{\mathsf{As}}{\mathsf{Vm}} \cdot \frac{10\mathsf{cm}^2}{1\mathsf{mm}} = 8{,}854 \cdot 10^{-12}\ \mathsf{F} \\ C &= 8{,}854\ \mathsf{pF}\ . \end{aligned}$$

Existiert zwischen den Platten ein Feld mit einer Spannung von 100 V, dann trägt jede Platte einen Ladungsbetrag von

$$Q = 885{,}4 \cdot 10^{-12}\ \mathsf{As}\ .$$

Diese Ladung setzt sich aus einzelnen Elementarladungen der Größe e (s. Gl. (1.2)) zusammen. Es folgt daraus, dass jeder Quadratmillimeter der Plattenfläche immerhin mit $5{,}53 \cdot 10^6$ Überschusselektronen oder Elektronenfehlstellen belegt ist. Diese hohe Zahl erlaubt es uns, in unserer makroskopischen Betrachtungsweise von einer kontinuierlichen Ladungsbelegung zu sprechen.

1.7.2 Kondensatoren und Beispiele für die Kapazitätsberechnung

In der gesamten Elektrotechnik benötigt man Anordnungen aus zwei voneinander isolierten metallischen Körpern, zwischen denen sich ein elektrisches Feld ausbilden kann. Solche Anordnungen, die man *Kondensatoren* nennt, dienen zur Speicherung elektrischer Energie. Kondensatoren werden je nach Anwendung in den verschiedensten Formen und mit den unterschiedlichsten festen Kapazitätswerten gefertigt. Sie sind als Bauelemente auf dem Markt erhältlich. Die Fotos in den Bildern 1.35 bis 1.38 zeigen verschiedene Ausführungsformen: Trimm- und Drehkondensatoren im Bild 1.35, Elektrolytkondensatoren im Bild 1.36, keramische Scheiben- und Rohrkondensatoren im Bild 1.37 und Wickelkondensatoren im Bild 1.38.
In den meisten Fällen wird als Dielektrikum zwischen den Metallteilen ein anderer Isolierstoff als Luft verwendet. (Wir werden das elektrische Feld mit Stoffeinsätzen im Lernzyklus 1.6 behandeln.)

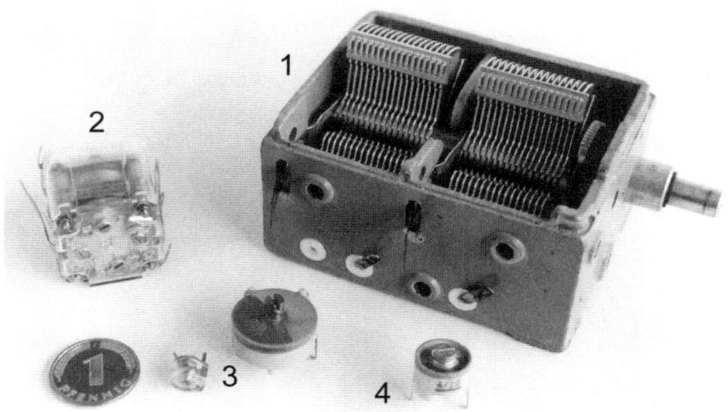

Bild 1.35: *Trimm- und Drehkondensatoren*

(1) Doppeldrehkondensator

*(2) 4-fach–Drehkondensator + 4-fach–Trimmkondensator (2*UKW, 2*LMK)*

(3) Trimmkondensator (Folien-)

(4) Trimmkondensator (keramisch)

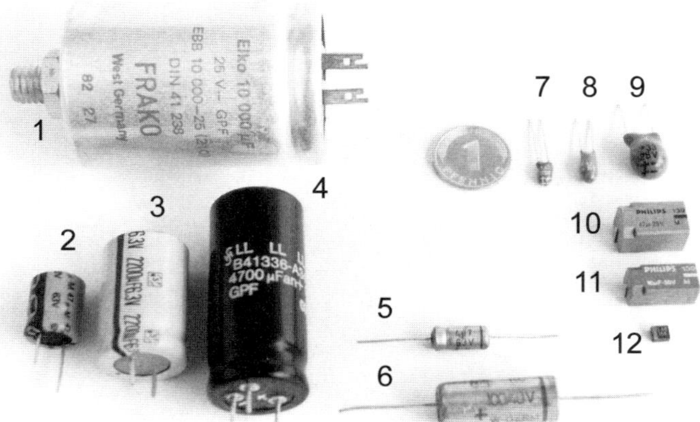

Bild 1.36: *Elektrolytkondensatoren (Elkos) für hohe Kapazitätswerte*

Das Dielektrikum wird hier durch eine Oxidschicht zwischen dem Aluminiumfolienwickel und einem Elektrolyten gebildet. Da die Oxidschicht sehr dünn ist, können sehr hohe Kapazitätswerte erreicht werden.

Die kleinen Perlen *(7-9) sind Tantal-Elkos. Bei ihnen bildet sich die Oxidschicht zwischen einem porösen Körper (Oberfläche groß!) und dem Elektrolyten.*

Bei den Bauelementen 10-12 handelt es sich um SMD-Bauteile.[15)]

15 SMD = surface mounted device.

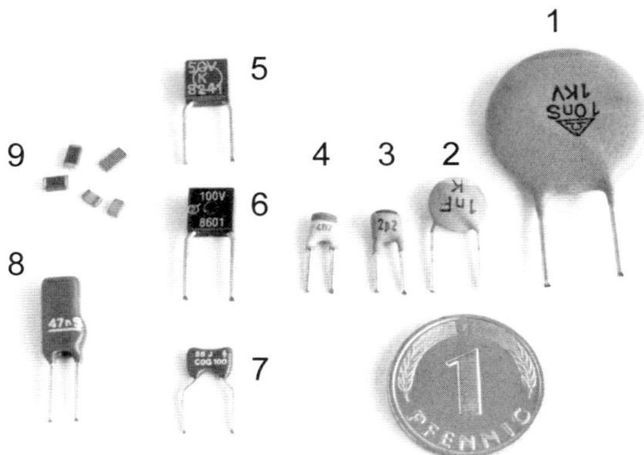

Bild 1.37: *Keramische Scheiben- und Rohrkondensatoren*

vorwiegend für Hochfrequenzanwendungen wegen kleiner Induktivitäten und kleiner Verluste

(1)-(7) Scheibenkondensatoren

(8) Rohrkondensator

(9) SMD-Bauteile

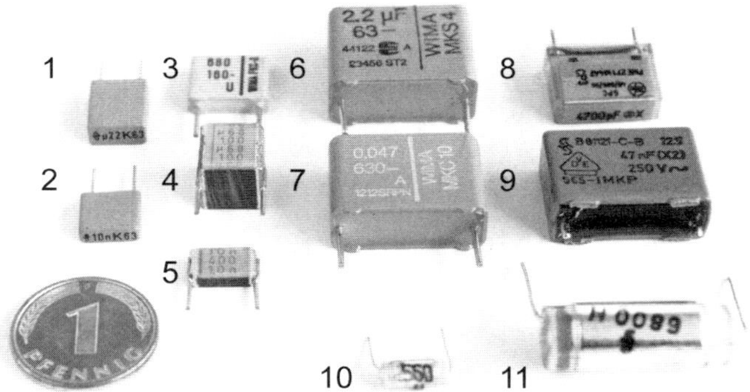

Bild 1.38: *Kunststoffolien-Wickelkondensatoren*

Die Anschlussdrähte sind teilweise zum Einbau in gedruckte Schaltungen ausgebildet. Deutlich ist die Abhängigkeit des Volumens von der Kapazität und der zulässigen Spannung erkennbar.

(1)-(5) Schichtkondensator

(6)-(9) Wickelkondensator

(10)-(11) Styroflex–Wickelkondensator (geringe Verluste, stabile Kapazitätswerte)

Anwendung

Zur Frequenzabstimmung in manchen Rundfunkgeräten werden Kondensatoren mit veränderlicher Kapazität in Form von Drehkondensatoren (s. Bild 1.39) benutzt. In praktischen Ausführungen sind die Abstände der Platten wesentlich geringer. Die

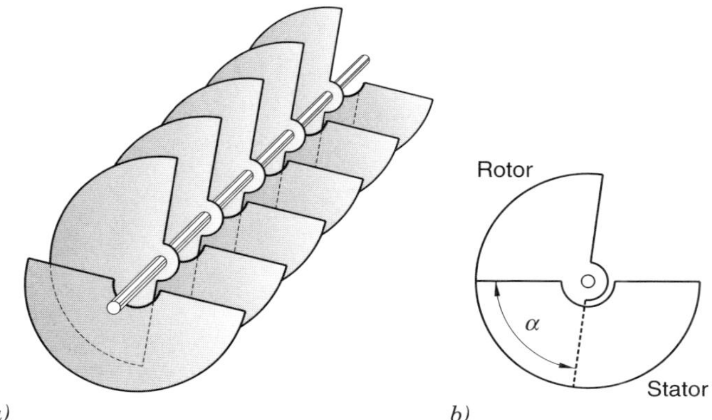

Bild 1.39: *Prinzip des Drehkondensators*

Kapazität dieser Anordnung wird umso größer, je weiter die Rotorplatten in den Stator hineingedreht werden. Die Art des Kapazitätsanstieges mit dem Drehwinkel α ist von der Form der Rotorplatten abhängig. Diese können so ausgebildet sein, dass C mit α linear oder exponentiell oder auch so zunimmt, dass für die Senderabstimmung entweder eine in Wellenlängen oder in Frequenzen lineare Skala möglich wird. Die Gesamtkapazität gebräuchlicher Drehkondensatoren liegt bei 500 pF (Mittelwellenbereich) bzw. 20 pF (UKW).

Mit Gl. (1.41) haben wir zwar die exakte Bestimmungsgleichung für die Kapazität eines Kondensators. In den meisten Fällen müssen wir aber zur Berechnung des Feldes vereinfachende Annahmen treffen, so dass wir für die Kapazität auch nur Näherungslösungen erhalten. Dies hatten wir bereits bei der einfachen Anordnung des Plattenkondensators (s. Bild 1.33) so gehandhabt. Eine Anordnung, die sich exakt berechnen lässt, ist der Kugelkondensator (s. Bild 1.40). Er ergibt sich, wenn

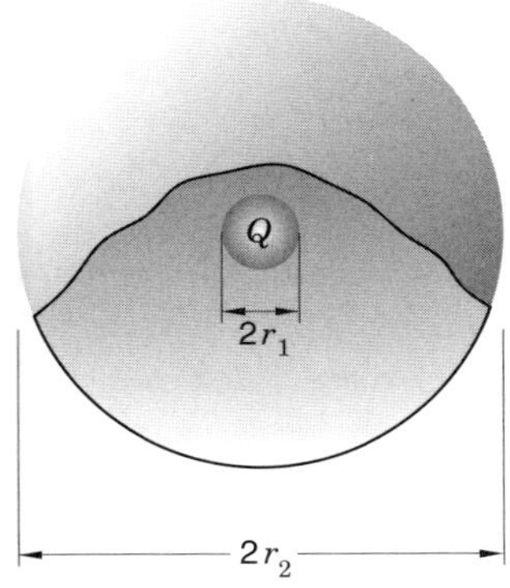

Bild 1.40: *Kugelkondensator*

wir im Bild 1.18 a zwei Äquipotentialflächen durch Metallflächen ersetzen, die dann noch nach innen bzw. nach außen mit Metall verstärkt werden. Zur Berechnung der Spannung zwischen innerer Kugel und äußerer Hohlkugel verwenden wir Gl. (1.24) mit $k = \frac{1}{4\pi\varepsilon_0}$. Es ist

$$U = \Phi(r_1) - \Phi(r_2) = \frac{Q}{4\pi\varepsilon_0}\left(\frac{1}{r_1} - \frac{1}{r_2}\right)$$

und somit

$$C = \frac{Q}{U} = 4\pi\varepsilon_0 \frac{r_1 r_2}{r_2 - r_1} = 4\pi\varepsilon_0 r_1 \frac{1}{1 - \frac{r_1}{r_2}} . \tag{1.42}$$

Interessant ist der Fall $r_2 \gg r_1$. Dann kann r_1/r_2 gegenüber der 1 im Nenner vernachlässigt werden, und man erhält die Kapazität

Kapazität einer Kugel

$$C = 4\pi\varepsilon_0 r_1 \tag{1.43}$$

einer Kugel mit dem Radius r gegenüber dem unendlich fernen Raum.

Feldstärke und Leiterform

Mit diesem Ergebnis kann man sich durch ein einfaches Modell leicht klarmachen, dass auf einem Leiter die Feldstärke dort am größten ist, wo die Leiteroberfläche am stärksten gekrümmt, der Krümmungsradius also am kleinsten ist. Wir betrachten dazu den leitenden Körper im Bild 1.41 a. Zur näherungsweisen Bestimmung des Verhältnisses der Feldstärken $|\boldsymbol{E}_\mathrm{a}|$ und $|\boldsymbol{E}_\mathrm{b}|$ benutzen wir das stark idealisierte Modell im Bild 1.41 b. Die beiden Kugeln sind leitend miteinander verbunden, damit

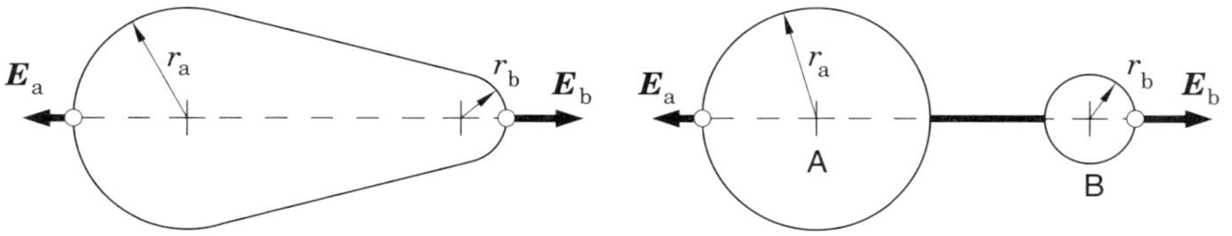

a) leitender Körper *b) Modell aus zwei leitenden Kugeln*

Bild 1.41: *Leitender Körper (a) und eine Modellbildung (b)*

sie gleiches Potential U haben. Wir wollen noch vereinfachend annehmen, dass die Ladungen auf den Kugeln jeweils gleichmäßig verteilt sind. Dies trifft natürlich nur annähernd zu, da sich die Kugeln gegenseitig beeinflussen. Für eine Abschätzung können wir aber so verfahren. Mit Gl. (1.43) betragen die Ladungen der Kugeln A und B

$$\begin{aligned} Q_\mathrm{A} &= 4\pi\varepsilon_0 r_\mathrm{a} U \\ Q_\mathrm{B} &= 4\pi\varepsilon_0 r_\mathrm{b} U . \end{aligned}$$

Da das Feld an der Oberfläche proportional der Oberflächenladungsdichte ist, folgt

$$\frac{|\boldsymbol{E}_\mathrm{a}|}{|\boldsymbol{E}_\mathrm{b}|} = \frac{\dfrac{4\pi r_\mathrm{a} U}{4\pi r_\mathrm{a}^2}}{\dfrac{4\pi r_\mathrm{b} U}{4\pi r_\mathrm{b}^2}} = \frac{r_\mathrm{b}}{r_\mathrm{a}} .$$

Die Feldstärken sind also umgekehrt proportional zu den Krümmungsradien.

Kapazität eines Zylinderkondensators

Als letztes Beispiel zur Kapazitätsberechnung betrachten wir den Zylinderkondensator bzw. ein Stück einer Koaxialleitung (s. Bild 1.42). Der Innenleiter möge mit der Oberflächenladungsdichte ρ_F belegt sein. Diese ist infolge der Symmetrie an jeder Stelle des Innenleiters gleich groß. Die elektrische Feldstärke bestimmen wir mit

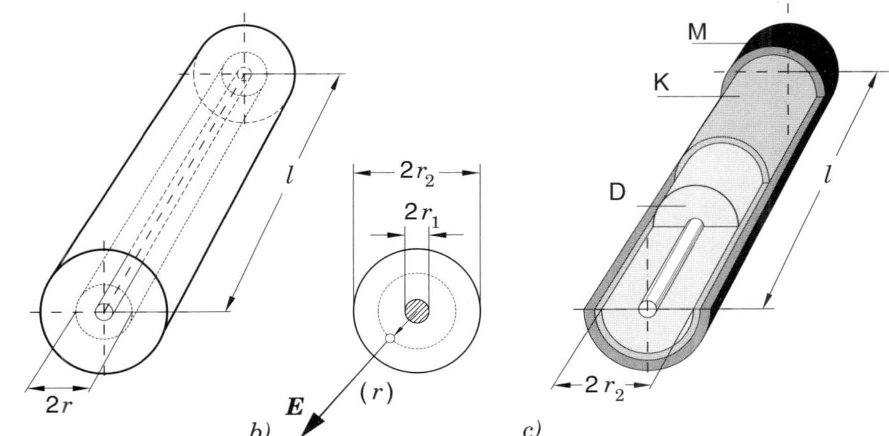

Bild 1.42: *Koaxialleitung (a) mit Querschnitt (b) und praktische Ausführung (c): Dielektrikum (D), Kupfergeflecht (K), Kunststoffmantel (M)*

Hilfe des Gauß'schen Satzes, den wir auf den im Bild 1.42 a gepunktet gezeichneten Zylinder anwenden. Auf diesem Zylinder hat die elektrische Feldstärke aufgrund der Zylindersymmetrie überall den gleichen Betrag und ist radial nach außen gerichtet, wenn man ρ_F positiv annimmt. Somit liefern die Endflächen dieses Zylinders keinen Beitrag zum Fluss. Der Fluss durch die Mantelfläche folgt aus Gl. (1.34):

$$\varepsilon_0 |\boldsymbol{E}| 2\pi r l = \rho_\mathrm{F} 2\pi r_1 l = Q .$$

Also ist

$$|\boldsymbol{E}| = \frac{\rho_\mathrm{F}}{\varepsilon_0} \frac{r_1}{r} . \tag{1.44}$$

Die Feldstärke nimmt im Vergleich zum Kugelkondensator (bzw. zur Punktladung) mit wachsendem r langsamer ab. Für die Spannung zwischen Innen- und Außenleiter erhalten wir

$$U = \frac{\rho_{\mathrm{F}}}{\varepsilon_0} r_1 \int_{r_1}^{r_2} \frac{\mathrm{d}r}{r} = \frac{\rho_{\mathrm{F}}}{\varepsilon_0} r_1 \ln\left(\frac{r_2}{r_1}\right) .$$

Die Kapazität eines Abschnittes der Länge l ergibt sich somit zu

$$C = \frac{2\pi\varepsilon_0 l}{\ln\left(\frac{r_2}{r_1}\right)} . \tag{1.45}$$

Wenn man die Streufelder an den Enden vernachlässigt, ist dies auch der Kapazitätswert des Zylinderkondensators, der sich durch Herausschneiden eines Abschnittes der Länge l aus der Koaxialleitung ergibt. Wir haben bei diesen Berechnungen angenommen, dass der Raum zwischen Innen- und Außenleiter aus Vakuum besteht bzw. mit Luft gefüllt ist. In praktischen Koaxialleitungen ist dieser Zwischenraum meist mit einem Dielektrikum ausgefüllt (s. Bild 1.42 c). In Gl. (1.45) ist ε_0 dann durch die Permittivität $\varepsilon = \varepsilon_r \varepsilon_0$ des Dielektrikums zu ersetzen.

Sowohl beim Kugel- als auch beim Zylinderkondensator haben wir die Symmetriebedingungen ausgenutzt und damit die Felder leicht berechnen können. Solche Vorstellungen über die Form des Feldes aufgrund der gegebenen Geometrie der Anordnung helfen uns oft bei dessen Berechnung.

1.7.3 Zusammenschaltung von Kondensatoren

Parallelschaltung

Kondensatoren, für die man als Symbol unabhängig von der tatsächlichen Form und Bauweise den Schnitt eines Plattenkondensators zeichnet, können auf zweierlei Weise miteinander verbunden werden. Bei der Parallelschaltung (s. Bild 1.43) werden die *Platten* mit gleichnamigen Ladungen miteinander verbunden. An allen Kondensatoren liegt dann die gleiche Spannung U.

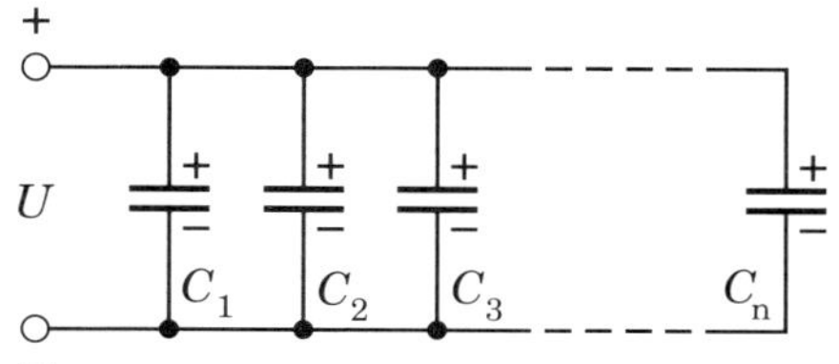

Bild 1.43: *Parallelschaltung von Kondensatoren*

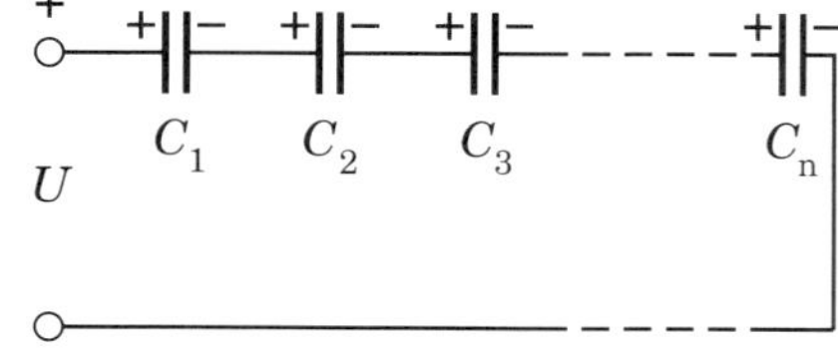

Bild 1.44: *Reihenschaltung von Kondensatoren*

Die Ladung beispielsweise der oberen Platte des i-ten Kondensators beträgt $Q_i = C_i U$. Die Gesamtladung aller zusammengeschalteten Platten einer Seite ergibt sich als Summe der Einzelladungen

$$Q_{\text{ges}} = \sum_{i=1}^{n} Q_i = U \sum_{i=1}^{n} C_i = U C_{\text{ges}} \ .$$

Somit ist die Gesamtkapazität der Parallelschaltung

$$C_{\text{ges}} = \sum_{i=1}^{n} C_i \ . \tag{1.46}$$

Bei der Parallelschaltung von Kondensatoren addieren sich die Kapazitäten der einzelnen Kondensatoren zur Gesamtkapazität.

Reihenschaltung

Nun betrachten wir die Reihenschaltung (s. Bild 1.44): Sind die Kondensatoren vor dem Zusammenschalten ungeladen, dann muss nach dem Zusammenschalten jede der Kondensatorplatten betragsmäßig die gleiche Ladung tragen. Jeweils miteinander verbundene Platten müssen ungleichnamige Ladungen tragen (man mache sich dies klar durch Anwendung des Gauß'schen Satzes auf mehrere geschlossene Oberflächen!). Die Feldstärke ist im Bild in jedem Kondensator von links nach rechts gerichtet. Die Gesamtspannung ist die Summe der Einzelspannungen $U_i = Q/C_i$:

$$U = \sum_{i=1}^{n} U_i = Q \sum_{i=1}^{n} \frac{1}{C_i} = Q \frac{1}{C_{\text{ges}}} \ .$$

Die Gesamtkapazität der Reihenschaltung ergibt sich also aus

$$\frac{1}{C_{\text{ges}}} = \sum_{i=1}^{n} \frac{1}{C_i} \ . \tag{1.47}$$

Bei der Reihenschaltung von Kondensatoren addieren sich die Kehrwerte der Kapazitäten der einzelnen Kondensatoren zum Kehrwert der Gesamtkapazität.

Voraussetzung für die Ergebnisse der Gln. (1.46) und (1.47) ist, dass die Feldformen der Kondensatoren durch die Zusammenschaltung nicht verändert werden. Eine Änderung kann dann geschehen, wenn sich die Streufelder gegenseitig beeinflussen.

Mit den beiden Ergebnissen für die Parallel- und Reihenschaltung können wir nun zum Beispiel für die Zusammenschaltung im Bild 1.45 die Gesamt- oder Ersatzkapazität zwischen den beiden Anschlusspunkten A und B angeben. Sowohl C_1 und C_2 als auch C_3 und C_4 sind parallel geschaltet, und beide Parallelschaltungen sind

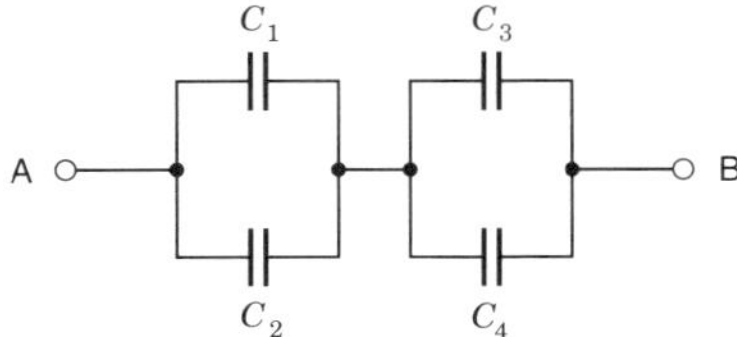

Bild 1.45: *Einfaches Kondensatornetzwerk*

wiederum hintereinander-, d. h. in Reihe, geschaltet. Somit ist

$$C_{\mathrm{AB}} = \frac{1}{\dfrac{1}{C_1 + C_2} + \dfrac{1}{C_3 + C_4}} = \frac{(C_1 + C_2)(C_3 + C_4)}{C_1 + C_2 \; + \; C_3 + C_4} \; .$$

Im Bild 1.46 ist ein Beispiel für eine kompliziertere Zusammenschaltung von Kondensatoren dargestellt. Wie man Kondensator- (oder Kapazitäts-) Netzwerke analysieren, d. h. wie man die Ladungen und Spannungen an den einzelnen Kondensatoren bestimmen kann, werden wir am Ende des Kapitels über elektrische Netzwerke behandeln.

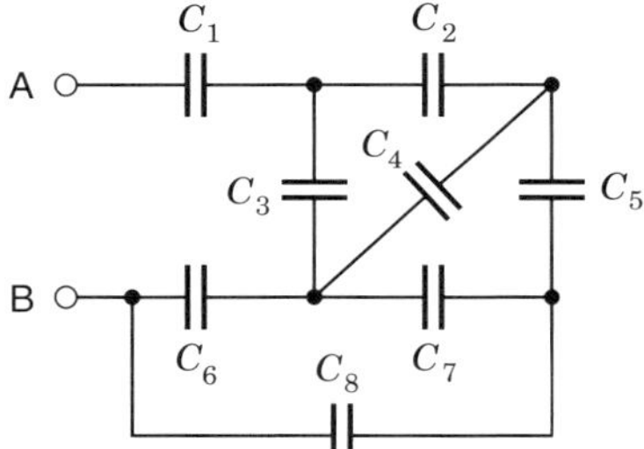

Bild 1.46: *Zusammenschaltung von Kondensatoren in einem Kondensatornetzwerk*

Aktivierungselement 1.4

1. Geben Sie die allgemeine Gleichung für die Berechnung der Kapazität von elektrostatischen Feldanordnungen an, und demonstrieren Sie die Berechnung am Beispiel eines idealisierten Plattenkondensators!

2. Welche Fläche muss ein Plattenkondensator im Vakuum haben, wenn sein Plattenabstand 1 mm und die Kapazität 1 nF (10^{-9}F) betragen soll?

3. Berechnen Sie die Gesamtkapazität zwischen den Anschlüssen A und B in der folgenden Schaltung!

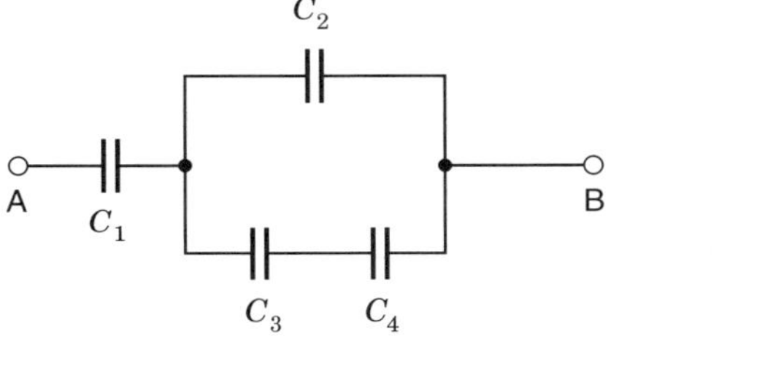

$$C_1 = 10\ \mathsf{nF}$$
$$C_2 = 8\ \mathsf{nF}$$
$$C_3 = 6\ \mathsf{nF}$$
$$C_4 = 3\ \mathsf{nF}$$

4. In vorgenannter Schaltung herrsche zwischen den Klemmen A und B die Spannung $U = 1\,\mathsf{kV}$. Welche Ladungen Q_1 bis Q_4 tragen die einzelnen Kondensatoren, wenn diese vor Anlegen der Spannung alle entladen waren?

5. Welche der unten aufgeführten Größen sind integrale Größen des elektrostatischen Feldes?

   (a) Kapazität C

   (b) Feldstärke $\boldsymbol{E}$

   (c) Spannung U

   (d) Oberflächenladungsdichte ρ_{F}

   (e) Potential Φ

   (f) Ladung Q

6. Nichtzutreffendes streichen!

   (a) Die Gesamtkapazität einer Reihenschaltung von Kondensatoren ist größer/kleiner als die größte/kleinste beteiligte Einzelkapazität.

   (b) Die Gesamtkapazität einer Parallelschaltung von Kondensatoren ist größer/kleiner als die größte/kleinste beteiligte Einzelkapazität.

Lernzyklus 1.5

Studienziele

Nach dem Durcharbeiten dieses Lernzyklus sollen Sie in der Lage sein,

- den Zusammenhang zwischen gespeicherter Energie und Arbeitsaufwand zum Aufbau des Feldes zu erläutern;
- die gespeicherte Energie in einem System von Punktladungen anzugeben;
- die gespeicherte Energie in einem Kondensator und die Energiedichte im elektrischen Feld allgemein herzuleiten;
- mit dem Prinzip der virtuellen Verschiebung zu arbeiten;
- das Prinzip der elektrostatischen Spannungsmesser zu erläutern;
- den elektrischen Dipol und sein Verhalten im elektrischen Feld zu beschreiben.

1.8 Energie und Kräfte im elektrostatischen Feld

1.8.1 Energie und Energiedichte

In unseren ersten Versuchen hatten wir durch Reiben Ladungen voneinander getrennt. Die entgegengesetzten Ladungen ziehen einander an (Coulomb'sches Gesetz). Zur Trennung der Ladungen muss daher mechanische Arbeit aufgewendet werden. Nach dem Energieerhaltungsprinzip muss sich diese in irgendeiner anderen Form wiederfinden. Diese Energieform ist die *elektrische Feldenergie*, die in dem um die Ladungen erregten Raum, also im elektrischen Feld, gespeichert wird.

Energie im Feld von Punktladungen

Für zwei oder mehrere Punktladungen können wir die gespeicherte Energie sehr einfach bestimmen. Die Arbeit, die wir verrichten müssen, um eine Ladung der Größe Q_2 aus dem Unendlichen bis auf den Abstand r_{12} an eine Ladung Q_1 heranzubringen, erhalten wir mit Hilfe der Gleichungen im Abschnitt 1.4. Die vom Feld aufgenommene Energie W_E ist gleich dieser Arbeit. Man beachte, dass im Abschnitt 1.4 die Arbeit berechnet wurde, die das Feld verrichtet.

Es ist somit

$$W_\mathrm{E} = -W = -Q_2(\Phi_1(\infty) - \Phi_1(r_{12}))\ ,$$

also

$$W_\mathrm{E} = \frac{Q_1 Q_2}{4\pi\varepsilon_0 r_{12}}\ . \tag{1.48}$$

Wird eine weitere Ladung Q_3 aus dem Unendlichen herangeholt, dann muss Arbeit gegen die von Q_1 und Q_2 auf Q_3 wirkende Gesamtkraft aufgebracht werden. Da sich die Gesamtkraft durch lineare Überlagerung der Einzelkräfte ergibt, erhält man die Gesamtarbeit durch Addition der Teilarbeiten, die zu verrichten wären, wenn jeweils nur die Ladung Q_1 oder Q_2 vorhanden wäre. Entsprechendes gilt, wenn wir weitere Ladungen heranholen. Bei n Ladungen mit den Abständen r_{ik} zwischen Q_i und Q_k gilt dann für die gespeicherte Energie

$$W_\mathrm{E} = \sum_{i=1}^{n} \sum_{k=i+1}^{n} \frac{Q_i Q_k}{4\pi\varepsilon_0 r_{ik}} = \frac{1}{2} \sum_{i=1}^{n} \sum_{\substack{k=1\\ k\neq i}}^{n} \frac{Q_i Q_k}{4\pi\varepsilon_0 r_{ik}}\ . \tag{1.49}$$

Die elektrostatische Gesamtenergie eines Systems aus n Ladungen ist gleich der Summe der Energien aller möglichen Ladungspaare.

Es ist somit auch gleichgültig, in welcher Reihenfolge man die Ladungen heranholt.

Energie eines Kugelkondensators

Zur Berechnung der Energie in einem Kugelkondensator können wir ganz entsprechend verfahren. Zunächst bestimmen wir die Energie des Feldes der Anordnung ohne die äußere Hohlkugel, d. h. der geladenen inneren Kugel allein. Die Kugel möge bereits die Ladung q tragen. Sie hat dann gegenüber dem Unendlichen nach Gl. (1.24) das Potential

$$\Phi(q) = \frac{q}{4\pi\varepsilon_0 r_1} \; .$$

Vergrößern wir nun die Ladung durch die infinitesimal kleine Ladungsmenge $\mathrm{d}q$, die wir wieder aus dem Unendlichen herbeischaffen, dann nimmt die Energie des Feldes um

$$\mathrm{d}W_\mathrm{E} = \Phi(q)\mathrm{d}q = \frac{1}{4\pi\varepsilon_0 r_1} q\mathrm{d}q$$

zu. Die Gesamtenergie erhalten wir durch Aufsummieren aller $\mathrm{d}W_\mathrm{E}$, also

$$W_\mathrm{E} = \int_0^{W_\mathrm{E}} \mathrm{d}W_\mathrm{E} = \frac{1}{4\pi\varepsilon_0 r_1} \int_0^Q q\mathrm{d}q = \frac{1}{8\pi\varepsilon_0 r_1} Q^2 \; . \qquad (1.50)$$

Zur Berechnung der Energie des Kugelkondensators müssten wir nun die Gegenladungen vom Unendlichen auf die leitend gedachte Fläche am Ort der Innenseite der Hohlkugel heranholen. Wir wollen das aber nicht tun, sondern durch einfache physikalische Überlegungen das Ergebnis finden. Wir fügen am entsprechenden Ort eine ungeladene leitende Hohlkugel ein (s. Bild 1.47 a). Durch die Ausbildung der Influenzladungen bleibt das Feld im gesamten Raum unverändert.

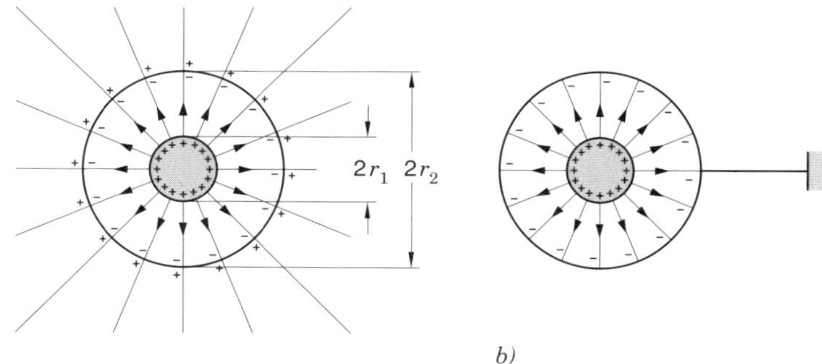

Bild 1.47: *Zur Bestimmung der Energie eines Kugelkondensators aus dem Feld einer geladenen Kugel*

Das Feld im Außenraum $r > r_2$ wird nun durch die Ladungen der Gesamtgröße Q auf der Außenfläche der Hohlkugel erregt. Die Energie des Feldes im Außenraum ist analog Gl. (1.50) durch

$$W_\mathrm{E} = \frac{1}{8\pi\varepsilon_0 r_2} Q^2$$

gegeben. Die Differenz zwischen dem Wert in Gl. (1.50) und diesem ergibt die Energie

$$W_\mathrm{EK} = \frac{Q^2}{8\pi\varepsilon_0}\left(\frac{1}{r_1} - \frac{1}{r_2}\right) \qquad (1.51)$$

im Innenraum der Hohlkugel, und diese ist gleich der Energie des Kugelkondensators; denn führt man die Ladungen der Außenseite der Hohlkugel durch eine leitende Verbindung zur Fernkugel, eine im Unendlichen gedachte Umhüllung mit dem Potential Null, ab, dann verschwindet das Feld im Bereich $r > r_2$ (s. Bild 1.47 b). Seine Energie wird im Draht in Stromwärmeenergie umgesetzt. Das Feld im Inneren des Kugelkondensators ($r_1 \leq r \leq r_2$) dagegen bleibt unverändert.

Gl. (1.51) lässt sich mit der Gleichung für die Spannung im Kugelkondensator auch in der folgenden Form schreiben:

$$W_{\mathrm{EK}} = \frac{1}{2}QU = \frac{1}{2}CU^2 \ .$$

Energiespeicherung im beliebigen Kondensator

Wir wollen nun zeigen, dass dies allgemein für jeden Kondensator gilt. Dazu berechnen wir den Arbeitsaufwand beim Laden. Wir entziehen dem einen Leiter die kleine Ladungsmenge $\mathrm{d}q$ und transportieren diese zum anderen Leiter. Sind die Leiter bereits mit q geladen, dann herrscht zwischen ihnen die Spannung $U = q/C$, und der zum Transport von $\mathrm{d}q$ erforderliche Arbeitsaufwand beträgt

$$\mathrm{d}W_{\mathrm{E}} = U(q)\mathrm{d}q = \frac{1}{C}q\mathrm{d}q \ .$$

Den gesamten Arbeitsaufwand zum Übertragen aller $\mathrm{d}q$ zur Gesamtladung Q erhalten wir durch Aufsummieren aller Teilarbeiten $\mathrm{d}W_{\mathrm{E}}$. Dieser ist dann auch gleich der im Feld gespeicherten Energie, nämlich

$$W_{\mathrm{E}} = \int\limits_0^{W_{\mathrm{E}}} \mathrm{d}W_{\mathrm{E}} = \frac{1}{C}\int\limits_0^{Q} q\mathrm{d}q = \frac{1}{2C}Q^2$$

oder

$$W_{\mathrm{E}} = \frac{1}{2}QU = \frac{1}{2}CU^2 \ . \tag{1.52}$$

Die in einem Kondensator gespeicherte elektrostatische Energie ist gleich dem halben Wert des Produkts aus Kapazität und Quadrat der Spannung.

Bestimmung der Energiedichte

Da das Feld fast immer inhomogen ist, wird, so vermuten wir, auch die Energie nicht gleichmäßig auf den Feldraum verteilt sein. Die Energiekonzentration an einem Ort können wir durch die *Energiedichte* beschreiben. Zu ihrer Bestimmung denken wir uns zwei dünne Metallscheiben senkrecht zu den Feldlinien in das Feld hineingebracht (s. Bild 1.48). Diese bilden einen kleinen Parallelplattenkondensator mit dem Volumen $\Delta V = \Delta A \cdot \Delta l$. Sind seine Abmessungen klein genug, dann ist in ihm das Feld homogen, und sein Energieinhalt ist mit Gl. (1.52) durch

$$\Delta W_{\mathrm{E}} = \frac{1}{2}\boldsymbol{D}\Delta\boldsymbol{A} \cdot \boldsymbol{E}\Delta\boldsymbol{l} = \frac{1}{2}\boldsymbol{D}\boldsymbol{E}\Delta V$$

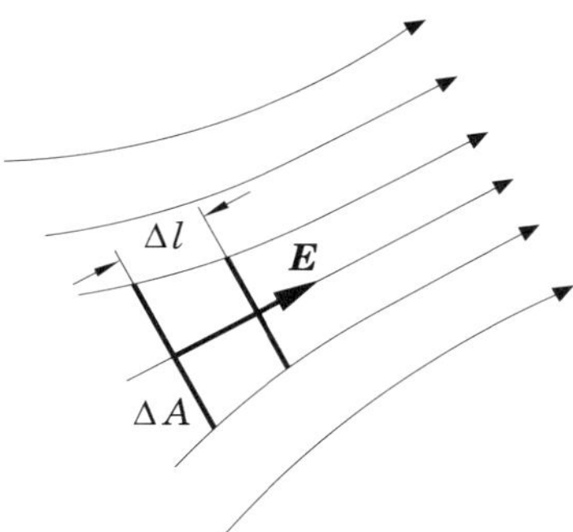

Bild 1.48: *Zur Bestimmung der Energiedichte*

gegeben. Die Energiedichte[16)], d. h. die Energie im Volumen ΔV, dividiert durch das Volumen ΔV, erhalten wir zu

$$w_\mathrm{E} = \frac{\Delta W_\mathrm{E}}{\Delta V} = \frac{1}{2}\boldsymbol{D} \cdot \boldsymbol{E} = \frac{1}{2}\varepsilon_0 \boldsymbol{E}^2 \ . \tag{1.53}$$

Die Energiedichte des elektrischen Feldes ist dem Quadrat der elektrischen Feldstärke proportional.

1.8.2 Bestimmung von Kräften aus der Energie

Beispiel

Wir wollen uns nun ein Beispiel ansehen, das zeigt, wie man die physikalische Größe *elektrostatische Energie* anwenden kann. Dazu wollen wir die Kraft ausrechnen, die auf die geladenen Platten eines Kondensators wirkt. Wir arbeiten mit dem *Prinzip der virtuellen Verschiebung.* Wir denken uns den Abstand der beiden Platten um den infinitesimal kleinen Wert $\mathrm{d}z$ vergrößert. Da die Platten entgegengesetzte Ladungen tragen, ziehen sie sich mit einer Kraft $\boldsymbol{F}$ an. Bei der Abstandsvergrößerung der Platten muss daher zur Überwindung dieser Kraft von außen die mechanische Arbeit

$$\Delta W = |\boldsymbol{F}|\Delta z$$

verrichtet werden. Bei gleich bleibender Ladung auf den Platten nimmt die Energie des Feldes um diesen Wert zu. Ursprünglich betrug die Feldenergie

$$W_\mathrm{E} = \frac{1}{2}\frac{1}{C}Q^2 \ .$$

Sie ändert sich um

$$\Delta W_\mathrm{E} = \frac{1}{2}Q^2\Delta\left(\frac{1}{C}\right) \ .$$

16 Dichtegrößen werden oft mit dem der Ursprungsgröße entsprechenden kleinen Buchstaben benannt.

Nach dem Gesagten ist $\Delta W_\mathrm{E} = \Delta W$, also

$$|\boldsymbol{F}| = \frac{1}{2}Q^2\frac{\Delta\left(\dfrac{1}{C}\right)}{\Delta z} .$$

Aus Gl. (1.39) entnehmen wir

$$\frac{1}{C} = \frac{d}{\varepsilon_0 A}$$

für den Kehrwert der Kapazität (auch mit *Elastanz* bezeichnet) eines Plattenkondensators. Wir ersetzen d durch $d + \Delta z$ und erhalten

$$\frac{1}{C} + \Delta\left(\frac{1}{C}\right) = \frac{d}{\varepsilon_0 A} + \frac{\Delta z}{\varepsilon_0 A}, \quad \text{also} \quad \Delta\left(\frac{1}{C}\right) = \frac{\Delta z}{\varepsilon_0 A} .$$

Setzen wir dies in die Gleichung für die Kraft ein, dann erhalten wir als Endergebnis für die zwischen den Platten eines Plattenkondensators wirkende Kraft

$$|\boldsymbol{F}| = \frac{1}{2}\frac{Q^2}{\varepsilon_0 A} . \tag{1.54}$$

1.8.3 Elektrostatische Spannungsmesser

Anwendung

Die Kraftwirkung zwischen geladenen Leitern kann zum Bau von elektrostatischen Spannungsmessern, auch Elektrometer genannt, ausgenutzt werden. Bild 1.49 zeigt

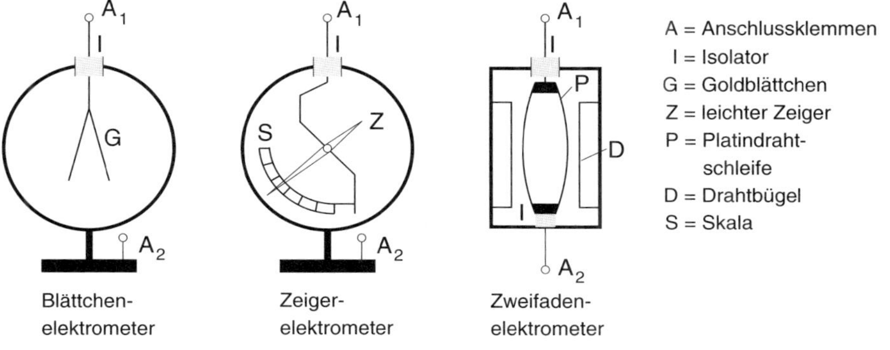

Bild 1.49: *Elektrostatische Spannungsmesser (schematisch)*

verschiedene Ausführungsformen. Beim Blättchen- und Zeigerelektrometer sind die Goldblättchen bzw. der leichte Zeiger, der etwas oberhalb seines Schwerpunktes aufgehängt ist, leicht beweglich und können daher der Kraftwirkung des Feldes folgen. Gleichgewicht stellt sich infolge der Schwerkraft ein. Beim Zweifadenelektrometer wird eine elastisch gespannte Platindrahtschleife durch die Kraft des Feldes zwischen dieser und den Drahtbügeln D auseinander gezogen. Gleichgewicht stellt sich durch die elastische Gegenkraft ein. Die Verbreiterung der Schleife wird optisch angezeigt. Das Zweifadenelektrometer ist ein sehr empfindlicher elektrostatischer Spannungsmesser. Zur Messung beispielsweise der Spannung an einem Kondensator werden dessen Leiter je mit einer der beiden Anschlussklemmen des Elektrometers leitend verbunden. An den Klemmen des Elektrometers herrscht dann die gleiche Spannung wie am zu messenden Objekt. Man beachte jedoch, dass das Elektrometer eine Eigenkapazität hat, die sich außerdem mit dem Ausschlag verändert. Ist diese gegenüber der Kapazität des Messobjektes nicht vernachlässigbar klein, dann wird das Messergebnis verfälscht, denn durch die leitende Verbindung verlagern sich Ladungen vom Messobjekt auf das Elektrometer. Sind beide Kapazitäten bekannt, dann kann allerdings eine Fehlerkorrektur durchgeführt werden.

1.8.4 Der elektrische Dipol

Zum Schluss dieses Abschnittes wollen wir uns mit der Kraftwirkung des elektrischen Feldes auf den *elektrischen Dipol* befassen. Unter einem elektrischen Dipol verstehen wir eine Anordnung aus zwei Punktladungen $+Q$ und $-Q$ im festen Abstand d (s. Bild 1.50). Q sei in diesem Fall eine positive Ladungsmenge.

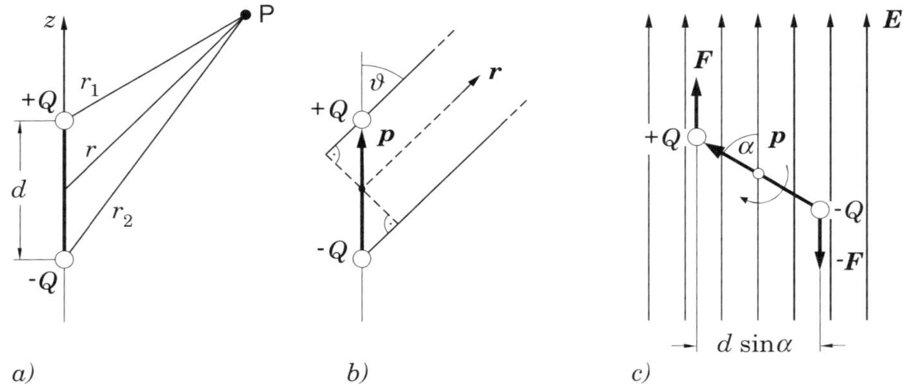

Bild 1.50: *Elektrischer Dipol:*
a), b) zur Bestimmung des Potentials in P; c) im elektrischen Feld

Bestimmung des Dipolpotentials

Man kann sich in Gedanken vorstellen, dass die Ladungen durch einen dünnen isolierenden Stab miteinander verbunden sind. Das Feldbild ähnelt dem Feld im Bild 1.12 a. Das Potential im Aufpunkt P können wir aus Gl. (1.49) bestimmen, indem wir am Punkt P eine Ladung Q_1 annehmen. Die gesamte Feldenergie ist dann durch das Produkt aus dem Potential des Dipols am Punkt P und der Ladung Q_1 gegeben:

$$\Phi_\mathrm{D} Q_1 = W_\mathrm{E} = \frac{Q_1 Q}{4\pi\varepsilon_0 r_1} + \frac{Q_1(-Q)}{4\pi\varepsilon_0 r_2} \ ,$$

also

$$\Phi_\mathrm{D} = \frac{Q}{4\pi\varepsilon_0}\left(\frac{1}{r_1} - \frac{1}{r_2}\right) . \tag{1.55}$$

Natürlich können wir auch sofort die Potentiale der beiden Punktladungen zum Dipolpotential linear überlagern. Das Ergebnis in Gl. (1.55) spiegelt die Überlagerung wider.

Nun wollen wir annehmen, dass der Punkt P sehr weit vom Dipol entfernt sein soll, bzw. der Abstand d der Ladungen soll sehr klein sein, d. h., es sei $r \gg d$. Wir können dann einige Näherungen für r_1 und r_2 in Gl. (1.55) einführen. Da die Verbindungsstrahlen zum Punkt P (s. Bild 1.50 b) jetzt nahezu parallel verlaufen, gilt

$$\begin{aligned} r_1 &\approx r - \frac{d}{2}\cos\vartheta \\ r_2 &\approx r + \frac{d}{2}\cos\vartheta . \end{aligned}$$

Aus der Klammer in Gl. (1.55) wird also

$$\frac{1}{r_1} - \frac{1}{r_2} = \frac{r_2 - r_1}{r_1 r_2} \approx \frac{d\cos\vartheta}{\left(r - \frac{d}{2}\cos\vartheta\right)\left(r + \frac{d}{2}\cos\vartheta\right)} = \frac{d\cos\vartheta}{r^2 - \left(\frac{d}{2}\cos\vartheta\right)^2} \approx \frac{d\cos\vartheta}{r^2} .$$

Im Nenner wurde der zweite Anteil vernachlässigt, da er wesentlich kleiner als r_2 ist. Für das Dipolpotential können wir damit

$$\Phi_\mathrm{D} \approx \frac{Qd\cos\vartheta}{4\pi\varepsilon_0 r^2}$$

schreiben. Wir definieren nun ein *Dipolmoment* $\boldsymbol{p}$ mit dem Betrag $|\boldsymbol{p}| = Qd$ und der Richtung von der negativen zur positiven Ladung. Geben wir auch den Ort des Punktes P, bezogen auf den Dipol, durch einen Vektor $\boldsymbol{r}$ mit dem Betrag r und der Richtung vom Dipol zum Aufpunkt an, dann erhalten wir die allgemeine Gleichung

Dipolpotential

$$\Phi_\mathrm{D} = \frac{\boldsymbol{p}\,\boldsymbol{r}}{4\pi\varepsilon_0 r^3} \tag{1.56}$$

für das Dipolpotential. Wir haben hier das Gleichheitszeichen geschrieben, denn wir wollen annehmen, dass sich der Betrag von $\boldsymbol{p}$ aus einem sehr kleinen d und einem sehr großen Q ergibt. Im Grenzfall gilt: $d \to 0, Q \to \infty$, jedoch $Qd = |\boldsymbol{p}|$.

Dipol im elektrischen Feld

Nun möge sich ein derartiger Dipol, der durch das Dipolmoment $\boldsymbol{p}$ vollständig charakterisiert wird, in einem elektrischen Feld befinden (s. Bild 1.50 c). Das Feld, das im Dipolbereich homogen angenommen werden kann, wirkt mit zwei entgegengesetzt gleichgroßen Kräften auf den Dipol. Ihr Abstand ist $d \sin\alpha$. Man bezeichnet in der Mechanik zwei solche Kräfte als Kräftepaar. Dieses Kräftepaar hat das Bestreben, den Dipol zu drehen, und zwar um eine Achse, die senkrecht auf der durch das Kräftepaar gebildeten Ebene steht. Das Bestreben ist umso größer, je größer die Kräfte sind und je größer ihr Abstand ist. Es wird durch das (mechanische) Drehmoment beschrieben, das als Produkt der Kraft $\boldsymbol{F}$ und des Abstandes a (Hebelarm) gebildet wird. Der Drehmomentenvektor wird so definiert, dass er in der Achse der angestrebten Drehung liegt und in die Richtung zeigt, die mit der Rechtsschraubenbewegung übereinstimmt (s. Bild 1.51). Es ist also

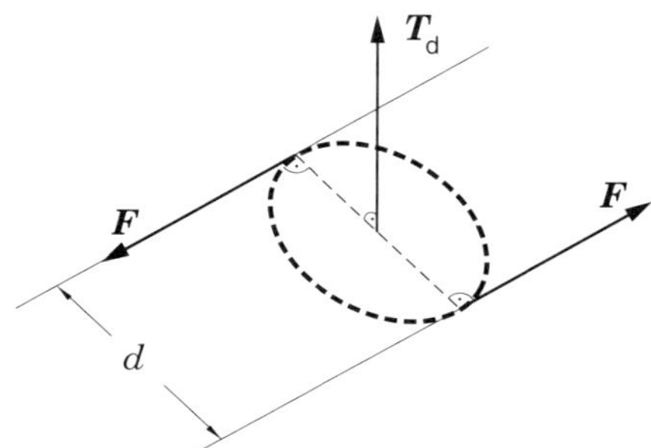

Bild 1.51: *Zuordnung von Kräftepaar und Drehmomentenvektor*

$$|\boldsymbol{T}_{\mathrm{d}}| = |\boldsymbol{F}| d \sin\alpha = Qd|\boldsymbol{E}| \sin\alpha = |\boldsymbol{p}||\boldsymbol{E}| \sin\alpha \ .$$

Dies können wir kürzer so schreiben:

$$\boldsymbol{T}_{\mathrm{d}} = \boldsymbol{p} \times \boldsymbol{E} \ . \tag{1.57}$$

Das sogenannte Kreuzprodukt (man spricht: „p kreuz E“) zweier Vektoren ergibt nämlich per Definition einen Vektor, dessen Betrag gleich dem Produkt der Beträge beider Vektoren und dem Sinus des von ihnen gebildeten Winkels ist und dessen Richtung die Rechtsschraubenbewegung angibt, wenn $\boldsymbol{p}$ auf kürzestem Wege in $\boldsymbol{E}$ hineingedreht wird. Auf einen Dipol wirkt also im elektrischen Feld ein Drehmoment ein, das proportional der elektrischen Feldstärke und dem Dipolmoment ist. Aufgrund dieses Zusammenhangs ist der Begriff Dipolmoment geprägt worden.

Aktivierungselement 1.5

1. Sechs Punktladungen der Größe $+Q$ werden zu einem regelmäßigen Sechseck angeordnet, dessen Umkreis den Radius r hat. Wie groß ist die gesamte gespeicherte Energie?

2. Warum erscheint in der rechten Hälfte der Gl. (1.49) der Faktor 1/2? Untersuchen Sie dies am Beispiel $n = 4$!

3. Wie groß ist die Energie, die in einem Kondensator der Kapazität $5\,\mu$F

   (a) bei einer Spannung von 100 V

   (b) bei einer Ladung von 1 nC

   gespeichert ist?

4. Wie groß ist die Ladung eines Kondensators ($C = 1\,\mu$F), wenn in ihm eine Energie $W = 1$ Ws gespeichert ist? Wie groß ist die Spannung ?

Lernzyklus 1.6

Studienziele

Nach dem Durcharbeiten dieses Lernzyklus sollen Sie in der Lage sein,

- die Erscheinung der elektrischen Polarisation im Dielektrikum zu erläutern und die Auswirkungen auf das Feld anzugeben;
- das Verhalten des elektrischen Feldes an den Grenzflächen zwischen verschiedenen Dielektrika anzugeben;
- die Erscheinungen im atomaren Bereich zu beschreiben und sie quantitativ zu erfassen;
- die Kraftwirkungen auf dielektrische Körper im elektrischen Feld anzugeben und für einfache Fälle zu berechnen.

1.9 Materie im elektrischen Feld

1.9.1 Die Feldstärke im isolierenden Stoff

Wir wollen nun den Einfluss, den Materie und Feld aufeinander ausüben, untersuchen. Den Einfluss des Feldes auf leitende Körper hatten wir bereits im Abschnitt über Influenz kennen gelernt. Jetzt werden isolierende Stoffe im Feld untersucht. Dazu betrachten wir den im Bild 1.52 dargestellten Versuch. Die Platten eines geladenen Plattenkondensators sind mit einem elektrostatischen Spannungsmesser verbunden.

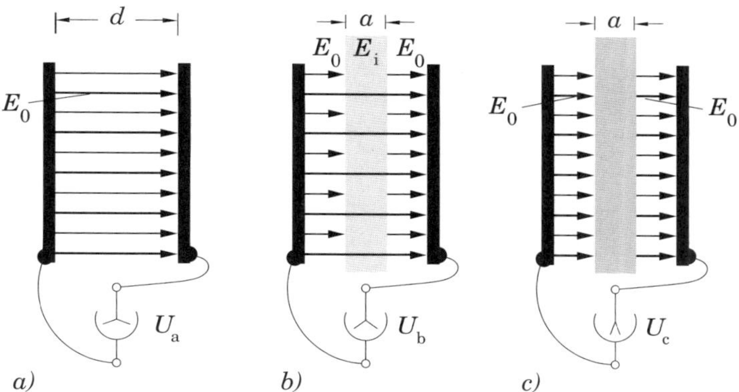

Bild 1.52: *Zur Bestimmung der Eigenschaften von isolierenden Stoffen im elektrischen Feld*

Versuch

Zunächst sei der Raum zwischen ihnen leer oder nur luftgefüllt (a). Die Spannung habe den Wert U_a. Nun wird eine Isolatorplatte (beispielsweise Glas oder Kunststoff) in das Feld hineingeschoben (b), ohne dabei eine Platte des Kondensators zu berühren. Die Spannung sinkt auf den Wert U_b. Zieht man die Platte aus dem Feld heraus, dann stellt sich der alte Zustand (a) wieder ein. Zum Vergleich bringen wir jetzt eine Platte aus leitendem Material gleicher Stärke wie die des Isolierstoffes in das Feld hinein (c). Es stellt sich eine Spannung U_c, die noch kleiner als U_b ist, ein. Insgesamt haben wir stets die Reihenfolge: $U_\mathrm{a} > U_\mathrm{b} > U_\mathrm{c}$. In allen drei Fällen ist ein Zu- oder Abfluss von Ladungen nicht erfolgt. Somit ist die Ladung und Ladungsdichte auf den Platten in allen drei Fällen gleich groß. Sieht man von Randeffekten ab, dann ist die elektrische Feldstärke in den materiefreien Räumen analog zu Gl. (1.38) in allen Fällen gleich groß und vom Betrag $E_0 = \rho_\mathrm{F}/\varepsilon_0$. ρ_F ist die Ladungsdichte auf den Kondensatorplatten. In den Fällen (a) und (c) können wir damit sofort die Spannungen angeben, denn im Leiter ist kein Feld vorhanden.

Also ist

$$U_\mathrm{a} = E_0 d \quad \text{und} \quad U_\mathrm{c} = E_0(d-a)\ .$$

Im Falle (b) muss gegenüber (c) durch den Bereich des isolierenden Stoffes noch ein Beitrag hinzukommen; denn es ist $U_\mathrm{b} > U_\mathrm{c}$. Wir haben zu schreiben:

$$U_\mathrm{b} = E_0(d - a) + E_\mathrm{i}a \ .$$

Aufgrund der festgestellten Reihenfolge der Spannungen ist $E_0 > E_\mathrm{i} > 0$, d. h.:

Bei gegebener Ladung ist die Feldstärke im materieerfüllten Raum kleiner als im Vakuum.

Da die Isolatoren von einem elektrischen Feld durchsetzt werden können, bezeichnet man sie auch als *Dielektrika*[17)]. In dem Fall, in dem sich der Leiter im elektrischen Feld befindet, wissen wir, dass auf seiner Oberfläche Ladungen influenziert werden, die gerade so groß sind, dass sich das von ihnen erregte Feld und das ursprüngliche aufheben. Im Fall des Dielektrikums müssen wir nun auch Ladungen auf der Oberfläche vermuten, jedoch muss die Ladungsdichte kleiner sein als im Fall des

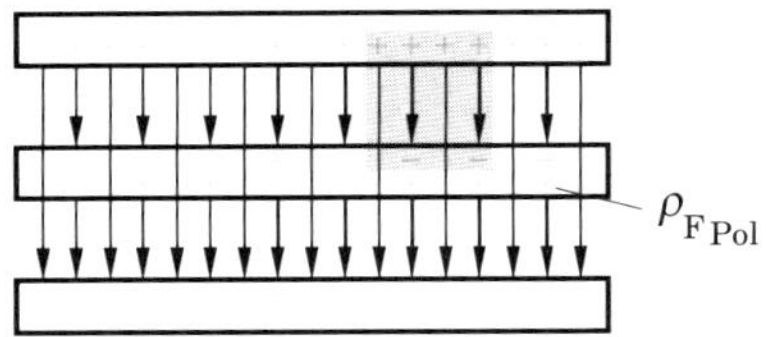

Bild 1.53: *Erklärung der Feldabnahme im Dielektrikum durch Polarisationsladungen*

Leiters, da im Inneren noch ein Feld E_i erhalten bleibt. Wir wollen diese Ladung als *Polarisationsladungen* bezeichnen. Ihre Dichte sei $\rho_\mathrm{F\,Pol}$. Mit Hilfe des Gauß'schen Satzes, angewandt auf den gepunktet gezeichneten (Volumen-) Bereich im Bild 1.53, erhalten wir als Erregung des Feldes im Dielektrikum

$$|\boldsymbol{D}_\mathrm{i}| = \varepsilon_0 |\boldsymbol{E}_\mathrm{i}| = \rho_\mathrm{F} - \rho_\mathrm{F\,Pol} \ . \tag{1.58}$$

Analog zu $\rho_\mathrm{F} = |\boldsymbol{D}|$ setzen wir $\rho_\mathrm{F\,Pol} = |\boldsymbol{P}|$. Anschließend machen wir den Übergang zu den entsprechenden Vektoren und können dann für Gl. (1.58)

$$\boldsymbol{D} = \boldsymbol{D}_\mathrm{i} + \boldsymbol{P} \tag{1.59}$$

schreiben. Diese Gleichung besagt, dass die Gesamterregung $\boldsymbol{D}$, die von den Quellen auf den Platten ausgeht, sich im Dielektrikum aufteilt in die innere Erregung $\boldsymbol{D}_\mathrm{i}$ und die *Polarisation* $\boldsymbol{P}$, die gleichsam wie eine Gegenerregung wirkt. Der Vektor $\boldsymbol{P}$ hat wie das Dipolmoment, mit dem er in einem bestimmten Zusammenhang steht, die Richtung von den negativen zu den positiven Polarisationsladungen. Obwohl wir die Gl. (1.59) ausgehend von einem Plattenkondensator aufgestellt haben, ist sie doch

17 dia (griechisch) = durch

von allgemeiner Gültigkeit. Die Polarisation $\boldsymbol{P}$ ist im einfachsten Fall proportional dem im Inneren des Dielektrikums herrschenden elektrischen Feld. Man schreibt gewöhnlich

$$\boldsymbol{P} = \chi\varepsilon_0 \boldsymbol{E}_\mathrm{i} \ . \tag{1.60}$$

Die Konstante χ heißt elektrische *Suszeptibilität.* Diese Darstellung mit Hilfe der Polarisationsladungen, die, wie wir noch genauer sehen werden, an die physikalischen Vorgänge im Inneren des Dielektrikums anknüpft, erscheint für die makroskopische Beschreibung zu umständlich. Wir beschreiben daher nach MAXWELL [18] das Verhalten des Dielektrikums im Feld durch die formale Festsetzung, dass das Feld überall durch den Vektor $\boldsymbol{D}$ erregt wird. Die Verringerung der Feldstärke im Dielektrikum können wir dadurch berücksichtigen, dass wir anstelle von Gl. (1.33) im Dielektrikum

$$\boldsymbol{D} = \varepsilon \boldsymbol{E} = \varepsilon_\mathrm{r}\varepsilon_0 \boldsymbol{E} \tag{1.61}$$

schreiben. Die elektrischen Ladungen sind mit dieser Gesamterregung verknüpft. Es handelt sich dabei um die frei beweglichen Ladungen, die vorwiegend auf den Oberflächen der Leiter zu finden sind. Polarisationsladungen sind bei dieser Darstellung nicht zu berücksichtigen. Dies bedeutet einen großen Vorteil.

Man bezeichnet ε als *Permittivität* und ε_r als *relative* Permittivität des entsprechenden Mediums. ε_r kann mit der oben eingeführten Konstanten χ verknüpft werden. Es gilt

$$\varepsilon_\mathrm{r} = 1 + \chi \ . \tag{1.62}$$

In der folgenden Tabelle 1.1 sind für einige Stoffe die relativen Permittivitäten angegeben.

Tabelle 1.1: *Relative Permittivitäten einiger Isolierstoffe*

Stoff	ε_r	Stoff	ε_r
Luft	1,00059	Quarz	3,8...5
Petroleum	2,0	Glas	5...7
Polyäthylen	2,3	Keramik	9,5...100
Polystyrol	2,6	Diamant	16,5
Gummi	2,5...3,5	Nitrobenzol	36,0
Bernstein	2,8	dest. Wasser	81,0

Wird ein Kondensator vollkommen mit Dielektrikum ausgefüllt, dann erhöht sich seine Kapazität um den Faktor ε_r gegenüber dem Vakuumwert; denn bei gleicher Erregung verringert sich die Feldstärke überall um denselben Faktor (s. Gl. (1.41)).

18 Maxwell, James Clerk, 1831-1879, britischer Physiker, Begründer der modernen Elektrodynamik und der elektromagnetischen Lichttheorie.

Praxisbezug

Will man also Kondensatoren mit kleinen Abmessungen, aber großer Kapazität bauen, dann muss man ein Dielektrikum verwenden, das eine hohe relative DK und nach Möglichkeit auch eine hohe Durchschlagsfestigkeit besitzt, damit die Abstände und die Oberflächen der Platten klein gehalten werden können.

Sonderfälle

Ohne an dieser Stelle näher darauf einzugehen, soll erwähnt werden, dass es Stoffe gibt, bei denen ε_r von der Richtung des Feldes abhängt. In diesem und in einigen anderen Fällen (z. B. nichtlinearen Stoffen) gelten die Gln. (1.60) bis (1.62) nicht!

1.9.2 Grenzfläche zwischen zwei Dielektrika

Wir haben im ersten Unterabschnitt gesehen, dass bei gleicher Erregung die Feldstärke im Dielektrikum geringer als im Vakuum ist. In einer Grenzfläche zwischen einem Dielektrikum und dem Vakuum ändert sich deshalb im Allgemeinen die elektrische Feldstärke sprunghaft. In der Anordnung im Bild 1.53, wo die Feldlinien senkrecht auf das Dielektrikum auftreffen, springt die Feldstärke vom Wert E_0 auf den Wert $E_0/\varepsilon_\mathrm{r}$. Die Richtung des Feldstärkevektors ist in diesem Beispiel auf beiden Seiten die gleiche.

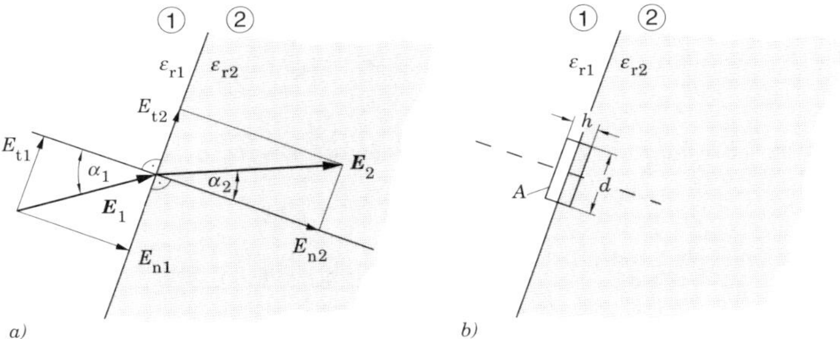

Bild 1.54: *Verhalten der Feldstärke an der Grenzfläche zwischen zwei Dielektrika* E_t *Tangential-,* E_n *Normalkomponente*

den Seiten die gleiche. Wir wollen nun den allgemeinen Fall behandeln, dass zwei verschiedene Dielektrika aneinander stoßen und die Feldlinie nicht senkrecht auf die Grenzfläche auftrifft (s. Bild 1.54).

Wir nehmen an, dass im Medium 2 Betrag und Richtung der Feldstärke anders sind als im Medium 1. An der Grenzfläche müssen nun, wie anderswo auch, die Bedingungen der Wirbelfreiheit des elektrostatischen Feldes und der Gauß'sche Satz erfüllt sein. Bilden wir also das Linienintegral der Feldstärke längs des Umfangs des im Bild 1.54 b gezeichneten Rechtecks, dessen Schmalseiten h infinitesimal klein sein sollen, so dass sie keinen Beitrag zum Linienintegral liefern, so erhalten wir

$$\oint \boldsymbol{E}\mathrm{d}\boldsymbol{s} = E_{\mathrm{t}1}d - E_{\mathrm{t}2}d = 0 \ .$$

Dabei wurde d genügend klein angesetzt, so dass mit konstanten Feldstärken längs der Längsseiten gerechnet werden kann. Außerdem ist die Richtung der Längsseiten so gewählt worden, dass sie mit der Richtung der tangentialen Feldstärkekomponenten zusammenfällt. Es ist also

$$E_{t1} = E_{t2} \ . \tag{1.63}$$

Nun nehmen wir an, dass das Rechteck im Bild 1.54 b den Längsschnitt eines zylindrischen Körpers mit der Achse senkrecht zur Grenzfläche darstellt. Die Größe der Endflächen werde durch A wiedergegeben. Die Abmessungen verhalten sich wie im vorhergehenden Fall. Zum Fluss des Vektors $\boldsymbol{D} = \varepsilon \boldsymbol{E}$ tragen deshalb nur die Endflächen bei. Unter der Annahme, dass auf der Grenzfläche keine freien Ladungen vorhanden sind, gilt

$$\oiint \boldsymbol{D} \mathrm{d}\boldsymbol{A} = 0 = -D_{n1} A + D_{n2} A \ ,$$

also

$$D_{n1} = D_{n2} \ , \tag{1.64}$$

wobei $D_{n1} = \varepsilon_{r1} \varepsilon_0 E_{n1}$ und $D_{n2} = \varepsilon_{r2} \varepsilon_0 E_{n2}$ ist.

Wir fassen die Ergebnisse zusammen:

An der Grenzfläche zwischen zwei Dielektrika verhalten sich die Tangentialkomponente der elektrischen Feldstärke und die Normalkomponente der elektrischen Verschiebung stetig.

Die Richtung der Feldstärkevektoren unmittelbar an der Grenzfläche wird durch die Winkel α_1 und α_2 wiedergegeben. Es ist

$$\tan \alpha_i = \frac{E_{ti}}{E_{ni}} \qquad i = 1, 2 \ ,$$

also

$$\frac{\tan \alpha_1}{\tan \alpha_2} = \frac{\varepsilon_1}{\varepsilon_2} \ . \tag{1.65}$$

Dies ist das *Brechungsgesetz der elektrischen Feldlinien.*

1.9.3 Betrachtung der Polarisation im atomaren Bereich

Wir wollen nun kurz darstellen, wie man sich das Entstehen der Polarisationsladungen aufgrund des Aufbaues der Materie vorstellen kann. Es gibt zwei Möglichkeiten:

Orientierungspolarisation

Die Moleküle einiger Dielektrika haben ein permanentes Dipolmoment. Ein Beispiel hierfür ist das Wassermolekül H_2O, bei dem die Wasserstoffatome und das Sauerstoffatom unsymmetrisch angeordnet sind (s. Bild 1.55 a). Außerdem trägt das Sauerstof-

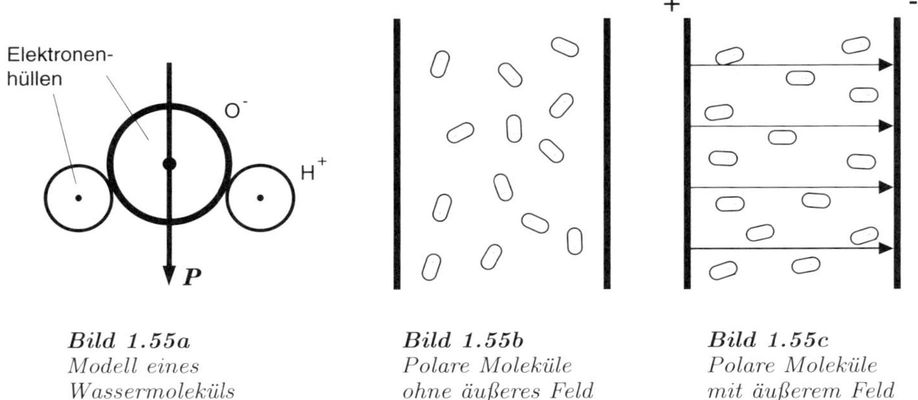

Bild 1.55a *Modell eines Wassermoleküls*

Bild 1.55b *Polare Moleküle ohne äußeres Feld*

Bild 1.55c *Polare Moleküle mit äußerem Feld*

fatom im Molekül eine mittlere negative, die Wasserstoffatome dagegen eine mittlere positive Ladung. Die Schwerpunkte beider Ladungsverteilungen stimmen nicht überein, so dass ein Dipolmoment $\boldsymbol{p}$ wirksam ist. Da in einer Stoffmenge mit derartigen polaren Molekülen die einzelnen Dipole infolge der Wärmebewegungen völlig ungeordnet sind (s. Bild 1.55 b), ist die Gesamtwirkung gleich Null. In einem äußeren Feld richten sich die Dipole je nach Stärke dieses Feldes mehr oder weniger aus (s. Bild 1.55 c). Die völlige Ausrichtung wird allerdings durch die Wärmebewegung verhindert. Man bezeichnet die hierbei beobachtete Polarisation als *Orientierungspolarisation.*

Verzerrungspolarisation

Die zweite Möglichkeit ist die, dass die Atome und Moleküle selbst im Feld verzerrt werden, denn Kern und Elektronen werden, da sie unterschiedlich geladen sind, in verschiedene Richtungen gezogen (s. Bild 1.56). Das Zentrum der negativen Ladung der Elektronenhülle fällt nicht mehr mit dem Ort des Atomkerns zusammen. Daher ergibt sich wieder ein Dipolmoment $\boldsymbol{p}$. Wir sprechen in diesem Fall von *Verzerrungspolarisation.*

Beide Polarisationsarten kommen in der Natur auch gemeinsam vor. Für die äußere Wirkung ist es meistens belanglos, wie die Dipolbildung zustande kommt und welche vorherrscht. Nehmen wir an, dass pro Volumeneinheit N Dipole mit dem effektiven

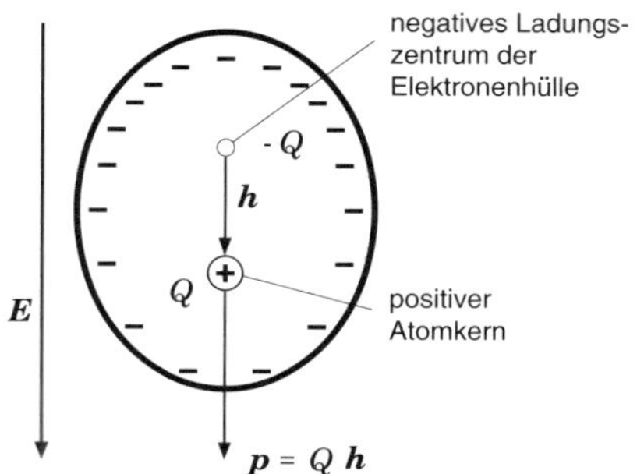

Bild 1.56: *Verzerrung eines Atoms im elektrischen Feld*

Dipolmoment $\boldsymbol{p} = Q\boldsymbol{h}$ in Richtung der Feldstärke vorhanden sind, dann beträgt das Dipolmoment pro Volumeneinheit

$$\boldsymbol{P} = N\boldsymbol{p} = NQ\boldsymbol{h} \ . \tag{1.66}$$

Dieser Vektor entspricht dem uns schon bekannten Polarisationsvektor $\boldsymbol{P}$ (s. Gl. (1.59)). Wir bestimmen dazu die Polarisationsladungsdichte auf der Oberfläche des Dielektrikums im Bild 1.53. Während sich die Dipolladungen im Inneren des Mediums bei homogenem Feld ausgleichen, ist der jeweils außen liegende Ladungsteil der oben und unten liegenden Dipole nicht ausgeglichen (s. Bild 1.57). Es ergibt sich daher auf beiden Seiten eine Ladungsschicht der Tiefe h und einer

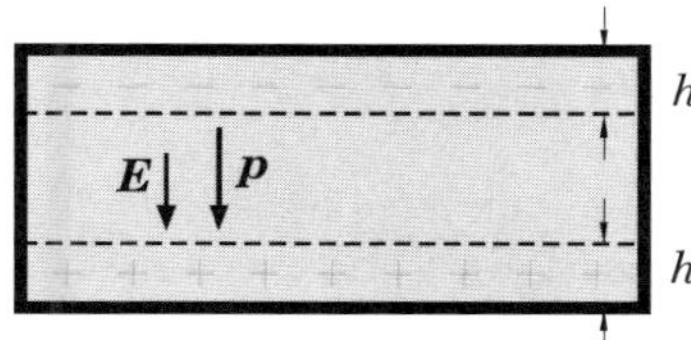

Bild 1.57: *Zur Bestimmung der Polarisationsladungen an der Oberfläche einer dielektrischen Platte im homogenen Feld*

Ladungsbelegung

$$\rho_{\mathrm{F\,Pol}} = NhQ \ . \tag{1.67}$$

Dies ist aber gerade der Betrag des Vektors $\boldsymbol{P}$ in Gl. (1.66). Bei inhomogenem Feld können auch im Inneren des Dielektrikums Polarisationsladungen auftreten und eine Raumladung bilden.

Elektrete

Normalerweise bleibt die Gesamtwirkung der Polarisation solange erhalten, wie das äußere elektrische Feld vorhanden ist. Wird dieses entfernt, dann nehmen bei der Orientierungspolarisation die Moleküle wieder eine beliebige Lage ein und bei der Verzerrungspolarisation gehen die Atome in ihren symmetrischen Originalzustand über. In den letzten Jahrzehnten sind Stoffe entwickelt worden, bei denen der durch das äußere elektrische Feld erzeugte Polarisationszustand eingefroren werden kann. Diese so genannten ferroelektrischen Materialien verhalten sich also bezüglich der elektrischen Wirkungen analog wie die Dauermagnete in Bezug auf deren magnetische Wirkung. Diese Materialien werden nach Oliver Heaviside[19)], der diesen Effekt

19 Heaviside, Oliver, 1850-1925, britischer Physiker, Autodidakt.

vorausgesagt hat, auch Elektrete genannt. Praktisch brauchbare Elektrete werden mit Hilfe von Kunststoffen erzeugt.

Neben einer ganzen Reihe von möglichen Anwendungen seien hier zwei exemplarisch genannt. Elektrete können mit Vorteilen für die elektroakustische Wandlung eingesetzt werden. Elektret-Mikrofone sind bereits Serienprodukte und haben sich den Kondensator-Mikrofonen als überlegen erwiesen. Sie benötigen keine äußere Spannung, was der fast überall gewünschten Miniaturisierung sehr entgegenkommt.

Ein zweites wichtiges Anwendungsfeld ist der Einsatz als Filtermaterial im Bereich der Luftreinerhaltung. Da an den Oberflächen Ladungen auftreten und Ladungen bekanntlich Staubteilchen anziehen, kann man mit Elektreten die verschiedensten Luftfilter realisieren.

1.9.4 Energie und Kräfte in Feldern mit Dielektrika

Setzen wir voraus, dass die Polarisation proportional der Feldstärke, ε_r also eine Konstante, ist, dann können wir die Ergebnisse des Abschnittes 1.8 auch hier verwenden, wenn wir ε_0 durch $\varepsilon_r \varepsilon_0$ ersetzen. Die Energie in einem Kondensator mit Dielektrikum ist also bei gleicher Spannung um den Faktor ε_r größer als im gleichen Kondensator ohne Dielektrikum. Die Energiedichte (s. auch Gl. (1.53)) ist gegeben durch

$$w = \frac{1}{2}\boldsymbol{D}\boldsymbol{E} = \frac{1}{2}\varepsilon_r \varepsilon_0 \boldsymbol{E}^2 \ . \tag{1.68}$$

Die Gl. (1.54) für die Kraft zwischen Kondensatorplatten ist nur bedingt übertragbar. Bei flüssigem oder gasförmigem Dielektrikum ist dies ohne weiteres möglich. Bei festem Dielektrikum ändert aber eine Bewegung der Leiter die mechanischen Spannungen im Dielektrikum und damit verbunden die mechanische Energie und manchmal auch die elektrischen Eigenschaften.

Kraftwirkung auf Dielektrika im elektrischen Feld

Die Frage, warum nichtgeladene Dielektrika von geladenen Körpern angezogen werden, die vom Beginn unserer Untersuchungen des elektrischen Feldes noch offen ist, können wir jetzt qualitativ beantworten. Die Ursache hierfür sind die Polarisationsladungen. Im Bild 1.58 ist die Feldstärke des ursprünglichen Feldes, das ohne den Körper vorhanden ist, im Bereich der negativen Polarisationsladungen größer als im Bereich der positiven. Auf den dielektrischen Körper wirkt daher eine resultierende Kraft ein, die ihn in den Bereich der größeren Feldstärke hineindrängt. Die Inhomogenität des Feldes ist für die Kraftwirkung wesentlich. Befände sich der gleiche Körper im homogenen Feld eines Plattenkondensators, so würde er in keiner Richtung des Feldes eine Kraftwirkung erfahren.

Beispiel

Von allgemeinen quantitativen Betrachtungen soll hier abgesehen werden. Lediglich ein spezieller Fall soll skizziert werden. Gesucht ist die Kraft, die die dielektrische

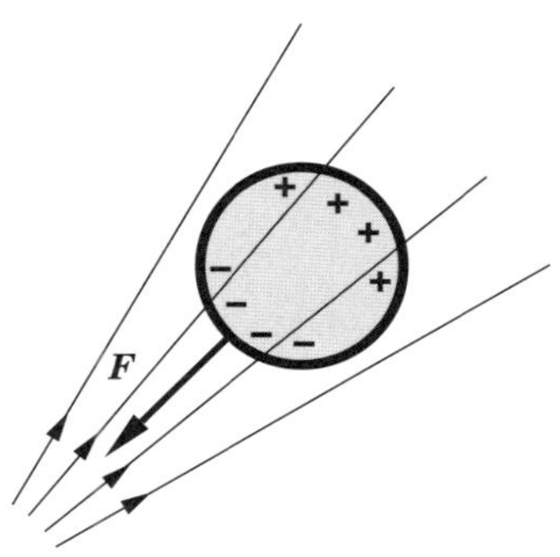

Bild 1.58: *Kraftwirkung auf einen dielektrischen Körper im inhomogenen elektrischen Feld*

Platte in das Feld des Kondensators im Bild 1.59 hineinzieht.

Wir können in diesem Fall wieder mit der virtuellen Verschiebung arbeiten. Wird

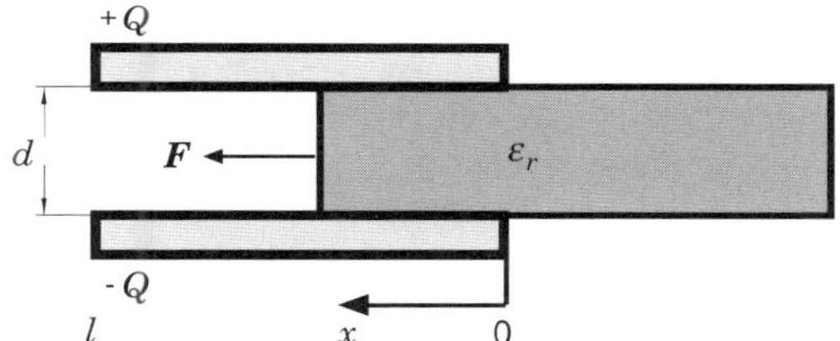

Bild 1.59: *Kraftwirkung auf eine dielektrische Platte im Plattenkondensator*

die Platte um $\mathrm{d}x$ in x-Richtung verschoben, dann verrichtet das Feld die Arbeit $F_x\mathrm{d}x$ [20], wodurch seine Energie aufgrund der Energieerhaltung um den gleichen Betrag abnehmen muss. Es ist also

$$F_x\mathrm{d}x = -\mathrm{d}W$$

oder[21]

$$F_x = -\frac{\partial W}{\partial x} \ .$$

Wir nehmen an, dass die Platten mit keiner Quelle verbunden sind, dann bleibt die Ladung konstant, und es ist

$$\begin{aligned} F_x &= -\frac{\partial}{\partial x}\left(\frac{Q^2}{2C}\right) = -\frac{1}{2}Q^2\frac{\partial}{\partial x}\left(\frac{1}{C}\right) = \frac{1}{2}\frac{Q^2}{C^2}\frac{\partial C}{\partial x} \\ F_x &= \frac{1}{2}U^2\frac{\partial C}{\partial x} \ . \end{aligned} \tag{1.69}$$

Damit ist die Aufgabe formal gelöst. Tatsächlich ist die Kraft positiv, denn die Kapazität wird durch das Dielektrikum größer. Auch hier wird das Prinzip deutlich, dass das Feld bestrebt ist, ein Energieminimum zu erreichen.

---

20 F_x ist die Komponente des Vektors $\boldsymbol{F}$ in x-Richtung. Hier ist $F_x = |\boldsymbol{F}|$.

21 Wir schreiben hier *partielle* Differentiale, weil wir die partielle Änderung der Energie durch die Verschiebung der Platte in x-Richtung betrachten. Entsprechende Gleichungen könnten für andere Richtungen geschrieben werden.

Aktivierungselement 1.6

1. Versuchen Sie, eine physikalische Erklärung dafür zu geben, dass sich die einzelnen Grießteilchen in den Feldbildern Bild 1.12 entlang den Feldlinien kettenförmig anordnen!

2. Welche elektrischen Feldkomponenten sind an Grenzflächen stetig? Geben Sie eine Erklärung!

3. Leiten Sie die Beziehungen für die Kraftwirkung, die ein Stück Dielektrikum in einen Plattenkondensator hineinzieht, ab!

4. Was ändert sich, wenn man in einen Plattenkondensator, der die Ladung Q trägt, ein passendes Stück Isolierstoff einbringt?

   (a) Energiedichte
   (b) Verschiebungsdichte
   (c) Feldstärke
   (d) Kapazität
   (e) Ladung
   (f) Spannung

5. Ein kleiner Probedipol wird in ein unbekanntes elektrostatisches Feld eingebracht. Dabei wird zwar ein Drehmoment, aber keine translatorische Kraft festgestellt. Welche Aussage können Sie über das Feld machen?

6. Nichtzutreffendes streichen! Im Feldraum eines Zylinderkondensators befindet sich frei beweglich ein Dipol. Dieser bewegt sich, wenn der Innenbelag gegenüber dem Außenbelag positiv aufgeladen ist, nach innen/nach außen, wenn der Innenbelag gegenüber dem Außenbelag negativ aufgeladen ist, nach innen/nach außen.

Aufgaben zur Vertiefung 3

Übung

1.10 Berechnen Sie die Kapazität der folgenden Anordnung mit $A = 1\,\mathrm{m}^2$; $d = 0{,}2\,\mathrm{mm}$; $\varepsilon_r = 5$!

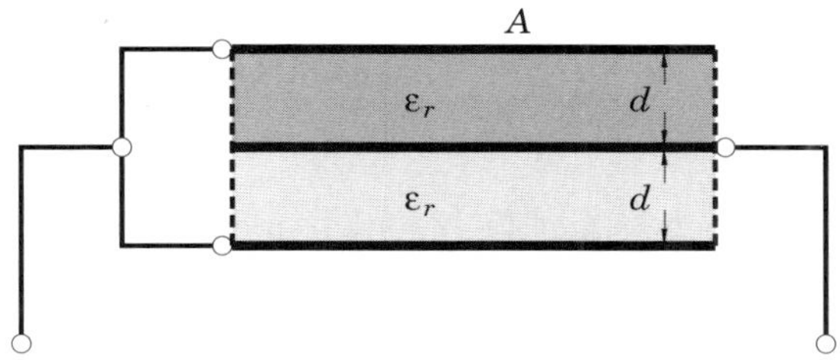

1.11 Ein Plattenkondensator mit Luftdielektrikum und mit der Kapazität $C = 100\,\mathrm{pF}$ werde an eine Gleichspannung $U = 1\,\mathrm{kV}$ gelegt.

a) Berechnen Sie die elektrische Feldstärke $\boldsymbol{E}$ und die Verschiebungsdichte $\boldsymbol{D}$ zwischen den Platten sowie die Plattenladung und die gespeicherte Energie (Plattenabstand 2 mm)!

b) Bei abgeschalteter Spannungsquelle (der Kondensator bleibt aufgeladen) werde nun ein Dielektrikum mit $\varepsilon_r = 4$ zwischen die Kondensatorplatten geschoben. Dabei soll der ganze Zwischenraum von diesem neuen Dielektrikum ausgefüllt werden. Wie groß sind nun Feldstärke, Verschiebungsdichte, Plattenladungen und Feldenergie?

c) Sie werden feststellen, dass die Feldenergie im Fall 2 kleiner als im Fall 1 ist. Wie ist dies zu begründen? Wo steckt die restliche Energie?

Theoretische Vertiefung

1.12 In ein polarisiertes Dielektrikum werde ein flacher Hohlraum,

α) der parallel zum Feld gerichtet ist,

β) dessen Längsseiten senkrecht zum Feld verlaufen,

geschnitten. Die Abmessung a sei infinitesimal klein.

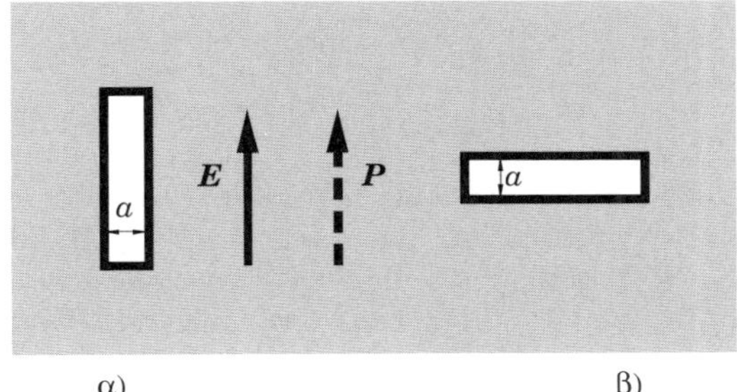

a) Bestimmen Sie die elektrischen Feldstärken $\boldsymbol{E}_{01}$ und $\boldsymbol{E}_{02}$ in den Hohlräumen!

b) Man stelle sich ein Gedankenexperiment vor, bei dem man mit Hilfe von Sonden die Hohlraumfeldstärken $\boldsymbol{E}_{01,2}$ misst. Wie kann man mit diesen Messwerten die innere Feldstärke $\boldsymbol{E}_\mathrm{i}$ und die Gesamterregung $\boldsymbol{D}$ im Dielektrikum bestimmen? Wie groß ist die relative Permittivität ε_r?

1.13 Eine kleine dielektrische Kugel befinde sich in einem inhomogenen elektrischen Feld. Das Feld sei symmetrisch zur x-Achse.

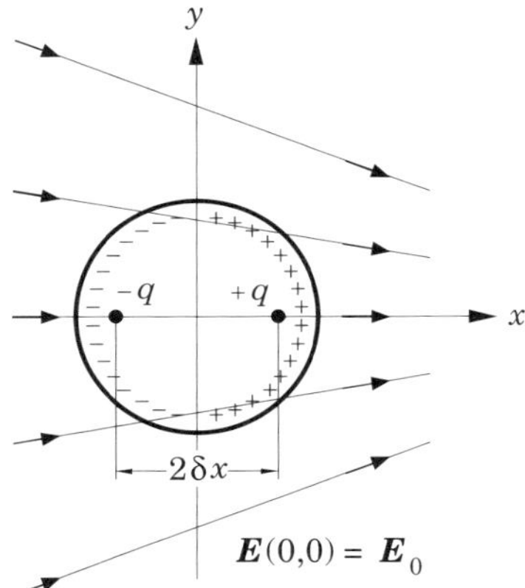

Berechnen Sie näherungsweise die Kraft, die auf die Kugel wirkt!

Hinweis: Man denke sich die positiven Polarisationsladungen zu $+q$ und die negativen Polarisationsladungen zu $-q$ zusammengefasst. Das Dipolmoment $\boldsymbol{p} = q \cdot 2\delta x \cdot \boldsymbol{e}_x$ soll als bekannt vorausgesetzt werden. ($\boldsymbol{e}_x$ ist ein Einheitsvektor in $+x$-Richtung.)

Praktische Anwendung

1.14 Bei der Fertigung von Hochspannungskabeln, Kondensatordurchführungen usw. muss darauf geachtet werden, dass sich keine Lufteinschlüsse oder Zwischenräume im Isolierstoff bilden, da die Feldstärke sonst so groß werden kann, dass Überschläge auftreten. Als Beispiel werde folgende Kondensatoranordnung betrachtet:

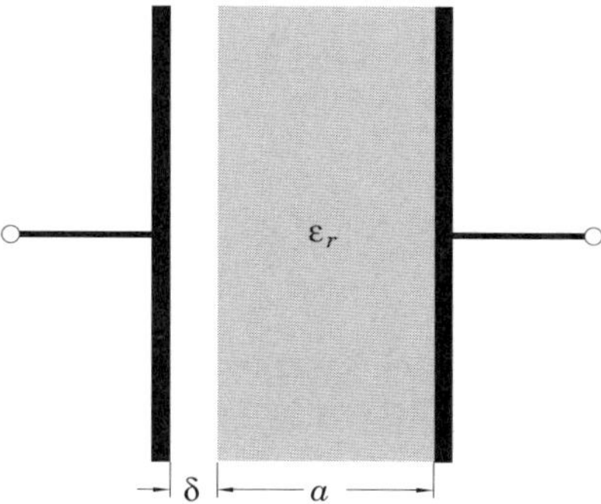

a) Beweisen Sie, dass die Feldstärke E_L im Luftzwischenraum um den Faktor ε_r größer ist als die Feldstärke E_D im Dielektrikum!

b) Bei welcher äußeren Spannung U tritt ein elektrischer Durchschlag im Luftzwischenraum auf, wenn die Durchschlagsfestigkeit der Luft 1 kV/mm beträgt und folgende Werte für die skizzierte Anordnung gelten:

$$\varepsilon_r = 10; \; a = 1\,\mathsf{cm}; \; \delta = 0{,}5\,\mathsf{mm} \;?$$

c) Bei welcher Spannung würde ein elektrischer Durchschlag auftreten, wenn $\delta = 0$ wäre und die Durchschlagsfestigkeit des Dielektrikums 10 kV/mm beträgt?

Vororientierung zur Kurseinheit 4

Im folgenden Kapitel beschäftigen wir uns mit dem elektrischen Strom. In unserem Alltag dient er uns zur Erzeugung von Licht und Wärme und zum Antrieb von verschiedenen Geräten.

Wir wollen die Strömung der Ladungsträger mathematisch beschreiben und die Strömungsgesetze in metallischen Leitern und im Hochvakuum kennen lernen.

Ein weiteres Bauelement der Elektrotechnik wird in dieser Einheit vorgestellt: der elektrische Widerstand.

Voraussetzungen

Vorausgesetzt werden aus den vorhergehenden Einheiten insbesondere die Beziehung über die Kraftwirkung auf elektrische Ladungen und der Potentialbegriff. Mathematische Voraussetzungen sind vor allem die Differential- und die Integralrechnung.

Lernzyklus 2.1

Studienziele

Nach dem Durcharbeiten dieses Lernzyklus sollen Sie in der Lage sein,

- die Begriffe elektrischer Strom, Quellenspannung, Stromkreis zu erläutern;
- die Definitionen von Stromstärke und Stromdichte anzugeben;
- die Stromdichte oder den Strom für beliebig bewegte Ladungen anzugeben;
- den Leitungsmechanismus des elektrischen Stromes im Metall zu erläutern und die differentielle Form des Ohm'schen Gesetzes zu entwickeln;
- das Ohm'sche Gesetz zu formulieren und den ohmschen Widerstand für einfache Anordnungen zu bestimmen.

2 Der elektrische Strom

2.1 Der einfache Stromkreis: Die elektrische Stromstärke

Im ersten Kapitel hatten wir Felder behandelt, die zeitlich konstant waren und bei denen die Ladungen feste Plätze hatten. Zwar hatten wir beispielsweise bei der Influenz von Ladungsverschiebung gesprochen, jedoch hatten wir uns nicht für den Verschiebungsvorgang selbst interessiert, sondern lediglich für den Endzustand, in dem wieder Ruhe herrschte. Sind elektrische Ladungen in Bewegung, so sprechen wir von einem *elektrischen Strom.*

Ladungsausgleich

Ein elektrischer Strom fließt beispielsweise, wenn das elektrische Feld eines Kondensators abgebaut wird, denn dazu muss ein *Ladungsausgleich* stattfinden. Die überschüssigen Elektronen der negativ geladenen Platte müssen hinüberfließen zur positiv geladenen Platte, auf der ein Elektronenmangel herrscht. In elektrischen Leitern sind die Ladungen mehr oder weniger frei beweglich. Verbinden wir also die Platten eines Kondensators durch einen Leiter, so wird der Ladungsausgleich möglich. Wir beobachten in der Anordnung im Bild 2.1 mit einem elektrostatischen Spannungsmesser, wie schnell der Feldzerfall erfolgt.

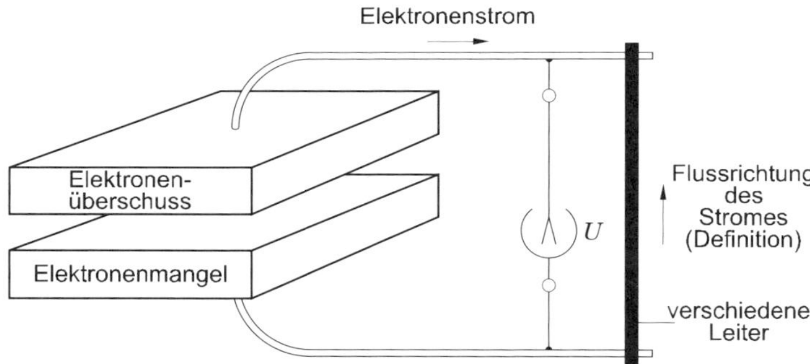

Bild 2.1: *Entladung eines Kondensators über verschiedene Leiter*

Verwenden wir beispielsweise einen Draht aus Kupfer oder aus einem anderen Metall, dann erfolgt der Ausgleich fast augenblicklich. Dagegen dauert es einige Sekunden, wenn wir die Anschlussdrähte mit einem Leinenfaden überbrücken. Wir stellen fest, dass bei jeweils gleicher Spannung im Fall des Fadens in der Zeiteinheit weniger Ladungsträger durch die Verbindung fließen als im Fall des Drahtes; denn es dauert im ersten Fall länger, bis die Gesamtladung von einer Platte zur anderen gelangt. Wir können dies auch so ausdrücken: Der elektrische Strom ist bei jeweils gleicher Spannung nach dem Verbinden der Anschlussdrähte des Kondensators im Faden kleiner als im Draht. Als physikalische Größe für den elektrischen Strom definieren wir die elektrische *Stromstärke* I wie folgt:

Die elektrische Stromstärke I ist der Quotient aus der in der Zeit Δt durch einen gegebenen Querschnitt hindurchtretenden Ladung ΔQ und dieser Zeit Δt.

Fließt also durch den Querschnitt (beispielsweise des Drahtes) in der Zeit Δt die Ladungsmenge ΔQ hindurch, so ist

$$I = \frac{\Delta Q}{\Delta t} \,. \tag{2.1}$$

Die Einheit der Stromstärke ist das Ampere (A) (Basiseinheit im MKSA-System). Im Allgemeinen ist der Strom zeitlich nicht konstant. Um die augenblickliche Stromstärke zu erhalten, wählen wir Δt infinitesimal klein. Die Stromstärke ist somit allgemein als Differentialquotient

Definition

$$I = \frac{\mathrm{d}Q}{\mathrm{d}t} \tag{2.2}$$

gegeben.

Auch in unserem Versuch ist die Stromstärke nicht konstant. Sie nimmt ab. Die Gesetzmäßigkeit der Abnahme werden wir später bestimmen.

Stationärer Strom

Um einen stationären Strom, d. h. einen Strom gleichmäßiger Stärke – den sogenannten *Gleichstrom* –, zu erhalten, müssen wir dafür sorgen, dass die Arbeitsfähigkeit des Kondensators, die durch die Spannung U wiedergegeben wird, erhalten bleibt. Die Spannung U kann deshalb als treibende Kraft der Ladungsbewegung angesehen werden. Man bezeichnet sie daher auch als *Urspannung* oder *Quellenspannung*. Früher war hierfür auch die Bezeichnung *Elektromotorische Kraft* (EMK) üblich. Damit sie erhalten bleibt, muss in unserem Fall dafür gesorgt werden, dass der oberen Kondensatorplatte Elektronen zugeführt und der unteren Elektronen entzogen werden, und zwar jeweils in der gleichen Zahl pro Zeiteinheit, wie sie durch die verschiedenen Leiter abfließen.

Das kann beispielsweise so geschehen, dass man durch Reibung oder Influenz Ladungen voneinander trennt und diese dann mechanisch an die gewünschte Stelle transportiert (Reibungselektrisiermaschine, Influenzmaschine). Auch der bereits behandelte van-de-Graaf-Generator arbeitet nach einem ähnlichen Prinzip. Mit diesen Verfahren lassen sich aber keine hohen Ströme erzielen. Besser sieht es aus, wenn chemische Vorgänge (in Akkumulatoren und Batterien) für die Bereitstellung der Ladungsträger sorgen. Generatoren in Kraftwerken arbeiten nach anderen Prinzipien. Wir werden sie später kennen lernen.

Wie die Anordnung auch immer beschaffen sein mag, die für die Bereitstellung der Ladungsträger sorgt, in jedem Fall muss dafür Energie (mechanische, chemische) aufgewendet werden. Für uns ist zunächst nur wichtig, dass wir zwischen zwei Anschlussklemmen oder Polen eine Spannung U vorfinden. Wir zeichnen anstatt der realen Anordnung daher lediglich ein *Schaltsymbol* (s. Bild 2.2) und sprechen allgemein von einer *Spannungsquelle*. Der Pfeil, der bei U im Bild 2.2 gezeichnet ist, soll angeben, in welcher Richtung der Integrationsweg für das Wegintegral der elektri-

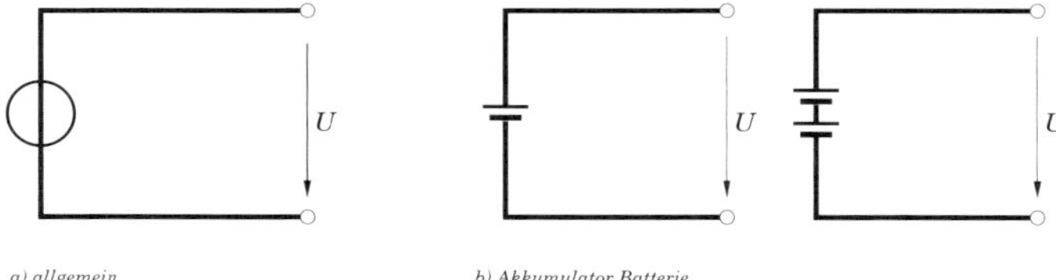

Bild 2.2: *Schaltsymbol von Gleichspannungsquellen*

schen Feldstärke, das ja gleich der Spannung ist, gewählt wurde. In unserem Fall wurde vom oberen zum unteren Pol integriert. Der Pfeil hat also nichts mit einem Vektor gemeinsam, sondern ist ein „*Zählpfeil*". Für eine Spannungsquelle wird dieser so gewählt, dass U einen positiven Wert bekommt. Bei positivem U ist der Pfeil vom höheren zum niedrigeren Potential gerichtet. Der Pol mit höherem Potential wird mit „+" (plus) und der andere mit „−" (minus) gekennzeichnet. Den eingangs zur Einführung benutzten Kondensator können wir nun vergessen.

Verbinden wir jetzt die Pole mit einem Leiter, so erhalten wir einen *Stromkreis*, in dem ein Strom konstanter Stärke fließt. Dieser Strom hat an jeder Stelle des Kreises den gleichen Wert; denn es wird keine Ladungsspeicherung beobachtet. Das heißt: Die gleiche Ladungsmenge, die einem Volumengebiet auf einer Seite zufließt, fließt auch auf der anderen Seite wieder ab.

2.2 Stromstärke und Stromdichte

Der Strom ist eine makroskopische oder integrale Größe. Eine mit ihm in Zusammenhang stehende mikroskopische Größe ist die *Stromdichte*. Diese wird als Vektor definiert. Bei gleicher Verteilung des Stromes beispielsweise über einen Drahtquerschnitt ist der Betrag gegeben durch den Quotienten aus Stromstärke und Drahtquerschnitt. Seine Richtung soll mit der Bewegungsrichtung übereinstimmen, die ein positives Ladungsteilchen annehmen würde. Für den allgemeinen Zusammenhang betrachten wir eine positive Raumladung, die am Ort der Beobachtung die Dichte ϱ hat und sich mit der Geschwindigkeit $\boldsymbol{v}$ bewegt (s. Bild 2.3). In dem infinitesimal

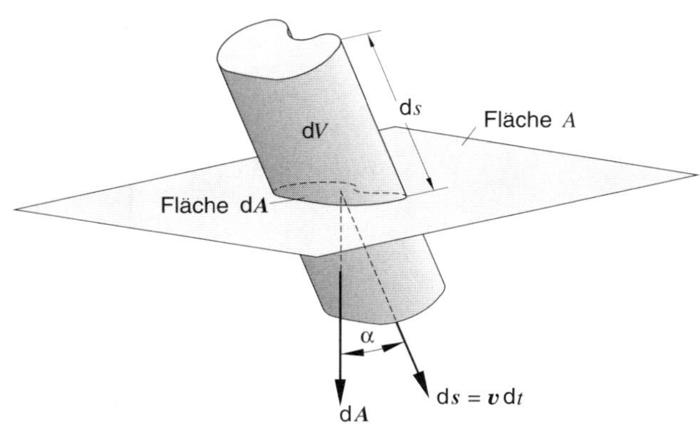

Bild 2.3: Zur Bestimmung der Stromdichte in einer bewegten positiven Raumladung

kleinen Volumen dV befindet sich die Ladungsmenge

$$\mathrm{d}Q = \varrho|\mathrm{d}\boldsymbol{s}|\mathrm{d}A \cdot \cos\alpha \ .$$

In der Zeit $\mathrm{d}t$ möge sich die Raumladung im betrachteten Bereich gerade um $\mathrm{d}s = v\mathrm{d}t$ verschoben haben. Dabei hat die Ladung $\mathrm{d}Q$ die Fläche $\mathrm{d}A$ passiert. Folglich ist der Strom $\mathrm{d}I$ durch diese Fläche gemäß

$$\mathrm{d}I = \varrho\frac{|\mathrm{d}\boldsymbol{s}|}{\mathrm{d}t}\mathrm{d}A\cos\alpha = \varrho|\boldsymbol{v}|\mathrm{d}A\cos\alpha$$

gegeben. Die Stromdichte ergibt sich durch Division dieses Ausdrucks mit der durchströmten Fläche senkrecht zur Strömungsrichtung. Diese hat den Wert $\mathrm{d}A \cdot \cos\alpha$. Für den Stromdichtevektor können wir daher

$$\boldsymbol{J} = \varrho\boldsymbol{v} \tag{2.3}$$

schreiben. Definieren wir wie schon früher einen Vektor $\mathrm{d}\boldsymbol{A}$ senkrecht zur Fläche $\mathrm{d}A$ mit $|\mathrm{d}\boldsymbol{A}| = \mathrm{d}A$, dann ist $|\boldsymbol{v}|\mathrm{d}A\cos\alpha \ = \ \boldsymbol{v}\mathrm{d}\boldsymbol{A}$ und somit

$$\mathrm{d}I = \boldsymbol{J}\mathrm{d}\boldsymbol{A} = \varrho\boldsymbol{v}\mathrm{d}\boldsymbol{A} \ . \tag{2.4}$$

Den Strom I durch die Fläche A erhalten wir durch Aufsummieren aller $\mathrm{d}I$ durch alle $\mathrm{d}A$, aus denen die Fläche A zusammengesetzt ist.

$$I = \iint_A \boldsymbol{J}\mathrm{d}\boldsymbol{A} \tag{2.5}$$

Der Strom I durch die Fläche A ist also der Fluss des Vektorfeldes $\boldsymbol{J}$ durch diese Fläche. Die Stromdichte ist das Produkt aus Ladungsdichte und Geschwindigkeit dieser Ladungen (s. Gl. (2.3)). Die gleiche Stromdichte kann sich also ergeben aus sehr vielen Ladungsträgern und kleiner Geschwindigkeit oder einer kleinen Zahl von Ladungsträgern mit entsprechend hoher Geschwindigkeit.

Der Strom ist eine skalare Größe. Sein Vorzeichen ist aber abhängig von der Richtung der Flächennormalen zur Richtung von $\boldsymbol{J}$. Die *Zählrichtung* des Stromes soll angeben, nach welcher Seite auf der durchflossenen Fläche die Flächenvektoren zeigen. Der Strom hat dann ein positives Vorzeichen, wenn Stromdichtevektoren die Fläche in Richtung des Zählpfeiles durchstoßen.

Für die Ableitung der Gl. (2.3) hatten wir bewegte positive Ladungen angenommen. Die Ursache der Bewegung ist in den meisten Fällen ein elektrisches Feld. Befänden sich daher freie Elektronen in diesem Feld, so würde ihre Bewegungsrichtung entgegengesetzt zu der der positiven Ladungen sein. Es zeigt sich aber, dass nahezu alle äußeren Effekte des Stromes aus positiven Ladungen, die sich in einer bestimmten Richtung bewegen, gleich sind denen eines Stromes aus negativen Ladungen, die sich in entgegengesetzter Richtung bewegen. Der Einfachheit halber und algebraisch sinnvoll können wir annehmen, dass der Strom nur aus positiven Ladungsträgern besteht.

Stromrichtung

Die Bewegungsrichtung der positiven oder der äquivalenten positiven Ladungen erfolgt in Richtung des Zählpfeiles, wenn sich für den Strom gemäß der gegebenen Rechenvorschrift ein positiver Wert ergibt, und anderenfalls in entgegengesetzter Richtung. Die Bewegungsrichtung der Ladungsträger und die Zählrichtung des Stromes stehen also in einem sinnvollen Zusammenhang. Diese Zählrichtung darf nicht mit der Richtung eines Vektors verwechselt werden. Sie gibt nur an, von welchem und zu welchem Pol der Strom positiv gezählt werden soll. Entsprechendes gilt, wenn er eine Fläche durchsetzt. Wird der Strom aus negativen Ladungsträgern gebildet, dann bewegen sich diese in entgegengesetzter Richtung.

Wenn der äußere Effekt vom Vorzeichen der Ladungsträger abhängt (wie es z. B. beim *Hall-Effekt* (s. Abschn. 5.10.1) der Fall ist), werden wir von der eben getroffenen Vereinbarung abkehren und die Beschreibung der Situation angemessen vornehmen.

Im Allgemeinen können wir Gl. (2.3) sowohl für positive als auch für negative Ladungsträger verwenden, denn durch das negative Vorzeichen von ϱ erhält $\boldsymbol{J}$ bei negativen Ladungsträgern automatisch die entgegengesetzte Richtung des dazugehörigen $\boldsymbol{v}$. Sind Ladungsträger beider Vorzeichen vorhanden, dann haben die einzelnen Stromdichten die gleiche Richtung. Ihre Beträge können direkt addiert werden. Das Gleiche gilt für die Stromanteile.

2.3 Strömung im Metall: Ohm'sches Gesetz

Modellvorstellung

Im Metall sind die Elektronen der äußeren Schale der Atome praktisch ungebunden. Da pro Atom somit wenigstens ein freies Elektron existiert, kann pro Kubikzentimeter mit etwa 10^{23} solcher Ladungsträger gerechnet werden. In einem isolierten metallischen Körper führen sie – wie die Moleküle eines Gases bei der Brownschen Bewegung – ungeordnete Bewegungen zwischen dem feststehenden Gitter aus den übrig bleibenden, nunmehr positiv geladenen und als positive Ionen bezeichneten Atomen aus. Da im Mittel in jedem Raumelement die Zahl der positiven und negativen Ladungen gleich groß ist, ist die elektrische Wirkung nach außen Null. Ebenso ist kein resultierender Strom vorhanden. Wird im Leiter ein elektrisches Feld[1)] erzeugt, z. B. dadurch, dass er mit den Polen einer Spannungsquelle verbunden wird, so werden die Elektronen in Gegenrichtung zur Feldstärke beschleunigt. Nach einer kurzen Wegstrecke, der „*freien Weglänge*", treffen sie auf die Ionen des Gitters und werden unter Energieabgabe abgebremst, abgelenkt oder zurückgeworfen. Sie erreichen also keine hohe Geschwindigkeit. Insgesamt kann eine mittlere *Driftgeschwindigkeit* beobachtet werden, die der elektrischen Feldstärke proportional ist:

$$\boldsymbol{v} = -\mu_e \boldsymbol{E} \ . \tag{2.6}$$

Die Proportionalitätskonstante μ_e wird als *Beweglichkeit* der Elektronen bezeichnet. Das Minuszeichen wurde eingeführt, damit μ_e einen positiven Wert bekommt. Setzen wir Gl. (2.6) in Gl. (2.3) ein, dann erhalten wir mit der Abkürzung

$$\kappa = -\mu_e \varrho_e = -\mu_e(-ne) \ , \tag{2.7}$$

wobei n die Zahl der freien Elektronen – auch mit *Leitungselektronen* bezeichnet – je Volumeneinheit und $-e$ deren Ladung ist, für die Stromdichte

Ohm'sches Gesetz in differentieller Form

$$\boldsymbol{J} = \kappa \boldsymbol{E} \ . \tag{2.8}$$

Die Proportionalitätskonstante κ kennzeichnet die Materialeigenschaften und wird als *spezifische Leitfähigkeit* bezeichnet.

In der nachfolgenden Tabelle 2.1 ist κ für einige Metalle und Metalllegierungen bei 20 °C angegeben. Angegeben ist auch der Kehrwert von κ, der *spezifische Widerstand* ϱ_{R}.

1 Im Gegensatz zum elektrostatischen Feld ist im Strömungsfeld im Leiter im Allgemeinen eine elektrische Feldstärke vorhanden.

Tabelle 2.1: *Spezifische Widerstände ϱ_R, Leitfähigkeiten κ bei 20° C und Temperaturkoeffizienten α_{20} einiger Metalle, Metalllegierungen und von Kohle*

Leiter	κ in $\mathrm{S}\dfrac{\mathrm{m}}{\mathrm{mm}^2}$	$\varrho_R = \dfrac{1}{\kappa}$ in $\Omega\dfrac{\mathrm{mm}^2}{\mathrm{m}}$	α_{20}[2] in $\dfrac{1}{10^3\mathrm{K}}$
Silber	62,5	0,016	3,8
Kupfer	56	0,01786	3,93
Gold	44	0,023	4,0
Aluminium	35	0,02857	3,77
Wolfram	18	0,055	4,1
Messing	14...11	0,7...0,09	1,5
Eisen	10...7	0,10...0,15	4,5...6
Platin	9...7	0,11...0,14	2...3
Neusilber	3,33	0,30	0,35
Konstantan	2,0	0,50	-0,0035
Kohle[3]	0,02...0,01	50...100	-0,2...-0,8

In den Grenzen des praktischen Gebrauchs gilt für Metalle die Proportionalität zwischen $\boldsymbol{J}$ und $\boldsymbol{E}$ bei konstanter Temperatur mit exakter Genauigkeit.

Bestimmung des elektrischen Widerstandes

Wir wollen nun wieder nach einer Größe suchen, die, ähnlich der Kapazität eines Kondensators, einen elektrischen Leiter bezüglich seiner Gesamtwirkung – beispielsweise auf die Klemmen der Spannungsquelle im Bild 2.2 – beschreibt. Wir betrachten

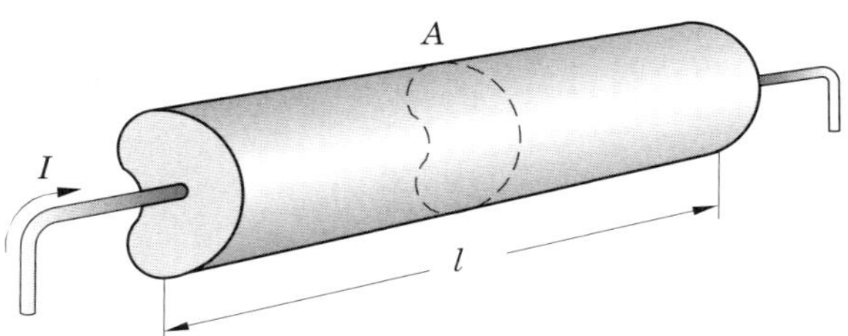

Bild 2.4: *Zur Bestimmung des Widerstandes eines zylindrischen Metallkörpers*

dazu den zylindrischen Metallkörper im Bild 2.4. Er hat die Länge l und überall die gleiche Querschnittsfläche A. Seine Enden mögen mit den Polen einer Spannungsquelle verbunden sein.

2 Zu α_{20} siehe Abschnitt 2.5.

3 Gl. (2.8) gilt auch für Kohle, Graphit, Elektrolyte.

Dann können wir annehmen, dass sich aufgrund der gleichförmigen Struktur des Körpers aus homogenem Material in ihm mit Ausnahme an den Enden ein homogenes elektrisches Feld einstellt. Wir wollen l sehr viel größer als die Querabmessungen annehmen, dann sind die Störungen an den Enden vernachlässigbar klein. Die Spannung zwischen den Enden hat dann den Wert

$$U = |\boldsymbol{E}|l \ .$$

Mit homogener Feldstärke ist auch die Stromdichte überall gleich, und der Strom durch jede Querschnittsfläche A ist gegeben durch

$$I = \kappa|\boldsymbol{E}|A \ .$$

Kombinieren wir diese beiden Gleichungen, dann erhalten wir

Ohm'sches Gesetz

$$U = R \cdot I \tag{2.9}$$

mit

$$R = \frac{l}{\kappa A} = \frac{\varrho_{\mathrm{R}} l}{A} \ . \tag{2.10}$$

Der Strom im Körper und die Spannung an seinen Enden sind miteinander linear verknüpft. Wir haben damit das *Ohm'sche Gesetz* erhalten. Es gilt allgemein, d. h. unabhängig von der Form des Leiters. Wir kehren die Gl. (2.9) um, schreiben also

$$I = \frac{1}{R}U = GU \ , \tag{2.11}$$

und können daher formulieren:

Die Stromstärke in einem metallischen Leiter ist der angelegten Spannung proportional.

Die Konstante R heißt *elektrischer Widerstand*, die Konstante G *elektrischer Leitwert*. Die Einheiten sind für R das *Ohm*[4] (Ω) und für G das *Siemens*[5] (S). Es ist

$$1\,\Omega = 1\,\mathsf{V/A} \ \text{ und } \ 1\,\mathsf{S} = 1\,\Omega^{-1} = 1\,\mathsf{A/V} \ .$$

Die Gl. (2.9) ist eine Konsequenz der Gl. (2.8). Man bezeichnet daher Gl. (2.8) auch als *Ohm'sches Gesetz in differentieller Form.*

---

4 Ohm, Georg Simon, 1789-1854, deutscher Physiker.

5 Siemens, Werner von, 1816-1892, deutscher Elektrotechniker.
In der angelsächsischen Literatur findet man für die Dimension S auch das auf den Kopf gestellte Zeichen Ω oder das Wort „Ohm" rückwärts gelesen, also 1 S = 1 ℧ = 1 mho.

Der Widerstand R oder der Leitwert G charakterisiert das elektrische Gesamtverhalten eines Leiters. R bleibt konstant, solange die physikalische Beschaffenheit des Leiters nicht geändert wird.

Praxisbezug

Leiter mit einem bestimmten vorgegebenen Wert für R werden selbst auch *Widerstand* genannt. Widerstände werden in der gesamten Elektrotechnik als Bauelemente eingesetzt. Sie werden in verschiedenen Größen und Formen und für verschiedene Leistungen gebaut. Häufig bestehen sie aus einem auf einen Haltekörper aufgewickelten *Widerstandsdraht*, beispielsweise aus Konstantan, oder sie werden aus einer Kohleschichtbahn realisiert. Das letztere ist beispielsweise oft der Fall bei den einstellbaren Widerständen, den sogenannten *Potentiometern*, wie sie in Rundfunk- und Fernsehgeräten eingesetzt werden. Einige technische Ausführungen von Widerständen zeigt das Foto im Bild 2.5.

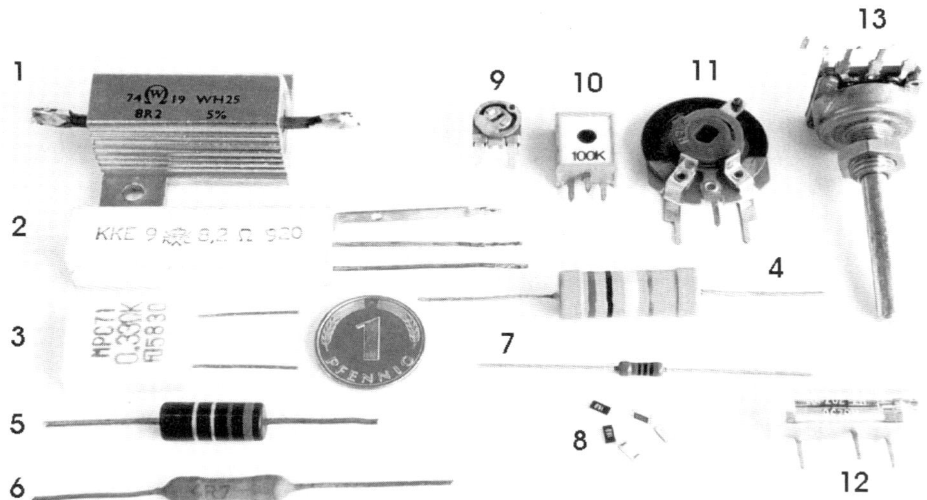

Bild 2.5: *Verschiedene technische Ausführungsformen von Widerständen*
(1)-(2) Hochlastwiderstände, 25 bzw. 9 Watt
(3) Metallbandwiderstand, induktivitätsarm, 5 Watt
(4)-(7) Schicht- und Drahtwiderstände (2 bis 1/8 Watt)
(8) SMD-Bauteile (SMD = surface mounted device)
(9)-(12) Trimmer (mit einem Schraubenzieher einstellbare Widerstandsteiler)
(13) Potentiometer

Der Widerstand eines beliebig geformten Leiters, für den Gl. (2.8) gilt, berechnet sich zu

Allgemeine Berechnung des Widerstandes

$$R = \frac{U}{I} = \frac{\int_a^b \boldsymbol{E} \mathrm{d}\boldsymbol{s}}{\iint_{(A)} \boldsymbol{J} \mathrm{d}\boldsymbol{A}} = \frac{1}{\kappa} \frac{\int_a^b \boldsymbol{E} \mathrm{d}\boldsymbol{s}}{\iint_{(A)} \boldsymbol{E} \mathrm{d}\boldsymbol{A}} . \tag{2.12}$$

a und b bezeichnen darin die beiden Anschlusspunkte, und A sei eine Querschnittsfläche, durch die der Strom hindurchfließt. Die Zählrichtung für den Strom muss mit der Integrationsrichtung für die Spannung übereinstimmen. Die Zählrichtung muss also die Richtung von a nach b haben. Damit ist auch die Richtung von $\mathrm{d}\boldsymbol{A}$ festgelegt.

Beispiel

Als Beispiel hierzu wollen wir den Erdungswiderstand des sogenannten Halbkugelerders berechnen. Eine metallisch leitende Halbkugel vom Durchmesser $2\,a$ sei in der im Bild 2.6 skizzierten Weise in den Erdboden eingegraben. Es kann angenommen

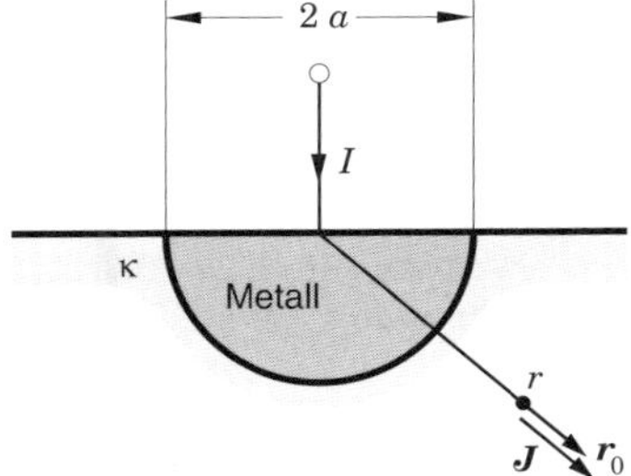

Bild 2.6: *Halbkugelerder*

werden, dass die Leitfähigkeit des Bodens um mehrere Zehnerpotenzen geringer ist als die der Halbkugel. Ihr Widerstand ist deshalb zu vernachlässigen, und ihre Oberfläche ist dann eine Äquipotentialfläche. Der Eingangswiderstand ist der Widerstand, der zwischen dem Erder und einer unendlich fernen Kugelschale (theoretisch) gemessen werden kann. Für einen bestimmten Radius r ist die Stromdichte konstant und radial gerichtet, d. h., der Vektor $\boldsymbol{J}$ hat nur eine radiale, eine r-Komponente, J_r. Da die Fläche einer Halbkugelschale $A = 2\pi r^2$ beträgt, erhält man bei einem Gesamtstrom I für die Stromdichte

$$\boldsymbol{J} = J_r \cdot \boldsymbol{r}_0 = \frac{I}{2\pi r^2} \boldsymbol{r}_0 ,$$

wobei $\boldsymbol{r}_0$ ein Einheitsvektor in r-Richtung ist. Die Feldstärke im Erdboden ist damit

$$\boldsymbol{E} = E_r \boldsymbol{r}_0 = \frac{J_r}{\kappa} \boldsymbol{r}_0 .$$

Für das elektrische Potential des Erders gilt

$$U = \int_a^\infty E_r \mathrm{d}r = \frac{I}{2\pi\kappa} \int_a^\infty \frac{\mathrm{d}r}{r^2} = \frac{I}{2\pi\kappa a} .$$

Der Eingangswiderstand ist also

$$R_{\mathrm{E}} = \frac{U}{I} = \frac{1}{2\pi\kappa a} \ .$$

2.4 Strömungsfelder

Wir haben in den vorangegangenen Abschnitten dieses Kapitels zur Beschreibung der stationären Strömung verschiedene Größen definiert. Insbesondere haben wir die Strömung in Leitern in jedem Punkt durch die Vektoren $\boldsymbol{E}$ und $\boldsymbol{J}$ charakterisieren können. Das Feld, das sie repräsentieren, bezeichnet man als *Strömungsfeld*. Analog zur Bestimmung der Feldlinien erhalten wir die *Strömungslinien*, wenn wir längs des Vektors $\boldsymbol{J}$ von Punkt zu Punkt voranschreiten. Im Bild 2.7 sollen der innere und der äußere zylindrische Ring aus sehr guten Leitern bestehen und mit den Polen

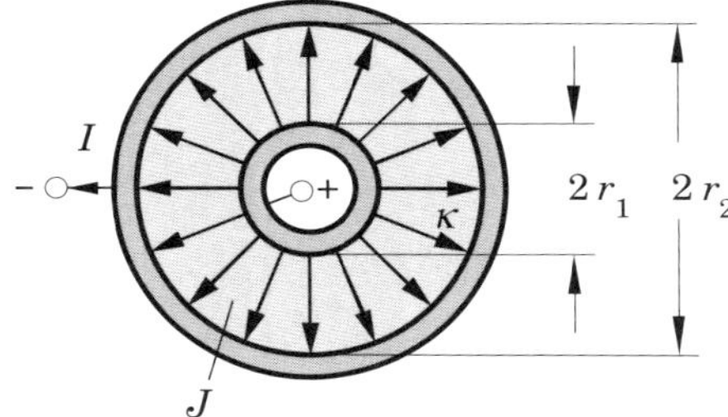

Bild 2.7: *Strömungsfeld in einer kreiszylindersymmetrischen Anordnung*

einer Spannungsquelle verbunden sein. Die Leitfähigkeit κ des Materials zwischen diesen Ringen sei wesentlich geringer. In diesem Bereich sind die Strömungslinien eingezeichnet. Dabei wurde angenommen, dass die Ringe vollkommene Leiter sind. Das Bild gleicht dem elektrostatischen Feldbild des Zylinderkondensators (s. Bild 1.12 d). Das wird nicht überraschen, wenn wir die Gleichungen des elektrostatischen und des Strömungsfeldes einander gegenüberstellen und vergleichen. Wir tun das in der nachfolgenden Tabelle 2.2.

Tabelle 2.2: *Vergleich zwischen elektrostatischem und Strömungsfeld*

Elektrostatisches Feld	Strömungsfeld
$\boldsymbol{D} = \varepsilon \boldsymbol{E}$	$\boldsymbol{J} = \kappa \boldsymbol{E}$
$\Psi_{\mathrm{D}} = \oint \boldsymbol{D} \mathrm{d}\boldsymbol{A}$	$I = \iint \boldsymbol{J} \mathrm{d}\boldsymbol{A}$
$U = \int \boldsymbol{E} \mathrm{d}\boldsymbol{s}$	$U = \int \boldsymbol{E} \mathrm{d}\boldsymbol{s}$
$Q = CU$	$I = GU$

Wir sehen, dass sich die Beziehungen in ihrer mathematischen Gestalt vollkommen gleichen. Der Unterschied besteht lediglich in den Größen. $\boldsymbol{E}$ und U haben in beiden Fällen die gleiche Bedeutung. Den Größen $\boldsymbol{D}, \Psi_{\mathrm{D}}, \varepsilon, C$ im elektrostatischen Feld entsprechen die Größen $\boldsymbol{J}, I, \kappa, G$ im Strömungsfeld.

Anwendung

In den vollkommen leitend angenommenen Ringen im Bild 2.7 muss die elektrische Feldstärke gleich Null sein, damit die Stromdichte J trotz $\kappa = \infty$ endlich bleibt. Die Ringe sind deshalb Äquipotentialflächen. Die Feldlinien und damit die Strömungslinien müssen deshalb senkrecht auf die Ringflächen münden, und sie verlaufen daher radial wie die Feldlinien beim Zylinderkondensator und gehorchen der gleichen Gesetzmäßigkeit. Für andere geometrisch sich entsprechende Anordnungen mit gleichen Randbedingungen für das elektrische Feld gilt das Entsprechende. Diese Analogie kann benutzt werden, um den Widerstand oder Leitwert einer Anordnung zu bestimmen, für die die Kapazität bekannt ist, wenn das Widerstandsmaterial durch Dielektrikum ersetzt wird. Auch der umgekehrte Fall findet in der Praxis häufig Anwendung. Wir brauchen dazu nur in Gl. (2.12) den Quotienten aus den Integralen durch den entsprechenden Quotienten aus Gl. (1.41) zu ersetzen und erhalten

$$RC = \frac{\varepsilon}{\kappa} \,. \tag{2.13}$$

Beispiel

Der Widerstand beispielsweise der Anordnung im Bild 2.7 ist mit Gl. (1.45) gegeben durch

$$R = \frac{\ln \dfrac{r_2}{r_1}}{2\pi\kappa l} \,,$$

wobei l die Länge in axialer Richtung ist.

2.5 Temperaturabhängigkeit des Widerstandes

Der Widerstand der Leiter ändert sich im Allgemeinen mit der Temperatur. Im Bild 2.8 ist der spezifische Widerstand von Kupfer in Abhängigkeit von der absoluten Temperatur T (in *Kelvin*, $0\,\mathrm{K} \mathrel{\hat{=}} -273{,}15\,^\circ\mathrm{C}$ = absoluter Nullpunkt)[6] grafisch dargestellt. Man erkennt, dass ϱ_R in einem weiten Temperaturbereich etwa linear mit der Temperatur zunimmt. In der Umgebung der Temperatur T_0 können wir daher für ϱ_R mit folgender Näherungsgleichung arbeiten:

Lineare Näherung

$$\varrho_\mathrm{RT} = \varrho_\mathrm{R0}\left(1 + \alpha(T - T_0)\right) \,. \tag{2.14}$$

---

6 Kelvin, William Lord (1892) (vorher Sir (1882) William Thomson), 1824-1907, britischer Physiker.

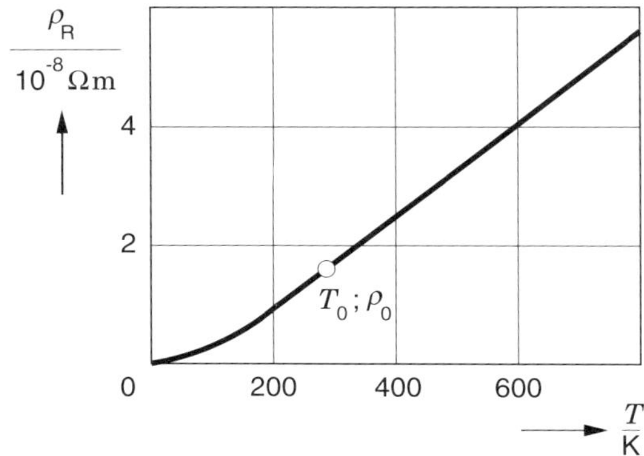

Bild 2.8: *Temperaturabhängigkeit des spezifischen Widerstandes von Kupfer*

Für $T = T_0$ ist $\varrho_{\mathrm{RT}} = \varrho_{\mathrm{R0}}$, d. h., ϱ_{R0} ist der spezifische Widerstand bei der Temperatur T_0. Auch der Temperaturkoeffizient α ist an der Stelle T_0 zu bestimmen. In den meisten Tabellen findet man die Angaben auf die Temperatur $T_0 = 293\,\mathrm{K}$ ($\hat{=}\ 20\,°\mathrm{C}$) bezogen. In der Tabelle 2.1 ist α deshalb mit dem Index 20 gekennzeichnet. Aus der Tabelle entnehmen wir, dass die Temperaturkoeffizienten recht unterschiedlich sein können. Für manche Anwendungen sind Widerstände mit geringer Temperaturabhängigkeit erwünscht. Als Material dazu eignet sich beispielsweise Konstantan, eine Legierung aus Kupfer (54 %), Nickel (45 %) und Mangan (1 %). Manche Leiter haben einen negativen Temperaturkoeffizienten.

Temperaturkompensation

Durch Zusammenschalten von Widerständen mit unterschiedlichen Temperaturkoeffizienten kann man die Temperaturabhängigkeit kompensieren.

Ist die Temperaturabhängigkeit nicht so gut linear wie im Bild 2.8 oder soll in einem größeren Temperaturbereich der Widerstand genauer angegeben werden, dann verwendet man zusätzlich ein quadratisches Temperaturglied und schreibt

Quadratische Näherung

$$\varrho_{\mathrm{RT}} = \varrho_{\mathrm{R0}} \left(1 + \alpha(T - T_0) + \beta(T - T_0)^2\right) \ . \tag{2.15}$$

Anwendung

Die Temperaturabhängigkeit des spezifischen Widerstandes und damit des Widerstandes kann umgekehrt auch zur Bestimmung der Temperatur ausgenutzt werden, wenn der Widerstand gemessen wird (Widerstandsthermometer).

Supraleitung

Der spezifische Widerstand von Kupfer geht mit $T \to 0$ nicht ganz auf Null zurück. Das liegt an Verunreinigungen und an Gitterfehlstellen. Dieses Verhalten zeigen alle Normalleiter.

Es gibt Stoffe – man nennt sie Supraleiter –, deren Widerstand bei einigen K, der sogenannten Sprungtemperatur, rapide auf einen unmessbar kleinen Wert absinkt und bis zum Nullpunkt auf *Null* bleibt. Ein Beispiel hierfür ist Quecksilber. Supraleitend ist dieses Metall unterhalb von etwa 4,2 K. Dieses Phänomen wurde 1911 von KAMMERLINGH ONNES [7)] entdeckt.

Heute hat man Materialien gefunden, deren Sprungtemperatur einen wesentlich höheren Wert aufweist. Es handelt sich dabei um zusammengesetzte Stoffe (keramische Materialien). Die Sprungtemperatur von $YBa_2Cu_3O_7$ zum Beispiel beträgt 92 K.

7 Kammerlingh Onnes, Heike, 1853-1926, niederländischer Physiker.

Aktivierungselement 2.1

1. Welche der folgenden Größen sind integrale Größen des elektrischen Strömungsfeldes?

   (a) Raumladungsdichte ρ

   (b) Leitfähigkeit κ

   (c) Elektronenbeweglichkeit μ_e

   (d) Stromstärke I

   (e) Widerstand R

2. Definieren Sie den Begriff *elektrische Stromstärke*!

3. Leiten Sie die Stromdichte ab, die sich durch eine mit der Geschwindigkeit v bewegte Raumladung ergibt!

4. Welche Ladungsträger bewegen sich entgegengesetzt zur Stromrichtung?

5. Erläutern Sie die Gleichung für die spezifische elektrische Leitfähigkeit!

6. Machen Sie sich noch einmal klar, dass das *Ohm'sche Gesetz* eigentlich nur eine Materialgleichung für solche Stoffe ist, in denen die Ladungsträger eine zur Feldstärke proportionale mittlere Driftgeschwindigkeit annehmen!

Lernzyklus 2.2

Studienziele

Nach dem Durcharbeiten dieses Lernzyklus sollen Sie in der Lage sein,

- die Definition für die Leistung anzugeben;
- die Leistung anzugeben, die in einem *Verbraucher* elektrischer Energie umgesetzt wird;
- die Bewegung eines Elektrons zwischen den Elektroden im ebenen Modell im Vakuum zu beschreiben;
- das Raumladungsgesetz für die Strömung im Vakuum dem Prinzip nach zu kennen.

2.6 Energieumsetzung im elektrischen Stromkreis

Wir betrachten den elektrischen Stromkreis im Bild 2.9 a. Die Spannungsquelle mit

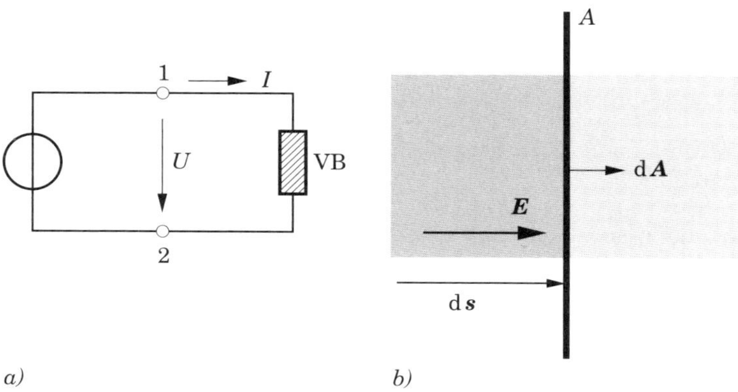

Bild 2.9: *Zur Energieumsetzung in einem „Verbraucher"*

der Spannung U treibt durch den *Verbraucher* VB einen konstanten Strom der Stärke I. Die Ladungsträger, die den Strom bilden, werden durch das mit U verbundene Feld bewegt. Dabei muss die Quelle Arbeit verrichten.

Durchlaufen in der Zeit $\mathrm{d}t$ die beweglichen Ladungsträger des Volumenelementes $\mathrm{d}V = \mathrm{d}\boldsymbol{A}\,\mathrm{d}\boldsymbol{s}$ (s. Bild 2.9 b) mit der Ladung $\mathrm{d}Q$ unter Einwirkung des Feldes $\boldsymbol{E}$ gerade die Wegstrecke $\mathrm{d}\boldsymbol{s}$, so beträgt die vom Feld an diesen geleistete Arbeit $\mathrm{d}w$

$$\mathrm{d}w = \mathrm{d}Q\boldsymbol{E}\,\mathrm{d}\boldsymbol{s} \ .$$

Nun ist $\mathrm{d}Q = \rho\,\mathrm{d}V = \boldsymbol{J}\,\mathrm{d}\boldsymbol{A}\,\mathrm{d}t$ (s. Gl. (2.4)). Deshalb gilt

$$\mathrm{d}w = \boldsymbol{J}\,\mathrm{d}\boldsymbol{A}\,\boldsymbol{E}\,\mathrm{d}\boldsymbol{s}\,\mathrm{d}t = \boldsymbol{J}\boldsymbol{E}\,\mathrm{d}V\,\mathrm{d}t \ .$$

Um die im gesamten Verbraucher in der Zeit $\mathrm{d}t$ verrichtete Arbeit $\mathrm{d}W$ zu erhalten, muss über dessen Volumen integriert werden. Dazu fassen wir zunächst alle $\mathrm{d}w$ der Volumenelemente an einer Querschnittsfläche A zusammen. Die individuellen $\mathrm{d}\boldsymbol{s}$ wählen wir so, dass $\boldsymbol{E}\,\mathrm{d}\boldsymbol{s}$ für jedes Volumenelement gleich ist, d. h., wir integrieren zwischen zwei Äquipotentialflächen mit dem infinitesimal kleinen Potentialunterschied $\mathrm{d}U = \boldsymbol{E}\,\mathrm{d}\boldsymbol{s}$ und können deshalb $\mathrm{d}U$ vor das Integral ziehen. Das Integral der Stromdichte ergibt den Gesamtstrom I. Anschließend sind die Anteile aller dieser *Querschnittsscheiben* aufzuintegrieren, was der Integration aller $\mathrm{d}U$ gleichkommt:

$$\mathrm{d}W = \mathrm{d}t \int_1^2 \mathrm{d}U \cdot \iint\limits_{\substack{\text{(Äquipoten-}\\\text{tialfläche)}}} \boldsymbol{J}\,\mathrm{d}\boldsymbol{A} \ .$$

Das gesuchte Ergebnis lautet somit

$$\mathrm{d}W = UI\,\mathrm{d}t\ .$$

Die pro Zeiteinheit verrichtete Arbeit bezeichnet man als *Leistung*. Sie soll mit dem Buchstaben P (von power) gekennzeichnet werden. Es ist

Elektrische Leistung

$$P = \frac{\mathrm{d}W}{\mathrm{d}t} = UI\ . \tag{2.16}$$

Als abgeleitete Einheit für die Leistung ergibt sich

$$[P] = [U][I] = \mathsf{VA}\ .$$

Man hat der Einheit VA den eigenen Namen *Watt*[8)] (W) gegeben. Es ist

$$1\ \mathsf{W} = 1\ \mathsf{VA} = 1\ \mathsf{Joule/s} = 1\ \frac{\mathsf{kg\ m^2}}{\mathsf{s^3}}\ .$$

Im Bereich der Elektrotechnik ist es daher üblich, die elektrische Arbeit

$$W = \int_{t_1}^{t_2} P\mathrm{d}t$$

in der Einheit Ws (Wattsekunde) oder in der $3{,}6 \cdot 10^6$ mal größeren Einheit kWh (Kilowattstunde), die von den Rechnungen der Energieversorgungsunternehmen jedem bekannt ist, anzugeben.

Zu erwähnen bleibt noch, dass das Produkt $\boldsymbol{JE}$ oben in dw die *Leistungsdichte*, d. h. die in der Volumeneinheit umgesetzte Leistung, darstellt.

Es stellt sich nun die Frage, was aus der Energie (Arbeit) wird, die die Quelle abgibt. Nach dem Energieerhaltungsprinzip muss sie irgendwo ihr Äquivalent finden. Das hängt natürlich von der Art des Verbrauchers ab. Handelt es sich um einen Elektromotor, dann erfolgt die Umwandlung in mechanische Energie. Es kann aber auch chemische Energie gewonnen werden, beispielsweise dann, wenn der *Verbraucher*[9)] ein Akkumulator ist und so geschaltet wird, dass er vom Strom aufgeladen wird. In einem Widerstand wird die Energie in Wärmeenergie umgewandelt. In der mikroskopischen Betrachtung bedeutet das, dass die Amplitude der thermischen Gitterschwingungen durch die Zusammenstöße der Elektronen mit dem Gitter vergrößert

8 Watt, James, 1736-1816, englischer Ingenieur.

9 An diesen Beispielen wird besonders deutlich, dass die übliche Bezeichnung *Verbraucher* nicht sehr glücklich gewählt ist. Energie kann nicht verbraucht werden, sie wird umgewandelt. Entsprechendes gilt für den Begriff *Erzeuger*.

wird. Makroskopisch äußert sich das in der Erhöhung der Temperatur. Umgekehrt wird hier auch deutlich, warum bei Metallen der Widerstand durch Temperaturerhöhungen ansteigt. Bei stärkeren Gitterschwingungen erfolgt öfter ein Zusammenstoß der Elektronen mit dem Gitter, wodurch die freie Weglänge geringer und der Widerstand größer wird.

2.7 Strömung im Hochvakuum: Raumladungsgesetz

Wir wollen nun eine Strömung kennen lernen, die einem anderen als dem Ohm'schen Gesetz gehorcht. Und zwar wollen wir die Strömung im Hochvakuum einer Vakuumdiode oder der *Braun'schen Röhre*,[10)] wie sie für Katodenstrahloszillographen oder Monitore für Fernseher, Computer oder Radargeräte verwendet wird (Bild 2.10), betrachten. Die Bezeichnung Diode besagt hier, dass in einem luftleer gepumpten Gefäß zwei Elektroden vorhanden sind. Sie heißen Anode (positiv) und Katode (negativ).

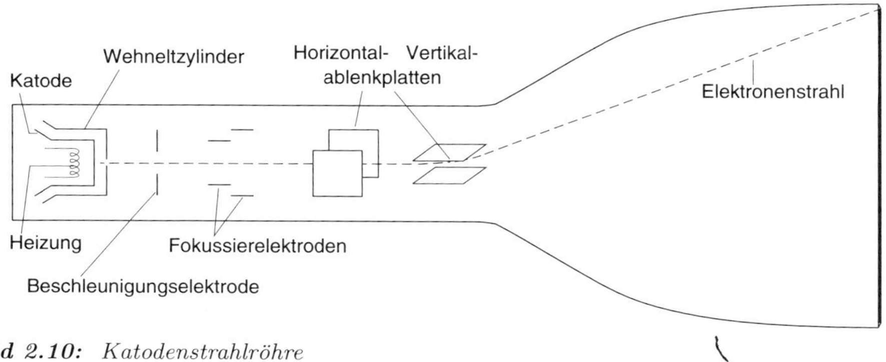

Bild 2.10: *Katodenstrahlröhre*

Thermische Emission

Die Katode wird elektrisch aufgeheizt. Dadurch werden die Elektronen in ihr in eine derart starke thermische Bewegung versetzt, dass sie aus ihrer Oberfläche austreten können. Dabei müssen die Bindungskräfte entsprechend der atomaren Struktur an der Oberfläche überwunden werden. Die Energie, die dazu je Elektron aufzuwenden ist, bezeichnet man als *Austrittsarbeit.* Da diese mit dem sogenannten Austrittspotential Φ_0 durch $e\Phi_0$ dargestellt werden kann, gibt man sie in der Energieeinheit Elektronenvolt (eV) an.

---

10 Braun, Karl Ferdinand, 1850-1918, deutscher Physiker, erfand die nach ihm benannte Elektronenstrahlröhre im Jahre 1897.

Ein Elektronenvolt ist die Energie, die ein Elektron beim Durchlaufen einer Potentialdifferenz von 1 V aufnimmt oder abgibt.

Die Austrittsarbeit beträgt z. B. bei Wolfram 4,5 eV, bei Bariumoxid sogar nur 1,2 eV. Wegen dieser geringen Austrittsarbeit und seiner auch sonst brauchbaren physikalischen Eigenschaften wird Bariumoxid häufig als Beschichtungsmaterial für Katodenoberflächen verwendet.

Ebenes Modell

Durch die gegenüber der Katode positive Anode besteht in dem Raum zwischen beiden ein elektrisches Feld, das die Elektronen in Richtung auf die Anode beschleunigt. Zur Berechnung des Stromes infolge der Spannung U zwischen Anode und Katode benutzen wir das einfache ebene Modell im Bild 2.11. Zunächst nehmen wir an, dass nur ein einziges Elektron aus der Katode mit vernachlässigbar kleiner Geschwindigkeit ausgetreten sei. Auf dieses Elektron wirkt das homogene Feld der

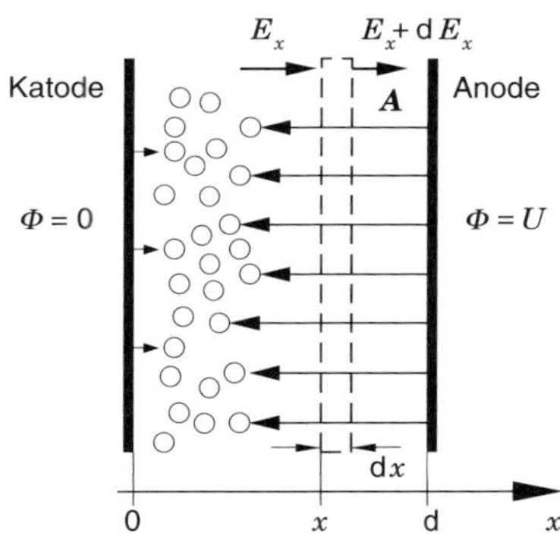

Bild 2.11: *Modell zur Berechnung des Diodenstromes*

Größe $E = E_x = -U/d$ der Zweiplattenanordnung aus Anode und Katode. Infolge der Kraftwirkung in x-Richtung der Größe $F_x = -eE_x = eU/d$ wird das Elektron gleichmäßig beschleunigt. Es ist die Beschleunigung

$$a = \frac{\mathrm{d}v}{\mathrm{d}t} = \frac{eU}{dm} \, . \tag{2.17}$$

Für m setzen wir die *Ruhemasse* m_0 des Elektrons ein. Das dürfen wir allerdings nur so lange, wie dessen Geschwindigkeit v sehr viel kleiner ist als die Lichtgeschwindigkeit c. Allgemein gilt nach der *Einstein'schen Relativitätstheorie*[11] für die bewegte Masse

$$m = \frac{m_0}{\sqrt{1-(v/c)^2}} \, . \tag{2.18}$$

Zur Berechnung der Geschwindigkeit des Elektrons kann man Gl. (2.17) integrieren. Wir wollen aber die Geschwindigkeit in Abhängigkeit vom durchlaufenen Potential

11 Einstein, Albert, deutscher Physiker, ab 1940 amerikanischer Staatsbürger, entwickelte spezielle und allgemeine Relativitätstheorie.

wissen und bestimmen sie deshalb aus Energiebetrachtungen. Die vom Feld beim Durchlauf des Potentialunterschieds von $\varPhi = 0$ bis $\varPhi(x)$ am Elektron geleistete Arbeit $e\varPhi(x)$ wird in kinetische Energie (Energie der Bewegung) des Elektrons der Größe $\frac{1}{2}m_0v^2$ umgewandelt. Daraus folgt

$$v(x) = \sqrt{\frac{2e}{m_0}\varPhi(x)} \; . \tag{2.19}$$

Dabei wurde angenommen, dass das Elektron an der Katode die Geschwindigkeit Null hat. Im Fall des einzelnen Elektrons können wir auch sofort die Geschwindigkeit an jeder Stelle x angeben, denn in einer Zweiplattenanordnung gilt (s. Abschn. 1.4)

$$\varPhi(x) = U \cdot \frac{x}{d} \; .$$

Treten viele Elektronen aus der Katode aus, dann bilden sie eine Raumladung, deren Dichte von x abhängt. Die Feldlinien, die von der Anode ausgehen, greifen nicht mehr bis zur Katode durch, sondern enden auf diesen Raumladungen, d. h., die Feldstärke ist nicht mehr konstant. Unmittelbar vor der Katode kann sie sogar Gegenrichtung annehmen, so dass der Elektronenaustritt erschwert wird. Das ist erforderlich, damit sich ein Gleichgewichtszustand zwischen der Zahl der von der Anode abgesaugten und der Zahl der an der Katode austretenden Elektronen einstellen kann.

Zur einfachen Behandlung wollen wir annehmen, dass die Katode beliebig viele Elektronen liefern kann und dass deren Anfangsgeschwindigkeit an der Katode gleich Null ist. Im stationären Zustand fließt durch jede beliebige Fläche A der Strom I, der sich mit den Gln. (2.3) und (2.5) zu

$$I = -\rho(x)v(x)A \tag{2.20}$$

ergibt.[12] Den Zusammenhang zwischen ρ und E und damit $\varPhi$ erhalten wir durch Anwendung des Gauß'schen Satzes auf die im Bild 2.11 gestrichelt eingezeichnete geschlossene Fläche um das Volumen, ähnlich einer Schachtel mit der infinitesimalen Dicke $\mathrm{d}x$. Danach ist

$$\rho(x)A\mathrm{d}x = \varepsilon_0 A(E_x + \mathrm{d}E_x - E_x) \; ,$$

also

$$\rho(x) = \varepsilon_0 \frac{\mathrm{d}E_x}{\mathrm{d}x} = -\varepsilon_0 \frac{\mathrm{d}^2\varPhi}{\mathrm{d}x^2} \; , \tag{2.21}$$

denn nach Gl. (1.18 a) ist $E\mathrm{d}x = -\mathrm{d}\varPhi$. Wir kombinieren nun die Gln. (2.19) bis (2.21) und eliminieren dabei v und ρ. Für $\varPhi(x)$ erhalten wir die Differentialgleichung

Differentialgleichung

$$\frac{\mathrm{d}^2\varPhi(x)}{\mathrm{d}x^2} = \frac{I}{\varepsilon_0 A} \cdot \sqrt{\frac{m_0}{2e\varPhi(x)}} \; .$$

---

12 Der positive Strom hat die Richtung von der Anode zur Katode.

Ein den Randbedingungen ($\Phi(0) = 0$; $\Phi(d) = U$) angepasster Ansatz für Φ mit noch zu bestimmendem Exponenten α lautet

Ansatz

$$\Phi(x) = U \left(\frac{x}{d}\right)^{\alpha} .$$

Wir führen diesen Ansatz in obige Differentialgleichung ein und erhalten

$$\alpha(\alpha - 1)\frac{U}{d^2}\left(\frac{x}{d}\right)^{\alpha-2} = \frac{I}{\varepsilon_0 A}\sqrt{\frac{m_0}{2eU}}\left(\frac{x}{d}\right)^{-\alpha/2} .$$

Wenn der obige Ansatz mit konstantem α richtig sein soll, dann muss die x-Abhängigkeit herausfallen. Dies gilt genau dann, wenn $\alpha - 2 = -\alpha/2$, also $\alpha = 4/3$ ist.

Für den Strom folgt dann aus dieser Beziehung

Lösung

$$I = \frac{4}{9}\frac{\varepsilon_0 A}{d^2}\sqrt{\frac{2e}{m_0}}U^{3/2} . \tag{2.22}$$

Verallgemeinerung

Es zeigt sich, dass dieses $I \simeq U^{3/2}$-Gesetz nicht nur für das benutzte Modell, sondern allgemein für raumladungsbegrenzte Ströme gilt. Das ist insofern von Bedeutung, als die Vakuumdiode und auch andere Elektronenröhren meistens mit konzentrischen Zylinderelektroden aufgebaut werden.

Nimmt man die Abhängigkeit des Stromes von der Spannung einer Vakuumdiode experimentell auf, dann erhält man die im Bild 2.12 dargestellte Kennlinie.

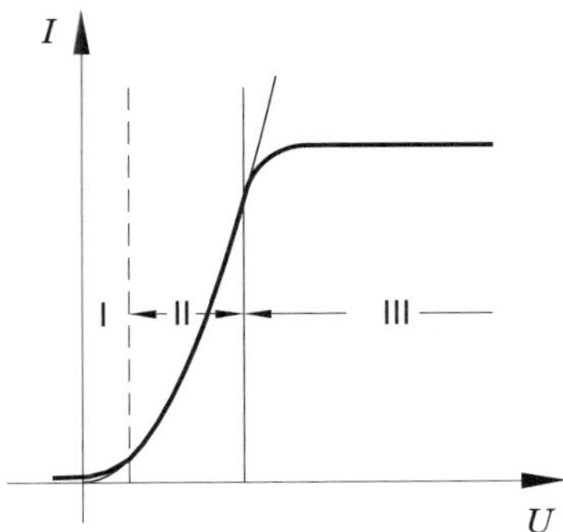

I Bereich des Anlaufstromes
II Bereich des Raumladungsstromes
III Bereich des Sättigungsstromes

Bild 2.12: *Abhängigkeit des Stromes von der Spannung in einer Vakuumdiode (Strom-Spannungs-Kennlinie)*

Das abgeleitete Gesetz gilt nur im Bereich II. Den Strom im Bereich I bezeichnet man als Anlaufstrom. Er ergibt sich dadurch, dass manche Elektronen eine derart große thermische Energie besitzen, dass sie auch gegen eine negative Anodenspannung, d. h. ein verzögerndes Feld, *anlaufen* können. Die Strom-Spannungs-Charakteristik in diesem Bereich gehorcht einem Exponentialgesetz. Da die beheizte Katode nicht beliebig viele Elektronen zur Verfügung stellen kann, wird von einer gewissen Spannung an auch der Strom nicht mehr zunehmen können. Man bezeichnet diesen maximalen Strom als *Sättigungsstrom*. Er steigt natürlich mit der Erhöhung der Temperatur der Katode an, weil dadurch mehr Elektronen die Austrittsarbeit aufbringen können.

Praxisbezug

Bei der Braun'schen Röhre ist die Anode durchlässig. Die Elektronen durchfliegen das Loch der Anode und werden dann durch die Ablenkeinrichtung auf die entsprechende Stelle des Schirms geleitet und bringen diesen dort zum Erleuchten.

Aktivierungselement 2.2

1. Definieren Sie den Begriff der elektrischen Leistung!
2. Was ist ein Elektronenvolt?
3. In der Vakuumdiode werden die Elektronen durch die durchlaufene Potentialdifferenz beschleunigt, sie erhalten kinetische Energie. Wo bleibt diese nach Erreichen der Anode?
4. Skizzieren Sie die Funktion vom Typ $I = kU^{3/2}$!
5. Erklären Sie die Begriffe *Anlaufstrom* und *Sättigungsstrom* anschaulich!

Aufgaben zur Vertiefung 4

2.1 Wie viele Elektronen treffen den Bildschirm einer Fernsehröhre in der Sekunde bei einem Strahlstrom von 1 mA?

2.2 Wie groß ist die Driftgeschwindigkeit der Leitungselektronen in Kupfer bei einer Stromdichte von 1 A/mm^2, wenn in 1 cm^3 Kupfer ca. $8{,}5 \cdot 10^{22}$ Leitungselektronen vorhanden sind?

2.3 An einem Widerstand aus Kupferdraht wird im kalten Zustand eine Temperatur $\Theta_\mathrm{K} = 12\,°\mathrm{C}$ und ein Widerstand $R = 3{,}42\ \Omega$ gemessen. Wie groß ist die Temperatur Θ_W des warmen Widerstandes, wenn nach einer Erwärmung $R_\mathrm{W} = 4,\,21\ \Omega$ ermittelt wird?

$\alpha_{20} = 3{,}93 \cdot 10^{-3}\,\mathsf{K}^{-1}$ bei Kupfer.

2.4 Die Gl. (2.19) gibt die Geschwindigkeit an, die ein Elektron beim Durchlaufen der Spannung U hat:

$$v = \sqrt{\frac{2eU}{m_0}}\ .$$

Diese Gleichung gilt aber nur näherungsweise bis etwa 10^4 V, weil die relativistische Massenzunahme vernachlässigt wurde. Hat ein Körper mit der Ruhemasse m_0 die Geschwindigkeit v, so berechnet sich die bewegte Masse zu (s. Gl. (2.18))

$$m = \frac{m_0}{\sqrt{1-(v/c)^2}}\ .$$

Wenn v die Lichtgeschwindigkeit $c \approx 3 \cdot 10^8$ m/s erreichen würde, so wäre die Masse m unendlich groß, d. h., sie könnte durch keine noch so große Kraft weiter beschleunigt werden.

a) Bestimmen Sie die exakte Gleichung für die Geschwindigkeit eines Elektrons, das die Spannung U durchlaufen hat. Benutzen Sie dazu die Einstein'sche Energie-Masse-Beziehung $W = m \cdot c^2$. Der Ansatz lautet somit

$$eU = mc^2 - m_0c^2\ .$$

b) Wie groß ist die Geschwindigkeit eines Elektrons beim Durchlaufen einer Spannung von 10^5 V?

Rechnen Sie zum Vergleich auch noch mit der Näherungsformel (2.19). Ruhemasse des Elektrons: $m_0 = 9{,}108 \cdot 10^{-31}$ kg.

2.5 Die kinetische Energie eines Körpers mit der Ruhemasse m und der Geschwindigkeit v wird nach der Formel

$$W_{\text{kin}} = \frac{1}{2} m_0 v^2$$

berechnet. Beweisen Sie, dass diese Formel eine Näherung für $v \ll c$ ist. Gehen Sie von folgendem Ansatz aus:

$$W_{\text{kin}} = mc^2 - m_0 c^2 \ .$$

2.6 Die Temperaturabhängigkeit des Widerstandes von Metallen kann dazu ausgenutzt werden, Temperaturen zu messen. Sehen Sie sich das Prinzip des Widerstandsthermometers in der einschlägigen Literatur (Physiklehrbücher, Bücher über Messtechnik) an.

Vororientierung zur Kurseinheit 5

Motivation

In allen Bereichen der Elektrotechnik sind heute elektronische Bauelemente im Einsatz. Fast ausschließlich werden Halbleiterbauelemente verwendet. Sie werden sogar meist nicht als Einzelelemente, sondern meistens mit vielen anderen zusammen als sogenannte integrierte Schaltungen eingesetzt.

Wir wollen uns daher in dieser Einheit zunächst mit dem Leitungsmechanismus des elektrischen Stromes in elektronischen Halbleiterwerkstoffen befassen. Dabei können wir die Vorgänge größtenteils nur qualitativ beschreiben. Die quantitative Beschreibung beschränkt sich teilweise auf die Mitteilung von Ergebnissen. Es wird Ihnen daher nicht immer möglich sein, die Herleitung der Gleichungen nachzuvollziehen.

Die Darstellung der Vorgänge soll dazu dienen, die elektronischen Bauelemente, Halbleiterdiode und Transistor, die ausschließlich behandelt werden, in ihrer Wirkungsweise und ihrem Verhalten zu verstehen.

Diese Studieneinheit soll Ihnen einen Überblick über die gebräuchlichsten elektronischen Bauelemente geben. Sie sollten zu einem späteren Zeitpunkt den Inhalt wiederholen bzw. genauer studieren.

Voraussetzung

Vorausgesetzt werden Kenntnisse über den Aufbau der Materie und die vorhergehenden Einheiten.

Lernzyklus 2.3

Studienziele

Nach dem Durcharbeiten dieses Lernzyklus sollen Sie in der Lage sein,

- die Mechanismen von Eigenleitung und Störleitung mit den dazugehörigen Begriffen darzustellen;
- die Verhältnisse im Energiebändermodell zu erläutern;
- den Verlauf der Zustandsdichte, der Besetzungswahrscheinlichkeit und die Konzentrationsverläufe im Energiediagramm für einfache Halbleiter zu skizzieren;
- die Verhältnisse an einem stromlosen pn-Übergang zu erläutern (insbesondere Bestimmung der Diffusionsspannung und der Sperrschichtweiten);
- die Strom-Spannungs-Kennlinie der Halbleiterdiode zu skizzieren und zu begründen.

2.8 Leitungsmechanismen im Halbleiter

2.8.1 Zur Kristallstruktur der Halbleiter

Einteilung der Stoffe

Bisher hatten wir die festen Stoffe im großen Ganzen in Leiter (hauptsächlich Metalle) und Nichtleiter (Isolatoren) eingeteilt. Der spezifische Widerstand liegt bei Metallen bei etwa 10^{-7} bis $10^{-8}\,\Omega$m, bei guten Isolatoren bei Werten $> 10^{10}\,\Omega$m. Der Unterschied beträgt also mehr als 15 Zehnerpotenzen. Es gibt nun eine ganze Reihe von Stoffen, deren spezifischer Widerstand im Bereich zwischen diesen Extremwerten liegt. Man nennt diese allgemein *Halbleiter.* Halbleiter, bei denen der Stromtransport ganz oder teilweise durch Ionen erfolgt, sollen hier nicht betrachtet werden. Sie werden *Ionenleiter* genannt. Für elektronische Bauelemente sind sie kaum geeignet, da der Stromfluss mit dem Transport von Materie, also einer allmählichen Veränderung des Stoffes, verbunden ist. Der Halbleiter im engeren Sinn ist ein Elektronenleiter.

Im Gegensatz zu den metallisch leitenden Stoffen sind bei den Halbleitern am absoluten Temperaturnullpunkt keine *quasifreien* Elektronen vorhanden, d. h., es gibt keine Elektronen, die sich relativ frei im Kristallgitter bewegen und bei Vorhandensein eines elektrischen Feldes beschleunigt werden können. Es liegt damit auch keine Leitfähigkeit vor. Zur Loslösung von Elektronen ist eine endliche *Aktivierungsenergie* notwendig. Überhaupt kann man metallisch leitende Stoffe, Halbleiter und Isolatoren aufgrund dieser Aktivierungsenergie voneinander unterscheiden. Während die Unterscheidung zwischen metallisch leitenden Stoffen und den Halbleitern eindeutig möglich ist, ist die Unterscheidung zwischen den Halbleitern und den Isolatoren jedoch willkürlich. Beim Isolator ist die zur Erzeugung von Ladungsträgern notwendige Aktivierungsenergie sehr viel größer als bei den gebräuchlichen Halbleitern (etwa um den Faktor 10). Es besteht hier also lediglich ein quantitativer und kein qualitativer Unterschied. Die Ursache dafür, dass ein Stoff ein metallischer Leiter, ein Halbleiter oder ein Isolator ist, ist allein durch den kristallinen Aufbau und durch die zwischen den Gitterbausteinen wirkenden Kräfte gegeben. Es existieren sowohl halbleitende Elemente als auch halbleitende Verbindungen. Man kann gewisse empirische Regeln aufstellen, die Voraussagen in bezug auf das elektrische Verhalten gestatten. So ist eine metallische Leitung bei Verbindungen zu erwarten, bei denen nicht alle chemischen Wertigkeiten (Valenzen) der an der Bindung beteiligten Atome verwendet werden. So ist z. B. TiO (Titanoxid) metallisch, TiO_2 (Titandioxid) nichtmetallisch. Beim TiO bleiben zwei Wertigkeiten frei.
Nach Grimm-Sommerfeld [13] sollten die zweiatomigen Verbindungen der Elemente aus der dritten Gruppe (Spalte) des periodischen Systems mit den Elementen der fünften Gruppe, also z. B. InSb (Indiumantimonid) oder GaAs (Galliumarsenid), keine Stoffe mit metallischer Leitfähigkeit sein. Das liegt daran, dass sich in der

13 Grimm, Hans Georg, 1887-1958, deutscher Physikochemiker.
Sommerfeld, Arnold, 1868-1951, deutscher Physiker.

Verbindung die drei und die fünf Valenzelektronen zu einer gemeinsamen Elektronenschale zusammenfinden und damit eine Struktur wie bei den Edelgasen vorliegt. Insbesondere GaAs ist ein sehr interessanter Halbleiter, der sowohl für monolithisch integrierte Schaltungen der Millimeterwellentechnik als auch in der integrierten Optik eine große Rolle spielt. Auch InSb ist in der integrierten Optik von Bedeutung.

Bei den halbleitenden Elementen fällt auf, dass sie in Strukturen kristallisieren, bei denen die Zahl der unmittelbaren Nachbarn im Vergleich zu den Metallen gering ist. Sie kristallisieren also nicht in dichtesten Kugelpackungen. Das bekannteste und technisch wichtigste Halbleiterelement Silizium kristallisiert in der sogenannten Diamantgitterstruktur (s. Bild 2.13). Das gilt auch für den Halbleiter Germanium.

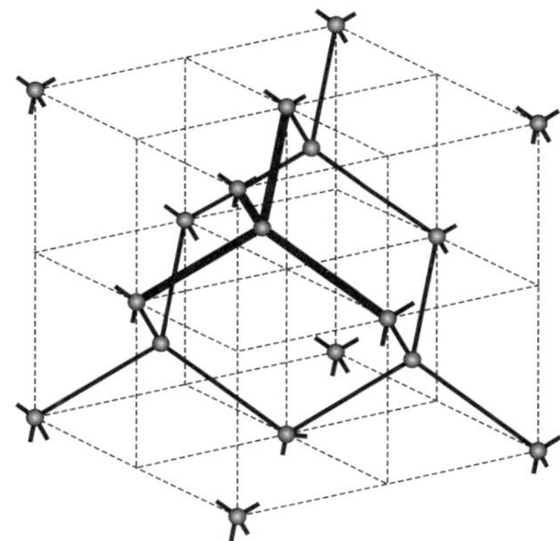

Bild 2.13: *Kristallgitterstruktur von Germanium und Silizium (Diamantgitterstruktur)*

Jeder Gitterbaustein (Atom) ist von vier Nachbaratomen umgeben. Jedes der vier Außenelektronen geht mit einem Außenelektron eines Nachbaratoms eine Paarbindung ein. Es werden somit alle Valenzelektronen verbraucht, und in der Umgebung eines Atoms herrscht wieder eine Struktur der Elektronenanordnung ähnlich der bei den Edelgasen.

Bei den sogenannten $A^{III} - B^{V}$-Verbindungen, d. h. Verbindungen von jeweils gleichvielen Atomen der Elemente der dritten und fünften Spalte des Periodensystems der Elemente (z. B. GaAs), herrscht eine Struktur (Zinkblendestruktur), die mit der eben geschilderten übereinstimmt. Diese Stoffe besitzen aber gegenüber den Elementhalbleitern (Ge, Si) infolge der ungleichen Ladungen der Atomrümpfe ein unterschiedliches Verhalten in bezug auf die elektrische Leitfähigkeit.

2.8.2 Eigenleitung

Ist der Kristall so ideal aufgebaut wie geschildert, dann kann keine Stromleitung erfolgen, denn es sind keine freien Elektronen vorhanden. Eine Elektronenbefreiung kann thermisch erfolgen. Bei endlicher Temperatur T führen die Atome im Gitter Schwingungen aus, und es besteht daher die Wahrscheinlichkeit, dass einzelne

Bindungen aufgerissen werden. Die aus der Bindung austretenden Valenzelektronen können sich dann nahezu wie freie Elektronen durch das Gitter bewegen. Bild 2.14 zeigt ein ebenes Modell der Bindung der Atome im Kristallgitter mit teilweise aufgerissenen Bindungen. In diesem Bild ist die Paarbildung modellhaft durch die Verbindung zweier Elektronen dargestellt. Es wird zwar eine eindeutige Zuordnung der Elektronen zu den Atomen gezeigt, in der Wirklichkeit ist aber eine derartige Zuordnung nicht gegeben. Die herausgelösten quasifreien Elektronen werden durch ein äußeres elektrisches Feld bewegt und tragen damit zum Strom bei. Sie werden deshalb als *Leitungselektronen* bezeichnet.

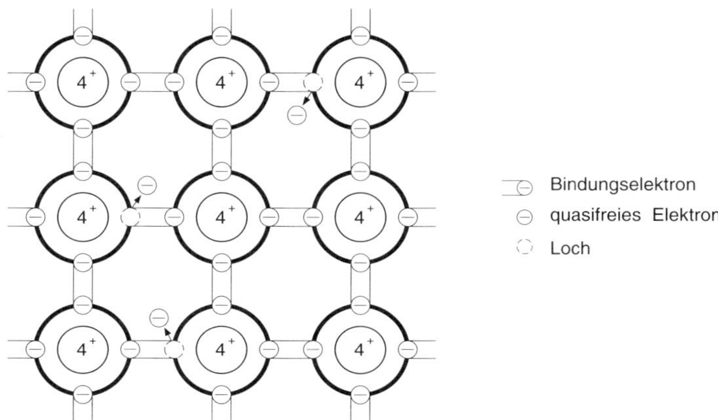

Bild 2.14: *Ebenes Modell eines Ge- oder Si-Kristalls mit durch Wärmebewegung aufgerissenen Bindungen*

Die aus den Bindungen herausgelösten Valenzelektronen hinterlassen an ihren ursprünglichen Plätzen eine Bindungslücke, kurz „*Loch*“ genannt. In diese Lücke kann leicht ein Elektron aus einer benachbarten Bindung ohne besonderen Energieaufwand überspringen, da alle Bindungen energetisch gleichwertig sind. Dabei hinterlässt es an seiner früheren Stelle wieder ein Loch. Bei Vorhandensein eines äußeren Feldes springen vorzugsweise Elektronen aus der dem Feld entgegengesetzten Richtung auf die freien Plätze, d. h., die Löcher wandern vorzugsweise in Richtung des Feldes. Den Strom, der durch diesen Vorgang verursacht wird, kann man so beschreiben, als sei das Loch ein positiv geladenes Teilchen. Die Ladung ist gleich der Elementarladung, denn das aus der Bindung herausgetretene Valenzelektron hinterlässt eine positive Überschussladung dieses Betrages. Diese *Lochteilchen* bezeichnet man auch als *Defektelektronen.*

Den hier dargestellten Leitungsmechanismus bezeichnet man als *Eigenleitung* des Halbleiters. Bei der Entstehung eines Leitungselektrons wird gleichzeitig auch ein Defektelektron erzeugt. Man spricht bei dieser *Generation* deshalb auch von *Paarbildung.* Trifft ein Leitungselektron auf ein Defektelektron, d. h. auf eine Bindungslücke, so wird es wieder fest gebunden. Leitungselektron und Defektelektron *verschwinden.* Man nennt diesen Vorgang *Rekombination.* Zwischen den einander entgegengesetzten Vorgängen von Paarbildung und Rekombination stellt sich bei einer konstanten Temperatur ein Gleichgewichtszustand ein, so dass im zeitlichen Mittel bei einer bestimmten Temperatur eine bestimmte Menge von Leitungs- und eine gleichgroße von Defektelektronen vorhanden ist, wobei es sich wegen der ständig stattfindenden Generation und Rekombination nicht dauernd um dieselben Ladungsträger handelt. Die mit ihnen im Zusammenhang stehende Leitfähigkeit nimmt mit wachsender Temperatur zu, d. h., der Temperaturkoeffizient des Widerstandes ist negativ.

Eigenleitung im Halbleiter entsteht durch Aufbrechen von Bindungen im Kristall. Dabei entstehen gleichviel quasifreie Elektronen wie Defektelektronen.

2.8.3 Störleitung

Die zur Stromführung erforderlichen Ladungsträger können auch durch Fremdatome bereitgestellt werden. Fremdatome können durch Verunreinigungen im Halbleiterkristall enthalten sein. Für die technische Anwendung wird aber der Halbleiter mit einer pro Volumeneinheit genau bemessenen Menge von Atomen eines anderen Stoffes *dotiert*. Diese Fremdatome nehmen im Kristallgitter die Plätze von Ge- oder Si-Atomen ein.

n-Halbleiter

Wir betrachten zunächst den Fall der sogenannten *n-Leitung*. In diesem Fall werden Atome der fünften Gruppe des periodischen Systems der Elemente (z. B. Arsen oder Antimon) eingebaut (s. Bild 2.15). Sie sind fünfwertig, besitzen also fünf Valenzelektronen. Für die Diamantbindung werden davon nur vier benötigt. Das fünfte ist relativ schwach an das Restatom gebunden. Es genügt daher eine im Vergleich

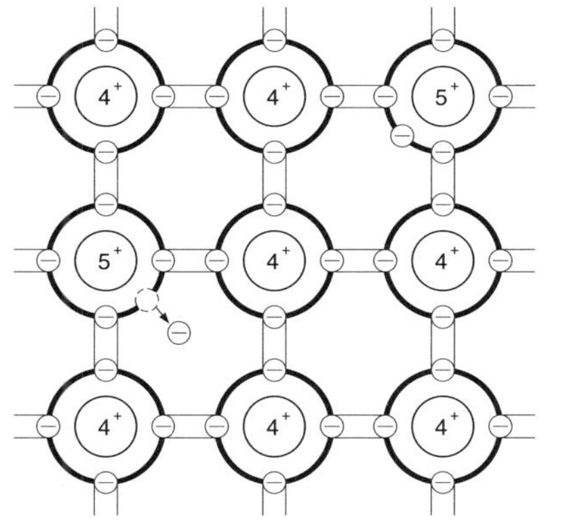

Bild 2.15: *Modell für den n-Halbleiter*

zu der Energie, die zum Aufreißen der Diamantbindung erforderlich ist, wesentlich geringere Energie, um es frei zu machen und damit als Leitungselektron zum Ladungstransport zur Verfügung zu stellen. Bei der Temperatur $T = 0\,\mathrm{K}$ sind alle diese überschüssigen Elektronen gebunden, während sie bei Zimmertemperatur praktisch alle frei sind. Da die Fremdatome Elektronen abgeben, bezeichnet man sie als *Donatoren*. Nach der Abgabe bleibt an der Störstelle ein positiv geladenes Fremdatom zurück. Während bei der Eigenleitung im Vergleich zur Zahl der Atome nur wenige Ladungsträger vorhanden sind, kann durch den Einbau von Donatoren in den Kristall die Zahl der Elektronen um einige Größenordnungen erhöht werden. Im n-Halbleiter sind also die Elektronen in der Überzahl und somit die *Majoritätsträger* und die Löcher die *Minoritätsträger*. Man spricht deshalb auch von Überschussleitung.

n-Halbleitung oder Überschussleitung liegt vor, wenn in das Kristallgitter eingebaute Fremdatome höherer Wertigkeit (Donatoren) mit relativ geringer Aktivierungsenergie Elektronen abgeben.

p-Halbleiter

Der zweite Fall, den wir zu betrachten haben, ist der Fall der sogenannten *p-Leitung*. In diesem Fall werden dreiwertige Fremdatome (z. B. Aluminium, Gallium, Indium) in den Ge- oder Si-Kristall eingebaut (s. Bild 2.16). Zur Diamantbindung fehlt an den Stellen, an denen ein Fremdatom sitzt, ein Elektron, d. h., es ist an diesen Stellen jeweils ein Loch oder Defektelektron vorhanden. Bei der absoluten Temperatur $T = 0\,\mathrm{K}$ liegt ein Isolator vor, denn die Löcher können nicht wandern, weil die Valenzelektronen stärker an die vierfach positiv geladenen Ge- oder Si-Atome angebunden sind als an das nur dreifach positiv geladene Störatom. Es genügt aber wieder nur eine geringe Energiezufuhr (Temperaturerhöhung), um das Loch vom Störatom zu lösen. Bei Zimmertemperatur sind praktisch alle diese Defektelektro-

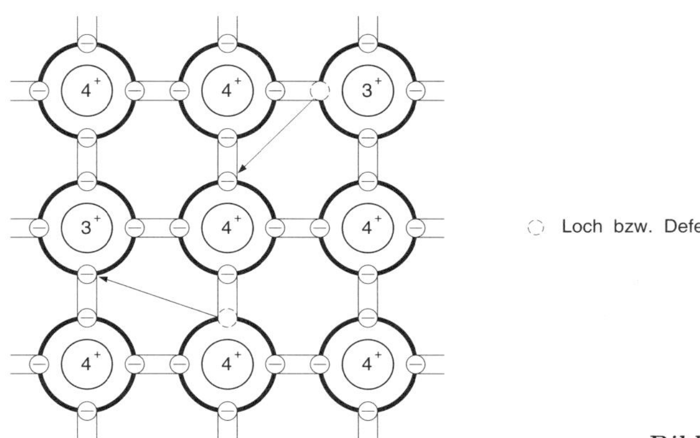

Bild 2.16: *Modell für den p-Halbleiter*

nen frei beweglich und können den Ladungstransport für einen Strom übernehmen. Die Störstelle ist durch die Aufnahme eines Elektrons negativ geladen. Man bezeichnet die Fremdatome in diesem Fall als *Akzeptoren*, da sie Elektronen aufnehmen. Im p-Halbleiter wird durch die Fremdatome die Zahl der Löcher gegenüber dem Fall der reinen Eigenleitung wesentlich erhöht. Die Löcher sind also hier die Majoritätsträger und die Elektronen die Minoritätsträger. Man spricht deshalb auch von Mangelleitung. Weitere Bezeichnungen sind *Defektelektronenleitung* und *Löcherleitung*.

p-Halbleitung oder Defektelektronenleitung ergibt sich durch Einbau von Fremdatomen geringerer Wertigkeit (Akzeptoren), wenn diese mit relativ geringer Aktivierungsenergie dem Gitter Bindungselektronen entziehen können.

2.8.4 Bändermodell

Aus unseren vorangegangenen Betrachtungen erkennen wir, dass die Eigenschaften eines Elektrons, nämlich ob es gebunden ist oder sich frei bewegen kann, von seiner Energie abhängen. Offenbar hat das Leitungselektron eine höhere Energie als das Valenzelektron. Damit aus einem Valenzelektron ein Leitungselektron wird, muss ihm ein vom Stoff abhängiger Mindestbetrag an Energie zugeführt werden. Gemäß der Gl. (1.48) ist die potentielle Energie eines sich im Feld eines positiven Atomkerns befindenden Elektrons durch

$$W_\mathrm{P} = -eU = -\frac{Qe}{4\pi\varepsilon_0 r}$$

gegeben. Im Bild 2.17 a ist der Verlauf in Abhängigkeit von r, dem Abstand vom Atomkern, dargestellt. Dabei wurde für $r \to \infty$ willkürlich $W_\mathrm{P} = 0$ festgelegt. Im Folgenden ergeben sich deshalb negative Werte für W_P.

Neben der potentiellen besitzt das Elektron auch eine kinetische Energie. Im klassischen Modell bewegt es sich auf einer Kreisbahn um den Atomkern derart, dass die Zentrifugalkraft mit der elektrischen Anziehungskraft im Gleichgewicht steht. In diesem Gleichgewicht ist die kinetische Energie (positiv und) gerade halb so groß wie der Betrag der potentiellen Energie. Ein Elektron im Abstand r_0 hat demnach die im Bild 2.17 a angegebene Gesamtenergie. Man spricht dabei vom *Energieniveau*. Nach diesem klassischen Modell sind noch alle Radien r und damit beliebige Energiewerte möglich.

Wie die Quantenmechanik zeigt, können den Masseteilchen und insbesondere den Elektronen Welleneigenschaften zugeordnet werden. Ein zu einem Teilchen gehörendes Wellenpaket hat eine bestimmte Frequenz und Wellenlänge. Die Energie ist dabei der Frequenz proportional. Analog zu der Schwingung auf einer Saite, bei der deren Länge ein ganzzahliges Vielfaches der halben Wellenlänge der Schwingung ist, ergibt sich, dass sich das Elektron nur auf einer solchen Kreisbahn bewegen kann, deren Umfang ein ganzzahliges Vielfaches der dem Elektron zugeordneten Wellenlänge ist. Damit sind nur bestimmte Kreisbahnen erlaubt. Wegen des Energie-Frequenz-Zusammenhanges gilt dann aber auch:

Die Elektronen können nur ganz bestimmte, diskrete Energiewerte annehmen.

Das im Bild 2.17 a eingezeichnete Energieniveau sei ein möglicher oder, wie man sagt, erlaubter Energiewert. Neben diesem gibt es natürlich noch weitere. Von einem niedrigen auf ein höheres Energieniveau gelangt das Elektron, wenn ihm Energie entsprechend der Differenz des Energieniveaus zugeführt wird.

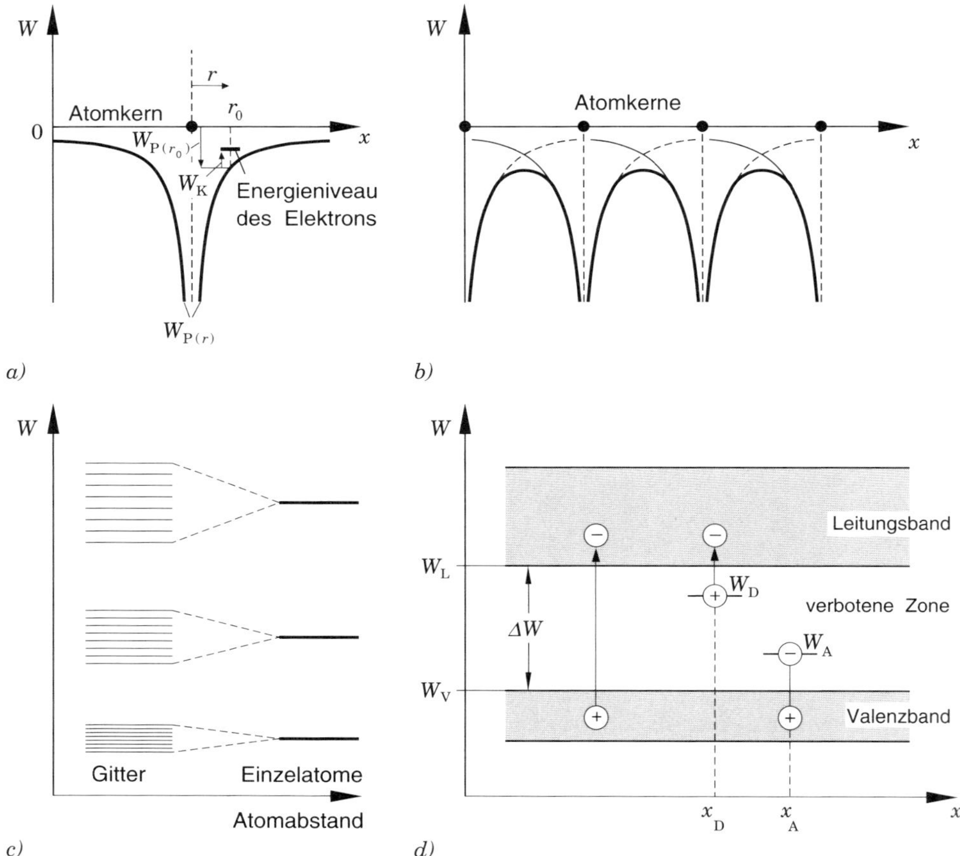

Bild 2.17: *Energie eines Elektrons und Energiebändermodell*

a) Verlauf der potentiellen Energie eines Elektrons im Einzelatom

b) Verlauf der potentiellen Energie eines Elektrons im Kristall (hier: eindimensionales Modell)

c) Aufspaltung des Energieniveaus einzelner Atome zu Energiebändern im Kristall

d) Energiebändermodell für einen Halbleiter

Rücken nun zwei oder, wie es im Kristallverband der Fall ist, viele Atome aneinander, dann überlagern sich die Potentiale der einzelnen Atomkerne. Der Verlauf der potentiellen Energie für ein eindimensionales Modell ist im Bild 2.17 b dargestellt (d. h., es sind Atomkerne in gleichmäßigem Abstand entlang der x-Achse angeordnet). Dadurch, dass sich die Atome gegenseitig beeinflussen, erfolgt eine Aufspaltung einer möglichen Frequenz (eines Energiewertes) in so viele Werte, wie Gitterbausteine sich gegenseitig beeinflussen. Das ist ähnlich wie beim Pendel in der klassischen Mechanik: Werden zwei gleiche Pendel miteinander verkoppelt, dann sind in diesem verkoppelten System zwei Eigenschwingungen möglich, die je nach Verkopplungsgrad mehr oder weniger von den vorher gleichen Eigenfrequenzen abweichen. Bei n Pendeln erfolgt eine Aufspaltung in n Frequenzen. Die Aufspaltung im Kristall ist im Bild 2.17 c dargestellt. Man erkennt, dass Bereiche entstehen, in denen sehr viele (wegen der sehr großen Zahl von Gitterbausteinen im Kristall) Energieniveaus eng beieinander liegen. Man bezeichnet diese Bereiche als *Energiebänder*. Zwischen diesen Energiebändern haben wir Bereiche ohne erlaubte Energieniveaus. Diese Bereiche werden als *Bandlücken* bezeichnet.

Für unsere Betrachtungen beim Halbleiter sind nun das oberste bei der absoluten Temperatur $T = 0$ voll besetzte Band und das unmittelbar darüber liegende vollständig leere Energieband von Interesse. In dem voll besetzten Band befinden sich die Valenzelektronen. Man bezeichnet dieses Energieband deshalb als *Valenzband*. Das darüber liegende Band heißt *Leitungsband*. Im Bild 2.17 d sind diese Bänder längs einer Koordinate x im Inneren eines homogenen Halbleiterkristalls dargestellt. Der Bereich zwischen Valenz- und Leitungsband wird als verbotene Zone bezeichnet, denn im reinen Kristall befinden sich in ihr keine erlaubten Energieniveaus. Soll ein Elektron aus dem Valenzband in das Leitungsband angehoben werden, dann muss ihm eine Energie, die mindestens gleich dem Bandabstand $\Delta W = W_\mathrm{L} - W_\mathrm{V}$ ist, zugeführt werden. Das ist die für die Paarbildung notwendige Energie. Der Bandabstand beträgt bei 300 K für Germanium 0,66 eV und für Silizium 1,12 eV. Für ein Elektron im Leitungsband ist W_L seine potentielle und der Überschuss über diesen Wert seine kinetische Energie.

Fremdatome im Bändermodell

Nun wollen wir annehmen, dass an der Stelle x_D ein Donatoratom vorhanden ist. Wir haben gesehen, dass im Vergleich mit ΔW nur eine kleine Energie notwendig ist, um das überschüssige Elektron frei zu machen, es also in das Leitungsband zu heben. Das dazugehörige *Donatorenergieniveau* W_D, das nur in der Nähe des Donatoratoms vorhanden ist, muss also dicht unterhalb der Unterkante W_L des Leitungsbandes liegen. An der Stelle x_A liege ein Akzeptoratom. Wir sahen, dass relativ zu ΔW nur eine kleine Energie notwendig ist, um einem Valenzelektron den Übergang aus der Bindung zwischen zwei Ge- oder Si-Atomen in die Bindung mit dem Akzeptoratom zu ermöglichen. Das dazugehörige Energieniveau W_A des Elektrons in der Umgebung des Akzeptoratoms liegt damit knapp oberhalb der Bandkante W_V des Valenzbandes. Die Energieniveaus W_D und W_A sind durch die Störatome innerhalb der verbotenen Zone ermöglicht worden. Sie existieren nur lokal an den Stellen der dazugehörigen Fremdatome.

Mit dem Bändermodell können wir also die Energiebeziehungen der Vorgänge im Halbleiter gut darstellen. Auch die elektrischen Eigenschaften der Isolatoren und Metalle lassen sich damit verstehen. Bei Isolatoren ist der Bandabstand ΔW so groß, dass bei normalen Temperaturen das Valenzband voll besetzt und das Leitungsband leer ist. Bei Metallen ist $\Delta W = 0$ oder negativ, d. h., Valenz- und Leitungsband überlappen sich. Oder anders ausgedrückt: Das *Ferminiveau* (s. nächsten Abschnitt) liegt bei Metallen weit im Inneren des Leitungsbandes.

2.8.5 Zustandsdichte, Besetzungswahrscheinlichkeit, Ladungsträgerdichten

Definition der Zustandsdichte

Die einzelnen Energiebänder bestehen genauer betrachtet aus diskreten Energieniveaus, die jedoch sehr eng beieinander liegen. Man gibt deshalb anstelle jedes einzelnen Energieniveaus die sogenannte Zustandsdichte $D(W)$ an. Man versteht unter $D(W) \cdot \mathrm{d}W$ die Zahl der erlaubten Zustände im Energieintervall $\mathrm{d}W$. Uns interessieren diese Zustandsdichten in der Nähe von W_L und W_V, da sich die *quasifreien* Ladungsträger im einfachsten Fall bei den Bandgrenzen konzentrieren. Man erhält dort näherungsweise parabelförmige Verläufe (s. Bild 2.18 a). Bei vollkommen freien Elektronen ergäbe sich ein exakter Parabelverlauf. Auf die Herleitung solcher Verläufe kann hier nicht eingegangen werden. Als nächstes stellt sich uns die Frage

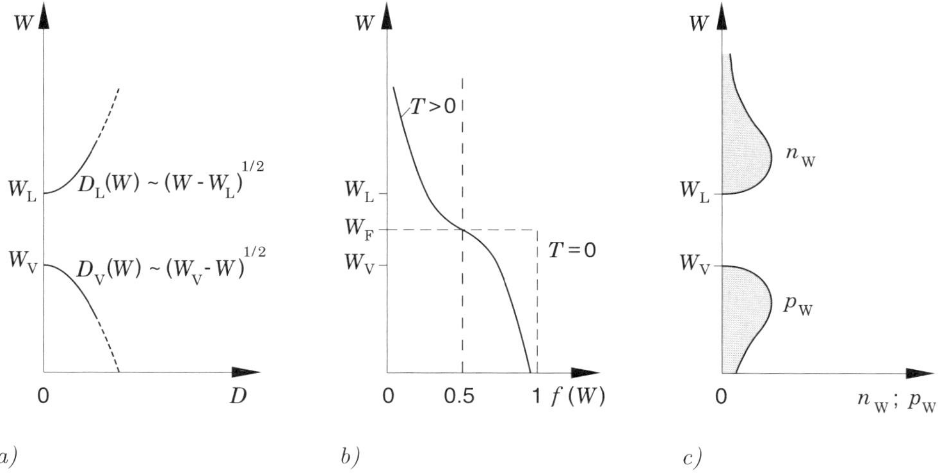

Bild 2.18: *Zustandsdichten im Leitungs- und Valenzband (a), Besetzungswahrscheinlichkeit (b) und Elektronen- bzw. Löcherkonzentration pro Energieeinheit (c)*

nach der tatsächlichen Besetzung der Energieniveaus mit Elektronen. Dabei muss beachtet werden, dass jedes Energieniveau gemäß dem *Pauli-Prinzip* [14] höchstens von zwei Elektronen mit entgegengesetztem Spin[15] besetzt werden kann. Über die

14 Pauli, Wolfgang, 1900-1958, schweiz-amerikanischer Physiker.

15 So bezeichnet man den Drehimpuls eines Elementarteilchens (z. B. Elektron) oder eines Atomkerns. Der Spin ist ein wesentliches Charakteristikum dieser Teilchen.

Besetzung lassen sich nur statistische Angaben machen. Die Wahrscheinlichkeit, dass ein Niveau der Energie W mit einem Elektron besetzt ist, wird im thermodynamischen Gleichgewicht durch die sogenannte *Fermiverteilung* beschrieben.

Fermiverteilung

$$f(W) = \frac{1}{1 + \exp\left(\frac{W - W_{\mathrm{F}}}{kT}\right)} \tag{2.23}$$

Hierin ist k die *Boltzmannkonstante*[16] und W_{F} das sogenannte *Ferminiveau.* Für $W = W_{\mathrm{F}}$ ist $f(W)$ stets gleich 0,5 (s. Bild 2.18 b). Wird T gleich Null, dann ergibt sich die gestrichelte Kurve, d. h., jedes Niveau unterhalb W_{F} ist danach mit der zulässigen Zahl der Elektronen besetzt, und jedes Niveau oberhalb W_{F} ist leer. Die Elektronen haben also (wegen des Pauli-Prinzips) auch bei $T = 0$ eine endliche Energie. Die größte ist dabei kleiner oder höchstens gleich W_{F}.

Thermodynamisches Gleichgewicht

Im thermodynamischen Gleichgewicht ist das Ferminiveau ortsunabhängig, und es gilt sowohl für die beiden Bänder als auch für die Störniveaus W_{A} und W_{D}. Die Elektronenkonzentration pro Energieintervall n_{W} im Leitungsband errechnet sich nun proportional zu $2D_{\mathrm{L}}(W) \cdot f(W)$ und die Löcherkonzentration pro Energieintervall im Valenzband p_{W} proportional zu $2D_{\mathrm{V}}(W) \cdot [1 - f(W)]$[17]. Im Bild 2.18 c sind n_{W} und p_{W} in Abhängigkeit von W dargestellt. Wir nehmen nun an, dass für unseren Halbleiter sowohl $W_{\mathrm{L}} - W_{\mathrm{F}}$ als auch $W_{\mathrm{F}} - W_{\mathrm{V}}$ sehr viel größer als kT ist. Wir sagen in diesem Fall, dass der Halbleiter *nicht entartet* sei.

Näherung

Im Bereich des Leitungsbandes können wir dann in $f(W)$ die 1 gegenüber der Exponentialfunktion vernachlässigen. Es gilt also

$$f(W) \approx \exp\left(-\frac{W - W_{\mathrm{F}}}{kT}\right) \qquad W \geq W_{\mathrm{L}}\ .$$

Im Valenzband gilt entsprechend für

$$1 - f(W) = \frac{\exp\left(\frac{W - W_{\mathrm{F}}}{kT}\right)}{1 + \exp\left(\frac{W - W_{\mathrm{F}}}{kT}\right)} \approx \exp\left(-\frac{W_{\mathrm{F}} - W}{kT}\right) \qquad W \leq W_{\mathrm{V}}\ .$$

16 Bei $T = 293\,\mathrm{K}$ (Zimmertemperatur) ist $kT = 0{,}02525\,\mathrm{eV}$.
Boltzmann, Ludwig, 1844-1906, österreichischer Physiker.

17 Die Wahrscheinlichkeit, dass ein Zustand nicht von einem Elektron besetzt, also dass ein Loch vorhanden ist, ist $1 - f(W)$. Der Faktor 2 kommt daher, dass jedes Niveau im Leitungs- und Valenzband doppelt besetzt werden darf. Akzeptor- und Donatorniveau können dagegen nur einfach besetzt werden, wobei der Spin beliebig ist.

Mit diesen Näherungen kann man jetzt ohne Schwierigkeiten die Elektronen- und Löcherkonzentrationen n bzw. p bestimmen. Die schraffierten Flächen im Bild 2.18 c sind ein Maß dafür. Bei der Integration können wir so vorgehen, als ob sich das Leitungsband bis $W = +\infty$ und das Valenzband bis $W = -\infty$ erstreckt, um einfache Ergebnisse zu erhalten. Da die Exponentialfunktionen schnell abklingen, tragen nämlich hauptsächlich nur die Teile der Kurven in der Nähe von W_L bzw. W_V zum Ergebnis bei, so dass die Fehler bei dieser Näherung klein bleiben. Man erhält mit dem Kristallvolumen V für die Elektronenkonzentration

Elektronenkonzentration

$$n = \int\limits_{\binom{\text{Leitungs-}}{\text{band}}} n_W \mathrm{d}W = \frac{1}{V} \int\limits_{W_L}^{\infty} 2D_L(W) \exp\left(-\frac{W - W_F}{kT}\right) \mathrm{d}W \,,$$

$$n = N_L \exp\left(-\frac{W_L - W_F}{kT}\right) \tag{2.24}$$

und für die Löcherkonzentration

Löcherkonzentration

$$p = \int\limits_{\binom{\text{Valenz-}}{\text{band}}} p_W \mathrm{d}W = \frac{1}{V} \int\limits_{-\infty}^{W_V} 2D_V(W) \exp\left(-\frac{W_F - W}{kT}\right) \mathrm{d}W \,,$$

$$p = N_V \exp\left(-\frac{W_F - W_V}{kT}\right) \,. \tag{2.25}$$

N_L und N_V werden *effektive Zustandsdichten* genannt. Es handelt sich um äquivalente Zustandsdichten an den Bandkanten, so dass man für die Gln. (2.24) und (2.25) auch

$$n = N_L f(W_L) \qquad \text{bzw.} \qquad p = N_V f(W_V)$$

schreiben kann. Sie sind von der Größenordnung $10^{19}\,\mathrm{cm}^{-3}$. Für nichtentartete Halbleiter ist $n \ll N_L$ und $p \ll N_V$. Multipliziert man die beiden Gln. (2.24) und (2.25), so ergibt sich

$$np = N_L N_V \exp\left(-\frac{W_L - W_V}{kT}\right) = n_i^2 \,. \tag{2.26}$$

Eigenleitungsdichte

Bei nichtentarteten Halbleitern ist also das Produkt der Konzentrationen von Elektronen und Löchern unabhängig von der Dotierung. Man schreibt deshalb

$$np = n_\mathrm{i}^2 \ . \tag{2.27}$$

Die Größe n_i ist für einen gegebenen Halbleiter nur von der Temperatur abhängig. Liegt keinerlei Dotierung vor, dann ist $n = p$ (s. Eigenleitung), und wegen Gl. (2.27) sind n und p gleich n_i. Man bezeichnet n_i als *Eigenleitungs- oder Inversionsdichte.* n_i hat bei 300 K den Wert $1{,}5 \cdot 10^{10}/\mathrm{cm}^3$ (Si) bzw. $2{,}4 \cdot 10^{13}/\mathrm{cm}^3$ (Ge). Bezeichnet man mit N_D die Dichte (oder Konzentration) der Donatoren und mit N_A die Dichte der Akzeptoren, dann ist die Dichte n_A der Elektronen im Akzeptorniveau durch

$$n_\mathrm{A} = N_\mathrm{A} \cdot f(W_\mathrm{A})$$

und die Dichte p_D der nicht mit Elektronen besetzten Donatorniveaus durch

$$p_\mathrm{D} = N_\mathrm{D}(1 - f(W_\mathrm{D}))$$

gegeben.

Da der Halbleiter insgesamt ladungsneutral ist, gilt für die Raumladungsdichte ρ

$$\rho = e(p + p_\mathrm{D} - n - n_\mathrm{A}) = 0 \ . \tag{2.28}$$

Mit Hilfe dieser Gleichung kann man die Konzentrationen für hauptsächlich p- oder hauptsächlich n-leitende Halbleiter näherungsweise bestimmen. Da in einem n-Halbleiter $n \gg p$ und in einem p-Halbleiter $p \gg n$, kann man in Gl. (2.28) jeweils die Minoritätsträgerkonzentration vernachlässigen. Beachtet man, dass die Störstellen meist vollständig ionisiert sind (d.h. $n_\mathrm{A} \approx N_\mathrm{A}$ bzw. $p_\mathrm{D} \approx N_\mathrm{D}$), so erhält man für einen p-Halbleiter $p \approx n_\mathrm{A} \approx N_\mathrm{A}$ und für einen n-Halbleiter $n \approx p_\mathrm{D} \approx N_\mathrm{D}$. Die Minoritätsträgerkonzentrationen ergeben sich jeweils aus Gl. (2.27). Zusammengefasst lautet das Ergebnis für den

$$\begin{aligned} &\text{p-Halbleiter:} \quad p_\mathrm{D} = 0; \quad p \approx N_\mathrm{A}; \quad n = n_\mathrm{i}^2/p \ , \\ &\text{n-Halbleiterr:} \quad n_\mathrm{A} = 0; \quad n \approx N_\mathrm{D}; \quad p = n_\mathrm{i}^2/n \ . \end{aligned} \tag{2.29}$$

2.9 Die Halbleiterdiode

2.9.1 Der stromlose pn-Übergang

Wir betrachten nun den Halbleiterkristall im Bild 2.19. Er ist in der linken Hälfte homogen mit Akzeptoren und in der rechten homogen mit Donatoren dotiert. Wechseln keine Ladungsträger über die Grenzschicht, dann ist im ganzen Kristall die Raumladung gleich Null. Nun ist aber die Löcherkonzentration in der linken Hälfte groß und in der rechten klein. Die Elektronenkonzentration verhält sich umgekehrt.

Diffusion der Ladungsträger

Das starke Konzentrationsgefälle der beiden Ladungsträgerarten am Übergang zwischen dem p- und dem n-leitenden Gebiet führt dazu, dass Elektronen aus dem n- in das p-Gebiet und Löcher aus dem p- in das n-Gebiet diffundieren. Die ursprünglich abrupte Konzentrationsänderung wird dadurch zu einem verschliffenen Übergang. Allerdings sind dann die Ladungen in den beiden Bereichen nicht mehr ausgeglichen. Links von der Grenzfläche $x = 0$ im Bild 2.19 ergibt sich eine negative und rechts von ihr eine positive Raumladung (s. Bild 2.20 a). Aus dieser Raumladungsverteilung kann man mit Gl. (2.21) mit ε anstelle von ε_0 die der Diffusion entgegenwirkende Feldstärke und die dazugehörige Potentialfunktion $\Phi(x)$ berechnen. Die Verläufe sind qualitativ im Bild 2.20 b und im Bild 2.20 c dargestellt. Die Feldstärke stellt sich so ein, dass sich der von ihr verursachte Feldstrom und der entgegengesetzt gerichtete Diffusionsstrom gegenseitig aufheben. Dadurch stellt sich auch ein ganz bestimmtes Konzentrationsgefälle ein.

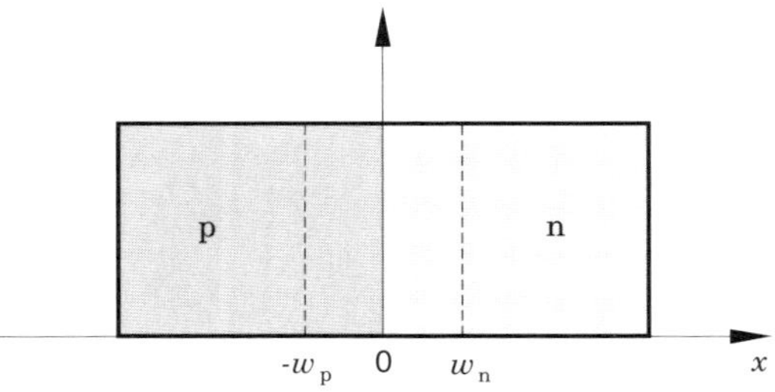

Bild 2.19: *Halbleiterkristall aus einem p- und einem n-dotierten Bereich*

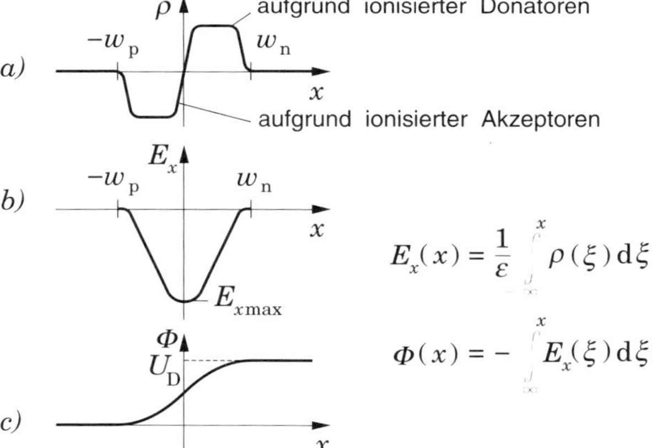

Bild 2.20: *Verhältnisse am pn-Übergang*

Diffusionsspannung

Den Potentialunterschied U_D, der sich infolge der Diffusion einstellt, bezeichnet man als *Diffusionsspannung*. Im Bereich der Raumladung, d. h. im Bereich $-w_p < x < w_n$, ist die Zahl der freien Ladungsträger wesentlich geringer (um Zehnerpotenzen) als im übrigen Kristall. Die Leitfähigkeit in diesem Übergangsgebiet wird daher besonders gering sein. Man bezeichnet diesen Bereich als *Sperrschicht* und die Größe $w_\mathrm{p} + w_\mathrm{n}$ als *Sperrschichtweite.*

Wir können uns den pn-Übergang auch noch im Bändermodell, das ja die Elektronenenergie wiedergibt, veranschaulichen (s. Bild 2.21).

Die potentielle Energie des Elektrons ist mit dem Potential Φ über $W = -e\Phi + W_0$ verknüpft. Die Konstante W_0 ist beliebig, da das Potential nur relativ festgelegt werden kann. Gemäß dem Verlauf des Potentials Φ im Bild 2.20 c ergibt sich der Verlauf der Bandkanten im Bild 2.21. Man sagt, die Bandkanten seien gekippt. Es

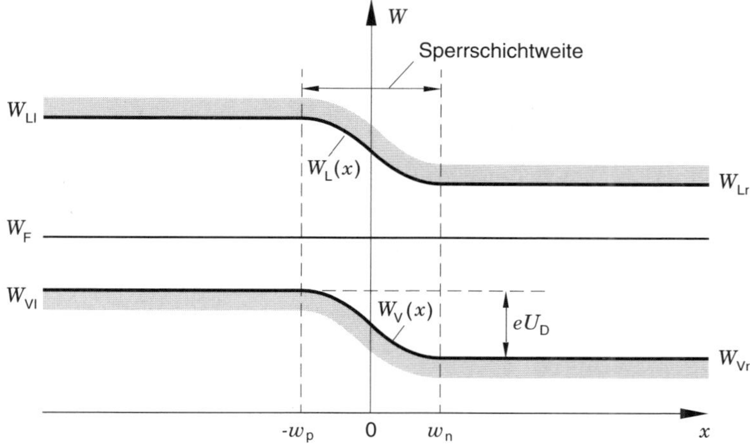

Bild 2.21: *Energiebändermodell des pn-Überganges*

sei ohne Beweis angegeben, dass die Gln. (2.24) und (2.25) auch für den Übergang gelten. Allerdings sind jetzt W_L und W_V von x abhängig. Mit Gl. (2.29) und dem Wert der Bandkantenenergien in genügender Entfernung vom Übergang (s. Bild 2.21) können wir hier schreiben

Ladungsträgerkonzentration

$$\begin{aligned} n(x) &= N_\mathrm{D} \exp\left(-\frac{W_\mathrm{L}(x) - W_\mathrm{Lr}}{kT}\right) , \\ p(x) &= N_\mathrm{A} \exp\left(-\frac{W_\mathrm{Vl} - W_\mathrm{V}(x)}{kT}\right) . \end{aligned} \tag{2.30}$$

Multipliziert man diese Gleichungen miteinander, so erhält man mit $np = n_\mathrm{i}^2$ und $W_\mathrm{L}(x) - W_\mathrm{Lr} + W_\mathrm{Vl} - W_\mathrm{V}(x) = eU_\mathrm{D}$

$$n_\mathrm{i}^2 = N_\mathrm{A} N_\mathrm{D} \exp\left(-\frac{eU_\mathrm{D}}{kT}\right)$$

oder

Diffusionsspannung

$$U_\mathrm{D} = \frac{kT}{e} \ln\left(\frac{N_\mathrm{A} N_\mathrm{D}}{n_\mathrm{i}^2}\right) . \tag{2.31}$$

Wir können mit U_D auch noch quantitative Angaben über die Sperrschichtweiten machen. Mit den Gln. (2.28) und (2.29) können wir die Raumladung angeben durch

$$\rho(x) = e(p + N_\mathrm{D} - n - N_\mathrm{A}) .$$

Außerhalb der Sperrschicht in den sogenannten *Bahngebieten* ist $\rho(x) = 0$. Im Bereich der Sperrschicht sind p und n gegenüber N_D bzw. N_A vernachlässigbar klein. Die Raumladung im linken Teil des Sperrschichtbereiches ist also etwa konstant und hat den Wert $-eN_\mathrm{A}$. Im rechten Teil des Sperrschichtbereiches ergibt sich entsprechend der Wert eN_D. Der Übergang der Konzentration n bzw. p von den Bahngebieten zur Sperrschicht erfolgt exponentiell und daher so abrupt, dass näherungsweise mit rechteckförmigen Raumladungsverläufen gerechnet werden kann. Da insgesamt die Ladung gleich Null ist, gilt

$$w_\mathrm{p} N_\mathrm{A} = w_\mathrm{n} N_\mathrm{D} . \tag{2.32}$$

Mit $E_x = \frac{1}{\varepsilon} \int \rho(x)\mathrm{d}x$ ist der Verlauf von E_x im Bild 2.20 b dann dreieckförmig mit dem Maximalwert

$$\begin{aligned} |E_x|_\mathrm{max} &= \frac{1}{\varepsilon} e N_\mathrm{A} \int\limits_{-w_\mathrm{p}}^{0} \mathrm{d}x = \frac{1}{\varepsilon} e N_\mathrm{D} \int\limits_{0}^{w_\mathrm{n}} \mathrm{d}x , \\ |E_x|_\mathrm{max} &= e\frac{w_\mathrm{p} N_\mathrm{A}}{\varepsilon} = e\frac{w_\mathrm{n} N_\mathrm{D}}{\varepsilon} . \end{aligned} \tag{2.33}$$

Die Diffusionsspannung wird dargestellt durch den Inhalt der durch die Feldstärke gebildeten Dreiecksfläche. Sie kann daher leicht angegeben werden:

$$U_\mathrm{D} = \frac{1}{2}(w_\mathrm{n} + w_\mathrm{p})|E_\mathrm{x}|_\mathrm{max} = \frac{e}{2\varepsilon}(w_\mathrm{n}^2 N_\mathrm{D} + w_\mathrm{p}^2 N_\mathrm{A}) .$$

Aus Gl. (2.32) und mit diesem U_D erhält man

Sperrschichtweite

$$w_\mathrm{n} = \sqrt{\frac{2\varepsilon U_\mathrm{D} N_\mathrm{A}}{e N_\mathrm{D}(N_\mathrm{A} + N_\mathrm{D})}} , \qquad w_\mathrm{p} = \sqrt{\frac{2\varepsilon U_\mathrm{D} N_\mathrm{D}}{e N_\mathrm{A}(N_\mathrm{A} + N_\mathrm{D})}} . \tag{2.34}$$

2.9.2 Der pn-Übergang unter Vorspannung

Der Kristall wird jetzt, wie im Bild 2.22 angegeben, an eine Spannungsquelle angeschlossen. Die Bahngebiete der p- und n-Bereiche haben gegenüber der Sperrschicht einen geringen Widerstand. Die Spannung U fällt somit nahezu ganz an der nicht-

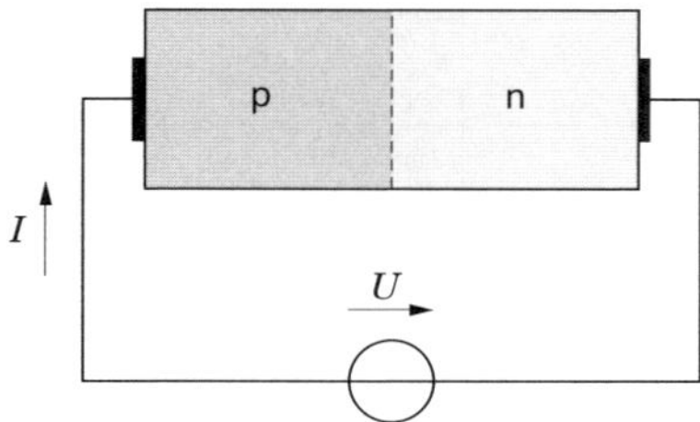

Bild 2.22: *pn-Übergang unter Vorspannung*

leitenden Sperrschicht ab. Wir wollen das Verhalten lediglich qualitativ diskutieren. Hat die Spannungsquelle die Polarität wie im Bild 2.22 (d. h. positiver Pol am p- und negativer Pol am n-Gebiet), dann wird durch U das innere Potentialgefälle abgebaut.

Das Potentialgefälle wird verstärkt, wenn U negativ (d. h. negativer Pol am p- und positiver Pol am n-Gebiet) ist. In den Bändermodellen im Bild 2.23 ist das veranschaulicht. Das Ferminiveau ist jetzt infolge Stromfluss im p- und im n-Gebiet unterschiedlich. Der Unterschied ist gleich eU. Mit dem Potentialgefälle verändern sich auch die Sperrschichtweiten. Solange kleine Ströme fließen, d. h., solange der Spannungsabfall in den Bahngebieten vernachlässigbar ist, erhalten wir sie mit den Gln. (2.34), wenn wir nur U_D durch $U_\mathrm{D} - U$ ersetzen.[18)]

Durchlassrichtung

Bei positivem U wird also sowohl die Potentialschwelle als auch die Sperrschichtweite geringer. Die Konzentration der beweglichen Ladungsträger in der Sperrschicht wird größer und der Widerstand dadurch kleiner. Es kann ein Strom fließen, der mit wachsendem U stark zunimmt. Da durch Abnahme des Feldes auch der Feldstrom geringer wird, kommt dieser Strom durch das Übergewicht des Diffusionsstromes zustande. Die beispielsweise aus dem n-Gebiet in das p-Gebiet hineindiffundierenden Elektronen rekombinieren beim weiteren Eindringen mit den Löchern. Aus dem Diffusionsstrom in der Sperrschicht wird also ein Majoritätsträgerstrom in den Bahngebieten.

Sperrichtung

Bei negativem U wird sowohl die Sperrschichtweite vergrößert als auch die Energieschwelle erhöht. Jetzt wird das Gleichgewicht der Ströme zugunsten des Feldstromes verändert. Dieser wird von den Minoritätsträgern aufgebracht. Da aber durch die

18 Die Sperrschichtweite wird bei positivem U verringert, bei negativem U erweitert.

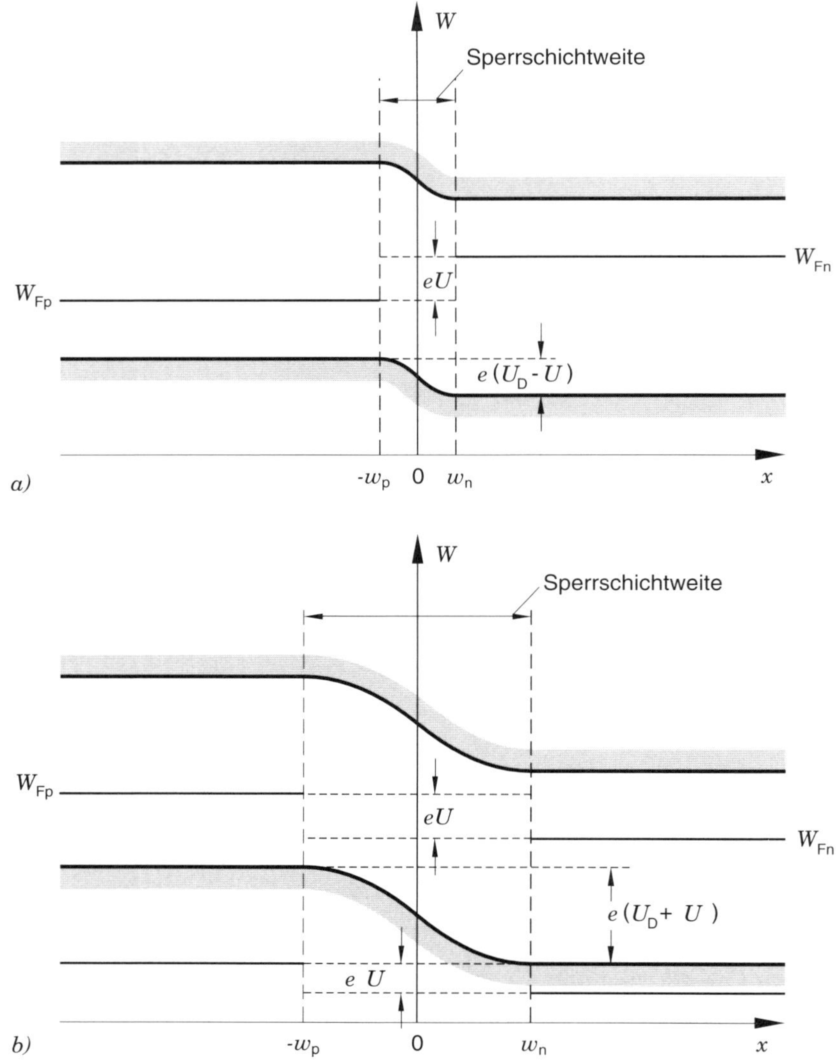

Bild 2.23: *Bändermodelle des pn-Überganges unter Vorspannung*
a) U positiv
b) U negativ

Sperrschichterweiterung die Konzentration der beweglichen Ladungsträger abgenommen hat, ist auch der Feldstrom sehr gering.

Die Gleichung für den Strom in Abhängigkeit von der Spannung am pn-Übergang sei hier ohne Ableitung angegeben. Sie lautet

Kennliniengleichung eines pn-Überganges

$$I = I_s \left[\exp\left(\frac{eU}{kT}\right) - 1 \right] . \qquad (2.35)$$

Die Konstante I_s hängt von den Halbleiterdaten und vom Aufbau des Überganges ab. Im Bild 2.24 a ist diese Strom-Spannungs-Kennlinie dargestellt. Man erkennt das sehr nichtlineare Verhalten. Ist U positiv, so spricht man wegen des hohen Stromes von *Durchlassrichtung*, bei negativem U wegen des geringen Stromes von *Sperrrichtung*. Bei hohen negativen Spannungen kann der Strom infolge *Durchbruchs* allerdings auch stark ansteigen (Zerstörungsgefahr!).

Praktische Verwendung

Wegen der *Gleichrichterkennlinie*, d. h. Sperrung des Stromes in der einen und Durchlass in der anderen Richtung, werden pn-Übergänge technisch realisiert. Man nennt diese Bauelemente *Halbleiterdioden*. Als ein Anwendungsbereich sei die Messtechnik genannt. Zum Beispiel kann man mit ihrer Hilfe aus Wechselstrom Gleichstrom machen und dann für Wechselstrommessung Gleichstrominstrumente einsetzen. Der Aufbau des Kristalls weicht vom hier betrachteten einfachen Modell ab. Im Bild 2.24 b ist eine Ausführungsform dargestellt. Im Bild 2.24 c ist schließlich das Schaltsymbol einer Halbleiterdiode angegeben.

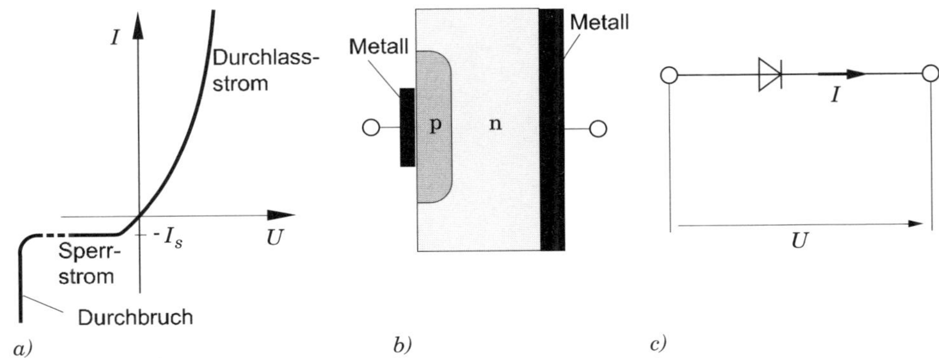

Bild 2.24: *Kennlinie des pn-Überganges (a), Schnitt durch eine Halbleiterdiode (b) und Schaltsymbol (c)*

Aktivierungselement 2.3

1. Skizzieren Sie das Modell eines Halbleiterkristalls
   (a) für den Fall der Eigenleitung
   (b) für den Fall der n-Leitung
   (c) für den Fall der p-Leitung
2. Skizzieren Sie das allgemeine Bändermodell mit Leitungsband, Valenzband, Donator- und Akzeptorniveau!
3. Wie lauten die beiden Gleichungen für die Elektronenkonzentrationen im Valenz- und im Leitungsband je Energieeinheit, und welche Gesamtkonzentrationen der Elektronen und Löcher resultieren daraus?
4. Es sei $p(x)$ die Wahrscheinlichkeit, dass ein Zustand eingenommen wird. Wie groß ist die Wahrscheinlichkeit, dass dieser nicht eingenommen wird?
5. Stellen Sie die allgemeine Bedingung dafür auf, dass der Halbleiter ladungsneutral ist, wenn alle Störstellen ionisiert sind!
6. Überlegen Sie sich, warum im Bild 2.17 c die Aufspaltung der höheren Energieniveaus größer ist als die der tiefer liegenden!
7. Warum kommt es im Bereich eines pn-Überganges zur Bildung einer Sperrschicht?

Lernzyklus 2.4

Studienziele

Nach dem Durcharbeiten dieses Lernzyklus sollen Sie in der Lage sein,

- die Kennlinienfelder eines Transistors in Basisschaltung zu skizzieren und zu erläutern;
- die Kennlinienfelder eines Transistors in Emitterschaltung zu skizzieren und zu erläutern;
- die Funktionsweise der Feldeffekttransistoren zu erklären und deren charakteristische Eigenschaften anzugeben.

2.10 Stromsteuerung im Transistor

2.10.1 Der Injektionstransistor

Aufbau des Injektionstransistors

Der *Transistor* besitzt im Vergleich zur Diode noch eine weitere Elektrode, die zur Steuerung des Stromes dient. Der sogenannte Injektionstransistor besteht aus zwei pn-Übergängen, die in nur geringem Abstand aufeinander folgen. Man hat damit eine Struktur aus drei Schichten, entweder in der Reihenfolge pnp oder npn (s. Bild 2.25).

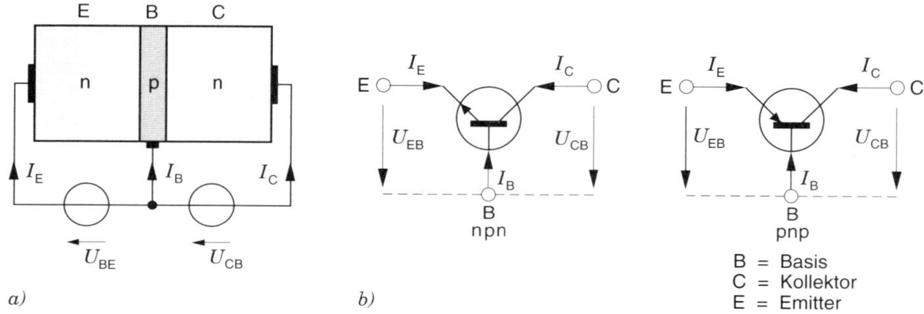

Bild 2.25: *Transistor*
a) Modell
b) Schaltsymbole

Wirkungsweise des Injektionstransistors

Wie aus dem Bild 2.25 a zu ersehen ist, wird der eine pn-Übergang in Durchlassrichtung, der andere in Sperrrichtung gepolt. Wir wollen hier den npn-Fall beschreiben. Aus dem linken n-Bereich fließt ein starker Elektronendiffusionsstrom in den p-Bereich (pn-Übergang in Durchlassrichtung gepolt), da dieser n-Bereich wesentlich höher dotiert wird als der p-Bereich. Man bezeichnet den linken n-Bereich als *Emitter*, weil er freie Ladungsträger (hier: Elektronen) in den p-Bereich emittiert. Infolge der geringen Dotierung des p-Bereiches, der mit *Basis* bezeichnet wird, und der geringen Dicke dieser Schicht gelangen die Ladungsträger als Minoritätsträger ohne wesentliche Verluste durch Rekombination bis zum zweiten pn-Übergang. Hier herrscht jedoch ein starkes Feld (pn-Übergang in Sperrrichtung gepolt), das so gerichtet ist, dass die Elektronen in den rechten n-Bereich abgesaugt werden. Der rechte n-Bereich *sammelt* die Elektronen, die in die zweite Sperrschicht geraten. Er heißt deshalb *Kollektor*. Obwohl der rechte pn-Übergang in Sperrrichtung gepolt ist, fließt durch ihn ein Strom, der in seiner Größe nahezu gleich dem Durchlassstrom des linken pn-Überganges ist. Somit wird der Strom, der durch den rechten pn-Übergang fließt, durch den linken pn-Übergang gesteuert. Diese Steuerung erfolgt nicht ganz leistungslos. Da aber die Spannung am steuernden pn-Übergang im Vergleich zur Spannung am rechten pn-Übergang klein und der Strom, der von der Basis zum Ausgleich der rekombinierenden Ladungsträger geliefert wird, im Vergleich zum Emitter- bzw. Kollektorstrom gering ist, ist die Steuerleistung im Vergleich zu den übrigen Leistungen klein.

Äußeres elektrisches Verhalten

Für den Anwender ist das Verhalten an den Anschlüssen von Bedeutung. Dieses Verhalten wird durch Kennlinienfelder wiedergegeben. Beim Transistor sind zur Beschreibung seines Verhaltens zwei voneinander unabhängige Kennlinienfelder notwendig. Wir bestimmen beispielsweise zunächst die Abhängigkeit des Kollektorstromes I_C von der Spannung zwischen Kollektor- und Basisanschluss U_{CB}. Da I_C im Wesentlichen durch I_E bestimmt wird, wählen wir diesen Strom auch als Parameter (Bild 2.26 a). Der Strom I_C für $I_E = 0$ ist der Sperrstrom des Kollektorüberganges. Dieser Strom ist auch bei $I_E \neq 0$ in I_C enthalten. Dieses Diagramm wird als

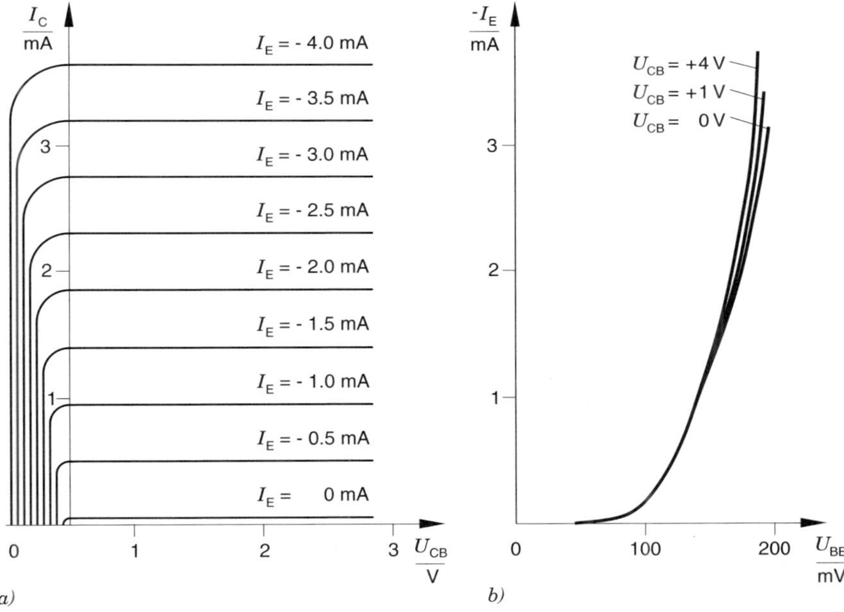

Bild 2.26: *Kennlinienfelder eines npn-Germanium-Transistors in Basisschaltung*
a) Ausgangskennlinienfeld
b) Eingangskennlinienfeld

Ausgangskennlinienfeld bezeichnet, denn es beschreibt die gesteuerte Seite. Aus diesem Diagramm ist nicht zu ersehen, wie die Größen der Eingangsseite, der Strom I_E und die Spannung U_{BE}, voneinander abhängen. Deshalb ist im Bild 2.26 b das sogenannte *Eingangskennlinienfeld* gezeichnet. Der Strom I_E (Durchlassstrom eines pn-Überganges) wird nicht nur durch die Spannung U_{BE} bestimmt, sondern auch durch die Spannung am gesperrten pn-Übergang. Es liegt also eine *Rückwirkung* vor. Die Kennlinie für $U_{CB} = 0$ entspricht im Prinzip der Kennlinie eines pn-Überganges in Durchlassrichtung.

Der Transistor hat drei Anschlüsse oder Pole. Im Bild 2.25 a ist der Basisanschluss dem Eingangs- und dem Ausgangskreis gemeinsam. Diese Schaltung wird deshalb auch *Basisschaltung* genannt. Meistens wird aber der Emitter als gemeinsamer Anschlusspunkt gewählt (s. Bild 2.27). Die dazugehörigen Eingangs- und Ausgangs-

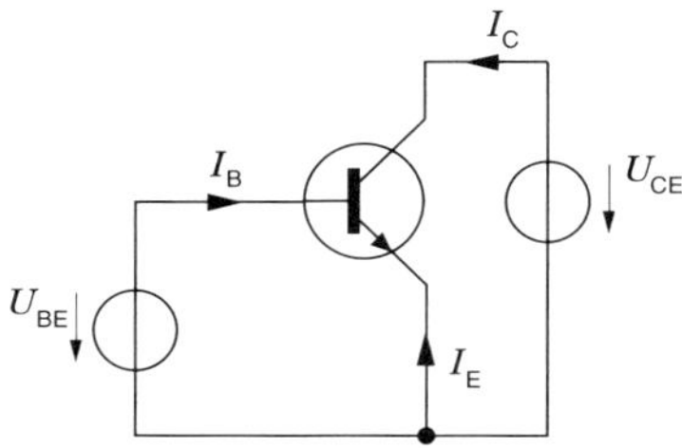

Bild 2.27: *npn-Transistor in Emitterschaltung*

kennlinienfelder lassen sich aus denen im Bild 2.26 bestimmen. Im Bild 2.28 sind solche Kennlinienfelder angegeben. Allerdings wird, wie in diesem Fall meist üblich, der Strom I_B als Kennlinienparameter gewählt.

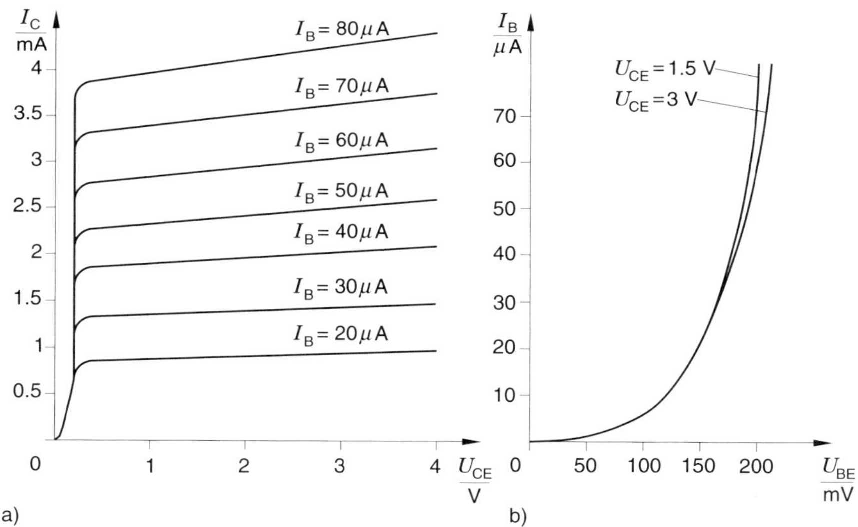

Bild 2.28: *Kennlinienfelder eines npn-Transistors in Emitterschaltung*
a) Ausgangskennlinienfeld
a) Eingangskennlinienfeld

pnp-Transistor

Unsere Betrachtungen waren alle am npn-Transistor orientiert. Für den pnp-Transistor gelten sie analog, denn beide sind zueinander *komplementär*. Das heißt, da, wo beim npn-Transistor von Elektronen die Rede war, übernehmen beim pnp-Transistor die Löcher oder Defektelektronen die gleiche Funktion. Behalten wir die Zählrichtung für die Ströme und Spannungen bei, so ändert sich an allen Stellen das Vorzeichen für diese Größen.

2.10.2 Feldeffekttransistoren

2.10.2.1 Einführung

Unterschied zum bipolaren Transistor

Die bisher besprochenen Transistoren beruhen auf der Zusammenschaltung von Halbleiterzonen unterschiedlichen Leitungstyps, und der entscheidende Mechanismus ist die Injektion von Minoritätsträgern. Beim sogenannten Feldeffekttransistor – abgekürzt mit FET – spielen die Minoritätsträger keine Rolle. Vielmehr wird mit Hilfe eines elektrischen Feldes der Stromfluss von Majoritätsträgern in einem leitfähigen Kanal gesteuert. Man spricht deshalb auch von unipolaren Transistoren. Betrachtet man das Modell für einen leitenden Kanal im Bild 2.29, so erhält man gemäß dem Ohm'schen Gesetz die Strom-Spannungs-Beziehung

$$I = en\mu d\frac{b}{l}U \ ,$$

worin b, d, l die Abmessungen des Kanals, n die Ladungsträgerkonzentration und μ

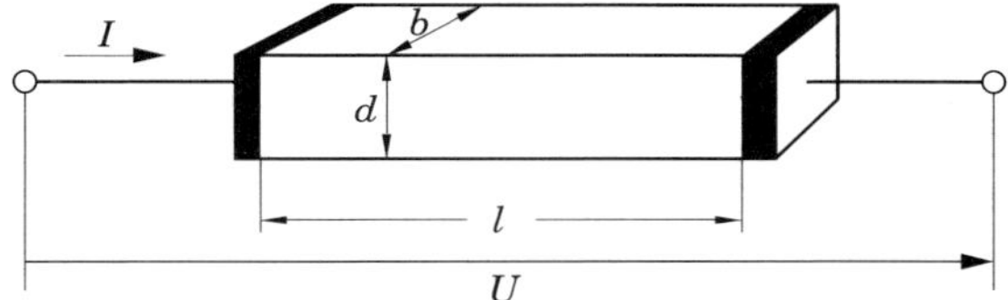

Bild 2.29: *Modell für einen leitenden Kanal*

deren Beweglichkeit bedeuten. Zur Steuerung des Kanals kommen die Parameter n und d in Frage.

Klassifizierung der FET

Dementsprechend sind auch zwei Hauptgruppen von Feldeffekttransistoren zu unterscheiden, nämlich die Feldeffekttransistoren mit isolierter Steuerelektrode (IGFET $\hat{=}$ insulated gate field effect transistor) und die Sperrschicht-Feldeffekttransistoren (NIGFET $\hat{=}$ non insulated gate field effect transistor).

2.10.2.2 Sperrschicht-Feldeffekttransistoren (NIGFET)

Wir wollen zunächst die prinzipielle Wirkungsweise des Sperrschicht-Feldeffekttransistors anhand eines Modells, das im Bild 2.30 im Längsschnitt dargestellt ist, beschreiben. Der zu steuernde Kanal (gepunkteter Bereich) besteht aus einer dünnen n-leitenden Halbleiterscheibe. Diese ist an den beiden Enden (Schmalseiten) mit zwei Metallkontakten versehen. Die Bezeichnungen für diese beiden Kontakte sind *Source* (S) und *Drain* (D). In Querrichtung sind zwei p^+n-Übergänge[19] mit gemeinsamer

19 Das „+“ ist ein Hinweis auf hohe Dotierung.

n-Zone (Kanal) zu erkennen. Die beiden Kontakte der p^+-Zonen sind miteinander

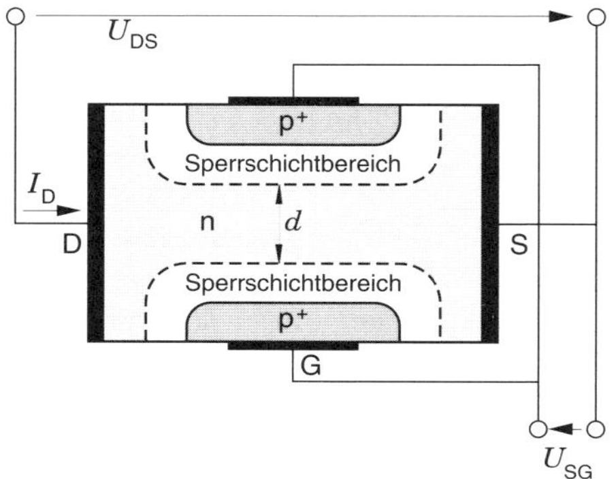

Bild 2.30: *Modell eines Sperrschicht-FET*

verbunden. Sie werden als *Gate* (G) bezeichnet und dienen als Steuerelektrode. Die beiden p^+n-Übergänge werden in Sperrrichtung betrieben. An beiden Übergängen bilden sich deshalb Sperrbereiche aus, die sich im Wesentlichen in die schwächer dotierte n-Zone ausdehnen. Die Weite d des bestimmenden Kanals zwischen S und D kann somit durch die zwischen G und S angelegte Sperrspannung gesteuert werden. Mit d wird der Widerstand des Kanals verändert.

Steuerung leistungslos

Die Steuerung erfolgt nahezu leistungslos, da der Steuerstrom – als Sperrstrom der beiden Übergänge – sehr klein ist.

Bild 2.31 a zeigt einen Schnitt durch eine praktische Ausführungsform eines Sperrschicht-FET mit p-Kanal in planarer Technologie. Im Teilbild b ist ein Ausgangs-

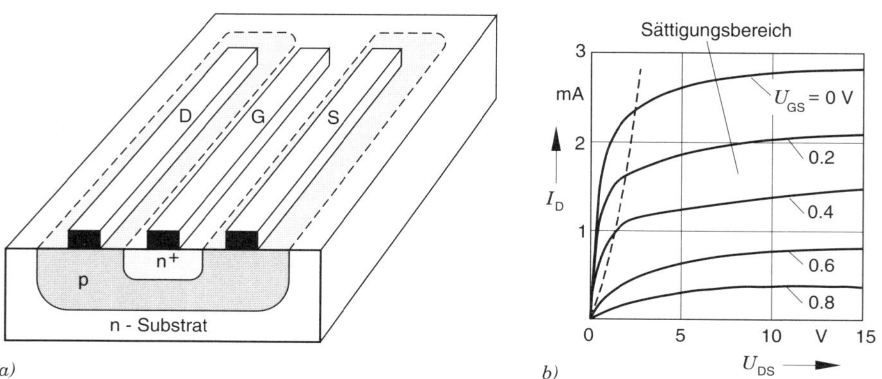

Bild 2.31: *Planarer p-Kanal-Sperrschicht-FET (a) und Ausgangskennlinienfeld eines Sperrschicht-FET (b)*

kennlinienfeld gezeichnet. Man erkennt, dass mit wachsender Spannung U_{GS} wegen Verringerung der Kanalweite d der Strom I_D kleiner wird. Die Spannung U_{DS}, durch deren Anwachsen der Strom I_D zunächst stark ansteigt (s. links der gestrichelten Linie), trägt aber auch zur Verengung des Kanals bei. Die Verengung ist durch sie unsymmetrisch und auf der Drainseite stärker. Bei einem bestimmten U_{DS} kommt es auf der Drainseite nahezu zu einer Berührung der Sperrschichten (Abschnür- oder *Pinch-off*-Effekt). Von da ab steigt der Strom I_{D} nur noch gering mit U_{DS} an (Sättigungsbereich rechts der gestrichelten Linie). Der differentielle Widerstand $\frac{\partial U_{\mathrm{DS}}}{\partial I_{\mathrm{D}}}$ ist in diesem Bereich sehr groß. Üblicherweise werden die Sperrschicht-FETs mit in Sperrrichtung gepolten Übergängen betrieben. Mit wachsender Gatespannung U_{GS} wird die Zahl der Ladungsträger, die im Kanal für den Stromtransport zur Verfügung stehen, immer kleiner. Man spricht deshalb auch vom Verarmungsbetrieb (engl.: depletion mode).

Ist bereits bei der Steuerspannung $U_{\mathrm{GS}} = 0$ der Kanal praktisch zugeschnürt, weil die Sperrschichtausdehnung entsprechend groß ist, dann ist es evtl. sinnvoll, die Übergänge geringfügig in Flussrichtung zu betreiben. Das ist so lange möglich, wie kein nennenswerter Steuerstrom fließt. In diesem Fall spricht man von Anreicherungsbetrieb (engl.: enhancement mode), weil mit wachsender Steuerspannung die Zahl der Ladungsträger im Kanal zunimmt. Im Bild 2.32 ist ein Kennlinienfeld für einen n-Kanal-Anreicherungstyp dargestellt. Die gestrichelte Kennlinie soll andeuten, dass es nicht sinnvoll ist, mit noch höheren Steuerspannungen zu arbeiten. Anstelle der Steuerung mit Hilfe eines pn-Überganges kann die Steuerung auch

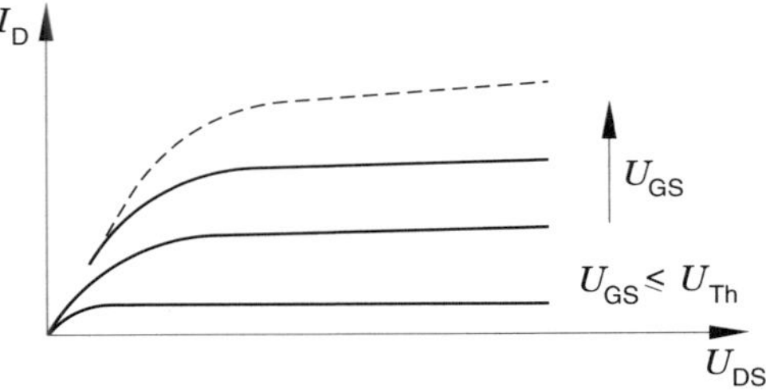

Bild 2.32: *Kennlinienfeld eines NIGFET für Anreicherungsbetrieb (n-Kanal, schematisch)* $U_{Th} = kT/e$

durch einen *Metall-Halbleiter-Übergang* (sog. *Schottky-Kontakt*)[20] erfolgen, wobei der Halbleiter bereits der Kanal ist. Im Prinzip kann der Kanal sowohl durch einen n-Halbleiter als auch durch einen p-Halbleiter gebildet werden. Während man aber beim pn-Übergang-gesteuerten FET von beiden Möglichkeiten Gebrauch macht, verwendet man beim FET mit *Schottky-Kontakt* (MESFET) n-Halbleiter, und zwar wegen der größeren Beweglichkeit der Elektronen im Vergleich zu den Defektelektronen.

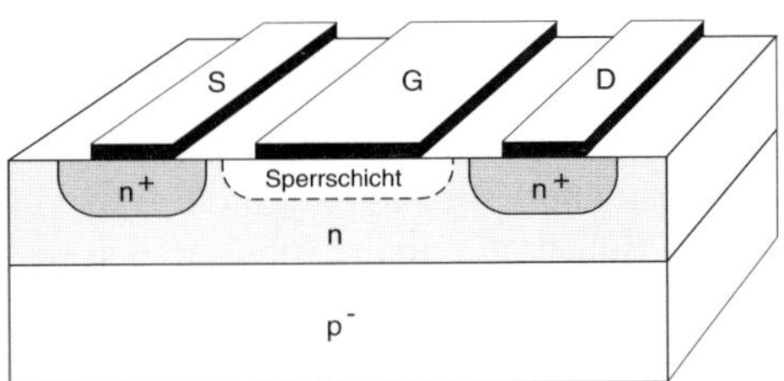

Bild 2.33: *Planarer MESFET*

20 Schottky, Walter, 1886-1976, deutscher Physiker.

2.10.2.3 Isolierschicht-Feldeffekttransistoren (IGFET)

Der Isolierschicht-Feldeffekttransistor wurde bereits vor Entdeckung des normalen Transistoreffektes vorgeschlagen. Die zufriedenstellende Realisierung gelang aber erst um 1960. Der grundsätzliche Aufbau ist im Bild 2.34 dargestellt.

Wesentlich sind die drei Schichten: Metall M, Isolator I, Halbleiter S (von Semiconductor). Man spricht deshalb auch von M-I-S-Strukturen und von MIS-Feldeffekttransistoren (MISFET). Wegen der Isolierschicht kann man M und S als die beiden Platten eines Kondensators auffassen. Legt man zwischen M und S eine Spannung an, dann werden je nach Polarität der Spannung in der Randschicht des Halbleiters positive oder negative Ladungen (s. Bild 2.34) influenziert. Ist der Kanal z. B. schwach n-leitend und werden durch die Gatespannung negative Ladungen influenziert, dann nimmt die Konzentration der Elektronen im Kanal zu. Wird die Spannung umgepolt, so werden positive Ladungen influenziert. Dies bedeutet, dass in einem n-leitenden Kanal die negative Ladung abnehmen muss. Die Elektronen werden also verdrängt. Die Zahl der Ladungsträger nimmt ab. Somit kann man mit der Spannung die Ladungsträgerkonzentration im Halbleiter unter der Isolierschicht und damit die Leitfähigkeit des Kanals zwischen Source und Drain steuern. Ausgeführt

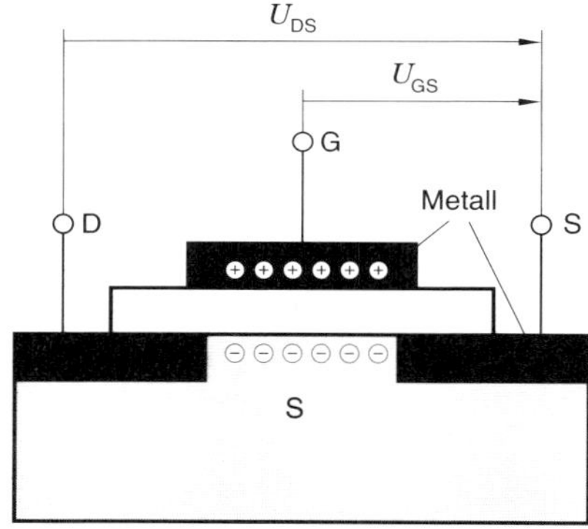

Bild 2.34: *Prinzipieller Aufbau eines MISFET*

wird der Isolierschicht-FET als sogenannter MOS-FET. Das „O“ steht für Oxid, das „S“ für Silizium (oder Semiconductor), da als Halbleitermaterial meistens Silizium verwendet wird. Das Oxid wird durch thermische Oxidation des Siliziums erzeugt. Im Bild 2.35 ist ein n-Kanal-MOS-FET im Schnitt dargestellt.
Source und Drain sind durch n^+-Gebiete gebildet, die sperrschichtfrei kontaktiert sind. Über das p-Substrat kann kein Strom fließen, da sich zwischen ihm und den n-Bereichen eine Sperrschicht befindet. (Das Substrat hat im Allgemeinen das gleiche Potential wie die Sourceelektrode.) Bei einer Spannung zwischen D und S fließt der Strom über den n-Kanal. Legt man nun an das Gate eine negative Spannung, dann werden unter dem SiO_2 die Elektronen verdrängt. Der leitende Kanal wird eingeschnürt. Der Strom sinkt. Der Betrieb ist vergleichbar dem beim Sperrschicht-FET. Bei genügend großer Spannung U_{DS} kann die ladungsträgerarme Zone unter dem SiO_2 bis zur p-Schicht reichen. Man erhält deshalb auch hier eine Stromsättigung. Da die Ladungsträger verdrängt werden, liegt hier der *Verarmungsbetrieb* vor.

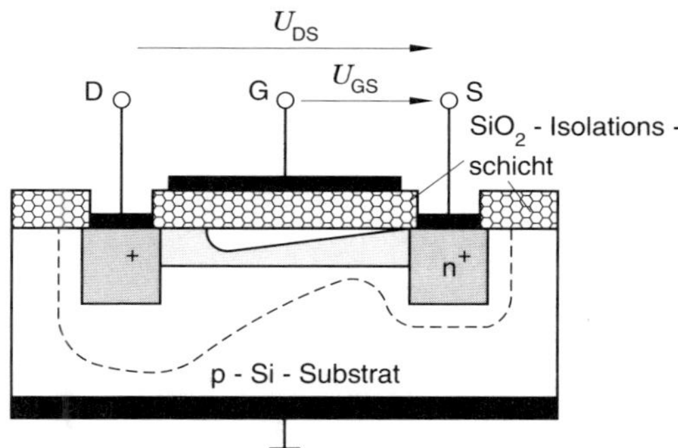

Bild 2.35: *Schnitt durch einen n-Kanal-MOS-FET*

Wegen der Isolierschicht kann das Potential des Gate auch positiv gewählt werden. In diesem Fall häufen sich freie Ladungsträger unter der Isolierschicht an. Die Trägerdichte wird größer und damit auch die Leitfähigkeit und der Strom. Man erhält *Anreicherungsbetrieb*. Für diesen Betrieb braucht man nicht einmal eine besondere Schicht als Kanal vorzusehen, d. h., das p-Substrat kann bis zur Isolierschicht reichen. Für $U_{GS} = 0$ ist dann wegen der Sperrschicht zwischen n^+ und p am Drainkontakt nur ein sehr geringer Strom möglich (Sperrstrom). Bei positiver Gatespannung bildet sich durch die Elektronenansammlung unter der Isolierschicht ein n-leitender Kanal aus, der als *Inversionskanal* bezeichnet wird, weil er, verglichen mit dem Grundmaterial, vom entgegengesetzten Leitungstyp ist.
Weil sich im Oxid an der Grenzschicht zum Halbleiter infolge der Kristallstörung positive Ladungen ansammeln, kann dieser Inversionskanal auch bereits bei der Gatespannung Null vorhanden sein, d. h., der Transistor ist *selbstleitend*.

Ein p-Kanal-MOS-FET verhält sich dual zum n-Kanal-MOS-FET. Da aber die Oxidladungen auch in diesem Fall positiv sind, ist der Transistor *selbstsperrend*, weil für $U_{SG} = 0$ keine Inversionsschicht vorhanden ist.

Im Bild 2.36 sind die Kennlinienfelder für n-Kanal-MOS-FET gezeichnet.

2.10.2.4 Übersicht über die Feldeffekttransistoren

Im Bild 2.37 sind die verschiedenen Feldeffekttransistoren entsprechend ihrem Aufbau und ihren Betriebsbedingungen zusammengestellt. Das Substrat ist mit einem Anschluss versehen, der meistens mit der Sourceelektrode verbunden wird (bereits vom Hersteller im Gehäuse). U_P ist die sogenannte *Pinch-off-* oder Abschnürspannung (Sperrschicht-FET) bzw. die Schwellenspannung des Isolierschicht-FET, d. h. die Spannung, ab der sich ein leitender Kanal ausbilden kann.

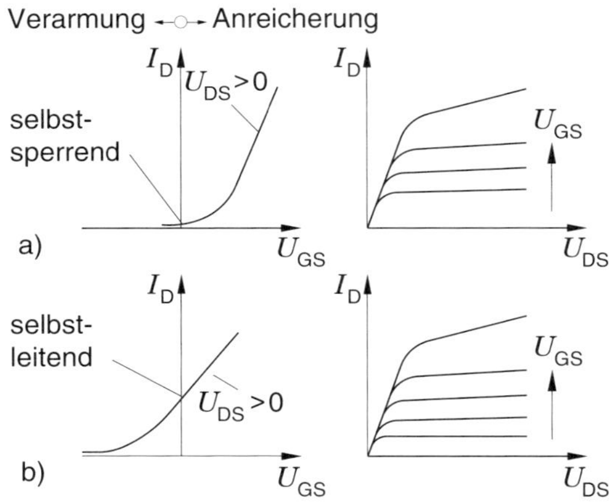

Bild 2.36: *Kennlinien für n-Kanal-MOS-FET*
a) selbstsperrend (Anreicherungsbetrieb)
b) selbstleitend (Verarmungs- und Anreicherungsbetrieb)
links: Übertragungskennlinie
rechts: Ausgangskennlinienfeld

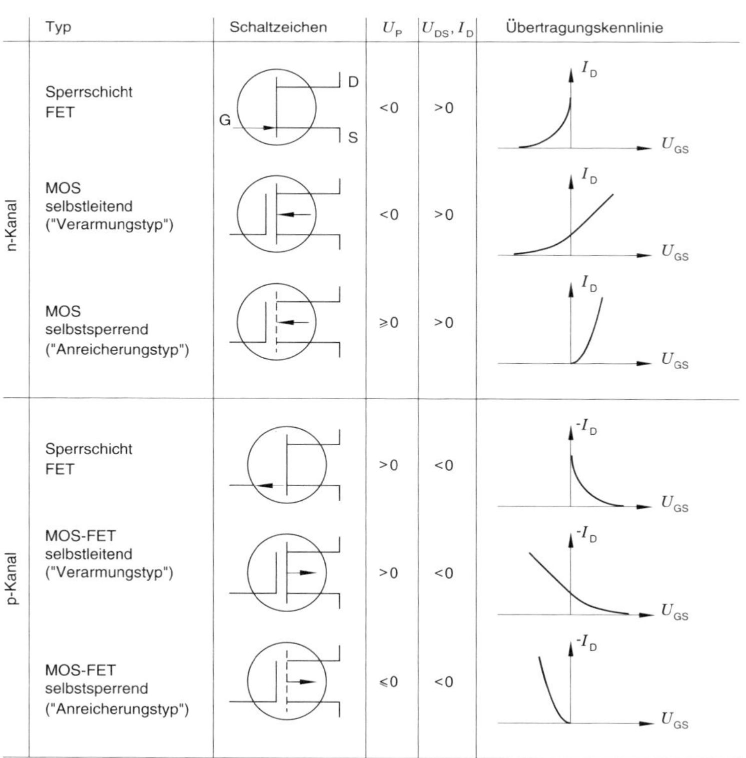

	Typ	Schaltzeichen	U_P	U_{DS}, I_D	Übertragungskennlinie
n-Kanal	Sperrschicht FET	G D S	<0	>0	I_D U_{GS}
n-Kanal	MOS selbstleitend ("Verarmungstyp")		<0	>0	I_D U_{GS}
n-Kanal	MOS selbstsperrend ("Anreicherungstyp")		⩾0	>0	I_D U_{GS}
p-Kanal	Sperrschicht FET		>0	<0	$-I_D$ U_{GS}
p-Kanal	MOS-FET selbstleitend ("Verarmungstyp")		>0	<0	$-I_D$ U_{GS}
p-Kanal	MOS-FET selbstsperrend ("Anreicherungstyp")		⩽0	<0	$-I_D$ U_{GS}

Bild 2.37: *Schaltsymbole und Kennlinientypen verschiedener Feldeffekttransistoren*

Aktivierungselement 2.4

1. Skizzieren Sie das Ausgangs- und Eingangskennlinienfeld eines Transistors in Emitterschaltung!

2. Was verstehen Sie unter einer *Rückwirkung*?

3. Zwischen Kollektor- und Emitteranschluss eines npn-Transistors herrsche eine positive Spannung. Der Basisanschluss sei über einen Widerstand mit dem Emitter verbunden. Welcher Strom fließt durch den Transistor? Was ändert sich, wenn die Basis über einen Widerstand mit dem Kollektor verbunden wird?

4. Erläutern Sie das Prinzip des Feldeffekttransistors! Worin bestehen die wesentlichen Merkmale der verschiedenen Grundtypen?

5. Beschreiben Sie den Pinch-off-Effekt! Welche Wirkung hat er auf die Form der Ausgangskennlinien?

Aufgaben zur Vertiefung 5

2.7 Gegeben sei folgende Raumladungsverteilung eines pn-Überganges:

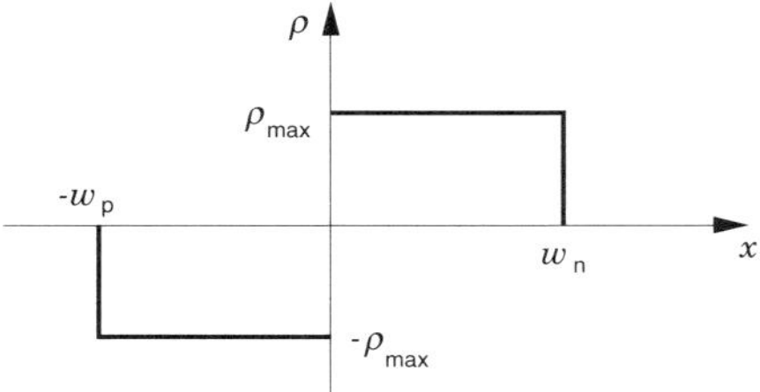

a) Berechnen und skizzieren Sie den Verlauf der elektrischen Feldstärke!
b) Berechnen und skizzieren Sie den Verlauf der dazugehörigen Potentialfunktion!
c) Berechnen Sie die Diffusionsspannung!

2.8 Betrachten Sie einen npn-Transistor in Emitterschaltung (s. Bild 2.27)! Auf welchen Wert stellt sich der Kollektorstrom I_{C} ein, wenn die Kollektor-Emitter-Spannung $U_{\mathrm{CE}} = 1{,}5\,\mathrm{V}$ und die Basis-Emitter-Spannung $U_{\mathrm{BE}} = 0{,}15\,\mathrm{V}$ betragen? Benutzen Sie zur Lösung die beiden Kennlinienfelder aus Bild 2.28!

2.9 Konstruieren Sie, ausgehend vom Bild 2.28, die sogenannten Steuerkennlinien $I_{\mathrm{C}} = f(I_{\mathrm{B}})$ für die Parameterwerte $U_{\mathrm{CE}} = 1\,\mathrm{V}$ und $U_{\mathrm{CE}} = 4\,\mathrm{V}$!

2.10 Berechnen Sie für einen eigenleitenden Halbleiter die Lage des Ferminiveaus! Gegeben seien $W_{\mathrm{L}}, W_{\mathrm{V}}, N_{\mathrm{L}}, N_{\mathrm{V}}, T$.

2.11 Beschreiben Sie qualitativ die Abhängigkeit der Leitfähigkeit von der Temperatur bei einem dotierten Halbleiter!

2.12 Ein Transistor kann u. a. als elektronischer Schalter verwendet werden.

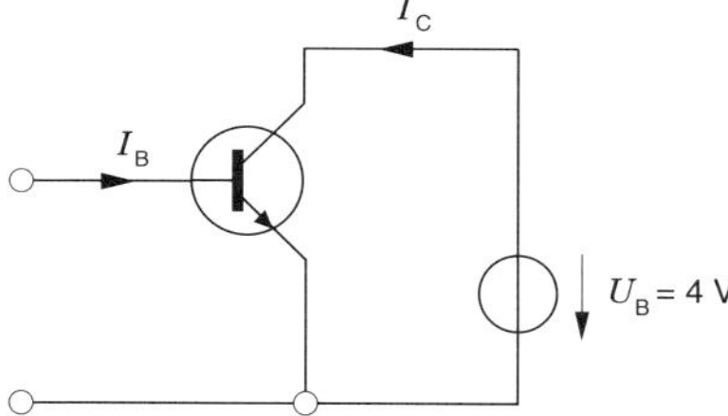

Wenn die Basis nicht angesteuert wird, d. h. $I_{\mathrm{B}} = 0$ ist, wird $I_{\mathrm{C}} \approx 0$ sein (Reststrom vernachlässigt). Auf welchen Wert stellt sich der Kollektorstrom ein, wenn die Basis mit einem Strom $I_{\mathrm{B}} = 20\,\mu\mathrm{A}$ angesteuert wird? Benutzen Sie für diese Aufgabe das Bild 2.28 a!

Vororientierung zur Kurseinheit 6

Motivation

In dieser Kurseinheit sollen Sie die Gesetzmäßigkeiten für die Ströme und Spannungen in Gleichstromschaltungen kennen lernen. Sie werden erfahren, wie man die Bauelemente, aus denen die Schaltungen aufgebaut werden, charakterisiert. Nach dem Durcharbeiten dieser Kurseinheit werden Sie in der Lage sein, einfache Schaltungen zu berechnen. Es wird Ihnen eine ganze Reihe von Beispielen vorgeführt. Dabei handelt es sich um gewisse Grundschaltungen, die in der Praxis oft anzutreffen sind. Hier sind insbesondere die Brückenschaltung, der Spannungsteiler und die Ersatzschaltungen für lineare Quellen zu nennen. Auch das Prinzip der Messung von Stromstärken und Spannungen mit den dabei auftretenden Fehlern wird behandelt.

Aktivierung

Im Text sind von nun an kleine *Aktivierungsaufgaben* eingestreut, die Sie möglichst sofort lösen sollen, noch bevor Sie weiterlesen. Diese Aufgaben sollen Ihnen helfen, sich intensiver in den Stoff einzuarbeiten.

Lernzyklus 3.1

Studienziele

Nach dem Durcharbeiten dieses Lernzyklus sollen Sie in der Lage sein,

- die Potentiale in einem unverzweigten Stromkreis anzugeben;
- die Begriffe: Zweipol, linear, passiv, aktiv zu erläutern;
- einen Zweipol bei bekanntem $I = f(U)$-Zusammenhang zu charakterisieren;
- die Kirchhoff'schen Regeln anzuwenden;
- den Gesamtwiderstand eines Widerstandszweipols zu bestimmen.

3 Gleichstromschaltungen

3.1 Strom und Spannungen im einfachen Stromkreis

Im letzten Kapitel hatten wir den einfachen Stromkreis aus Spannungsquelle und einem Verbraucher kennen gelernt. Das gezeichnete Rechteck wird allgemein als

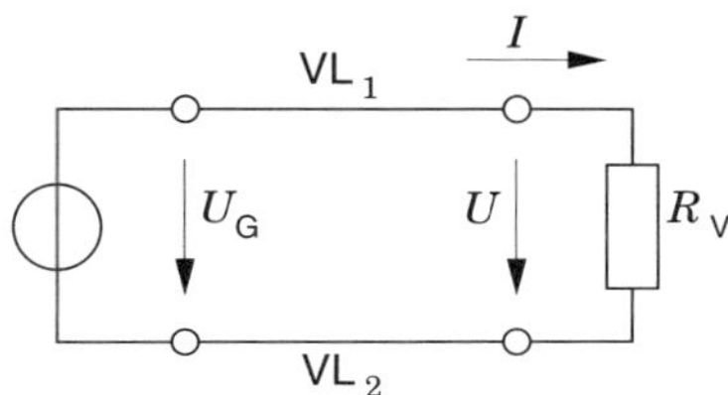

Bild 3.1: *Einfacher Stromkreis aus Spannungsquelle und Verbraucher* R_{V}

Schaltsymbol für Widerstände verwendet. Zahlenangaben am Schaltsymbol geben gewöhnlich den Widerstand in Ω an. Es sei denn, dass etwas anderes ausdrücklich vermerkt ist. Beispiel:

$$\text{—[30]—} \;\widehat{=}\; R = 30\,\Omega \qquad\qquad \text{—[2,7 M]—} \;\widehat{=}\; R = 2{,}7\,\mathrm{M}\Omega\,.$$

Im Bild 3.1 ist er noch einmal gezeichnet.

Leitungswiderstand

Nehmen wir an, dass die Verbindungsdrähte VL_1 und VL_2 zwischen den Anschlussklemmen des Generators und denen des Verbrauchers eine unendlich hohe Leitfähigkeit haben, dann ist die Spannung U am Verbraucher gleich der Spannung U_{G} der Quelle. In der Praxis haben Verbindungsdrähte natürlich einen endlichen Widerstand, so dass die Spannung am Verbraucher kleiner als an den Klemmen der Spannungsquelle ist. Wenn ihr Querschnitt im Vergleich zu anderen Abmessungen sehr klein ist, können wir eine gleichmäßige Verteilung des Stromes über den Querschnitt annehmen. Die Strömung wird dann allein durch die Stromstärke I charakterisiert.

Ersatzwiderstand der Verbindungsleitung

Die Widerstände werden bei gegebenem Querschnitt A und gegebenen Längen l_1, l_2 mit Gl. (2.10) bestimmt. Bezüglich des Verhaltens an den Klemmen ändert sich nichts, wenn man sich diese Widerstände wie im Bild 3.2 in den Elementen R_{L1} und R_{L2} konzentriert denkt; denn die Beziehung $U_{\mathrm{L1}} = R_{\mathrm{L1}}I$ gilt unabhängig davon, ob R_{L1} der Widerstand der Verbindungsleitung VL_1 oder der gleichgroße Wert eines Ersatzwiderstandes ist, wobei jetzt aber die Verbindungsdrähte widerstandslos anzunehmen sind. In Zukunft sollen die einfach gezeichneten Linien stets widerstandslose Verbindungen darstellen.

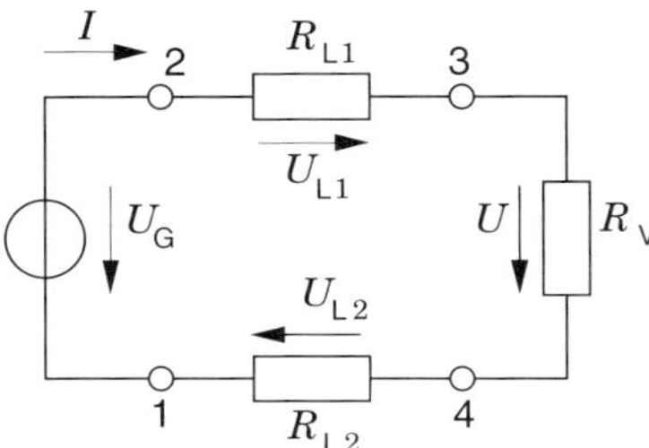

Bild 3.2: *Berücksichtigung des Widerstandes der Verbindungsleitungen*

Potentialverlauf

Nun wollen wir die Schaltung im Bild 3.2 bezüglich des Potentials an den verschiedenen Punkten untersuchen. Beginnend am Punkt 1, durchlaufen wir sie im Uhrzeigersinn. Im Bild 3.3 ist das Potential über der Wegstrecke dargestellt. Als *Verbraucher* wurde ein ohmscher Widerstand gewählt. Das Potential im Punkt 1 sei Φ_1 (be-

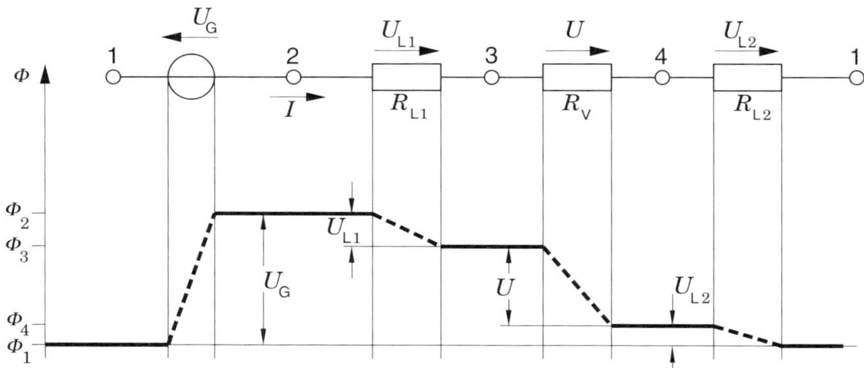

Bild 3.3: *Potentialverlauf in der Schaltung nach Bild 3.2*

liebig). Im Generator möge das Potential um U_G angehoben werden, so dass sich die gewünschte Klemmenspannung einstellt. Auf den idealen Verbindungsleitungen bleibt das Potential konstant. In den Widerständen hinter dem Punkt 2 fällt es wieder, da wir uns jetzt in Richtung der elektrischen Feldstärke bewegen. Im Punkt 1 müssen wir wieder beim Ausgangspotential ankommen.

Aufgabe 3.1

Vertauschen Sie die Reihenfolge von R_{L2} und R_V, und zeichnen Sie den dazugehörigen Potentialverlauf!

Aufgabe 3.2

Es sei $R_{L1} = 0{,}1\,\Omega$, $R_V = 10\,\Omega$, $R_{L2} = 0{,}15\,\Omega$, $I = 10\,\text{A}$.
Geben Sie im Bild 3.3 die Potentiale an! Es sei $\Phi_1 = 0$.

Bei einem vollständigen Umlauf ist die Potentialdifferenz zwischen den identischen Anfangs- und Endpunkten des Weges gleich Null. Daher gilt für den durchgeführten Umlauf mit der im Kapitel 2 festgelegten Zählrichtung für die Spannungen

$$0 = -U_{\mathrm{G}} + U_{\mathrm{L1}} + U + U_{\mathrm{L2}} \ . \tag{3.1}$$

Nach dem Ohm'schen Gesetz ist

$$U_{\mathrm{L1}} = IR_{\mathrm{L1}}, \qquad U = IR_{\mathrm{V}}, \qquad U_{\mathrm{L2}} = IR_{\mathrm{L2}} \ . \tag{3.2}$$

Durch Einsetzen in Gl. (3.1) ergibt sich

$$U_{\mathrm{G}} = I(R_{\mathrm{L1}} + R_{\mathrm{V}} + R_{\mathrm{L2}}) \rightarrow I = \frac{U_{\mathrm{G}}}{R_{\mathrm{L1}} + R_{\mathrm{V}} + R_{\mathrm{L2}}} \ . \tag{3.3}$$

Die Spannung U_{G} ist durch die Quelle gegeben. Die Spannung U am Verbraucherwiderstand ergibt sich zu

$$U = U_{\mathrm{G}} - U_{\mathrm{L1}} - U_{\mathrm{L2}} = U_{\mathrm{G}} - (R_{\mathrm{L1}} + R_{\mathrm{L2}})I \ . \tag{3.4}$$

Damit ist gezeigt, dass die Spannung am Verbraucher gegenüber der Spannung der Quelle infolge der endlichen Leitfähigkeit der Verbindungsdrähte mit der Zunahme des Stromes absinkt.

3.2 Zweipole

Zuordnung der Zählpfeile

Die Schaltung im Bild 3.2 enthält außer der Spannungsquelle noch drei weitere Elemente. Jedes dieser Elemente hat zwei Pole. Man bezeichnet allgemein ein derartiges Element als „*Zweipol*". Bezüglich seines elektrischen Verhaltens wird ein Zweipol eindeutig charakterisiert durch seine *Strom-Spannungs-Charakteristik* $I = f(U)$. Dabei ordnen wir wie bisher die Zählpfeile von Strom und Spannung gemäß Bild 3.4 einander zu. Diese Zuordnung wird in der Literatur allgemein als *Verbraucherzählpfeilsystem* bezeichnet. Prinzipiell ist es auch möglich, die Zählrichtung von U oder

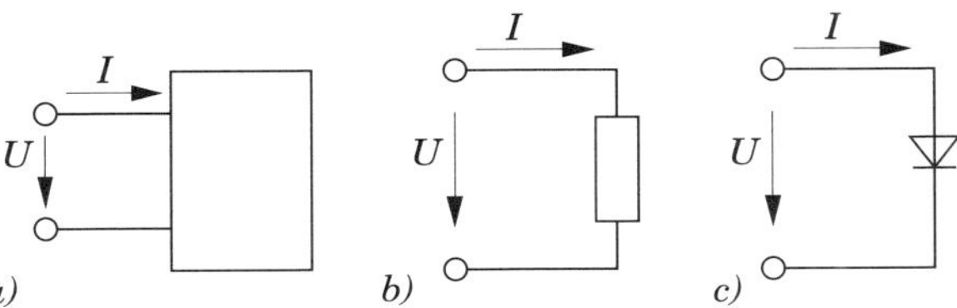

Bild 3.4: *Zuordnung der Zählpfeile von Strom und Spannung an Zweipolen*
a) allgemeiner Zweipol
b) Widerstand
c) Halbleiterdiode

I umzukehren. Dann müßte aber für die verbrauchte Leistung $P = -UI$ und für das Ohm'sche Gesetz $U = -RI$ geschrieben werden. In diesem Fall spricht man vom *Generatorzählpfeilsystem.*

Ersatzzweipol

Eine Zusammenschaltung von mehreren Elementen nennen wir auch Zweipol, wenn von dieser nur das Verhalten an zwei Polen wie im Bild 3.4 a interessiert oder wenn diese Zusammenschaltung nur an diesen zugänglich ist. Eine reale Halbleiterdiode kann beispielsweise als Hintereinanderschaltung eines pn-Überganges, für den der Zusammenhang $I = f(U)$ nach Gl. (2.35) gilt, und des ohmschen Widerstandes der Bahngebiete dargestellt werden. Verstehen wir unter dem Schaltsymbol im Bild 3.4 c nur den pn-Übergang der Diode, dann müßte für die reale Diode also noch ein Widerstand in Reihe geschaltet werden.

Definition

Zweipole, deren Strom-Spannungs-Charakteristik durch die lineare Beziehung $I = GU$ mit positivem von U unabhängigen G gegeben ist, werden als *linear* und *passiv* bezeichnet. Später werden wir diese Definition erweitern. Passiv bedeutet, dass im Zweipol keine Quelle enthalten ist. Nach unseren bis jetzt im Kurs erworbenen Kenntnissen gehören nur der ohmsche Widerstand und Kombinationen von Widerständen zu den passiven linearen Zweipolen.

In den Stromkreisen des Abschnitts 3.1 war der Generator als ideal angenommen worden, d. h., seine Spannung U_G war unabhängig von der Belastung konstant. Misst man bei einem realen Generator die Spannung an den Klemmen in Abhängigkeit vom Belastungsstrom, so ergibt sich meist ein Verlauf wie im Bild 3.5. Solch ein linearer Abfall ergibt sich durch den Widerstand (z. B. der Leiter) *innerhalb* der Spannungsquelle.

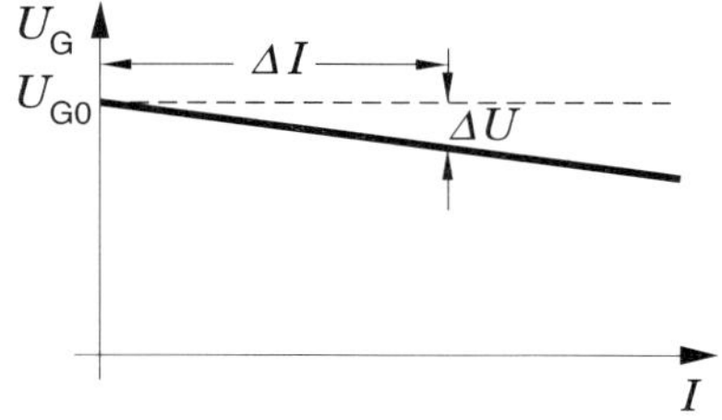

Bild 3.5: *Spannung an den Klemmen eines Generators in Abhängigkeit vom Belastungsstrom I. Zuordnung von Strom- und Spannungszählpfeil wie im Bild 3.1 (Generatorzählpfeilsystem)*

Aufgabe 3.3

Stellen Sie die im Bild 3.5 gezeigte Abhängigkeit $U_G = f(I)$ in einer Gleichung dar! Vergleichen Sie diese mit Gl. (3.4), und versuchen Sie, den realen Generator durch ideale Elemente nachzubilden!

Ersatzspannungsquelle

Solch ein linearer Abfall ergibt sich durch den Widerstand (z. B. der Leiter) *innerhalb* der Spannungsquelle. Man kann das Verhalten des realen Generators durch die sogenannte *Ersatzspannungsquelle* (s. o. Aufgabe 3.3) beschreiben. Die Ersatzspannungsquelle ist ein linearer Zweipol, denn ihre Strom-Spannungs-Charakteristik ist linear. Da diese der allgemeinen Beziehung $U = a + bI$ genügt, handelt es sich aber um einen linearen Zweipol von allgemeinerer Form als oben. Dieser Zweipol ist nicht mehr passiv, sondern *aktiv*, denn er kann elektrische Energie abgeben.

3.3 Zusammenschaltung von Zweipolen – die Kirchhoff'schen Regeln

Nun sollen die Betrachtungen nicht länger auf den einfachen Stromkreis beschränkt bleiben. Durch Zusammenschaltung von einzelnen Zweipolen lassen sich verzweigte *Netzwerke* aufbauen. Im Bild 3.6 ist dafür ein Beispiel gegeben. Das Netzwerk besteht aus *Zweigen* mit Zweipolen. Die Punkte, an denen mehrere Zweige zusammenstoßen, wollen wir als *Knoten* bezeichnen. Ehe wir die Ströme und Spannungen in den einzelnen Zweigen berechnen können, müssen wir die Gesetze finden, die für die Ströme an einem Knoten und für die Spannungen in einer *Masche* gelten.

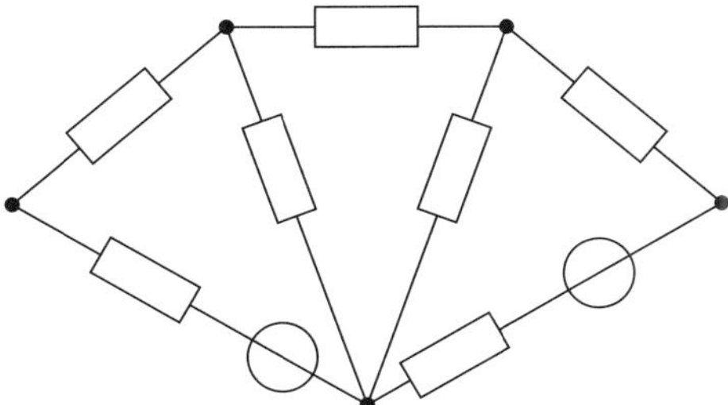

Bild 3.6: *Beispiel für die Zusammenschaltung von Zweipolen zu einem Netzwerk*

Als Masche wollen wir einen beliebigen geschlossenen Weg im Netzwerk bezeichnen. Dabei soll aber kein Zweig und kein Knoten mehrmals durchlaufen werden. Wir betrachten zunächst einen Knoten (s. Bild 3.7 a). Aus der Erfahrungstatsache, dass in einem stromdurchflossenen Leitersystem keine akkumulierende Anhäufung elektrischer Ladung vorkommt, folgt, dass im stationären Zustand die auf den Punkt zufließende Ladungsmenge gleich der in der gleichen Zeit abfließenden Ladungsmenge ist. Werden alle auf einen Knoten zufließenden Ströme positiv und alle vom Knoten wegfließenden Ströme negativ gezählt (oder auch umgekehrt), so können wir diese „*Kontinuitätsbeziehung*“ folgendermaßen angeben:

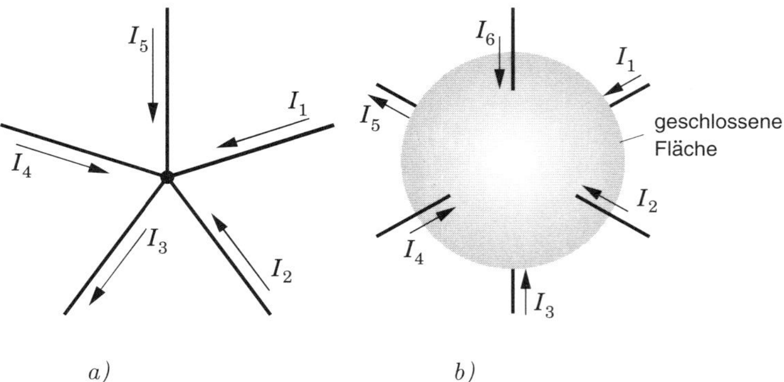

Bild 3.7: *Zur Kirchhoff'schen Knotenregel*

Kirchhoff'sche Knotenregel

$$\sum_n I_n = 0 \,. \tag{3.5}$$

Die Summe aller auf einen Knoten zufließenden Ströme ist gleich der Summe aller von diesem Knoten wegfließenden Ströme.

Dies ist die *Kirchhoff'sche Knotenregel.*[1] Für den Knoten im Bild 3.7 a sind die Ströme I_1, I_2, I_4 und I_5 mit gleichem und der Strom I_3 mit dem dazu entgegengesetzten Vorzeichen in Gl. (3.5) einzusetzen. Wir können diese Beziehung noch etwas allgemeiner fassen. Dazu denken wir uns eine beliebig in das Netzwerk gelegte geschlossene Fläche (s. Bild 3.7 b). Auch hier gilt mit analoger Vorzeichenkonvention wie oben:

Die Summe aller durch eine geschlossene Fläche tretenden Ströme ist gleich Null.

Nun betrachten wir eine beliebige Masche (s. Bild 3.8). Die Zweipole in einzelnen Zweigen können aktiv oder passiv sein. Auch nichtlineare Zweipole können darin vorkommen. Durchlaufen wir eine derartige Masche, so stellen wir im Allgemeinen eine Änderung des Potentials von Knotenpunkt zu Knotenpunkt fest. Der Potentialunterschied zwischen zwei Knotenpunkten ist durch die jeweilige Spannung gegeben. Kehren wir an den Ausgangspunkt zurück, dann muss die gesamte Potentialänderung gleich Null sein, damit wir wieder das Ausgangspotential erhalten (s. auch Bild

1 Kirchhoff, Gustav Robert, 1824-1887, einer der bedeutendsten deutschen Physiker des 19. Jahrhunderts.

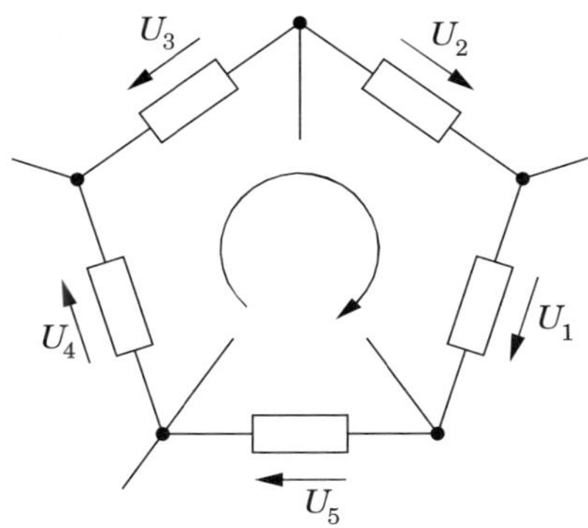

Bild 3.8: *Zur Kirchhoff'schen Maschenregel*

3.3). Zählen wir alle Spannungen, deren Zählpfeil in der frei gewählten Umlaufrichtung liegt, positiv und alle Spannungen, deren Zählpfeil entgegengesetzt gerichtet ist, negativ, so gilt für die Summe der Spannungen

Kirchhoff'sche Maschenregel

$$\sum_n U_n = 0 \ . \tag{3.6}$$

Die Summe der Spannungen bei einem vollständigen Umlauf in einer Masche ist gleich Null.

Das ist die *Kirchhoff'sche Maschenregel.* Beide Kirchhoff'schen Regeln sind nicht nur für den elektrischen Strom charakteristisch. Sie gelten mit den entsprechenden Größen z. B. auch für die Strömung inkompressibler Flüssigkeiten in einem verzweigten Rohrsystem. Die entsprechenden Größen sind Flüssigkeitsstrom (Volumenmenge/Zeiteinheit) und Druckunterschied. Die Aufgabe der Spannungsquelle übernimmt die Pumpe.

Aufgabe 3.4

Schreiben Sie für die Masche im Bild 3.8 die Maschengleichung auf!

Gl. (3.6) gilt für jeden geschlossenen Umlauf, d. h. auch für solche, bei denen Teile nicht über Zweige führen. Ein Umlauf in der in Aufgabe 3.3 (S. 166) gesuchten Ersatzspannungsquelle (s. Bild 3.9) führt auf die Gleichung

$$-U_{\mathrm{G0}} + U_{\mathrm{Ri}} + U_{\mathrm{G}} = 0 \ ,$$

und mit

$$U_{\mathrm{Ri}} = IR_{\mathrm{i}}$$

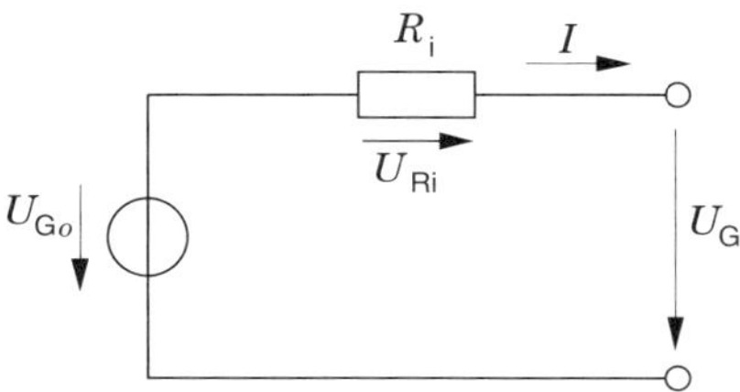

Bild 3.9: *Ersatzspannungsquelle*

ist

$$U_G = U_{G0} - IR_i \ . \tag{3.7}$$

Aus Bild 3.5 folgt $R_i = \Delta U / \Delta I$.

3.4 Serien- und Parallelschaltung von Widerständen

Reihenschaltung

Als einfachste Anwendung der Kirchhoff'schen Regeln betrachten wir die Serien- und Parallelschaltung von Widerständen. Bei der Serien- oder Reihenschaltung (s. Bild 3.10 a) werden alle Widerstände vom gleichen Strom durchflossen.

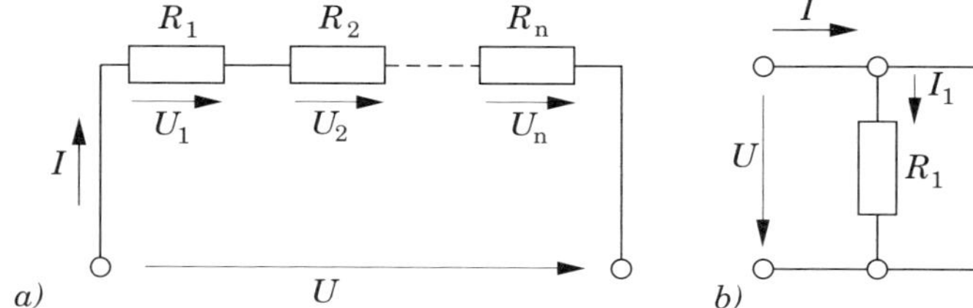

Bild 3.10: *Schaltung von Widerständen*
a) Serienschaltung
b) Parallelschaltung

Mit $U_i = R_i I$ und Gl. (3.6) wird

$$U = \sum_{i=1}^{n} U_i = I \sum_{i=1}^{n} R_i = IR \ . \tag{3.8}$$

Bezüglich der Klemmen wirkt die Reihenschaltung der Widerstände wie ein Gesamtwiderstand R, der durch die Gleichung

$$R = \sum_{i=1}^{n} R_i \tag{3.9}$$

gegeben ist.

Bei der Reihenschaltung addieren sich die Widerstände zum Gesamtwiderstand.

Parallelschaltung

Bei der Parallelschaltung (s. Bild 3.10 b) liegt an allen Widerständen die gleiche Spannung U an. Die Knoten auf jeder Seite können zusammengefasst werden. Mit $I_i = U/R_i$ und Gl. (3.5) wird

$$I = \sum_{i=1}^{n} I_i = U \sum_{i=1}^{n} \frac{1}{R_i} = \frac{U}{R} . \tag{3.10}$$

Somit gilt für den resultierenden Widerstand

$$\frac{1}{R} = \sum_{i=1}^{n} \frac{1}{R_i} . \tag{3.11}$$

Bei der Parallelschaltung addieren sich die Kehrwerte der Widerstände zum Kehrwert des Gesamtwiderstandes.

In einem Widerstandsnetzwerk, wo Reihen- und Parallelschaltungen vorkommen, kann man durch abwechselnde Anwendung der Gln. (3.9) und (3.11) einen resultierenden Widerstand bezüglich der Anschlussklemmen berechnen.

Beispiel

Dazu werde das Beispiel im Bild 3.11 betrachtet. Gesucht sei der Gesamtwiderstand an den Klemmen 1 und 2.

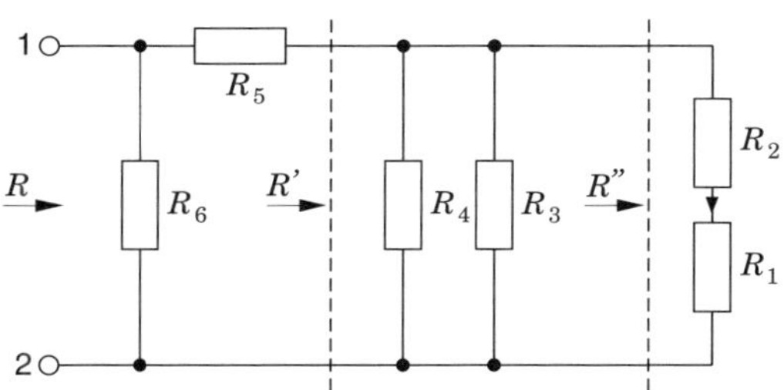

Bild 3.11: *Beispiel für ein Widerstandsnetzwerk*

Zunächst erhält man mit Gl. (3.9) für die Reihenschaltung von R_1 und R_2

$$R'' = R_1 + R_2 .$$

R'', R_3 und R_4 sind parallel geschaltet. Mit Gl. (3.11) erhalten wir

$$\frac{1}{R'} = \frac{1}{R''} + \frac{1}{R_3} + \frac{1}{R_4}$$

und daraus

$$R' = \frac{R''R_3R_4}{R_3R_4 + R_4R'' + R_3R''} \ .$$

Der Gesamtwiderstand R ergibt sich aus der Parallelschaltung von R_6 mit der Reihenschaltung aus R_5 und R'. Also ist

$$\frac{1}{R} = \frac{1}{R_6} + \frac{1}{R' + R_5}$$

und somit

Ergebnis

$$R = \frac{R_6(R' + R_5)}{R_6 + R_5 + R'} \ .$$

Zum Schluss haben wir also zwei Schritte auf einmal gemacht.

Aktivierungselement 3.1

1. Skizzieren Sie einen einfachen Stromkreis mit Spannungsquelle, Verbraucherwiderstand und Ersatzwiderständen für die Verbindungsleitungen, und zeichnen Sie die Zählpfeile von Spannungen und Strömen ein!

2. Wie groß ist der Spannungsverlust zwischen Quelle und Verbraucher als Funktion aller Größen im Stromkreis?

3. Nennen Sie die beiden Kirchhoff'schen Regeln!

4. An den Klemmen eines linearen Zweipols wird bei Belastung mit Widerständen gemessen:

$\frac{U}{\mathrm{V}}$	$\frac{I}{\mathrm{A}}$
20	-1
10	-5

   Wie kann der Zweipol durch eine Ersatzschaltung dargestellt werden?

5. Welche Merksätze sind richtig?

   Der Gesamtwiderstand einer Parallelschaltung von Widerständen ist

   (a) kleiner als der kleinste beteiligte Widerstand.
   (b) größer als der größte beteiligte Widerstand.

   Der Gesamtleitwert einer Reihenschaltung von Leitwerten ist

   (a) größer als der größte beteiligte Leitwert.
   (b) kleiner als der kleinste beteiligte Leitwert.

Lernzyklus 3.2

Studienziele

Nach dem Durcharbeiten dieses Lernzyklus sollen Sie in der Lage sein,

- das Prinzip von Strom- und Spannungsmessung anzugeben;
- eine Messbereichserweiterung für ein gegebenes Messwerk durchzuführen;
- eine Fehlerabschätzung bzw. eine Fehlerkorrektur für ein Messergebnis vorzunehmen;
- in einfachen Schaltungen Ströme und Spannungen zu bestimmen;
- die Ersatzquellen bezüglich der Pole eines Zweipols in einem Netzwerk anzugeben;
- in einfachen Schaltungen mit nichtlinearen Elementen Ströme und Spannungen zu bestimmen.

3.5 Messung von Stromstärke und Spannung

Strommessung

Ein Messgerät zur Stromstärkemessung wird als Strommesser bezeichnet. Es wird hier vorausgesetzt, dass es solche Messgeräte gibt. Sie werden später Genaueres über sie erfahren. Um den Strom in einem Kreis zu messen, muss der Kreis normalerweise an einer Stelle aufgetrennt und der Strommesser eingebaut werden. Durch den Strommesser ist der Stromkreis wieder geschlossen (s. Bild 3.12). Der zu messende Strom I durchfließt das Messwerk, das im stationären Zustand auf den Stromkreis wie ein ohmscher Widerstand wirkt. Damit der Wert der Stromstärke durch den Strommesser nicht beeinflusst wird, muss dessen innerer Widerstand R_M gegenüber den übrigen Widerständen im Stromkreis vernachlässigbar klein sein. Ist im Bild 3.12 der Spannungsmesser nicht angeschlossen, so muss gelten:

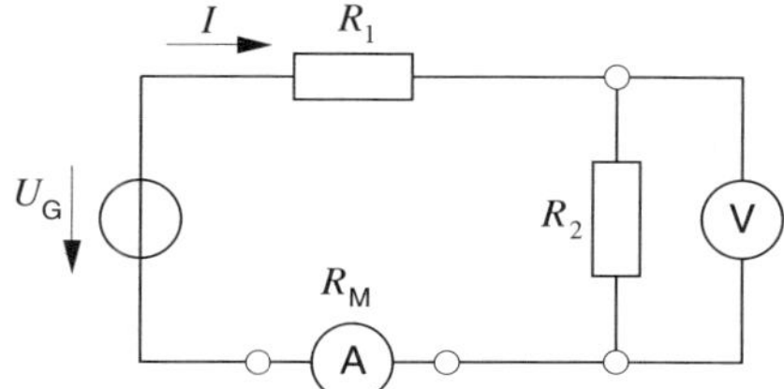

Bild 3.12: *Strom- und Spannungsmessung in einem Stromkreis*

$$R_\mathrm{M} \ll R_1 + R_2 \ .$$

Der Strommesser (genauer gesagt: sein Messwerk) ist zunächst für einen maximal möglichen Strom ausgelegt, der den maximalen Zeigerausschlag hervorruft.

Erweiterung des Strommessbereiches

Will man einen höheren Strom messen, dann darf man nur einen genau festgelegten Teil dieses Stromes durch das Messwerk leiten. Der Rest muss parallel daran vorbeigeführt werden. Dazu schaltet man dem Messwerk mit dem Widerstand R_M einen Nebenwiderstand R_N (auch *shunt* genannt) parallel (s. Bild 3.13).

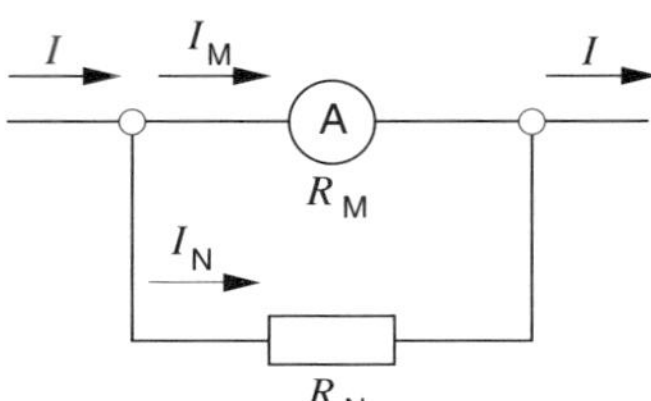

Bild 3.13: *Strommesser mit Nebenwiderstand*

Wählt man

$$R_\mathrm{N} = \frac{1}{n-1} R_\mathrm{M} \ ,$$

dann ist der Strom $I_N = (n-1)I_M$, und da $I = I_N + I_M$ ist, wird $I = nI_M$. Durch das Messwerk fließt also nur der n-te Teil des zu messenden Stromes. Der Messbereich, d. h. der Wertebereich der mit der Anordnung messbaren Ströme, wird damit n-fach vergrößert.

Spannungsmessung

Zur Messung der Spannung, die am Widerstand R_2 in dem Kreis im Bild 3.12 abfällt, wird diesem ein Spannungsmesser parallel geschaltet. Im Prinzip ist als Spannungsmesser ein Strommesser geeignet, denn die Spannung U_M an diesem ist über $U_M = R_M I_M$ eindeutig mit dem Strom verknüpft. Obwohl der Zeigerausschlag durch den Strom verursacht wird, kann die Skala in Spannungseinheiten geeicht werden. Damit die Spannung an R_2 durch den Spannungsmesser nicht beeinflusst wird, soll möglichst der gesamte Strom I durch den Widerstand R_2 fließen, um das Messergebnis nicht zu verfälschen. Näherungsweise wird das erreicht, wenn der Widerstand R_M des Spannungsmessers wesentlich größer als R_2 ist ($R_M \gg R_2$). Mit einem maximalen Strom durch das Messwerk und gegebenem R_M ergibt sich ein oberer messbarer Wert für die Spannung.

Erweiterung des Spannungsmessbereiches

Eine Messbereichserweiterung kann durch Zuschalten eines sogenannten Vorwiderstandes R_V vor den Spannungsmesser erfolgen (s. Bild 3.14).

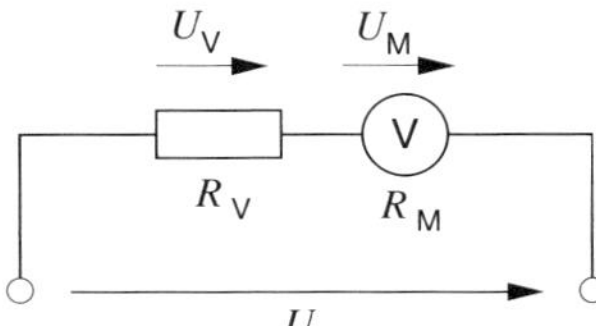

Bild 3.14: *Spannungsmesser mit Vorwiderstand zur Messbereichserweiterung*

Die Spannung U fällt jetzt nur zum Teil am Spannungsmesser ab, der Rest dagegen am R_V.

Aufgabe 3.5

Wie groß muss R_V im Verhältnis zu R_M gewählt werden, damit der Messbereich um den Faktor n erweitert wird?

Wir fassen zusammen:

> Die Messbereichserweiterung erfolgt
> bei Strommessung mit Nebenwiderständen,
> bei Spannungsmessung mit Vorwiderständen.

Mit der Messung des Stromes, der durch einen Widerstand fließt, und der Spannung, die dabei an ihm abfällt, haben wir die Möglichkeit, den Wert des Widerstandes experimentell zu bestimmen. Dabei sind grundsätzlich die beiden Messschaltungen im

Bild 3.15 möglich. Bei beiden ergeben sich aber aufgrund der Schaltungsanordnung

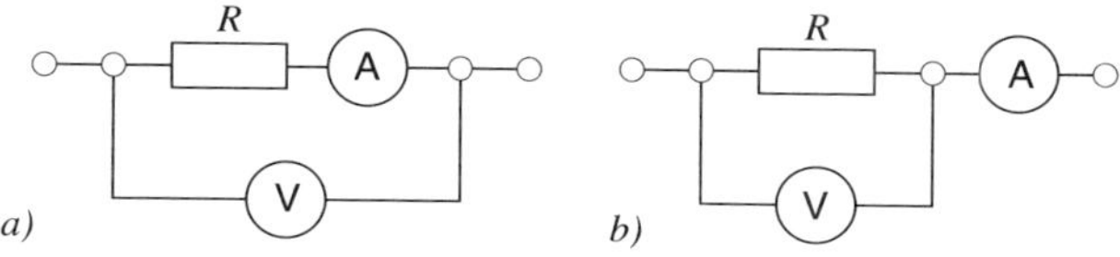

Bild 3.15: *Messschaltungen zur Bestimmung des Widerstandes R*
a) stromrichtig
b) spannungsrichtig

Messfehler: Im Fall a wird der Strom durch R richtig gemessen. Die gemessene Spannung enthält aber den Spannungsabfall am Strommesser. Im Fall b wird die Spannung am Widerstand richtig gemessen, durch den Strommesser fließt aber neben dem Strom durch R auch der Strom durch den Spannungsmesser. Bei bekannten Innenwiderständen von Strom- und Spannungsmessern kann der damit zusammenhängende Fehler rechnerisch korrigiert werden, so dass nur zufällige Fehler aufgrund der Mess- und Anzeigegenauigkeit übrig bleiben.

3.6 Die Wheatstone'sche Brücke

Genauer als mit dem eben geschilderten Verfahren lassen sich Widerstände mit Brückenschaltungen bestimmen. Bild 3.16 zeigt die sogenannte Wheatstone'sche Brücke. In dieser möge R_1 der unbekannte, R_3 dagegen ein bekannter Widerstand sein. Die Widerstände R_2 und R_4 seien einstellbar. Gelingt es uns, mit diesen das Potential im Punkt D gleich dem in Punkt C einzustellen, dann herrscht in dieser Brücke Gleichgewicht, d. h., es fließt kein Strom über den Brückenzweig zwischen C und D. Der Strommesser dient als *Nullindikator.*

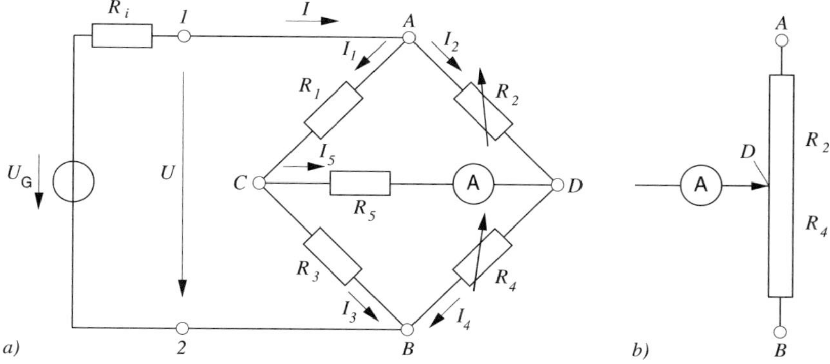

Bild 3.16: *Wheatstone'sche Brücke*
a) Brückenschaltung
b) Ausführung von R_2 und R_4 als Potentiometer

Mit $I_5 = 0$ ist $I_1 = I_3$ und $I_2 = I_4$. Für gleiches Potential in C und D gilt einerseits

$$\Phi_C = \Phi_A - I_1 R_1 = \Phi_A - I_2 R_2 = \Phi_D$$

und damit

$$I_1 R_1 = I_2 R_2$$

und andererseits

$$\Phi_C = \Phi_B + I_1 R_3 = \Phi_B + I_2 R_4 = \Phi_D$$

und damit

$$I_1 R_3 = I_2 R_4 \ .$$

Durch Division der beiden Gleichungen fallen die Ströme heraus, und wir erhalten

Abgleichbedingung

$$\frac{R_1}{R_3} = \frac{R_2}{R_4} \ . \tag{3.12}$$

Das ist die Bedingung für das Gleichgewicht der Brücke. Für den unbekannten Widerstand R_1 folgt daraus als Bestimmungsgleichung

$$R_1 = \frac{R_2}{R_4} \cdot R_3 \ . \tag{3.13}$$

Die Ausführung von R_2 und R_4 kann wie im Bild 3.16 b als Potentiometer erfolgen. R_2 und R_4 bilden zusammen einen festen Widerstand. Es wird lediglich das Teilerverhältnis R_2/R_4 durch Verschieben des Abgriffs verändert. Dazu wird ein Schleifkontakt über einen Widerstandsdraht konstanten Querschnitts und homogener Leitfähigkeit geführt. Das Widerstandsverhältnis ist dann gleich dem Längenverhältnis der beiden Drahtabschnitte.

Allgemeine Berechnung

Da die Schaltung im Bild 3.16 von etwas komplexerer Struktur ist als die bisherigen Schaltungen, wollen wir sie auch für den Fall analysieren, dass kein Gleichgewicht herrscht. Unbekannt sind bei vorgegebener Spannung U die Ströme I_1 bis I_5 und I. Somit brauchen wir sechs voneinander unabhängige Gleichungen. Wir erhalten sie mit den Kirchhoff'schen Regeln. Für die Knoten A, B und C ergibt die Knotenregel

$$\begin{aligned} &\text{Knoten A:} && I - I_1 - I_2 = 0 \\ &\text{Knoten B:} && I - I_3 - I_4 = 0 \\ &\text{Knoten C:} && I_1 - I_3 - I_5 = 0 \ . \end{aligned} \tag{3.14}$$

Die Gleichung für den Knoten D liefert nichts Neues. Sie kann durch Kombination aus den anderen drei Knotengleichungen gewonnen werden.

Aufgabe 3.6

Zeigen Sie dies durch entsprechende Addition und Subtraktion der Gleichungen in (3.14)! Erläutern Sie das physikalisch!

Die Gleichungen in (3.14) sind jedoch voneinander *linear unabhängig*, denn in jeder dieser Gleichungen tritt jeweils eine Größe auf, die in den anderen Gleichungen nicht vorkommt. Nun wenden wir noch die Maschenregel an:

$$\begin{aligned} &\text{Masche A C D A:} \quad & I_1R_1 + I_5R_5 - I_2R_2 &= 0 \\ &\text{Masche C B D C:} \quad & I_3R_3 - I_4R_4 - I_5R_5 &= 0 \\ &\text{Masche A D B A:} \quad & I_2R_2 + I_4R_4 - U &= 0\,. \end{aligned} \tag{3.15}$$

Wir nehmen an, dass der Innenwiderstand des Strommessers in R_5 mit enthalten ist. Weitere Maschengleichungen bringen keine neuen Informationen. Die Maschengleichung der Masche A D B C erhält man z. B. auch durch Addition der ersten beiden Gleichungen in (3.15).

Auch diese drei Gleichungen sind voneinander linear unabhängig; denn in jeder tritt jeweils eine Größe auf, die in den anderen nicht vorkommt.[2] Da die Widerstände beliebige Werte annehmen können, sind diese Gleichungen auch linear unabhängig von denen in Gl. (3.14). Somit haben wir jetzt sechs Gleichungen für die gesuchten sechs Ströme. Die Lösungen sind von der Form

$$I = \frac{1}{R}U, \qquad I_k = \frac{1}{R'_k}U \qquad k = 1, 2, ..., 5, \tag{3.16}$$

wobei R und R'_k Ausdrücke aus R_1 bis R_5 sind. R ist der resultierende Widerstand der gesamten Schaltung an den Klemmen 1 und 2. Für die abgeglichene Brücke ist beispielsweise

$$R = \frac{(R_1 + R_3)(R_2 + R_4)}{R_1 + R_2 + R_3 + R_4}\,.$$

Mit $U = U_\mathrm{G} - R_\mathrm{i}I = U_\mathrm{G} - \frac{R_\mathrm{i}}{R}U$, d. h. $U = \dfrac{R}{R + R_\mathrm{i}}U_\mathrm{G}$, können die Ströme auch in Abhängigkeit von U_G dargestellt werden. Die Spannung in den einzelnen Zweigen der Brücke erhalten wir mit den Strömen über das Ohm'sche Gesetz.

An diesem hier behandelten Beispiel erkennen wir, dass es darauf ankommt, die Maschen- und Knotengleichungen richtig zu wählen. Wir werden deshalb im nächsten Kapitel die damit im Zusammenhang stehenden Fragen systematisch klären.

2 Dies ist hinreichend, aber nicht notwendig.

3.7 Der Spannungsteiler

Wird an einem Verbraucher eine Spannung gewünscht, die (evtl. sogar wesentlich) niedriger als die einer zur Verfügung stehenden Quelle sein soll, dann kann man die Herabsetzung mit Hilfe des sogenannten Spannungsteilers (s. Bild 3.17) vornehmen. Mit einem Schleifkontakt wie im Bild lässt sich die Spannung kontinuierlich

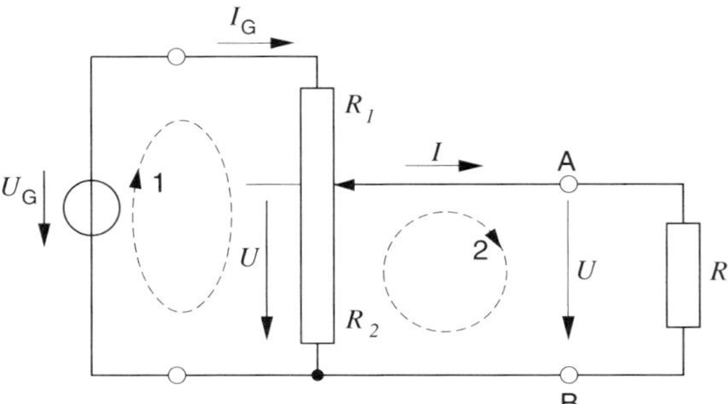

Bild 3.17: *Spannungsteiler*

zwischen Null und einem Maximalwert einstellen. Natürlich können für ein festes Teilerverhältnis auch Festwiderstände gewählt werden.

Analyse

Für die beiden Maschen erhalten wir die Gleichungen

$$\begin{aligned} &\text{Masche 1:} \qquad & U_G &= I_G R_1 + U \\ &\text{Masche 2:} \qquad & 0 &= U - (I_G - I) R_2 \ . \end{aligned}$$

Darin ist die Knotenbedingung am Schleifkontakt bereits enthalten. Ersetzen wir in der ersten Gleichung I_G mit Hilfe der zweiten und stellen um, so erhalten wir für U

$$U = U_G \frac{R_2}{R_1 + R_2} - \frac{R_1 R_2}{R_1 + R_2} I \ . \tag{3.17}$$

Spannung U und Strom I – die Größen am Verbraucher R – sind in dieser Gleichung nur mit unabhängigen Größen verknüpft, die links von den Anschlussklemmen des Verbrauchers auftreten. Gl. (3.17) ist die Gleichung einer Ersatzspannungsquelle (vgl. mit Gl. (3.7)). Sie hat eine Quellenspannung U_0 und einen inneren Widerstand R_i (s. Bild 3.18) gemäß

Größen der Ersatzquelle

$$U_0 = \frac{R_2}{R_1 + R_2} U_G; \qquad R_i = \frac{R_1 R_2}{R_1 + R_2} \ . \tag{3.18}$$

Die Größe von U_0 ist also direkt proportional dem Verhältnis von abgegriffenem Widerstand zum Gesamtwiderstand und der ursprünglichen Quellenspannung U_G.

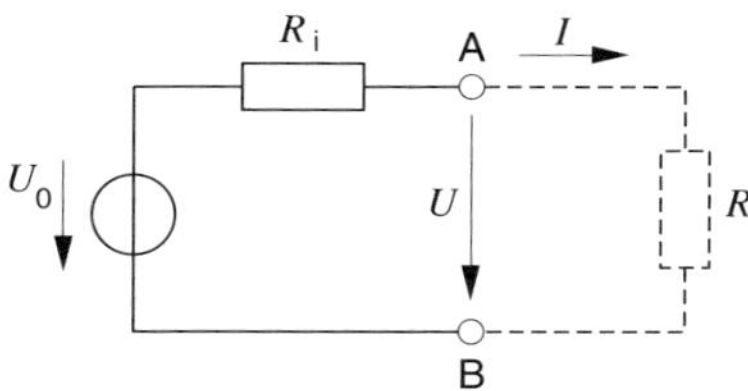

Bild 3.18: *Ersatzspannungsquelle des Spannungsteilers bezüglich des Verbrauchers* R

Mit dem aufgestellten Ersatzschaltbild für die Wirkung des Spannungsteilers auf den Verbraucher können wir nun die Größen am Verbraucher bestimmen. Es ist

$$I = \frac{U_0}{R_\mathrm{i} + R} \qquad U = RI = \frac{R}{R_\mathrm{i} + R} U_0 \ . \tag{3.19}$$

Sollen Größen wie z. B. der Strom I_G bestimmt werden, dann müssen wir zu den ursprünglichen Gleichungen zurückkehren. Ebenso lässt sich nicht die Leistung berechnen, die innerhalb der realen Quelle umgesetzt wird.

3.8 Ersatzquellen

Bestimmung der Ersatzquellenspannung

Wir wollen uns noch etwas ausführlicher mit Ersatzquellen befassen. Dabei können wir mit unseren Überlegungen direkt am vorangegangenen Abschnitt anknüpfen. Wir fragen danach, wie die Ersatzgrößen gemessen oder in einem entsprechenden Gedankenexperiment bestimmt werden können. Für die Messung sehr leicht zugänglich ist die Spannung U. Diese ist jedoch vom Strom I, d. h. von der Belastung durch den Verbraucher, abhängig. Wählen wir als Betriebszustand den sogenannten Leerlauf, der durch $R = \infty$ bzw. $I = 0$ bestimmt wird, dann wird $U = U_0$, da an R_i keine Spannung abfällt.

> Die Quellenspannung der Ersatzspannungsquelle kann als Leerlaufspannung an den Anschlüssen oder Polen gemessen werden.

Mit dieser Erkenntnis können wir z. B. die Leerlaufspannung U_0 des Spannungsteilers auch sofort aus Bild 3.17 bestimmen; denn mit $I = 0$ ist

$$I_\mathrm{G} = \frac{U_\mathrm{G}}{R_1 + R_2} \quad \text{und} \quad U = U_0 = R_2 I_\mathrm{G} \ .$$

Bestimmung des Ersatzinnenwiderstandes

Um die zweite Größe, nämlich den Innenwiderstand, zu bestimmen, führen wir den *Kurzschlussversuch* durch, d. h., wir verbinden die beiden Klemmen im Bild 3.18 durch einen idealen Leiter oder einen idealen Strommesser. Wegen U bzw. $R = 0$ kann in dem Kreis der Strom

$$I = I_0 = \frac{U_0}{R_i} \; , \tag{3.20}$$

der als *Kurzschlussstrom* bezeichnet wird, gemessen werden. Nach R_i umgestellt, lautet diese Gleichung

$$R_i = \frac{U_0}{I_0} \; . \tag{3.21}$$

Der Innenwiderstand der Ersatzspannungquelle ist als Quotient aus Leerlaufspannung und Kurzschlussstrom bestimmt.

Für den Spannungsteiler im Bild 3.17 fließt bei $U = 0$ durch R_2 kein Strom. Somit ist

$$I_0 = I_G = \frac{U_G}{R_1} \; .$$

Setzt man dies und gleichzeitig auch die Beziehung für die Leerlaufspannung in die Gl. (3.21) ein, so erhält man wieder das Ergebnis der Gl. (3.18). Der Innenwiderstand lässt sich auch direkt als Ersatzwiderstand R_E, der an den Polen A–B in Generatorrichtung wirksam ist, bestimmen, wenn man die Quellenspannung gleich Null setzt. Nach Bild 3.18 ist mit $U_0 = 0$ nämlich

$$R_E = \frac{U}{-I} = R_i \; .$$

Im Bild 3.17 ergibt sich der Ersatzwiderstand aus der Parallelschaltung von R_1 und R_2 (vgl. R_i nach Gl. (3.18)).

Ersatzstromquelle

Nun schreiben wir die Gl. $U = U_0 - IR_i$ mit Gl. (3.20) und $1/R_i = G_i$ um in

$$I = I_0 - G_i U \; . \tag{3.22}$$

Diese Gleichung können wir folgendermaßen interpretieren: Der Strom I, der in den Verbraucher fließt, ergibt sich aus einem Quellenstrom I_0. Ein Teil dieses Quellenstromes von der Größe $G_i U$ fließt nicht durch den Verbraucher. Eine Schaltung, die diese Zusammenhänge richtig wiedergibt, ist im Bild 3.19 dargestellt. Sie wird als

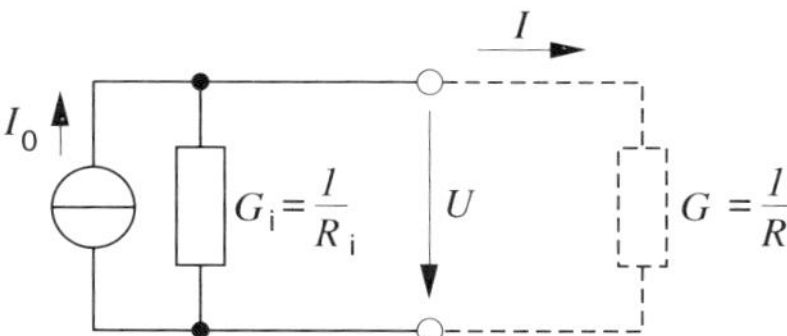

Bild 3.19: *Ersatzstromquelle*

Ersatzstromquelle bezeichnet. Die ideale Stromquelle liegt vor für $G_i = 0$.

Wir haben die Ersatzstromquelle aus der Maschengleichung für die Ersatzspannungsquelle entwickelt. Wir können auch wieder rückwärts aus der Knotengleichung (3.22)

der Ersatzstromquelle eindeutig die Ersatzspannungsquelle bestimmen. Daraus folgt:

Ersatzspannungsquelle und Ersatzstromquelle sind gleichwertig. Sie lassen sich eindeutig ineinander umrechnen.

3.9 Leistungsanpassung und Wirkungsgrad

Die Leistung, die eine Quelle mit der Quellenspannung U_0 liefert, teilt sich auf den Innenwiderstand R_i und den Verbraucherwiderstand R auf. Wir wollen uns hier die Frage nach den Bedingungen vorlegen, unter denen die Leistung am Verbraucher maximal wird. Nach Kapitel 2 ist die Leistung durch das Produkt aus Strom und Spannung gegeben. Mit den Gln. (3.19) erhalten wir für die am Verbraucher umgesetzte Leistung

$$P = UI = \frac{R}{(R + R_i)^2} U_0^2 \, . \tag{3.23}$$

Diese Leistung wird Null für $R = 0$ (dann ist $U = 0$) und $R = \infty$ (dann ist $I = 0$). Zwischen diesen beiden Werten nimmt P für einen bestimmten Wert von R ein Maximum an. Im Bild 3.20 ist P, normiert auf $P_0 = U_0^2/R_i$, in Abhängigkeit von

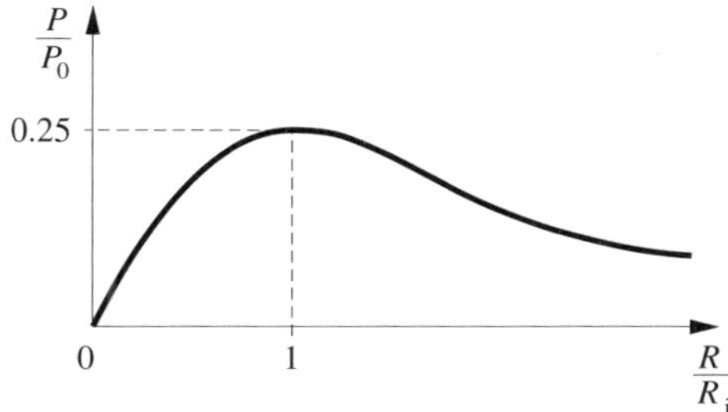

Bild 3.20: *Abhängigkeit der Leistung P vom normierten Verbraucherwiderstand (Maßstäbe von Abszisse und Ordinate sind unterschiedlich gewählt)*

R/R_i dargestellt. Die Stelle des Maximums folgt aus $\frac{dP}{dR} = 0$ und liegt bei

Leistungsanpassung

$$R = R_i \, . \tag{3.24}$$

Man spricht in diesem Fall von *Leistungsanpassung* oder sagt, der Verbraucherwiderstand sei leistungsmäßig an den Innenwiderstand angepasst.

Aufgabe 3.7

Leiten Sie die Beziehung in Gl. (3.24) ab!

Die maximal erhaltbare, die sogenannte *„verfügbare“, Leistung* beträgt

$$P_{\max} = \frac{1}{4}\frac{U_0^2}{R_\mathrm{i}} . \tag{3.25}$$

Wirkungsgrad

Das Verhältnis der Leistung P zur gesamten von der inneren Quelle abgegebenen Leistung, die sich aus der Nutzleistung P und der im Innenwiderstand umgesetzten Verlustleistung zusammensetzt, bezeichnet man als *Wirkungsgrad* (Formelzeichen η). Mit

$$P_\mathrm{ges} = \frac{U_0^2}{R + R_\mathrm{i}}$$

wird

$$\eta = \frac{P}{P_\mathrm{ges}} = \frac{R}{R + R_\mathrm{i}} = \frac{\frac{R}{R_\mathrm{i}}}{1 + \frac{R}{R_\mathrm{i}}} . \tag{3.26}$$

Im Bild 3.21 ist der Verlauf von η über R/R_i dargestellt. Bei Leistungsanpassung ist der Wirkungsgrad gleich 0,5. Mit R/R_i gegen ∞ nähert sich η gegen 1. In der *Energietechnik* wird ein Wirkungsgrad so nahe wie möglich bei 1 gefordert. Dann

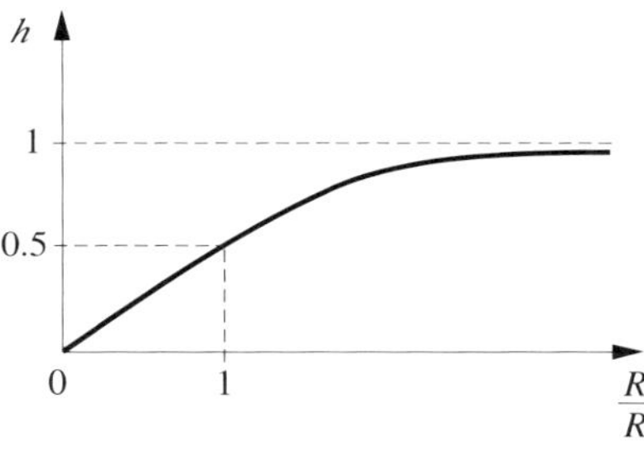

Bild 3.21: *Abhängigkeit des Wirkungsgrades vom normierten Verbraucherwiderstand*

gelangt nämlich fast die gesamte erzeugte Leistung als Nutzleistung zum Verbraucher. Damit die Verluste in R_i gering sind, muss R_i selbst klein gegenüber R sein. In der Energietechnik ist die tatsächlich entnommene Leistung also stets sehr viel kleiner als die *verfügbare* Leistung, da anderenfalls die entstehenden hohen Verluste wirtschaftlich nicht tragbar wären oder sogar zu Schäden an Generatoren und Leitungen führen würden. In der *Nachrichtentechnik* kommt es dagegen darauf an, ohne Rücksicht auf etwaige Verluste soviel Energie wie möglich aus schwachen (Signal-) Quellen zu gewinnen. Hier wird Leistungsanpassung angestrebt.

3.10 Schaltungen mit nichtlinearen Elementen

Bisher haben wir nur Schaltungen berechnet, die aus linearen Zweipolen zusammengesetzt sind. Die Berechnung ist einfach, weil alle Spannungen und Ströme durch lineare Beziehungen miteinander verknüpft sind. Alle Ströme und Spannungen können im Prinzip explizite angegeben werden. Das ist im Allgemeinen aber nicht mehr möglich, wenn in der Schaltung auch nichtlineare Zweipole vorkommen.

Beispiel

Betrachten wir als einfaches Beispiel zunächst den Kreis im Bild 3.22, der als nichtlineares Element eine Diode enthält.

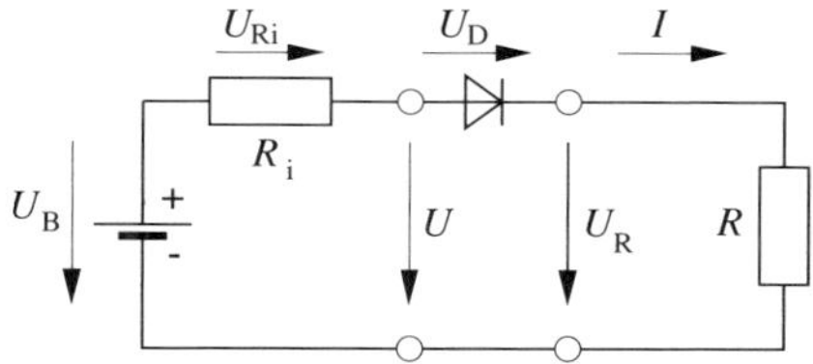

Bild 3.22: *Stromkreis mit nichtlinearem Zweipol (Diode)*

Gesucht werden bei gegebener Batteriespannung U_B die Spannungen U_R und U_D sowie der Strom I. Die Kirchhoff'sche Maschenregel führt auf

$$-U_B + U_{Ri} + U_D + U_R = 0 \; . \tag{3.27}$$

Für die einzelnen Spannungen gilt mit dem Ohm'schen Gesetz und Gl. (2.35)

$$U_{Ri} = R_i I; \qquad U_R = RI; \qquad U_D = \frac{kT}{e} \ln\left(1 + \frac{I}{I_0}\right) \; . \tag{3.28}$$

Setzen wir diese Beziehungen in Gl. (3.27) ein, dann erhalten wir die Gleichung

$$(R + R_i)I + \frac{kT}{e} \ln\left(1 + \frac{I}{I_0}\right) = U_B$$

für den Strom I. Diese ist jedoch nichtlinear und in diesem Fall sogar transzendent, und wir können I nicht explizite angeben. Die Lösung kann numerisch oder grafisch erfolgen. Ein Beispiel zur numerischen Lösung findet sich in den *Aufgaben zur Vertiefung* unter 3.5.

Grafische Lösung

Wir bestimmen die Lösung auf zeichnerischem Weg. Das hat den Vorteil, dass wir für die Diode die gemessene Kennlinie verwenden können. Sie ist im Bild 3.23 dargestellt. Aus der Maschengleichung erhalten wir eine zweite Beziehung für $I(U_D)$. Wenn in Gl. (3.27) für U_{Ri} und U_R die Ausdrücke gemäß Gl. (3.28) eingesetzt werden, erhalten wir

Gleichung der Widerstandsgeraden

$$I = \frac{U_B - U_D}{R + R_i} = \frac{U_B}{R + R_i} - \frac{1}{R + R_i} U_D \; . \tag{3.29}$$

Das ist die Gleichung einer Geraden. Sie ist in das Bild 3.23 mit eingetragen. Im Schnittpunkt dieser Geraden mit der Kennlinie ist sowohl die Maschengleichung

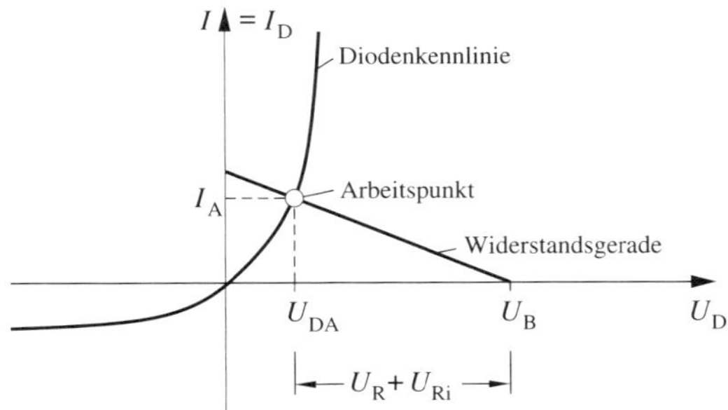

Bild 3.23: *Zur Bestimmung des Stromes und der Spannungen im Stromkreis im Bild 3.22*

als auch die Beziehung zwischen Spannung und Strom am nichtlinearen Element erfüllt. Die sich einstellenden Werte $I = I_A$ und $U_D = U_{DA}$ können direkt abgelesen werden. U_{Ri} und U_R werden mit I berechnet. Die Summe aus U_{Ri} und U_R ist gemäß Gl. (3.27) gleich der Differenz aus U_B und U_{DA}. Sie kann aus dem Diagramm wie angegeben abgelesen werden.

Aufgabe 3.8

Die Diode werde umgepolt. Bestimmen Sie den Strom im Kreis und die Diodenspannung!

Beispiel

Wir betrachten nun noch die Schaltung im Bild 3.24, die als nichtlineares Element einen Transistor enthält. Wegen der drei Anschlüsse kann man ihn als nichtlinearen

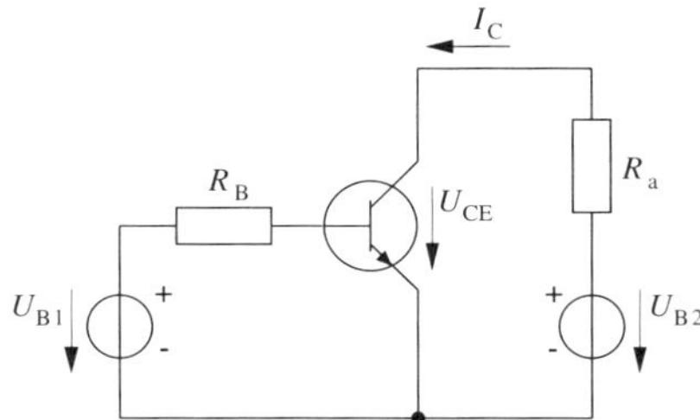

Bild 3.24: *Schaltung mit Transistor*

Dreipol bezeichnen. Der Transistor möge die im Bild 3.25 gegebenen Kennlinienfelder besitzen. Uns interessiert zunächst der Eingangskreis. Das Diagramm b macht deutlich, dass wir in dieser Schaltung und bei dem verwendeten Transistor den Eingangskreis praktisch unabhängig vom Ausgangskreis betrachten können; denn durch Veränderung der Spannung U_{CE} ändert sich der Strom I_B kaum. Das gilt insbesondere im unteren Teil der Kennlinie. Wir können daher den Arbeitspunkt nach dem gleichen Verfahren einstellen wie im vorangegangenen Beispiel. Für ein gewünschtes

I_{B0} ergibt sich die erforderliche Versorgungsspannung U_{B1} abhängig vom Widerstand R_B mit Hilfe der Widerstandsgeraden.

Auch die Berechnung des Stromes I_C im Ausgangskreis verläuft analog zum aufgezeigten Verfahren. Die maßgebende Kennlinie wird hier durch den Basisstrom I_{B0} bestimmt. Diese ist im Kennlinienfeld $I_C(U_{CE})$ im Bild 3.25 a als ausgezogene Linie hervorgehoben.

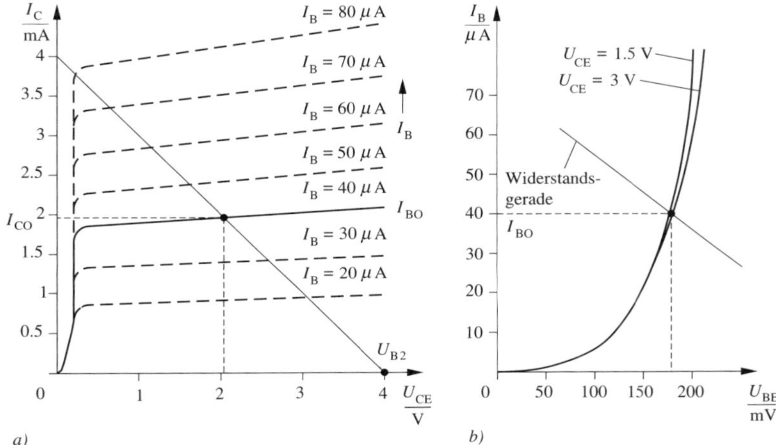

Bild 3.25: *Zur Bestimmung des Arbeitspunktes der Transistorschaltung im Bild 3.24*
a) Ausgangskennlinienfeld
b) Eingangskennlinienfeld

Der Arbeitspunkt ergibt sich als Schnittpunkt der Widerstandsgeraden

$$U_{CE} = U_{B2} - I_C R_a \tag{3.30}$$

mit dieser Kennlinie.

Aktivierungselement 3.2

1. Skizzieren Sie die Anordnung von Strom- und Spannungsmesser in einem elektrischen Stromkreis, und diskutieren Sie die prinzipiellen Messfehler! Welche elektrischen Eigenschaften kennzeichnen gute Strom- bzw. Spannungsmesser?

2. Skizzieren Sie eine Wheatstone'sche Brückenschaltung. Geben Sie die Abgleichbedingung an!

3. Konstruieren Sie für einen Spannungsteiler die Ersatzstromquelle!

4. Warum wird die Leistungsanpassung in der Nachrichtenübertragungstechnik meistens und in der Energietechnik fast nie angestrebt?

5. Geben Sie die Zweipole *Ersatzspannungsquelle* und *Ersatzstromquelle* ausnahmsweise zusammen mit den dazugehörigen Funktionen $I = f(U)$ im Verbraucherzählpfeilsystem an!

6. Leiten Sie für die Reihenschaltung von n Widerständen den Gesamtleitwert als Funktion der Einzelleitwerte her, d. h. $G_{\text{ges}} = f\ (G_1,\ G_2...,\ G_n)$!

7. Leiten Sie für die Parallelschaltung von n Widerständen den Gesamtleitwert als Funktion der Einzelleitwerte her, d. h. $G_{\text{ges}} = f\ (G_1,\ G_2...,\ G_n)$!

Aufgaben zur Vertiefung 6

Übung

3.1 Zeichnen Sie die Potentialverläufe für die beiden Schaltungen analog zum Bild 3.3! Wie groß sind die Ströme in den beiden Schaltungen?

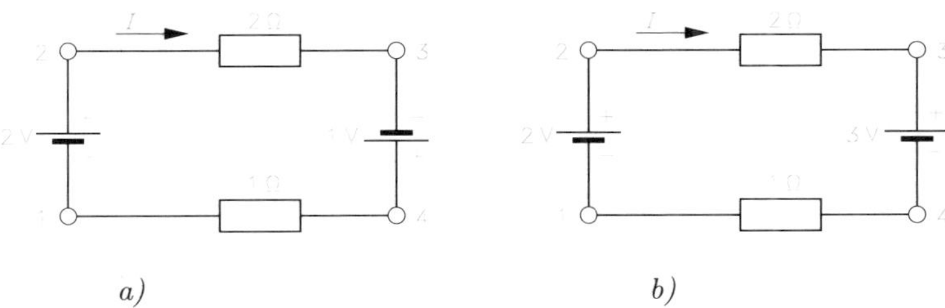

a) *b)*

Beachten Sie, dass das Potential auf der mit plus bezeichneten Seite der Quellen um den angegebenen Wert höher sein muss als auf der mit minus bezeichneten Seite!

3.2 Skizzieren Sie zu den beiden angegebenen Ausdrücken eine passende Schaltung aus den Widerständen R_1, R_2, R_3 bzw. aus den Leitwerten G_1, G_2, G_3!

a) $$R_{\text{ges}} = R_1 + \frac{1}{\frac{1}{R_2} + \frac{1}{R_3}}$$ *b)* $$G_{\text{ges}} = G_1 + \frac{1}{\frac{1}{G_2} + \frac{1}{G_3}}$$

3.3

a) Bestimmen Sie die Ersatzspannungsquelle bezüglich der Klemmen 1-2!

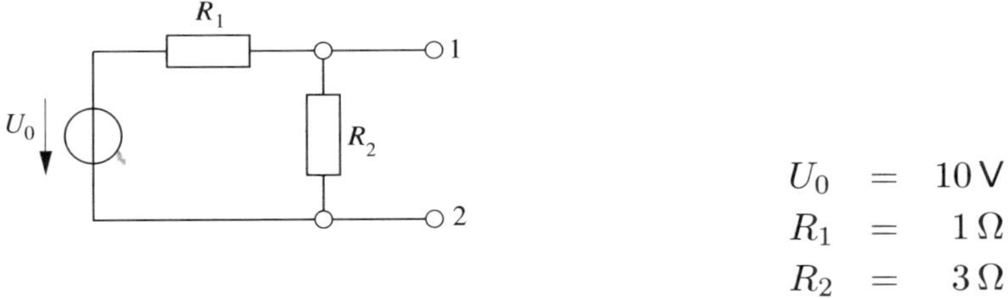

$$U_0 = 10\,\text{V}$$
$$R_1 = 1\,\Omega$$
$$R_2 = 3\,\Omega$$

b) Bestimmen Sie die Ersatzstromquelle bezüglich der Klemmen 1-2!

c) Welche maximale Leistung lässt sich dem Klemmenpaar 1-2 entnehmen?

3.4 Bestimmen Sie für die folgende Schaltung und die dazu angegebene Diodenkennlinie zeichnerisch den Strom I!

$$U_0 = 1{,}5\,\mathsf{V}; \qquad R = 500\,\Omega$$

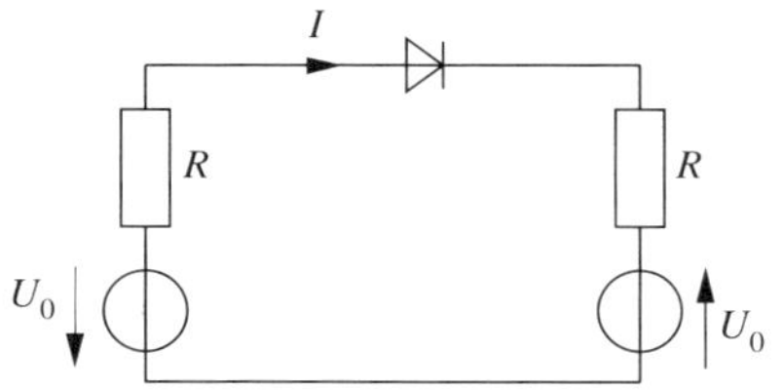

I
R
R
U_0
U_0

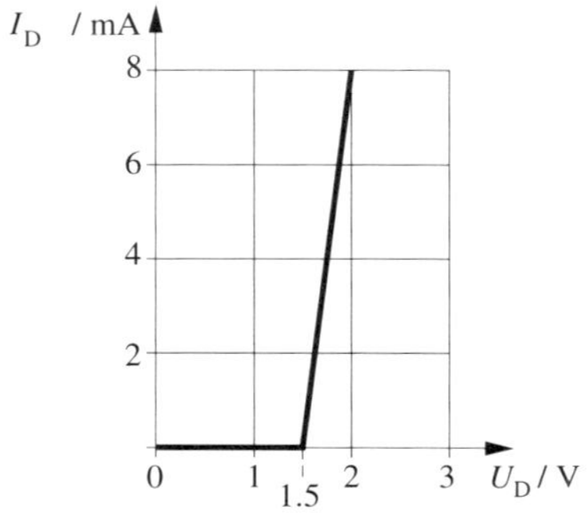

I_D / mA
8
6
4
2
0
1
1.5
2
3
U_D / V

Theoretische Vertiefung

3.5 Eine Halbleiterdiode mit der Kennliniengleichung

$$U_\mathrm{D} = \frac{kT}{e} \ln\left(1 + \frac{I_\mathrm{D}}{I_0}\right)$$

wird an eine Spannungsquelle mit der Leerlaufspannung U_0 und dem Innenwiderstand R_i angeschlossen.

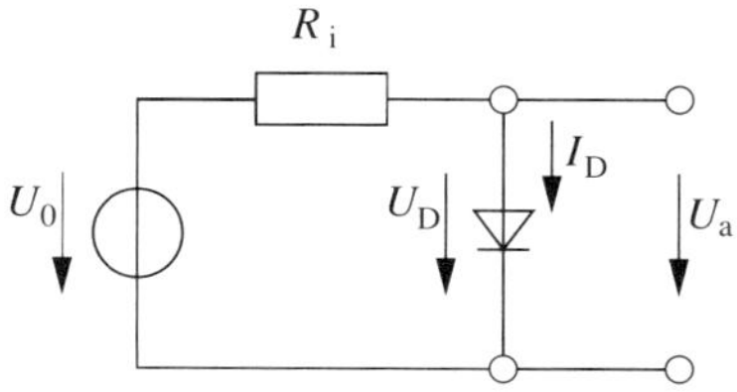

R_i
U_0
U_D
I_D
U_a

$$U_\mathrm{D} = \frac{kT}{e} \ln\left(1 + \frac{I_\mathrm{D}}{I_0}\right)$$

Bestimmen Sie rechnerisch den sich einstellenden Arbeitspunkt $I_\mathrm{D}, U_\mathrm{D}$ für die Größen

$$\frac{kT}{e} = 0{,}02524\,\mathsf{V}$$
$$I_0 = 20\,\mu\mathsf{A};\; R_\mathrm{i} = 10\,\Omega;\; U_0 = 2\,\mathsf{V}\,.$$

Praktische Anwendung

3.6 Als Spannungsmesser ist ein Drehspulmesswerk selbst nur bedingt verwendbar, wenn man den relativ großen Temperaturfehler von $4\,\%/10\,\mathsf{K}$ (lies: $4\,\%$ pro

10 Kelvin) infolge der Widerstandszunahme der aus Kupfer oder Aluminium bestehenden Drehspule mit dem Messwerkswiderstand R_{M} in Kauf nimmt. Das Vorschalten eines temperaturunabhängigen Vorwiderstandes R_{V} (z. B. aus Manganin) ergibt eine Verminderung des Temperaturfehlers, aber auch gleichzeitig eine Erweiterung des Spannungsmessbereiches. Auf welchen Wert sinkt der gesamte Temperaturfehler, wenn der Spannungsmessbereich des Messwerkes durch Vorschalten eines temperaturunabhängigen Vorwiderstandes R_{V} um den Faktor n erweitert wird?

3.7 An einer Steckdose wird bei Leerlauf die Spannung $U_0 = 220$ V gemessen. Bei einer Entnahme von $I = 10$ A beträgt die Spannung noch 217 V. Der Stromkreis ist mit 15 A abgesichert. Wie groß ist die *verfügbare* Leistung, und welcher Bruchteil davon kann aufgrund der Absicherung tatsächlich nur entnommen werden?

Vororientierung zur Kurseinheit 7

In diesem Kapitel wird Ihnen gezeigt, wie man aus linearen Zweipolen aufgebaute Netzwerke in systematischer Weise analysieren kann. Dazu werden wir, ausgehend von der Struktur des Netzwerkes, ein System von unabhängigen Gleichungen aufstellen. Nach der Auflösung dieses Systems können dann alle Ströme und Spannungen des Netzwerkes berechnet werden.

Die hier vorgestellten Analyseverfahren sind der erste Schritt einer allgemeinen Theorie der elektrischen Netzwerke. Es wird gezeigt, wie man, ausgehend von den empirisch gefundenen Gesetzen (Kirchhoff'sche Regeln, Ohm'sches Gesetz), für komplizierte Schaltungen mit Hilfe der Mathematik unter Beachtung der vorgegebenen Voraussetzungen allgemein gültige Methoden entwickeln kann. In diesem Kapitel werden wir deshalb, wenn auch in beschränktem Umfang, auf Beweisführungen nicht verzichten. Es ist deshalb für den theoretisch veranlagten Studenten von besonderem Interesse. Die hier angegebenen Verfahren werden später, z. B. auf Wechselstromnetzwerke, erweitert werden.

Lernzyklus 4.1

Studienziele

Sie sollen nach dem Durcharbeiten dieses Lernzyklus in der Lage sein,

- zu zeigen, dass ein Netzwerk aus linearen Zweipolen mit Hilfe der Kirchhoff'schen Gleichungen und der Strom-Spannungs-Beziehungen für die Zweige eindeutig analysiert werden kann;
- ein vollständiges System von linear unabhängigen Strömen, mit dem alle anderen Größen bestimmt werden können, zu finden und zu begründen;
- ein vollständiges System von linear unabhängigen Spannungen, mit dem alle anderen Größen im Netzwerk bestimmt werden können, zu finden und zu begründen;
- die Analysegleichungen für ein Netzwerk aufzustellen und zu lösen;
- den Aufbau der Maschenimpedanzmatrix und der Knotenadmittanzmatrix zu beschreiben und für ein Netzwerk sofort anzugeben;
- das Überlagerungsprinzip anzugeben, zu begründen und damit zu arbeiten.

4 Berechnung linearer Netzwerke

4.1 Allgemeine Grundlagen

Nachdem wir im letzten Kapitel einige einfache Schaltungen betrachtet haben, wollen wir uns nun der Aufgabe zuwenden, allgemeine Berechnungsverfahren zur Analyse beliebig komplizierter linearer Netzwerke zu entwickeln. Die Beschränkung auf lineare Netzwerke, d. h. auf Netzwerke, deren Zweige aus linearen Zweipolen gebildet werden, hat den großen Vorteil, dass die Gleichungen, die die verschiedenen Ströme und Spannungen miteinander verknüpfen, linear werden. Dann lässt sich aber für jeden Strom und jede Spannung eine eindeutige analytische Lösung angeben.

Die Gesetzmäßigkeiten, die für die Analyse zur Verfügung stehen, sind die Kirchhoff'schen Regeln und das Ohm'sche Gesetz. Insgesamt sind in einem Netzwerk mit Z Zweigen die Z Zweigspannungen und die Z Zweigströme, also insgesamt $2Z$ Größen unbekannt. Ein allgemeiner Zweig k ist im Bild 4.1 dargestellt. Der Allgemeingültigkeit halber wird in dem Zweig sowohl eine Spannungsquelle als auch eine Stromquelle vorgesehen. Die Wahl der Richtungspfeile erfolgt willkürlich.

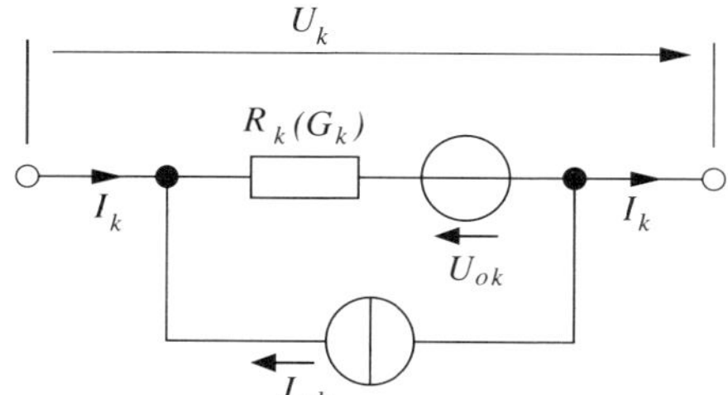

Bild 4.1: *Zweig des Netzwerkes in allgemeiner Form*

Da wir Spannungsquellen und Stromquellen ineinander umrechnen können, wäre es ausreichend, in den allgemeinen Betrachtungen entweder nur Stromquellen oder nur Spannungsquellen anzunehmen. Das ist im Zweig von Bild 4.1 dadurch herbeizuführen, dass entweder $I_{ok} = 0$ oder $U_{ok} = 0$ gesetzt wird. Setzen wir $I_{ok} = U_{ok} = 0$, dann haben wir den einfachen Widerstandszweig.

Aufgabe 4.1

Geben Sie für den Zweig im Bild 4.1 einen Ersatzzweig mit gleichen Eigenschaften bezüglich der Pole an, der a) nur eine Strom-, b) nur eine Spannungsquelle enthält!

Mit dem Ohm'schen Gesetz gilt für den allgemeinen Zweig im Bild 4.1

Allgemeine Zweiggleichungen

$$U_k = R_k(I_k + I_{ok}) - U_{ok} \tag{4.1}$$

oder

$$I_k = G_k(U_k + U_{ok}) - I_{ok} \; . \tag{4.2}$$

Durch jede dieser beiden Gleichungen sind Spannung und Strom am Zweig eindeutig miteinander verknüpft. Sind also in einem Netzwerk mit Z Zweigen die Z Zweigströme oder die Z Zweigspannungen bekannt, dann lassen sich auch sofort die Z Zweigspannungen bzw. die Z Zweigströme berechnen. Wir benötigen damit nur noch Z Gleichungen für die Zweigströme oder für die Zweigspannungen. Diese Gleichungen müssen mit den Kirchhoff'schen Regeln aufgestellt werden.

Das kann durch direkte Anwendung dieser Regeln geschehen.

Unabhängige Knotengleichungen

Im Abschnitt 3.6 haben wir zunächst die Knotenregel angewandt. Sie liefert in einem allgemeinen zusammenhängenden Netzwerk mit K Knoten genau $K-1$ voneinander unabhängige Gleichungen. Denn betrachtet man die ersten $K-1$ Knoten nacheinander, dann stellt man fest, dass bei jedem neuen Knoten wenigstens ein neuer Zweig vorkommt, der bei den vorherigen noch nicht vorhanden war. Das sind jeweils die Zweige, die zu Knoten führen, die noch nicht betrachtet wurden. In dem im Bild 4.2 angegebenen Netzwerk lässt sich dies für die Knoten K_1 bis K_6 leicht nachprüfen.

Die Zweige in dem Netzwerk wurden dabei nur durch Linien angegeben, denn für die Knotengleichungen ist es völlig unerheblich, von welcher Beschaffenheit der einzelne Zweig ist. Aus dem Bild 4.2 erkennt man nun aber auch, dass die Knotengleichung für den letzten Knoten (K_7) keine neue Information enthält (s. auch das Beispiel in Aufgabe 3.6). Die Knotengleichung für K_7 ist identisch mit der für den *Knoten* K_Σ. Die Knotengleichung für K_Σ ergibt sich aber als Summe aller Knotengleichungen der K−1 vorher betrachteten Knoten (hier K_1 bis K_6).

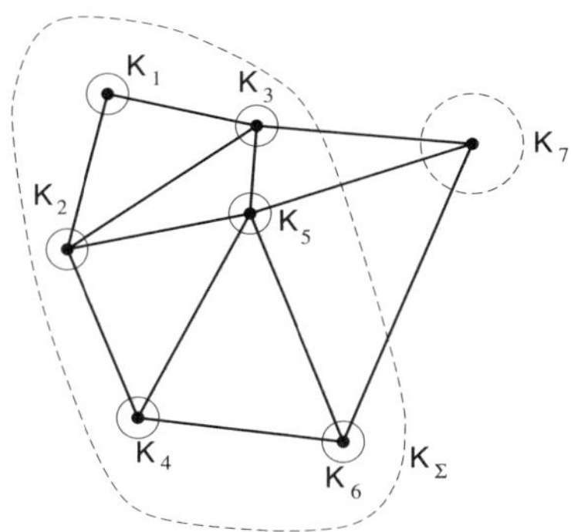

Bild 4.2: *Zur Gewinnung unabhängiger Knotengleichungen*

Unabhängige Maschengleichungen

Um auf die erforderlichen Z Gleichungen zu kommen, benötigen wir also noch weitere $Z-(K-1) = Z-K+1$ unabhängige Gleichungen. Sie müssen mit der Maschenregel gewonnen werden. Dazu müssen entsprechend viele Umläufe durchgeführt werden. In einem komplizierten Netzwerk ist es jedoch nicht so ohne weiteres möglich zu erkennen, ob die dabei erhaltenen Gleichungen voneinander linear unabhängig sind. Es ist deshalb sinnvoll, nach einem bestimmten Schema vorzugehen. Die Gleichungen werden auf jeden Fall dann linear unabhängig, wenn bei jeder neuen Masche wenigstens ein Zweig hinzukommt, der bei keiner der vorher betrachteten Maschen durchlaufen worden ist.

Im Einzelnen kann man folgendermaßen verfahren: Als erste Masche wird ein beliebiger Umlauf gewählt. Für die nächste und alle folgenden Maschen geht man von einem schon benutzten Knoten aus und wählt einen Weg über wenigstens einen neuen Zweig. Stößt man auf dem Weg auf einen anderen bereits benutzten Knoten, dann ist der Umlauf über die in den vorherigen Umläufen benutzten Zweige zu schließen. Es sind nun soviel Umläufe auszuführen, dass jeder Zweig wenigstens einmal durchlaufen wird. Es ergibt sich nun die Frage, ob die Zahl der Umläufe und damit die Zahl der Maschengleichungen ausreicht, um den Bedarf an unabhängigen Gleichungen zu decken. Wir bestimmen deshalb die Zahl N der Gleichungen, die sich bei der beschriebenen Prozedur ergeben. Es sei Z_i die Zahl der Zweige, die beim i-ten Umlauf erstmalig durchlaufen werden. Die Zahl der Knoten, die dabei erstmalig berührt werden, ist genau um 1 kleiner. Beim ersten Umlauf werde der Ausgangsknoten nicht mitgezählt. Die Gesamtzahl der neuen Zweige für alle Umläufe ist Z, die Gesamtzahl der neuen Knoten $K-1$. Somit ist

$$\sum_{i=1}^{N} Z_i = Z \tag{4.3}$$

und

$$\sum_{i=1}^{N} (Z_i - 1) = K - 1 \; . \tag{4.4}$$

Für die linke Seite der Gl. (4.4) können wir mit Gl. (4.3) schreiben:

$$\sum_{i=1}^{N} (Z_i - 1) = \sum_{i=1}^{N} Z_i - \sum_{i=1}^{N} 1 = Z - N \; .$$

Damit ergibt sich für N

$$N = Z - (K-1) \; . \tag{4.5}$$

Wir erhalten mit der Maschenregel also gerade die Zahl der noch notwendigen linear unabhängigen Gleichungen.

Knotenregel und Maschenregel liefern für ein Netzwerk mit Z Zweigen zusammen genau Z unabhängige Gleichungen. Mit den Gln. (4.1) oder (4.2) für jeden Zweig sind damit alle Ströme und Spannungen im Netzwerk eindeutig bestimmt.

Da die Gl. (4.1) sofort in die Maschengleichungen oder die Gl. (4.2) in die Knotengleichungen eingeführt werden kann, erhalten wir im ersten Fall ein Gleichungssystem mit Z Gleichungen für die Z Zweigströme und im zweiten Fall ein Gleichungssystem mit Z Gleichungen für die Z Zweigspannungen. Es zeigt sich nun, dass bei entsprechendem Vorgehen die Zahl der Gleichungen und der Unbekannten von vornherein reduziert werden kann, so dass die Lösung einfacher und weniger aufwendig wird. Im Folgenden wollen wir dazu zwei Verfahren kennen lernen. Bei diesen Verfahren werden jeweils der eine Teil der Spannungen oder Ströme als unabhängige und der andere als abhängige Größen betrachtet. Gleichzeitig werden wir die Prozedur zum Auffinden der linear unabhängigen Maschen noch weiter schematisieren.

4.2 Das Maschenstromverfahren

Beispiel

Zur Demonstration des Verfahrens soll zunächst ein Beispiel behandelt werden. Für das Netzwerk im Bild 4.3 sind alle Ströme und Spannungen zu bestimmen.

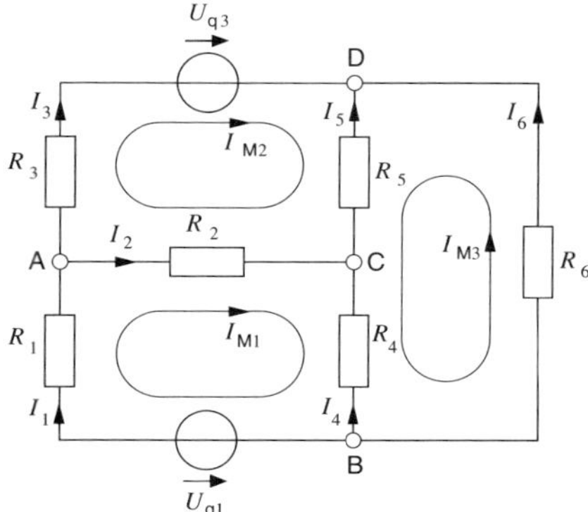

Bild 4.3: *Beispiel für ein zu untersuchendes Netzwerk*

Das Netzwerk hat sechs Zweige und vier Knoten. Wir können deshalb drei unabhängige Knotengleichungen und drei unabhängige Maschengleichungen aufstellen. Als unabhängige Maschen können die durch I_{M1} bis I_{M3} gekennzeichneten Umläufe verwendet werden. Wir betrachten nun zunächst den Knoten A und erhalten als Knotengleichung

$$I_1 - I_2 - I_3 = 0 \ .$$

Sind zwei der drei Ströme, beispielsweise I_1 und I_3, bekannt, dann ist der dritte (I_2) durch diese Gleichung eindeutig festgelegt. Wir können I_1 und I_3 als unabhängig und I_2 als von I_1 und I_3 abhängig bezeichnen. Es erscheint sinnvoll, I_2 in den Gleichungen möglichst gar nicht mehr mitzuführen, sondern ihn von vornherein durch I_1 und I_3 darzustellen.

Entsprechendes lässt sich auch für die anderen Knoten überlegen. Im Knoten B mit der Knotengleichung

$$-I_1 - I_4 - I_6 = 0$$

wählen wir (neben I_1) als weiteren unabhängigen Strom I_6. I_4 ist dann durch I_1 und I_6 festgelegt. Wir können nun den Weg verfolgen, den die unabhängigen Ströme nehmen. I_1 fließt zunächst von B nach A. Er ist auch ein Teil des Stromes I_2 und fließt deshalb weiter von A nach C, und da $-I_4 = I_1 + I_6$ ist, fließt er schließlich von C nach B zurück. Der Weg von I_3 ist: A–D–C–A und der Weg von I_6: B–D–C–B. Die Einteilung der Ströme in unabhängige und abhängige Ströme bedeutet also nichts anderes, als dass wir die Ströme durch geschlossene Schleifenströme darstellen. Wir benennen die unabhängigen Ströme um: Es sei $I_1 \equiv I_{\mathrm{M}1}, I_3 \equiv I_{\mathrm{M}2}, I_6 \equiv I_{\mathrm{M}3}$, wobei die $I_{\mathrm{M}i}$ als *Maschenströme* bezeichnet werden . Die Zuordnung zu einer jeweiligen Masche im zu untersuchenden Netzwerk ist im Bild 4.3 angegeben. Nun können wir alle Zweigströme durch die Maschenströme darstellen. Es ist

$$\begin{aligned}
I_1 &= I_{\mathrm{M}1} \\
I_2 &= I_{\mathrm{M}1} - I_{\mathrm{M}2} \\
I_3 &= I_{\mathrm{M}2} \\
I_4 &= -I_{\mathrm{M}1} - I_{\mathrm{M}3} \\
I_5 &= -I_{\mathrm{M}2} - I_{\mathrm{M}3} \\
I_6 &= I_{\mathrm{M}3} \; .
\end{aligned} \tag{4.6}$$

Diese Zuordnung enthält die Kirchhoff'sche Knotenregel und die Definition der Maschenströme.

Aufgabe 4.2

Überlegen Sie andere Möglichkeiten, unabhängige Ströme zu wählen, und stellen Sie die Gleichungen analog zu (4.6) auf!

Die Maschenregel fordert das Verschwinden der Summe der Zweigspannungen in den Maschen. Es ergibt sich das Gleichungssystem

$$\begin{aligned}
U_1 + U_2 - U_4 &= 0 \\
-U_2 + U_3 - U_5 &= 0 \\
- U_4 - U_5 + U_6 &= 0 \; .
\end{aligned} \tag{4.7}$$

Bei der Vorstellung eines allgemeinen Zweiges im Bild 4.1 hatten wir die Zählpfeile für die Zweigspannungen in der gleichen und die der Quellenspannungen in der entgegengesetzten Richtung wie die der Zweigströme festgelegt. Mit dieser Konvention ergibt sich in unserem Fall für die Zweigspannungen

$$U_k = R_k I_k - U_{ok} \qquad k = 1, 2 \ldots 6 \; . \tag{4.8}$$

Dabei gilt $U_{01} = U_{\mathrm{q}1}$, $U_{03} = -U_{\mathrm{q}3}$, denn der Zählpfeil von $U_{\mathrm{q}3}$ ist entgegengesetzt zu unserer Festlegung.

Wir setzen nun die Gln. (4.6) in die Gln. (4.8) und dann die neuen Gln. (4.8) in das System (4.7) ein. Das Ergebnis ist ein lineares Gleichungssystem für die Maschenströme I_{M1} bis I_{M3}:

$$\begin{aligned}
(R_1 + R_2 + R_4)I_{M1} - {} & R_2 I_{M2} + {} & R_4 I_{M3} &= U_{q1} \\
-R_2 I_{M1} + {} & (R_2 + R_3 + R_5)I_{M2} + {} & R_5 I_{M3} &= -U_{q3} \\
+R_4 I_{M1} + {} & R_5 I_{M2} + {} & (R_4 + R_5 + R_6)I_{M3} &= 0\,.
\end{aligned} \tag{4.9}$$

Dieses System ist lösbar; denn es sind drei linear unabhängige Gleichungen für drei Unbekannte vorhanden. Haben wir die I_M, so können wir mit den Gln. (4.6) die Zweigströme und mit diesen aus Gl. (4.8) die Zweigspannungen bestimmen. Obwohl das Netzwerk sechs Zweige hat, brauchen wir nur ein System mit drei Gleichungen (Gleichungssystem 4.9) zu lösen. Das sogenannte *Maschenstromverfahren* vereinfacht also das zu lösende Gleichungssystem sehr. Die erforderlichen Schritte seien noch einmal zusammengestellt:

Analyseschritte

1. Wahl geeigneter Maschen
2. Herstellung der Beziehung zwischen Maschen- und Zweigströmen (Knotenregel)
3. Erfüllung der Kirchhoff'schen Maschenregel
4. Verknüpfung der Zweigspannungen und Zweigströme durch das Ohm'sche Gesetz
5. Kombination der verschiedenen Gleichungen und Lösung des entsprechenden linearen Gleichungssystems

Für dieses Verfahren ist es wichtig, die Zahl der notwendigen Maschenströme zu kennen. Diese müssen außerdem linear unabhängig sein. Ist die Zahl der gewählten Maschenströme beispielsweise zu klein, dann kann man zwar auch ein Gleichungssystem für diese Ströme gewinnen, das eindeutig lösbar ist. Das Ergebnis wird jedoch falsch, wie die nachfolgende Aufgabe zeigt.

Ist die Zahl der gewählten Maschenströme zu groß, so sind die Maschenströme zum Teil nicht mehr linear unabhängig. Das Gleichungssystem wird dadurch unbestimmt.

Aufgabe 4.3

Für das im Bild 4.3 gegebene Netzwerk wähle man nur zwei Maschenströme wie im Bild (s.u.) eingezeichnet.

a) Führen Sie die Schritte 2 bis 5 der oben gegebenen Zusammenstellung aus!
b) Bestimmen Sie für $R_1 = R_2 = R_3 = R_4 = R_5 = R_6 = 1\,\Omega$, $U_{q1} = 8\,\text{V}$ und $U_{q3} = 4\,\text{V}$ die *Maschenströme* I_{M1} und I_{M2}!
c) Überprüfen Sie in den früher benutzten Maschen die Maschenregel! In welchen ist die Maschenregel nicht erfüllt? Für welche Ströme wurde erzwungen, dass sie automatisch mit anderen gleich werden?

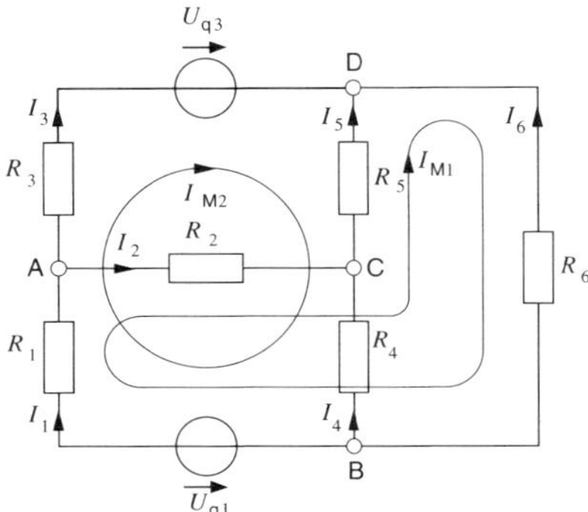

4.3 Das Knotenpotentialverfahren

Bei diesem Verfahren werden die Potentiale der Knoten gegenüber einem Bezugsknoten als unabhängige Variable gewählt. Wir betrachten dazu wieder das Netzwerk im Bild 4.3. Die Potentiale in den Knotenpunkten A, B, C, D seien V_A, V_B, V_C und V_D.

Eines dieser Potentiale kann beliebig gewählt werden, denn uns interessieren nur die Spannungen in den Zweigen, und diese sind als Potentialdifferenzen gegeben. Wird also beispielsweise V_D irgendwie vorgegeben, dann erhält man die anderen Potentiale zu $V_A = V_D + U_3$, $V_B = V_D + U_6$ und $V_C = V_D + U_5$. Setzt man $V_D = 0$, dann sind die Spannungen U_3, U_6 und U_5 den Knotenpotentialen gleich und können als unabhängige Spannungen verwendet werden. Dass sie als unabhängig betrachtet werden können, steht auch im Einklang mit dem Gleichungssystem (4.7). Durch keine dieser Gleichungen werden diese drei Spannungen untereinander verknüpft, sondern aus diesen drei können die anderen (abhängigen) Spannungen bestimmt werden.

Wir bezeichnen um: Es sei $U_3 \equiv U_{B1}$, $U_6 \equiv U_{B2}$, $U_5 \equiv U_{B3}$. Und wir stellen alle Zweigspannungen durch die *Knotenpotentiale* (im Folgenden als *Knotenspannungen* bezeichnet), d. h. durch U_{B1} bis U_{B3}, dar:

$$\begin{aligned}
U_1 &= -U_{B1} + U_{B2} \\
U_2 &= U_{B1} \phantom{+ U_{B2}} - U_{B3} \\
U_3 &= U_{B1} \\
U_4 &= \phantom{-U_{B1} +} U_{B2} - U_{B3} \\
U_5 &= \phantom{-U_{B1} + U_{B2} -} U_{B3} \\
U_6 &= \phantom{-U_{B1} +} U_{B2} \quad .
\end{aligned} \tag{4.10}$$

In diesen Gleichungen sind die Gln. (4.7) mit enthalten. Durch diese Zuordnung wird also die Kirchhoff'sche Maschengleichung automatisch erfüllt. Nun schreiben wir für die Knoten A, B und C die Gleichungen der Kirchhoff'schen Knotenregel auf. Es gilt

$$\begin{aligned} -I_1 + I_2 + I_3 \qquad\qquad &= 0 \\ I_1 \qquad\quad + I_4 \qquad + I_6 &= 0 \\ - I_2 \qquad - I_4 + I_5 \qquad &= 0\,. \end{aligned} \tag{4.11}$$

In diese Gleichungen wird nun der Zusammenhang zwischen den Zweigspannungen und den Zweigströmen nach Gl. (4.2) eingeführt, und anschließend werden die U_k durch die Gln. (4.10) ersetzt. Es ergeben sich dadurch drei Gleichungen für die drei Unbekannten $U_{\text{B}1}, U_{\text{B}2}$ und $U_{\text{B}3}$.

Aufgabe 4.4

Führen Sie die zuletzt angegebenen Schritte durch, und geben Sie das Gleichungssystem für die Spannungen $U_{\text{B}i}$ an!

Diese Gleichungen sind linear unabhängig und können daher eindeutig gelöst werden. Mit den $U_{\text{B}i}$ erhält man aus den Gln. (4.10) alle Zweigspannungen und mit Gl. (4.2) alle Zweigströme. Damit sind alle Größen bestimmt. Die einzelnen Schritte seien noch einmal zusammengefasst:

Analyseschritte

1. Wahl der richtigen Anzahl von Knotenspannungen
2. Herstellung der Beziehungen zwischen Knoten- und Zweigspannungen (Maschenregel)
3. Erfüllung der Knotenregel
4. Verknüpfung von Zweigspannungen und Strömen durch das Ohm'sche Gesetz
5. Auflösung der Gleichungen nach den Knotenspannungen

4.4 Netzwerktopologie

Bei der Berechnung eines allgemeinen Netzwerkes mit dem Maschenstrom- oder dem Knotenpotentialverfahren müssen zunächst folgende Fragen geklärt werden:

Grundsatzfragen

1. Wie groß ist die Zahl der erforderlichen Maschenströme oder der Knotenspannungen?
2. Wie müssen die Maschenströme bzw. Knotenspannungen gewählt werden, damit die Gleichungen linear unabhängig werden?

Topologische Betrachtung

Bei der Behandlung dieser Fragen kann man von der Natur der Schaltelemente absehen und sich nur auf die Betrachtung der geometrischen Eigenschaften des Netzwerkes beschränken. Man stellt sich aus dem gegebenen Netzwerk eine Struktur her, die dann nur noch die geometrischen Verhältnisse aufzeigt, den sogenannten *Streckenkomplex* (oder Graph). Bild 4.4 zeigt ein Netzwerk mit dem dazugehörigen Streckenkomplex. Jeder Zweig wurde hierbei durch eine Linie ersetzt. Sind im Netzwerk Quellen vorhanden, so muss das Schaltsymbol jeder Spannungsquelle (innerer Widerstand gleich Null) durch einen durchgehenden Strich ersetzt und das Schaltsymbol jeder Stromquelle (innerer Widerstand unendlich) weggelassen werden.

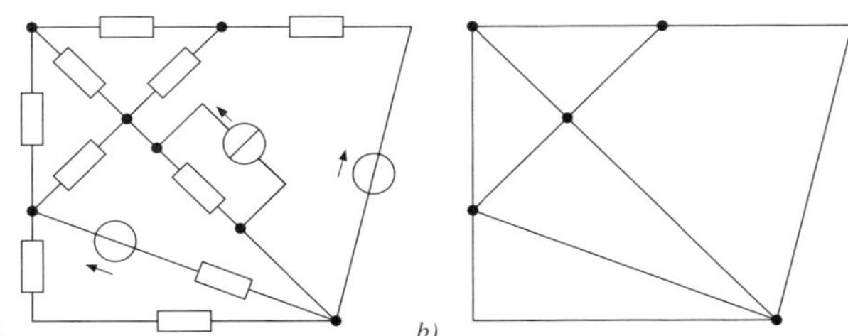

Bild 4.4: *Netzwerkdarstellung*
a) Netzwerk
b) dazugehöriger Streckenkomplex

In einem solchen Streckenkomplex sind geschlossene Maschen vorhanden. Man kann diese Eigenschaften beseitigen, indem man einige der Zweige entfernt. Im Bild 4.5 a sollen die durchgestrichenen Zweige herausgenommen werden. Es bleibt dann ein Streckenkomplex übrig (s. Bild 4.5 b), in dem

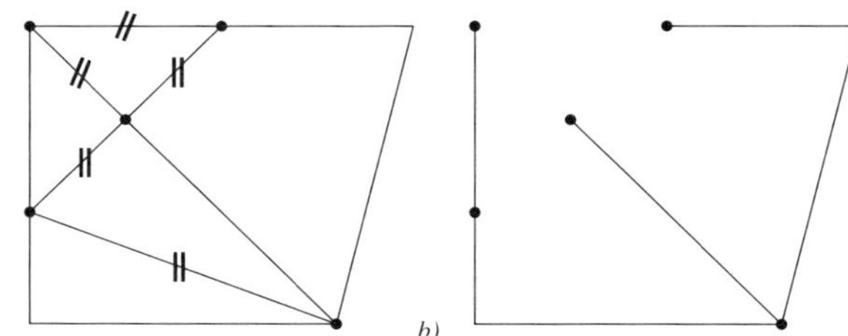

Bild 4.5: *Bestimmung eines Baumes zum Netzwerk im Bild 4.4*
a) Streckenkomplex
b) vollständiger Baum

1. keine geschlossenen Maschen vorkommen,
2. alle Knoten direkt oder indirekt miteinander verbunden sind.

Diese Eigenschaften werden beseitigt, sobald ein Zweig wieder eingefügt bzw. ein weiterer Zweig herausgenommen wird. Man bezeichnet einen solchen Streckenkomplex als *Baum*. Ein Baum für ein Netzwerk mit K Knoten enthält $K - 1$ Zweige.

Aufgabe 4.5

Beweisen Sie dies durch vollständige Induktion!

Ist in einem Netzwerk der vollständige Baum festgelegt, so gibt es zwei Gruppen von Zweigen:

1. die $K-1$ Zweige des vollständigen Baumes, auch Baumzweige genannt, und
2. die übrigen $Z-(K-1)$ Zweige, die nicht zum vollständigen Baum gehören. Sie werden *Maschenzweige* genannt.

Jetzt können für die Struktur allgemein folgende Aussagen gemacht werden:

1. Jeder Maschenzweig bestimmt zusammen mit den Zweigen des vollständigen Baumes genau eine Masche, die nur den jeweiligen, also auch nur einen Maschenzweig enthält. Dass eine solche Masche existiert, folgt daraus, dass der vollständige Baum jeden Knoten mit jedem verbindet. Es muss dann im Baum einen Weg geben, der die Endpunkte des Maschenzweiges verbindet. Da der vollständige Baum keine Maschen enthalten kann, gibt es jeweils auch nur einen solchen Weg. Damit gibt es also insgesamt genau $Z-K+1$ Maschen mit nur je einem Maschenzweig.
2. Aufgrund der $K-1$ Baumzweige gibt es ferner $K-1$ Schnitte durch das Netzwerk, bei denen jeweils nur ein Baumzweig durchgeschnitten wird.

Beantwortung der Grundsatzfragen

Damit können die anfangs gestellten Fragen beantwortet werden. Aus der Definition des vollständigen Baumes – jeder Knoten ist mit jedem verbunden – folgt, dass jedem Knotenpunkt ein relatives Potential eindeutig zugeordnet wird, wenn die Spannungen in den Baumzweigen festgelegt sind. Damit sind aber alle Spannungen im Netz bestimmbar. Die Spannungen in den Maschenzweigen werden mit der Kirchhoff'schen Maschenregel für die $Z-K+1$ Maschen mit nur je einem Maschenzweig bestimmt. Da in jeder Gleichung nur eine Maschenzweigspannung vorkommt, sind die Beziehungen linear unabhängig. Die Gleichungen für alle anderen Maschen enthalten mindestens zwei Maschenzweigspannungen und lassen sich aus den bisherigen herleiten. Anderenfalls könnten die Baumzweigspannungen nicht unabhängig voneinander verschwinden. Dies stünde im Widerspruch zur physikalischen Gegebenheit. Die Spannungen in den Baumzweigen können nämlich beliebige Werte annehmen, ohne dass damit der Kirchhoff'schen Maschenregel widersprochen wird. Entfernt man aber einen Zweig aus dem Baum, so wird mindestens eine Spannung unbestimmt. Somit gilt:

In einem Netzwerk mit K Knoten sind zur Festlegung aller Spannungen $K-1$ unabhängige Spannungen notwendig und hinreichend. Die $K-1$ Spannungen des vollständigen Baumes bilden ein vollständiges System von unabhängigen Spannungsvariablen.

Für die Ströme beim Maschenstromverfahren ergeben sich ähnliche Beziehungen. Sind die $Z - K + 1$ Ströme in den Maschenzweigen gegeben, so können alle Ströme in den Zweigen des vollständigen Baumes aus der Kirchhoff'schen Knotenregel berechnet werden. Zum Beweis dieser Aussage wird die Kirchhoff'sche Knotenregel auf die $K - 1$ Schnitte mit nur je einem Baumzweig angewandt. Da in jeder Gleichung nur jeweils ein Baumzweigstrom (und in jeder ein anderer) vorkommt, sind die Gleichungen linear unabhängig. Jeder weitere Schnitt durch das Netzwerk ergibt eine Gleichung mit mindestens zwei Baumzweigströmen. Diese lassen sich aus den vorher bestimmten Gleichungen durch Maschenzweigströme ersetzen. Es entsteht eine lineare Verknüpfung zwischen den Maschenströmen, die auf eine Identität führen muss und keine neue Aussage bringen kann.

Anderenfalls würde das bedeuten, dass ein Maschenzweigstrom verschwinden muss, wenn alle anderen zu Null gesetzt werden. Dies ist ein Widerspruch zur physikalischen Gegebenheit; denn öffnet man in einem Netzwerk alle Maschenzweige bis auf einen, so kann in der vorhandenen Masche immer noch ein Strom fließen. Die $Z - K + 1$ Maschenzweigströme sind zur Bestimmung aller Ströme notwendig, aber auch hinreichend. Somit gilt:

In einem Netzwerk mit Z Zweigen und K Knoten bilden die $Z - K + 1$ Maschenzweigströme ein vollständiges System unabhängiger Zweigströme.

Die Gesamtheit der Maschenzweige heißt deshalb System *unabhängiger Zweige* oder auch *Komplementärbaum*. Die Wahl der Maschen ist ebenfalls einfach, denn jeder Maschenzweig bestimmt mit den Zweigen des vollständigen Baumes eine Masche.

Es gibt auch Systeme unabhängiger Maschenströme, die sich nicht mit der Baummethode finden lassen. Ein Beispiel dafür ist im Bild 4.6 angegeben. Bei umfangreichen

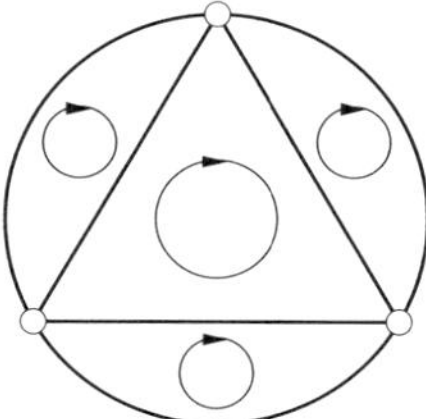

Bild 4.6: *System unabhängiger Maschen, das nicht mit der Baummethode zu finden ist*

Netzwerken ist es aber nicht sinnvoll, ohne systematische Methode ein System unabhängiger Maschenströme zu suchen.

4.5 Die Netzwerkgleichungen

Beispiel

Nun können die Gleichungen zur Analyse von Netzwerken in allgemeiner Form aufgestellt werden. Die notwendigen Erläuterungen sollen wieder anhand eines Beispiels erfolgen. Bild 4.7 zeigt den Streckenkomplex eines Netzwerkes und drei von vielen möglichen Bäumen. Die Prozedur der Baumbestimmung ist also nicht eindeutig.

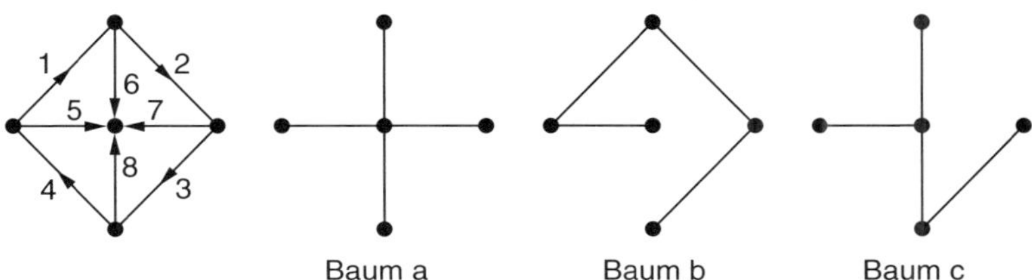

Bild 4.7: *Streckenkomplex eines Netzwerkes und drei mögliche Bäume*

Hier wird der Baum a gewählt. Das Netzwerk hat $K = 5$ Knoten und $Z = 8$ Zweige. Es ergeben sich daher vier unabhängige Spannungen und vier unabhängige Ströme. Die unabhängigen Zweigströme sind die Ströme in den Zweigen 1, 2, 3 und 4. Die unabhängigen Spannungen sind die Spannungen der Zweige 5, 6, 7 und 8.

4.5.1 Netzwerkgleichungen nach dem Maschenverfahren

Die Wahl der Maschen erfolgt, indem man die Maschenzweige einzeln nacheinander in den Baum einsetzt. Man erhält die Maschen

$$\begin{aligned} 1:&\quad I_1 \rightarrow I_6 \rightarrow -I_5 \\ 2:&\quad I_2 \rightarrow I_7 \rightarrow -I_6 \\ 3:&\quad I_3 \rightarrow I_8 \rightarrow -I_7 \\ 4:&\quad I_4 \rightarrow I_5 \rightarrow -I_8 \;. \end{aligned}$$

Nun können die weiteren im Abschnitt 4.2 angegebenen Schritte durchgeführt werden. Die Verknüpfung zwischen Maschen- und Zweigströmen stellt ein lineares Gleichungssystem dar, das in der Matrizenform

$$[I] = [A][I_\mathrm{M}] \tag{4.12}$$

geschrieben werden kann.

Inzidenzmatrix

Darin ist $[I]$ der Vektor der Zweigströme, $[I_\mathrm{M}]$ der Vektor der Maschenströme und $[A]$

die „*Knoten-Zweig-Inzidenzmatrix*“. Diese Koeffizientenmatrix erhält man, indem man beispielsweise den Weg des Maschenstromes verfolgt und in das Matrixschema in der entsprechenden Spalte für jeden durchflossenen Zweig bei gleicher Richtung mit dem Zweigstrom eine 1 und bei entgegengesetzter Richtung eine −1 einschreibt. Alle übrigen Plätze werden mit Null ausgefüllt.

Eine zweite Möglichkeit ist dadurch gegeben, dass man die Matrix zeilenweise aufschreibt. Dazu betrachtet man den einzelnen Zweig. Wird er von einem Maschenstrom durchflossen, dann wird an dem entsprechenden Platz entweder +1 oder −1 eingetragen, anderenfalls Null.

Für das Beispiel erhält man als Verknüpfungsmatrix

$$\begin{array}{c|cccc} & I_{\mathrm{M1}} & I_{\mathrm{M2}} & I_{\mathrm{M3}} & I_{\mathrm{M4}} \\ \hline I_1 & 1 & 0 & 0 & 0 \\ I_2 & 0 & 1 & 0 & 0 \\ I_3 & 0 & 0 & 1 & 0 \\ I_4 & 0 & 0 & 0 & 1 \\ I_5 & -1 & 0 & 0 & 1 \\ I_6 & 1 & -1 & 0 & 0 \\ I_7 & 0 & 1 & -1 & 0 \\ I_8 & 0 & 0 & 1 & -1 \end{array} = [A] \; .$$

Die Gl. (4.12) besteht aus Z einzelnen Gleichungen, da das Netzwerk Z Zweigströme besitzt. Sie erfüllt die Kirchhoff'sche Knotenregel automatisch, denn jeder Maschenstrom, der auf einen Knoten zufließt, verlässt ihn auch wieder.

Als Nächstes muss das Gleichungssystem aufgestellt werden, das die Kirchhoff'sche Maschenregel erfüllt. Dazu durchlaufen wir die einzelnen Maschen in der gleichen Reihenfolge und in der gleichen Richtung wie bei der Aufstellung der Matrix $[A]$. Zusammengefasst erhalten wir als Ergebnis das Gleichungssystem

$$[A]^{\mathrm{T}}[U] = [0] \; , \tag{4.13}$$

wobei mit $[A]^{\mathrm{T}}$ die zu $[A]$ transponierte Matrix bezeichnet wird. $[U]$ ist der Vektor der Zweigspannungen. Die Gl. (4.13) enthält $Z - K + 1$ Gleichungen, entsprechend der Zahl der unabhängigen Maschen. Nun müssen nur noch Zweigspannungen und -ströme miteinander verknüpft werden.

Annahme beachten!

Wir nehmen an, dass alle Quellen, die in den Zweigen vorkommen, bereits in äquivalente Spannungsquellen umgerechnet sind. Dann schreiben wir die Gl. (4.1) in Matrizenform:

$$[U] = [R][I] - [U_0] \; . \tag{4.14}$$

$[R]$ ist die Diagonalmatrix der Zweigwiderstände. Kombiniert man die Gln. (4.12) bis (4.14), so ergibt sich für die Maschenströme das Gleichungssystem

$$[A]^{\mathrm{T}}[R][A][I_{\mathrm{M}}] = [A]^{\mathrm{T}}[U_0] \; . \tag{4.15}$$

Das sind $Z - K + 1$ Gleichungen für die $Z - K + 1$ unbekannten Maschenströme.

Aufgabe 4.6

Zur Einübung der Matrixschreibweise führe man für das schon bekannte Netzwerk im Bild 4.3 das Verfahren nach der gegebenen Darstellung durch.

4.5.2 Netzwerkgleichungen nach dem Knotenverfahren

Bei diesem Verfahren werden alle Zweigspannungen durch die linear unabhängigen Spannungen des vollständigen Baumes, die mit U_{B} bezeichnet werden sollen, ausgedrückt. Für das Beispiel nach Bild 4.7 sei $U_{\mathrm{B1}} \equiv U_5$, $U_{\mathrm{B2}} \equiv U_6$, $U_{\mathrm{B3}} \equiv U_7$ und $U_{\mathrm{B4}} \equiv U_8$.

Die Verknüpfung zwischen den Zweig- und Baumzweigspannungen stellt ein lineares Gleichungssystem dar, das als Matrixgleichung

$$[U] = [B][U_{\mathrm{B}}] \tag{4.16}$$

geschrieben werden kann. Darin ist $[U]$ der Vektor der Zweigspannungen, $[U_{\mathrm{B}}]$ der Vektor der Baumzweigspannungen und $[B]$ die Inzidenzmatrix der Schnitte durch die Baumzweige. Diese Koeffizientenmatrix ermittelt man, indem man jeweils die Zweigspannungen des Baumes bis auf eine kurzschließt und dann in die entsprechende Spalte im Matrixschema eine +1, eine –1 oder eine Null einschreibt, je nachdem, ob die Zweigspannungen gleich- oder entgegengesetzt gerichtet oder Null sind.

Für das Beispiel erhält man als Verknüpfungsmatrix

	U_{B1}	U_{B2}	U_{B3}	U_{B4}
U_1	1	−1	0	0
U_2	0	1	−1	0
U_3	0	0	1	−1
U_4	−1	0	0	1
U_5	1	0	0	0
U_6	0	1	0	0
U_7	0	0	1	0
U_8	0	0	0	1

$= [B]$.

Die Matrix $[B]$ kann natürlich, wie wir es auch früher getan haben, zeilenweise aufgefüllt werden. Die Zeilen stellen ja die Maschengleichungen und die Definitionsgleichungen der $U_{\mathrm{B}i}$ dar.

Die Gl. (4.16) besteht aus Z einzelnen Gleichungen entsprechend den Z Zweigspannungen. Nachdem die Kirchhoff'sche Maschenregel erfüllt ist, muss jetzt noch die Kirchhoff'sche Knotenregel erfüllt werden. Dazu werden durch das Netzwerk $K-1$ geschlossene Flächen gelegt, die jeweils genau einen Zweig des vollständigen Baumes einmal durchschneiden. Werden die Baumzweige in der Reihenfolge der Indizierung der Baumzweigspannungen geschnitten, so ergibt die Knotenregel das Gleichungssystem

$$[B]^{\mathrm{T}}[I] = [0] \ . \tag{4.17}$$

Dass hier wieder die Matrix $[B]$ (in transponierter Form) erscheint, wird aus den Angaben zur Aufstellung dieser Matrix deutlich. Das Gleichungssystem (4.17) enthält wegen der $K-1$ Schnitte $K-1$ Gleichungen. Zur Verknüpfung der Zweigströme mit den Zweigspannungen wählen wir die Form nach Gl. (4.2).

Annahme beachten!

Wir nehmen an, dass in den Zweigen nur Stromquellen vorkommen. Spannungsquellen sind entsprechend umzurechnen. In Matrixschreibweise lautet Gl. (4.2)

$$[I] = [G][U] - [I_0] \ . \tag{4.18}$$

$[G]$ ist die Diagonalmatrix der Zweigleitwerte. Kombiniert man die Gln. (4.16) bis (4.18) miteinander, so erhält man

$$[B]^{\mathrm{T}}[G][B][U_{\mathrm{B}}] = [B]^{\mathrm{T}}[I_0] \ . \tag{4.19}$$

Das sind $K-1$ Gleichungen für die $K-1$ unbekannten Baumzweigspannungen.

Aufgabe 4.7

Das hier dargestellte Knotenverfahren ist auf das Netzwerk im Bild 4.3 anzuwenden!

4.5.3 Bemerkungen zu den Analysegleichungen

Die Gln. (4.15) für das Maschenverfahren und (4.19) für das Knotenverfahren sind von gleicher Form. Sie unterscheiden sich in der Bedeutung und der damit verbundenen unterschiedlichen Bezeichnung der Größen. Ist $K-1$ größer als $Z-K+1$, dann wird man das Maschenverfahren bevorzugen und umgekehrt. Die Koeffizientenmatrizen

$$[A]^{\mathrm{T}}[R][A] \equiv [W_{\mathrm{M}}] \tag{4.20}$$

und

$$[B]^{\mathrm{T}}[G][B] \equiv [W_{\mathrm{B}}] \tag{4.21}$$

werden als Maschenwiderstandsmatrix bzw. Knotenleitwertmatrix bezeichnet.

Symmetrie der Matrizen

Beide sind symmetrisch, wenn nur $[R]$ bzw. $[G]$ symmetrisch ist. Wir zeigen das allgemein für

$$[W] = [C]^{\mathrm{T}}[X][C] \, .$$

Aus der Matrizenrechnung ist bekannt, dass $([A][B])^{\mathrm{T}} = [B]^{\mathrm{T}}[A]^{\mathrm{T}}$. Wir bilden $[W]^{\mathrm{T}}$ und erhalten

$$[W]^{\mathrm{T}} = ([X][C])^{\mathrm{T}} \cdot ([C]^{\mathrm{T}})^{\mathrm{T}} = [C]^{\mathrm{T}}[X]^{\mathrm{T}}[C] \, .$$

Dabei wurde berücksichtigt, dass $([C]^{\mathrm{T}})^{\mathrm{T}} = [C]$. Ist $[X]$ symmetrisch, so wird $[X]^{\mathrm{T}} = [X]$ und damit $[W]^{\mathrm{T}} = [W]$. Damit ist die Symmetrie von $[W]$ bewiesen; denn $[R]$ und $[G]$ in den bisher betrachteten Widerstandsnetzwerken sind Diagonalmatrizen und damit immer symmetrisch.

Zweckmäßige Wahl des Baumes

Die rechten Seiten der Gln. (4.15) und (4.19) vereinfachen sich, wenn der Baum so gewählt wird, dass beim Maschenverfahren die Spannungsquellen nur in Maschenzweigen und beim Knotenverfahren die Stromquellen nur in Baumzweigen vorkommen.[1] Dann wird nämlich

$$[W_{\mathrm{M}}][I_{\mathrm{M}}] = [U_0] \tag{4.22}$$

bzw.

$$[W_{\mathrm{B}}][U_{\mathrm{B}}] = [I_0] \, , \tag{4.23}$$

wobei $[U_0]$ und $[I_0]$ um die Nullkomponenten zu verkürzen sind, die zu Baumzweigen beim Maschenverfahren bzw. Maschenzweigen beim Knotenverfahren gehören.

Die Maschenwiderstandsmatrix $[W_{\mathrm{M}}]$ und die Knotenleitwertmatrix $[W_{\mathrm{B}}]$ lassen sich auch direkt hinschreiben. Dazu sehen wir uns $[W_{\mathrm{M}}]$ für das Beispiel im Bild 4.3 (s. Gl. (4.9)) an:

$$[W_{\mathrm{M}}] = \begin{bmatrix} R_1 + R_2 + R_4 & -R_2 & R_4 \\ -R_2 & R_2 + R_3 + R_5 & R_5 \\ R_4 & R_5 & R_4 + R_5 + R_6 \end{bmatrix} . \tag{4.24}$$

Aufbau der Maschenwiderstandsmatrix

Der gesetzmäßige Aufbau dieser Matrix lässt sich allgemein wie folgt beschreiben:

1 In den meisten Anwendungsfällen ist die Zahl der Quellen wesentlich geringer als die der Zweige, so dass eine solche Wahl möglich ist.

1. Auf der Hauptdiagonalen – d. h. auf der Diagonalen von links oben nach rechts unten – der Matrix sind die Elemente jeweils gleich der Summe der Widerstände, die zu der Masche gehören, die die entsprechende Zeile der Matrix repräsentiert. Die Elemente sind stets positiv. Zum Beispiel repräsentiert die zweite Zeile die Masche $I_{\mathrm{M}2}$ und enthält die Widerstände R_2, R_3 und R_5. Zu $I_{\mathrm{M}2}$ gehört in der Matrix die zweite Spalte. Das Element (2.2) ist daher $R_2 + R_3 + R_5$.
2. Die Elemente an den übrigen Plätzen sind jeweils die Widerstände der Zweige, die jeweils auch noch einer weiteren Masche angehören. Durch einen Zweig der Masche m möge neben $I_{\mathrm{M}m}$ der Maschenstrom $I_{\mathrm{M}n}$ der Masche n fließen. Am Platz (m, n) der Matrix $[W_{\mathrm{M}}]$ erscheint daher der Widerstand des genannten Zweiges, und zwar mit einem positiven Vorzeichen, wenn die Zählrichtung von $I_{\mathrm{M}m}$ und $I_{\mathrm{M}n}$ gleichgerichtet, und mit einem negativen Vorzeichen, wenn sie entgegengesetzt gerichtet ist. Am Platz (i, k) erscheint eine Null, wenn $I_{\mathrm{M}i}$ und $I_{\mathrm{M}k}$ durch keinen gemeinsamen Widerstand fließen.

Aufgabe 4.8

Geben Sie analog zu den obigen Darlegungen an, wie die Matrix $[W_{\mathrm{B}}]$ aufgebaut ist! Beachten Sie dabei, dass Sie jetzt Knoten entsprechend den K-1 gemachten Schritten mit je nur einem Baumzweig betrachten müssen!

4.6 Lösung der Analysegleichungen – Überlagerungsprinzip

Wegen der gleichen prinzipiellen Beschaffenheit der Gleichungssysteme nach dem Maschenverfahren und nach dem Knotenverfahren brauchen wir uns hier nur mit einem von beiden zu befassen. Wir wählen das Maschenverfahren. Im Allgemeinen interessiert man sich nicht für alle Ströme und Spannungen in einem Netzwerk. In dem Netzwerk im Bild 4.8 mögen hauptsächlich der Strom und die Spannung im Zweig k von Interesse sein.

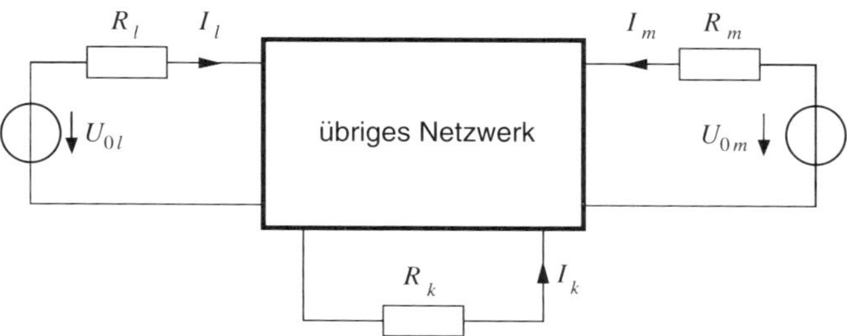

Bild 4.8: *Netzwerk mit zwei Quellen*

Da die übrigen Zweige und die Art ihrer Zusammenschaltung nicht im Einzelnen betrachtet werden sollen, mögen sie in den rechteckigen Kasten gepackt werden. Der interessierende Zweig ist außerhalb des Kastens. Herausgezogen sind auch die Zweige l und m, in denen sich je eine Spannungsquelle befinden möge. Innerhalb des Kastens seien keine Quellen vorhanden. Der Baum sei so gewählt, dass die drei Zweige gleichzeitig Maschenzweige sind. Die Indizierung dieser Zweige soll außerdem mit der Indizierung der dazugehörigen Maschenströme übereinstimmen. Es ist also $I_{\mathrm{M}l} = I_l$, $I_{\mathrm{M}m} = I_m$ und $I_{\mathrm{M}k} = I_k$.

Mit $n = Z - K + 1$ lautet dann das Gleichungssystem in ausgeschriebener Form

$$\begin{array}{ccccccccc}
R_{11}I_{\mathrm{M}1} & + & R_{12}I_{\mathrm{M}2} & + \dots + & R_{1n}I_{\mathrm{M}n} & = & 0 \\
\vdots & & \vdots & & \vdots & & \vdots \\
R_{l1}I_{\mathrm{M}1} & + & R_{l2}I_{\mathrm{M}2} & + \dots + & R_{ln}I_{\mathrm{M}n} & = & U_{ol} \\
\vdots & & \vdots & & \vdots & & \vdots \\
R_{m1}I_{\mathrm{M}1} & + & R_{m2}I_{\mathrm{M}2} & + \dots + & R_{mn}I_{\mathrm{M}n} & = & U_{om} \\
\vdots & & \vdots & & \vdots & & \vdots \\
R_{n1}I_{\mathrm{M}1} & + & R_{n2}I_{\mathrm{M}2} & + \dots + & R_{nn}I_{\mathrm{M}n} & = & 0 \quad .
\end{array} \tag{4.25}$$

Die R_i sind dabei die Elemente der Matrix $[W_{\mathrm{M}}]$.

Den Strom im Zweig k erhält man mit der *Cramer'schen Auflösungsformel*[2)]

$$I_k = I_{\mathrm{M}k} = \frac{W_{\mathrm{M}lk}}{W_{\mathrm{M}}}\,U_{ol} + \frac{W_{\mathrm{M}mk}}{W_{\mathrm{M}}}\,U_{om} \ . \tag{4.26}$$

Hierin ist W_{M} die Determinante der Koeffizientenmatrix $[W_{\mathrm{M}}]$ des Systems (4.25), und $W_{\mathrm{M}lk}$ und $W_{\mathrm{M}mk}$ sind die Adjunkten[3)] zum Platz (l,k) bzw. (m,k). Das Ergebnis für I_k ist eine Summe zweier Anteile, von denen der erste linear mit U_{ol} und der zweite linear mit U_{om} zusammenhängt. Wir können deshalb auch jeden Anteil getrennt für sich bestimmen. Anschließend werden sie linear überlagert. Bild 4.9 gibt das anschaulich wieder. Für den Gesamtstrom gilt

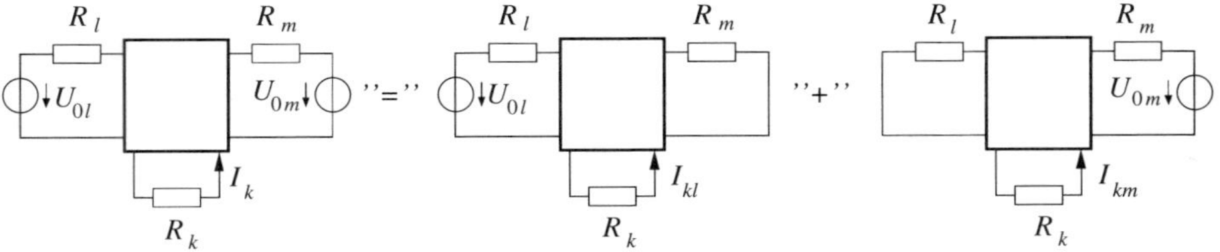

Bild 4.9: *Veranschaulichung des Überlagerungssatzes*

2 Cramer, Gabriel, 1704-1752, schweizer Mathematiker.

3 Die Adjunkte W_{lk} ist die Determinante der um die Zeile l und die Spalte k reduzierten Matrix, multipliziert mit $(-1)^{l+k}$.

$$I_k = I_{kl} + I_{km} \;, \tag{4.27}$$

wobei

$$I_{kl} = \frac{W_{\mathrm{M}lk}}{W_{\mathrm{M}}} U_{ol} \quad \text{und} \quad I_{km} = \frac{W_{\mathrm{M}mk}}{W_{\mathrm{M}}} U_{om}$$

ist.

Dieses *Überlagerungsprinzip* ist eine direkte Folge der Linearität der Kirchhoff'schen Regeln und der Linearität der verwendeten Zweipole in den Zweigen. Es gilt natürlich nicht, wenn die Zweipole nichtlinear sind. Sind weitere Quellen vorhanden, dann sind das Bild 4.9 und die Gl. (4.27) entsprechend zu erweitern. Die Spannungsquellen werden bis auf eine jeweils formal kurzgeschlossen. Beim Knotenverfahren, wo wir mit Stromquellen gearbeitet haben, sind diese entsprechend bis auf jeweils eine formal aufzutrennen (Leerlauf), damit $I_0 = 0$ wird. Das Superpositionsprinzip ermöglicht es, die Wirkung (hier der Strom I_k) für jede Ursache (Quellen) getrennt zu untersuchen und damit auch getrennt einzuschätzen. Es bringt natürlich auch Vorteile für den Rechengang, besonders bei einfachen Netzwerken.

4.7 Netzwerkfunktionen

Im allgemeinen interessiert man sich nicht für alle Ströme und Spannungen in einem Netzwerk. Wichtig sind bestimmte Verhältnisse von Spannungen und Strömen. Diese Verhältnisse, die *Netzwerkfunktionen*, die die interessierenden Eigenschaften eines Netzwerkes charakterisieren, sollen nun definiert werden. Das vorgegebene Netz soll nur durch unabhängige Quellen angeregt werden.

Bild 4.10: *Zur Definition der Netzwerkfunktionen*

4.7.1 Eingangswiderstand und Übergangsgröße

Es sollen nun nur die Zweigströme I_l und I_m interessieren. Die Maschenströme seien so gewählt, dass die beiden Zweigströme mit zweien von ihnen übereinstimmen. Auch die Spannungsquellen sollen nur in diesen unabhängigen Zweigen (Maschenzweigen) auftreten. Das Produkt $[A]^T[U_0]$ ergibt in diesem Fall $[U_0]$. Da das Netzwerk bis auf die angegebenen Ströme nicht interessiert, wird es in einen Kasten eingeschlossen. Die interessierenden Zweige werden nach außen gezogen (Bild 4.10). Ist nur eine Spannungsquelle im Zweig l vorhanden, so erhält man z. B. mit der Cramer'schen

Auflösungsformel den Strom I_m im Zweig m (Wirkung), der durch U_l (Ursache) im Zweig l verursacht wird (s. Gln. (4.25) und (4.26) mit $U_{om} = 0$)

$$I_m = \frac{W_{\mathrm{M}lm}}{W_{\mathrm{M}}} U_{ol} \; . \tag{4.28}$$

Hierin ist W_{M} die Koeffizientendeterminante des Systems (4.25) und $W_{\mathrm{M}lm}$ die Adjunkte zum Platz lm. Aus Gl.(4.28) bestimmt man einen *Übertragungsleitwert* vom Tor l zum Tor m

$$Y_{ml} = \frac{I_m}{U_{ol}} = \frac{W_{\mathrm{M}lm}}{W_{\mathrm{M}}} \; . \tag{4.29}$$

Setzt man in dieser Beziehung $l = m$, so erhält man eine Gleichung für den *Eingangsleitwert* am Tor l, der von der Spannungsquelle U_{0l} aus gesehen wird.

$$Y_{ll} = \frac{I_l}{U_{ol}} = \frac{W_{\mathrm{M}ll}}{W_{\mathrm{M}}} \tag{4.30}$$

Analysiert man das gegebene Netzwerk über die Baumzweigspannungen, so wird zweckmäßigerweise eine Anregung über Stromquellen vorgenommen. Das Bestimmungsgleichungssystem lautet

$$[W_{\mathrm{B}}]\,[U_{\mathrm{B}}] = [B]^T\,[I_0] \; . \tag{4.31}$$

$[W_{\mathrm{B}}] = [B]^T[G][B]$ wird als Leitwertmatrix bezeichnet. Analog zu den Gln. (4.30) und (4.29) ergibt sich jetzt der *Eingangswiderstand* zu

$$Z_{ll} = \frac{U_l}{I_{ol}} = \frac{W_{\mathrm{B}ll}}{W_{\mathrm{B}}} \tag{4.32}$$

und der *Übertragungswiderstand* zu

$$Z_{ml} = \frac{U_m}{I_{ol}} = \frac{W_{\mathrm{B}lm}}{W_{\mathrm{B}}} \; . \tag{4.33}$$

4.7.2 Das Reziprozitätstheorem

Für Netzwerke aus Widerständen[4)] sind, wie oben gezeigt, W_{M} und W_{B} symmetrisch. Daraus folgt, dass

$$Y_{ml} = Y_{lm} \tag{4.34}$$

ist, d. h., die Übertragung vom Tor m zum Tor l entspricht der Übertragung vom Tor l zum Tor m. Oder anders formuliert:

> Eine Quelle im Zweig l hat im Zweig m dieselbe Wirkung wie eine Quelle im Zweig m auf den Zweig l.

Dies ist das sogenannte *Reziprozitätstheorem*.

---

4 Wir werden später sehen, dass dies auch gilt, wenn die Netzwerke Spulen, Kondensatoren und Transformatoren enthalten.

4.7.3 n-Torgleichungen

Es soll die Anordnung von Bild 4.11 betrachtet werden. Eine derartige Anordnung wird *n-Tor* (engl. n-port) genannt.

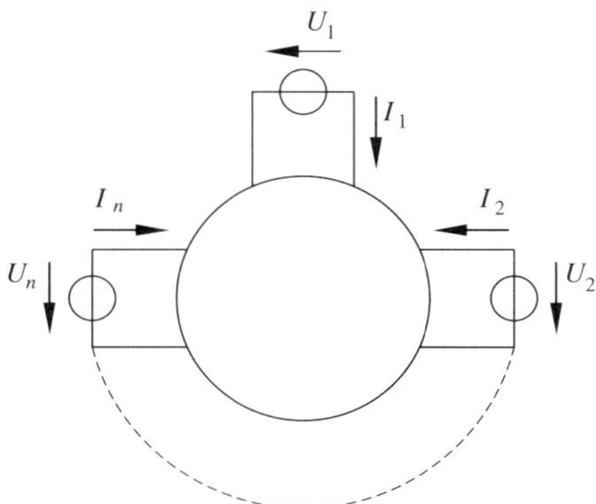

Bild 4.11: *n-Tor*

Jedes Tor hat zwei Pole. Insgesamt sind also 2n Pole vorhanden. Daher wird mitunter auch die Bezeichnung *2n-Pol* verwendet. Es muss allerdings beachtet werden, dass die Pole nicht beliebig zusammengeschaltet werden dürfen, wenn die nachfolgenden Gleichungen benutzt werden sollen. Für diese sind immer zwei Pole zu einem Tor zusammengeschaltet. Der Strom, der in den einen Pol hineinfließt, muss aus dem anderen wieder herauskommen. Spezialfälle sind das *Eintor* (Zweipol) und das *Zweitor* (Vierpol). Die Tore im Bild 4.11 mögen wieder Maschenzweige sein.

Mit Hilfe der Cramer'schen Formel und der Auflösungsregel für Determinanten ergibt sich für den Strom I_l

$$I_l = \frac{W_{1l}}{W}U_1 + \frac{W_{2l}}{W}U_2 + \cdots + \frac{W_{nl}}{W}U_n \tag{4.35}$$

mit $l = 1, 2, \cdots, n$.

Diese Beziehungen schreibt man als Matrixgleichung

$$[I] = [y]\,[U]\,. \tag{4.36}$$

Es ist $y_{ik} = W_{ki}/W$. Durch diese Gleichungen sind alle Größen (Ströme und Spannungen) an den Toren miteinander verknüpft. Wenn die Koeffizientenmatrix $[y]$ bekannt ist, kann das Netzwerk zwischen den Toren beliebig kompliziert sein, der Zusammenhang zwischen den Eingangs- und Ausgangsgrößen wird vollständig durch diese Gleichungen beschrieben. Voraussetzung ist allerdings, dass in dem Netzwerk keine unabhängigen Strom- oder Spannungsquellen vorhanden sind. Benutzt man anstelle von Gl. (4.22) die Gl. (4.31), so bekommt man in analoger Weise das Gleichungssystem

$$[U] = [z]\,[I]\,. \tag{4.37}$$

Die Reduzierung der Ausgangsgleichungssysteme auf die n-Torform kann auch mit Hilfe des Gauß'schen Algorithmus erfolgen. Die zuerst abgeleiteten Gleichungen werden als Leitwertform, die letzteren als Widerstandsform der n-Torgleichungen bezeichnet.

Bild 4.12: *Festlegung der Zählpfeile für U und I für die Definitionsgleichungen der y- und z-Matrix*

Im Fall des Zweitores lauten die Gleichungen (siehe hierzu auch Bild 4.12):

$$\begin{bmatrix} U_1 \\ U_2 \end{bmatrix} = \begin{bmatrix} z_{11} & z_{12} \\ z_{21} & z_{22} \end{bmatrix} \begin{bmatrix} I_1 \\ I_2 \end{bmatrix} , \tag{4.38}$$

$$\begin{bmatrix} I_1 \\ I_2 \end{bmatrix} = \begin{bmatrix} y_{11} & y_{12} \\ y_{21} & y_{22} \end{bmatrix} \begin{bmatrix} U_1 \\ U_2 \end{bmatrix} . \tag{4.39}$$

Die einzelnen Glieder der z-Matrix haben folgende Bedeutung:

$z_{11} = \left.\frac{U_1}{I_1}\right|_{I_2=0}$ primärseitiger Eingangswiderstand bei sekundärseitigem Leerlauf

$z_{22} = \left.\frac{U_2}{I_2}\right|_{I_1=0}$ sekundärseitiger Eingangswiderstand bei primärseitigem Leerlauf

$z_{12} = \left.\frac{U_1}{I_2}\right|_{I_1=0}$ Übertragungsimpedanz bei primärseitigem Leerlauf

$z_{21} = \left.\frac{U_2}{I_1}\right|_{I_2=0}$ Übertragungsimpedanz bei sekundärseitigem Leerlauf

Da alle Glieder der Matrix im Leerlauf gemessen werden können, heißen die Parameter im englischen Sprachgebrauch *open circuit parameters.* Die Parameter z_{11} und z_{22} sind Zweipolfunktionen.

Die Einzelglieder der y-Matrix gewinnen unmittelbar physikalische Bedeutung im Kurzschlussversuch, deswegen lautet auch die englische Bezeichnung *short circuit parameters.*

$y_{11} = \left.\frac{I_1}{U_1}\right|_{U_2=0}$ primärseitiger Eingangsleitwert bei sekundärseitigem Kurzschluss

$y_{22} = \left.\frac{I_2}{U_2}\right|_{U_1=0}$ sekundärseitiger Eingangsleitwert bei primärseitigem Kurzschluss

$y_{12} = \left.\frac{I_1}{U_2}\right|_{U_1=0}$ Übertragungsleitwert bei primärseitigem Kurzschluss

$$y_{21} = \left.\frac{I_2}{U_1}\right|_{U_2=0} \quad \text{Übertragungsleitwert bei sekundärseitigem Kurzschluss}$$

Die beiden Parameter y_{11} und y_{22} sind Zweipolfunktionen.

Für die Umrechnung der y-Parameter in die z-Parameter gilt einfach $[z] = [y]^{-1}$. Unter Voraussetzung der oben angegebenen Bedingungen gilt nun aufgrund des Reziprozitätstheorems

$$z_{12} = z_{21} , \tag{4.40}$$

$$y_{12} = y_{21} . \tag{4.41}$$

In der Tabelle 4.1 sind für Zweitore einige Beschaltungsfälle und die Beziehungen, die sich aus dem Reziprozitätstheorem ergeben, zusammengestellt.

Tabelle 4.1: *Beispiele für die Anwendung des Reziprozitätstheorems*

Übertragung von links nach rechts	Übertragung von rechts nach links	Quantitativer Zusammenhang
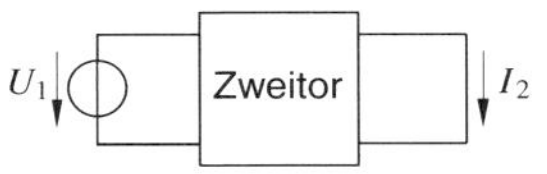 U_1 Zweitor I_2	 I_1 Zweitor U_2	$\frac{I_2}{U_1} = \frac{I_1}{U_2}$
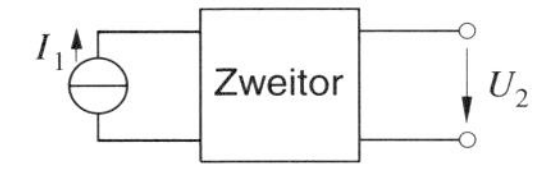 I_1 Zweitor U_2	 U_1 Zweitor I_2	$\frac{U_2}{I_1} = \frac{U_1}{I_2}$
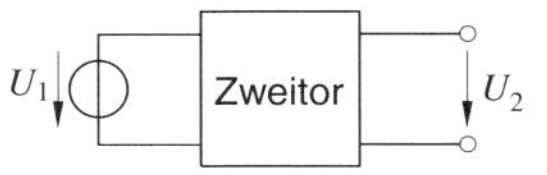 U_1 Zweitor U_2	 I_1 Zweitor I_2	$\frac{U_2}{U_1} = \frac{I_1}{I_2}$

4.8 Netzwerke mit gesteuerten Quellen

4.8.1 Gesteuerte Quellen

Bislang haben wir in den Netzwerken nur *unabhängige* Quellen zugelassen. Unabhängige Quellen sind notwendig, damit im Netzwerk überhaupt Ströme fließen und Spannungen entstehen.
In diesem Abschnitt wollen wir einen anderen Typ von Quellen einführen. Wir werden diese neuen Quellen als *gesteuerte* oder *abhängige* Quellen bezeichnen. Gesteuerte Quellen sind unabdingbar, um elektronische Bauelemente zu modellieren. Im

Prinzip gibt es vier Möglichkeiten für gesteuerte Quellen. Sie sind im Bild 4.13 dargestellt.

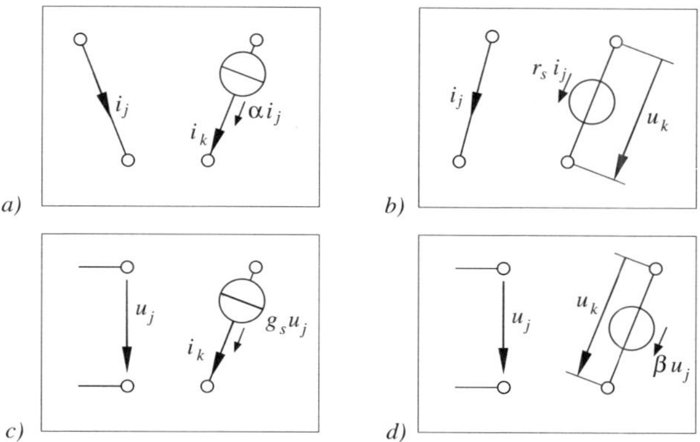

Bild 4.13: *Gesteuerte Quellen*
a) stromgesteuerte Stromquelle: $i_k = \alpha i_j$
b) stromgesteuerte Spannungsquelle: $u_k = r_s i_j$
c) spannungsgesteuerte Stromquelle: $i_k = g_s u_j$
d) spannungsgesteuerte Spannungsquelle: $u_k = \beta u_j$

Wir erkennen, dass die Quellen im Zweig k keine festen Werte haben, sondern entweder von der Größe des Stromes oder von der Größe der Spannung im Zweig j abhängen. Die vier Quellen sind charakterisiert durch die vier angegebenen Gleichungen. Von den vier Proportionalitätskonstanten sind α und β dimensionslos, r_s hat die Dimension eines Widerstandes und g_s die Dimension eines Leitwertes.

Das Verhalten von Bauelementen lässt sich anschaulich mit Hilfe von Kennlinien oder Kennlinienfeldern beschreiben. Die idealen unabhängigen Spannungs- und Stromquellen haben die im Bild 4.14 dargestellten Kennlinien.

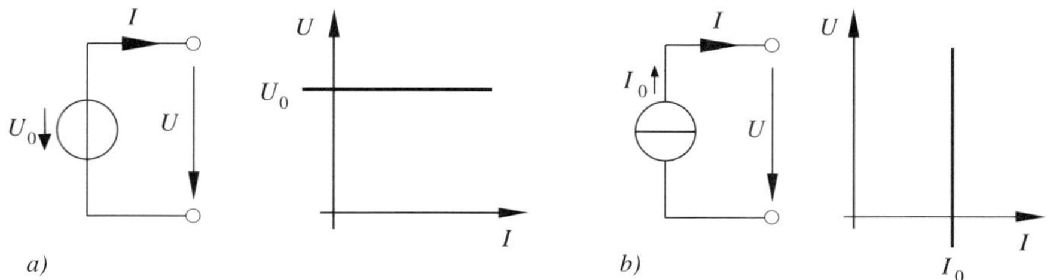

Bild 4.14: *Kennlinien*
a) von idealer Spannungsquelle
b) von idealer Stromquelle

Die Kennlinienfelder der im Bild 4.13 definierten gesteuerten Quellen sind im Bild 4.15 wiedergegeben.

Zur Darstellung des Verhaltens von elektronischen Bauelementen benötigen wir neben den linearen Bauelementen Widerstände und Quellen noch ein nichtlineares.

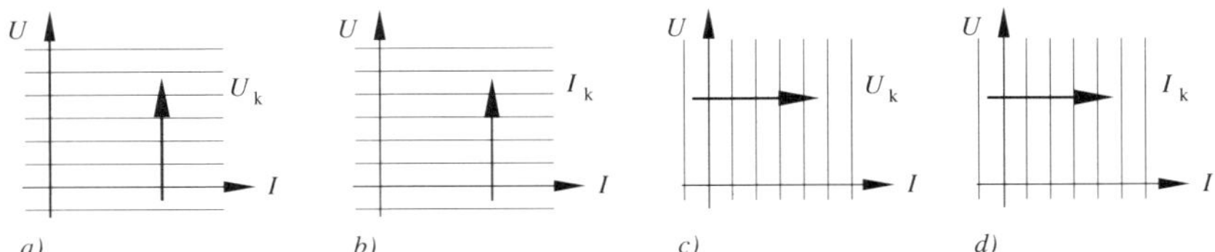

Bild 4.15: *Kennlinienfelder von*
a) spannungsgesteuerter Spannungsquelle
b) stromgesteuerter Spannungsquelle
c) spannungsgesteuerter Stromquelle
d) stromgesteuerter Stromquelle

Wir definieren eine ideale Diode mit Schaltsymbol und Kennlinie gemäß Bild 4.16. In Sperrrichtung soll der Strom bei beliebiger Spannung Null sein, in Durchlassrichtung wird bei beliebigem Strom kein Spannungsabfall verursacht.

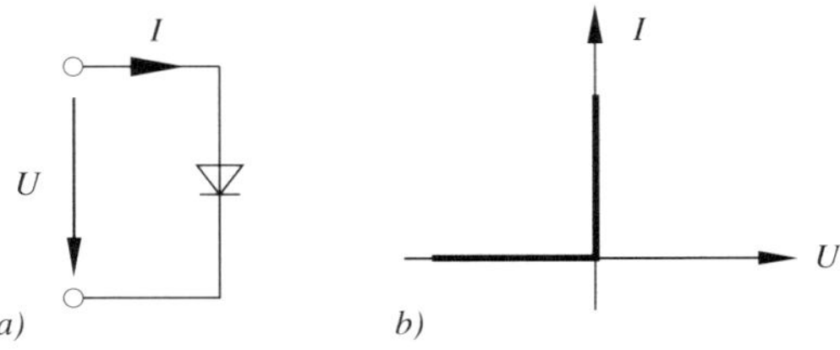

Bild 4.16: *Ideale Diode*
a) Schaltsymbol *b) Kennlinie*

Im Folgenden sollen zwei Beispiele die Anwendung der Elemente zur Nachbildung des Verhaltens von elektronischen Bauelementen demonstrieren.

Die Kennlinien aller hier vorgestellten idealen Elemente bestehen aus Geraden oder Geradenabschnitten. Soll mit ihnen das Verhalten eines realen Bauelementes nachgebildet werden, dann muss die Kennlinie des betreffenden Elementes ebenso abschnittsweise durch Geraden angenähert werden.

Approximation für eine Diodenkennlinie

Bild 4.17 zeigt die reale (a) und zwei verschiedene approximative (b, c) Kennli-

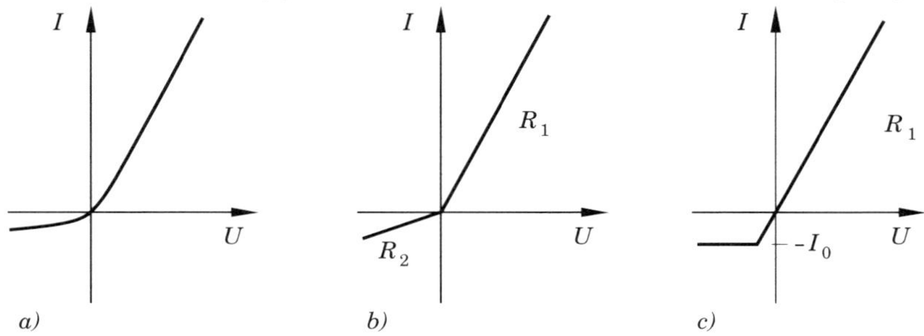

Bild 4.17: *Reale (a) und approximative (b, c) Kennlinien einer Diode*

nien für eine Diode. Zu diesen Kennlinien müssen nun die Schaltungen mit den idealen Elementen gefunden werden. Wir betrachten zunächst die Kennlinie im Bild 4.17 b. Die beiden Äste lassen sich durch die beiden Widerstandswerte R_1 und R_2 charakterisieren. Ihre Kehrwerte geben die Steigung der Geraden an. Wir können deshalb vermuten, dass wir eine Schaltung finden können, die mit zwei Widerständen und einem idealen Gleichrichter (für den Knick) auskommt. Wir schalten zunächst dem Gleichrichter einmal einen Widerstand R parallel und einmal in Reihe und betrachten die sich ergebenden Kennlinien. Im Fall a kann

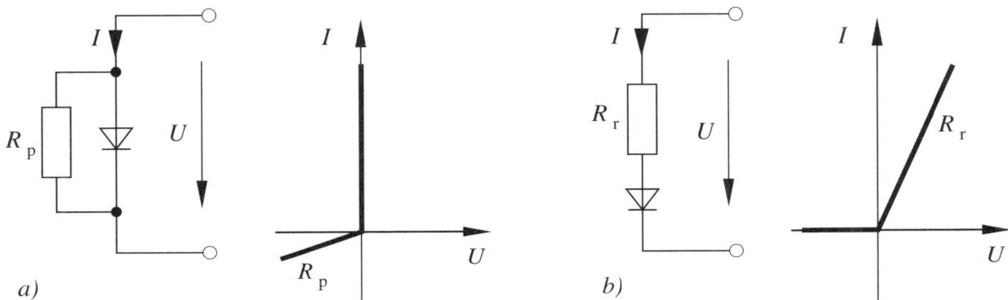

Bild 4.18: *Zusammenschaltung von idealer Diode mit einem Widerstand*

der Strom bei gesperrter Diode nur über den Widerstand fließen. Der entsprechende Teil der Kennlinie ist deshalb durch R_p bestimmt ($U < 0$). Bei Polung in Durchlassrichtung fließt der gesamte Strom durch die Diode, der Widerstand kann deshalb die Kennlinie nicht beeinflussen. Im Fall b dagegen wird die Kennlinie nur in Durchlassrichtung verändert und ist durch den Widerstand R_r bestimmt. Aus der Zusammenfassung dieser beiden Schaltungen erhält man nun eine Ersatzschaltung gemäß Bild 4.19 für die reale Diode mit einer Kennlinie wie im Bild 4.17 b.

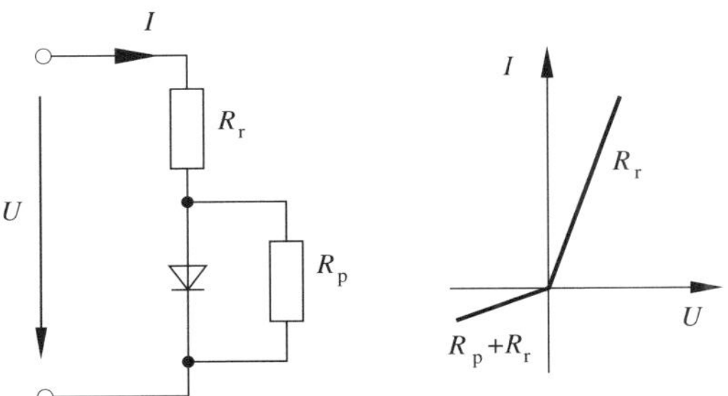

Bild 4.19: *Ersatzschaltung für die reale Diode*

Aufgabe 4.9

Zu der Ersatzschaltung im Bild 4.19 ist eine Alternative anzugeben, in der R_p zur Reihenschaltung von R_r und Diode parallel liegt. Welcher Zusammenhang besteht zwischen den Elementen beider Schaltungen?

Soll die Kennlinie im Bild 4.17 c nachgebildet werden, dann müssen wir noch eine ideale Stromquelle mit heranziehen, weil diese einen konstanten Strom liefert. Im Bild 4.20 ist angegeben, wie man diese Kennlinie zusammensetzen kann. Die Kennlinie im Teilbild a zeigt die Wirkung der Parallelschaltung einer Stromquelle mit konstantem Strom I_0 und einer idealen Diode. Im Durchlassbereich der Diode ist I_0 durch diese kurzgeschlossen, im Sperrbereich muss I über die Stromquelle fließen und ist auf $-I_0$ begrenzt. Die endliche Steigung der Kennlinie im Durchlassbereich erhält man nun einfach durch Vorschalten eines Widerstandes (Teilbild b). Die Bereichsabgrenzung der Gültigkeit der beiden Geraden erfolgt in ihrem Schnittpunkt.

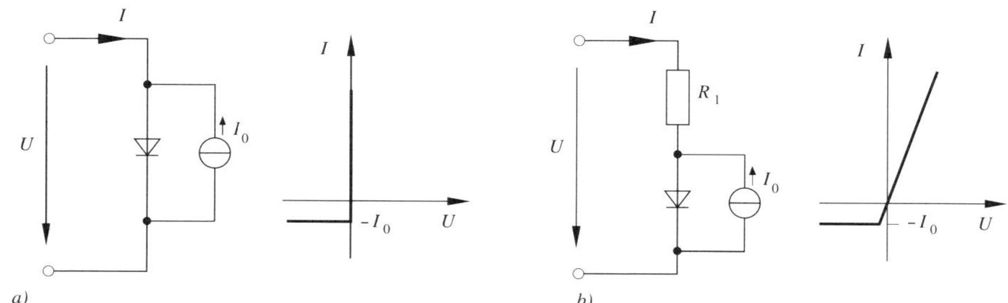

Bild 4.20: *Nachbildung einer Diodenkennlinie mit konstantem Sperrstrom*

Im Bild 4.21 ist das Ersatzschaltbild für einen npn-Transistor angegeben. (Auf die Ableitung wird in diesem Zusammenhang verzichtet.) Dieses Ersatzschaltbild enthält gesteuerte Stromquellen. Im Normalbetrieb ist der Emitter-Basis-Übergang in Durchlass- und der Kollektor-Basis-Übergang in Sperrrichtung geschaltet. Für diesen Fall wollen wir die Schaltung im Bild 4.22 a untersuchen. Im Bild 4.22 b ist

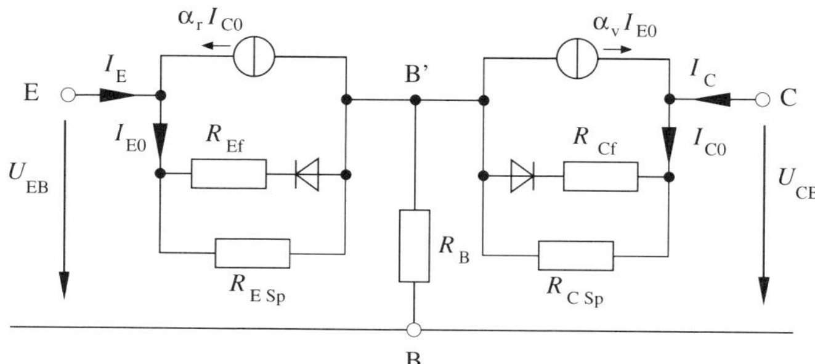

Bild 4.21: *Ersatzschaltbild für einen npn-Transistor mit stückweise geraden Kennlinien*

dazu der Transistor durch sein Ersatzschaltbild ersetzt worden. Da die Kollektordiode sperrt, ist $R_\mathrm{C} = R_\mathrm{C\,Sp}$ und I_C0 sehr, d. h. vernachlässigbar, klein. Für den Emitterübergang haben wir deshalb die gesteuerte Stromquelle weggelassen, und R_E ist gleich dem Widerstand der Parallelschaltung aus R_Ef und $R_\mathrm{E\,Sp}$ mit $R_\mathrm{E} \approx R_\mathrm{Ef}$. Die Schaltung im Bild b lässt sich mit zwei Maschen, mit den beiden Maschenströmen I_B und I_C, beschreiben. Die Maschengleichungen lauten

$$\begin{bmatrix} R_\mathrm{B} + R_\mathrm{E} & R_\mathrm{E} \\ R_\mathrm{E} - \alpha_\mathrm{v} R_\mathrm{C} & R_\mathrm{L} + R_\mathrm{E} + R_\mathrm{C}(1 - \alpha_\mathrm{v}) \end{bmatrix} \cdot \begin{bmatrix} I_\mathrm{B} \\ I_\mathrm{C} \end{bmatrix} = \begin{bmatrix} U_1 \\ U_2 \end{bmatrix} . \tag{4.42}$$

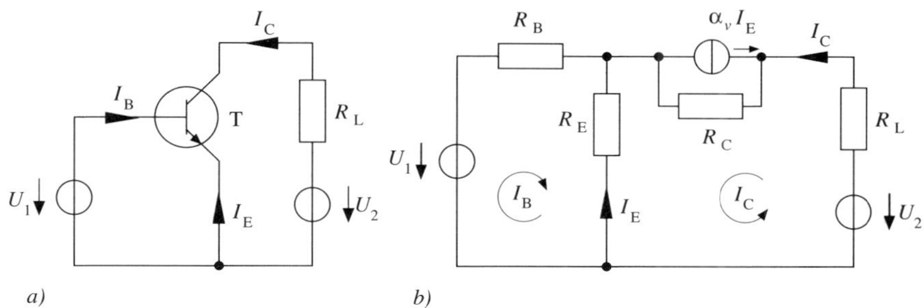

Bild 4.22: *Transistorschaltung*
a) Einfache Schaltung mit npn-Transistor
b) Transistor durch Ersatznetzwerk ersetzt (Normalbetrieb)

Die Parallelschaltung aus der gesteuerten Stromquelle und R_C wurde dazu in eine Reihenschaltung aus R_C mit der (gesteuerten) Spannungsquelle $\alpha_\mathrm{v} R_\mathrm{C} I_\mathrm{E}$ umgerechnet. Der Zählpfeil dieser Spannungsquelle hat die Richtung von I_C.

Die Widerstandsmatrix in Gl.(4.42) ist für $\alpha_\mathrm{v} \neq 0$ nicht symmetrisch. Die gesteuerte Quelle führt dazu, dass für die Schaltung das Reziprozitätstheorem nicht anwendbar ist. Dies gilt allgemein für Netzwerke mit gesteuerten Quellen.

4.8.2 Wichtige Theoreme

Bei der Analyse von Netzwerken ist es von Vorteil, gewisse Gesetzmäßigkeiten zu kennen.
Hier soll das von TELLEGEN angegebene Theorem vorgestellt werden.
Es soll ein beliebiges Netzwerk aus konzentrierten Elementen mit insgesamt z Zweigen gegeben sein. In jedem Zweig sollen nun die Zweigspannung und der Zweigstrom in die gleiche Richtung positiv gezählt werden. Das Produkt $u_k i_k$ (oder allgemeiner $u_k(t)\, i_k(t)$) im Zweig k stellt dann die vom Netzwerk (in jedem Zeitpunkt) an den Zweig k gelieferte Leistung dar. Das Theorem sagt nun aus, dass im Netzwerk gilt

$$\sum_{k=1}^{z} u_k i_k = 0 \, . \tag{4.43}$$

Bedingung ist natürlich, dass in jedem Knoten die Kirchhoff'sche Knotenregel und in jeder Masche die Kirchhoff'sche Maschenregel erfüllt ist. Die Art der Elemente ist aber völlig gleichgültig. Es kann sich um lineare Widerstände und auch um nichtlineare Elemente (nichtlineare Widerstände, Vakuumdioden, Halbleiterdioden) handeln.
Das Theorem von TELLEGEN ist insofern einleuchtend, als es besagt, dass die Summe der in den Zweigen *verbrauchten* Leistung gleich sein muss der insgesamt von den unabhängigen Quellen gelieferten Leistung.

4.8.3 Quellentransformation

Für die Analyse von Netzwerken ist es mitunter sinnvoll, Umformungen vorzunehmen. Es sollen hier zwei Sätze über Quellentransformation angegeben werden, ohne das Problem zu verändern. Die Sätze gelten sowohl für unabhängige als auch für abhängige Quellen.

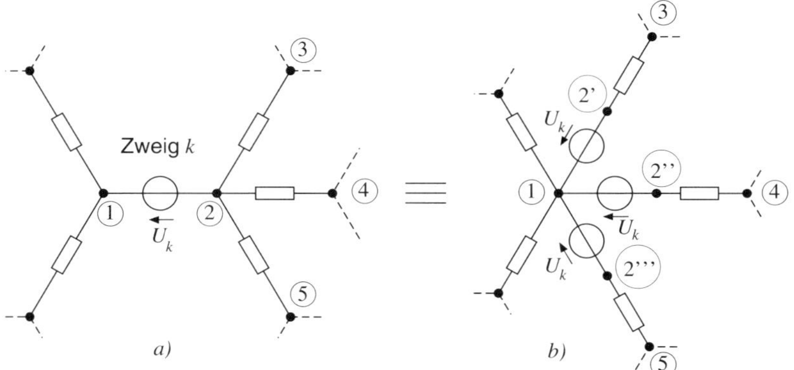

Bild 4.23: *Verschiebung einer Spannungsquelle*

Im Bild 4.23 sind die beiden Knoten 1 und 2 nur durch eine Spannungsquelle miteinander verbunden. Falls der Strom durch den Zweig 1 nicht von Interesse ist, kann das Netzwerk im Teilbild a durch das Netzwerk im Teilbild b ersetzt werden. Die Spannungsquelle U_k ist in die Zweige, die vom Knoten 2 ausgehen, verschoben worden. U_k muss in jedem der Zweige vorkommen, und die Orientierung ist auch eindeutig. Es ist gleichsam die Quelle U_k zunächst in drei parallele Spannungsquellen aufgeteilt, und danach ist der Knoten 2 in drei Knoten aufgetrennt worden in die Knoten $2'$ bis $2'''$. Am Spannungszustand hat sich nichts geändert, denn die Knoten $2'$ bis $2'''$ haben alle das gleiche Potential, und gegenüber dem Knoten 1 ist dieses um U_k verschieden, genauso, wie es vor der Umwandlung der Fall war. Auch an der Kirchhoff'schen Knotenregel hat sich nichts geändert. Die Knotengleichungen für die Knoten 1 und 2 sind zu einer Knotengleichung zusammengefasst, die der Summe der beiden vorhergehenden Gleichungen entspricht. Bei der Summenbildung fällt der Strom des Zweiges k heraus; denn er fließt aus dem einen Knoten heraus und in den anderen hinein. Die übrigen Ströme haben sich nicht verändert; denn z. B. ist das Potential zwischen $2'$ und 3 gleich geblieben und damit auch der Strom.

Im Bild 4.24 besteht der Zweig k lediglich aus einer Stromquelle. Dieser Zweig kann weggelassen werden, wenn die Stromquelle in mehrere (hier drei bzw. zwei) hintereinander geschaltete Stromquellen mit dem gleichen I_k (unterschiedliche Ströme können in einem Zweig nicht fließen) zerlegt wird. Da der Widerstand einer Stromquelle unendlich ist, können die Knoten zwischen den Stromquellen mit beliebigen Knoten verbunden werden, ohne dass sich der Strom- und Spannungszustand im Netzwerk ändert. Die Schaltungen 2 b und 2 c sind der Schaltung 2 a äquivalent. Dass sich die Knotengleichungen nicht ändern, ist offensichtlich; denn in den veränderten Knoten fließt der Strom I_k jeweils zu, er fließt aber auch wieder ab.

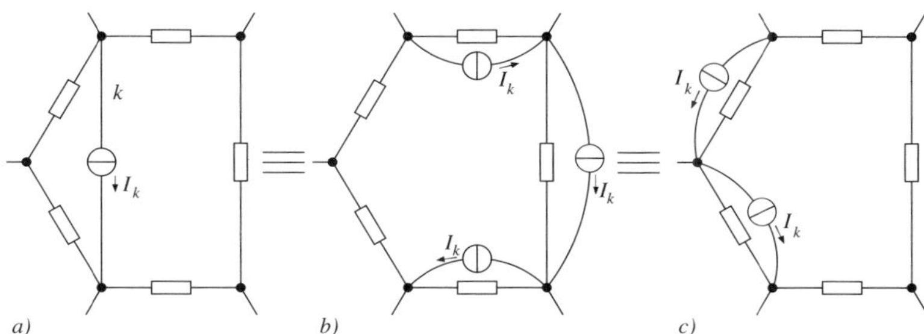

Bild 4.24: *Verschiebung einer Stromquelle*

Wie man sieht, machen Quellenverschiebungen es möglich, dass aus idealen Quellen neue, reale Quellen entstehen. Erst durch die Verschiebungen wird es möglich, Quellenumwandlungen vorzunehmen, denn jetzt haben die Spannungsquellen einen Widerstand in Reihe und die Stromquellen einen Widerstand parallel.

4.9 Kondensatornetzwerke

Das im Abschnitt 4.5.2 dargestellte Analyseverfahren mit den Zweigspannungen kann auch zur Berechnung der Ladungen und Spannungen in Kondensatornetzwerken herangezogen werden. Wir betrachten das Beispiel im Bild 4.25. Der Unter-

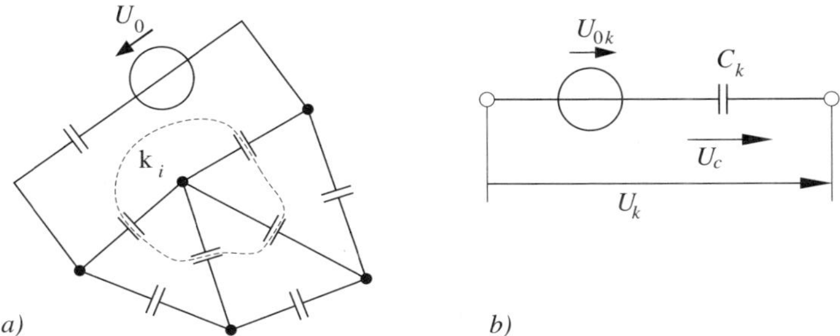

Bild 4.25: *Kondensatornetzwerk und allgemeiner Zweig*

schied zu den bisher betrachteten Widerstandsnetzwerken besteht darin, dass die Widerstände in den Zweigen durch Kondensatoren ersetzt sind. Anstelle der Größe Strom ist jetzt die Größe Ladung auf den Kondensatorplatten von Bedeutung, die ja nichts anderes ist als der aufintegrierte Strom, der auf die Kondensatorplatten geflossen ist.

Eine Spannungsquelle (Stromquellen können nicht vorkommen) und ein Kondensator hintereinander geschaltet (s. Bild 4.25 b), bilden einen allgemeinen Zweig des Netzwerkes. Meistens wird in einem Zweig nur ein Kondensator vorkommen. Ein zu einer Spannungsquelle parallel geschalteter Kondensator braucht nicht in die Betrachtung einbezogen zu werden. An ihm lassen sich Spannung und Ladung unabhängig vom übrigen Netzwerk direkt angeben.

Anstelle der Gleichung (4.2) (ohne I_{0k}) gilt in einem Zweig k der lineare Zusammenhang

$$Q_k = C_k(U_k - U_{0k}) \ . \tag{4.44}$$

Die Ladung Q_k sitzt am Kondensator auf der „Platte“, die auf der Seite des Zählpfeilschaftes liegt. Auf der „Plattenseite“, die zur Pfeilspitze zugeordnet werden muss, tritt die dazu gleichgroße, aber negative Ladung auf. Nun entwickeln wir zum gegebenen Netzwerk den Streckenkomplex und legen die Richtung der Zählpfeile für die Spannungen in den Zweigen fest. Anschließend wählen wir einen vollständigen Baum. Die Zuordnung zwischen den Baumzweigspannungen und den Zweigspannun-

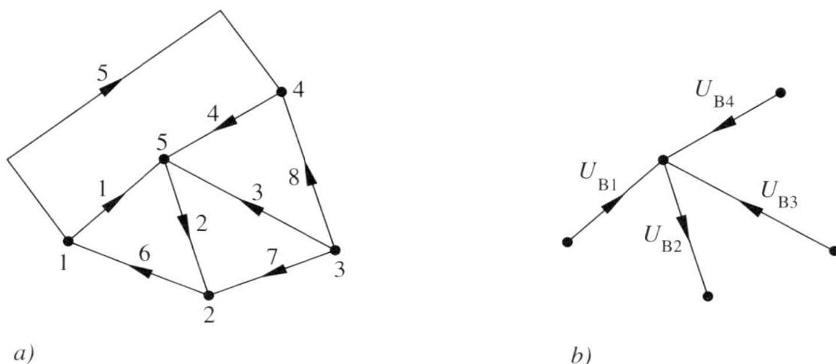

Bild 4.26: *Streckenkomplex für das Netzwerk im Bild 4.25 (a) und gewählter vollständiger Baum (b)*

gen ergibt das Gleichungssystem

$$[U] = [B][U_\mathrm{B}] \ . \tag{4.45}$$

Darin ist $[U]$ der Spaltenvektor aller Zweigspannungen (im Beispiel 8) und $[U_\mathrm{B}]$ der Spaltenvektor der Baumzweigspannungen ($K - 1$). $[B]$ ist wieder die Inzidenzmatrix der Schnitte durch die Baumzweige. Ihre Generierung ist im Abschnitt 4.5.2 beschrieben. Mit dem Gleichungssystem (4.45) ist die Kirchhoff'sche Maschenregel erfüllt. Nun müssen wir noch die Knotenregel erfüllen. Dazu gehen wir davon aus, dass die Kondensatoren vor dem Zusammenschalten alle entladen waren (Ladungen auf den „Platten“ gleich Null). Durch das Einbringen der Spannungsquellen werden die Ladungen zwischen Platten lediglich verschoben. Bilden wir also die Summe der Ladungen aller Platten, die mit einem Knoten verbunden sind, dann muss diese gleich Null sein. Im Bild 4.25 ist zur Veranschaulichung dieses Sachverhaltes um den Knoten K_i eine geschlossene Fläche gestrichelt gezeichnet. Diese Fläche verläuft jeweils zwischen den beiden Kondensatorplatten und schneidet keinen der Verbindungsleiter. Die Gesamtladung im Volumen, d. h. im Inneren dieser geschlossenen Fläche, muss daher Null sein. Für die K Knoten können wir $K - 1$ unabhängige Gleichungen aufstellen. Die K-te Gleichung ergibt sich aus den vorher bestimmten $K - 1$ Gleichungen. Beachtet man die Regel zur Aufstellung der Inzidenzmatrix $[B]$, so folgt für das System der Gleichungen

$$[B]^T[Q] = [0] \ . \tag{4.46}$$

$[Q]$ ist der Spaltenvektor aller Ladungen. Das System aller Gleichungen (4.44) lautet

$$[Q] = [C]\left([U] - [U_0]\right) \ . \tag{4.47}$$

Darin ist $[C]$ die Diagonalmatrix der Kapazitäten.

Die Verknüpfung der aufgestellten Gleichungssysteme (4.45) bis (4.47) ergibt

$$[B]^T[C][B][U_\mathrm{B}] = [B]^T[C][U_0] \ . \tag{4.48}$$

Durch Auflösung dieses Gleichungssystems erhält man $[U_\mathrm{B}]$ und daran anschließend sukzessive mit Gl. (4.45) $[U]$ und schließlich mit Gl. (4.47) $[Q]$.

Die rechte Seite der Gl. (4.48) vereinfacht sich sehr, wenn Spannungsquellen nur in Baumzweigen vorkommen. $[U_{0\mathrm{B}}]$ sei der Spaltenvektor dieser Baumspannungsquellen. Es sei ferner $[C_\mathrm{B}]$ die Diagonalmatrix der Kapazitäten der Baumzweigkondensatoren. Dann gilt

$$[B]^T[C][B][U_\mathrm{B}] = [C_\mathrm{B}][U_{0\mathrm{B}}] \ . \tag{4.49}$$

Diese Vereinfachung ist möglich, weil die mit den Baumzweigen verknüpfte Teilmatrix von $[B]^T$ eine Einheitsmatrix ist.

Abschließend soll noch der Fall behandelt werden, dass in ein derartiges Kondensatornetzwerk bereits geladene Kondensatoren eingebracht werden. In diesem Fall sind in den geschlossenen Volumina um die Knoten die Ladungen nicht gleich Null. Es sind die jeweils auf den Kondensatorplatten in die Volumina eingebrachten Ladungen zu summieren.

Aktivierungselement 4.1

1. Nennen Sie die allgemeinen Beziehungen für Strom und Spannung an einem Zweig, der eine Stromquelle und eine Spannungsquelle mit Innenwiderstand enthält!

2. Wie verfahren Sie bei der Auswahl von Maschenumläufen, damit die erhaltenen Gleichungen linear unabhängig werden?

3. Wie viele linear unabhängige Knoten- und Maschengleichungen kann man für ein Netzwerk mit Z Zweigen und K Knoten aufstellen?

4. Geben Sie sinngemäß die einzelnen Arbeitsschritte bei Anwendung des Maschen- und des Knotenpotentialverfahrens an!

5. Welche zwei wesentlichen Eigenschaften definieren den vollständigen Baum eines Streckenkomplexes?

6. Wie haben Sie bei beiden Verfahren die Nummerierung der Zweige gewählt, wenn in den Inzidenzmatrizen als Untermatrix die Einheitsmatrix erscheint?

7. Welche notwendige und hinreichende Bedingung müssen Sie an ein Netzwerk stellen, wenn das Überlagerungsprinzip gültig sein soll?

Aufgaben zur Vertiefung 7

Übung

4.1 Gegeben sei folgende Schaltung:

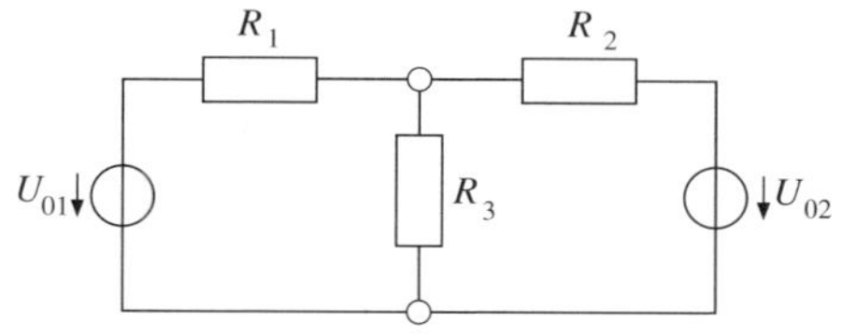

$$\begin{aligned} U_{o1} &= 12\,\mathrm{V} & U_{o2} &= 8\,\mathrm{V} \\ R_1 &= 6\,\Omega & R_2 &= 8\,\Omega \\ R_3 &= 12\,\Omega \end{aligned}$$

a) Geben Sie die Anzahl der Gleichungen beim Maschenstromverfahren und beim Knotenpotentialverfahren an!
b) Zeichnen Sie einen Baum!
c) Berechnen Sie mit dem Maschenstromverfahren alle Ströme und Spannungen im Netzwerk!
d) Berechnen Sie mit dem Knotenpotentialverfahren alle Ströme und Spannungen im Netzwerk! Dazu müssen die Spannungsquellen zuerst in Stromquellen umgewandelt werden.
e) Berechnen Sie den Strom im Widerstand R_3 mit Hilfe des Superpositionsprinzips!

4.2 Nehmen Sie sich noch einmal die Aufgabe 3.4 („Aufgaben zur Vertiefung 6“, S. 190) vor! Versuchen Sie, diese Aufgabe mit Hilfe des Überlagerungssatzes zu lösen! Warum stellt sich eine falsche Lösung ein?

Theoretische Vertiefung

4.3 Gegeben sei folgendes Netzwerk mit idealen Quellen:

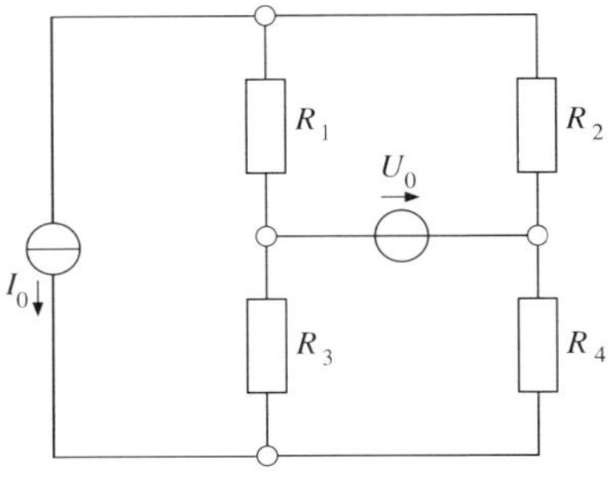

$$R_1 = 1\,\Omega \qquad R_2 = 2\,\Omega$$
$$R_3 = 3\,\Omega \qquad R_4 = 4\,\Omega$$
$$U_0 = 1\,\mathrm{V} \qquad I_0 = 1\,\mathrm{A}$$

Berechnen Sie alle Ströme im Netzwerk
a) mit dem Maschenstromverfahren,
b) mit dem Knotenpotentialverfahren,
c) mit dem Überlagerungsprinzip.

4.4 Ein Netzwerk habe Z Maschen, und in der Masche Z liege der Widerstand R_Z.

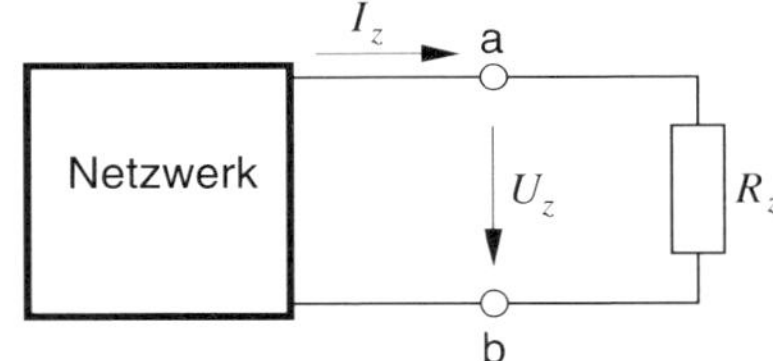

Ausgehend von dem Gleichungssystem für die Maschenströme

$$[W_\mathrm{M}][I_\mathrm{M}] = [A]^\mathrm{T}[U_0] = [U_\mathrm{M}]$$

berechne man allgemein die Ersatzspannungsquelle ($U_\mathrm{i}, R_\mathrm{i}$) bezüglich der Klemmen a-b.

4.5 Stern-Dreieck-Umwandlung bzw. Dreieck-Stern-Umwandlung.

Suchen Sie die Bedingungen, bei denen die beiden unten stehenden Widerstandsnetzwerke bezüglich der Pole a, b und c äquivalent sind!

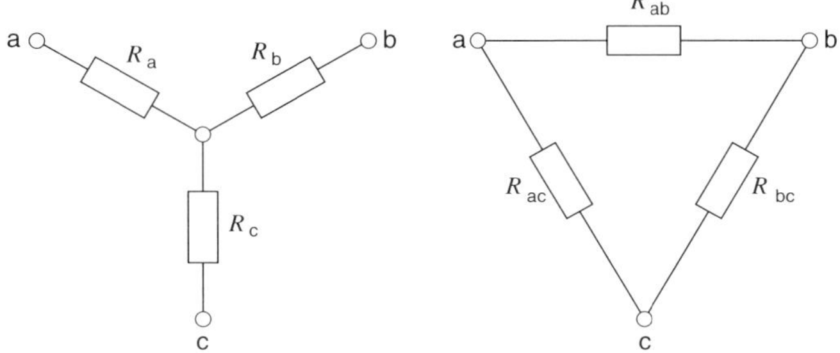

Hinweis: Nehmen Sie zwischen den drei Polpaaren Quellen an, und fordern Sie, dass die äußeren Ströme und Spannungen in beiden Fällen identisch sind!

Praktische Anwendung

4.6 Eine Last R_L werde aus zwei parallel geschalteten Generatoren mit verschiedenen Innenwiderständen gespeist.

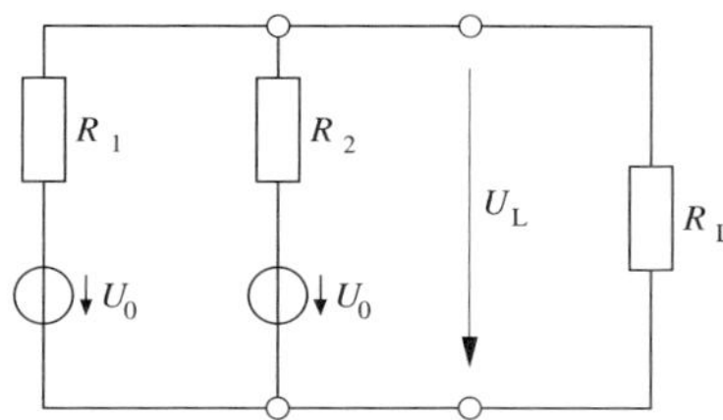

Wie verhalten sich die von den einzelnen Generatoren abgegebenen Leistungen zueinander?

4.7 Für das Kondensatornetzwerk im Bild 4.25 ist mit den Festlegungen nach Bild 4.26 das vollständige Gleichungssystem zur Bestimmung der Baumspannungen aufzustellen. Dabei soll dem Zweig i der Kondensator C_i zugeordnet werden.

Variante:
Die Spannungsquelle U_0 wird durch einen Kondensator der Kapazität C_0 mit der Ladung $Q_0 = C_0 U_0$ ersetzt. Wie lautet nun das vollständige Gleichungssystem zur Bestimmung der Baumspannungen?

Vororientierung zur Kurseinheit 8

Sie haben in den vorangegangenen Kurseinheiten das statische elektrische Feld und das elektrische Strömungsfeld kennen gelernt. In dieser Kurseinheit wird Ihnen das magnetische Feld vorgestellt. Es unterscheidet sich in einigen wesentlichen Merkmalen von den Ihnen bisher bekannten Feldern. Diese Unterschiede sollten Sie sich von vornherein merken.

Sicherlich sind Ihnen magnetische Erscheinungen und Beispiele für die Anwendung der magnetischen Kraftwirkung bekannt. Sie wissen, dass mittels des magnetischen Feldes der Gong in Ihrer Wohnung betätigt wird, dass mittels desselben in den Motoren die elektrische Energie in mechanische Energie umgewandelt wird, dass in der Fernsehbildröhre durch dieses der Elektronenstrahl zum Schreiben des Bildes gelenkt wird. Für eine Reihe von elektrischen Bauelementen, Geräten und Maschinen spielt das magnetische Feld also eine entscheidende Rolle. Deshalb werden Ihnen in dieser Kurseinheit die Grundgleichungen zur Beschreibung des magnetischen Feldes und seiner Wirkungen gegeben. Es kommt darauf an, dass Sie sich gründlich mit den Phänomenen beschäftigen und sich die Grundgleichungen und ihr Zustandekommen genau einprägen. Alles, was Sie hier erfahren, ist wesentlich.

Lernzyklus 5.1

Studienziele

Nach dem Durcharbeiten dieses Lernzyklus sollen Sie in der Lage sein,

- Grunderscheinungen des magnetischen Feldes und Grundbegriffe seiner Beschreibung anzugeben und zu erläutern;
- Feldlinienbilder zu skizzieren;
- zu einem gegebenen Feldlinienbild die Leiteranordnung zu skizzieren;
- das magnetische Feld zu charakterisieren;
- den Unterschied zwischen (statischem) elektrischem und magnetischem Feld anzugeben;
- zu erläutern, aus welchen Gründen auf das Nichtvorhandensein magnetischer Ladungen geschlossen werden muss;
- das Versuchsergebnis für die Bewegung einer elektrischen Ladung durch ein homogenes magnetisches Feld auf die Wirkung des magnetischen Feldes hin zu interpretieren;
- eine mögliche Vorgehensweise für die mathematische Beschreibung des magnetischen Feldes anzugeben;
- die Kraftwirkung des magnetischen Feldes auf Ladungen und stromdurchflossene Drähte zu berechnen;
- die abgeleitete Einheit für die magnetische Flussdichte und ihre Dimension anzugeben.

5 Das magnetische Feld

5.1 Wirkung und Darstellung des magnetischen Feldes

5.1.1 Grunderscheinungen

Entdeckung des Magnetismus

Gewisse, in der Natur vorkommende Eisenerze (Magneteisen, Magnetkies) haben die Eigenschaft, in ihrer Nähe befindliche Eisenteile anzuziehen. Diese sogenannte magnetische Wirkung war schon im Altertum (THALES VON MILET) bekannt. Der Name *magnetisch* ist von der Stadt *Magnesia* in Kleinasien abgeleitet, in deren Nähe solche Erze mit besonders starkem *Magnetismus* gefunden wurden. Ein anderer natürlicher *Magnet* ist die Erde selbst, deren Ausrichtungswirkung auf eine magnetische Kompassnadel seit langer Zeit bekannt ist. Wird ein Körper aus Eisen oder Stahl in die Nähe eines Magneten gebracht, so wird er selbst zu einem Magneten, d. h., er kann, nachdem er von dem Magneten entfernt ist, selbst Eisenteile anziehen. Weiches Eisen verliert diese Fähigkeit jedoch beim Entfernen vom Primärmagneten fast vollständig. Jeder magnetisierte Stab wirkt wie eine Kompassnadel: Wenn er drehbar aufgehängt wird, dann stellt er sich mit seiner Längsachse ungefähr in Nordsüdrichtung ein. Das zum geographischen Nordpol zeigende Ende heißt *Nordpol* , das andere entsprechend *Südpol* . Die Kraftwirkungen des Magneten sind hauptsächlich an diesen Polen konzentriert. Bei Annäherung zweier Magnete aneinander stellt man fest:

> Gleichnamige Pole stoßen einander ab,
> ungleichnamige Pole ziehen einander an.

Das heißt also, dass der *Magnet Erde* am geographischen Nordpol seinen magnetischen Südpol hat.

Die magnetische Kraftwirkung ist unabhängig davon, ob der den Magneten umgebende Raum z. B. mit Luft erfüllt oder luftleer ist. Somit ist der Magnetismus eine Zustandsmöglichkeit des Raumes, die wir *magnetisches Feld* nennen.

Im Jahr 1820 hat der dänische Physiker OERSTEDT entdeckt, dass ein elektrischer Strom, der beispielsweise durch einen Draht fließt, ebenfalls magnetische Erscheinungen hervorruft. Eine Magnetnadel wird z. B. in eine bestimmte Richtung gedreht. Die magnetische Wirkung kann gesteigert werden, wenn der Draht zu einer Spule mit vielen Windungen geformt wird. Solch eine stromdurchflossene Spule verhält sich wie ein permanenter Magnet. Wir werden daher das Studium des magnetischen

Feldes bei den von Strömen in *normaler* Umgebung (Luft, Vakuum) erzeugten Feldern beginnen, d. h., eine besondere Materie wie Eisen soll vorläufig nicht vorhanden sein.

5.1.2 Feldvektor und Feldbilder

Die das magnetische Feld beschreibende Feldgröße können wir wie beim elektrischen Feld aus der in jedem Punkt des Raumes wirkenden Kraft nach Größe und Richtung festlegen. Das magnetische Feld ist damit ebenso ein Vektorfeld. Der Feldvektor wird *magnetische Flussdichte* genannt (Formelzeichen $\boldsymbol{B}$). Angebrachter wäre die Bezeichnung *magnetische Feldstärke*, jedoch ist mit dieser – historisch bedingt – bereits ein anderer Vektor belegt. Veranschaulichen kann man den Verlauf der Linien der magnetischen Flussdichte mit Hilfe von kleinen Eisenteilchen länglicher Form. Eisenfeilspäne bieten sich dazu an. Solch ein kleiner länglicher Körper kann als magnetischer Dipol aufgefasst werden, dessen Dipolmoment $\boldsymbol{m}$ in Richtung seiner Längsachse zeigt. Das Feld der magnetischen Flussdichte $\boldsymbol{B}$ übt auf ihn ein mechanisches Moment der Größe $\boldsymbol{T} = \boldsymbol{m} \times \boldsymbol{B}$ (vgl. Sie dazu den elektrischen Dipol im elektrischen Feld) aus, so dass er sich in Richtung von $\boldsymbol{B}$ einstellt. Die mit solchen Teilchen erhaltenen Bilder der magnetischen Felder verschiedener Anordnungen sind im Bild 5.1 wiedergegeben.

In den Teilbildern a und b durchsetzen die Leiter die Ebene, auf die die Feilspäne gestreut sind, senkrecht. In den Teilbildern c und d liegt die Achse der Spule jeweils in der Ebene. Beim Teilbild e wurde der Magnet unter der Ebene angebracht. Mit diesen Bildern lassen sich Feldlinienbilder der magnetischen Flussdichte zeichnen. Im Bild 5.2 ist das für die Anordnungen a bis d des Bildes 5.1 ausgeführt.
Man beachte dabei jedoch, dass das Feld im ganzen Raum kontinuierlich verteilt ist und nicht etwa nur auf den Linien wirkt. Wie im elektrischen Feld, so soll auch hier die Dichte der Linien eine Aussage über die Stärke des Feldes gestatten. Die Richtung des Feldes auf einer Feldlinie wurde in Anlehnung an die im Erdfeld beobachteten Kraftwirkungen festgelegt. Wie bereits erwähnt, stellt sich eine Magnetnadel so ein, dass ihr *Nordpol* zum geographischen Nordpol hin zeigt.

Vereinbarung

Nun werde vereinbart, dass der Nordpol der Magnetnadel (oder eines beliebigen Permanentmagneten) der Austrittsbereich und der Südpol der Eintrittsbereich des Feldes sei (Festlegung). Im Bereich eines stromdurchflossenen Leiters stellt sich bei einer Stromrichtung wie im Bild 5.2 a die Magnetnadel wie dort angegeben ein. Die Richtung des Feldes wird durch die Spitze angezeigt.

Korkenzieherregel und Rechte-Hand-Regel

Zwischen der Strom- und der Feldrichtung besteht wieder ein Zusammenhang, den wir früher mit der Rechtsschraubenbewegung verglichen haben. Hier heißt das: Dreht man eine Rechtsschraube, d. h. deren Mantel, in Richtung des Feldes, dann bewegt sich diese in Richtung des Stromes. Man nennt diese Regel auch Korkenzieherregel.

Eine andere Regel, die den Zusammenhang wiedergibt, ist die sogenannte Rechte-Hand-Regel: Umfasst man mit der rechten Hand den Stromleiter, so dass der Daumen in die Richtung des elektrischen Stromes zeigt, dann hat das Feld die Richtung, in die die übrigen Finger zeigen.

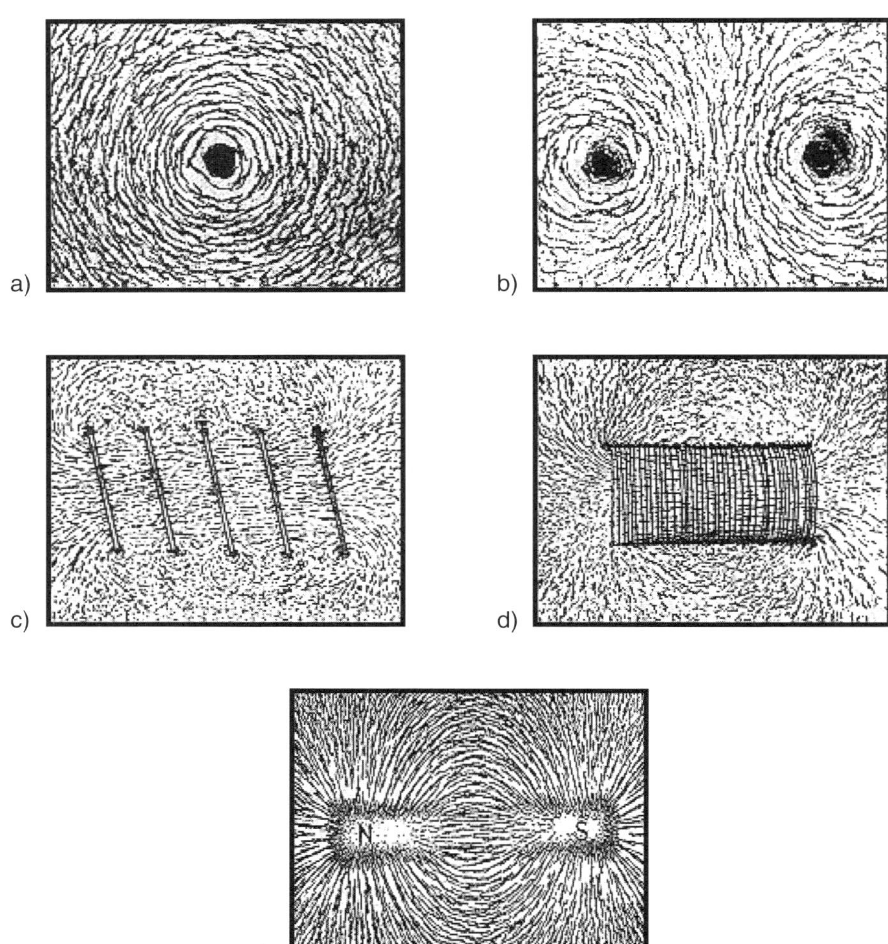

Bild 5.1: *Bilder von magnetischen Feldern mit Eisenfeilspänen* [1)]
a) stromdurchflossener Leiter
b) zwei entgegengesetzt stromdurchflossene Leiter
c) weit gewickelte Spule
d) eng gewickelte Spule
e) Stabmagnet

---

1 Zur Herstellung dieser Bilder wurden mit freundlicher Genehmigung des Verlages B.G.Teubner, Stuttgart, die Bilder Nr. 124, 133, 137, 138 und 91 aus Grimsehl-Tomaschek, Lehrbuch der Physik, Bd. 11, 18. Aufl. 1973 verwendet.

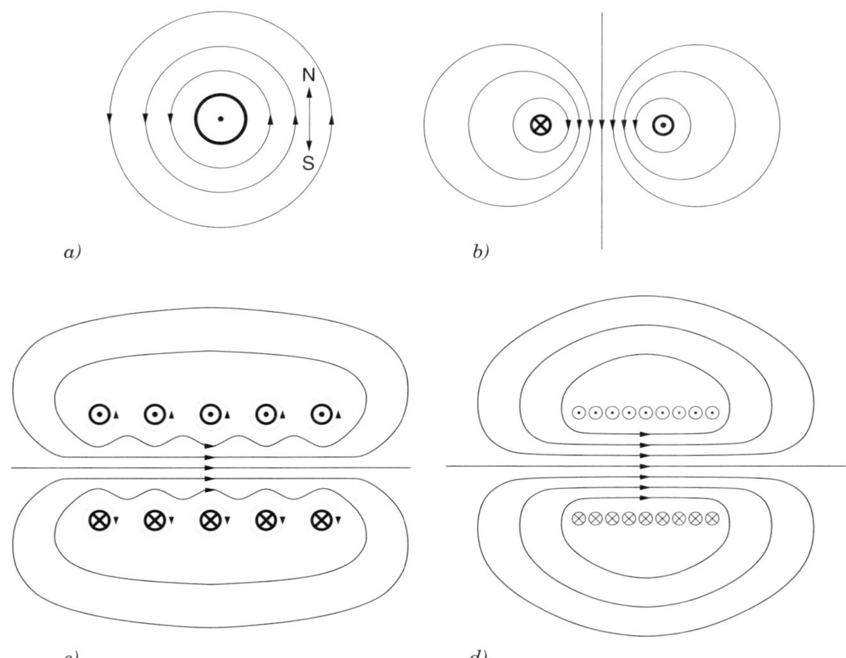

Bild 5.2: *Feldlinienbilder stromdurchflossener Leiter*
⊙ *Strom fließt aus der Zeichenebene heraus*
⊗ *Strom fließt in die Zeichenebene hinein*
a) stromdurchflossener Leiter
b) zwei entgegengesetzt stromdurchflossene Leiter
c) weit gewickelte Spule
d) eng gewickelte Spule

Die Bilder 5.1 und 5.2 zeigen, dass das magnetische Feld im Inneren einer Spule nahezu homogen ist. Das gilt umso exakter, je länger die Spule im Vergleich zum Durchmesser ist und je dichter der Draht gewickelt ist (s. Bild 5.2 d). Je länger die Spule wird, desto geringer wird auch das Feld im Außenraum im Vergleich zum Innenraum.

5.1.3 Vergleich zwischen elektrischem und magnetischem Feld

Aus den Darstellungen der Feldlinienbilder im Bild 5.2 ergibt sich für das magnetische Feld ein wesentlicher Unterschied zum statischen elektrischen Feld. Während dort die Feldlinien einen Anfangs- und einen Endpunkt haben, stellen wir hier dagegen fest:

Die Linien der magnetischen Flussdichte sind stets in sich geschlossen.

Diesen empirisch gefundenen Sachverhalt können wir auch noch anders ausdrücken. Bestimmen wir den Fluss (s. Abschn. 1.6.1 *Fluss eines Vektorfeldes*) des Vektors $\boldsymbol{B}$ durch eine beliebige, jedoch geschlossene Fläche, so erhalten wir stets den Wert Null, denn die Zahl der Feldlinien, die in die Fläche eintreten, ist gleich der Zahl derer, die an einer anderen Stelle aus ihr heraustreten. Im magnetischen Feld gibt es damit nichts, was den elektrischen Ladungen entsprechen würde. Anstelle des obigen Satzes können wir daher die Erfahrung auch durch den folgenden Satz wiedergeben:

Erfahrungssatz

Es gibt keine magnetischen Ladungen. Das magnetische Feld ist quellenfrei.

Jedenfalls sind bis heute keine magnetischen Ladungen entdeckt worden. Das gilt auch für den Permanentmagneten. Die im Bild 5.1 e erkennbaren Linien außerhalb des Magneten schließen sich in ihm. Bricht man einen Permanentmagneten an irgendeiner Stelle durch, dann erhält man bekanntlich zwei neue Magnete mit je einem Nord- und einem Südpol. Nord- und Südpol lassen sich also nicht voneinander isolieren. Sie treten stets zusammen als Dipol auf. Die Isolierung eines Pols ist aber eine notwendige Voraussetzung dafür, dass die Anwendung des Gauß'schen Satzes auf einer geschlossenen Fläche um diesen Pol einen von Null verschiedenen Wert ergibt.

5.2 Kraft auf eine bewegte Ladung – Definition der magnetischen Flussdichte $\boldsymbol{B}$

Wir haben bereits darauf hingewiesen, dass der das magnetische Feld beschreibende Feldvektor $\boldsymbol{B}$ aus der Kraftwirkung des Feldes definiert wird. Um diese Definition hier zu geben, wollen wir wieder, wie beim elektrischen Feld, die Kraftwirkung auf ein Probeteilchen mit der positiven Ladung Q_0 untersuchen. Wir nehmen an, dass kein elektrisches Feld vorhanden ist. Bei vernachlässigbarer Schwerkraft kann auf das Teilchen dann nur eine magnetische Kraft wirken. Die Erfahrung lehrt, dass auf das Teilchen im Magnetfeld nur dann eine Kraft ausgeübt wird, wenn es sich bewegt.

Experiment

Deshalb *schießen* wir es durch das Magnetfeld hindurch. Wählen wir als Schussrichtung die Richtung des Feldes, dann stellen wir keine Beeinflussung fest. Mit der Spule im Bild 5.2 c ist solch ein Experiment denkbar, wenn die Flugbahn des Teilchens mit der Spulenachse übereinstimmt. Es erfolgt in diesem Fall weder eine Veränderung des Betrages der Geschwindigkeit noch eine Ablenkung. Somit ist in Richtung oder in Gegenrichtung des Vektors $\boldsymbol{B}$ keine Kraft auf Q_0 wirksam. Nun wollen wir das Teilchen senkrecht zu den Feldlinien durch ein homogenes Feld fliegen lassen. Solch ein homogenes Feld kann man näherungsweise mit einer Spule erzeugen. Damit außerhalb der Spule möglichst kein Feld vorhanden ist, bilden wir sie in Form einer Ringspule aus (Bild 5.3 a).

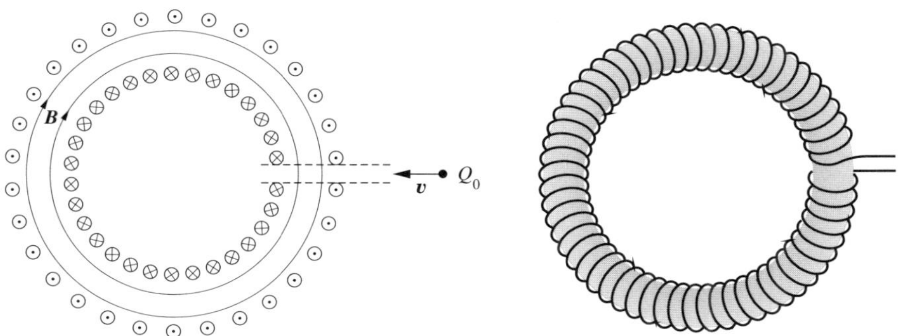

Bild 5.3: *Ringspule mit eingezeichneten Linien der magnetischen Flussdichte (Schnitt)*

Qualitatives Ergebnis

Ist der Durchmesser dieses Ringes groß gegen den Windungsdurchmesser, dann kann man im Bereich eines kleinen Spaltes praktisch ein homogenes Feld annehmen. Schießt man nun die Probeladung senkrecht durch dieses Feld hindurch, so stellt man fest, dass das Teilchen im Bereich des Feldes eine kreisförmige Bahnkurve in der Spaltebene beschreibt (s. Bild 5.4). Der Betrag der Geschwindigkeit wird nicht geändert. Auf das Teilchen wirkt damit nur eine Kraft konstanten Betrages senkrecht zu seiner Flugrichtung und senkrecht zum Feld.

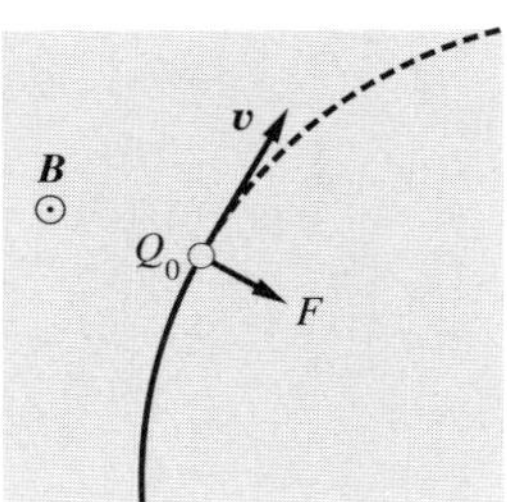

Bild 5.4: *Bahnkurve des Teilchens mit der Ladung Q_0 durch ein homogenes magnetisches Feld*

Die Größe der Kraft kann aus dem Radius der Bahnkurve, der Geschwindigkeit und der Masse des Teilchens bestimmt werden. Man erhält

$$|\boldsymbol{F}| = m\frac{|\boldsymbol{v}|^2}{r} \; . \tag{5.1}$$

Aufgabe 5.1

Der Zusammenhang nach Gl. (5.1) ist abzuleiten! Dazu verwende man die Grundgleichung der Mechanik $\boldsymbol{F} = m\boldsymbol{a}$ mit $\boldsymbol{a} = \; \mathrm{d}^2\boldsymbol{r}/\mathrm{d}t^2$. $\boldsymbol{r}$ ist der Ortsvektor eines

Punktes, der um den Koordinatenursprung der x-y-Ebene eine Kreisbahn mit dem Radius r beschreibt und die Bahngeschwindigkeit v hat. Dabei gilt $\boldsymbol{v} = \boldsymbol{\omega} r$ mit der Winkelgeschwindigkeit $\omega = \partial\alpha/\partial t$.

Bei bekannter Masse und bekannter Geschwindigkeit des Teilchens kann durch Messung von r die Größe der Kraft bestimmt werden. Die Größe dieser Kraft in jedem Punkt soll nun ein Maß für den Vektor $\boldsymbol{B}$ in diesem Punkt sein, d. h., wir setzen

$$|\boldsymbol{F}| \sim |\boldsymbol{B}| \ .$$

Nun untersuchen wir in ein und demselben Feld Teilchen mit verschiedener Ladung und verschiedener Geschwindigkeit. Dabei können wir feststellen, dass die Kraft proportional der Ladung und proportional der Geschwindigkeit zunimmt. Damit gilt

Versuchsergebnis

$$|\boldsymbol{F}| = kQ_0|\boldsymbol{v}||\boldsymbol{B}| \ .$$

k ist eine Proportionalitätskonstante. Durch diese Gleichung soll $|\boldsymbol{B}|$ definiert werden. Dabei kann k frei gewählt werden. Es wird $k = 1$ gesetzt. Beachten wir die Definition des Kreuzproduktes von Vektoren, dann können wir als *Definitionsgleichung für den Vektor* $\boldsymbol{B}$ in einem Punkt

Definition für $\boldsymbol{B}$

$$\boldsymbol{F} = Q_0(\boldsymbol{v} \times \boldsymbol{B}) \tag{5.2}$$

angeben. In dieser Schreibweise muss $\boldsymbol{v}$ nicht einmal mehr senkrecht zu $\boldsymbol{B}$ gerichtet sein. Bei einer beliebigen Bewegungsrichtung zum Feld kann $\boldsymbol{v}$ nämlich in eine Komponente in Richtung (oder Gegenrichtung) des Feldes und in eine Komponente senkrecht zum Feld zerlegt werden. Die Komponente parallel zum Feld fällt bei der Bildung des Kreuzproduktes heraus, d. h., die Bewegung in Richtung oder Gegenrichtung des Feldes wird in Übereinstimmung mit der eingangs geschilderten Beobachtung von diesem nicht beeinflusst, während die Komponente senkrecht zum Feld die Kraft $\boldsymbol{F}$ und $\boldsymbol{B}$ so verknüpft, als wenn die Bewegung nur mit dieser Komponente erfolgen würde. Die Gl. (5.2) kann nun auch bei gegebenem Feld dazu dienen, die Kraft auf eine sich mit $\boldsymbol{v}$ bewegende Ladung zu bestimmen. Wenn diese Ladung negativ ist, hat die Kraft die entgegengesetzte Richtung wie auf eine positive Ladung unter sonst gleichen Bedingungen. Würde in das Feld im Bild 5.4 ein negatives Ladungsteilchen von unten hineingeschossen, so müßte es nach links abgelenkt werden, was sich auch beobachten lässt.

Die Einheit von $\boldsymbol{B}$ ergibt sich aus Gl. (5.2) zu

$$[\boldsymbol{B}] = \frac{[\boldsymbol{F}]}{[Q][\boldsymbol{v}]} = \frac{\mathsf{N}}{\mathsf{As}\frac{\mathsf{m}}{\mathsf{s}}} = \frac{\mathsf{N}}{\mathsf{Am}}$$

oder, da

$$\begin{aligned} [\boldsymbol{F}] &= \frac{[W]}{[\boldsymbol{s}]} = \frac{\mathsf{VAs}}{\mathsf{m}} , \\ [\boldsymbol{B}] &= \frac{\mathsf{Vs}}{\mathsf{m}^2} . \end{aligned} \tag{5.3}$$

Der Einheit $\mathsf{Vs/m}^2$ hat man den Namen *Tesla*[2] (T) gegeben. Als Einheit für $\boldsymbol{B}$ war früher auch das Gauß (G) üblich, wobei gilt: $1\,\mathsf{G} \mathrel{\hat{=}} 10^{-4}\ \mathsf{T}$. In der Größenordnung von 1 G ist etwa das Magnetfeld der Erde. Magnetfelder im technischen Bereich (z. B. Maschinen) haben die Größenordnung von 1 T.

Die Tatsache, dass die magnetische Kraft stets senkrecht zu der Bewegungsrichtung des Ladungsteilchens wirkt, bedeutet, dass das Feld keine Arbeit am Ladungsteilchen verrichtet, denn der Betrag der Geschwindigkeit ändert sich nicht. Es gilt

$$\mathrm{d}W = \boldsymbol{F}\mathrm{d}\boldsymbol{s} = \boldsymbol{F}\boldsymbol{v}\mathrm{d}t = 0 .$$

Das statische Magnetfeld kann die kinetische Energie eines geladenen Teilchens nicht ändern.

Bewegt sich das Ladungsteilchen durch ein Gebiet, in dem sowohl ein magnetisches als auch ein elektrisches Feld vorhanden ist, dann ergibt sich die resultierende Kraft durch Überlagerung der beiden Feldkräfte.

Lorentz-Beziehung

$$\boldsymbol{F} = Q_0\boldsymbol{E} + Q_0(\boldsymbol{v} \times \boldsymbol{B}) \tag{5.4}$$

Diese Beziehung wird *Lorentz-Beziehung* genannt.[3] Darin wird der erste Term als *Coulomb-* und der zweite als *Lorentz-Kraft* bezeichnet.

2 Tesla, Nicola, 1856-1942, kroatisch-amerikanischer Physiker.

3 Lorentz, Hendrik Antoon, 1853-1928, niederländischer Physiker.

5.3 Die magnetische Kraft auf einen stromdurchflossenen Draht

Mit dem Ergebnis des vorigen Abschnittes sind wir nun auch in der Lage, die Kraft zu bestimmen, die auf einen stromführenden Draht in einem Magnetfeld wirkt. Ein Strom besteht aus geladenen Teilchen, die sich mit der Driftgeschwindigkeit v_d durch

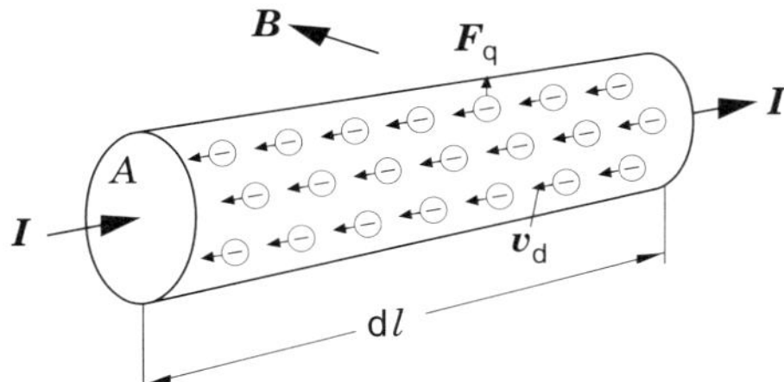

Bild 5.5: *Stromdurchflossener Drahtabschnitt im Magnetfeld*

den Leiter bewegen (s. Bild 5.5). Auf jedes Ladungsteilchen (Elektron) wird gemäß Gl. (5.2) eine Kraft $\boldsymbol{F}_\mathrm{q}$ ausgeübt:

$$\boldsymbol{F}_\mathrm{q} = -e(\boldsymbol{v}_\mathrm{d} \times \boldsymbol{B}) \ . \tag{5.5}$$

Sind N solcher Ladungen pro Volumeneinheit vorhanden und ist der betrachtete Drahtabschnitt in seinen Abmessungen genügend klein, dass in seinem Bereich mit einem homogenen Feld gerechnet werden kann, so ergibt sich als Summe der einzelnen Kräfte die gesamte Kraft, die auf diesen Abschnitt wirkt, zu

$$\mathrm{d}\boldsymbol{F} = NA\mathrm{d}l\boldsymbol{F}_\mathrm{q} = -NAe(\boldsymbol{v} \times \boldsymbol{B})\mathrm{d}l$$

mit $-Ne = \varrho$, $\varrho\boldsymbol{v}_\mathrm{d} = \boldsymbol{J}$ (s. Gl. (2.3)) und $\mathrm{d}l \cdot A = \mathrm{d}V$ ist

$$\mathrm{d}\boldsymbol{F} = (\boldsymbol{J} \times \boldsymbol{B})\mathrm{d}V \ . \tag{5.6}$$

Die volumenbezogene Kraft des Drahtes ist also durch $\boldsymbol{J} \times \boldsymbol{B}$ gegeben, wobei $\boldsymbol{J}$ die Stromdichte ist.

Gl. (5.6) sagt nichts mehr darüber aus, ob die Ladungsträger positiver oder negativer Art sind und wie groß ihre Ladung ist. In der Tat ist dies auch gleichgültig. Die Kraftdichte hängt nur von der gesamten Stromdichte ab. Definieren wir einen Vektor $\mathrm{d}\boldsymbol{l}$ in Richtung von $\boldsymbol{J}$ mit dem Betrag $\mathrm{d}l$, dann können wir mit $\mathrm{d}V\boldsymbol{J} = A|\boldsymbol{J}|\mathrm{d}\boldsymbol{l} = I\mathrm{d}\boldsymbol{l}$ anstelle der Gl. (5.6) auch

$$\mathrm{d}\boldsymbol{F} = I(\mathrm{d}\boldsymbol{l} \times \boldsymbol{B}) \tag{5.7}$$

schreiben, wobei I der gesamte Strom durch den Draht ist.

Die längenbezogene Kraft auf einen stromdurchflossenen Draht ist durch

$$\frac{\mathrm{d}\boldsymbol{F}}{\mathrm{d}l} = I\left(\frac{\mathrm{d}\boldsymbol{l}}{\mathrm{d}l} \times \boldsymbol{B}\right)$$

gegeben.

Wie wir später erfahren werden, ruft der Strom I selbst ebenfalls eine magnetische Flussdichte hervor. Diese Komponente wirkt jedoch nicht auf ihre Ursache zurück. Dies entspricht dem Prinzip im elektrischen Feld, nach dem Ladungen nicht auf sich selbst Kräfte ausüben können.

Um die Gesamtkraft, die auf einen starren Körper oder Draht wirkt, zu bekommen, muss die Gl. (5.6) bzw. die Gl. (5.7) integriert werden.

Beispiel

Wir betrachten zur Anwendung der Gl. (5.7) ein Beispiel.
Durch den Draht im Bild 5.6 möge der Strom I fließen. Das Feld, in dem er sich befindet, sei homogen und zeige aus der Papierebene heraus (z-Richtung). Auf beiden

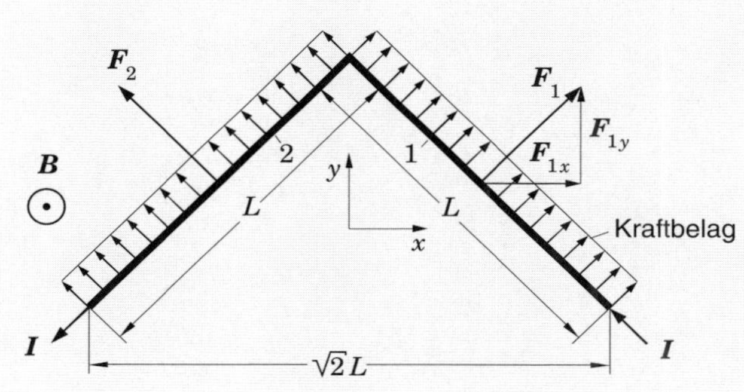

Bild 5.6: *Kraftwirkung auf einen geknickten Draht im magnetischen Feld*

Abschnitten 1 und 2 dieses Drahtes wirkt je eine längenbezogene Kraft der Größe

$$\frac{|\mathrm{d}\boldsymbol{F}|}{\mathrm{d}l} = IB \ .$$

Die Richtung dieses *Kraftbelages* ist im Bild 5.6 dargestellt. An allen Stellen eines Abschnittes ist die Richtung die gleiche. Die gesamte Kraft auf einen Abschnitt bekommt man durch Integration dieses Belages:

$$|\boldsymbol{F}_i| = \int\limits_{\text{Abschnitt}} iIB\mathrm{d}l = IBL \ ; \qquad\qquad i = 1,2 \ .$$

Die Integration ist hier so einfach, da I und B als konstante Größen vor das Integral gezogen werden können. Um die Gesamtkraft auf den geknickten Draht zu bestimmen, stellen wir die Kräfte durch ihre Komponenten dar:

$$\boldsymbol{F}_1 = \begin{bmatrix} F_{1x} \\ F_{1y} \\ F_{1z} \end{bmatrix} = \begin{bmatrix} \frac{1}{2}\sqrt{2}IBL \\ \frac{1}{2}\sqrt{2}IBL \\ 0 \end{bmatrix} \qquad \boldsymbol{F}_2 = \begin{bmatrix} F_{2x} \\ F_{2y} \\ F_{2z} \end{bmatrix} = \begin{bmatrix} -\frac{1}{2}\sqrt{2}IBL \\ \frac{1}{2}\sqrt{2}IBL \\ 0 \end{bmatrix} .$$

Die Gesamtkraft als Summe dieser beiden Kräfte hat y-Richtung und den Betrag

Ergebnis

$$|\boldsymbol{F}| = |\boldsymbol{F}_1 + \boldsymbol{F}_2| = F_{1y} + F_{2y} = \sqrt{2}IBL \ .$$

Eine Kraft gleicher Größe und Richtung würde auf einen Draht ausgeübt werden, der den Anfangs- und den Endpunkt des Drahtes im Bild 5.6 geradlinig verbindet, wenn er vom gleichen Strom I durchflossen würde.

Zur Berechnung der Kraft auf einen beliebig geformten Draht in einem inhomogenen Feld zerlegt man die Kraft $\mathrm{d}\boldsymbol{F}$ jedes Abschnittes $\mathrm{d}l$ in ihre drei Komponenten und integriert jede Komponente für sich längs des Drahtes auf.

Aktivierungselement 5.1

1. Welche wesentlichen Merkmale unterscheiden das stationäre magnetische Feld vom elektrostatischen Feld?

2. Zwei Stabmagnete liegen, wie im Bild gezeichnet, aufeinander. Skizzieren Sie das magnetische Feld an bzw. zwischen den Enden der Stäbe!

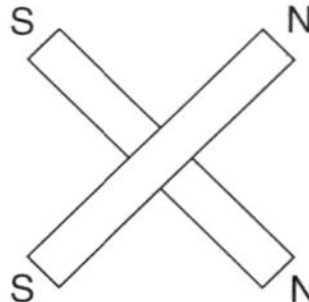

3. Wie können Sie die Richtung des magnetischen Feldes bestimmen, wenn Sie wissen, in welche Richtung der erzeugende Strom fließt?

4. Erläutern Sie die Tatsache, dass das stationäre magnetische Feld an geladenen Teilchen keine Arbeit verrichten kann!

5. Wie wird der Vektor der magnetischen Flussdichte definiert?

6. Wie groß ist die Kraft auf einen stromdurchflossenen Draht im *homogenen* Magnetfeld? Anfangs- und Endpunkt des Drahtes liegen in einer Ebene senkrecht zum Feld, ihre Distanz ist konstant L. Erläutern Sie die Tatsache, dass die Gesamtkraft auf den Draht unabhängig von der geometrischen Form der Verbindung ist! Gilt dies auch im inhomogenen Magnetfeld?

Lernzyklus 5.2

Studienziele

Nach dem Durcharbeiten dieses Lernzyklus sollen Sie in der Lage sein,

- das Drehmoment auf eine Stromschleife im magnetischen Feld zu berechnen;
- den magnetischen Dipol zu beschreiben und sein Verhalten im magnetischen Feld anzugeben;
- die Energie eines Dipols im Feld zu berechnen;
- einen Versuch zur Bestimmung der magnetischen Flussdichte in Abhängigkeit vom Strom durch einen geraden Leiter zu beschreiben;
- das Versuchsergebnis zu diskutieren und zu interpretieren;
- die Definition der magnetischen Feldstärke wiederzugeben;
- das Durchflutungsgesetz zu formulieren und anzuwenden;
- einen Versuch zur Nachprüfung des Durchflutungsgesetzes zu beschreiben;
- die Definition der Einheit der elektrischen Stromstärke wiederzugeben;
- das Gesetz von Biot-Savart auf einfache Leiteranordnungen anzuwenden.

5.4 Drehmoment auf eine stromdurchflossene Leiterschleife im Magnetfeld – der magnetische Dipol

Wir wenden nun die Gl. (5.7) auf eine vom Strom I durchflossene Leiterschleife im Magnetfeld an (s. Bild 5.7). Der Einfachheit halber wählen wir sie in rechteckiger

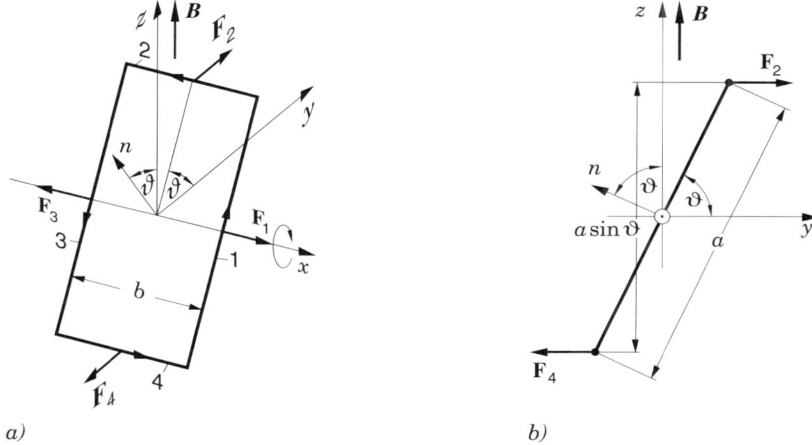

Bild 5.7: *Drehbare Leiterschleife im homogenen Magnetfeld*

Form. Der Normalenvektor $\boldsymbol{n}$ auf der Fläche der Schleife – bei Drehung der Schleife um ihre Achse im Umlaufsinn des Stromes gibt er die Bewegungsrichtung einer Rechtsschraube an – bildet mit der z-Achse den Winkel ϑ. Die Abmessungen der Schleife sind die Breite a und die Länge b. Die Stromzuführung zur Schleife möge durch zwei isolierte, eng beieinander liegende und miteinander verdrillte Drähte erfolgen. Da in beiden Drähten entgegengesetzt gleiche Ströme fließen, ist die magnetische Gesamtkraft auf diese Zuführung gleich Null. Die Kräfte, die auf die Leiterschleife wirken, sind im Bild 5.7a dargestellt. Die Kräfte an den Abschnitten 1 und 3 bzw. 2 und 4 sind jeweils gleich, aber entgegengesetzt gerichtet. Die Gesamtkraft als Summe der Kräfte $\boldsymbol{F}_1$ bis $\boldsymbol{F}_4$ ist somit gleich Null. Im homogenen Feld ist damit keine Kraft vorhanden, die bestrebt ist, die Schleife in eine translatorische Bewegung zu versetzen. Die Wirkungslinien der Kräfte $\boldsymbol{F}_1$ und $\boldsymbol{F}_3$ sind gleich, nicht aber die der Kräfte $\boldsymbol{F}_2$ und $\boldsymbol{F}_4$.

$\boldsymbol{F}_2$ und $\boldsymbol{F}_4$ bilden ein Kräftepaar mit einem mechanischen Drehmoment, das die Schleife um die x-Achse zu drehen sucht (im Bild 5.7 b im Uhrzeigersinn). Der Abstand der betragsmäßig gleichen Kräfte $\boldsymbol{F}_2$ und $\boldsymbol{F}_4$ beträgt $a \sin\vartheta$. Somit ist das Drehmoment durch

$$T = |\boldsymbol{F}_2| a \sin\vartheta \tag{5.8}$$

gegeben. Für den Betrag der Kraft $\boldsymbol{F}_2$ erhält man $|\boldsymbol{F}_2| = b|I||\boldsymbol{B}|$. Somit ergibt sich für das Drehmoment

$$T = ab|I||\boldsymbol{B}|\sin\vartheta\ . \tag{5.9}$$

Die Richtung des Drehmomentenvektors stimmt überein mit der Richtung des Vektors, der sich aus dem Kreuzprodukt von $\boldsymbol{n}$ mit $\boldsymbol{B}$ ergibt. Da mit $|\boldsymbol{n}| = 1$ der Betrag von $\boldsymbol{n} \times \boldsymbol{B}$ durch $|\boldsymbol{B}||\sin\vartheta|$ gegeben ist, können wir mit Gl. (5.9) den Vektor $\boldsymbol{T}$ durch

$$\boldsymbol{T} = abI(\boldsymbol{n} \times \boldsymbol{B}) \tag{5.10}$$

darstellen. Das Produkt $a{\cdot}b$ gibt die Fläche A der Schleife an. Wir erweitern nun diese Anordnung, indem wir N solcher Drahtschleifen vorsehen, d. h., es möge eine Spule mit N Windungen in der Form der einzelnen Drahtschleife vorliegen. Durch jede Windung dieser Spule fließt der Strom I, und auf jede Windung wirken die gleichen Kräfte wie auf die einzelne Schleife. Das gesamte Drehmoment auf die Spule ist somit gleich dem N-fachen des Drehmomentes der Gl. (5.10). Wir definieren nun einen Vektor $\boldsymbol{m}$ gemäß

Magnetisches Dipolmoment

$$\boldsymbol{m} = ANI\boldsymbol{n} \tag{5.11}$$

und können mit ihm das Drehmoment auf die Spule durch

$$\boldsymbol{T} = \boldsymbol{m} \times \boldsymbol{B} \tag{5.12}$$

angeben. Es kann gezeigt werden, dass diese Gleichung für alle flachen Spulen mit beliebiger Form der Querschnittsfläche A gilt. Diese Gleichung entspricht in ihrem Aufbau der Gleichung für das Drehmoment, das auf einen elektrischen Dipol in einem elektrischen Feld ausgeübt wird. Wir können daher die Stromschleife als *magnetischen Dipol* auffassen. Ihr Verhalten im magnetischen Feld wird durch ihr *magnetisches Dipolmoment* $\boldsymbol{m}$ beschrieben. Es muss dabei aber beachtet werden, dass entweder das Feld homogen oder die Spule so klein ist, dass die Änderung des Feldes im Bereich der Spule vernachlässigt werden kann. Ist die Spule im Feld beweglich, so richtet sie sich so aus, dass die Normale $\boldsymbol{n}$ bzw. ihr Dipolmoment in Richtung des Vektors $\boldsymbol{B}$ zeigt. Das ist das gleiche Verhalten, wie wir es von der Magnetnadel und von den Eisenfeilspänen her kennen. Um das Verhalten der Spule mit den Mitteln zu beschreiben, die für Permanentmagnete üblich sind, können wir die eine Seite der Spule als Südpol und die andere als Nordpol charakterisieren. Der Vektor $\boldsymbol{n}$ ist vom Süd- zum Nordpol hin gerichtet. Umgekehrt können wir vermuten, dass die Wirkung der Permanentmagnete auch auf nichts anderes als auf elektrische Kreisströme, also – allgemein gesagt – bewegte Ladungen, zurückzuführen ist.[4)] Es ist ja nicht möglich, die Pole zu isolieren und damit magnetische Ladungen zu finden. Wir werden diese Vorstellung später weiter ausbauen.

4 Von *Ampère* 1821 als Hypothese aufgestellt.
Ampère, Andrè Marie, 1775-1836, französischer Physiker und Mathematiker.

Um den Dipol gegen das Drehmoment in eine neue Richtung zu drehen, muss Arbeit verrichtet werden. Umgekehrt wird Energie frei, wenn die Drehung durch das Drehmoment erfolgt.

Dipolenergie

Der Dipol speichert potentielle Energie (W), die von seiner Lage im Feld abhängt. Den Wert Null für W können wir für eine beliebige Lage festlegen. Wir setzen $W = 0$ für $\vartheta = 90°$. Zunächst betrachten wir allgemein den Zusammenhang zwischen der differentiellen Arbeit $\mathrm{d}W$ und dem Drehmoment T eines Kräftepaares. Wird der Winkel ϑ im Bild 5.7 b um $\mathrm{d}\vartheta$ vergrößert, dann werden die Angriffspunkte der Kräfte $\boldsymbol{F}_2$ und $\boldsymbol{F}_4$ auf einem Kreis um jeweils die Wegstrecke $\frac{1}{2}a\mathrm{d}\vartheta$ verschoben. Die Kraft, die der Verschiebung entgegenwirkt, ist $|\boldsymbol{F}_2|\sin\vartheta$ bzw. $|\boldsymbol{F}_4|\sin\vartheta$ (Projektionen von $\boldsymbol{F}_2$ und $\boldsymbol{F}_4$ auf den Weg).

Somit ist

$$\begin{aligned} \mathrm{d}W &= \frac{1}{2}a|\boldsymbol{F}_2|\sin\vartheta\mathrm{d}\vartheta + \frac{1}{2}a|\boldsymbol{F}_4|\sin\vartheta\mathrm{d}\vartheta \\ &= a|\boldsymbol{F}_2|\sin\vartheta\mathrm{d}\vartheta\ , \end{aligned} \tag{5.13}$$

d. h., wegen Gl. (5.8) ist

$$\mathrm{d}W = T\mathrm{d}\vartheta\ . \tag{5.14}$$

Das Drehmoment T in Gl. (5.14) ist mit einem Vorzeichen entsprechend dem Vorzeichen von $\sin\vartheta$ behaftet. Wir haben nämlich zu berücksichtigen, ob es der Drehbewegung entgegenwirkt oder ob es sie fördert. Die insgesamt zu verrichtende Arbeit bei Drehung der Anordnung von $\vartheta = \vartheta_1$ bis $\vartheta = \vartheta_2$ erhält man durch Integration

$$W = \int_{\vartheta_1}^{\vartheta_2} T(\vartheta)\mathrm{d}\vartheta\ . \tag{5.15}$$

Die Arbeit, die wir bei Drehung des Dipols verrichten, speichert dieser als potentielle Energie. Somit gilt mit Gl. (5.12)

$$W = \int_{\pi/2}^{\vartheta} T(\vartheta)\mathrm{d}\vartheta = \int_{\pi/2}^{\vartheta} |\boldsymbol{m}||\boldsymbol{B}|\sin\vartheta\mathrm{d}\vartheta = -|\boldsymbol{m}||\boldsymbol{B}|\cos\vartheta\ .$$

Das Ergebnis können wir nun in Vektorschreibweise mit Hilfe des skalaren Produktes in folgender Form schreiben:

$$W = -\boldsymbol{m}\boldsymbol{B}\ . \tag{5.16}$$

Für den elektrischen Dipol im elektrischen Feld kann analog die Beziehung

$$W = -\boldsymbol{p}\boldsymbol{E} \tag{5.17}$$

aufgestellt werden.

5.5 Die Erregung des magnetischen Feldes

In den vorangegangenen Abschnitten haben wir das magnetische Feld in seiner Wirkung beschrieben und eine Möglichkeit angegeben, es quantitativ zu erfassen. Dazu haben wir aus der Kraftwirkung den Vektor der magnetischen Flussdichte definiert. Wir sind bislang aber noch nicht der Frage genauer nachgegangen, wie das magnetische Feld erregt wird. Wir wissen zwar, dass magnetische Felder von elektrischen Strömen verursacht werden, doch kennen wir noch nicht den quantitativen Zusammenhang. Die zu behandelnden Fragen lauten:

Problemstellung

1. Welcher quantitative Zusammenhang besteht zwischen einem elektrischen Strom der Stromdichte $\boldsymbol{J}$ oder der Stärke I und dem Vektor der durch ihn verursachten magnetischen Flussdichte $\boldsymbol{B}$ an einem beliebigen Ort im Feld?
2. Erzeugt der Strom die magnetische Flussdichte durch Nahewirkung oder durch Fernwirkung?

Wir wollen schrittweise vorgehen und betrachten zunächst ein einfaches Beispiel, für das wir den Zusammenhang gemäß Frage 1 auf experimentelle Weise finden können.

5.5.1 Das magnetische Feld eines geraden Stromfadens

Wir wollen den Zusammenhang zwischen der Stärke des Stromes in einem relativ dünnen geraden Leiter – wir sprechen deshalb auch von einem geraden Stromfaden – und der magnetischen Flussdichte im Abstand r von diesem Leiter (s. Bild 5.8) bestimmen.

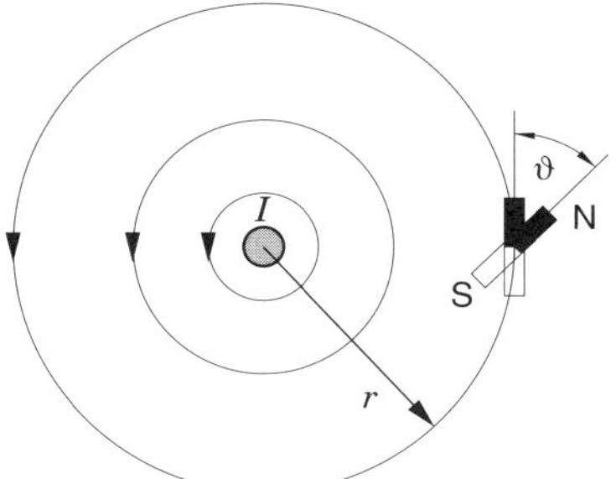

Bild 5.8: *Magnetischer Dipol im Feld eines Stromfadens*

Von diesem Feld wissen wir bereits, dass die Linien der magnetischen Flussdichte konzentrisch um den Stromfaden herum verlaufen. Wir können dies aber hier noch einmal prüfen. Auch die Zuordnung von Stromrichtung und Richtung des Vektors der magnetischen Flussdichte ist uns bekannt. Damit brauchen wir nur noch die Abhängigkeit des Betrages von $\boldsymbol{B}$ von den zur Verfügung stehenden Größen zu untersuchen. Diese Größen sind

1. der Abstand r vom Leiter,
2. die Stärke I des elektrischen Stromes.

Diese Abhängigkeit muss auf experimentellem Weg gefunden werden. Die Ausführung des Experiments soll im Folgenden überlegt und beschrieben werden.

Experiment

Gemessen werden soll die Größe $\boldsymbol{B}$. Das kann nicht unmittelbar geschehen. Wir müssen deshalb eine Messgröße wählen, die leicht messbar ist und die in leicht auswertbarer und bekannter Weise mit $\boldsymbol{B}$ in Beziehung steht.
Dazu erinnern wir uns, dass das magnetische Feld auf einen magnetischen Dipol ein mechanisches Moment gemäß

$$|\boldsymbol{T}| = |\boldsymbol{m}||\boldsymbol{B}| \sin \vartheta$$

ausübt. Wir bringen deshalb einen kleinen Dipol, z. B. eine kleine Magnetnadel, ins Feld und verdrehen ihn um den Winkel ϑ aus der Gleichgewichtslage, in die er sich, wenn keine anderen Kräfte als nur die des Feldes wirken, einstellt. Die Gleichgewichtslage gibt die Richtung des magnetischen Feldes an.

Um den Dipol in der Stellung ϑ zu halten, benötigen wir ein Gegenmoment, das wir z. B. mit einer Spiralfeder aufbringen können. Ihre Verdrehung gibt uns die Größe von $|\boldsymbol{T}|$ an, aus der dann $|\boldsymbol{B}|$ berechnet werden kann. Da uns nur die relative Abhängigkeit interessiert, brauchen wir nicht einmal das Dipolmoment $|\boldsymbol{m}|$ zu kennen. Wichtig ist nur, dass es konstant ist.

Wir finden die folgenden Ergebnisse:

1. Die Gleichgewichtslage der Magnetnadel ist stets senkrecht zum Radiusstrahl, der vom Leiter zur Magnetnadel führt, d. h., die Linien der magnetischen Flussdichte sind konzentrische Kreise um den Leiter. Auf einem solchen Kreis ist $|\boldsymbol{B}|$ überall gleich groß. Dies kann infolge der Symmetrie auch nicht anders sein.
2. Auf zwei verschiedenen Kreisen mit den Radien r_1 bzw. r_2 verhalten sich die Beträge der magnetischen Flussdichten $\boldsymbol{B}_1$ und $\boldsymbol{B}_2$ umgekehrt zueinander wie die Radien.
3. Wird der Strom I geändert, so ändert sich die magnetische Flussdichte dazu proportional.

Diese Ergebnisse können wir in einer Gleichung zusammenfassen. Sie lautet

Ergebnis

$$|\boldsymbol{B}| = k\frac{I}{r} \ . \tag{5.18}$$

Die Wahl der Proportionalitätskonstanten ist im Prinzip noch frei. Deshalb kann diese eben gefundene Beziehung mittelbar zur Definition der Einheit der elektrischen Stromstärke verwendet werden, was nach heutigem Stand der Normung auch getan wird. Die Proportionalitätskonstante im Coulomb'schen Gesetz (s. Gl. (1.3)) ist dann nicht mehr frei wählbar. Ihre Bestimmung (bzw. die von ε_0) wird weiter unten angegeben. In Gl. (1.26) wurde das Ergebnis lediglich vorweggenommen.

Man setzt

$$k = \frac{\mu_0}{2\pi} \quad \text{mit} \quad \mu_0 = 4\pi 10^{-7} \frac{\mathsf{Vs}}{\mathsf{Am}} \ . \tag{5.19}$$

μ_0 nennt man die *Permeabilitätskonstante* oder einfach Permeabilität des Vakuums. Die Gl. (5.18) schreiben wir jetzt vollständig als[5)]

Magnetfeld eines stromdurchflossenen Leiters

$$B = \mu_0 \frac{I}{2\pi r} \ . \tag{5.20}$$

Wie die Definition der Einheit Ampere genau erfolgt und welche übergeordneten physikalischen Grundtatsachen diese Definition sinnvoll machen, werden wir im Abschnitt 5.6 angeben.

5.5.2 Die magnetische Feldstärke

Die Gl. (5.20), die wir für das magnetische Feld, das sich um einen stromdurchflossenen Draht herum aufbaut, gefunden haben, macht deutlich, dass zwischen dem Strom und dem Zustand des Raumes, dem magnetischen Feld, ein ursächlicher Zusammenhang besteht. Man könnte nun zu dem Schluss kommen, dass die Annahme eines besonderen Zustandes gar nicht notwendig sei. Diese Anschauung bedeutet aber, dass Ströme per Fernwirkung Kräfte aufeinander ausüben müssten. Dann müssten auch die Wirkungen an einer beliebigen Stelle im Raum augenblicklich einsetzen, wenn irgendwo anders ein Strom zu fließen beginnt. Dies entspricht aber nicht den physikalisch beobachtbaren Tatsachen. Analog zum elektrischen Feld müssen wir auch hier eine Nahewirkungstheorie fordern, die besagt:

Nicht die Ströme, sondern der Raum ist Träger magnetischer Kräfte.
Diese pflanzen sich, bei den Strömen beginnend, in den Raum hinaus fort.

Aufgrund dieser Aussage wird uns schon jetzt ein wenig einsichtig, dass die Ausbreitungsgeschwindigkeit des Lichtes oder anderer elektromagnetischer Wellen mit den Konstanten, die die Felder bestimmen, zusammenhängen kann.

---

5 Die Betragsstriche werden weggelassen. Dies ist sinnvoll, wenn die Richtung eines Vektors bekannt, aber nicht Gegenstand der Berechnungen ist. Das Vorzeichen von I kann hier z. B. noch berücksichtigt werden.

Wir wollen (und müssen!) an diesem Punkt unserer Betrachtungen der Frage nach der Art und Weise der Fortpflanzung der Kraftwirkung noch aus dem Weg gehen. Wir können dies, indem wir an dem Ort, an dem wir das magnetische Feld betrachten, einen Vektor definieren, der für die Erregung des magnetischen Feldes verantwortlich sein soll. Wir setzen

Definition des Vektors $\boldsymbol{H}$

$$\boldsymbol{B} = \mu_0 \boldsymbol{H} \; , \tag{5.21}$$

wobei $\boldsymbol{H}$ dieser Vektor der magnetischen Erregung sein soll. Historisch bedingt, wird er allerdings als *magnetische Feldstärke* bezeichnet. Man hat früher nämlich $\boldsymbol{H}$ als den der elektrischen Feldstärke $\boldsymbol{E}$ analogen Feldvektor angesehen. Da $\boldsymbol{B}$ und $\boldsymbol{H}$ jeweils am gleichen Ort vorhanden sein sollen, können Ursache ($\boldsymbol{H}$) und Wirkung ($\boldsymbol{B}$) auch gleichzeitig existieren, ohne dass es zu Schwierigkeiten kommt. Für den geraden stromführenden Draht erhalten wir aus Gl. (5.20) die magnetische Feldstärke

$$H = \frac{I}{2\pi r} \; . \tag{5.22}$$

Aus dieser Gleichung erhalten wir leicht die Einheit der magnetischen Feldstärke. Es ist

$$[H] = \frac{[I]}{[r]} = \frac{\mathsf{A}}{\mathsf{m}} \; .$$

Für die Einheit $\mathsf{A/m}$ gibt es keinen besonderen Namen.

Außerdem erkennen wir, wie sich die Erregung aus dem Strom bestimmt und wie sie vom Abstand zum Draht abhängt. In Abhängigkeit vom Strom ändert sie sich linear. Mit dem Abstand nimmt sie umgekehrt proportional ab. Wir erkennen aber noch mehr. Zunächst sei festgestellt, dass die Linien des Vektors $\boldsymbol{H}$, die magnetischen Feldlinien, wegen Gl. (5.21) ebenso wie die Linien von $\boldsymbol{B}$ konzentrische Kreise (k. K.) um den Stromleiter bilden. $2\pi r$ ist nun gerade der Umfang eines solchen Kreises mit dem Radius r. Die magnetische Erregung hat also gerade den Wert des Belages des hier gleichmäßig auf den Umfang des Kreises, d. h. auf die Feldlinie, verteilten Stromes. Bestimmen wir umgekehrt das Linienintegral der magnetischen Feldstärke auf dem Kreis, dann ergibt sich der Wert des Stromes I im Draht, der Gesamtwert der Erregung. In eine Gleichung gefasst, sieht das so aus (Erläuterung s. Bild 5.9 a):

$$\int\limits_{(\text{k. K.})} \boldsymbol{H} \mathrm{d}\boldsymbol{s}_\mathrm{k} = \int\limits_{(\text{k. K.})} |\boldsymbol{H}||\mathrm{d}\boldsymbol{s}_\mathrm{k}| = |\boldsymbol{H}| r \int\limits_0^{2\pi} \mathrm{d}\varphi = \frac{I}{2\pi} \int\limits_0^{2\pi} \mathrm{d}\varphi = I \; .$$

Der vorletzte Schritt dieser Entwicklung zeigt, dass unabhängig vom Radius jeder Kreisbogenabschnitt mit dem Winkel $d\varphi$ den gleichen Teilbeitrag $I\mathrm{d}\varphi/2\pi$ zum Ergebnis beiträgt. Wir können deshalb das Ergebnis für einen beliebigen Weg der Integration verallgemeinern:

$$\oint \boldsymbol{H} \mathrm{d}\boldsymbol{s} = I \; . \tag{5.23}$$

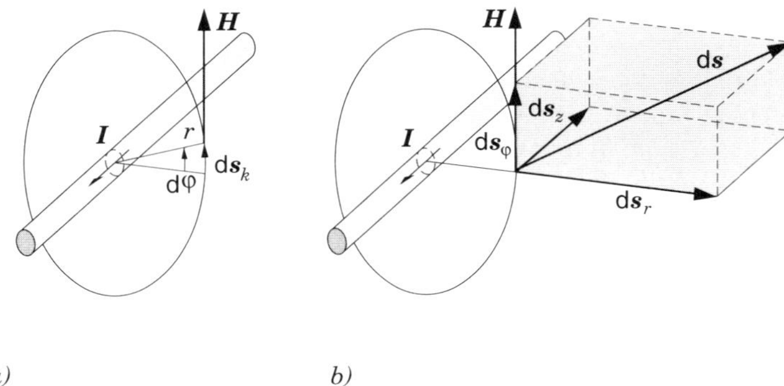

a) b)

Bild 5.9: *Zur Bestimmung des Linienintegrals von* $\boldsymbol{H}$

Das Linienintegral der magnetischen Feldstärke ist bei einer einmaligen Umkreisung des Drahtes gleich der Stromstärke im Draht.

Diese Behauptung wollen wir noch einmal genauer beweisen. Das kann folgendermaßen geschehen: Bei einem beliebigen geschlossenen Umlauf um den Draht zerlegen wir das Wegelement $\mathrm{d}\boldsymbol{s}$ in die drei orthogonalen Vektoren $\mathrm{d}\boldsymbol{s}_r$, $\mathrm{d}\boldsymbol{s}_\varphi$ und $\mathrm{d}\boldsymbol{s}_z$ (s. Bild. 5.9 b), wobei $\mathrm{d}\boldsymbol{s}_z$ parallel zum Draht gerichtet ist. Es ist

$$\mathrm{d}\boldsymbol{s} = \mathrm{d}\boldsymbol{s}_r + \mathrm{d}\boldsymbol{s}_\varphi + \mathrm{d}\boldsymbol{s}_z \ .$$

Das Produkt $\boldsymbol{H}\mathrm{d}\boldsymbol{s}$ des Linienintegrals besteht entsprechend aus drei Summanden:

$$\boldsymbol{H}\mathrm{d}\boldsymbol{s} = \boldsymbol{H}\mathrm{d}\boldsymbol{s}_r + \boldsymbol{H}\mathrm{d}\boldsymbol{s}_\varphi + \boldsymbol{H}\mathrm{d}\boldsymbol{s}_z \ .$$

Der erste und der letzte Summand sind jeweils für sich allein identisch Null, denn $\boldsymbol{H}$ und $\mathrm{d}\boldsymbol{s}_r$ sowie $\boldsymbol{H}$ und $\mathrm{d}\boldsymbol{s}_z$ stehen jeweils senkrecht aufeinander. Mit $|\mathrm{d}\boldsymbol{s}_\varphi| = r\mathrm{d}\varphi$ ist

$$\boldsymbol{H}\mathrm{d}\boldsymbol{s}_\varphi = |\boldsymbol{H}||\mathrm{d}\boldsymbol{s}_\varphi| = \frac{I}{2\pi}\mathrm{d}\varphi \ .$$

Da die Aufintegration aller $\mathrm{d}\varphi$ bei einem geschlossenen Umlauf um den Draht 2π ergibt, ist der Beweis erbracht.

Geschlossener Weg ohne Leiter

Wir untersuchen nun den Fall, dass der geschlossene Weg den Strom nicht umschließt. Dazu betrachten wir den Weg im Bild 5.10, der der Einfachheit halber in der zum Draht senkrechten Ebene liegen soll. Der Weg soll in der durch den Pfeil angezeigten Richtung durchlaufen werden. Für die durch die beiden Strahlen mit dem Winkel $\mathrm{d}\varphi$ festgelegten Wegabschnitte $\mathrm{d}\boldsymbol{s}_1$ und $\mathrm{d}\boldsymbol{s}_2$ gilt analog zu vorhin

$$\begin{aligned} \boldsymbol{H}_2\mathrm{d}\boldsymbol{s}_2 &= \frac{I\mathrm{d}\varphi}{2\pi} \ , \\ \text{aber} \quad \boldsymbol{H}_1\mathrm{d}\boldsymbol{s}_1 &= \frac{-I\mathrm{d}\varphi}{2\pi} \ . \end{aligned}$$

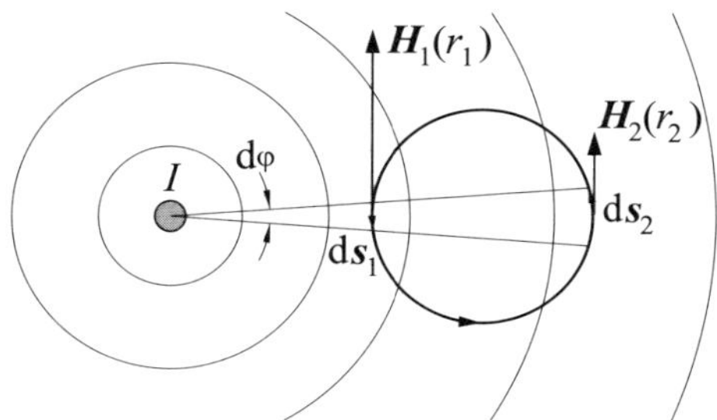

Bild 5.10: *Zum Linienintegral der magnetischen Feldstärke für einen Weg, bei dem der Leiter nicht umschlossen wird*

Die Summe der beiden Teilbeträge ist Null. Da der gesamte Weg in solche aufeinander abgestimmte Wegabschnitte zerlegt werden kann, ergibt sich auch für das gesamte Linienintegral der Wert Null, was nicht anders zu erwarten war.

Mehrere gerade Leiter

Es sollen nun mehrere gerade Leiter vorliegen (s. Bild 5.11), die von unterschiedlichen Strömen durchflossen werden.

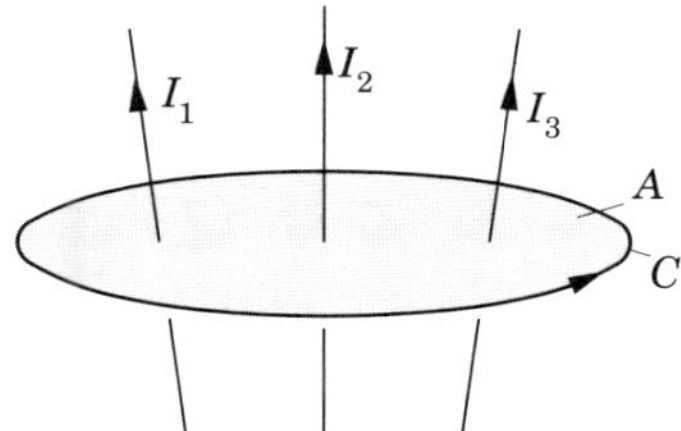

Bild 5.11: *Zum Linienintegral der magnetischen Feldstärke bei mehreren geraden Leitern*

Jeder Leiter erzeugt ein seinem Strom direkt proportionales Feld. Diese Felder überlagern sich linear zum Gesamtfeld $\boldsymbol{B} = \boldsymbol{B}_1 + \boldsymbol{B}_2 + \boldsymbol{B}_3$. Wegen des linearen Zusammenhangs zwischen $\boldsymbol{B}$ und $\boldsymbol{H}$ gemäß der Gl. (5.21) kann auch für die Erregung

$$\boldsymbol{H} = \boldsymbol{H}_1 + \boldsymbol{H}_2 + \boldsymbol{H}_3$$

geschrieben werden. Das Linienintegral entlang C für jede Erregung $\boldsymbol{H}$ ergibt den jeweils dazugehörigen Wert I. Deshalb ergibt sich für das Linienintegral der Gesamterregung

$$\oint_C \boldsymbol{H}\mathrm{d}\boldsymbol{s} = \oint_C \boldsymbol{H}_1\mathrm{d}\boldsymbol{s} + \oint_C \boldsymbol{H}_2\mathrm{d}\boldsymbol{s} + \oint_C \boldsymbol{H}_3\mathrm{d}\boldsymbol{s} = I_1 + I_2 + I_3 \ ,$$

d. h. die Summe der durch die von der Randkurve berandete Fläche hindurchtretenden Ströme.

5.5.3 Die magnetische Spannung

Begriffsdefinition

Ehe wir in den Betrachtungen fortfahren, wollen wir in Analogie zum elektrischen Feld einen Begriff einführen und definieren. Das Linienintegral der elektrischen Feldstärke zwischen zwei Punkten bezeichnet man als elektrische Spannung. Analog dazu führt man für das Linienintegral der magnetischen Feldstärke zwischen zwei Punkten den Begriff *magnetische Spannung* (Formelzeichen V_{m}) ein:

$$V_{\mathrm{m}} = \int_{\mathrm{P}_1}^{\mathrm{P}_2} \boldsymbol{H} \mathrm{d}\boldsymbol{s} \; . \tag{5.24}$$

Die Einheit der magnetischen Spannung ist wegen $[V_{\mathrm{m}}] = [H][\mathrm{d}s]$ das Ampere. Wird das Linienintegral für einen geschlossenen Weg bestimmt, bezeichnet man die dazugehörige magnetische Spannung als magnetische *Randspannung* (Formelzeichen $\overset{\circ}{V}_m$); denn der Weg kann als Rand der von ihm umschlossenen Fläche aufgefasst werden. Die magnetische Randspannung ist im Gegensatz zur *elektrischen Randspannung* im Allgemeinen ungleich Null.

5.5.4 Das Durchflutungsgesetz

Bei den Untersuchungen im Abschnitt 5.5.2 war der Leiter gerade angenommen worden. Bestimmt man nun das magnetische Feld einer beliebig geformten Leiterschleife (s. Bild 5.12), so findet man ebenfalls eine zur Stromstärke I proportionale Abhängigkeit. Für die magnetische Randspannung längs einer Kurve C, die die Leiterschleife umschlingt, erhält man auch hier das Ergebnis

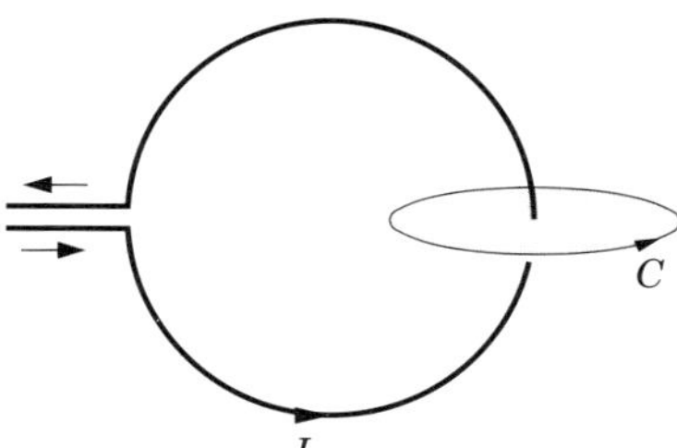

Bild 5.12: *Magnetische Randspannung bei einer beliebig geformten Leiterschleife*

$$\oint \boldsymbol{H} \mathrm{d}\boldsymbol{s} = I \; .$$

Diese Ergebnisse erlauben uns eine allgemeine Formulierung des Zusammenhangs zwischen dem Erregervektor $\boldsymbol{H}$ des magnetischen Feldes und den Strömen I, den eigentlichen Quellen: Es sei C eine beliebige Randkurve. Durch die von dieser Randkurve begrenzte Fläche A mögen Ströme der Gesamtstromstärke Θ hindurchfließen.

Begriffsdefinition

Dann bezeichnet man Θ als die *mit der Randkurve verkettete Durchflutung.*

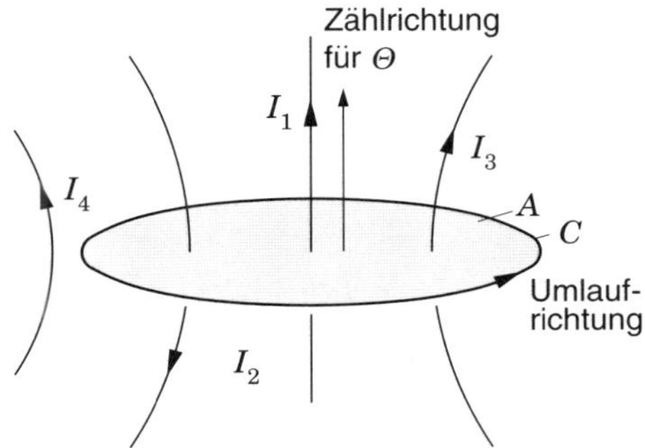

Bild 5.13: *Zum Durchflutungsgesetz*

Das sogenannte Durchflutungsgesetz lautet nun:

> Die magnetische Randspannung,
> die auf einer beliebigen Randkurve gebildet wird,
> ist gleich der mit dieser Randkurve verketteten Durchflutung.

Mathematisch ausgedrückt, lautet es

$$\overset{\circ}{V}_{\mathrm{m}} = \oint_{\mathrm{C}} \boldsymbol{H} \mathrm{d}\boldsymbol{s} = \Theta \ . \tag{5.25}$$

Dabei muss noch beachtet werden, dass die Zählrichtung für die Durchflutung und die Umlaufrichtung längs des Randes einander richtig zugeordnet werden: Beide müssen zusammen eine Rechtsschraube bilden (s. Bild 5.13). Wird die Durchflutung Θ wie im Bild 5.13 durch einzelne Teilströme gebildet, dann ist sie unter Beachtung der Zählrichtung durch

$$\Theta = \sum I \tag{5.26}$$

gegeben. Im dargestellten Fall ist $\Theta = I_1 - I_2 + I_3$. Der Strom kann sich aber auch nach irgendeiner Verteilungsfunktion über die gesamte Fläche verteilen. In diesem Fall erhält man die Durchflutung durch Integration der Stromdichte über die Fläche A

$$\Theta = \iint_A \boldsymbol{J} \mathrm{d}\boldsymbol{A} \ . \tag{5.27}$$

Der Flächenvektor d$\boldsymbol{A}$ zeigt in Zählrichtung der Durchflutung. Als *allgemeine Form des* *Durchflutungsgesetzes* *schreibt man deshalb*

$$\oint_C \boldsymbol{H} \mathrm{d}\boldsymbol{s} = \iint_A \boldsymbol{J} \mathrm{d}\boldsymbol{A} \ . \tag{5.28}$$

Dabei ist C der Rand von A. Später werden wir sehen, dass Gl. (5.28) streng nur für zeitlich konstante Ströme bzw. Felder gültig ist.

5.5.5 Beispiele zum Durchflutungsgesetz

5.5.5.1 Das magnetische Feld im Inneren einer langen Zylinderspule

Als erstes Beispiel betrachten wir das Feld im Inneren einer zylindrischen Spule, auch als *Solenoid* bezeichnet. Im Bild 5.14 ist sie im Längsschnitt dargestellt. Pro Längeneinheit sollen n Windungen ohne Zwischenraum nebeneinander gewickelt sein, entweder einlagig wie im Bild oder auch mehrlagig. Der Strom im Draht habe die Stärke I. Wir nehmen an, dass die Spule im Verhältnis zu ihrem Durchmesser sehr lang sei. Für unsere theoretischen Betrachtungen nehmen wir sie sogar als unendlich lang an.

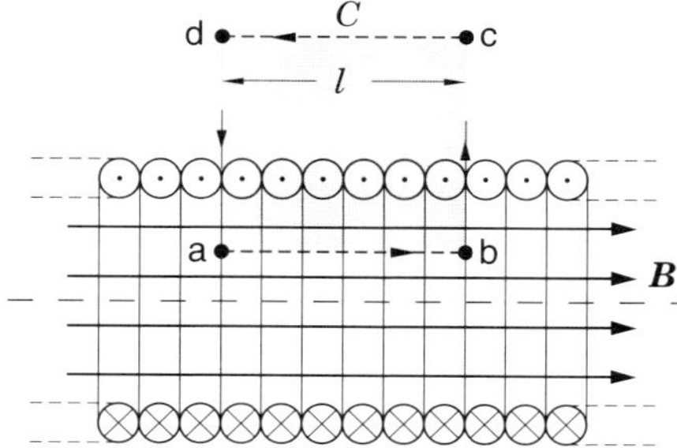

Bild 5.14: *Längsschnitt durch eine lange zylindrische Spule*

Dann ist nämlich das Feld im Außenraum gleich Null. Abgesehen von geringen Abweichungen in der unmittelbaren Nähe der Drahtwindungen ist das Feld im Inneren der Spule praktisch homogen. Es hat die eingezeichnete Richtung.

Nun wenden wir das Durchflutungsgesetz auf die rechteckförmige Randkurve C an. Das Linienintegral der magnetischen Feldstärke wird längs dieses Weges in der angegebenen Richtung gebildet. Es ist

$$\int \boldsymbol{H} \mathrm{d}\boldsymbol{s} = \int_{\mathrm{a}}^{\mathrm{b}} \boldsymbol{H} \mathrm{d}\boldsymbol{s} + \int_{\mathrm{b}}^{\mathrm{c}} \boldsymbol{H} \mathrm{d}\boldsymbol{s} + \int_{\mathrm{c}}^{\mathrm{d}} \boldsymbol{H} \mathrm{d}\boldsymbol{s} + \int_{\mathrm{d}}^{\mathrm{a}} \boldsymbol{H} \mathrm{d}\boldsymbol{s} .$$

Von den vier Anteilen ist nur der erste von Null verschieden. Der dritte ist Null, weil $\boldsymbol{H}$ im Außenraum Null ist. Der zweite und der vierte sind Null, weil $\mathrm{d}\boldsymbol{s}$ und $\boldsymbol{H}$ (soweit überhaupt vorhanden) senkrecht aufeinander stehen. Längs des Weges von a nach b haben $\boldsymbol{H}$ und $\mathrm{d}\boldsymbol{s}$ die gleiche Richtung. Außerdem ist $\boldsymbol{H}$ dort überall gleich, denn das Rechteck kann entlang der Achse beliebig verschoben werden, ohne dass sich das Bild ändert. Somit ist

$$\oint \boldsymbol{H} \mathrm{d}\boldsymbol{s} = H \int_{\mathrm{a}}^{\mathrm{b}} \mathrm{d}s = Hl .$$

Die Durchflutung durch die Randkurve C ist gleich $N \cdot I$, wobei N die Zahl der Windungen der Spule ist, die von der Randkurve umschlossen werden. Wegen dieses Produktes Strom mal Windungszahl wird mitunter an die Einheit der Durchflutung noch das Wort *Windungen* angehängt. Es ist aber 1 Amperewindung = 1 A, weil N eine dimensionslose Zahl ist. Als Ergebnis für die magnetische Feldstärke erhalten wir mit dem Durchflutungsgesetz

$$H = \frac{NI}{l} = nI \; , \tag{5.29}$$

wobei $n = N/l$, wie schon angegeben, die längenbezogene Windungszahl der Spule ist. Durch Multiplikation mit μ_0 erhalten wir auch sofort die Größe der magnetischen Flussdichte $\boldsymbol{B}$.

5.5.5.2 Das magnetische Feld eines zylindrischen Drahtes endlicher Dicke

Als zweites Beispiel für die Anwendung des Durchflutungsgesetzes berechnen wir das magnetische Feld eines endlich dicken zylindrischen Drahtes mit kreisförmigem Querschnitt (s. Bild 5.15).

Der Gesamtstrom habe die Stärke I und sei gleichmäßig über den Querschnitt verteilt. Die Symmetrie ergibt, dass die Linien der magnetischen Flussdichte und der Feldstärke konzentrische Kreise sind. Auf jedem dieser Kreise sind B und H kon-

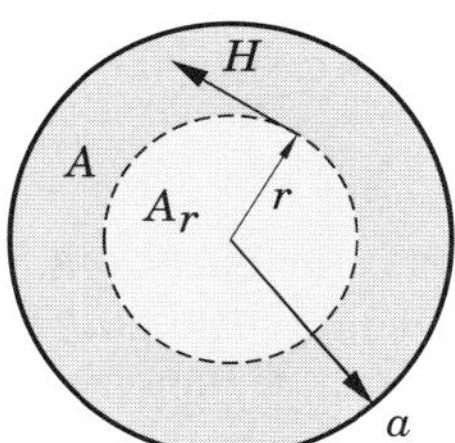

Bild 5.15: *Zur Berechnung des magnetischen Feldes im Inneren eines stromdurchflossenen Drahtes*

stant. Die Durchflutung durch den gestrichelten Kreis im Bild 5.15 verhält sich zum Gesamtstrom I wie die Fläche A_r des gestrichelten Kreises zur Querschnittsfläche A des Drahtes. Für die beiden Integrale in Gl. (5.28) gilt

$$\begin{aligned} \oint \boldsymbol{H} \mathrm{d}\boldsymbol{s} &= 2\pi r H \\ \iint_A \boldsymbol{J} \mathrm{d}\boldsymbol{A} &= \frac{I}{\pi a^2} \iint_A \mathrm{d}A = I \frac{r^2}{a^2} \; . \end{aligned}$$

Somit erhalten wir für Feldstärke und magnetische Flussdichte im Inneren

$$H = \frac{r}{2\pi a^2} I \; ; \qquad B = \mu_0 \frac{r}{2\pi a^2} I \; ; \qquad r \leq a \; . \tag{5.30}$$

Außerhalb des Drahtes gelten die Gln. (5.20) und (5.22). Insgesamt ergibt sich daher eine Abhängigkeit des Betrages der magnetischen Feldstärke, wie sie im Bild 5.16 dargestellt ist. H_a ist die Feldstärke für $r = a$.

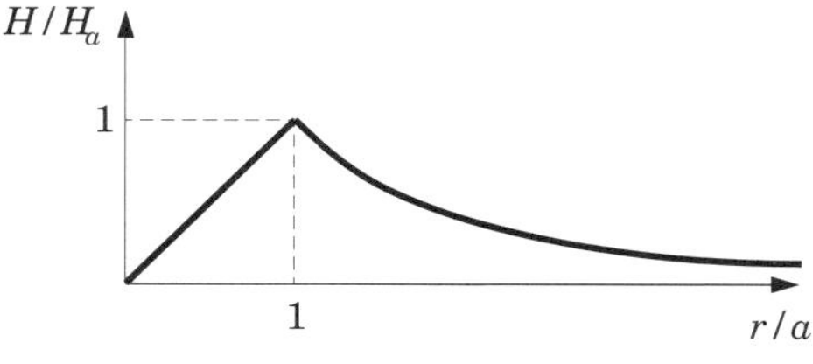

Bild 5.16: *Abhängigkeit der magnetischen Feldstärke von* r
$H_a = I/(2\pi a)$

Obwohl wir hier angenommen haben, dass der Leiter gerade und unendlich lang ist und sich der Stromkreis daher erst im Unendlichen schließt, hat das Ergebnis durchaus praktische Bedeutung. Es ist näherungsweise gültig im Inneren und in der Nähe eines Drahtes, dessen Krümmungsradius wesentlich größer als sein Durchmesser $2\,a$ ist. Ein weiterer Draht oder ein anderer Abschnitt des Stromkreises, den der Draht bildet, darf dabei nicht in der Nähe sein. Anderenfalls muss Überlagerung der Feldstärken erfolgen.

5.6 Die Kraft zwischen zwei stromdurchflossenen Leitern – Definition der Einheit für die Stromstärke

Wie schon im Abschnitt 5.5.1 angekündigt, wollen wir uns hier mit der Definition des Ampere und den damit in Verbindung stehenden physikalischen Zusammenhängen befassen.

Zunächst wollen wir die Kraft, die zwei parallel verlaufende stromdurchflossene Drähte aufgrund ihrer Magnetfelder aufeinander ausüben, berechnen. Dazu betrachten wir das Bild 5.17. Fließen die Ströme in gleicher Richtung, ziehen sich die Drähte an; fließen sie in entgegengesetzten Richtungen, stoßen sie sich ab. In beiden Fällen

Bild 5.17: *Zur Kraftwirkung zwischen zwei stromdurchflossenen Drähten*

sind die Kräfte auf die beiden Leiter entgegengesetzt gleich groß (actio gleich reactio). Mit den Gln. (5.7) und (5.20) erhalten wir für einen Abschnitt der Länge l

$$\left.\begin{aligned} F_1 &= I_1 l B_2 \\ F_2 &= I_2 l B_1 \end{aligned}\right\} = \mu_0 l \frac{I_1 I_2}{2\pi a} \,. \tag{5.31}$$

Bis auf die Einheit des Stromes sind in dieser Gleichung die Einheiten festgelegt.

Damit eignet sich diese Beziehung zur Festlegung der Einheit Ampere. Man wählt $I_1 = I_2$ und definiert:

> Das Ampere ist die Stärke eines zeitlich unveränderlichen elektrischen Stromes, der, durch zwei im Vakuum parallel im Abstand 1 m voneinander angeordnete geradlinige, unendlich lange Leiter von vernachlässigbar kleinem Querschnitt fließend, zwischen diesen Leitern je Meter Leiterlänge die Kraft $2 \cdot 10^{-7}$ Newton hervorrufen würde.[6)]

Mit dieser Festlegung der Einheit der elektrischen Stromstärke ist wegen $I = \mathrm{d}Q/\mathrm{d}t$ auch die abgeleitete Einheit Coulomb (= As) der elektrischen Ladung festgelegt. Damit ist, im Gegensatz zu μ_0 in der obigen Gleichung, das ε_0 im Coulomb'schen Gesetz nicht mehr frei wählbar, sondern muss durch Messungen bestimmt werden.

Es soll hier schon darauf hingewiesen werden, dass es praktisch nur eine Naturkonstante gibt, die das System der elektrischen und magnetischen Felder miteinander verbindet, nämlich die endliche Ausbreitungsgeschwindigkeit der elektromagnetischen Wellen (im Vakuum als *Lichtgeschwindigkeit* c geläufig). Für diese gilt

$$c = \frac{1}{\sqrt{\mu_0 \varepsilon_0}} \; . \tag{5.32}$$

Somit gilt für die Permittivität des Vakuums

$$\varepsilon_0 = \frac{1}{c^2 \mu_0} \; . \tag{5.33}$$

Für c findet man durch Messungen den Wert $2{,}997925 \cdot 10^8$ m/s.
Daraus folgt $\varepsilon_0 = 8{,}8543 \cdot 10^{-12}$ As/Vm.

5.7 Zur Bestimmung magnetischer Felder

Die bisher betrachteten Leiteranordnungen, für die wir die Felder explizite angegeben haben, waren durch eine starke Symmetrie ausgezeichnet, oder es waren aus solchen

6 Siehe auch: „Gesetz über Einheiten im Meßwesen“ vom 2.7.1969. Die angegebene Definition ist nebenbei bemerkt so gewählt worden, dass sie mit der davor gültigen Einheit Ampere, die aufgrund elektrochemischer Prozesse festgelegt worden war, ziemlich genau übereinstimmt.

zusammengesetzte Anordnungen. Die Feldgrößen konnten mit Hilfe des Durchflutungsgesetzes und der aufgrund der Symmetrie mit eingebrachten Bedingungen für das Feld bestimmt werden.

Aber schon bei der einfachen Anordnung einer kreisförmigen Drahtschleife kommen wir mit dieser Verfahrensweise nicht zum Ziel. Denn aus der Symmetrie dieser Anordnung lässt sich zu wenig über das Feld aussagen.

Zu einer genauen Berechnung des Feldes genügen aber das Durchflutungsgesetz und die Aussage, dass das Feld der magnetischen Flussdichte $\boldsymbol{B}$ ein reines *Wirbelfeld* ist, also nicht von magnetischen Ladungen ausgeht. Mathematisch wird diese Eigenschaft mit dem Gauß'schen Satz durch

Quellenfreiheit

$$\oint_A \boldsymbol{B}\mathrm{d}\boldsymbol{A} = 0 \qquad (5.34)$$

wiedergegeben.

Beispiel für ein Berechnungsverfahren

Auf allgemeine Methoden zur Berechnung kann hier nicht eingegangen werden. Lediglich für den Spezialfall eines unendlich dünnen Leiters (Linienleiter) soll eine Berechnungsformel, das sogenannte *Biot-Savart'sche Gesetz*, angegeben werden.[7] Es lässt sich aus den beiden genannten Gleichungen herleiten, wozu uns jetzt aber noch einige mathematische Kenntnisse fehlen. Wir betrachten den dünnen Draht mit dem Strom I im Bild 5.18. Der Abstand des Linienelementes dl vom Aufpunkt

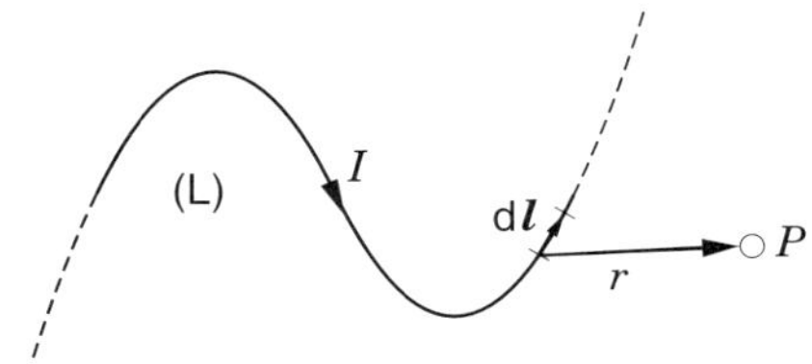

Bild 5.18: *Zur Darstellung des Gesetzes von* BIOT-SAVART
L = Linienleiter

P, in dem das Feld bestimmt werden soll, wird durch den Vektor $\boldsymbol{r}$ angegeben. Der Beitrag des Stromes I längs der Strecke $|\mathrm{d}l|$ zum Feld im Punkt P ist nun gegeben durch

$$\mathrm{d}\boldsymbol{H} = \frac{I}{4\pi}\frac{\mathrm{d}\boldsymbol{l} \times \boldsymbol{r}}{r^3} . \qquad (5.35)$$

Das gesamte Feld ergibt sich durch Aufintegration der d$\boldsymbol{H}$ zu allen d$\boldsymbol{l}$ längs des gesamten Drahtes:

7 Biot, J.-B., Savart, F., französische Physiker: Biot-Savart'sches Gesetz 1820.

Biot-Savart'sches Gesetz

$$\boldsymbol{H} = \frac{I}{4\pi} \int\limits_{\mathrm{L}} \frac{\mathrm{d}\boldsymbol{l} \times \boldsymbol{r}}{r^3} \,. \tag{5.36}$$

Ein Beispiel für die Anwendung des Biot-Savart'schen Gesetzes finden Sie in den „Aufgaben zur Vertiefung 8“, unter 5.3 auf S. 263.

Aktivierungselement 5.2

1. Entwickeln Sie den Ausdruck $\boldsymbol{T} = \boldsymbol{m} \times \boldsymbol{B}$ für das Drehmoment auf eine Leiterschleife im magnetischen Feld!

2. Welches Feld der magnetischen Flussdichte herrscht um einen runden Draht mit dem Strom I? Wie müsste man den Strom von 1 A in MKS-Einheiten ausdrücken, wenn man die Permeabilitätskonstante $\mu_0 = 1$ gesetzt hätte?

3. Erklären Sie den Begriff *magnetische Randspannung*. Gibt es eine analoge elektrische Randspannung im elektrostatischen Feld?

4. Wie lautet das Durchflutungsgesetz in allgemeiner Form? Erklären Sie in Worten, was die Gleichung aussagt!

5. Welche Typen von Feldanordnungen können mit dem Biot-Savart'schen Gesetz berechnet werden? Was wird dabei die Hauptschwierigkeit sein?

6. Welche grundsätzliche Eigenschaft muss ein Magnetfeld haben, wenn es auf eine stromführende geschlossene Leiterschleife eine translatorische Kraft ausüben soll?

Aufgaben zur Vertiefung 8

Übung

5.1 Gegeben ist eine (gleichseitige) dreieckförmige Stromschleife im homogenen

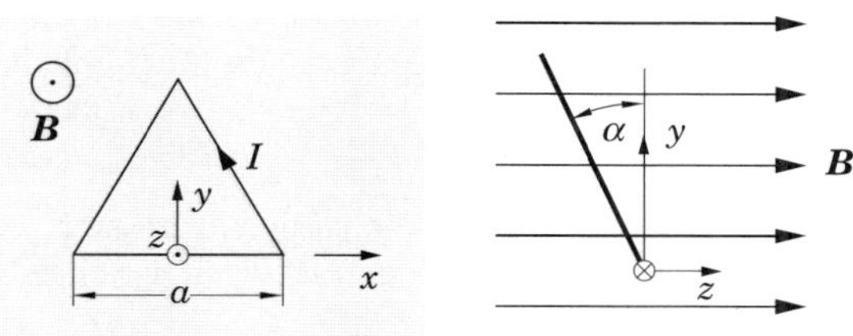

Magnetfeld. Berechnen Sie allgemein das Drehmoment, das auf die Stromschleife wirkt,

a) mit Hilfe der Gl. (5.7) für die Kraftwirkung auf einen stromdurchflossenen Leiter im Magnetfeld (man beachte, dass die Gesamtkraft für einen Abschnitt jeweils im Schwerpunkt der Kraftbelegung anzusetzen ist);

b) mit Hilfe der Gl. (5.12), d. h. mit dem Begriff des magnetischen Dipolmoments!

5.2 Ein langes Koaxialkabel bestehe aus zwei konzentrisch angeordneten Leitern. In beiden Leitern fließen gleichgroße, aber entgegengesetzte Ströme, die gleichmäßig

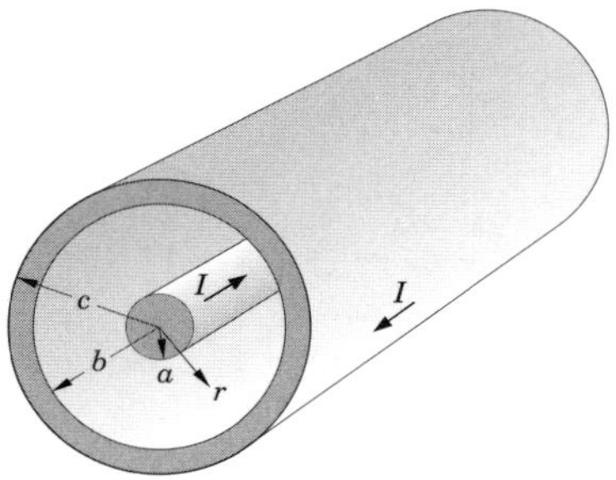

über den jeweiligen Querschnitt verteilt sind. Berechnen und skizzieren Sie die magnetische Feldstärke H als Funktion des Radius r für alle Bereiche!

Theoretische Vertiefung

5.3 Berechnen Sie mit Hilfe des Biot-Savart'schen Gesetzes die magnetische Feldstärke auf der Achse eines stromdurchflossenen Ringes mit dem Radius R!

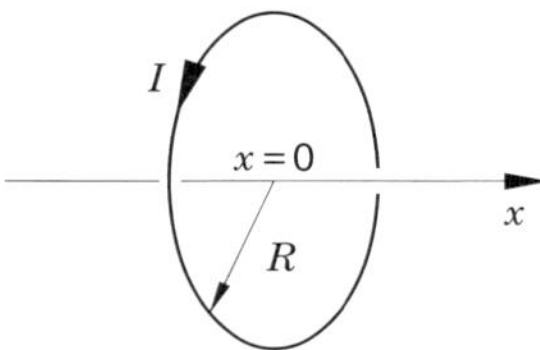

5.4 Die folgende Aufgabe soll ein wenig Einfühlungsvermögen in das Rechnen mit vektoriellen Komponenten vermitteln. Dabei müssen auch erstmalig einfache lineare Differentialgleichungen gelöst werden, wie sie uns später noch sehr häufig begegnen werden.

Im gesamten Raum, soweit er für die Betrachtung interessiert, herrsche überall die homogene magnetische Flussdichte $\boldsymbol{B}$, die in vektorieller Schreibweise folgendermaßen gegeben sei:

$$\boldsymbol{B} = \begin{pmatrix} B_x \\ B_y \\ B_z \end{pmatrix} = \begin{pmatrix} 0 \\ 0 \\ B \end{pmatrix} .$$

Zur Zeit $t = 0$ befinde sich im Ursprung des Koordinatensystems ein geladenes Teilchen (Masse m, Ladung q) mit der Anfangsgeschwindigkeit[8)]

$$\dot{\boldsymbol{r}}_0 = \dot{\boldsymbol{r}}_{(t=0)} = \begin{pmatrix} \dot{r}_{0x} \\ \dot{r}_{0y} \\ \dot{r}_{0z} \end{pmatrix} .$$

Die Differentialgleichungen für die Bewegung des Teilchens sind aufzustellen und zu lösen. Skizzieren Sie die Bahnkurve, die das Teilchen im Raum beschreibt, zu den Anfangsbedingungen $\dot{r}_{0y} = 0$; $\dot{r}_{0x} = v_1$; $\dot{r}_{0z} = v_2$ mit $v_1,\ v_2 > 0$.

5.5 In einer Fernsehbildröhre wird der Elektronenstrahl durch magnetische Ablenkfelder gesteuert. Ein Elektron, das in der gezeigten Röhre durch das elektrische Feld

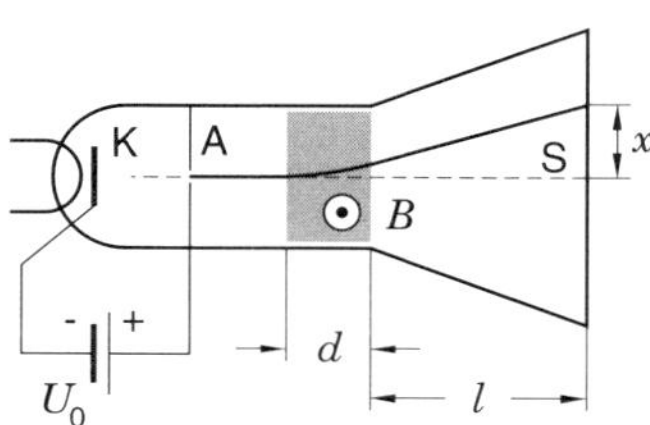

zwischen Katode (K) und Anode (A) beschleunigt wurde, durchläuft nach Passieren der Anode auf einer Strecke der Dicke d ein homogenes magnetisches Ablenkfeld der Stärke $\boldsymbol{B}$. Wie groß ist die Ablenkung x auf dem Schirm S, wenn das Elektron mit einer Geschwindigkeit v in das Magnetfeld eintritt?

---

8 In der Physik ist es weit verbreitet, für die Differentiation nach der Zeit einen Punkt über die betreffende Größe zu machen. Man spricht *r-punkt, r-2-Punkt* usw.

Vororientierung zur Kurseinheit 9

Wir fahren fort mit der Behandlung des magnetischen Feldes. Dabei werden wir uns zunächst mit dem magnetischen Verhalten der Materie befassen. Besonders die ferromagnetischen Stoffe sind für die Elektrotechnik von großer Bedeutung. Sie können nämlich zur Führung des magnetischen Feldes benutzt werden. Zu diesem Zweck werden sie beispielsweise in Transformatoren und elektrischen Maschinen eingesetzt. Mit der Berechnung solcher *magnetischen Kreise* werden wir uns deshalb sofort anschließend befassen.

Schließlich wollen wir uns einige prinzipielle Anwendungen der magnetischen Kraftwirkung ansehen. Wir untersuchen die Kraftwirkung des magnetischen Feldes auf die Ladungsträger in einem Leiter und geben den *Hall-Effekt* an. Wir beschreiben das System einer Spule in einem Magnetfeld, deren Drehung durch Federn kontrolliert wird (Prinzip des Drehimpulsmessinstrumentes). Damit geben wir ein Beispiel für ein Messinstrument, weil Messen stets eine wesentliche Aufgabe in Naturwissenschaft und Technik ist. Danach beschreiben wir ein Prinzip für die elektroakustischen Wandler und schließlich das des Zyklotrons.

Voraussetzung

Vorausgesetzt werden aus der Mechanik die Begriffe Drehmoment, Trägheitsmoment, Drehimpuls, Momentengleichgewicht. Für den zuletzt angesprochenen Abschnitt wären Grundkenntnisse über lineare Differentialgleichungen mit konstanten Koeffizienten vorteilhaft; sie sind aber nicht unbedingt erforderlich.

Lernzyklus 5.3

Studienziele

Nach dem Durcharbeiten dieses Lernzyklus sollen Sie in der Lage sein,

- die Definition für die Magnetisierung anzugeben;
- die Ursache für die atomaren Dipolmomente und die dazugehörigen Zusammenhänge zu nennen;
- Dia-, Para- und Ferromagnetismus zu erläutern;
- die Magnetisierungskurve eines ferromagnetischen Materials zu skizzieren und zu diskutieren;
- die Bedingungen für die Vektoren $\boldsymbol{H}$ und $\boldsymbol{B}$ an der Grenzfläche zwischen zwei verschiedenen Medien anzugeben und die Brechungswinkel auszurechnen.

5.8 Die magnetischen Eigenschaften der Materie

Das magnetische Verhalten der Materie ist sehr komplex und mit den Mitteln der klassischen Physik nicht voll erfassbar. Wir werden uns daher hauptsächlich auf eine phänomenologische Beschreibung beschränken müssen. Bereits im Abschnitt 5.4 haben wir angedeutet, dass die magnetische Wirkung der Materie durch elektrische Kreisströme verursacht wird. Diese Kreisströme sind auf die Bewegung der Elektronen in den Atomen zurückzuführen. Normalerweise sind die Dipolmomente, die diesen Kreisströmen zugeordnet werden können, völlig regellos über alle Raumrichtungen verteilt, so dass auch nach außen hin keine magnetische Wirkung beobachtet werden kann. Sie tritt erst ein, wenn die einzelnen Dipolmomente wenigstens teilweise in eine Vorzugsrichtung weisen. Beim Eisen aber sind die Dipolmomente gebietsweise sogar gleichgerichtet.

Ehe wir auf das Zustandekommen der Dipolmomente eingehen und das magnetische Verhalten der Materie genauer diskutieren, wollen wir angeben, wie man die Materie in die makroskopische Beschreibung des Feldes einbeziehen kann.

5.8.1 Der Magnetisierungsvektor

Wir betrachten einen Abschnitt der Länge dl aus einem langen Stab (z. B. aus Eisen), in dem alle Dipolmomente gleichgerichtet sein mögen (s. Bild 5.19). In der Volumeneinheit seien N_M solcher Dipole enthalten.

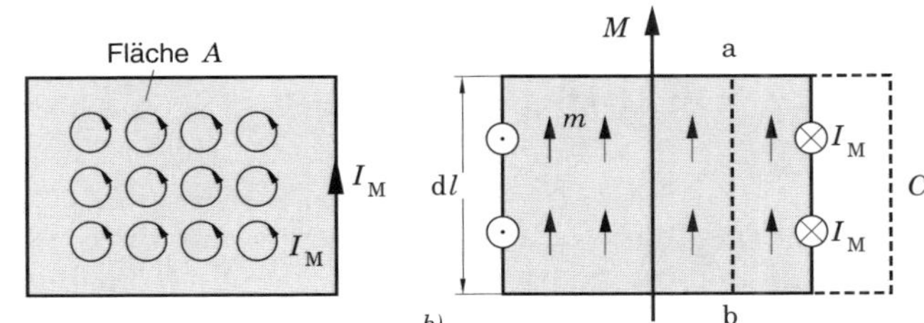

Bild 5.19: *Zur Definition und Deutung des Magnetisierungsvektors*
a) Längsschnitt durch den Abschnitt dl *des Stabes*
b) Querschnitt

Definition der Magnetisierung

Um die Gesamtwirkung zu beschreiben, definieren wir den Vektor der *Magnetisierung* $\boldsymbol{M}$. Es sei

$$\boldsymbol{M} = N_\mathrm{M}\boldsymbol{m} \,. \tag{5.37}$$

(Sind die Dipolmomente $\boldsymbol{m}$ nicht gleichgerichtet, dann ist anstelle der algebraischen eine vektorielle Addition durchzuführen.)

Modellvorstellung

$\boldsymbol{M}$ gibt das magnetische Dipolmoment pro Volumeneinheit an. Nun betrachten wir die Ringströme und fragen nach dem effektiven Strom, der die Magnetisierung $\boldsymbol{M}$ hervorruft. Die Ströme zirkulieren alle in derselben Richtung. Innerhalb des Volumens ist die Überlagerung an jeder Stelle Null, denn an jeder Stelle fließt zu jedem Strom ein anderer von gleicher Größe in entgegengesetzter Richtung. An der Oberfläche dagegen ist keine Kompensation vorhanden. Die Ringströme I_M ergeben in „einer Schicht" an der Oberfläche gleichsam einen Gesamtstrom I_M, der überall in der gleichen Richtung um den Stab fließt. Damit wird auch deutlich, dass sich ein homogen magnetisierter Stab wie eine stromdurchflossene Spule verhält.

Wie verhält sich die Magnetisierung zu den Umfangsströmen I_M? Wir bestimmen zunächst die Zahl N_0 der Stromschleifen am Umfang in dem Abschnitt der Länge $\mathrm{d}l$. Die Gesamtzahl der Dipole in dem Volumen $A\,\mathrm{d}l$ ist einmal gegeben durch $N_0 A/A_\mathrm{M}$, wobei A_M die Fläche eines Kreisstromes ist, und andererseits durch $N_\mathrm{M} A\,\mathrm{d}l$. Somit ist

$$N_0 \;=\; N_\mathrm{M} A_\mathrm{M} \mathrm{d}l \;.$$

Multiplizieren wir beide Seiten mit I_M, dann wird mit $A_\mathrm{M} I_\mathrm{M} = |\boldsymbol{m}|$ und Gl. (5.37)

$$N_0 I_\mathrm{M} \;=\; |\boldsymbol{M}|\mathrm{d}l \;. \tag{5.38}$$

Dieses Ergebnis können wir mit dem des Abschnittes 5.5.5.1 vergleichen. Danach ist $N_0 I_\mathrm{M}$ im Bild 5.19 als Durchflutung der Randkurve C aufzufassen und $|M|\mathrm{d}l$ als dazugehörige magnetische Randspannung. Wie dort liefert auch hier nur die Strecke zwischen a und b einen Beitrag zu dieser Randspannung. Die Magnetisierung $\boldsymbol{M}$ in einem Punkt im Stoff ist damit wie der Vektor $\boldsymbol{H}$ als Erregung des magnetischen Feldes aufzufassen. In Verallgemeinerung des Ergebnisses können wir daher das Feld an einem Punkt insgesamt zu

$$\boldsymbol{B} \;=\; \mu_0(\boldsymbol{H} + \boldsymbol{M}) \tag{5.39}$$

angeben, wobei die Erregung $\boldsymbol{H}$ mit allen anderen, nur nicht mit den scheinbaren Strömen I_M verknüpft ist. $\boldsymbol{H}$ ist die äußere, vom Stoff unabhängige Erregung, während die Erregung $\boldsymbol{M}$ allein vom Stoff aufgebracht wird und auch nur in ihm vorhanden ist.

Achtung!
In dem Durchflutungsgesetz $\oint \boldsymbol{H}\mathrm{d}\boldsymbol{s} \;=\; \Theta$
dürfen in Θ die Ströme I_M also nicht mitberücksichtigt werden!

Permeabilität und Suszeptibilität

Um in der Materie nicht mit drei Vektoren ($\boldsymbol{M}$, $\boldsymbol{H}$, $\boldsymbol{B}$) arbeiten zu müssen, wollen wir hier analog verfahren wie früher beim elektrischen Feld. Dort hatten wir den Einfluss der Polarisation auf das Feld in der Materie formal durch eine von

ε_0 abweichende Permittivität berücksichtigt. Im magnetischen Feld schreibt man entsprechend anstelle der Gl. (5.39)

$$\boldsymbol{B} = \mu \boldsymbol{H} = \mu_r \mu_0 \boldsymbol{H} . \tag{5.40}$$

Die Magnetisierung $\boldsymbol{M}$ ist darin durch

$$\boldsymbol{M} = (\mu_r - 1)\boldsymbol{H} = \chi \boldsymbol{H} \tag{5.41}$$

berücksichtigt. Man bezeichnet μ als absolute und μ_r als relative Permeabilität des Stoffes. $\chi = \mu_r - 1$ heißt magnetische *Suszeptibilität* des Stoffes.

Magnetisches Verhalten

Je nach der Größe von μ_r teilt man die Stoffe bezüglich ihres magnetischen Verhaltens in drei Gruppen ein: Bei den *diamagnetischen* Stoffen ist μ_r ein wenig kleiner als eins, bei den *paramagnetischen* ist μ_r bei Raumtemperatur ein wenig größer als eins. Nur bei einigen wenigen Metallen (z. B. Eisen, Kobalt, Nickel) und deren Legierungen nimmt μ_r Werte an, die einige Zehnerpotenzen ausmachen können. Diese Stoffe bezeichnet man als *ferromagnetisch.*

5.8.2 Drehimpuls und magnetisches Moment

Spin

Wir wollen nun ein wenig der Frage nachgehen, worauf die Dipolmomente zurückzuführen sind. Zwei Bewegungen sind dafür vor allem als Ursache zu nennen: Einmal bewegen sich die Elektronen um die Atomkerne, und zum anderen hat jedes Elektron einen *Spin*, d. h., es dreht sich um seine eigene Achse. Jeder dieser Bewegungen ist ein winziger Kreisstrom äquivalent. Wir wollen uns für beide Bewegungen mit den Mitteln der klassischen Mechanik überlegen, wie das magnetische Dipolmoment und der jeweilige „Drehimpuls“ in Zusammenhang zu setzen sind.

Bahnbewegung

Zunächst betrachten wir die Bahnbewegung (s. Bild 5.20). Das Elektron mit der Masse m_0 bewegt sich im Abstand r mit der Winkelgeschwindigkeit ω (Bahngeschwindigkeit $\boldsymbol{v} = \boldsymbol{\omega} \times \boldsymbol{r}$) um den Atomkern. Diese Drehbewegung

kann mit dem Drehimpulsvektor $\boldsymbol{L}_B$ beschrieben werden. Für eine *Punktmasse*, wie in unserem Fall das Elektron, ist $\boldsymbol{L}_B$ durch

$$\boldsymbol{L}_B = \boldsymbol{r} \times (m_0 \boldsymbol{v}) \tag{5.42}$$

definiert. Der Drehimpuls für die Drehbewegung ist die äquivalente Größe zum Impuls ($m\boldsymbol{v}$) bei der geradlinigen Bewegung des Massenpunktes. Ist der Anfangspunkt von r ortsfest, so gilt

$$\frac{\mathrm{d}\boldsymbol{L}_B}{\mathrm{d}t} = \boldsymbol{T}, \tag{5.43}$$

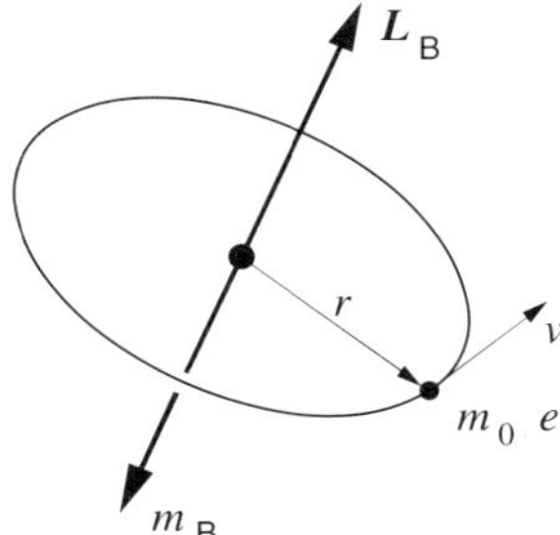

Bild 5.20: *Drehimpuls und magnetisches Moment der Bahnbewegung eines Elektrons*

wobei $\boldsymbol{T}$ ein auf die Drehbewegung wirkendes Drehmoment ist. Ist $\boldsymbol{T} = 0$, so ist $\boldsymbol{L}_\mathrm{B}$ ein konstanter Vektor. Mit $|\boldsymbol{v}| = r\omega$ können wir den Betrag von $\boldsymbol{L}_\mathrm{B}$ durch

$$|\boldsymbol{L}_\mathrm{B}| = \omega m_0 r^2 \tag{5.44}$$

angeben. Das Produkt $m_0 \boldsymbol{r}^2$ wird in der Mechanik *Trägheitsmoment* (Formelzeichen J_z, z bezeichnet die Drehachse) genannt.

Um das magnetische Dipolmoment angeben zu können, müssen wir zunächst den Strom bestimmen. Es ist $I = \Delta Q/\Delta t$. Die Ladung des Elektrons passiert einen beliebigen Punkt auf der Bahnkurve in der Umlaufzeit $2\pi r/v$ (Länge der Umlaufbahn/Geschwindigkeit) einmal. Somit ist der Strom durch

$$I = \frac{e}{2\pi r} v$$

gegeben. Er fließt entgegengesetzt zur Bewegungsrichtung des Elektrons. Das magnetische Bahndipolmoment erhalten wir nun mit Gl. (5.11) zu

$$|\boldsymbol{m}_\mathrm{B}| = AI = \frac{evr}{2} \,. \tag{5.45}$$

Der Vektor $\boldsymbol{m}_\mathrm{B}$ steht wie $\boldsymbol{L}_\mathrm{B}$ senkrecht auf der Bahnkurve, hat jedoch die zu $\boldsymbol{L}_\mathrm{B}$ entgegengesetzte Richtung. Mit Gl. (5.44) können wir daher für $\boldsymbol{m}_\mathrm{B}$ schreiben:

Bahndipolmoment

$$\boldsymbol{m}_\mathrm{B} = -\frac{e}{2m_0}\boldsymbol{L}_\mathrm{B} \,. \tag{5.46}$$

Dieses Ergebnis erhält man auch mit Hilfe der Quantenmechanik.

Spinbewegung

Nun betrachten wir das um seine eigene Achse rotierende Elektron. In einem klassischen Modell könnten wir annehmen, dass das Elektron eine kleine Kugel ist und Ladung und Masse in ihr gleichmäßig verteilt sind. Das Elektron möge mit einer Winkelgeschwindigkeit ω um seine eigene Achse rotieren. Für jedes Volumenelement $\mathrm{d}V$ in dieser Kugel mit der Masse $\mathrm{d}m_0 = m_0 \mathrm{d}V/V$ und der Ladung $\mathrm{d}Q = e\mathrm{d}V/V$ können die Gln. (5.42) und (5.45) angewandt werden. Zwischen dem Drehimpuls $\mathrm{d}\boldsymbol{L}_\mathrm{S}$ und dem magnetischen Dipolmoment $\mathrm{d}\boldsymbol{m}_\mathrm{S}$ besteht dann entsprechend Gl. (5.46) der Zusammenhang

$$\mathrm{d}\boldsymbol{m}_\mathrm{S} = -\frac{e}{2m_0}\mathrm{d}\boldsymbol{L}_\mathrm{S} \; .$$

Aufgabe 5.2

Bestimmen Sie den Drehimpuls und das Dipolmoment für das Kugelmodell jeweils für sich allein. Als Volumenelement $\mathrm{d}V$ sollte ein zur Drehachse konzentrischer Zylinder mit dem Radius r und der Manteldicke $\mathrm{d}r$ gewählt werden.

Da der Proportionalitätsfaktor $e/2m_0$ unabhängig von der Geschwindigkeit des Volumenelementes $\mathrm{d}V$ und von dessen Abstand r von der Drehachse, also eine Konstante, ist, kann diese Gleichung leicht integriert werden. Die Aufintegration aller $\mathrm{d}\boldsymbol{L}_\mathrm{S}$ ergibt den Spindrehimpuls und die Aufintegration aller $\mathrm{d}\boldsymbol{m}_\mathrm{S}$ das Spinmoment.

Insgesamt würden wir also bei dieser Betrachtung für das Spinmoment ein Ergebnis erhalten, das dem in Gl. (5.46) gleicht. Dieses Ergebnis ist jedoch nicht richtig. Nach der Quantenmechanik ist der Faktor zwischen $\boldsymbol{L}$ und $\boldsymbol{m}$ genau doppelt so groß wie bei der Bahnbewegung. Es gilt also

Spinmoment

$$\boldsymbol{m}_\mathrm{S} = -\frac{e}{m_0}\boldsymbol{L}_\mathrm{S} \; . \tag{5.47}$$

In einem Atom überlagern sich die einzelnen Momente zum Gesamtmoment und die Drehimpulse zum Gesamtdrehimpuls. Wegen der Mischung von (5.46) und (5.47) schreiben wir

$$\boldsymbol{m}_\mathrm{ges} = -g\left(\frac{e}{2m_0}\right)\boldsymbol{L}_\mathrm{ges} \; . \tag{5.48}$$

Landé Faktor

Darin ist g der sogenannte g-Faktor gemäß Landé. Er liegt zwischen 1 und 2 ($g = 1$ für reines Bahnmoment und $g = 2$ für reines Spinmoment). g ist jeweils charakteristisch für ein bestimmtes Atom.

Auch die Elementarteilchen des Kerns besitzen einen Drehimpuls und ein magnetisches Moment, und beide sind parallel zueinander. Sogar die Neutronen sind magnetisch nicht neutral. Die magnetischen Momente des Kerns sind aber um Größenordnungen kleiner als die der Elektronen.

5.8.3 Diamagnetismus

Der diamagnetische Effekt wurde 1836 von M. FARADAY entdeckt. Eine kleine Wismutprobe, die er in die Nähe eines starken Magnetpols brachte, wurde von diesem abgestoßen. In gleicher Weise verhalten sich Kupfer, Silber und Glas.

Aufgabe 5.3

Geben Sie analog zur Vertiefungsaufgabe 1.13 (s. S. 98) an, wie groß die Kraft auf eine kleine Probe aus magnetischem Material (magnetischer Dipol) in einem inhomogenen magnetischen Feld ist. Aus dieser Kraft kann auf die Größe und Richtung der Magnetisierung geschlossen werden.

Der Diamagnetismus kommt in allen Substanzen vor. Er ist jedoch ein solch schwacher Effekt, dass er in Stoffen, deren Atome von vornherein ein magnetisches Moment haben, d. h. in paramagnetischen und ferromagnetischen Stoffen, von diesen Effekten verdeckt ist.

Erklärung

Um den diamagnetischen Effekt zu „erklären", betrachten wir ein Atom, das ohne äußeres Feld magnetisch neutral ist. Zwar hat jedes Elektron ein Spin- und ein Bahnmoment, doch insgesamt sollen sich die Momente der verschiedenen Elektronen kompensieren. Der Einfachheit halber betrachten wir zwei Elektronen, die entgegengesetzt um den Kern umlaufen. Im Bild 5.21 sind sie nebeneinander dargestellt.
Die Elektronen werden auf ihrer Bahn durch eine Zentripetalkraft gehalten, die sich ohne Magnetfeld durch die elektrische Anziehung zwischen Elektron und Kern ergibt. Der Zusammenhang zwischen der Umlaufgeschwindigkeit und dieser Kraft ist durch Gl. (5.1) gegeben. Mit $v = r\omega$ schreiben wir für die elektrische Kraft

$$F_{\mathrm{E}} = m_0 r \omega_0^2 \,. \tag{5.49}$$

Die Umlaufkreisfrequenz ω_0 ist ohne Magnetfeld für beide Bewegungen gleich. Mit Magnetfeld wird durch $\boldsymbol{B}$ auf das Elektron eine zusätzliche Kraft $\boldsymbol{F}_{\mathrm{B}}$ ausgeübt, die für das Elektron im linken Bild in gleicher Richtung wie $\boldsymbol{F}_{\mathrm{E}}$ und für das Elektron im rechten Bild in entgegengesetzter Richtung wirkt. Dadurch ändern sich die

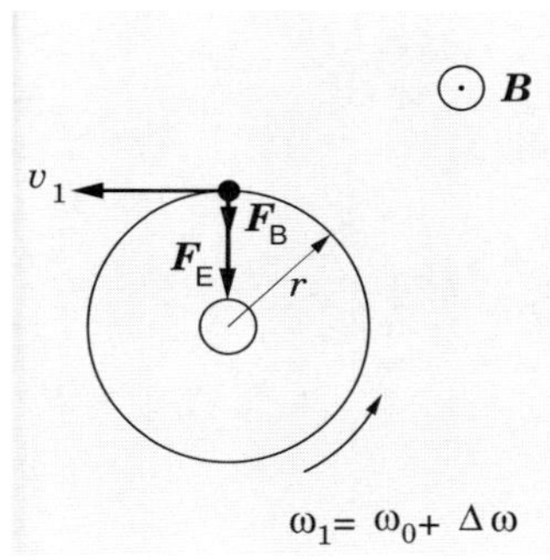

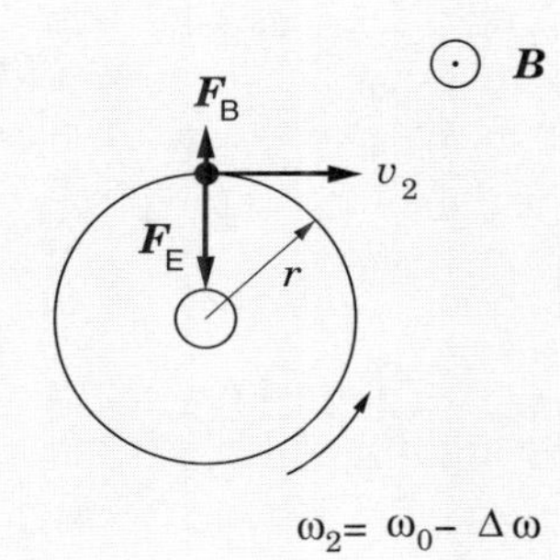

Bild 5.21: *Zur Erklärung des Diamagnetismus*

Umlaufkreisfrequenzen. Mit $|\boldsymbol{F}_\mathrm{B}| = e|\boldsymbol{v}||\boldsymbol{B}| = e\omega r|\boldsymbol{B}|$ (s. Gl. (5.2)) gilt für das

$$\begin{aligned} \text{linke Elektron:} \quad |\boldsymbol{F}_\mathrm{E} + \boldsymbol{F}_\mathrm{B}| &= m_0 r\omega_1^2 \rightarrow m_0 r\omega_0^2 + re\omega_1|\boldsymbol{B}| = m_0 r\omega_1^2 \;, \\ \text{rechte Elektron:} \quad |\boldsymbol{F}_\mathrm{E} + \boldsymbol{F}_\mathrm{B}| &= m_0 r\omega_2^2 \rightarrow m_0 r\omega_0^2 - re\omega_2|\boldsymbol{B}| = m_0 r\omega_2^2 \;. \end{aligned}$$

Da $\omega_1 - \omega_0 \ll \omega_0$ und $\omega_0 - \omega_2 \ll \omega_0$, können wir die quadratischen Gleichungen für ω_1 und ω_2 linearisieren, indem wir $\omega_1 = \omega_0 + \Delta\omega$ und $\omega_2 = \omega_0 - \Delta\omega$ setzen und die Glieder mit $\Delta\omega^2$ vernachlässigen. Wir erhalten

$$\Delta\omega \approx \frac{\omega_{1,2}}{\omega_0}\frac{e}{2m_0}|\boldsymbol{B}| \approx \frac{e}{2m_0}|\boldsymbol{B}| \;.$$

Die magnetischen Dipolmomente sind durch die Gl. (5.45) gegeben. Sie sind direkt proportional zu ω. Das Dipolmoment des linken Elektrons zeigt in die Blattebene hinein, das des rechten aus der Blattebene heraus.

Ohne Magnetfeld sind die Beträge gleich groß und kompensieren sich. Mit Magnetfeld nimmt das Dipolmoment des linken Elektrons um

$$\frac{e}{2}r^2\Delta\omega$$

zu, das des rechten um den gleichen Betrag ab. Somit ergibt sich mit Magnetfeld aus beiden ein resultierendes Dipolmoment $\boldsymbol{m}_\mathrm{D}$ mit dem Betrag

$$|\boldsymbol{m}_\mathrm{D}| = er^2\Delta\omega = \frac{1}{2}\frac{e^2}{m_0}r^2|\boldsymbol{B}| \;. \tag{5.50}$$

Der Vektor $\boldsymbol{m}_\mathrm{D}$ ist zum Vektor $\boldsymbol{B}$ entgegengesetzt gerichtet. Die Magnetisierung, die sich aufgrund aller Dipolmomente $\boldsymbol{m}_\mathrm{D}$ in einem Stoff ergibt, wirkt somit als Gegenerregung, so dass $\mu < \mu_0$ bzw. $\mu_\mathrm{r} < 1$ wird. Diese Gegenerregung ist jedoch äußerst schwach.

Abschätzung der Größenordnung

Um dies zu verdeutlichen, setzen wir $|\boldsymbol{m}_\mathrm{D}|$ nach Gl. (5.50) ins Verhältnis zum Bahndipolmoment eines einzelnen Elektrons (s. Gl. (5.45)):

$$\frac{|\boldsymbol{m}_\mathrm{D}|}{|\boldsymbol{m}|} = 2\frac{\Delta\omega}{\omega_0} = \frac{e}{m_0}\frac{|\boldsymbol{B}|}{\omega_0} = \frac{e}{m_0}|\boldsymbol{B}|\sqrt{\frac{m_0 r}{|\boldsymbol{F}_\mathrm{E}|}} .$$

ω_0 wurde aus Gl. (5.49) eingesetzt. Nach dem Coulomb'schen Gesetz ist $|\boldsymbol{F}_\mathrm{E}| = e^2/(4\pi\varepsilon_0 r^2)$ und damit

$$\frac{|\boldsymbol{m}_\mathrm{D}|}{|\boldsymbol{m}|} = 2r|\boldsymbol{B}|\sqrt{\frac{\pi\varepsilon_0 r}{m_0}} .$$

Mit $r = 5,1\cdot 10^{-11}$ m (Wasserstoffatom), $m_0 = 9,11\cdot 10^{-31}$ kg (Elektronenruhemasse) und beispielsweise $B = 1$ T erhalten wir

$$\begin{aligned}\frac{|\boldsymbol{m}_\mathrm{D}|}{|\boldsymbol{m}|} &= 2\cdot 5,1\cdot 10^{-11}\frac{\mathsf{mVs}}{\mathsf{m}^2}\sqrt{\pi\cdot 8,854\cdot 10^{-12}\frac{\mathsf{As}}{\mathsf{Vm}}\frac{5,1\cdot 10^{-11}\mathsf{m}}{9,11\cdot 10^{-31}\mathsf{kg}}} \\ &= 4,02\cdot 10^{-6}\sqrt{\frac{1\mathsf{VAs}}{1\mathsf{m}\cdot\mathsf{kgm/s}}} = 4\cdot 10^{-6} .\end{aligned}$$

Die Änderung des magnetischen Dipolmomentes ist also sehr gering. Die relative Permeabilitätskonstante ist daher auch nur wenig von eins verschieden. Bei Wismut, bei dem der diamagnetische Effekt am stärksten zu beobachten ist, ist beispielsweise $\mu_\mathrm{r} = 1 - 1,6\cdot 10^{-4}$.

5.8.4 Paramagnetismus

Zu den paramagnetischen Stoffen gehören u. a. Aluminium, Silizium, Platin. Die Atome paramagnetischer Stoffe weisen ein magnetisches Dipolmoment $\boldsymbol{m}$ auf. In einem angelegten äußeren Feld sind sie bestrebt, sich in Richtung dieses Feldes auszurichten. Bei N Atomen pro Volumeneinheit würde sich bei vollständiger Ausrichtung eine Magnetisierung $\boldsymbol{M}_\mathrm{max} = N\boldsymbol{m}$ ergeben. Dieser Wert wird jedoch nicht erreicht, denn durch die Temperaturbewegung wird die Ausrichtung immer wieder gestört. Bei Zimmertemperatur ist die kinetische Energie aufgrund der Wärmebewegung wesentlich größer als die Energiedifferenz $2|\boldsymbol{m}||\boldsymbol{B}|$ (s. Gl. (5.16)) zwischen den beiden extremen Lagen (parallel und antiparallel) des einzelnen Dipols im Feld, so dass nur eine geringe Verstärkung des Feldes zu erwarten ist. Im Jahre 1895 wurde von Pierre Curie[9)] experimentell gefunden, dass

$$|\boldsymbol{M}| = C\frac{\mu_0^{-1}|\boldsymbol{B}|}{T} , \tag{5.51}$$

9 Curie, Pierre, 1859-1906, französischer Physiker.

d. h. $\chi = C/T$ ist. Dabei wird $C = \frac{\mu_0 |\boldsymbol{m}|^2 N}{3k}$ als *Curie-Konstante* bezeichnet, wobei k die *Boltzmannkonstante* ist.

$|\boldsymbol{M}|$ kann allerdings nicht größer als $|\boldsymbol{M}_{\text{max}}|$ werden. Für große Felder oder niedrige Temperaturen weicht deshalb $|\boldsymbol{M}|$ vom Wert nach Gl. (5.51) ab. Im Bild 5.22 ist der Verlauf von $|\boldsymbol{M}/\boldsymbol{M}_{\text{max}}|$ über $|\boldsymbol{B}|/T$ für ein Chromsalz aufgetragen. Bei Feldern in der Größenordnung 1 T (technisch üblich) und gewöhnlichen Temperaturen ($T > 250$ K) befindet man sich im linearen Teil der Kurve, in dem Gl. (5.51) verwendet werden kann. Vergleicht man die paramagnetische Suszeptibilität $\chi_\text{p} = C/T$ bei Zimmertemperatur mit der diamagnetischen Suszeptibilität χ_d (aus Gl. (5.50) bestimmbar), so findet man, dass $|\chi_\text{d}|$ etwa zwei Zehnerpotenzen kleiner ist als χ_p. In paramagnetischen Stoffen wird also der dort auch vorhandene diamagnetische Effekt durch den paramagnetischen Effekt verdeckt.

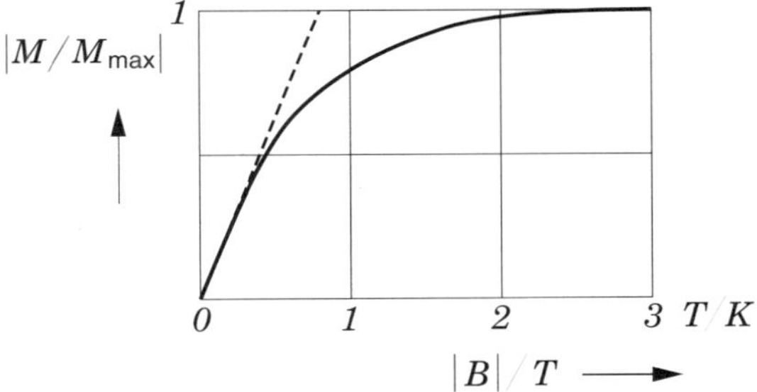

Bild 5.22: *Abhängigkeit der Magnetisierung von $|\boldsymbol{B}|/T$ für ein Chromsalz*
- - - Gl. (5.51)
— quantenmechanische Theorie

5.8.5 Ferromagnetismus

Wechselwirkung

Bei den Elementen Eisen, Kobalt, Nickel, Gadolinium, Dysprosium und Legierungen dieser mit anderen Elementen tritt eine Erscheinung auf, die zu hohen Werten der Magnetisierung und damit zu großen μ_r-Werten führt. Die ersten drei der genannten Elemente haben daher große technische Bedeutung. Wie bei den paramagnetischen Stoffen, so besitzen auch die Atome der ferromagnetischen Stoffe ein permanentes magnetisches Moment, das hier vom Elektronenspin herrührt, wie die Quantentheorie zeigt. Durch eine starke Wechselwirkung zwischen den Dipolen, die nur quantenmechanisch zu begründen ist, findet eine spontane Ausrichtung der magnetischen Momente statt. Ferromagnetismus ist nicht nur eine Eigenschaft des einzelnen Atoms, sondern auch der Wechselwirkung zwischen benachbarten Atomen. Diese spontane Ausrichtung ist allerdings nur auf kleine Bereiche beschränkt, die *Weiß'sche Bezirke* genannt werden (s. Bild 5.23). Die Orientierung der Magnetisierungen der einzelnen Bezirke ist ohne äußeres Magnetfeld völlig regellos.

Bild 5.23: *Struktur eines nichtmagnetisierten ferromagnetischen Materials mit Weiß'schen Bezirken*

Curie-Temperatur

Wird die Temperatur über einen jeweils spezifischen kritischen Wert, der *ferromagnetische Curie-Temperatur* genannt wird, erhöht, dann hört die spontane Magnetisierung plötzlich auf. Oberhalb der *Curie-Temperatur* wirkt der Stoff paramagnetisch. Für Eisen beträgt die *Curie-Temperatur* 1033 K.

Magnetisierungskurve

Nun wollen wir uns ansehen, was passiert, wenn ein äußeres Feld an das ferromagnetische Material angelegt wird. Wir beobachten zunächst die makroskopische Wirkung, indem wir für das zu untersuchende Material die sogenannte Magnetisierungskurve aufnehmen. Darunter versteht man die Abhängigkeit der magnetischen Flussdichte von der Erregung. Wir benutzen dazu am einfachsten eine Toroidspule, die im Inneren beispielsweise mit einem Eisenring ausgefüllt wird. Liegen die gleichen Abmessungsverhältnisse vor, wie sie im Abschnitt 5.2 angenommen wurden, dann ist das Feld im Inneren näherungsweise überall gleich.[10)] Die Erregung hat den Wert $H \simeq nI$, wobei n die Windungszahl pro Längeneinheit des Umfangs und I der Strom durch den Wicklungsdraht ist. Die magnetische Flussdichte B kann durch Messung der induzierten Spannung (Genaues darüber im Kapitel 6) bestimmt werden. Das Ergebnis ist im Bild 5.24 dargestellt. Wenn der Strom erstmalig, bei Null beginnend, langsam erhöht wird, nimmt B entlang der Kurve 1 zu. Zunächst ist die Zunahme bei kleinem H sehr stark (die Abszisse wurde mit μ_0 multipliziert, um zu zeigen, dass $M \gg H$ und damit χ bzw. $\mu_\mathrm{r} \gg 1$ ist).

Sättigung

Bei größeren Werten von H wird die Kurve flacher. Man sagt, das Eisen wird *gesättigt*.

Für sehr große H wird der Anstieg $\Delta B/\mu_0 \Delta H$ gleich 1, d. h., M ist konstant. Man nennt die Kurve 1 *Neukurve*. Die mit dieser Kurve verknüpfte Permeabilität ist nicht konstant, sondern stark abhängig von H. Lässt man den Strom langsam wieder abnehmen, dann nimmt B nicht längs der gleichen Kurve wieder ab, sondern längs der Kurve 2, d. h. bei stets größeren Werten von B als auf Kurve 1. Selbst bei äuße-

---

10 Da die Richtung von $\boldsymbol{B}$ und $\boldsymbol{H}$ festliegt, schreiben wir hier wieder anstelle von Vektoren skalare Größen.

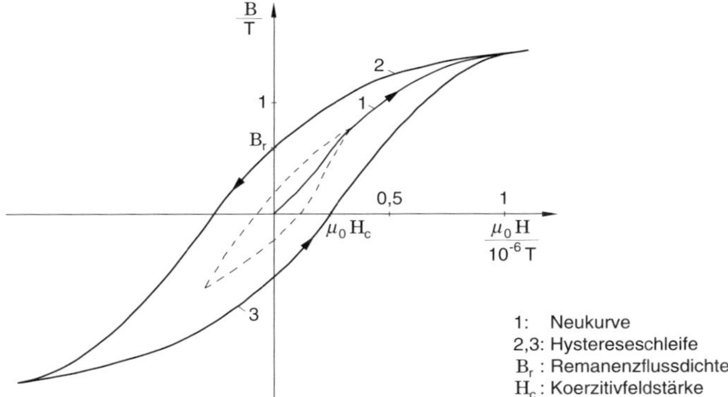

Bild 5.24: *Magnetisierungskurven eines ferromagnetischen Materials*

rer Erregung $H = 0$ bleibt eine magnetische Flussdichte B_r, *Remanenzflussdichte* genannt, übrig. Das ist der permanente Magnetismus. Um B auf Null herunterzubringen, muss die Erregung negativ werden. Der dazu erforderliche Wert H_c heißt *Koerzitivfeldstärke*. Mit wachsender negativer Feldstärke wird das Eisen in negativer Richtung gesättigt. Wird der Strom wieder in umgekehrter Richtung geändert, dann bewegen wir uns auf der Kurve 3. Die Kurven 2 und 3 bezeichnet man zusammen als *Hystereseschleife*. Die Form dieser Hystereseschleife hängt von der Eisensorte ab. Bei magnetisch weichem Eisen ist sie schmal, d. h., eine Ummagnetisierung ist leicht möglich, bei magnetisch hartem Eisen ist sie breit, B_r und H_c sind groß. Die Form der Hystereseschleife hängt aber auch davon ab, wie hoch das Material beispielsweise längs der Kurve 1 magnetisiert wurde. Im Bild 5.24 ist für den Fall, dass nicht bis zur Sättigung magnetisiert wurde, eine Hystereseschleife gestrichelt eingezeichnet. Noch komplizierter werden die Verhältnisse, wenn wir beispielsweise auf der Kurve 3 nicht bis zur Sättigung hochfahren. Für einen gegebenen Wert H ist der Wert B also nicht eindeutig, sondern hängt sehr stark von der *Vorgeschichte* ab.

Weiß'sche Bezirke

Nun wollen wir beschreiben, wie sich durch das äußere Feld die Weiß'schen Bezirke ändern und so das starke zusätzliche Feld ergeben. In den Weiß'schen Bezirken ist die Magnetisierungsrichtung parallel oder in einer bestimmten Richtung zu den Kristallachsen. Es gibt Richtungen, in die sich die Magnetisierung aus energetischen Gründen bevorzugt einstellt. Diese Richtungen werden als *leicht* bezeichnet, die anderen als *schwer*.

Ist das an das polykristalline Eisen angelegte Feld schwach, dann erfolgt zunächst ein Wachstum der Bezirke, deren Magnetisierung mit dem äußeren Feld übereinstimmt oder nahezu übereinstimmt. Dies ist im Bild 5.25 b gegenüber 5.25 a dargestellt. Besonders Weiß'sche Bezirke mit einer günstigen Magnetisierung in einer leichten Richtung werden größer.

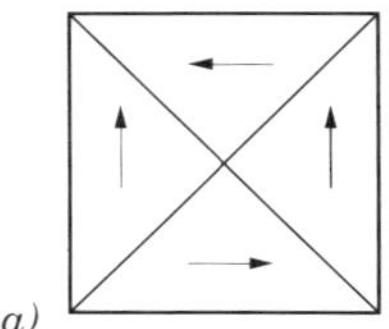

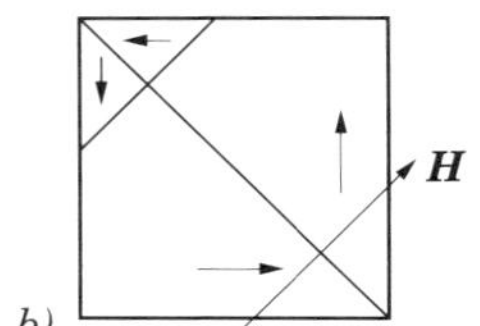

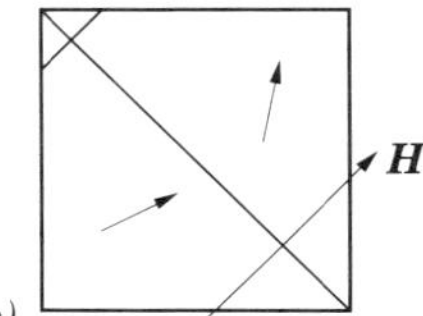

Bild 5.25: *Weiß'sche Bezirke*
a) ohne äußeres Feld
b) Wandverschiebung
c) Drehungen

Dieser Vorgang, der *Wandverschiebung* genannt wird, entspricht dem schwach ansteigenden Anfangsteil der Kurve 1 im Bild 5.24. Für kleine Felder ist dieser Vorgang reversibel, d. h., wird das Feld $\boldsymbol{H}$ im Bild 5.25 b abgeschaltet, dann stellt sich der ursprüngliche Zustand wie im Bild 5.25 a wieder ein. Die Wandverschiebungen werden behindert durch Verunreinigungen und andere Unvollkommenheiten im Kristall. Kommt eine Wand an eine derartige Stelle, dann wird ihre weitere Ausdehnung verhindert. Erst wenn durch weitere Erhöhung des Feldes die Energie groß genug ist, kann die Wand das Hindernis plötzlich überspringen. Die Bewegung der Wand und damit die Erhöhung der Magnetisierung erfolgt mit Erhöhung von $\boldsymbol{H}$ nicht mehr stetig. Würde man den mittleren, stark ansteigenden Teil der Kurve 1 im Bild 5.24 sehr stark vergrößern, dann würde sie treppenförmig erscheinen. Dieser Teil der Kurve ist nicht mehr reversibel.

Hystereseverluste

Bei der schnellen Änderung des Bezirkes und der Magnetisierung entstehen Energieverluste. So wird beispielsweise durch die plötzliche Wandverschiebung eine kleine Schallwelle ausgelöst, die Energie abtransportiert. Die Verluste insgesamt sind die Ursache für die Hystereseschleife. Wir werden später sehen, dass die Fläche innerhalb dieser Schleife ein Maß für die Verluste ist, die bei einmaligem Durchlaufen einer Schleife entstehen.

Der letzte Abschnitt der Magnetisierungskurve entspricht den Drehungen der Dipolmomente aus den leichten Richtungen in die Richtung des äußeren Feldes (s. Bild 5.25 c). Für diese Drehung ist ein starkes zusätzliches Feld erforderlich. Der Anstieg im letzten Teil ist daher flacher als vorher.

Die einzelnen Bereiche der Magnetisierungskurve lassen sich natürlich nicht scharf gegeneinander abgrenzen, wie wir es bisher getan haben. Der Übergang ist vielmehr fließend. Die Ausbildung der Kristalle – jeder enthält mehrere Weiß'sche Bezirke – hängt von der Vorbehandlung (thermisch, mechanisch) des Materials ab. Damit werden aber die Neukurve und die Hystereseschleife auch von dieser Vorbehandlung abhängig. Eine durch die Vorbehandlung bedingte Ausrichtung der Kristalle führt zu *anisotropem* magnetischem Verhalten des Materials, d. h., die Kurven sind abhängig von der Richtung von $\boldsymbol{H}$ in der Probe. Für die Magnetisierungskurven sind bisher keine physikalisch begründeten Gleichungen angegeben worden. Die vielen Einflussparameter lassen sich ja auch kaum quantitativ erfassen. Es ist daher üblich, mit den gemessenen Kurven der benutzten Eisensorte zu arbeiten. Mitunter werden die gemessenen Verläufe mit geeigneten Funktionen stückweise approximiert. Bei nicht zu hohen Genauigkeitsanforderungen genügen eventuell Parabelabschnitte. Bei magnetisch weichem Eisen mit schmalen Hystereseschleifen, wie es für elektrische Maschinen gewünscht wird, kann man mit einer mittleren Linie (Neukurve) arbeiten, besonders dann, wenn die Hystereseschleifen periodisch durchlaufen werden (Wechselstromtechnik).

Aufgabe 5.4

Geben Sie qualitativ den Verlauf von μ_r für die Neukurve aus Bild 5.24 in Abhängigkeit von H an!

5.8.6 Bedingungen an Grenzflächen

Im elektrischen Feld haben wir festgestellt, dass an der Grenzfläche zwischen zwei Dielektrika mit verschiedenen Permittivitäten die Linien der elektrischen Feldstärke *gebrochen* werden. Analog dazu untersuchen wir nun die Linien der magnetischen Flussdichte $\boldsymbol{B}$ an der Grenzfläche zwischen zwei Materialien mit verschiedener Permeabilität (s. Bild 5.26).

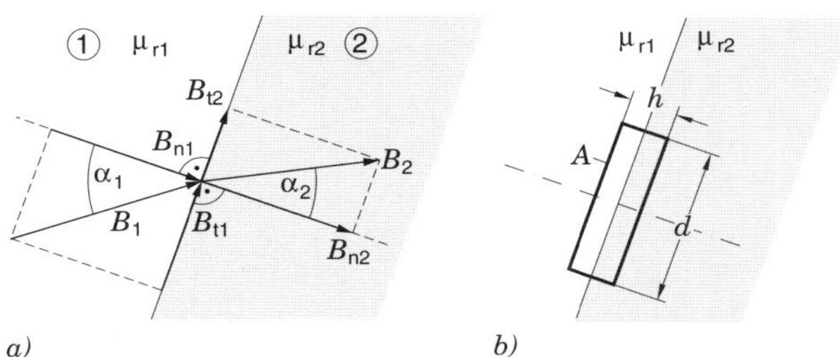

Bild 5.26: *Verhalten der magnetischen Flussdichte an der Grenzfläche zwischen zwei Materialien mit verschiedener Permeabilität*

Der Vektor der magnetischen Flussdichte $\boldsymbol{B}_1$ im Medium 1 in einem Punkt auf der Grenzfläche bilde mit der Normalen in diesem Punkt auf der Grenzfläche den Winkel α_1. Betrag und Richtung (Winkel α_2 mit der Normalen) des Vektors $\boldsymbol{B}_2$ im Medium im gleichen Punkt, d. h. auf der anderen Seite der Grenzfläche, werden verschieden von $\boldsymbol{B}_1$ angenommen. Die beiden Vektoren werden je in die Tangential- und in die Normalkomponente zerlegt. Zur Herstellung des Zusammenhangs zwischen den Tangential- und den Normalkomponenten beider Seiten stehen uns das Durchflutungsgesetz und die Bedingung der Quellenfreiheit (s. Gl. (5.34)) zur Verfügung. Wir wenden zunächst das Durchflutungsgesetz auf den Rand des im Bild 5.26 b gezeichneten Rechtecks an. Seine Schmalseiten h sollen infinitesimal klein sein, so dass sie keinen Beitrag zur magnetischen Randspannung liefern. Da durch das Rechteck kein Strom fließt, die Durchflutung also Null ist, gilt

$$\oint \boldsymbol{H} \mathrm{d}\boldsymbol{s} = H_{\mathrm{t1}} d - H_{\mathrm{t2}} d = 0 \, .$$

Dabei wurde d genügend klein angenommen, so dass mit konstanten Feldstärken auf den Längsseiten gerechnet werden kann. Außerdem sollen die Richtungen der tangentialen Feldstärkekomponenten mit den Richtungen der Längsseiten zusammenfallen. Es ist also

$$H_{\mathrm{t1}} = H_{\mathrm{t2}}, \tag{5.52}$$

wobei $H_{\mathrm{t1}} = B_{\mathrm{t1}}/(\mu_{r1}\mu_0)$ und $H_{\mathrm{t2}} = B_{\mathrm{t2}}/(\mu_{r2}\mu_0)$.

Nun nehmen wir an, dass das Rechteck den Längsschnitt eines zylindrischen Körpers mit der Achse senkrecht zur Grenzfläche darstellt. Die Größe der Endflächen werde durch A wiedergegeben. Die Abmessungen verhalten sich wie im Fall oben. Zum Fluss des Vektors $\boldsymbol{B}$ tragen deshalb nur die Endflächen bei. Da $\boldsymbol{B}$ stets quellenfrei ist, gilt

$$\oint\!\!\!\oint \boldsymbol{B} \mathrm{d}\boldsymbol{A} = 0 = -B_{\mathrm{n1}} A + B_{\mathrm{n2}} A \, ,$$

also

$$B_{\mathrm{n1}} = B_{\mathrm{n2}} \, . \tag{5.53}$$

Wir fassen die Ergebnisse zusammen:

An der Grenzfläche zwischen zwei Materialien
mit unterschiedlicher Permeabilität verhalten sich
die Tangentialkomponente der magnetischen Feldstärke
und die Normalkomponente der magnetischen Flussdichte stetig.

Mit

$$\tan \alpha_{\mathrm{i}} = \frac{B_{\mathrm{t}i}}{B_{\mathrm{n}i}} = \mu_{\mathrm{r}i}\mu_0 \frac{H_{\mathrm{t}i}}{B_{\mathrm{n}i}}$$

erhalten wir wegen der Stetigkeit von $H_{\mathrm{t}i}$ und $B_{\mathrm{n}i}$

Brechungsgesetz

$$\frac{\tan \alpha_1}{\tan \alpha_2} = \frac{\mu_{\mathrm{r1}}}{\mu_{\mathrm{r2}}} \tag{5.54}$$

als Brechungsgesetz der Linien der magnetischen Flussdichte. Da in beiden Medien

$\boldsymbol{B}$ und $\boldsymbol{H}$ jeweils gleichgerichtet sind,[11] gilt es auch für die Linien der magnetischen Feldstärke.

Grenzschicht Eisen – Luft

Von praktischer Bedeutung ist die Grenzschicht ferromagnetisches Material – Luft, d. h. der Übergang von $\mu_r \gg 1$ zu $\mu_r = 1$. Ist der Bereich 2 z. B. das hochpermeable Eisen, dann wird wegen $\mu_{r1}/\mu_{r2} \ll 1$

$$\tan\alpha_2 \gg \tan\alpha_1 \ ,$$

und bei $0 \leq \alpha_2 < \pi/2$ wird $\tan\alpha_1 \approx 0$ und damit $\alpha_1 \approx 0$.

> Aus einem hochpermeablen Material
> treten die Linien der magnetischen Flussdichte
> in ein Material mit wesentlich geringerer Permeabilität
> nahezu senkrecht aus.

Verlaufen die Feldlinien im Bereich 2 am Beobachtungsort an der Grenzschicht parallel zu dieser, so gilt das auch im Bereich 1. Mit $\mu_{r2} \gg \mu_{r1}$ ist wegen $B_{t1} = B_1$, $B_{t2} = B_2$ und Gl. (5.52):

$$B_1 \ll B_2 \ .$$

Praktisch ist in diesem Fall das Feld im Bereich 1 gegenüber dem Bereich 2 vernachlässigbar klein. Das Feld wird in dem hochpermeablen Material geführt.

---

11 Fälle, bei denen die Richtungen von $\boldsymbol{B}$ und $\boldsymbol{H}$ nicht übereinstimmen, sollen hier ausgeschlossen sein.

Aktivierungselement 5.3

1. Wie ist der Vektor der Magnetisierung definiert, welche physikalische Tatsache beschreibt er, und mit welchem anderen magnetischen Feldvektor ist er dimensionsgleich?

2. In welche wesentlichen drei Hauptgruppen kann man die Stoffe aufgrund ihrer magnetischen Eigenschaften einteilen? Welche Werte nimmt die magnetische Suszeptibilität größenordnungsmäßig bei diesen Stoffgruppen an?

3. Wie ist der diamagnetische Effekt mit einer einfachen Modellvorstellung zu erklären? Welche Elektronenkonfiguration wird dabei vorausgesetzt?

4. Was ist der wesentliche Unterschied zwischen para- und ferromagnetischen Stoffen?

5. Welche drei wichtigen chemischen Elemente zeigen ferromagnetisches Verhalten?

6. Erläutern Sie die Begriffe *Wandverschiebung* und *Drehung* im Zusammenhang mit ferromagnetischen Vorgängen. Was ist eine Hystereseschleife, und wie ist ihr Entstehen physikalisch zu begründen?

7. Welche Komponenten der magnetischen Feldvektoren verhalten sich an Grenzflächen zwischen verschiedenen Stoffen stetig? Begründen Sie dies mit Hilfe der integralen Beziehungen im magnetischen Feld!

Lernzyklus 5.4

Studienziele

Nach dem Durcharbeiten dieses Lernzyklus sollen Sie in der Lage sein,

- den magnetischen Fluss in einem magnetischen Leiter anzugeben und zu bestimmen;
- die Gesetzmäßigkeiten in einem magnetischen Kreis anzugeben und in einem Ersatzschaltbild darzustellen;
- die magnetischen Widerstände magnetischer Leiter zu bestimmen;
- einfache und verzweigte magnetische Kreise zu berechnen;
- das Feld eines Dauermagneten zu skizzieren und zu diskutieren;
- einen magnetischen Kreis zu berechnen, der einen Dauermagneten enthält.

5.9 Der magnetische Kreis

Technische Anwendung

Von der zuletzt angegebenen Eigenschaft hochpermeabler Stoffe wird in der Technik Gebrauch gemacht, indem mit diesen das magnetische Feld in gewünschter Weise geführt wird. Der hochpermeable Stoff wird deshalb auch *magnetischer Leiter* genannt. Da die Linien der magnetischen Flussdichte in sich geschlossen sind, sollten zur möglichst vollständigen Führung die Anordnungen aus den magnetischen Leitern auch vollkommen geschlossen sein. Man nennt solche Anordnungen daher *magnetische Kreise.*

5.9.1 Der magnetische Fluss

Wir betrachten zunächst nur ein Stück eines magnetischen Leiters (Bild 5.27) aus einem beliebigen magnetischen Kreis. A sei eine geschlossene Fläche, die von dem

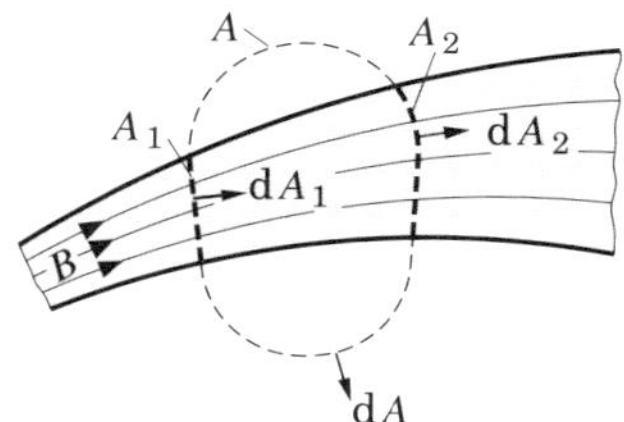

Bild 5.27: *Stück eines magnetischen Leiters*

magnetischen Leiter durchsetzt wird. Die Fläche, die der magnetische Leiter beim Eintritt in das durch A begrenzte Volumen ausschneidet, sei A_1, die entsprechende Fläche beim Austritt sei A_2.

Nun wenden wir auf die Fläche A den Gauß'schen Satz (s. Gl. (5.34)) an. Beachten wir, dass $\mathrm{d}\boldsymbol{A}_1$ auf der Fläche A_1 gleich $-\mathrm{d}\boldsymbol{A}$ ist und dass außerhalb des magnetischen Leiters das Feld Null (vernachlässigbar klein) sein soll, dann gilt

$$0 = \oiint_A \boldsymbol{B}\mathrm{d}\boldsymbol{A} = -\iint_{A_1} \boldsymbol{B}\mathrm{d}\boldsymbol{A}_1 + \iint_{A_2} \boldsymbol{B}\mathrm{d}\boldsymbol{A}_2 \, ,$$

d. h.,

$$\Phi_\mathrm{m} = \iint_{A_1} \boldsymbol{B}\mathrm{d}\boldsymbol{A}_1 = \iint_{A_2} \boldsymbol{B}\mathrm{d}\boldsymbol{A}_2 \;\left(= \iint_{A_i} \boldsymbol{B}\mathrm{d}\boldsymbol{A}_i \right) = \text{const.} \tag{5.55}$$

Der Fluss Φ_m des Vektors der magnetischen Flussdichte $\boldsymbol{B}$, kurz *magnetischer Fluss* genannt, ist durch jeden Querschnitt A des magnetischen Leiters in einem Abschnitt des magnetischen Kreises der gleiche. Da der magnetische Fluss eine wichtige Größe

ist, hat man seiner Einheit einen eigenen Namen, nämlich *Weber* (Wb), gegeben.[12)]
Es ist

$$[\Phi_\mathrm{m}] = \mathsf{Vs} \quad \text{und} \quad 1\,\mathsf{Wb} = \mathsf{Vs}\,.$$

Der Zusammenhang mit der Maßeinheit für die magnetische Flussdichte ist durch $1\,\mathsf{Wb} = 1\,\mathsf{Tm}^2$ gegeben.

Ist die magnetische Flussdichte in dem jeweiligen Querschnitt als homogen anzusehen, dann vereinfacht sich Gl. (5.55) zu

$$\Phi_\mathrm{m} = B_1 A_1 = B_2 A_2 = B_i A_i\,, \tag{5.56}$$

wobei die Flächen A senkrecht zu den Linien der magnetischen Flussdichte liegen müssen. Im Bild 5.28 ist dafür ein Beispiel angegeben. Vorausgesetzt wird

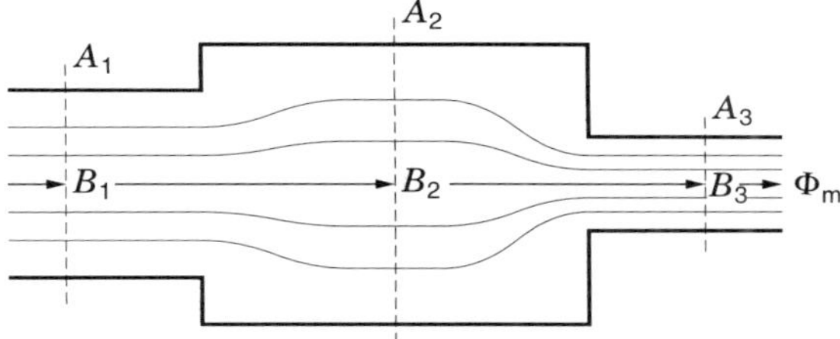

Bild 5.28: *Magnetischer Leiter mit Querschnittssprüngen*

in diesem Beispiel, dass die Querschnittsflächen A_i genügend weit von den Querschnittssprüngen entfernt liegen, damit sich die Störung der Homogenität nicht mehr bemerkbar macht. Die Gl. (5.56) ermöglicht es, die relative Größe der magnetischen Flussdichte in jedem der genannten Querschnitte anzugeben: Die magnetische Flussdichte ist umso größer, je kleiner der Querschnitt des magnetischen Leiters ist.

Der Fluss ist eine skalare Größe. Sein Vorzeichen ist aber abhängig von der Richtung der Flächennormale zur Richtung von $\boldsymbol{B}$. Die *Zählrichtung* des Flusses soll angeben, nach welcher Seite auf der Querschnittsfläche die Flächenvektoren zeigen. Der Fluss hat dann ein positives Vorzeichen, wenn die Linien der magnetischen Flussdichte die Fläche in Richtung des Zählpfeiles durchstoßen.

5.9.2 Das Ohm'sche Gesetz des magnetischen Kreises

Nun wollen wir uns die Gesetzmäßigkeiten eines magnetischen Kreises genauer ansehen. Wir betrachten dazu den Kreis im Bild 5.29. Die Querschnittsfläche A sei an jeder Stelle des Weges längs des magnetischen Leiters gleich. Der mittlere Kreisumfang sei l_m. Dieser sei wesentlich größer als die Querschnittsabmessungen. Bei

12 Weber, Wilhelm, 1804-1891, deutscher Phsiker.

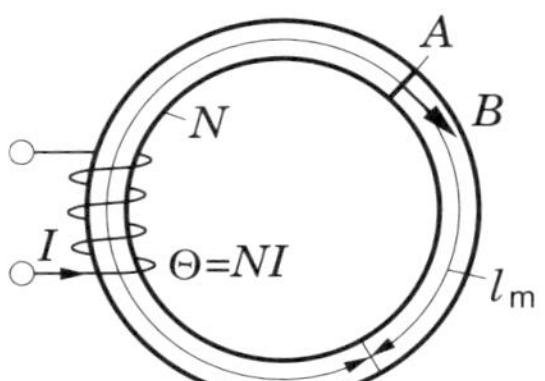

Bild 5.29: *Beispiel für einen einfachen magnetischen Kreis*

nicht zu kleinen Krümmungsradien des magnetischen Leiters im Vergleich zur radialen Querschnittsabmessung können wir annehmen, dass im Leiter näherungsweise $B = \text{const.}$ gilt. Es ist damit

$$\Phi_\mathrm{m} = BA,$$

wobei die Zählrichtung von Φ_m in Richtung von B gewählt wurde. B kann auch als Mittelwert der magnetischen Flussdichte über den Querschnitt aufgefasst werden. Zur Erzeugung der magnetischen Flussdichte ist eine Erregung

$$H = \frac{B}{\mu_\mathrm{r}\mu_0}$$

bzw. nach dem Durchflutungsgesetz eine Durchflutung

$$\Theta = \overset{\circ}{V}_\mathrm{m} = \oint \boldsymbol{H}\mathrm{d}\boldsymbol{s} = Hl_\mathrm{m}$$

erforderlich. Die Integration wurde längs eines mittleren Weges ausgeführt, weil die magnetische Flussdichte längs dieses Weges dem oben angesetzten Mittelwert recht nahe kommt oder ihm eventuell sogar entspricht. An welcher Stelle des Querschnitts der Mittelwert exakt anzutreffen ist, lässt sich wegen der nichtlinearen Abhängigkeit $B = f(H)$ und wegen der beispielsweise schon im Bild 5.29 nicht mehr einfachen Geometrie der Anordnung praktisch kaum ermitteln.

Die drei Gleichungen lassen sich folgendermaßen zusammenfassen:

$$\Theta = \overset{\circ}{V}_\mathrm{m} = R_\mathrm{m}\Phi_\mathrm{m} \tag{5.57}$$

mit

$$R_\mathrm{m} = \frac{l_\mathrm{m}}{\mu_\mathrm{r}\mu_0 A}\,. \tag{5.58}$$

Wegen des formal gleichen Aufbaus der Gl. (5.57) mit Gl. (2.9), dem Ohm'schen Gesetz im elektrischen Stromkreis, bezeichnet man Gl. (5.57) bei konstantem μ_r als *Ohm'sches Gesetz des magnetischen Kreises* und R_m entsprechend als *magnetischen Widerstand.* Die Durchflutung Θ entspricht der Quellenspannung und der magnetische Fluss Φ_m dem elektrischen Strom.

Ersatzschaltbild des magnetischen Kreises

Wir können daher die Gesetzmäßigkeiten des magnetischen Kreises durch das im Bild 5.30 gezeigte Ersatzschaltbild erfassen.

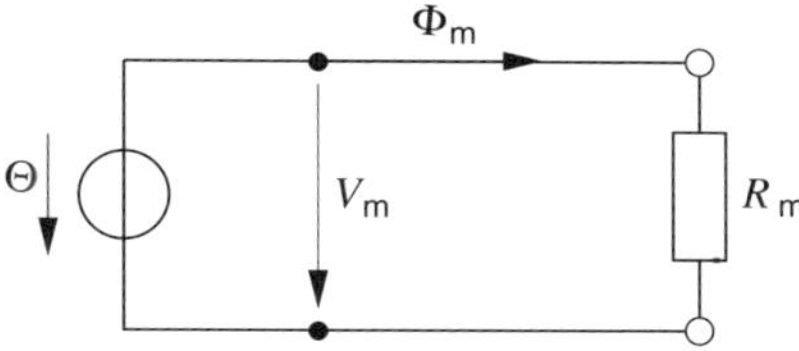

Bild 5.30: *Ersatzschaltbild des magnetischen Kreises*

Diese Darstellung soll auch beibehalten werden für Stoffe mit nichtkonstantem μ_r. In diesem Fall ist aber der magnetische Widerstand nicht konstant, sondern eine Funktion von Θ.

Besteht der magnetische Kreis aus Abschnitten unterschiedlichen Querschnitts, so herrscht auf den einzelnen Abschnitten eine unterschiedliche magnetische Flussdichte. Die jeweils erforderliche Erregung ist dann auch unterschiedlich. Sie ist auch abhängig von der Permeabilität des Materials des jeweiligen Abschnittes. Die Randspannung V_m (gesamter magnetischer Spannungsabfall) ergibt sich in diesem Fall als Summe der magnetischen Spannungen der einzelnen Abschnitte:

$$\mathring{V}_\mathrm{m} = \oint \boldsymbol{H} \mathrm{d}\boldsymbol{s} = \sum_i H_i l_{\mathrm{m}i} = \sum_i V_{\mathrm{m}i} \, .$$

Anstelle der Gl. (5.57) erhalten wir jetzt

$$\Theta = \mathring{V} = \Phi_\mathrm{m} \sum_i R_{\mathrm{m}i} \tag{5.59}$$

mit $R_{\mathrm{m}i} = l_{\mathrm{m}i}/(\mu_{\mathrm{r}i}\mu_0 A)$ als magnetischem Widerstand für den jeweiligen Abschnitt. Die Gl. (5.59) entspricht der Kirchhoff'schen Maschenregel im einfachen elektrischen Stromkreis.

Im Bild 5.31 sind ein Beispiel für einen Kreis mit unterschiedlichen Abschnitten und

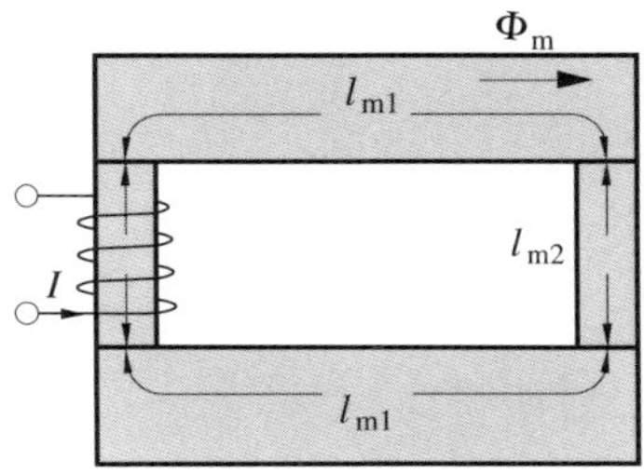

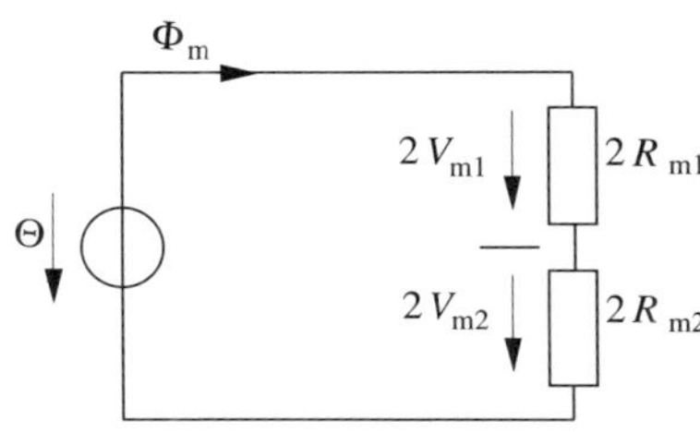

Bild 5.31: *Magnetischer Kreis mit unterschiedlichen Abschnitten und Ersatzschaltbild*

das dazugehörige Ersatzschaltbild angegeben. Eisengerüste in dieser Form kommen z. B. bei Transformatoren und Drosselspulen vor. Die senkrechten Abschnitte werden als *Schenkel*, die waagerechten als *Joch* bezeichnet. Da die senkrechten und waagerechten Abschnitte hier jeweils gleich sein sollen, haben sie auch den gleichen magnetischen Widerstand. Im Ersatzschaltbild sind die jeweils gleichen magnetischen Widerstände sofort zusammengefasst worden. Die Berechnung des magnetischen Flusses in einem derartigen Kreis gestaltet sich trotz des einfachen Ersatzschaltbildes recht kompliziert, denn $R_{\mathrm{m}1}$ und $R_{\mathrm{m}2}$ sind unterschiedlich von Φ_{m} abhängig.

Es ist leichter, für eine geforderte magnetische Flussdichte an einer bestimmten Stelle des Kreises und damit für einen bestimmten Fluss die notwendige Durchflutung zu berechnen. Man geht folgendermaßen vor:

1. Aus dem überall gleichen Fluss werden in den einzelnen Abschnitten die magnetischen Flussdichten bestimmt (s. Gl. (5.56)).
2. Zu den magnetischen Flussdichten wird aus den Magnetisierungskurven die jeweils notwendige Erregung H_i abgelesen.
3. Mit H_i wird die magnetische Spannung $V_{\mathrm{m}i}$ für den Abschnitt i bestimmt.
4. Alle magnetischen Spannungen werden aufsummiert zu $\overset{\circ}{V} = \Theta$.

Aufgabe 5.5

Für den magnetischen Kreis im Bild 5.31 berechne man die notwendige Durchflutung, wenn in den Schenkeln eine magnetische Flussdichte $B_2 = 1\,\mathsf{T}$ herrschen soll. Es sei

$$\begin{aligned} A_1 &= 30\ \mathsf{cm}^2 \text{ (Jochquerschnittsfläche)} \\ A_2 &= 25\ \mathsf{cm}^2 \text{ (Schenkelquerschnittsfläche)} \\ l_{\mathrm{m}1} &= 8\ \mathsf{cm} \\ l_{\mathrm{m}2} &= 3\ \mathsf{cm} \end{aligned}$$

Eine Magnetisierungskurve für Dynamoblech befindet sich auf S. 309.

Ist Θ vorgegeben, dann muss man sich iterativ mit dem gleichen Verfahren an Φ herantasten.

5.9.3 Der verzweigte magnetische Kreis

Beispiel

Die Analogie zwischen magnetischem Kreis und elektrischem Stromkreis ermöglicht uns nun auch sofort die Behandlung von verzweigten magnetischen Kreisen. Dazu ist im Bild 5.32 ein Beispiel gegeben. Ein Eisengerüst der gezeigten Art ist insbesondere für Drehstromtransformatoren von Bedeutung.

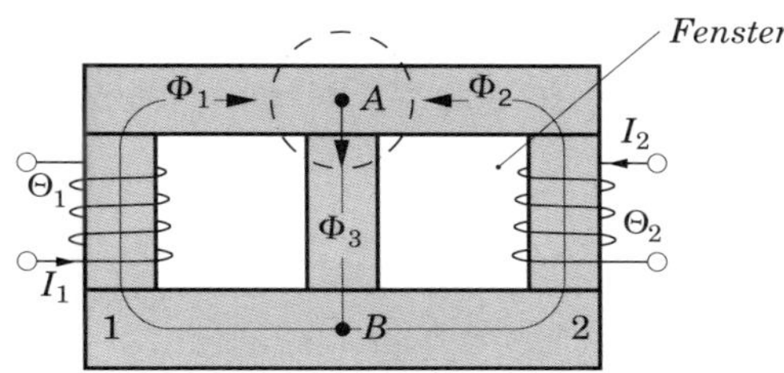

Bild 5.32: *Beispiel für einen verzweigten magnetischen Kreis*

Um die Gesetzmäßigkeiten für die Aufteilung des Flusses an einem Knotenpunkt zu erhalten, wird um diesen eine geschlossene Fläche gespannt und darauf der Gauß'sche Satz für die magnetische Flussdichte angewandt. Da das Gauß'sche Integral im magnetischen Feld stets den Wert Null ergibt (s. Gl. (5.34)), folgt daraus in unserem Fall, dass die Summe aller von einem Knoten wegströmenden Flüsse gleich Null sein muss. Flüsse mit einer Zählrichtung zum Knoten hin sind dabei negativ einzusetzen. Diese Verzweigungsregel entspricht der Kirchhoff'schen Knotenregel. Angewandt auf die Verzweigung am Punkt A im Kreis des Bildes 5.32, erhalten wir

$$-\varPhi_1 - \varPhi_2 + \varPhi_3 = 0 \,. \tag{5.60}$$

Als Maschen können die Umläufe um die „Fenster“ im Eisengerüst gewählt werden. Für diese Maschen gelten wieder der Kirchhoff'schen Maschenregel entsprechende Beziehungen. Für die Masche um das linke Fenster erhalten wir

$$\varTheta_1 = R_{\mathrm{m1}}\varPhi_1 + R_{\mathrm{m3}}\varPhi_3 \tag{5.61a}$$

und für die Masche um das rechte Fenster

$$\varTheta_2 = R_{\mathrm{m2}}\varPhi_2 + R_{\mathrm{m3}}\varPhi_3 \,. \tag{5.61b}$$

Die $R_{\mathrm{m}i}$ sind die magnetischen Widerstände längs der Wege i zwischen den Punkten A und B. R_{m1} und R_{m2} setzen sich dabei aus den Widerständen mehrerer Abschnitte (Schenkel und Jochabschnitte) zusammen. Die Gln. (5.60) und (5.61a,b) stellen insgesamt ein System von drei Gleichungen für drei Unbekannte ($\varPhi_1$, $\varPhi_2$, $\varPhi_3$) dar.

Im Bild 5.33 ist das äquivalente Ersatzschaltbild angegeben. Die Zählpfeile für die

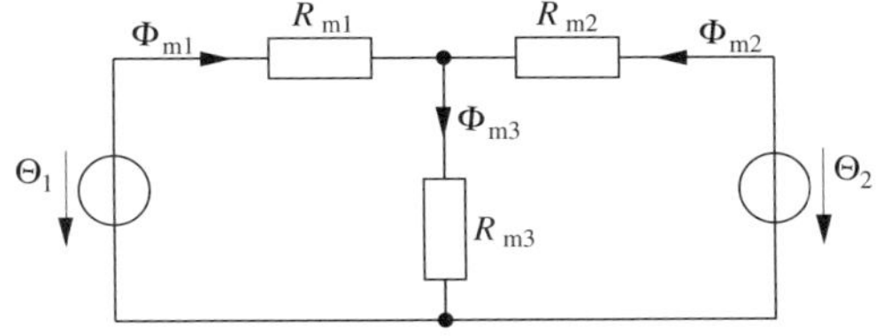

Bild 5.33: *Ersatzschaltbild für den magnetischen Kreis im Bild 5.32*

Flüsse sind direkt aus Bild 5.32 übernommen. Der Zählpfeil für eine Durchflutung muss dann so gewählt werden, dass diese in der Ersatzschaltung einen Fluss in die gleiche Richtung treibt wie im Eisengerüst. Dort ergibt sich die Flussrichtung mit den früher aufgestellten Regeln.

5.9.4 Der magnetische Kreis mit Luftspalt

Die in den letzten beiden Unterabschnitten behandelten Gesetzmäßigkeiten lassen sich näherungsweise auch auf Anordnungen, deren Eisenweg nicht vollständig geschlossen ist, anwenden. Im Bild 5.34 sind zwei Beispiele angegeben.

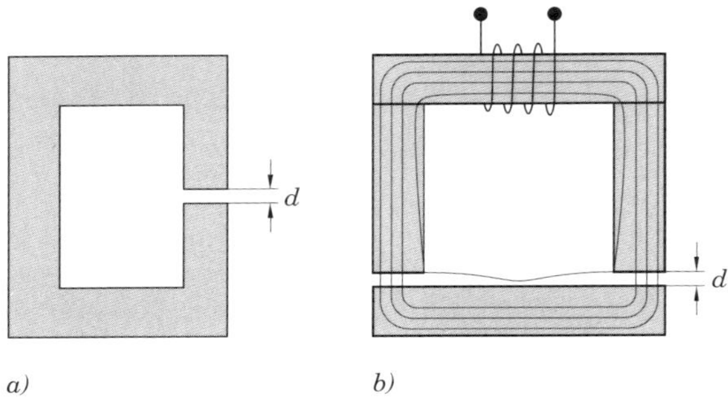

Bild 5.34: *Magnetische Kreise mit Luftspalt*

Eine Anordnung in der Form des Bildes 5.34 b ist für die Realisierung von Elektromagneten und Motoren wichtig. In dieses Bild sind einige Linien der magnetischen Flussdichte eingezeichnet. Da der magnetische Widerstand der Luftspalte wesentlich größer ist als der eines entsprechenden Eisenweges, laufen nicht alle Linien der magnetischen Flussdichte durch die Luftspalte und den unteren Eisenabschnitt (Anker), sondern zum Teil auch direkt von Schenkel zu Schenkel. Damit der dazugehörige Streufluss klein bleibt, darf die Luftspaltweite d im Vergleich zu den Querschnittsabmessungen nur kleine Werte annehmen. In praktischen Berechnungen wird angenommen, dass das Feld im Bereich des Luftspaltes homogen ist und nur im Bereich direkt unterhalb des Schenkels existiert. Hat dieser eine Querschnittsfläche A, dann ergibt sich der magnetische Widerstand eines Luftspaltes zu

$$R_{\text{md}} = \frac{d}{\mu_0 A} \, .$$

Er liegt in Reihe mit den Widerständen der übrigen Abschnitte.

Aufgabe 5.6

Für den magnetischen Kreis im Bild 5.34 b berechne man mit den Abmessungen aus Aufgabe 5.5 und $d = 2$ mm die notwendige Erregung für eine magnetische Flussdichte im Luftspalt von $B = 1$ T. Der Streufluss werde vernachlässigt. (Anderenfalls wird er in den Schenkeln und im Joch dazugefügt.)

Vergleicht man die Ergebnisse aus den Aufgaben 5.5 und 5.6, dann stellt man fest, dass infolge des Luftspaltes die notwendige Durchflutung wesentlich vergrößert wird.

Von der Durchflutung wird der größte Teil zur Erregung des Luftspaltes aufgewendet. Betrachtet man die magnetische Flussdichte an einer Stelle des Kreises in Abhängigkeit von der Durchflutung, dann erhält man ein Ergebnis wie im Bild 5.35. Die Kurve 1 stellt die umgerechnete Magnetisierungskurve des Eisens dar.

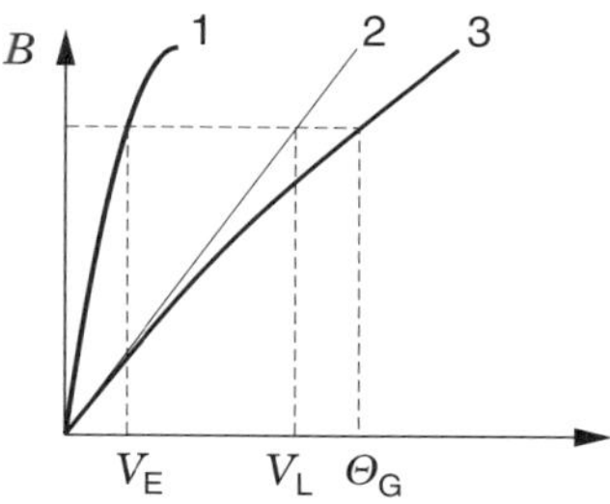

Bild 5.35: *Scherung der Magnetisierungskurve mit der Geraden für den Luftspalt*

Scherung

Kurve 2 gibt die notwendige Durchflutung für den Luftspalt an. Die Gesamtkurve 3 ergibt sich aus den Kurven 1 und 2, wobei V_E und V_L bei $B = \text{const.}$ zur Gesamtdurchflutung Θ_G zu summieren sind. Man sagt, die Gesamtkurve ergibt sich durch Scherung der Magnetisierungskurve mit der Geraden für den Luftspalt. Die Kurve 3 ist weniger nichtlinear als die Kurve 1.

5.9.5 Berechnung von Dauermagnetkreisen

In den bisherigen Betrachtungen der magnetischen Kreise haben wir angenommen, dass diese aus magnetisch weichem Material aufgebaut sind. Die Remanenzflussdichte solcher Materialien ist klein. Die Erregung musste deshalb mit einer stromdurchflossenen Spule durchgeführt werden. In einigen Anwendungsfällen in der Elektrotechnik werden die Kreise aber auch mit Dauermagneten realisiert.

Dauermagnete finden sich z. B. in Lautsprechern, in den verschiedensten Messgeräten, aber auch in elektrischen Maschinen und an anderen Stellen. Wir wollen uns daher auch mit der Berechnung von magnetischen Kreisen mit Dauermagneten befassen.

Zunächst betrachten wir einen Dauermagneten für sich allein. Im Bild 5.1 e hatten wir aufgenommene Linien der magnetischen Flussdichte wiedergegeben, und aus den Betrachtungen am Anfang dieses Kapitels wissen wir, dass das Feld der magnetischen Flussdichte eines homogen magnetisierten Stabes dem einer zylindrischen Spule gleicher Form entspricht. Für den Permanentmagneten im Bild 5.36 a können wir daher die Linien der magnetischen Flussdichte wie angegeben zeichnen.

Interessant ist nun, dass überall im Raum eine magnetische Erregung $\boldsymbol{H}$ vorhanden ist, obwohl kein echter Erregungsstrom fließt. Im Bild 5.36 b sind die Linien der magnetischen Feldstärke gezeichnet. Im Außenraum stimmen sie wegen der linearen Beziehung $\boldsymbol{B} = \mu_0 \boldsymbol{H}$ mit den Linien der magnetischen Flussdichte überein. Im Inneren müssen die Linien von $\boldsymbol{H}$ aber im Wesentlichen denen von $\boldsymbol{B}$ entgegengesetzt

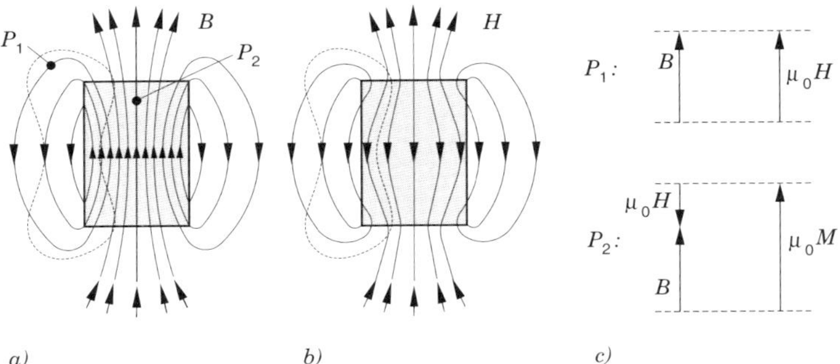

Bild 5.36: *Dauermagnet*
a) Linien der magnetischen Flussdichte,
b) Linien der magnetischen Feldstärke innerhalb und außerhalb eines Permanentmagneten;
c) Relationen zwischen den einzelnen Vektoren für die Punkte P_1, und P_2

gerichtet sein, denn bilden wir das Linienintegral von $\boldsymbol{H}$ längs eines geschlossenen Weges (z. B. längs der gestrichelten Linie im Bild 5.36 b), dann muss sich Null ergeben, weil keine Durchflutung vorhanden ist. Der Integralbeitrag im Außenraum muss durch einen gleichgroßen mit entgegengesetztem Vorzeichen im Inneren des Magneten kompensiert werden. Die Richtungen von $\boldsymbol{H}$ längs eines Weges auf den Feldlinien $\boldsymbol{H}$ sind also innerhalb und außerhalb des Magneten entgegengesetzt. Da auf einer Linie der magnetischen Flussdichte der Richtungssinn von $\boldsymbol{B}$ stets gleich ist, sind im Inneren des Magneten $\boldsymbol{B}$ und $\boldsymbol{H}$ in etwa entgegengesetzt gerichtet. Im Bild 5.36 c sind für die beiden Punkte P_1 und P_2 die Relationen zwischen den Vektoren $\boldsymbol{B}, \boldsymbol{H}$ und $\boldsymbol{M}$ qualitativ angegeben.

Beispiel

Nun wollen wir einen magnetischen Kreis mit einem Permanentmagneten (s. Bild 5.37) betrachten. Die magnetische Spannung in den Polschuhen P kann ge-

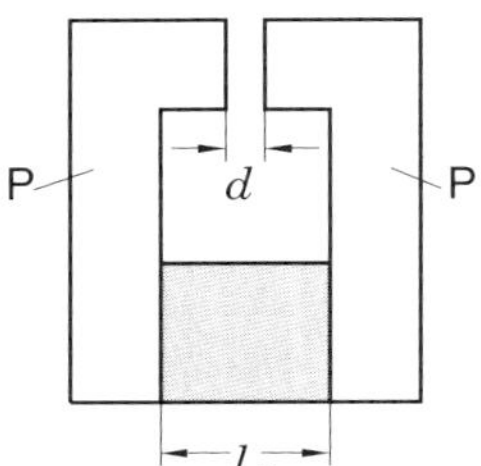

Bild 5.37: *Magnetischer Kreis mit Permanentmagnet (schraffiert). Die Polschuhe* P *sind aus Weicheisen*

genüber der magnetischen Spannung im Luftspalt in erster Näherung vernachlässigt werden. Wir berücksichtigen sie pauschal durch den sogenannten Eisenfaktor k_E ($k_\mathrm{E} > 1$) in der Spannung des Luftspaltes.

Mit dem Durchflutungsgesetz erhalten wir dann

$$H_\mathrm{E} l_\mathrm{E} + k_\mathrm{E} \frac{B_\mathrm{L} d}{\mu_0} = 0 \, , \tag{5.62}$$

wobei B_L der Betrag der magnetischen Flussdichte des Luftspalts und H_E der Betrag der magnetischen Feldstärke im Eisen ist. Vernachlässigen wir den Streufluss, dann ist $\Phi_L = \Phi_E$, also

$$B_L A_L = B_E A_E \,, \tag{5.63}$$

wobei A_L und A_E die Querschnittsflächen von Luftspalt bzw. Permanentmagnet sind, und wir erhalten aus Gl. (5.62)

$$B_E = -\mu_0 \frac{l_E}{k_E d} \frac{A_L}{A_E} H_E \,. \tag{5.64}$$

Diese Geradengleichung zeichnen wir in das Magnetisierungskennlinienfeld des Permanentmagneten ein (s. Bild 5.38): Im Schnittpunkt sind alle Bedingungen erfüllt,

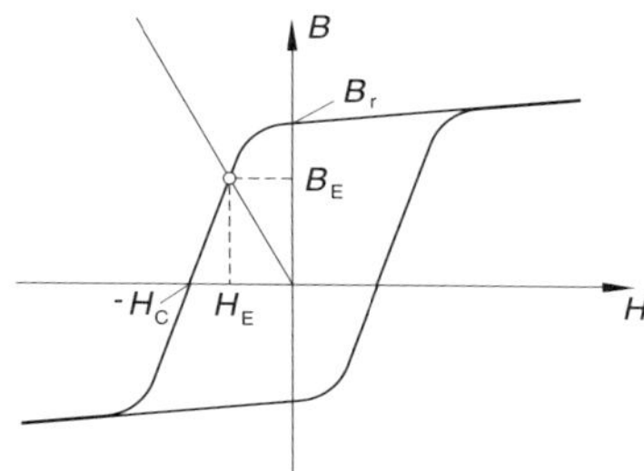

Bild 5.38: *Hystereseschleife eines Permanentmagneten mit Arbeitsgerade für einen Belastungskreis*

und die Werte für B_E und H_E können abgelesen werden.

Mit B_E und H_E können wir für die magnetische Flussdichte im Luftspalt

$$B_L = \sqrt{\frac{\mu_0}{k_E} \frac{l_E A_E}{d A_L} (-H_E B_E)} \tag{5.65}$$

schreiben. Um diese Gleichung zu erhalten, wurden die Gln. (5.62) und (5.63) jeweils nach B_L aufgelöst und miteinander multipliziert. Wir lesen ab, dass für eine große magnetische Flussdichte des Luftspalts das Produkt von B_E und H_E groß sein muss. Oder anders ausgedrückt: Je größer dieses Produkt, desto kleiner kann das Volumen $V_E = l_E A_E$ des Permanentmagneten für eine bestimmte magnetische Flussdichte des Luftspalts gewählt werden.

Aufgabe 5.7

a) Welche Form sollte die Hystereseschleife für ein großes Produkt $B_E H_E$ haben?
b) In welchem Punkt einer gegebenen Hystereseschleife erhält man das maximal mögliche Produkt $B_E H_E$?

Aus Bild 5.38 erkennt man, dass für ein großes Produkt $B_E H_E$ eine große Remanenzflussdichte B_r und eine große Koerzitivfeldstärke H_c erforderlich sind. Um kleine Bauformen realisieren zu können, muss man entsprechende Dauermagnetmaterialien wählen.

Aktivierungselement 5.4

1. Definieren Sie den Begriff *magnetischer Fluss*!

2. Unter welchen Voraussetzungen kann man von einem magnetischen Kreis sprechen, und wann ist insbesondere das Ohm'sche Gesetz des magnetischen Kreises anwendbar? Welche Größen übernehmen dann formal die Funktion von Spannungen und Strömen?

3. Überlegen Sie sich, aufgrund welcher integralen Grundbeziehungen des magnetischen Feldes der verzweigte magnetische Kreis wie ein elektrisches Netzwerk berechnet werden kann!

4. Welche Wirkungen hat ein Luftspalt im magnetischen Kreis zur Folge?

5. Warum ist in einem Dauermagneten die magnetische Feldstärke $\boldsymbol{H}$ entgegengesetzt zur magnetischen Flussdichte $\boldsymbol{B}$ gerichtet? Welcher Vektor sorgt für eine positive Gesamterregung?

6. Zeigen Sie, wie man anhand der gegebenen Hysteresekurve eines Permanentmagneten die magnetische Flussdichte des Luftspalts in einem von diesem erregten magnetischen Kreis bestimmen kann!

Lernzyklus 5.5

Studienziele

Nach dem Durcharbeiten dieses Lernzyklus sollen Sie in der Lage sein,

- den Hall-Effekt zu erläutern und seine Anwendung anzugeben;
- die Hall-Spannung zu bestimmen;
- den Aufbau und die Wirkungsweise des Drehspulinstrumentes zu beschreiben, insbesondere die Gleichung für den Ausschlagwinkel abzuleiten;
- den Einstellvorgang für den Zeigerausschlag und die ihn bestimmenden Parameter anzugeben;
- den prinzipiellen Aufbau des elektrodynamischen Messinstrumentes anzugeben und die für den Zeigerausschlag maßgebenden Proportionalitäten aufzustellen;
- die Bahnkurve von Ladungsteilchen in Anordnungen mit elektrischen und magnetischen Feldern wie z. B. im Zyklotron zu bestimmen.

5.10 Anwendungen der magnetischen Kraftwirkung

5.10.1 Der Hall-Effekt und seine Anwendungen

Aufgrund der Kraftwirkungen des magnetischen Feldes auf bewegte Ladungen ist zu erwarten, dass auch die freien Ladungsträger in einem Leiter oder Halbleiter, der sich in einem Magnetfeld befindet, durch dieses abgelenkt werden. Wir betrachten einen dünnen Metallstreifen beispielsweise aus Kupfer (s. Bild 5.39), durch den der Strom I in der angegebenen Richtung fließt. Senkrecht zum Streifen wirke ein homo-

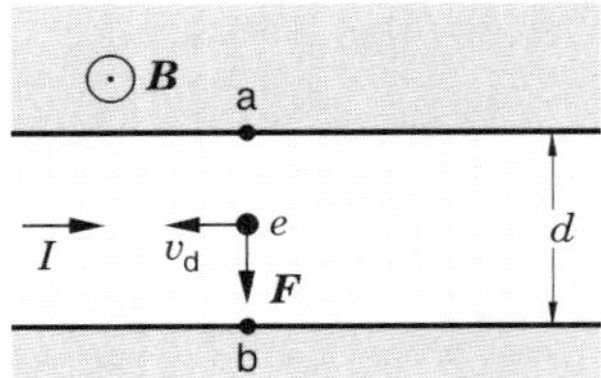

Bild 5.39: *Zum Hall-Effekt in einem bandförmigen Leiter*

genes Magnetfeld der magnetischen Flussdichte $\boldsymbol{B}$. Der Strom in einem metallischen Leiter wird von negativen Ladungsträgern (Elektronen) aufgebracht, die sich mit der Driftgeschwindigkeit $\boldsymbol{v}_\mathrm{d}$ entgegengesetzt zur positiven Stromrichtung bewegen. Aufgrund der Kraftwirkung des magnetischen Feldes gemäß Gl. (5.2) werden die Ladungsträger zur Seite b des Streifens hin abgelenkt. Die Ladungsverteilung im Streifen ist nicht mehr gleichmäßig. Auf der Seite a herrscht Elektronenmangel und auf der Seite b Elektronenüberschuss. Das damit verbundene, von a nach b gerichtete elektrische Feld übt eine Gegenkraft zur magnetischen Kraftwirkung aus. Im Gleichgewichtszustand sind die Kräfte entgegengesetzt gleich:

$$e\boldsymbol{E} = -e(\boldsymbol{v}_\mathrm{d} \times \boldsymbol{B}) .$$

Es ist also

$$\boldsymbol{E} = -\boldsymbol{v}_\mathrm{d} \times \boldsymbol{B} , \tag{5.66}$$

und damit existiert eine Spannung zwischen den gegenüberliegenden Punkten a und b

Hall-Spannung

$$U_\mathrm{ab} = \int_\mathrm{a}^\mathrm{b} \boldsymbol{E}\,\mathrm{d}\boldsymbol{s} = -B\,d(\boldsymbol{v}_\mathrm{d}\boldsymbol{e}_\mathrm{l}), \tag{5.67}$$

wobei $\boldsymbol{e}_\mathrm{l}$ ein Einheitsvektor in Richtung des Stromes I sein soll. Das Skalarprodukt $\boldsymbol{v}_\mathrm{d}\boldsymbol{e}_\mathrm{l}$ ergibt in unserem Fall $-|\boldsymbol{v}_\mathrm{d}|$, da $\boldsymbol{v}_\mathrm{d}$ und $\boldsymbol{e}_\mathrm{l}$ entgegengesetzt gerichtet sind. U_ab ist also positiv. Würde der Strom I von positiven Ladungsträgern gebildet, so wäre $\boldsymbol{v}_\mathrm{d}$ mit $\boldsymbol{e}_\mathrm{l}$ gleichgerichtet, und die Spannung U_ab würde negativ werden.

Der hier beschriebene Effekt wurde 1879 von dem amerikanischen Physiker E. H. HALL entdeckt. Er heißt deshalb *Hall-Effekt.* U_{ab} bezeichnet man als *Hall-Spannung.* Es ist üblich, die Gl. (5.67) für die Hall-Spannung in etwas anderer Form zu schreiben. Da die Stromdichte $\boldsymbol{J}$ im Streifen durch

$$\boldsymbol{J} = \varrho \boldsymbol{v}_{\mathrm{d}} = nq \boldsymbol{v}_{\mathrm{d}} \; ; \qquad q = \pm e \tag{5.68}$$

gegeben ist, wobei n die Zahl der freien Ladungsträger pro Volumeneinheit ist, erhält man mit $I\boldsymbol{e}_{\mathrm{l}} = \boldsymbol{J}td$ (t = Dicke des Streifens)

$$U_{\mathrm{H}} = U_{\mathrm{ab}} = R_{\mathrm{H}} \frac{BI}{t} \; ; \qquad R_{\mathrm{H}} = \frac{1}{ne} \, . \tag{5.69}$$

Es wurde $q = -e$ gesetzt. R_{H} heißt *Hall-Konstante.*

Anwendung

Mit Hilfe des Hall-Effektes kann zunächst auf einfache Weise das Vorzeichen der Ladungsträger, die den Strom bilden, bestimmt werden. In einem Halbleiter kann damit festgestellt werden, ob p- oder n-Leitung vorliegt. Wird der Strom allerdings von positiven und negativen Ladungsträgern aufgebracht, so können sich die Effekte der beiden Ladungsträgerarten teilweise oder ganz aufheben.

Aufgabe 5.8

Stellen Sie die Bedingungen auf, unter denen keine Hall-Spannung zu erwarten ist!

Bestimmung der Ladungsträgerdichte

Aus Gl. (5.67) erhält man bei bekannter magnetischer Flussdichte und gemessener Hall-Spannung sofort die Driftgeschwindigkeit v_{d}. Aus Gl. (5.69) kann die Dichte n der Ladungsträger bestimmt werden. Vergleicht man die Werte für n, die man auf diese Weise bei einwertigen Metallen experimentell erhält, mit berechneten Werten, wobei je Atom ein freies Elektron angenommen wird, so ergibt sich, dass diese beiden Werte mehr oder weniger deutlich voneinander abweichen (s. Tabelle 5.1).

Tabelle 5.1: *Dichte der Ladungsträger in einigen Metallen*

Metall	n aus Hall-Effekt in $10^{22}/\mathrm{cm}^3$	n berechnet mit 1 Elektron/Atom in $10^{22}/\mathrm{cm}^3$
Natrium	2,5	2,6
Cäsium	0,8	0,85
Kupfer	11,0	8,4
Silber	7,4	6,0
Gold	8,7	5,9

Bei mehrwertigen Stoffen stellt man einen noch größeren Unterschied fest. Die Ursache für die Abweichung liegt darin, dass das der quantitativen Behandlung des

Hall-Effektes zugrunde liegende Modell mit vollkommen freien Elektronen nur mehr oder weniger gut zutrifft. Mit Hilfe der Quantenphysik lässt sich der Hall-Effekt in allen Fällen (auch in Halbleitern) befriedigend interpretieren.

Bei Halbleitern ist die Hall-Spannung wesentlich größer als in Metallen, weil die Zahl der *freien* Ladungsträger klein und die Hall-Konstante entsprechend groß ist. In Indiumarsenid und Indiumantimonid erreicht man z. B. bei $I = 1\,\mathsf{A}$ eine Hall-Spannung von $0{,}1\,\mathsf{V}$ je $0{,}1\,\mathsf{T}$ magnetischer Flussdichte. Diese Materialien werden daher hauptsächlich zur Realisierung der sogenannten *Hall-Generatoren*, wie man die Plättchen mit den zwei Anschlüssen für den Steuerstrom und zwei Anschlüssen für die Hall-Spannung nennt, verwendet. Für eine große Hall-Spannung müssen die Plättchen sehr dünn sein. Die weniger als $0{,}1\,\mathsf{mm}$ dicken Halbleiterplättchen werden daher zum Schutz mit Keramik oder Gießharz umgeben. Wird das Halbleitermaterial auf einen Träger (z. B. Glas) aufgedampft, dann lassen sich Schichtdicken von nur etwa $5\,\mu\mathsf{m}$ für besonders hohe Hall-Spannungen erzielen.

Hall-Generator

Hall-Generatoren werden zur Ausmessung magnetischer Felder und für Steuereinrichtungen verwendet.

Widerstandserhöhung

Neben der Hall-Spannung beobachtet man im Hall-Plättchen eine durch das magnetische Feld hervorgerufene Widerstandserhöhung für den Steuerstrom I. Die Widerstandserhöhung ergibt sich auch durch die Ablenkung der Ladungsträger. Sie ist besonders groß für im Vergleich zur Breite kurze Plättchen. Im Bild 5.40 ist ein qualitativer Verlauf des Widerstandes in Abhängigkeit von der magnetischen Flussdichte angegeben. Dieser Effekt der Widerstandserhöhung wird wie der Effekt der Hall-Spannung zur Ausmessung magnetischer Felder verwendet. Die dazu speziell erstellten Bauelemente nennt man *Magnetoresistor* oder auch *Feldplatte*.

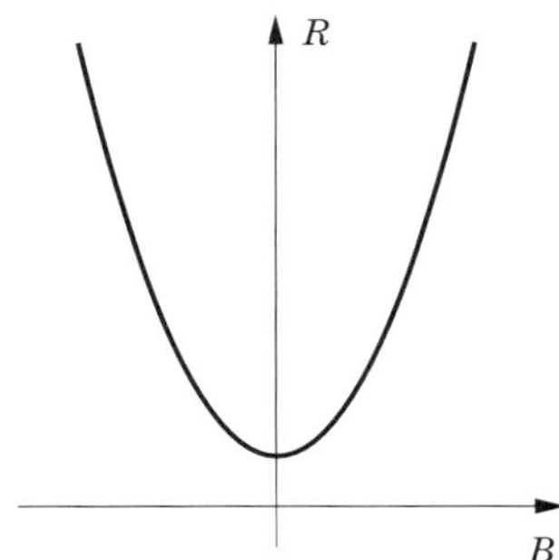

Bild 5.40: *Widerstandserhöhung im Hall-Plättchen in Abhängigkeit von der magnetischen Flussdichte*

5.10.2 Das Drehspulmessinstrument

Als ein weiteres Beispiel für die Kraftwirkung des magnetischen Feldes soll hier das Prinzip der Drehspulmessinstrumente beschrieben werden. Bei diesen wird die Kraftwirkung des magnetischen Feldes auf einen stromdurchflossenen Leiter bzw. eine stromdurchflossene Spule zur Strommessung ausgenutzt. Den prinzipiellen Aufbau zeigt das Bild 5.41. Zwischen den Polen eines Permanentmagneten und einem feststehenden Zylinderkern aus Weicheisen ist drehbar gelagert eine Spule angebracht. Der Strom wird ihr über zwei Spiralfedern zugeführt. Im Bereich des Luftspaltes hat

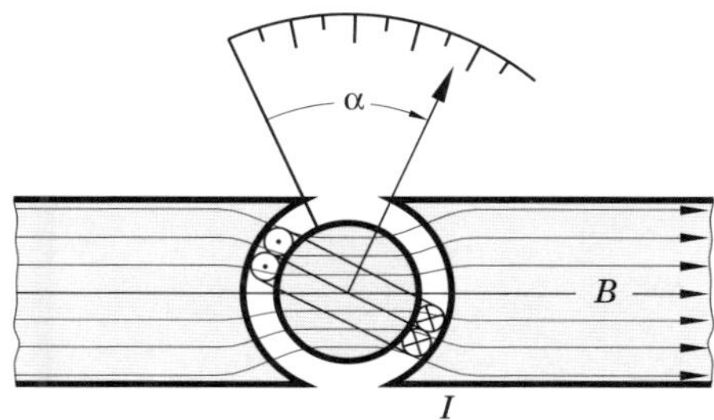

Bild 5.41: *Prinzipieller Aufbau eines Drehspulmesswerkes*

das magnetische Feld des Permanentmagneten etwa radiale Richtung mit der Stärke B und ist dort näherungsweise überall gleich stark.

Fließt nun durch die Spule der Strom I, dann wird auf sie das Drehmoment (s. Gl. (5.10))

$$T_\mathrm{d} \;=\; NIAB \tag{5.70}$$

ausgeübt, denn die Kräfte auf die Drähte haben tangentiale Richtung. In dieser Gleichung bedeuten N die Windungszahl der Spule und A die Spulenfläche. Durch das Drehmoment wird die Spule aus der Ruhelage, in der sie von den Spiralfedern gehalten wird, herausgedreht. Die Spiralfedern üben ein Gegenmoment T_s aus, das mit dem Drehwinkel α linear zunimmt:

$$T_\mathrm{s} \;=\; k\alpha\;. \tag{5.71}$$

Eine neue Gleichgewichtslage stellt sich ein, wenn die beiden Momente gleich groß sind. Wir erhalten somit als Ausschlagwinkel α_A

Skalengleichung

$$\alpha_\mathrm{A} \;=\; \alpha = \frac{NAB}{k} I \;=\; KI. \tag{5.72}$$

Der Ausschlag des Zeigers, der mit auf der Drehachse der Spule befestigt ist, ist also direkt proportional dem Strom, die Skalenteilung der Drehspulmessinstrumente ist deshalb linear. Zum Zweck der Überwachung eines gewünschten Sollwertes kann es allerdings erwünscht sein, dass die Skalenteilung in dem entsprechenden Bereich gespreizt ist. Das lässt sich bei dem Drehspulmesswerk mit einer entsprechend vom Ausschlagwinkel α abhängigen magnetischen Flussdichte erzielen. Dazu wird der Luftspalt unterschiedlich weit ausgebildet. Die magnetische Flussdichte ist dort größer, wo der Luftspalt kleiner ist.

Bauformen

Für den Eisenkreis sind verschiedene Bauformen üblich. Im Bild 5.42 sind einige gebräuchliche Formen angegeben. Die hellgrauen Teile sind Permanentmagnete,

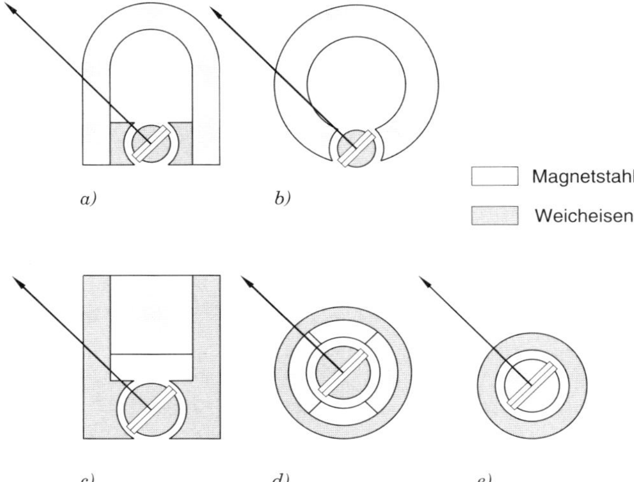

Bild 5.42: *Bauformen der magnetischen Kreise in Drehspulinstrumenten*

während die übrigen Teile aus Weicheisen bestehen und nur zur Führung des Feldes dienen. Für die Güte der Dauermagnete sind die Koerzitivfeldstärke und die Remanenzflussdichte maßgebend. Je größer die Koerzitivfeldstärke, desto kürzer darf der Magnet sein, und je größer die Remanenzflussdichte ist, umso kleiner darf der Querschnitt gewählt werden. Mit Chrom- und Wolframstählen, die eine lang gestreckte Bauform voraussetzen, wird der magnetische Kreis (a) realisiert. Die Form (b) wird aus Sonderstahl (Kobaltstahl) durch Stanzen und Bohren hergestellt. Bei hochkoerzitiven Stählen ist eine Bearbeitung sehr schwierig. Deshalb wählt man eine einfache Form (c). Besonders hochwertige Dauermagnete mit hoher Remanenzflussdichte erhält man durch Sintern von Stahlpulver (Al-Ni-Co-Stahl) bei hoher Temperatur und hohem Druck in Pressformen. Diese Magnete haben ein feines Korn und daher auch ein sehr homogenes Feld. Mit diesen Al-Ni-Co-Magneten lassen sich kleine (d) bis sehr kleine (e) Bauformen erzielen. Diese beiden Bauformen zeichnen sich außerdem durch eine geringe magnetische Streuung und durch Unempfindlichkeit gegenüber Fremdfeldern aus. Am meisten verbreitet ist die Form (b), wobei auch bei dieser Bauform bereits Sintermagnete eingesetzt werden. Die Bauform (e) ist ein sogenanntes Kernmagnetmesswerk.

Messgenauigkeit

Mit Drehspulmesswerken erhält man die genauesten und empfindlichsten[13)] Mess-

13 Unter Empfindlichkeit eines Messgerätes versteht man die Änderung des Zeigerausschlages, bezogen auf die Änderung der Messgröße. Sie wird z. B. in Skalenteile/mA angegeben.

geräte bis zur Klasse[14] 0,1 herunter. Die üblichen Feinmesswerke erreichen ihren Endausschlag bei einem Strom von etwa $10\,\mu\mathrm{A}$ bis $1\,\mathrm{mA}$. Der Widerstand der Spule liegt zwischen $100\,\Omega$ und $10\,\mathrm{k}\Omega$ und der Spannungsabfall zwischen 50 und $100\,\mathrm{mV}$. Zur Messung von Strömen und Spannungen außerhalb dieser Bereiche werden Neben- bzw. Vorwiderstände eingesetzt. Die Drehspule wird bei den empfindlichen Messgeräten frei, bei den kräftiger gebauten und dafür weniger empfindlichen auf einen Metallrahmen gewickelt. Da die Ausschlagrichtung von der Stromrichtung abhängt, tragen die Anschlussklemmen die Polaritätsbezeichnung „+“ und „–“.

Einstellvorgang

Auf einen wichtigen Punkt müssen wir noch eingehen, nämlich auf den *Einstellvorgang des Zeigerausschlages.* Wir behandeln diesen Vorgang hier auch deshalb, weil wir dabei einen wichtigen Bewegungsvorgang der Mechanik kennen lernen. Die den Bewegungsvorgang beschreibende Differentialgleichung begegnet uns auch in anderen Bereichen der Physik. Ihre Lösung ist daher von allgemeinerem Interesse. Das beschriebene Messwerk stellt ein Drehpendel dar. Die Drehspule, die durch das Drehmoment des zu messenden Stromes beschleunigt wird, hat während ihrer Bewegung eine kinetische Energie $\frac{1}{2}J\dot{\alpha}^2$ und einen Drehimpuls $J\dot{\alpha}$, wobei J ihr Trägheitsmoment und $\dot{\alpha} = \mathrm{d}\alpha/\mathrm{d}t$ ihre Drehgeschwindigkeit ist. Durch das Gegenmoment der Spiralfedern wird die Bewegung der Spule gebremst. Sie gibt ihre kinetische Energie an die Spiralfedern ab, wobei deren potentielle Energie gemäß $\frac{1}{2}k\alpha^2$ zunimmt. Wegen der Trägheit der Spule, ausgedrückt durch das Trägheitsmoment J, kommt die Bewegung nicht bei dem durch Gl. (5.72) angegebenen α_A zur Ruhe, sondern schwingt darüber hinaus. Die Federkräfte, die nun das Antriebsmoment T_d überwiegen, bewirken aber wieder ein Rückpendeln der Spule. Dabei geben sie potentielle Energie ab, die von der Spule als kinetische Energie gespeichert wird. Wird aber $\alpha < \alpha_\mathrm{A}$, dann überwiegt das vom Strom verursachte Moment gegenüber dem Rückstellmoment der Federn, und die Bewegung, die jetzt in Richtung kleinerer α-Werte erfolgt, wird wieder abgebremst, zum Stillstand gebracht und schließlich wieder in eine Bewegung in Richtung positiver α-Werte umgekehrt. Der Vorgang beginnt von neuem. Die Spule schwingt also um den Ausschlagwinkel $\alpha = \alpha_\mathrm{A}$ hin und her. Dabei wechselt die Energie zwischen potentieller Energie in den Federn und kinetischer Energie der Drehbewegung. Entsprechendes gilt für jedes mechanische System mit zwei Energiespeichern, und zwar einem für kinetische und einem für potentielle Energie, wenn sie miteinander wechselwirken. Wäre kein Dämpfungsmechanismus vorhanden, der dem System Energie entzieht, dann würden die Schwingungen nie zur Ruhe kommen. Um eine Gleichung zu bekommen, die die Bewegung beschreibt, summieren wir alle Gegenmomente, die das vom Strom erzeugte Moment zu überwinden hat, und erhalten

$$T_\mathrm{d} = k\alpha + p\dot{\alpha} + J\ddot{\alpha}\,.^{15)} \qquad (5.73)$$

14 Die Klasse gibt den maximal zulässigen Fehler in Prozent, bezogen auf den Endausschlag des Gerätes, an. Feinmessgeräte werden in die Klassen (genormt) 0,1; 0,2 und 0,5; Betriebsgeräte in die Klassen 1; 1,5; 2,5; 5 eingeteilt. Die Klasse, zu der das Messgerät gehört, wird auf dem Gerät angegeben, z. B. 0,2.

Der erste Term der rechten Seite ist das schon bekannte Rückstellmoment der Federn. Der zweite Term berücksichtigt den Dämpfungsmechanismus, und der dritte gibt an, welches Drehmoment aufgebracht werden muss, um den Drehimpuls der Spule zu erhöhen. Zum letztgenannten vergleiche man die Gln. (5.43) und (5.44). Danach ist dafür ein Moment $\mathrm{d}L/\mathrm{d}t$ aufzubringen. Mit $L = J\omega = J\mathrm{d}\alpha/\mathrm{d}t = J\dot{\alpha}$ ergibt sich der in Gl. (5.73) eingesetzte Term.

Der Dämpfungsterm ist $\dot{\alpha}$, d. h. der Geschwindigkeit proportional. Solch ein Dämpfungsmoment kann mit einem auf der Zeigerachse angebrachten Flügel, der sich in einer Luftkammer bewegt, erzielt werden. Bei Drehspulgeräten ist dies aber nicht üblich. Hier kommt dieses Gegenmoment elektrisch zustande. Bei der Drehung der Rahmenspule im Magnetfeld wird im Rahmen ein Strom induziert, der entgegengesetzt zum Messstrom der Spule fließt und somit ein Gegenmoment erzeugt. Dieser Strom, und somit auch das Gegenmoment, ist proportional $\dot{\alpha}$ (s. nächstes Kapitel). Die Verluste, die die Dämpfung bewirken, entstehen in dem Widerstand des Rahmens. Auch in der Spule selbst wird eine Gegenspannung erzeugt, die einen zum Messstrom entgegengesetzten Strom treibt und somit die Bewegung hemmt.

Analytische Methode

Es sei kurz auch auf die *analytische* Methode zur Aufstellung der Bewegungsgleichung (5.73) hingewiesen. Man geht dabei vom Energieerhaltungssatz aus. Bei der Bewegung der Spule von der Ruhestellung $\alpha = 0$ bis zu einem Anschlag α muss Arbeit gemäß

$$\int_0^\alpha T_\mathrm{d}\mathrm{d}\alpha' = T_\mathrm{d}\int_0^\alpha \mathrm{d}\alpha' = T_\mathrm{d}\alpha$$

von der elektrischen Quelle verrichtet werden. Diese findet ihr Äquivalent in der kinetischen Energie $\frac{1}{2}J\dot{\alpha}^2$ der Spule, in der potentiellen Energie $\frac{1}{2}k\alpha^2$ der Federn und in der Verlustenergie (Umsetzung in Wärmeenergie) durch die Dämpfung. Da der Dämpfungsstrom I_D proportional $\dot{\alpha}$ ist, ist die im Zeitintervall $\mathrm{d}t'$ umgesetzte Energie $(I_\mathrm{D}^2/R)\,\mathrm{d}t'$ proportional $\dot{\alpha}^2\mathrm{d}t'$. Die Aufsummierung über alle Zeitintervalle von $t' = 0$ bis $t' = t$ ergibt

$$\int_0^t p\,\dot{\alpha}^2\mathrm{d}\,t' = p\int_0^t \dot{\alpha}^2\mathrm{d}\,t'$$

mit p als Proportionalitätskonstante. Die gesamte Energiebilanz lautet also

$$T_\mathrm{d}\alpha = \frac{1}{2}k\,\alpha^2 + p\int_0^t \dot{\alpha}^2\mathrm{d}\,t' + \frac{1}{2}J\,\dot{\alpha}^2\,.$$

15 Für jede Ableitung nach der Zeit setzt man einen Punkt über die entsprechende Größe.

Differenziert man diese Gleichung nach t, so erhält man

$$T_\mathrm{d}\dot{\alpha} = k\,\alpha\dot{\alpha} + p\,\dot{\alpha}^2 + J\,\ddot{\alpha}\dot{\alpha}\ .$$

Nach Herausstreichen von einem $\dot{\alpha}$ aus allen Gliedern erhalten wir wieder die Gl. (5.73).

Die Gl. (5.73) ist eine inhomogene lineare Differentialgleichung 2. Ordnung mit konstanten Koeffizienten für $\alpha(t)$. Gleichungen dieser Form begegnet man bei dynamischen Vorgängen oft. Die genauen Lösungen für verschiedene Anregungen (hier T_d) werden wir später untersuchen. Hier sollen nur die prinzipiellen zeitlichen Verläufe des Einstellvorganges in einem Diagramm (s. Bild 5.43) dargestellt werden. Dabei gelten für die den Einstellvorgang bestimmenden Parameter folgende Relationen:

$$\left.\begin{array}{ll}\text{Kurve a}: & p \ll \\ \text{Kurve b}: & p < \\ \text{Kurve c}: & p = \\ \text{Kurve d}: & p > \end{array}\right\} 2\sqrt{kJ}\ \left.\begin{array}{l}\text{- schwach}\\ \text{- normal}\\ \text{- aperiodisch}\\ \text{- kriechend}\end{array}\right\}\ \text{gedämpfter Einstellvorgang.}$$

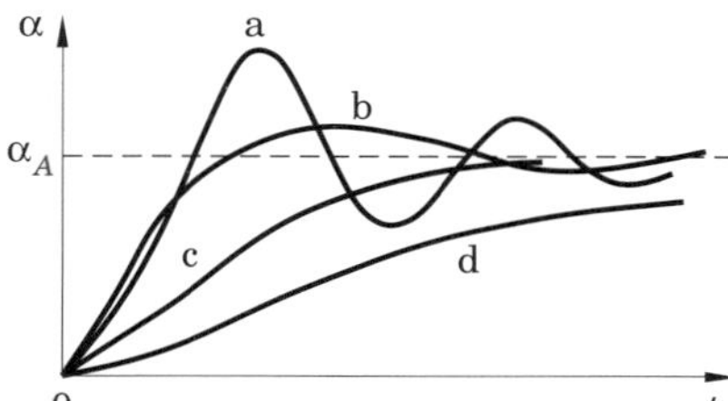

Bild 5.43: *Einstellvorgang des Zeigerausschlages bei verschiedenen Dämpfungen*

Die Kurven a und b zeigen ein Überschwingen über den Anzeigewert α_A hinaus, nicht aber die Kurven c und d. Die Kurve c stellt einen Grenzfall dar. Um ein schnelles Einpendeln in den Toleranzbereich um α_A gemäß der Güte des Gerätes zu erzielen, wählt man ein entsprechend großes Überschwingen. Die Einschwingzeit ist dann kleiner als $T_0 = 2\pi\sqrt{J/k}$. T_0 ist die Periodendauer der Schwingung der ungedämpften Spule.

Galvanometer

Als *Galvanometer* bezeichnet man Messinstrumente für sehr kleine Ströme und Spannungen. Sie werden hauptsächlich als Nullindikatoren in Messbrücken verwendet. Eine spezielle Art davon sind die *Kriechgalvanometer*. Bei ihnen sind das Moment durch die Massenträgheit und das Rückstellmoment der Feder sehr viel kleiner als das Dämpfungsmoment. Aus Gl. (5.73) erhält man in diesem Fall

$$p\,\dot{\alpha} = T_\mathrm{d}$$

mit der Lösung

$$\alpha_{(t)} = \frac{1}{p} \int_0^t T_\mathrm{d} \mathrm{d}\, t + \alpha_0\,(0)\ . \tag{5.74}$$

Solche Instrumente können zur Messung von Strom-Zeit-Integralen $\int I(t)\, \mathrm{d}t$, d.h. zur Messung von Ladungen oder auch zur Messung von Spannungs-Zeit-Integralen $\int U(t)\, \mathrm{d}t$, verwendet werden.

5.10.3 Elektroakustischer Wandler

In diesem Abschnitt soll ein Beispiel für die Anwendung der Kraftwirkung des magnetischen Feldes im Bereich der elektroakustischen Wandler dargestellt werden. Elektroakustische Wandler sind Geräte, die elektrische Energie in Schallenergie (Telefon oder Kopfhörer, Lautsprecher) oder Schallenergie in elektrische Energie (Mikrofon) umwandeln.

Heute wird hauptsächlich der sogenannte elektrodynamische Wandler eingesetzt. Er ist insbesondere als Lautsprecher gut bekannt. Im Bild 5.44 ist er schematisch dargestellt. Die trichterförmig ausgebildete Membran aus versteiftem Spezialgewebe

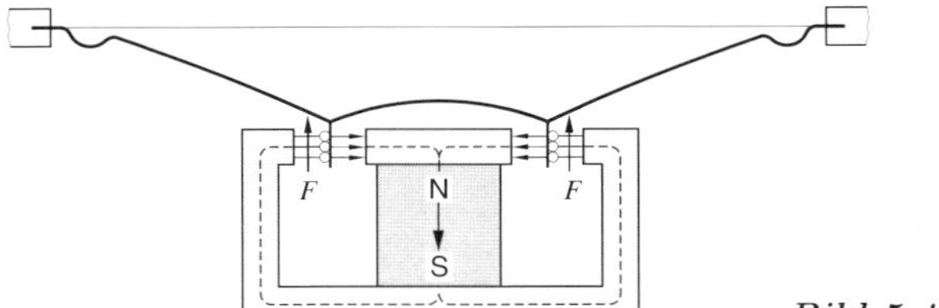

Bild 5.44: *Elektrodynamischer Wandler (schematisch)*

oder Kunststoff trägt an ihrem unteren Ende eine leichte Spule (Tauchspule), die sich in dem ringförmigen schmalen Luftspalt eines Eisenkreises bewegen kann. In dem Luftspalt herrscht eine starke durch einen Permanentmagneten erzeugte magnetische Flussdichte B.

Hat die Spule den Durchmesser d, die Windungszahl N und fließt durch sie der Strom i, dann wird auf sie und damit auch auf die Membran die Kraft

$$F = \pi\, d\, N\, B\, i \tag{5.75}$$

ausgeübt. Bis auf i sollen alle Größen konstant sein. Die Kraftwirkung auf die Membran erfolgt also analog zum Strom.

Wie wir im nächsten Kapitel sehen werden, sind die hier dargestellten Vorgänge umkehrbar, d. h., wenn die Membranen durch Schallschwingungen bewegt werden, entstehen an den Drahtenden der Spulen Quellenspannungen und bei geschlossenen

Stromkreisen Ströme im Rhythmus der Schallschwankungen. Somit können nach den gleichen Prinzipien Mikrofone realisiert werden. Besonders das dynamische oder Tauchspulenmikrofon, das nach dem gleichen Prinzip wie der Lautsprecher im Bild 5.44 arbeitet, ist ein Mikrofon mit guten Eigenschaften.

5.10.4 Das Zyklotron

Wir wollen noch ein Beispiel für die Anwendung der magnetischen Kraftwirkungen bringen und beschreiben das sogenannte Zyklotron aus dem Bereich der Kernphysik. Es dient dazu, geladene Teilchen wie Protonen und Deuteronen[16)] fortwährend zu beschleunigen, um sie auf hohe kinetische Energien zu bringen. Solche energiereichen Teilchen können dann zu Atomzertrümmerungsexperimenten eingesetzt werden.

Durchläuft ein mit der Elementarladung e behaftetes Teilchen die Potentialdifferenz U, so nimmt dieses Teilchen bekanntlich die Energie eU auf, wodurch seine kinetische Energie $\frac{1}{2}mv^2$ um den gleichen Betrag ansteigt. Um auf hohe kinetische Energien (z. B. 10 MeV) zu kommen, müsste eine entsprechend hohe Potentialdifferenz (z. B. 10 MV) zur Verfügung stehen. Ein anderer Weg ist der, dass man das Teilchen eine vergleichsweise kleine Potentialdifferenz mehrfach durchlaufen lässt. So geschieht es im Zyklotron. Zum Umlenken der Teilchen wird die Kraftwirkung des Magnetfeldes ausgenutzt. Im Bild 5.45 ist im Prinzip der Aufbau eines Zyklotrons dargestellt.

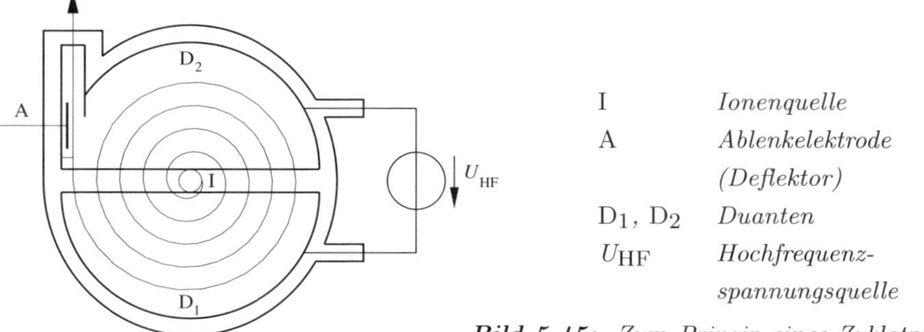

Bild 5.45: *Zum Prinzip eines Zyklotrons*

Das Magnetfeld steht senkrecht auf der Papierebene. In der Mitte befindet sich die Ionenquelle I. In ihr werden Moleküle von schwerem Wasserstoff mit Elektronen einer genügend hohen Energie (100 eV) bombardiert. Dabei entstehen positive Ionen, darunter Deuteronen, die durch eine kleine Öffnung in das Zyklotron eintreten, um beschleunigt zu werden. Der Beschleunigungsteil besteht aus einer flachen, in zwei Hälften (Duanten) D_1 und D_2 geteilten Metalldose, die sich in einem hochevakuierten Gefäß befindet. Zwischen den beiden Duanten befindet sich ein Spalt, und sie sind

16 Deuteronen sind die Atome von schwerem Wasserstoff.

an eine hochfrequente Wechselspannung angeschlossen, so dass D_1 gegenüber D_2 abwechselnd positiv und negativ ist. Entsprechend ist das elektrische Feld in dem Spalt einmal von D_1 nach D_2 und anschließend von D_2 nach D_1 gerichtet. Tritt nun ein Deuteron aus der Quelle I aus, so wird es zu dem Duanten hin beschleunigt, der gerade negativ ist, und tritt mit einer bestimmten Geschwindigkeit v in diesen (z. B. D_2) ein. Innerhalb des Duanten wirkt praktisch kein elektrisches Feld. Durch das magnetische Feld wird die Bahnkurve aber kreisförmig erzwungen. Der Radius beträgt (s. Gln. (5.1) und (5.2))

$$r = \frac{mv}{eB} \quad . \tag{5.76}$$

Nach einer Zeit $t_0 = \pi r/v$ gelangt das Ion wieder an den Spalt. Inzwischen hat hier die Richtung des elektrischen Feldes gewechselt, so dass es beim Überwechseln von D_2 nach D_1 wieder beschleunigt wird. Die Eintrittsgeschwindigkeit in D_1 ist also größer geworden. Entsprechend nimmt auch der Radius der Bahnkurve in D_1 zu. Die Durchlaufzeit durch diesen Duanten ist aber ebenso t_0; denn wegen $r \sim v$ ist t_0 unabhängig von v $(= \pi m/eB)$. Damit das Ion bei jedem Wechsel von einem Duanten zum anderen beschleunigt wird, muss die Periodendauer T der Wechselspannung gerade gleich der vollen Umlaufzeit $2\,t_0$ sein. Die Frequenz der Wechselspannungsquelle muss demnach

$$f = \frac{1}{T} = \frac{eB}{2\,\pi m} \tag{5.77}$$

betragen.

Die Gesamtbahn ist eine Spirale. Gelangt das Ion schließlich in die Nähe des Randes, so wird es durch eine Ablenkelektrode A abgelenkt und tritt dann tangential aus. Die Austrittsenergie hängt von dem Radius R der Duanten ab. Die Energie kann bei gegebenem R durch Erhöhung von B gesteigert werden.

Aufgabe 5.9

Geben Sie die Gleichung für die kinetische Energie $E = \frac{1}{2}mv^2$ für die austretenden Teilchen an! Der Radius der äußersten Bahnkurve sei gleich R.

Das ist allerdings nicht beliebig möglich, da bei sehr hohen Geschwindigkeiten die Masse des Ions entsprechend $m = m_0/\sqrt{1-(v/c)^2}$ (c = Lichtgeschwindigkeit) merklich zunimmt und deshalb die Umlaufzeit für die äußeren Bahnkurven größer ist als die der inneren, so dass der Synchronismus zwischen der Umlauffrequenz und der Wechselspannungsfrequenz dann nicht mehr gegeben ist.

Aktivierungselement 5.5

1. Welche Kraftwirkung liegt dem Hall-Effekt zugrunde?
2. Worin besteht der Unterschied zwischen einem Hall-Generator und einer Feldplatte?
3. Skizzieren Sie den prinzipiellen Aufbau eines Drehspulmesswerkes!
4. Wie sieht der zeitliche Vorgang für die Einstellung des Zeigerausschlages im Prinzip aus? Welche Größe ist für die Form des Einstellvorganges von besonderer Bedeutung?
5. Beschreiben Sie Aufbau und Wirkungsweise eines dynamischen elektroakustischen Wandlers!
6. Wie funktioniert das Zyklotron? Warum ist eine beliebige Fortsetzung der Beschleunigung theoretisch nicht möglich?

Aufgaben zur Vertiefung 9

Übung

5.6 Für einen magnetischen Kreis wie im Bild 5.29 soll angegeben werden, von welchem Verhältnis R/a (mittlerer Radius zu radialer Querschnittsabmessung) ab die Abweichung der magnetischen Flussdichte an der Innen- und an der Außenseite des Ringes (Punkt P_1 bzw. P_2 im Querschnittsbild) vom Wert in der Mitte kleiner als 5 % ist. Es kann angenommen werden, dass μ_r konstant und der Streufluss vernachlässigbar ist.

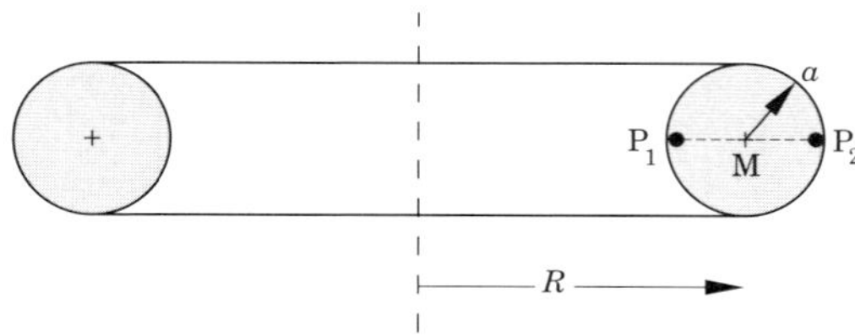

Theoretische Vertiefung

5.7

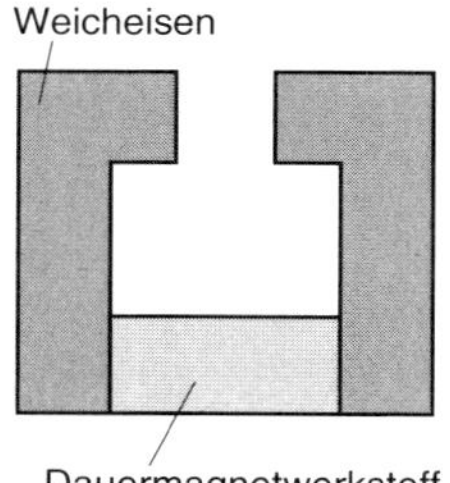

Ein Dauermagnet werde a) erst bis zur Sättigung magnetisiert, nachdem er bereits in den magnetischen Kreis eingebaut ist, b) außerhalb des magnetischen Kreises magnetisiert und dann eingebaut. Nach dem Magnetisieren wird der Erregerstrom abgeschaltet. Ergibt sich dann in beiden Fällen eine unterschiedliche resultierende magnetische Flussdichte des Luftspalts? Wenn ja, warum?

Praktische Anwendung

5.8 Informieren Sie sich über die Begründungen dafür, dass sich hochpermeable Werkstoffe gut zur magnetischen Abschirmung (z. B. von empfindlichen Messinstrumenten) eignen.

Magnetisierungskurven von magnetisch weichen Werkstoffen

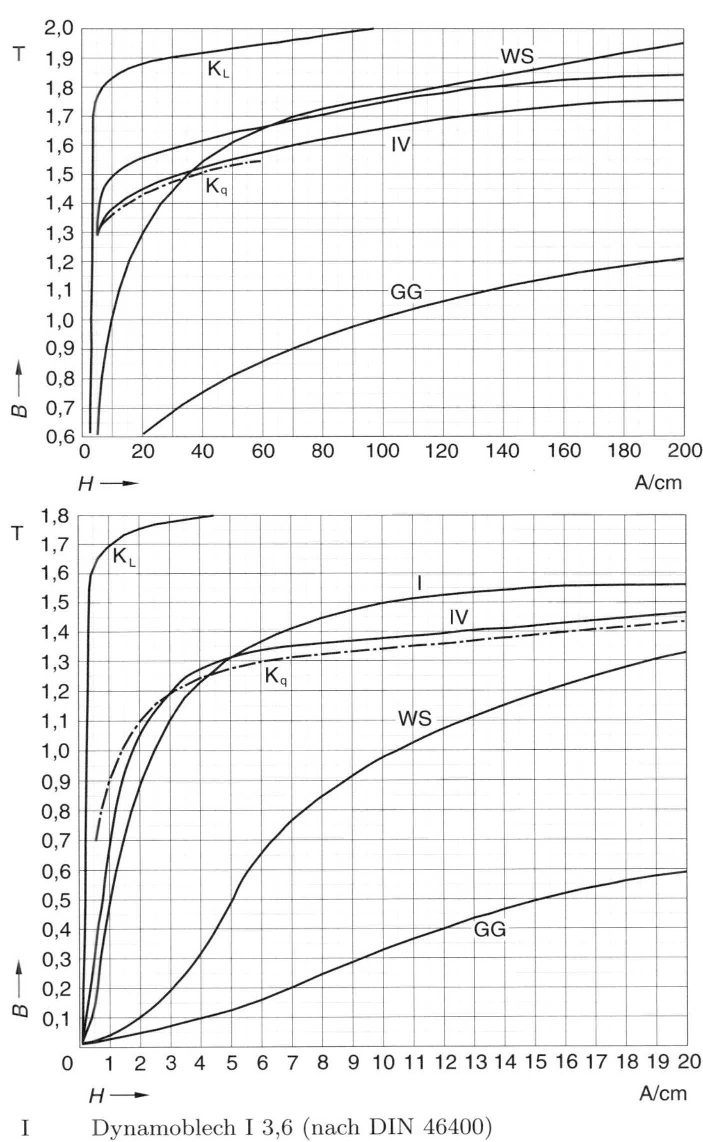

I	Dynamoblech I 3,6 (nach DIN 46400)
IV	Dynamoblech IV 1,0 (nach DIN 46400)
K_L	kaltgewalztes, kornorientiertes Blech mit Magnetisierung in Walzrichtung
K_q	dasselbe, quer zur Walzrichtung magnetisiert
GG	Grauguss
WS	Walzstahl

Vororientierung zur Kurseinheit 10

In diesem Kapitel verlassen wir das Gebiet der statischen und stationären Felder und wenden uns dem viel interessanteren Fall der zeitlich veränderlichen Felder zu. Als Erstes betrachten wir das grundlegende Phänomen der Induktion von elektrischen Spannungen und Feldstärken durch das magnetische Feld. Wir werden diese Erscheinung vielseitig qualitativ diskutieren und ihre quantitative Beschreibung vornehmen. Damit lernen wir in dieser Kurseinheit die Prinzipien kennen, die den elektrischen Generatoren und Transformatoren zugrunde liegen. Auf die große Bedeutung, die diesem gesamten Gebiet zukommt, braucht deshalb nicht ausdrücklich hingewiesen zu werden.

Anschließend befassen wir uns mit der Berechnung von Induktivitäten und Gegeninduktivitäten und betrachten dazu einige für die Praxis wichtige Beispiele.

Lernzyklus 6.1

Studienziele

Nach dem Durcharbeiten dieses Lernzyklus sollen Sie in der Lage sein,

- die beiden prinzipiellen Möglichkeiten der Spannungsinduktion zu beschreiben;
- die Flussregel in Worten und formelmäßig anzugeben;
- die Bewegungsspannung aus der Kraftwirkung zu berechnen;
- das induzierte elektrische Feld zu charakterisieren;
- das Induktionsgesetz in allgemeiner Form für sich zeitlich ändernde magnetische Felder anzugeben.

6 Die elektromagnetische Induktion

Aus den Betrachtungen im vorangegangenen Kapitel wissen wir, dass zwischen elektrischem und magnetischem Feld ein enger Zusammenhang besteht, denn das magnetische Feld wird von elektrischen Strömen hervorgerufen, und ein magnetisches Feld übt auf bewegte Ladungen oder auf stromdurchflossene Leiter eine Kraft aus. Aber es besteht noch ein weiterer Zusammenhang: Nach der Entdeckung der genannten Zusammenhänge hat man schon bald vermutet, dass magnetische Felder auch umgekehrt in der Lage sein müssten, elektrische Felder hervorzurufen. Die entscheidende Entdeckung dazu, nämlich dass dies nur möglich ist, wenn sich etwas ändert, wurde im Jahre 1831 von dem englischen Physiker MICHAEL FARADAY gemacht. Dies war eine der wesentlichen Entdeckungen, auf deren Grundlage sich dann die Elektrotechnik entwickeln konnte, denn erst jetzt war es möglich, Quellen mit hohen Strömen und Spannungen und damit hoher Leistungsabgabe bereitzustellen.

6.1 Induktionsvorgänge

6.1.1 Bewegungsinduktion

1. Versuch

Wir wollen zunächst mit dem im Bild 6.1 dargestellten Versuchsaufbau einen grundlegenden Versuch durchführen: Ein Leiterstab ist an Nylonfäden zwischen den Polen

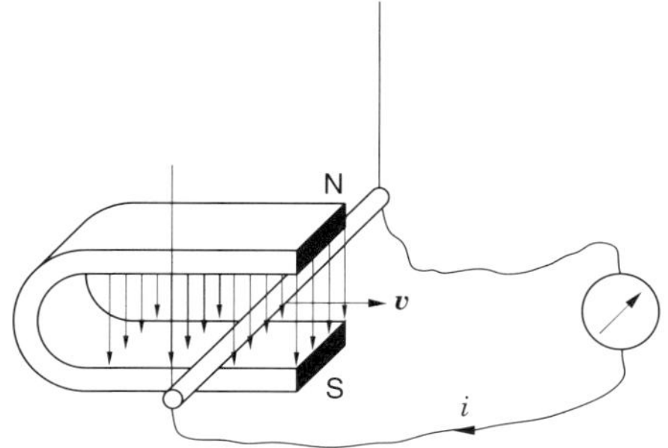

Bild 6.1: *Induktion durch Leiterbewegung im Magnetfeld*

eines Hufeisenmagneten aufgehängt, so dass er dazwischen pendeln kann. Die Enden des Leiterstabes sind über dünne, leicht bewegliche Drähte mit den Klemmen eines Galvanometers verbunden. Solange sich der Leiterstab zwar im Magnetfeld, aber in Ruhe befindet, zeigt das Galvanometer keinen Strom an. Wird der Leiterstab aber wie im Bild 6.1 angegeben oder entgegengesetzt dazu bewegt, so zeigt das Galvanometer einen Strom an, dessen Richtung von der Bewegungsrichtung des Leiters abhängt. Man bezeichnet diesen Vorgang als *elektromagnetische Induktion* und den erzeugten Strom als *Induktionsstrom*. Der Strom wird von einer im Leiter induzierten Spannung getrieben. Man kann den gleichen Induktionsstrom erzielen, wenn man den Leiterstab festhält und dafür den Magneten jeweils im entgegengesetzten Sinn bewegt. Es kommt also nur auf die relative Bewegung zwischen dem Leiter und dem Magnetfeld an. Nach Bild 6.1 stehen Bewegungsrichtung des Leiters, Richtung des Stromes und Richtung des Feldes senkrecht aufeinander. Bewegen wir den Leiter in Richtung des magnetischen Feldes, dann lässt sich kein Induktionsstrom beobachten.

Erklärung der Versuchsergebnisse

Die zuerst gemachten Erfahrungen können wir mit den uns schon bekannten Gesetzmäßigkeiten deuten. Im Grunde passiert hier nichts anderes als beim Hall-Effekt. Mit der Bewegung des Leiters werden auch die in ihm befindlichen Ladungsträger mitbewegt. Auf bewegte Ladungsträger übt aber ein Magnetfeld eine Kraft

$$\boldsymbol{F} = q\,\boldsymbol{v} \times \boldsymbol{B} \tag{6.1}$$

aus. Diese Kraft wirkt in der Versuchsanordnung des Bildes 6.1 in Richtung des Leiterstabes, wodurch die Ladungsträger (Elektronen) in dieser Richtung verschoben werden. Infolge der gegenseitigen Abstoßung der Elektronen, wodurch an jeder Stelle des Stromkreises eine Verschiebung der Ladungsträger stattfindet, fließt durch das Galvanometer ein Strom gleicher Größe wie an jeder anderen Stelle des Stromkreises. Zur quantitativen Behandlung nehmen wir an, dass ein Leiter der Länge l durch ein

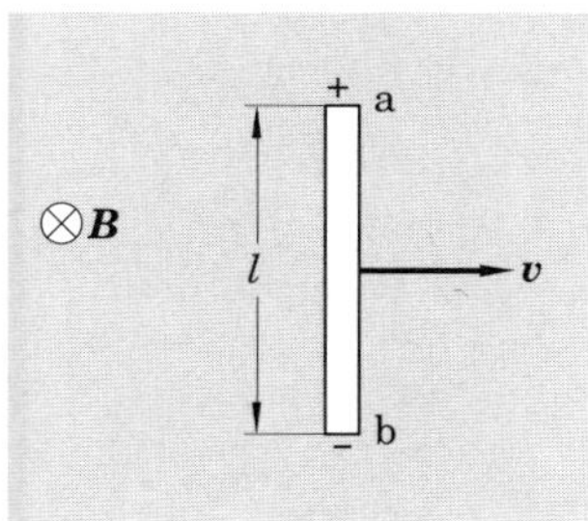

Bild 6.2: *Zur Induktion einer Spannung zwischen den Enden eines mit* $\boldsymbol{v}$ *durch ein homogenes Magnetfeld bewegten Leiters*

homogenes magnetisches Feld mit der magnetischen Flussdichte $\boldsymbol{B}$ bewegt wird (s. Bild 6.2). Die frei beweglichen Elektronen werden zum unteren Ende verschoben. Am oberen Ende entsteht Elektronenmangel. Die dadurch bedingte elektrische Feldstärke übt eine Gegenkraft zur Kraft nach Gl. (6.1) der Größe $q\boldsymbol{E}$ aus. Somit wirkt im Stab die Feldstärke

$$\boldsymbol{E} = -\boldsymbol{v} \times \boldsymbol{B} \ , \tag{6.2}$$

und die zwischen den Enden a und b induzierte Spannung[1] hat deshalb die Größe

$$u_{\mathrm{ab}} = \int\limits_{\mathrm{a}}^{\mathrm{b}} \boldsymbol{E}\,\mathrm{d}\boldsymbol{l} = lvB \ , \tag{6.3}$$

1 Da die induzierte Spannung im Allgemeinen von der Zeit abhängt, verwenden wir als Formelzeichen einen kleinen Buchstaben u, entsprechend verwenden wir für den zeitabhängigen Strom i.

wobei die Verhältnisse von Bild 6.2 vorausgesetzt werden. Im Fall, dass das Magnetfeld bewegt wird, und zwar in entgegengesetzter Richtung, erhalten wir dasselbe Ergebnis. Daraus schließen wir:

> Bei der Bewegungsinduktion kommt es nur auf die Relativgeschwindigkeit zwischen Magnetfeldern und Leitern an.

6.1.2 Transformationsinduktion

2. Versuch

Wir führen einen zweiten grundlegenden Versuch durch. Diesmal benutzen wir das magnetische Feld einer festen Spule, das wir aber zeitlich ändern können (s. Bild 6.3). Im Feld dieser Spule befindet sich eine Drahtschleife, deren Enden wieder an ein

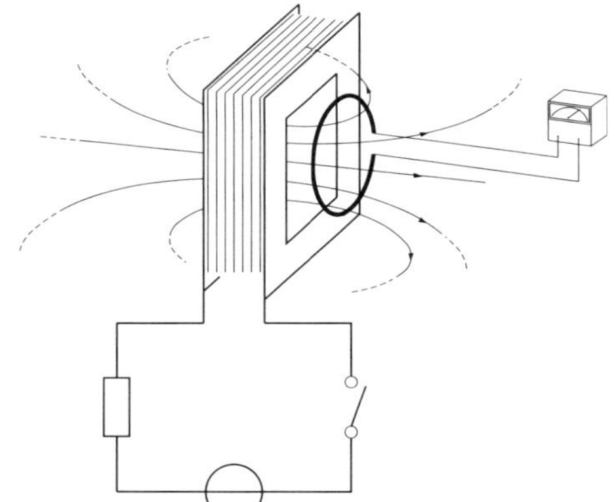

Bild 6.3: *Induktion durch ein zeitlich veränderliches Feld*

Galvanometer angeschlossen sind. Bewegen wir die Drahtschleife im Feld der Spule, dann stellen wir wie im ersten Versuch einen Ausschlag des Galvanometers aufgrund einer induzierten Spannung fest. Nun möge aber auch die Drahtschleife festgehalten werden, und wir verändern den Strom durch die Spule und damit das magnetische Feld. Das kann in einfacher Weise durch Betätigung des Schalters erfolgen. Wird der Schalter geschlossen, dann beginnt durch die Spule ein Strom zu fließen, und es wird ein Feld aufgebaut. Während der Aufbauzeit des Feldes beobachten wir einen Ausschlag am Galvanometer in die andere Richtung. Wir stellen fest, dass durch die zeitliche Änderung des Magnetfeldes ebenfalls Spannungen induziert werden.

Wir wollen nun herausfinden, bei welcher Lage der Drahtschleife im Feld die induzierte Spannung am größten ist. Dazu bringen wir eine Drahtschleife in ein homogenes magnetisches Feld (beispielsweise in das Innere einer langen Zylinderspule) und verändern den Winkel α zwischen der Achse der Drahtschleife und der Richtung des Magnetfeldes. Wir können feststellen, dass die induzierte Spannung dann am größten ist, wenn α gleich Null ist. Mit wachsendem α nimmt die induzierte

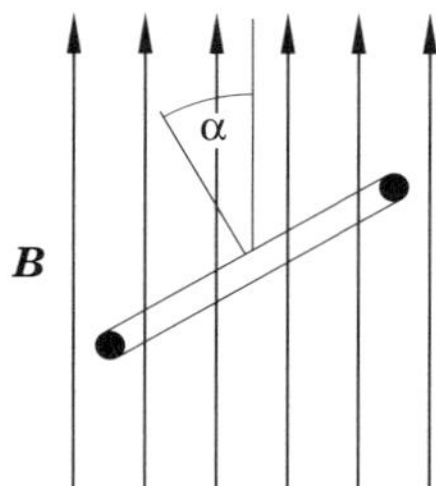

Bild 6.4: *Zur Abhängigkeit der induzierten Spannung in einer Leiterschleife von ihrer Lage im zeitlich veränderlichen magnetischen Feld*

Spannung gemäß cos α ab. Für $\alpha = 90°$, d. h. für den Fall, dass die Linien der magnetischen Flussdichte $\boldsymbol{B}$ die Fläche der Drahtschleife nicht mehr durchsetzen, wird keine Spannung mehr induziert. Wir müssen daraus schließen, dass es auf den durch die Schleife hindurchgehenden Fluss des Feldes $\boldsymbol{B}$ ankommt. Dies wird auch durch Untersuchungen mit Drahtschleifen unterschiedlicher Größe bestätigt. Die Größe der induzierten Spannung wird durch das von FARADAY gefundene Induktionsgesetz bestimmt, das hier zunächst nur in Worten angegeben werden soll:

Flussregel

> Die in einer Drahtschleife induzierte Spannung ist gleich der Änderung des mit der Drahtschleife verketteten magnetischen Flusses in der Zeiteinheit.

Man bezeichnet diesen Satz auch als *Flussregel.*

6.1.3 Lenz'sche Regel

Ehe wir uns mit der quantitativen Beschreibung der Induktionsvorgänge weiter befassen, wollen wir eine einfache Regel angeben, mit der die Richtung der induzierten Ströme bzw. Spannungen bestimmt werden kann. Diese von LENZ [2] angegebene und nach ihm benannte Regel lautet:

Lenz'sche Regel

> Der induzierte Strom fließt in einer solchen Richtung, dass er durch sein Feld die Flussänderung, durch die er entsteht, zu verhindern sucht.

Mit anderen Worten: Das magnetische System ist bestrebt, seinen Zustand aufrechtzuerhalten. Die tiefere Ursache dafür ist in dem Energieerhaltungsprinzip zu suchen: Der induzierte Strom erzeugt in dem Widerstand des Kreises Wärmeenergie, die beispielsweise von außen durch mechanische Energie aufgebracht werden muss.

2 Lenz, Heinrich, 1804-1865, baltischer Physiker.

Die Lenz'sche Regel bezieht sich auf den induzierten Strom, d. h., sie kann nur auf geschlossene Kreise angewendet werden. Bei offenen Drahtschleifen können wir aber im Gedankenexperiment den Kreis schließen und aus der dabei bestimmten Stromrichtung auf die Richtung der den Strom treibenden induzierten Quellenspannung schließen.

Als Beispiel für die Anwendung der Lenz'schen Regel betrachten wir die Anordnung im Bild 6.5: Dort wird ein Stabmagnet mit seinem Nordpol auf einen geschlossenen Drahtring zu bewegt. Das am Nordpol aus dem Stabmagnet austretende Feld durchsetzt teilweise den Ring. Durch die angegebene Bewegung nimmt der verkettete Fluss

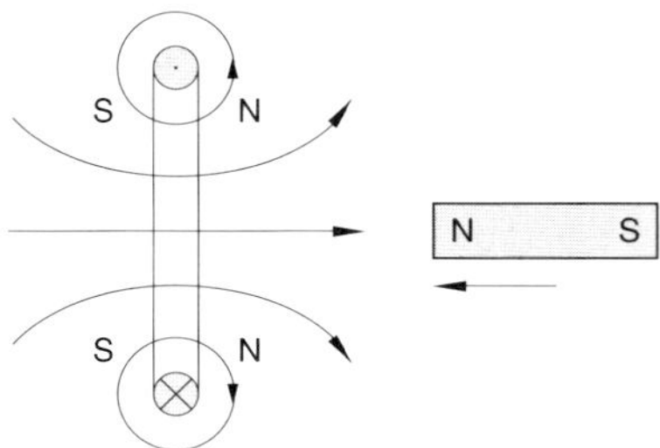

Bild 6.5: *Beispiel für die Anwendung der Lenz'schen Regel (Drahtring geschnitten dargestellt)*

zu. Das Feld des Ringes muss daher entgegengesetzt wirken. Zu diesem Feld gehört auch die nach den bekannten Regeln eingezeichnete Stromrichtung. Charakterisiert man das magnetische Verhalten des Ringes mit den Begriffen der Permanentmagnete, dann sind die beiden Seiten des Ringes mit Nordpol (N) und Südpol (S) wie angegeben zu bezeichnen. Da sich die gleichnamigen Pole zweier Magnete abstoßen, wirkt der Bewegung des Permanentmagneten eine Kraft entgegen. Um sie zu überwinden, muss mechanische Arbeit geleistet werden, die gerade so groß ist wie die durch den Strom in dem Ring erzeugte Wärmeenergie. Die umgekehrte Stromrichtung ist nach dem Energieerhaltungssatz nicht möglich. In diesem hypothetischen Fall wären N und S auf den Ringseiten zu vertauschen. Der Stabmagnet würde von dem Ringfeld angezogen und beschleunigt werden, d. h., er würde kinetische Energie gewinnen. Gleichzeitig würde aber im Ring auch Wärmeenergie entstehen, d. h., die Anordnung entspräche einem Perpetuum mobile.

Demonstrationsversuch

Die bei der Induktion wirkenden Gegenkräfte können eindrucksvoll durch den im Bild 6.6 dargestellten Versuch demonstriert werden. Auf einen Elektromagneten ist

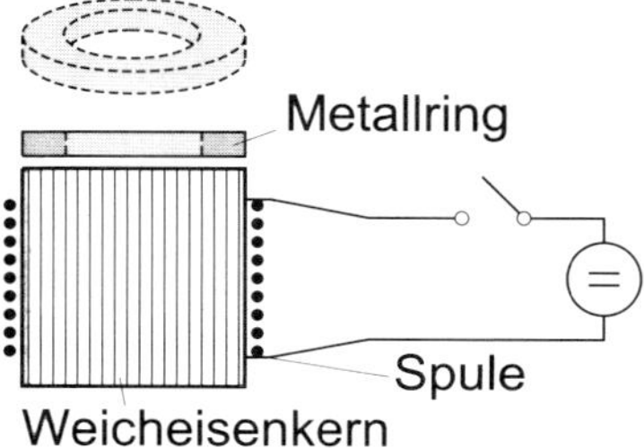

Bild 6.6: *Demonstration der Gegenkräfte bei der Induktion eines Stromes*

ein leitender Ring (wegen des geringen Gewichts am besten aus Aluminium) aufgesetzt. Wird der Strom durch die Erregerspule eingeschaltet, so wird der Ring in die Luft geschleudert. Der sich nach dem Einschalten vollziehende Aufbau des Feldes des Magneten induziert im Ring einen Strom, der den Aufbau zu verhindern sucht.

6.2 Das Induktionsgesetz

In diesem Abschnitt wollen wir die Induktionsvorgänge in eine quantitative Gesetzmäßigkeit bringen. Es zeigt sich, dass die beiden beschriebenen Induktionsvorgänge – man spricht im Zusammenhang mit dem zuerst dargestellten Vorgang von der *Bewegungsspannung* und im zweiten Fall von der *Transformationsspannung* – quantitativ durch die gleiche Gesetzmäßigkeit beschrieben werden können. Dazu wollen wir zunächst das Ergebnis in Gl. (6.3) für die Bewegungsspannung als die pro Zeiteinheit mit der Leiterschleife verknüpfte Flussänderung deuten.

Modellversuch

Zur Vereinfachung der Rechnung betrachten wir das im Bild 6.7 dargestellte Modell. Ein homogenes und konstantes magnetisches Feld durchsetzt in einem Teilbereich eine Drahtschleife senkrecht. Die Fläche der Schleife kann dadurch verändert werden, dass der leitende Stab auf den Gleitschienen entlanggezogen wird. Geschieht dies mit der Geschwindigkeit $\boldsymbol{v}$, so wirken auf die Ladungsträger im Stab Kräfte gemäß Gl. (6.1) in tangentialer Richtung zum Leiter, und bei sehr kleinem Strom i[3] ist die Spannung u_0 gleich u_{ab} gemäß Gl. (6.3), denn auf den übrigen Teilen der Schleife erzeugt das Magnetfeld keine zum Draht tangentialen Kräfte. (Wären auch auf anderen Teilen der Schleife solche Kräfte wirksam, so ergäbe sich die Gesamtspannung durch Aufsummieren der einzelnen Anteile.) Die Spannung u_{ab} bzw. die Spannung u_0 wirkt nun als Quellenspannung im Stromkreis.

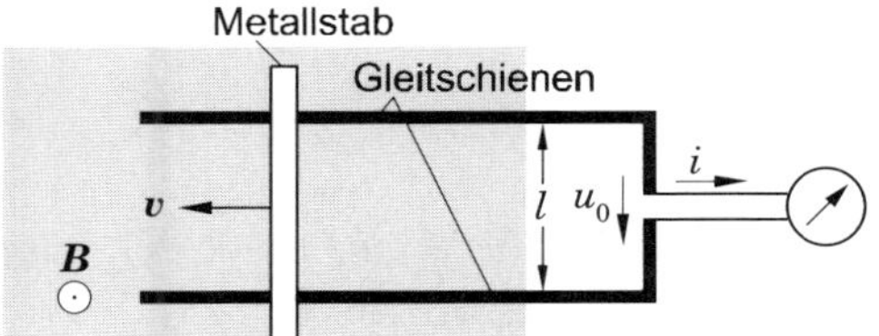

Bild 6.7: *Zur Darstellung der Bewegungsspannung aus der Flussänderung*

---

3 Insbesondere soll der Strom i deshalb klein sein, weil wir das von ihm erzeugte Magnetfeld vernachlässigen wollen. Auf die Rückwirkung dieses Stromes werden wir später eingehen. Der Widerstand des Spannungsmessers sei deshalb sehr hoch, der des Drahtbügels aber klein.

Berechnung der induzierten Spannung

Jetzt betrachten wir die in der Zeiteinheit erfolgende Flussänderung in der Schleife infolge der Verschiebung des Stabes. Bei Bewegung in der angegebenen Richtung nimmt in der Zeiteinheit dt der Fluss aus der Blattebene heraus um den Betrag

$$\mathrm{d}\Phi = B\,\mathrm{d}A$$

zu, wobei dA die Flächenzunahme der Schleife ist. Für diese gilt aber

$$\mathrm{d}A = lv\,\mathrm{d}t\ ,$$

so dass wir

$$\mathrm{d}\Phi = lvB\,\mathrm{d}t$$

erhalten. Durch Vergleich mit Gl. (6.3) können wir für die induzierte Quellenspannung

Induktionsgesetz

$$u_0 = \frac{\mathrm{d}\Phi}{\mathrm{d}t} \tag{6.4}$$

schreiben. Dieses Ergebnis gilt unabhängig davon, welche Form die Leiterschleife im Magnetfeld hat und wie sich ihre einzelnen Teile darin auch immer bewegen: Die in ihr induzierte Quellenspannung ist gleich der mit ihr verketteten Flussänderung in der Zeiteinheit.

Vorzeichen im Induktionsgesetz

Im Bild 6.8 ist die Zuordnung von induzierter Quellenspannung, Stromrichtung und Flussänderung gemäß unseren Betrachtungen zusammenfassend dargestellt. Man beachte, dass die Zuordnung von dΦ und u_0 grundsätzlich frei gewählt werden kann. Bei der Wahl gemäß Bild 6.8 gilt das Induktionsgesetz wie in Gl. (6.4); wird entweder die Zählrichtung von dΦ oder die von u_0 vertauscht, dann ist in Gl. (6.4) noch ein Minuszeichen hinzuzufügen. Das Ergebnis in Gl. (6.4) ist aber auch die formelmäßige

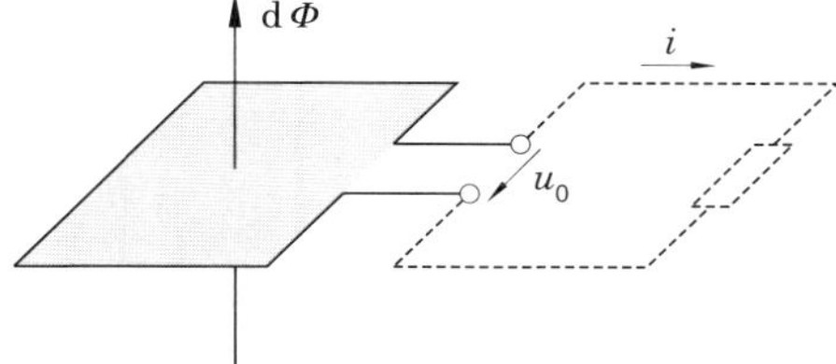

Bild 6.8: *Zuordnung von* dΦ, u_0 *und* i

Darstellung des Gesetzes, das wir in Worten bereits am Ende des Abschnittes 6.1 für die Transformationsspannung angegeben haben. Wir sehen, dass zwei physikalisch unterschiedliche Vorgänge durch ein Gesetz zusammengefasst werden können. Die induzierte Spannung ist unabhängig davon, auf welche Weise die Flussänderung erfolgt.

Während wir bei der Bewegungsspannung aus den auf die Ladung durch das Magnetfeld wirkenden Kräften auf die induzierte Spannung schließen konnten, ist es uns aber bei der Transformationsspannung nicht möglich, eine Deutung über magnetische Kräfte zu geben; denn es gibt keine Kraft, die sich der Änderung eines Magnetfeldes zuordnen ließe. Außer der Gesamtkraft entsprechend der Lorentz-Beziehung

$$\boldsymbol{F} = Q(\boldsymbol{E} + \boldsymbol{v} \times \boldsymbol{B})$$

gibt es keine weiteren Kräfte auf Ladungen. Die Kräfte auf die ruhenden Ladungen in einem Draht in einem sich ändernden Magnetfeld sind somit dem Anteil mit $\boldsymbol{E}$ zuzuschreiben. Wir müssen daher folgern:

Verallgemeinerung

Überall dort, wo sich ein magnetisches Feld mit der Zeit ändert, wird ein elektrisches Feld induziert.

Dieses Feld setzt dann die Ladungsträger eines Stromkreises in Bewegung.

Aufgabe 6.1

Ein Metallstab der Länge l ist an einem Ende drehbar gelagert, so dass er in einem homogenen magnetischen Feld senkrecht zu diesem rotieren kann (s. Bild). Die Drehwinkelgeschwindigkeit sei $\omega(= \mathrm{d}\alpha/\mathrm{d}t)$.

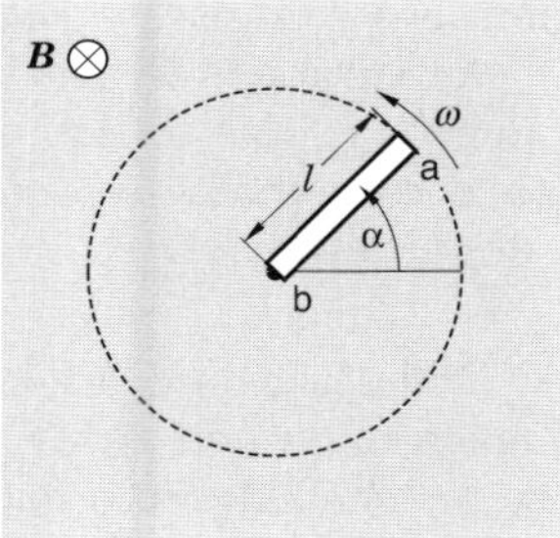

Berechnen Sie die induzierte Spannung zwischen den Endpunkten a und b des Stabes

a) aus der magnetischen Kraftwirkung auf die mit dem Stab bewegten Ladungsträger;

b) mit Hilfe der Flussregel, wobei sich die Flussänderung aus der in der Zeiteinheit vom Stab überstrichenen Fläche ergibt!

Wir wollen diese Erkenntnis noch weiter ausbauen und betrachten dazu die Verhältnisse im homogenen Bereich eines kreiszylindrischen magnetischen Feldes, dessen magnetische Flussdichte $\boldsymbol{B}$ überall in der gleichen Weise mit der Zeit zunehmen möge (Bild 6.9). Diese Bedingungen sind beispielsweise im Innern einer langen Zylinderspule, deren Erregerstrom zunimmt, erfüllt.

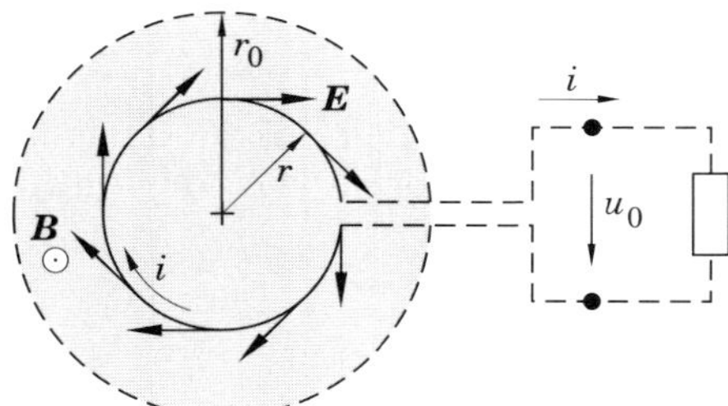

Bild 6.9: *Zur Induktion eines elektrischen Feldes in einem sich ändernden magnetischen Feld*

Wir zeichnen hier nur den Bereich des homogenen Feldes, dessen Begrenzung im Bild 6.9 durch den gestrichelten Kreis angegeben ist. Das magnetische Feld möge senkrecht aus der Blattebene heraustreten. Wir betrachten den Teil des Feldes, der durch den konzentrisch gedachten Kreis mit dem Radius r hindurchtritt. Nimmt dieses Feld zu, dann ist die Flussänderung $\mathrm{d}\Phi$ durch diesen ebenfalls aus der Blattebene heraus gerichtet. Handelt es sich bei diesem Ring um eine offene Drahtschleife, dann kann an den Klemmen die induzierte Quellenspannung u_0 gemessen werden. Wird an die Klemmen der gestrichelt gezeichnete Widerstand angeschlossen, dann ergibt sich nach der Lenz'schen Regel ein Strom in der angegebenen Richtung. Die Ladungsbewegung erfolgt nach unserer Erkenntnis durch elektrische Feldkräfte, die durch das sich ändernde Magnetfeld entstehen. Ohne Draht im Feld ist wegen der radialen Symmetrie die elektrische Feldstärke längs des Kreises überall gleich groß und tangential zu diesem gerichtet. Durch einen Drahtring wird dieses kreissymmetrische elektrische Feld verzerrt, denn im idealen Leiter kann kein elektrisches Feld existieren. Beim Einbringen des Leiters wird die Lage der freien Elektronen im Leiter verändert und dadurch ein zusätzliches elektrisches Feld aufgebaut, das im Leiter das induzierte elektrische Feld gerade aufhebt. Das Gesamtfeld konzentriert sich im Außenbereich hauptsächlich im Spalt zwischen den Enden des Drahtringes.

Nun wollen wir die Quellenspannung u_0 durch die induzierte Feldstärke ausdrücken. Die Quellenspannung u_0 ist eine Größe, die die Arbeitsfähigkeit eines Ladungsteilchens mit der Ladung q, gegeben durch qu_0, beschreibt. Diese Arbeitsfähigkeit erhält das Ladungsteilchen durch das induzierte Feld. Wir verfolgen deshalb diese Ladung längs des Weges vom Anfangs- zum Endpunkt, die bis auf einen infinitesimal kleinen Abstand identisch sind. Die auf diesem Wege vom Feld geleistete Arbeit ist

$$W = q \oint \boldsymbol{E}\,\mathrm{d}\boldsymbol{s} \ ,$$

wobei $\mathrm{d}\boldsymbol{s}$ ein Wegelement auf dem Weg im Feld mit Richtung i ist. In unserem Fall ist das auch ausnahmslos die Richtung der induzierten Feldstärke. Da Anfangs- und Endpunkt beieinander liegen, ist für die Integration der Weg geschlossen anzunehmen. Die Quellenspannung ist damit durch

$$u_0 = \oint \boldsymbol{E}\,\mathrm{d}\boldsymbol{s}$$

gegeben. Aus einem später noch zu erläuternden Grund kehren wir die Integrationsrichtung um, d.h., wir integrieren in Gegenrichtung zu i. Mit $\mathrm{d}\boldsymbol{l} = -\mathrm{d}\boldsymbol{s}$ erhalten wir

$$u_0 = -\oint \boldsymbol{E}\,\mathrm{d}\boldsymbol{l}\ . \tag{6.5}$$

Für die Berechnung von u_0 im Fall des Bildes 6.9 kann die Integration über den inneren, geschlossen gedachten Kreis ausgeführt werden, da außerhalb des gestrichelten Kreises kein magnetisches Feld und damit auch keine Flussänderungsrate vorhanden ist und die Zuführungsdrähte sehr eng nebeneinander liegen sollen. $\boldsymbol{E}$ ist hier noch die induzierte Feldstärke, d. h. die Feldstärke vor Einbringen des Drahtes.

Wir setzen nun für u_0 in die Gl. (6.5) das Induktionsgesetz nach Gl. (6.4) ein und erhalten deshalb

$$\oint \boldsymbol{E}\,\mathrm{d}\boldsymbol{l} = -\frac{\mathrm{d}\Phi}{\mathrm{d}t}\ . \tag{6.6}$$

Anstelle von Φ schreiben wir jetzt noch das Flächenintegral der magnetischen Flussdichte $\boldsymbol{B}$ und erhalten damit das Induktionsgesetz in allgemeiner Form für das zeitlich veränderliche Feld

Induktionsgesetz in allgemeiner Form

$$\oint\limits_C \boldsymbol{E}\,\mathrm{d}\boldsymbol{l} = -\frac{\mathrm{d}}{\mathrm{d}t}\iint\limits_A \boldsymbol{B}\mathrm{d}\boldsymbol{A}\ . \tag{6.7}$$

Auf der linken Seite ist die Integration über den Rand C der Fläche A auszuführen. Auf der rechten Seite ist der Fluss durch diese Fläche zu berechnen. Die Umlaufrichtung für das Linienintegral und die Richtung der Flächenvektoren sind gemäß der Rechtsschraubenregel einander zugeordnet. Diese Zuordnung gilt auch beim Durchflutungsgesetz. Um hier die gleiche Zuordnung zu erhalten, haben wir oben die Integrationsrichtung umgekehrt. Die Gl. (6.7) gilt für beliebige, zeitlich sich ändernde oder konstante magnetische Felder. A ist eine beliebige Fläche und C die dazugehörige Randkurve. Diese Gleichung gilt nun auch für unsere Anordnung mit Draht. Der Ausdruck auf der rechten Seite ist die induzierte Spannung u_0. Die Feldstärke $\boldsymbol{E}$ auf der linken Seite ist die Gesamtfeldstärke. Da diese im Draht Null ist, bleibt nur der Wegabschnitt zwischen den Klemmen übrig. Damit das Integral den Wert u_0 ergibt, muss die Feldstärke zwischen den Drahtenden entsprechend größer sein als ohne Draht. Bei ruhenden Medien können auf der rechten Seite örtliche Integration und zeitliche Differentiation vertauscht werden. Dann ist

Induktionsgesetz für ruhende Medien

$$\oint\limits_C \boldsymbol{E}\,\mathrm{d}\boldsymbol{l} = -\iint\limits_A \frac{\mathrm{d}\boldsymbol{B}}{\mathrm{d}t}\mathrm{d}\boldsymbol{A}\ . \tag{6.8}$$

Neben dem Durchflutungsgesetz liegt in Gl. (6.7) eine zweite Gleichung vor, die elektrisches und magnetisches Feld miteinander verbindet.

6.3 Das induzierte elektrische Feld

Elektrisches Wirbelfeld

Mit der zeitlichen Änderung des magnetischen Feldes entsteht ein elektrisches Feld unabhängig davon, ob eine Drahtschleife vorhanden ist oder nicht. Bisher hatten wir elektrische Felder betrachtet, die von Ladungen ausgingen und für die das Linienintegral der elektrischen Feldstärke über einen geschlossenen Weg Null ergab. Deshalb war das Linienintegral zwischen zwei Punkten unabhängig vom Weg, und wir konnten Potentialfunktionen definieren. Das elektrische Feld, das hier entsteht, ist von anderer Form, denn das Linienintegral über einen geschlossenen Weg ist ungleich Null. Die Feldlinien sind in sich geschlossen.

Es gilt also:

> Das durch die Änderung des magnetischen Feldes induzierte elektrische Feld ist ein Wirbelfeld.

Beispiel

Wir betrachten als Beispiel wieder die Verhältnisse von Bild 6.9. Dort bilden die Linien der Feldstärke $\boldsymbol{E}$ wegen der Symmetrie konzentrische Kreise. Der Betrag der Feldstärke ist in jedem Punkt einer Feldlinie der gleiche. Der Betrag ist aber eine Funktion von r. Wir erhalten die Abhängigkeit von r mit der Gl. (6.8). Für $r < r_0$ ist $\dot{B}$ innerhalb des Kreises an jeder Stelle gleich. Somit gilt

$$-E2\pi r = -\dot{B}\pi r^2 \ ,$$

also

$$E = \frac{1}{2} r\dot{B} \qquad \text{für} \quad r \leq r_0 \ .$$

Die Feldstärke nimmt mit wachsendem r linear zu. Für $r > r_0$ liefert nur der Bereich innerhalb des Kreises mit r_0 einen Beitrag zum Integral auf der rechten Seite. Somit gilt

$$-E2\pi r = -\dot{B}\pi r_0^2 \ ,$$

also

$$E = \frac{1}{2}\frac{r_0^2}{r}\dot{B} \qquad \text{für} \quad r > r_0 \ .$$

Die Feldstärkevektoren haben die im Bild 6.9 angegebene Richtung. Sie ist entgegengesetzt zur Richtung des Wegelementes $\mathrm{d}\boldsymbol{l}$. Im Bild 6.10 ist die Abhängigkeit der induzierten Feldstärke vom Radius r skizziert.

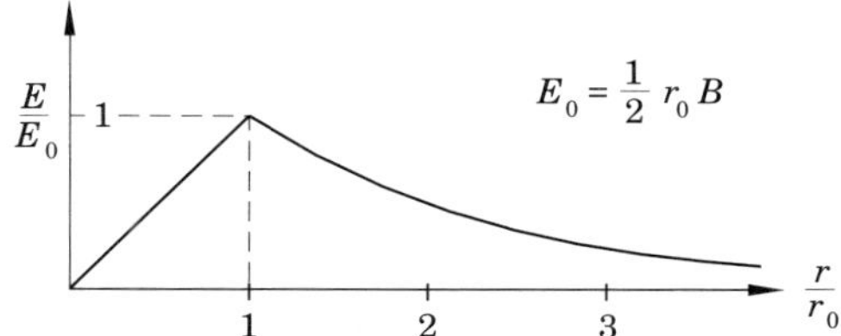

Bild 6.10: *Abhängigkeit der induzierten elektrischen Feldstärke vom Radius r für das Beispiel im Bild 6.9*

Aktivierungselement 6.1

1. Geben Sie die Kraft auf eine bewegte Ladung an, die für den Vorgang der Bewegungsinduktion maßgeblich ist!
2. Was sagt die Flussregel über die Transformationsinduktion aus?
3. Wie lautet die Lenz'sche Regel?
4. Nennen Sie das Induktionsgesetz in allgemeiner integraler Form, und beschreiben Sie in Worten, was es aussagt! Welche Vereinfachung ergibt sich im Spezialfall ruhender Medien?
5. Wodurch unterscheidet sich das induzierte elektrische Feld fundamental von einem elektrischen Feld, das nur durch die Anwesenheit von Ladungen hervorgerufen wird (z. B. elektrostatisches Feld)?
6. Nennen Sie die Beziehung, die sämtliche Kräfte auf Ladungen im elektromagnetischen Feld angibt!

Lernzyklus 6.2

Studienziele

Nach dem Durcharbeiten dieses Lernzyklus sollen Sie in der Lage sein,

- den Einfluss der Windungszahl auf die induzierte Spannung in einer Spule anzugeben;
- die induzierte Spannung für einfache Fälle in konkreten Anordnungen zu berechnen;
- die Flussregel richtig anzuwenden;
- ein Prinzip zur Erzeugung einer sinusförmigen Wechselspannung zu beschreiben;
- die induzierte Spannung auch dann zu bestimmen, wenn die Flussregel nicht ohne Kunstgriffe anwendbar ist (z. B. Barlow'sches Rad).

6.4 Beispiele zum Induktionsgesetz

6.4.1 Die induzierte Spannung in einer Spule

Da das Linienintegral der elektrischen Feldstärke im induzierten elektrischen Feld vom Verlauf des Weges abhängt, lässt sich die Spannung zwischen zwei Punkten – beispielsweise zwischen den Enden eines Drahtes in diesem Feld – nicht mehr wie im elektrostatischen Feld durch die Differenz der Werte einer Potentialfunktion angeben. Der Wert des Umlaufintegrals in Gl. (6.5) lässt sich z. B. um den Faktor N vergrößern, wenn wir die geschlossene Kurve N mal durchlaufen. Um dies auszunutzen, ordnen wir jedem Umlauf eine Drahtschleife zu und schalten diese hintereinander (Bild 6.11). Jede der Drahtschleifen ist mit der Flussänderung $\mathrm{d}\Phi$ verkettet. Die in den Schleifen induzierten Spannungen addieren sich. Die gesamte induzierte Spannung ergibt sich daher zu

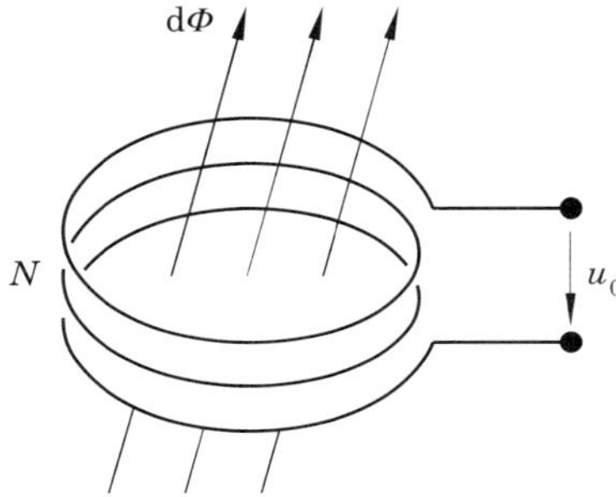

Bild 6.11: *Induzierte Spannung bei mehrfacher Umkreisung der Flussänderung* $\mathrm{d}\Phi$

$$u_0 = N\frac{\mathrm{d}\Phi}{\mathrm{d}t} . \tag{6.9}$$

Man schreibt dafür auch

$$u_0 = \frac{\mathrm{d}\Psi}{\mathrm{d}t} , \tag{6.10}$$

Spulenfluss

wobei man unter $\Psi = N\Phi$ den gesamten, mit allen Drahtschleifen verketteten Fluss versteht. Sind die Flüsse durch die einzelnen Windungen unterschiedlich, dann erhält man Ψ durch Aufsummierung der Teilflüsse

$$\Psi = \sum_{i=1}^{N} \Phi_i . \tag{6.11}$$

Die Gln. (6.9) und (6.10) gelten unabhängig davon, ob sich die Flussänderung durch Bewegung der Leiteranordnung oder durch die zeitliche Änderung des Magnetfeldes ergibt.

6.4.2 Gleichmäßig rotierende Spule im konstanten Magnetfeld

Erzeugung einer sinusförmigen Wechselspannung

Wir bestimmen die induzierte Spannung in einer Spule, die mit konstanter Winkelgeschwindigkeit ω in einem konstanten homogenen Magnetfeld gedreht wird (s. Bild 6.12). Die Drahtenden der Spule sind mit Schleifringen verbunden, an denen die induzierte Spannung abgegriffen werden kann.

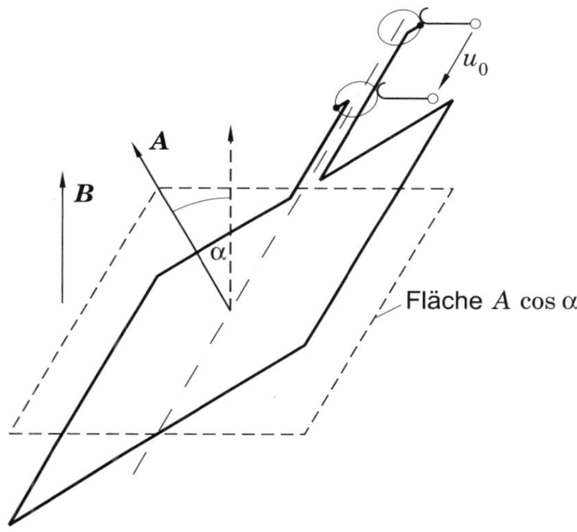

Bild 6.12: *Zur Induktion der Spannung in einer im Magnetfeld rotierenden Spule*

Der Drehwinkel α wächst linear mit der Zeit an. Es ist

$$\alpha = \omega t \ , \qquad \omega = \text{const.}$$

ω wird (Dreh-)Winkelgeschwindigkeit genannt.

Zur Zeit $t = 0$ möge das Feld die Spulenfläche A senkrecht durchsetzen. Der Fluss in diesem Zeitpunkt beträgt

$$\Phi(t = 0) = \Phi_{\text{max}} = BA \ . \tag{6.12}$$

Nach einer Drehung um den Winkel α verringert er sich auf

$$\Phi(t) = BA \cos \alpha = \Phi_{\text{max}} \cos \omega t \ , \tag{6.13}$$

da die effektive Fläche der Spule (d. h. die Projektion der Spulenfläche auf die zur magnetischen Flussdichte senkrechte Ebene), die mit dem Feld verkettet ist, auf $A \cos \alpha$ abgesunken ist. Der Verlauf $\Phi(t)$ ist im Bild 6.13 über dem Drehwinkel ωt

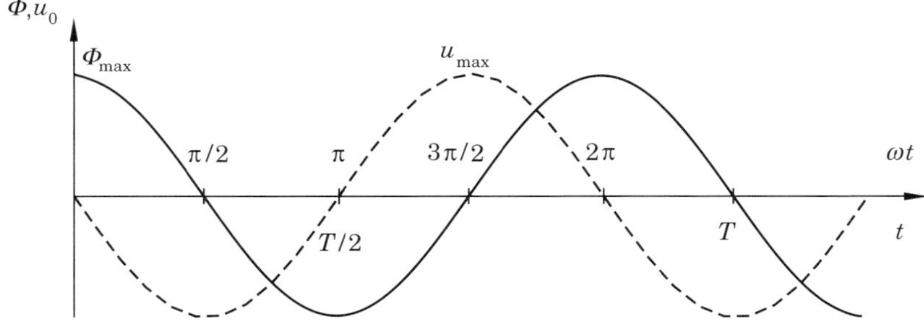

Bild 6.13: *Verlauf des mit der Spule im Bild 6.11 verketteten Flusses und der induzierten Quellenspannung über der Zeit t*

bzw., weil ω konstant ist, über der Zeit t aufgetragen. Nach einer halben Umdrehung ist der Vektor der Spulenfläche A entgegengesetzt zum Feld gerichtet. Deshalb hat Φ den negativen Wert von Gl. (6.12). Nach einer vollen Umdrehung bzw. dem Drehwinkel 2π ist die Spule wieder in der Ausgangslage. Φ nimmt wieder den Wert BA an. Vergeht dabei die Zeit T, so gilt $\omega T = 2\pi$, also $T = 2\pi/\omega$. Der Verlauf des Flusses wiederholt sich nun wieder, d. h., der Flussverlauf ist periodisch mit der Periodendauer T.

Mit Gl. (6.9) erhalten wir nun die in der Spule induzierte Quellenspannung

$$u_0 = N\frac{\mathrm{d}\Phi(t)}{\mathrm{d}t} = -N\Phi_{\mathrm{max}}\omega\sin\omega t$$

oder

Ergebnis

$$u_0 = -U_{\mathrm{max}}\sin\omega t\ , \qquad U_{\mathrm{max}} = N\omega\Phi_{\mathrm{max}}\ . \tag{6.14}$$

Der Verlauf dieser induzierten Spannung ist ebenfalls im Zeitdiagramm des Bildes 6.13 eingezeichnet. Es liegt wegen des speziellen Zeitverlaufs des Flusses (harmonische Funktion) ein im Prinzip gleichartiger Verlauf für die Spannung vor. Die Maxima sind lediglich um ein Viertel der Periodendauer verschoben. Der Verlauf der erhaltenen Spannung hat in der Technik eine große Bedeutung. Praktisch alle Generatoren hoher Leistung liefern Quellenspannungen dieser Form. Wenn die Spannung dauernd von einem positiven Maximalwert zu einem gleichgroßen negativen Maximalwert wechselt, spricht man allgemein von *Wechselspannung*, hier speziell von *sinusförmiger Wechselspannung*. Wir werden uns mit dem Verhalten von Schaltungen, die von solchen Spannungen gespeist werden, in einem gesonderten Kapitel beschäftigen.

Aufgabe 6.2

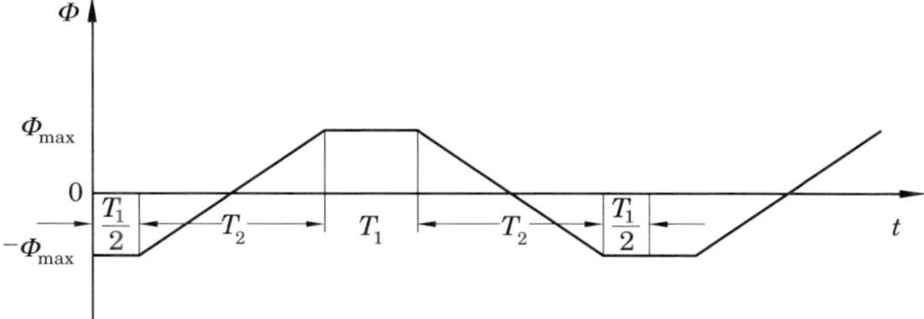

Die Spule des Bildes 6.12 wird in einem inhomogenen Feld gedreht. Der mit der Spule verkettete Fluss hat den oben stehend dargestellten (idealisierten) zeitlichen Verlauf. Geben Sie den Verlauf der induzierten Quellenspannung an! Wie groß ist das Maximum der Spannung?

6.4.3 Drahtschleife im veränderlichen inhomogenen Magnetfeld

Als Nächstes bestimmen wir die induzierte Quellenspannung in einer Drahtschleife, die sich in der Umgebung eines geraden Leiters befindet, durch den ein Wechselstrom mit der Zeitabhängigkeit

$$i = I_{\max} \cos \omega t$$

fließt. Die Drahtschleife sei planar und von rechteckiger Form. Der gerade Leiter liege in der Ebene der Drahtschleife. Die Abmessungen sind dem Bild 6.14 zu entnehmen. Bisher hatten wir, als wir von der Erzeugung magnetischer Felder durch

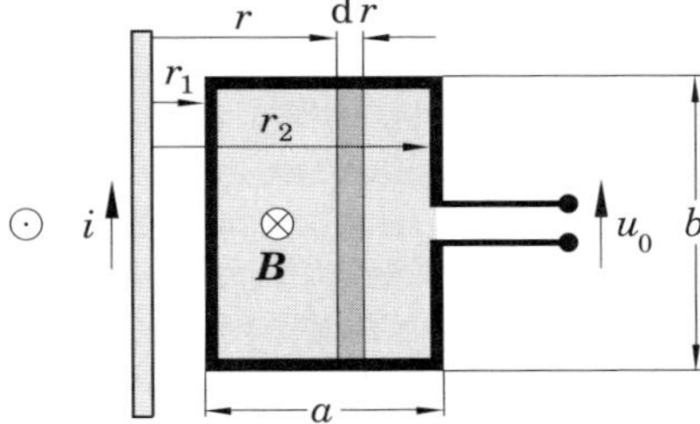

Bild 6.14: *Drahtschleife im Feld eines geraden stromdurchflossenen Leiters*

Ströme sprachen, angenommen, dass die Ströme konstant, d. h. Gleichströme, waren. Solange aber die Ströme nur langsam verändert werden, ist das dazugehörige Magnetfeld in jedem Augenblick nahezu gleich dem Magnetfeld eines Gleichstromes der Größe des Augenblickswertes des sich verändernden Stromes. Dieser Fall wird als *quasistationärer* Fall bezeichnet.[4] Er möge für unser Beispiel gegeben sein.

Das Feld des geraden Leiters ist ringförmig um diesen geschlossen und durchsetzt die Ebene der Drahtschleife senkrecht. Im Abstand r beträgt die magnetische Flussdichte (s. Gl. (5.20))

$$B(r) = \frac{\mu_0}{2\pi r} i \ .$$

Die Zählrichtung für den Fluss zeige in die Blattebene hinein. Der Fluss durch das Flächenelement $b\,\mathrm{d}r$ der Schleife bei r ist dann gegeben durch

$$B(r)\mathrm{d}A = \frac{\mu_0 b i}{2\pi r}\mathrm{d}r$$

und der gesamte Fluss durch die Schleife durch

$$\Phi = \iint_A B(r)\mathrm{d}A = \frac{\mu_0 b}{2\pi} i \int_{r_1}^{r_2} \frac{\mathrm{d}r}{r} \ .$$

Die Integration ergibt

$$\Phi = \frac{\mu_0 b}{2\pi} \ln(\frac{r_2}{r_1})\, i \ . \tag{6.15}$$

Da bei der Differentiation von Φ das $\mathrm{d}\Phi$ automatisch positiv in der gleichen Richtung wie Φ gezählt wird, haben $\mathrm{d}\Phi$ und u_0 im Bild 6.14 dieselbe Zuordnung wie im Bild 6.8. Daher folgt die induzierte Spannung aus Gl. (6.4):

$$u_0 = \frac{\mathrm{d}\Phi}{\mathrm{d}t} = \frac{\mu_0 b}{2\pi} \ln(\frac{r_2}{r_1}) \frac{\mathrm{d}i}{\mathrm{d}t} \ .$$

Nach Differentiation der gegebenen Stromfunktion erhalten wir schließlich

Ergebnis

$$u_0 = -\frac{\mu_0 b \omega I_{\mathrm{max}}}{2\pi} \ln(\frac{r_2}{r_1}) \sin\omega t \ . \tag{6.16}$$

An diesem Beispiel wollen wir uns noch einmal anschaulich die Vorzeichenregel für die induzierte Spannung verdeutlichen. Die Linien der magnetischen Flussdichte und der Fluss durch die Drahtschleife sind bei positivem i (z. B. in der ersten Viertelperiode der Zeitfunktionen) in die Papierebene hinein gerichtet. In der ersten Viertelperiode nimmt der Fluss Φ in der Blattebene hinein ab, d. h., es ist ein aus der Blattebene herausweisendes $\mathrm{d}\Phi$ wirksam. Da in diesem Zeitintervall $\mathrm{d}\Phi$ und der Zählpfeil für u_0 nicht die Zuordnung wie im Bild 6.8 haben, ist das aktuelle u_0 in diesem Zeitintervall in Übereinstimmung mit dem Ergebnis in Gl. (6.16) negativ. Die Übereinstimmung mit der Lenz'schen Regel lässt sich leicht nachprüfen.

4 Genaueres in Abschnitt 7.1.

Aufgabe 6.3

Welche Form hat das zu dem sich ändernden Magnetfeld gehörende elektrische Feld im Bild 6.14? Zur Bestimmung seiner Abhängigkeit von r wende man Gl. (6.8) auf eine infinitesimal kleine Fläche $\mathrm{d}r \cdot \mathrm{d}z$ an. z sei eine Koordinate in Richtung des Stromes. Bestimmen Sie die induzierte Quellenspannung in der Drahtschleife durch Integration der Feldstärke längs der Drahtschleife!

6.4.4 Das Barlow'sche Rad als „Ausnahme“ von der Flussregel

Die Flussregel, die die Größe der induzierten Quellenspannung in einem Kreis angibt, gilt unabhängig davon – so sagten wir –, wie die Flussänderung in dem Kreis zustande kommt. Zur Erklärung mussten wir jedoch zwei unterschiedliche Phänomene heranziehen, nämlich einmal die Kraftwirkung des Magnetfeldes auf bewegte Ladungen und zum anderen das mit der Änderung des Magnetfeldes verknüpfte elektrische Feld. Während die mit der Kraftwirkung des Magnetfeldes verbundene Induktion einer Spannung mit der Anwesenheit eines Leiters verknüpft ist, ist das beim induzierten elektrischen Feld nicht notwendig.

Dieses ist auch im Vakuum vorhanden, und das Linienintegral ist gemäß Gl. (6.7) gleich der zeitlichen Veränderung des Flusses durch die umschlossene Fläche. Wenn auch die Flussregel diese beiden Phänomene zusammenfasst, so liegt doch hinter ihr *nicht* ein tiefer liegendes Grundprinzip versteckt, das beide Phänomene auf ein allgemeineres zurückführt. Die Regel fasst also nur die Effekte von zwei getrennten Phänomenen zusammen. Im Einzelfall kann es sogar erforderlich sein, die Flussregel außer Acht zu lassen und die eigentliche Gesetzmäßigkeit heranzuziehen.

Beispiel

Wir betrachten dazu lediglich ein Beispiel, nämlich die Erzeugung einer Gleichspannung mit dem *Barlow'schen Rad*[5)] (s. Bild 6.15). Wird eine leitende Kreisscheibe, auf die in der angegebenen Weise ein konstantes magnetisches Feld wirkt, um eine feste Achse gedreht, dann kann zwischen der Achse und dem Rand der Scheibe eine Spannung gemessen werden. Der Abgriff dieser Spannung erfolgt an der Welle und am Rand der Platte durch sogenannte Schleifbürsten. Da sich der Stromkreis[6)] mit der Zeit nicht ändert und das Magnetfeld zeitlich konstant ist, können wir in diesem

5 Barlow, P., 1776-1862, englischer Mathematiker und Optiker.

6 Unter Stromkreis wird hier der Weg, den der Strom im Raum beschreibt, verstanden.

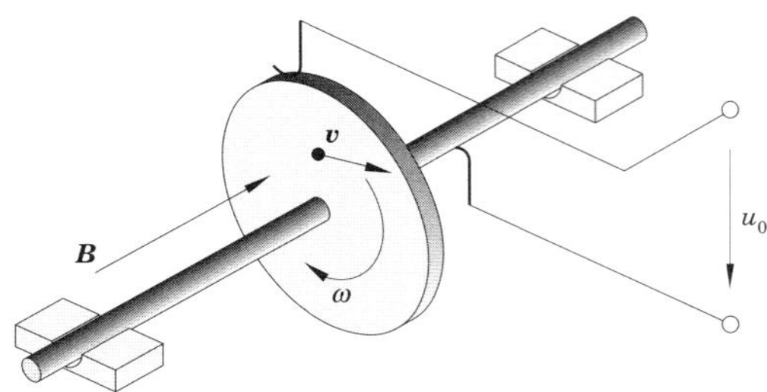

Bild 6.15: *Prinzipbild des Barlow'schen Rades. Das Magnetfeld stammt z. B. von einem Permanentmagneten*

Fall nicht von einer Flussänderung sprechen, die für die Spannungsinduktion in Frage kommt. In dem Teil des Stromkreises aber, der durch die rotierende Platte gebildet wird, erfahren die Ladungsträger eine Kraftwirkung durch das magnetische Feld. Diese ist für positive Ladungsträgers von der Achse zum Rand hin gerichtet.

Die induzierte Quellenspannung ergibt sich durch Aufsummierung der Kraftwirkung auf die Ladungseinheit längs des Weges, auf dem die Kraft

$$\frac{\boldsymbol{F}}{q} = \boldsymbol{v} \times \boldsymbol{B}$$

mit $v = r\omega$ wirkt, wobei r der Abstand von der Drehachse ist. Da $\boldsymbol{v}$ senkrecht zu $\boldsymbol{B}$ gerichtet ist, gilt

$$\frac{|\boldsymbol{F}|}{q} = B\omega r \ .$$

Bei homogenem Magnetfeld $\boldsymbol{B}$ ergibt sich

$$u_0 = B\omega \int_0^R r \,\mathrm{d}r = \frac{1}{2}\omega B R^2 \ , \tag{6.17}$$

wobei R der Radius der Scheibe ist. Wir haben bei $r = 0$ beginnend integriert, obwohl das Magnetfeld nur außerhalb der Welle vorhanden sein soll. Da aber der Radius der Welle sehr viel kleiner als R ist, ist der Fehler in Gl. (6.17) sehr gering.

Abschätzung der Spannung

Um die Größe der induzierten Spannung abzuschätzen, nehmen wir folgende Zahlenwerte an: $B = 1\,\mathsf{T}$, $R = 15\,\mathsf{cm}$, $\omega = 2\pi f$ und $f = 50$ Umdrehungen/s. Dann erhalten wir die induzierte Spannung

$$U_0 = \pi \cdot 50 \frac{1}{\mathsf{s}} \cdot 1 \frac{\mathsf{Vs}}{\mathsf{m}^2} \cdot 0{,}15^2\ \mathsf{m}^2 = 1{,}125\pi\ \mathsf{V} \approx 3{,}53\ \mathsf{V}\ .$$

Ein Charakteristikum dieser Anordnung ist, dass die induzierte Spannung eine vergleichsweise geringe Gleichspannung ist. Die entnehmbare Stromstärke kann jedoch erheblich sein.

An dieser Stelle sei noch auf eine leicht misszuverstehende Formulierung des Induktionsgesetzes hingewiesen. Der häufig ausgesprochene Satz „Spannungen werden induziert, wenn bewegte Leiter die Linien des magnetischen Feldes schneiden“ kann zu falschen Schlüssen führen. Betrachten wir beispielsweise eine in einem homogenen und konstanten Magnetfeld bewegte Drahtschleife (s. Bild 6.16), so werden die Linien der magnetischen Flussdichte von einzelnen Teilen der Drahtschleife „geschnitten“. Es wird aber trotzdem keine Spannung zwischen den Enden der Drahtschleife induziert, wohl aber jeweils zwischen den Enden der beiden Längsseiten der Drahtschleife. Diese beiden Spannungen sind nun aber so gerichtet, dass sie sich bei einem Umlauf in der Schleife gerade aufheben, so dass keine messbare Gesamtspannung an den Enden der Drahtschleife erzeugt wird, was sich auch damit erklären lässt, dass die Flussänderung in der Schleife gleich Null ist.

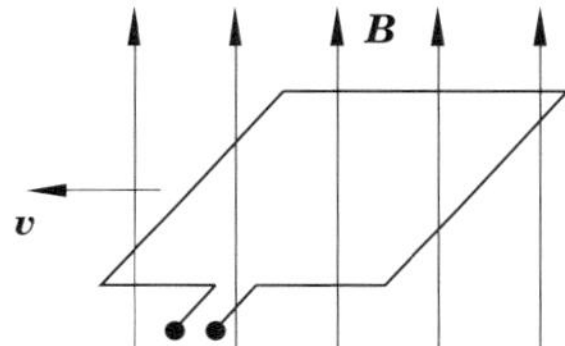

Bild 6.16: *Translatorische Bewegung einer Drahtschleife durch ein homogenes und konstantes Magnetfeld*

Zusammenfassung der Studieninhalte

1. In einer Spule wird in jeder Windung eine Spannung induziert. Die Gesamtspannung an den Enden der Spule ergibt sich als Summe der Spannungen aller Windungen. Sind die verketteten Flüsse in jeder Windung gleich, dann ist die Gesamtspannung gleich dem Produkt aus Windungszahl und Windungsspannung.

2. Wird eine Leiterschleife in einem homogenen Magnetfeld mit konstanter Winkelgeschwindigkeit gedreht, dann hat die in der Leiterschleife induzierte Spannung einen zeitlich sinusförmigen Verlauf.

3. In den meisten Fällen lässt sich die induzierte Spannung mit Hilfe der Flussregel bestimmen (Beispiel: Drahtschleife im inhomogenen Magnetfeld). Dies gilt besonders dann, wenn sich die Spannung aus dem induzierten elektrischen Feld ergibt.

4. Nicht in jedem Fall ist es sinnvoll, die Flussregel zur Bestimmung der induzierten Spannung zu verwenden. Das Barlow'sche Rad ist ein Beispiel dafür. Das eigentliche physikalische Phänomen – die Kraftwirkung des magnetischen Feldes auf bewegte Ladungen – liefert den besseren Einblick und das richtige Ergebnis.

Aktivierungselement 6.2

1. Beschreiben Sie eine einfache Anordnung zur Induktion einer Wechselspannung mit zeitlich sinusförmigem Verlauf, und leiten Sie den Ausdruck für die induzierte Spannung her!

2. Welchen Einfluss hat die Windungszahl einer Spule auf die induzierte Spannung?

3. Wie kann man die Stärke eines Wechselstromes in einem Leiter berührungslos messen? Geben Sie eine Anordnung an, und leiten Sie die Gleichung für die induzierte Spannung ab!

4. Beschreiben Sie die Wirkungsweise des Barlow'schen Rades! Warum hat es sich als elektrische Maschine nicht allgemein durchsetzen können? Für welche Anwendungen halten Sie es für geeignet?

Lernzyklus 6.3

Studienziele

Nach dem Durcharbeiten dieses Lernzyklus sollen Sie in der Lage sein,

- den Vorgang der Selbstinduktion zu beschreiben;
- die Selbstinduktivität zu charakterisieren und ihre Einheit anzugeben;
- die Gegeninduktion qualitativ und quantitativ zu beschreiben;
- die Selbst- und die Gegeninduktivität von Leiteranordnungen mit Hilfe der magnetischen Widerstände darzustellen;
- den Einfluss der Windungszahl bei Spulen auf die Selbst- und die Gegeninduktivität anzugeben;
- Selbst- und Gegeninduktivität einfacher Leiteranordnungen aus dem Feld bzw. aus dem mit der Leiterschleife verketteten Fluss zu berechnen.

6.5 Selbstinduktion und Gegeninduktion

6.5.1 Selbstinduktion

Bei unseren bisherigen quantitativen Betrachtungen über die Induktion haben wir angenommen, dass in der Drahtschleife oder Spule, in der eine Spannung induziert wird, der Strom so klein sein soll, dass sein Magnetfeld vernachlässigt werden darf. Die mit der Drahtanordnung verkettete Flussänderung ist von einem äußeren Feld erzeugt worden. Fließt nun aber durch die Drahtanordnung, die wir jetzt ortsfest annehmen wollen, ein Strom, so ist mit ihm ein Magnetfeld verbunden, das bei Änderung ebenfalls zu einer mit der Drahtanordnung verketteten Flussänderungsrate führt und in ihr Spannungen induziert. Bei der Formulierung des Induktiongesetzes hatten wir auch nicht angeben müssen, woher die Flussänderungsrate stammt. Um nun den Vorgang der *Selbstinduktion*, wie er genannt wird, in einer Drahtschleife oder Spule quantitativ genauer zu beschreiben, nehmen wir an, dass nur das eigene Feld und kein anderes vorhanden ist. Der zeitlich sich ändernde Strom werde der Drahtanordnung von einer geeigneten Stromquelle aufgeprägt. Wir nehmen wieder an, dass die Stromänderung genügend langsam erfolgt, so dass das von diesem Strom erzeugte Magnetfeld in jedem Zeitpunkt nahezu gleich dem Magnetfeld eines stationären Stromes gleicher Stärke ist (quasistationärer Fall). Im Bild 6.17 ist eine prinzipielle Drahtanordnung mit den interessierenden Größen und ihren Zuordnungen dargestellt. Der ohmsche Widerstand dieser Drahtanordnung sei vernachlässigbar

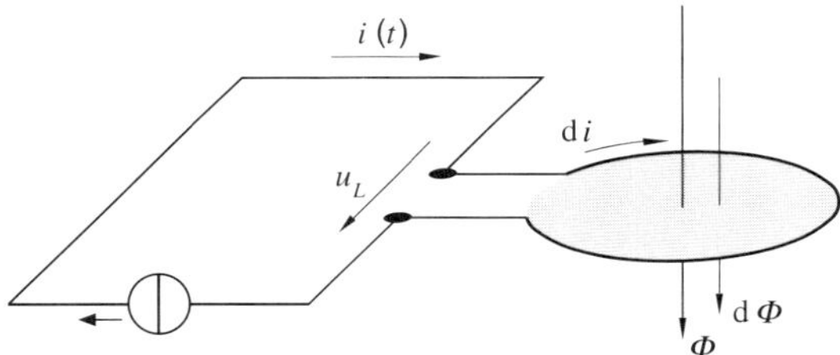

Bild 6.17: *Zuordnung von Stromänderung* $\mathrm{d}i$*, zugehöriger Flussänderung* $\mathrm{d}\Phi$ *und selbstinduktiver Spannung* u_L

klein. Der in die Schleife hineinfließende Strom i erzeugt nach den bekannten Regeln bzw. Vereinbarungen einen positiven Fluss der magnetischen Flussdichte durch die Schleife in der angegebenen Richtung. Zu der Änderung $\mathrm{d}i$ des Stromes gehört die Änderung $\mathrm{d}\Phi$ des Flusses. Die Flussänderung $\mathrm{d}\Phi$ erzeugt nun nach dem Induktionsgesetz eine Spannung, die wir hier mit u_L bezeichnen und die *selbstinduktive Spannung* genannt wird. Bei gleicher Zuordnung von u_L und $\mathrm{d}\Phi$ wie im Bild 6.8 für u_0 und $\mathrm{d}\Phi$ ist nach Gl. (6.4)

$$u_\mathrm{L} = \frac{\mathrm{d}\Phi}{\mathrm{d}t} \,. \tag{6.18}$$

Der Fluss Φ ist direkt proportional dem Strom i, denn nach dem Gesetz von Biot-Savart (s. Abschn. 5.7) ist $\boldsymbol{H}$ und damit $\boldsymbol{B}$ überall im Raum proportional dem

Strom i. Dabei wird allerdings vorausgesetzt, dass sich kein nichtlinearer Stoff, insbesondere kein ferromagnetisches Material, im Feld befindet. Wir setzen

$$\Phi = Li \tag{6.19}$$

und erhalten

$$u = L\frac{\mathrm{d}i}{\mathrm{d}t} \; . \tag{6.20}$$

Induktivität

Die Größe L ist nur von der Geometrie der Drahtanordnung abhängig. Sie wird *Selbstinduktivitätskoeffizient* oder kurz *Induktivität* der Anordnung genannt und ist analog zur Kapazität im elektrischen Feld eine integrale Größe des magnetischen Feldes. Ihre Einheit ergibt sich aus Gl. (6.20) zu

$$[L] = [u_\mathrm{L}]\frac{[\mathrm{d}t]}{[\mathrm{d}i]} = \frac{\mathsf{Vs}}{\mathsf{A}} \; .$$

Für die Einheit 1 Vs/A schreibt man kurz 1 H (Henry).

Liegt nicht nur eine Drahtschleife vor, sondern liegen mehrere Windungen dicht nebeneinander, dann ist wie im Abschnitt 6.4.1 Φ durch $\Psi = N\Phi$ zu ersetzen. Anstelle der Gln. (6.18) und (6.19) erhält man dann

$$u_\mathrm{L} = N\frac{\mathrm{d}\Phi}{\mathrm{d}t} \tag{6.21}$$

und

$$N\Phi = Li \; . \tag{6.22}$$

In der Elektrotechnik werden Leiteranordnungen mit einer bestimmten Induktivität als Schaltelemente eingesetzt. Man nennt sie kurz *Induktivitäten*. In den meisten Fällen wird es sich dabei um Spulen handeln. Als Schaltsymbole verwendet man

Die Größe der Induktivität wird in H am Schaltelement angegeben. Auch für die Induktivität ungewollter magnetischer Felder verwendet man diese Symbole. Auf die Berechnung von Induktivitäten gegebener Anordnungen werden wir in einem der nächsten Abschnitte eingehen.

6.5.2 Gegeninduktion

Nun wollen wir eine Anordnung aus zwei galvanisch nicht miteinander verbundenen Drahtschleifen oder Spulen betrachten und die in ihnen induzierten Spannungen

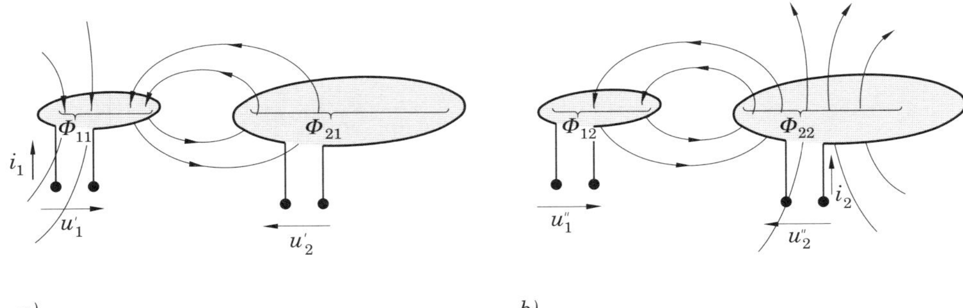

Bild 6.18: *Gegenseitige Induktion in zwei benachbarten Drahtschleifen*

quantitativ beschreiben. Der Einfachheit halber zeichnen wir jeweils nur eine Windung (s. Bild 6.18). Voraussetzung für die folgende Darstellung soll sein, dass jede Windung einer Spule mit dem gleichen Fluss verkettet ist. Zunächst soll nur durch die Spule 1 ein Strom i_1 in der angegebenen Richtung fließen. Ein Teil des von ihm hervorgerufenen Feldes durchsetzt auch die Spule 2. Der Fluss durch die Spule 1 sei Φ_{11}, der Teilfluss von Φ_{11} durch die Spule 2 sei Φ_{21} (s. Bild 6.18 a). Ändert sich der Strom i_1, dann werden in den beiden Spulen gemäß Gl. (6.21) bzw. (6.9) die Spannungen

$$\begin{aligned} u_1' &= N_1 \frac{\mathrm{d}\Phi_{11}}{\mathrm{d}t} \, , \\ u_2' &= N_2 \frac{\mathrm{d}\Phi_{21}}{\mathrm{d}t} \end{aligned}$$

induziert. u_1' entsteht durch Selbstinduktion. Den Vorgang der Induktion in der Spule 2 bezeichnet man als *Gegeninduktion.*

Nun möge nur in der Spule 2 der zeitlich veränderliche Strom i_2 fließen (s. Bild 6.18 b). Aus den mit diesem Strom verknüpften Flüssen entstehen in der Spule 2 durch Selbstinduktion und in Spule 1 durch Gegeninduktion die Spannungen

$$\begin{aligned} u_2'' &= N_2 \frac{\mathrm{d}\Phi_{22}}{\mathrm{d}t} \, , \\ u_1'' &= N_1 \frac{\mathrm{d}\Phi_{12}}{\mathrm{d}t} \, . \end{aligned}$$

Fließt durch beide Spulen ein Strom, dann überlagern sich die Felder und deren Flüsse linear und entsprechend auch die Spannungen. Wir erhalten

$$\begin{aligned} u_1 &= u_1' + u_1'' = N_1 \frac{\mathrm{d}\Phi_{11}}{\mathrm{d}t} + N_1 \frac{\mathrm{d}\Phi_{12}}{\mathrm{d}t} \, , \\ u_2 &= u_2' + u_2'' = N_2 \frac{\mathrm{d}\Phi_{21}}{\mathrm{d}t} + N_2 \frac{\mathrm{d}\Phi_{22}}{\mathrm{d}t} \, . \end{aligned} \tag{6.23}$$

Die Flüsse Φ_{11} und Φ_{21} sind dem Strom i_1 und die Flüsse Φ_{22} und Φ_{12} sind dem Strom i_2 proportional. Wir schreiben

$$\begin{aligned} N_1\Phi_{11} &= L_{11}i_1; & N_1\Phi_{12} &= L_{12}i_2\,, \\ N_2\Phi_{21} &= L_{21}i_1; & N_2\Phi_{22} &= L_{22}i_2\,. \end{aligned} \tag{6.24}$$

Aus Gl. (6.23) wird daher

$$\begin{aligned} u_1 &= L_{11}\frac{\mathrm{d}i_1}{\mathrm{d}t} + L_{12}\frac{\mathrm{d}i_2}{\mathrm{d}t}\,, \\ u_2 &= L_{21}\frac{\mathrm{d}i_1}{\mathrm{d}t} + L_{22}\frac{\mathrm{d}i_2}{\mathrm{d}t}\,. \end{aligned} \tag{6.25}$$

Diese Gleichungen gelten unabhängig von der oben gemachten Voraussetzung. L_{11} und L_{22} sind die Selbstinduktionskoeffizienten der Spulen 1 bzw. 2. L_{12} und L_{21} bezeichnet man analog als *Gegeninduktionskoeffizienten* oder *Gegeninduktivitäten.* Für diese gilt

$$L_{12} = L_{21}\ . \tag{6.26}$$

was noch zu zeigen sein wird. Man schreibt für L_{12} häufig auch M.

Vorzeichen von L und M

Während die Selbstinduktivitäten stets positiv sind, kann die Gegeninduktivität M je nach Lage der Spulen zueinander und je nach Festlegung der positiven Stromrichtungen positiv oder negativ sein. Die Verallgemeinerung der Gln. (6.23) und (6.25) für mehr als zwei Leiterkreise liegt auf der Hand.

Sind die magnetischen Flüsse durch die einzelnen Windungen einer Spule i verschieden, dann sind anstelle $N_i\Phi_{ik}$ in den Gln. (6.23) und (6.24) jeweils die Flüsse Ψ_{ik} einzusetzen (vgl. dazu Absch. 6.4.1).

6.6 Berechnung von Induktivitäten und Gegeninduktivitäten

6.6.1 Allgemeines Verfahren

Allgemeine Berechnungsgleichung

Bei beliebig geformten Leiteranordnungen ist die Berechnung der Induktivitäten und Gegeninduktivitäten sehr schwierig. Es müssen dabei komplizierte Integrale gelöst werden. Für die Leiteranordnung im Bild 6.19 geben wir hier die Berechnungsgleichungen ohne Ableitung der Vollständigkeit halber an: $\boldsymbol{J}_\mathrm{P}$ und $\boldsymbol{J}_\mathrm{Q}$ sind die Strom-

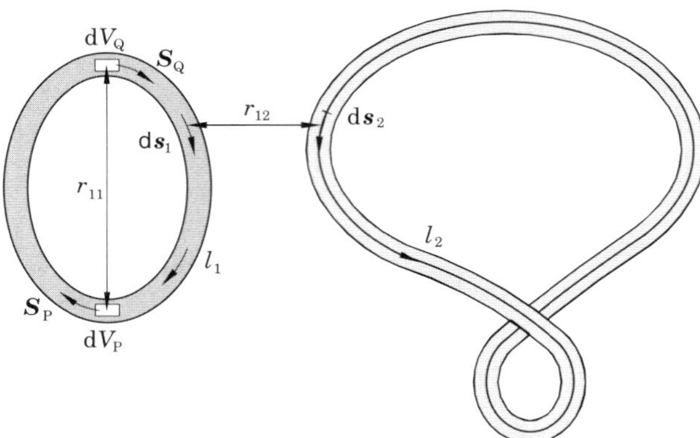

Bild 6.19: *Zur Berechnung der Selbstinduktivität einer Leiterschleife und der Gegeninduktivität zwischen zwei Leiterschleifen*

dichtevektoren am Ort der Volumenelemente dV_P bzw. dV_Q. Für die Selbstinduktivität der Leiterschleife 1 gilt

$$L_{11} = \frac{\mu}{4\pi I_1^2} \iiint\limits_{\text{Leiter 1}} \iiint\limits_{\text{Leiter 1}} \frac{\boldsymbol{J}_P \boldsymbol{J}_Q}{r_{11}} dV_P dV_Q \,. \tag{6.27}$$

Obwohl der Integrand singulär wird, wenn dV_P und dV_Q wegen $r_{11} = 0$ zusammenfallen, bleibt das Integral endlich, wie eine genaue mathematische Analyse zeigt. Die Berechnung der Gegeninduktivität zur Spule 2 ist entsprechend durchzuführen. Zur Berechnung der Gegeninduktivität wird dV_P auf die Leiterschleife 2 verlagert, und die Gleichung kann analog angeschrieben werden ($I_1 I_2$ anstelle I_1^2). Da r_{12} aber niemals Null wird, können wir die Leiter durch entsprechend geführte Linienleiter[7] ersetzen und erhalten deshalb wegen $\boldsymbol{J}\,dV = I\,d\boldsymbol{s}$

$$L_{21} = L_{12} = \frac{\mu}{4\pi} \oint\limits_{\text{Leiter } i} \oint\limits_{\text{Leiter } k} \frac{d\boldsymbol{s}_1 d\boldsymbol{s}_2}{r_{12}} \tag{6.28}$$

mit $i, k = 1, 2, i \neq k$. Die Schreibweise der rechten Seite macht deutlich, dass $L_{12} = L_{21}$ sein muss.

6.6.2 Berechnung der Induktivität aus dem magnetischen Fluss

Wir wollen von diesen Gleichungen hier aber nicht weiter Gebrauch machen, sondern wollen für einige einfache Fälle die Induktionskoeffizienten aus dem magnetischen

7 Bei Linienleitern ist der Querschnitt gegenüber anderen Abmessungen vernachlässigbar klein. Der Strom in Linienleitern wird fadenförmig angenommen.

Fluss bestimmen. Dazu gehen wir im Prinzip folgendermaßen vor: Wir benutzen jeweils eine der Gleichungen aus (6.24). Den Fluss bestimmen wir durch die Integration der magnetischen Flussdichte über die Fläche der Leiterschleife bzw. die Querschnittsfläche der Spule. Den Strom erhalten wir aus dem Feld mit Hilfe des Durchflutungsgesetzes. Diese beiden Beziehungen haben wir auch zur Aufstellung des Ohm'schen Gesetzes des magnetischen Kreises benutzt. Wir können dieses hier unmittelbar verwenden, wenn wir als magnetischen Kreis den Raumbereich wählen, den die jeweils in Betracht zu ziehenden Linien der magnetischen Flussdichte ausfüllen. Die Bestimmung der Selbstinduktivität der Spule j erfolgt mit

$$N_j \Phi_{jj} = L_{jj} i_j \rightarrow L_{jj} = N_j \frac{\Phi_{jj}}{i_j} \; .$$

Das Ohm'sche Gesetz des dazugehörigen magnetischen Kreises lautet

$$N_j i_j = \Theta_{jj} = R_{\mathrm{m}jj} \Phi_{jj} \rightarrow \Phi_{jj} = N_j \frac{i_j}{R_{\mathrm{m}jj}} \; .$$

Somit erhält man für die Selbstinduktivität einer Spule

$$L_{jj} = \frac{N_j^2}{R_{\mathrm{m}jj}} \; . \tag{6.29}$$

Wir stellen fest:

Die Selbstinduktivität einer Spule ist dem Quadrat ihrer Windungszahl proportional.[8)]

Für die Gegeninduktivität zur Leiteranordnung k gilt nach Gl. (6.24)

$$L_{jk} = N_j \frac{\Phi_{jk}}{i_k} \; .$$

Für Φ_{jk} können wir formal nach dem Ohm'schen Gesetz des magnetischen Kreises

$$\Phi_{jk} = \frac{\Theta_k}{R_{\mathrm{m}jk}} = N_k \frac{i_k}{R_{\mathrm{m}jk}}$$

schreiben. Somit ist

$$L_{jk} = \frac{N_j N_k}{R_{\mathrm{m}jk}} \; . \tag{6.30}$$

Die Gegeninduktivität zwischen zwei Spulen ist dem Produkt der beiden Windungszahlen proportional.

Mit den beiden Gln. (6.29) und (6.30) haben wir natürlich noch nicht alles gewonnen, denn die Größen $R_{\mathrm{m}jj}$ und $R_{\mathrm{m}jk}$ sind ja immer noch unbekannt.

8 Dabei ist die im Abschnitt 6.5.2 gemachte Voraussetzung zu beachten.

6.6.2.1 Lange Zylinderspule

Mit der Gl. (6.29) lässt sich aber beispielsweise die Induktivität einer langen Zylinderspule abschätzen. Wir nehmen an, dass das Feld in ihrem Inneren überall homogen ist. Dann ist auch der Fluss durch alle Windungen gleich. Der Fluss, der an dem einen Ende der Spule austritt, hat einen unbegrenzten Raum zur Verfügung, um zum anderen Ende der Spule zurückzukehren. Wir können daher für eine erste Näherung den magnetischen Widerstand des Außenraumes vernachlässigen. Für den

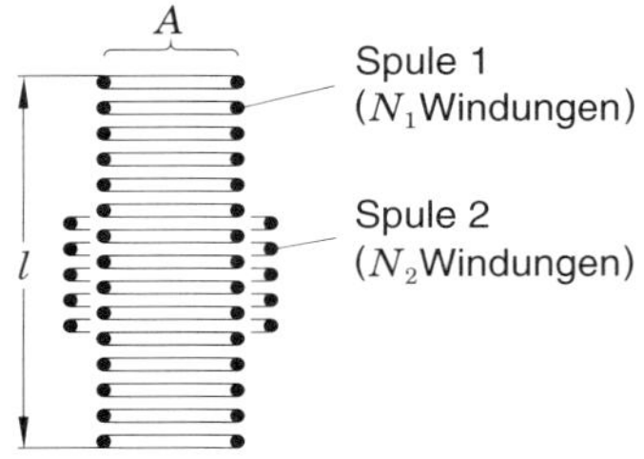

Bild 6.20: *Zur Gegeninduktion zwischen einer langen Zylinderspule und einer darüber gewickelten kurzen Spule*

Weg innerhalb der Spule, die die Länge l und die Querschnittsfläche A hat, kann der magnetische Widerstand näherungsweise durch (s. Gl. (5.58))

$$R_\mathrm{m} \approx \frac{l}{\mu_0 A}$$

wiedergegeben werden. Die Selbstinduktivität einer langen Zylinderspule beträgt also in erster Näherung

$$L \approx \mu_0 N^2 \frac{A}{l} \ . \tag{6.31}$$

Wird dicht über diese Spule im mittleren Bereich eine zweite Spule gewickelt (s. Bild 6.20), so durchsetzt nahezu der ganze Fluss der Spule 1 auch die Spule 2. Dann ist auch $R_{\mathrm{m}jk} \approx R_{\mathrm{m}11} = R_\mathrm{m}$, und wir erhalten als Gegeninduktivität M zwischen diesen Spulen

$$M \approx N_1 N_2 \mu_0 \frac{A}{l} \ . \tag{6.32}$$

Würden wir durch die Spule 2 einen Strom hindurchschicken und die Spule 1 stromlos halten, dann können wir im Prinzip aus dem Feld, das die Spule 1 durchsetzt, auch die Gegeninduktivität berechnen. Diesmal können wir aber nicht so einfache Aussagen über das Feld machen, so dass die Berechnung schwieriger wird. Auch eine einfache Abschätzung der Selbstinduktivität der (kurzen) Spule 2 ist aus gleichem Grund nicht möglich.

6.6.2.2 Toroidspule

Wir wollen nun ein Beispiel betrachten, bei dem wir ein recht genaues Ergebnis erhalten. Es soll die Selbstinduktivität einer Toroidspule bestimmt werden. Der Windungsquerschnitt sei der Einfachheit halber rechteckig. Die Abmessungen können

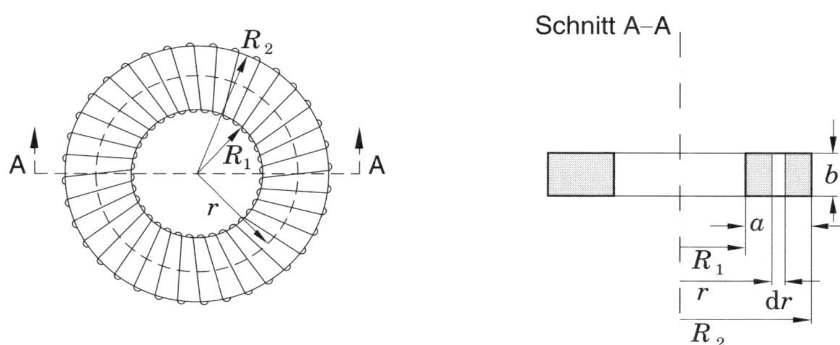

Bild 6.21: *Toroidspule mit rechteckigem Querschnitt*

dem Bild 6.21 entnommen werden. Die Windungen der Spule mögen so eng nebeneinander liegen, dass praktisch kein Feld nach außen dringen kann. Bei solcher praktisch kontinuierlichen Stromverteilung kann man auch von einem sogenannten *Strombelag* sprechen. Die Linien der magnetischen Flussdichte sind konzentrische Kreise innerhalb der Spule. Der ringförmige Innenraum der Spule bildet also den magnetischen Leiter für das magnetische Feld der Spule. Unsere Aufgabe ist es nun, den magnetischen Widerstand dieses magnetischen Leiters möglichst genau zu bestimmen, dann folgt aus Gl. (6.29) die Induktivität der Spule. Eine Näherung können wir sofort mit Gl. (5.58) angeben. Als mittlere Feldlinienlänge setzen wir $l_{\mathrm{m}} = 2\pi(R_1 + R_2)/2$ ein. Mit $A = a \cdot b$ ist dann

$$R_{\mathrm{m}} = \frac{\pi(R_1 + R_2)}{\mu_0 ab}$$

und deshalb

Näherung

$$L \approx \mu_0 N^2 \frac{ab}{\pi(R_1 + R_2)} . \tag{6.33}$$

Aufgrund der radialen Symmetrie haben $\boldsymbol{B}$ und $\boldsymbol{H}$ auf einem Kreis mit dem Radius r innerhalb der Spule überall den gleichen Betrag. Aus dem Durchflutungsgesetz, das wir auf einen solchen Kreis anwenden, folgt

$$\Theta = (Ni =) \oint \boldsymbol{H} \mathrm{d}\boldsymbol{s} = H \cdot 2\pi r ,$$

also

$$H = \frac{\Theta}{2\pi r} \quad \text{und} \quad B = \mu_0 \frac{\Theta}{2\pi r} .$$

Zur Bestimmung des Flusses müssen wir $\boldsymbol{B}$ über den Querschnitt der Spule integrieren. Da $\boldsymbol{B}$ jeweils senkrecht auf der Querschnittsfläche steht, ist $\boldsymbol{B}\mathrm{d}\boldsymbol{A} = B\mathrm{d}A$. Als Flächenelement $\mathrm{d}A$ wählen wir einen Streifen der Breite $\mathrm{d}r$ und der Höhe b im

Abstand r von der Achse. Dann erhalten wir

$$\begin{aligned} \Phi &= \iint_A B \, \mathrm{d}A = \frac{\mu_0}{2\pi} b \Theta \int_{R_1}^{R_2} \frac{\mathrm{d}r}{r} , \\ \Phi &= \frac{\mu_0}{2\pi} b \ln \frac{R_2}{R_1} \Theta . \end{aligned}$$

Daraus lesen wir den magnetischen Widerstand

$$R_\mathrm{m} = \frac{2\pi}{\mu_0 b \ln \dfrac{R_2}{R_1}}$$

ab, den wir in Gl. (6.29) einsetzen. Die Selbstinduktivität einer Toroidspule mit Rechteckquerschnitt beträgt demnach

Genaues Ergebnis

$$L = \frac{\mu_0}{2\pi} N^2 b \ln \frac{R_2}{R_1} . \tag{6.34}$$

Aufgabe 6.4

Unter welchen Bedingungen lässt sich Gl. (6.34) näherungsweise in Gl. (6.33) überführen?

6.6.2.3 Doppelleitung

Als einen weiteren für die Praxis wichtigen Fall bestimmen wir die Selbstinduktivität einer Doppelleitung pro Einheit der Leitungslänge. Im Bild 6.22 ist ihre Geometrie und ein Koordinatensystem angegeben. Die Leiter haben überall den gleichen Querschnitt und verlaufen parallel zur z-Achse. Die Ströme sind von gleicher Stärke, fließen aber in entgegengesetzten Richtungen. Das Feld, das von ihnen erzeugt wird, ist im Bild 5.2 b dargestellt. Es setzt sich zusammen aus den beiden Feldern der beiden einzelnen Leiter und ergibt sich in jedem Punkt des Raumes durch lineare Überlagerung. Uns interessiert nur der Fluss der magnetischen Flussdichte $\boldsymbol{B}$, der mit einem Abschnitt der Länge l der Doppelleitung verkettet ist. Dazu müssen wir das Flächenintegral von $\boldsymbol{B}$ über eine Fläche, die von der Achse des einen bis zur Achse des anderen Leiters reicht, berechnen. Im Prinzip kann diese Fläche zwischen den Begrenzungslinien beliebig gewählt werden. Wir wählen aber den durch $|x| \leq d$ gegebenen Streifen in der Ebene $y = 0$; denn hier wie in der ganzen $x - z$-Ebene

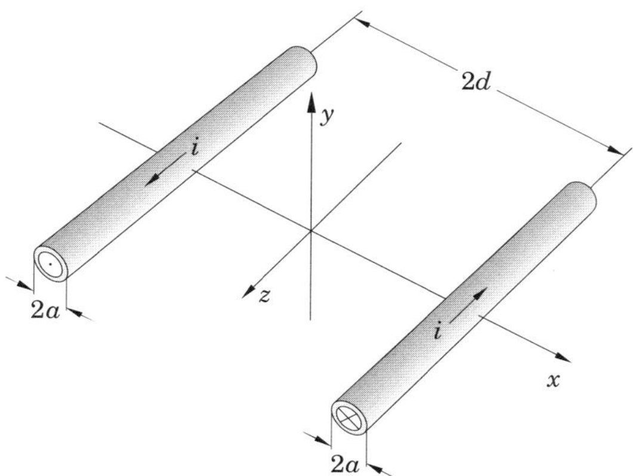

Bild 6.22: *Doppelleitung*

haben die beiden Teilfelder jeweils nur eine y-Komponente und können daher einfach überlagert werden. Die Teilfelder sind jeweils nur vom Abstand von der Achse des dazugehörigen Leiters abhängig. Mit den Gln. (5.20) und (5.30) sowie μ_{i} als Permeabilität des Leitermaterials können wir bei $y = 0$ das Feld des linken Leiters durch

$$B_{\mathrm{yl}} = \frac{\mu_{\mathrm{i}} i}{2\pi a^2}(x+d) \; ; \qquad |x+d| \leq a$$

$$B_{\mathrm{yl}} = \frac{\mu_0}{2\pi}\frac{i}{x+d} \; ; \qquad |x+d| \geq a$$

und das Feld des rechten Leiters durch

$$B_{\mathrm{yr}} = \frac{\mu_{\mathrm{i}} i}{2\pi a^2}(d-x) \; ; \qquad |x-d| \leq a$$

$$B_{\mathrm{yr}} = \frac{\mu_0}{2\pi}\frac{i}{d-x} \; ; \qquad |x-d| \geq a$$

darstellen. Diese Gleichungen geben für die im Bild 6.22 gewählten Stromrichtungen auch das Vorzeichen der Feldkomponenten richtig wieder. Auf der x-Achse ist das Feld eines Leiters auf der einen Seite des Leiters in $+y$-Richtung und auf der anderen in $-y$-Richtung gerichtet.

Im Bild 6.23 sind die Teilfelder und das Gesamtfeld für die Ebene $y = 0$ in Abhängigkeit von x für $\mu_{\mathrm{i}} = \mu_0$ dargestellt. Zum Gesamtfluss zwischen $x = -d$ und $x = +d$ trägt das Feld jedes der beiden Leiter den gleichen Anteil bei. Wir berechnen daher den Fluss des Feldes eines der beiden Leiter und multiplizieren dann mit zwei. Wir haben zu unterscheiden zwischen den Flüssen innerhalb und außerhalb des Leiters. Wir führen die Integration für den linken Leiter durch, ersetzen aber x durch eine neue Koordinate ξ, wobei $\xi = x + d$ sein soll. $\xi = 0$ liegt im Zentrum des linken Leiters. Zunächst soll der äußere Fluss für einen Abschnitt des Leiters der Länge l bestimmt werden. Als Flächenelement wählen wir einen Streifen der Breite $\mathrm{d}\xi$ und der Länge l, d. h. $\mathrm{d}A = l\,\mathrm{d}\xi$, weil die Induktion nicht von z abhängt. Da der Vektor der magnetischen Flussdichte $\boldsymbol{B}$ stets senkrecht auf den Flächenelementen der

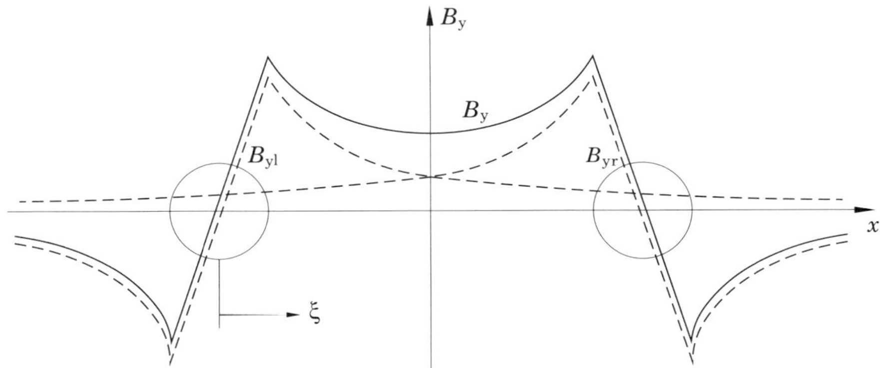

Bild 6.23: *Abhängigkeit des magnetischen Feldes einer Doppelleitung in der Ebene der Leiter*

x-Achse bzw. ξ-Achse steht, können wir für $\boldsymbol{B}\mathrm{d}\boldsymbol{A}$ sofort $B\mathrm{d}A = B_{\mathrm{yl}} l\,\mathrm{d}\xi$ schreiben. Das Integral für den äußeren Fluss des Vektors B_{yl} des linken Leiters lautet dann

$$\Phi_{\mathrm{a}} = l \int\limits_{a}^{2d} B_{\mathrm{yl}}(\xi)\mathrm{d}\xi = \frac{\mu_0 l}{2\pi} i \int\limits_{a}^{2d} \frac{\mathrm{d}\xi}{\xi}$$

Die obere Grenze ist nicht eindeutig festzulegen; denn B_{yl} ist an einem Ort innerhalb des Leiters nicht mit dessen voller Stromstärke verknüpft. Wir haben als Näherung $2d$ gewählt, d. h. den Mittelpunkt des rechten Leiters. (Genaue Berechnungen müssen über die Energie erfolgen. Siehe dazu Abschnitt 6.7.5). Dann ergibt sich für das Integral

$$\Phi_{\mathrm{a}} = \frac{\mu_0 l}{2\pi} \ln(\frac{2d}{a})\, i\ .$$

Dazu gehört (gemäß $L = \Phi/i$) eine äußere Induktivität

Äußere Induktivität

$$L_{\mathrm{a}} = \frac{\mu_o l}{2\pi} \ln \frac{2d}{a}\ . \tag{6.35}$$

Den gesamten inneren Fluss eines Leiters könnten wir analog berechnen. Wir müssen allerdings beachten, dass die einzelnen Flussanteile $B_{\mathrm{yl}} l\,\mathrm{d}\xi$ bei den jeweiligen $\xi < a$ nicht mit dem ganzen Strom i verkettet sind, sondern nur mit dem Anteil von i, der innerhalb des Kreises mit dem Radius ξ fließt, also mit $i(\pi\xi^2/\pi a^2) = i(\xi/a)^2$. Ein solcher Anteil $B_{\mathrm{yl}} l\,\mathrm{d}\xi$ trägt deshalb auch nicht voll zur Induktivität bei, sondern nur mit dem entsprechenden Bruchteil. Der Induktivitätsanteil ist

$$\mathrm{d}\,L_{\mathrm{i}} = \frac{\xi^2}{a^2} \frac{B_{\mathrm{yl}} l\,\mathrm{d}\xi}{i}\ .$$

Innere Induktivität

Durch Aufintegration aller $\mathrm{d}L_{\mathrm{i}}$, die zu den $\mathrm{d}\xi$ innerhalb des Leiters gehören, erhalten wir die sogenannte *innere Induktivität* eines Leiters:

$$L_\mathrm{i} = \frac{\mu_\mathrm{i} l}{2\pi} \int\limits_o^a \frac{\xi^3 \,\mathrm{d}\xi}{a^4} \,,$$

$$L_\mathrm{i} = \frac{\mu_\mathrm{i} l}{8\pi} \,. \tag{6.36}$$

Die innere Induktivität eines runden Leiters ist also unabhängig von seinem Radius. Die Gesamtinduktivität für einen Abschnitt der Länge l einer Doppelleitung ist nun gegeben durch

Ergebnis

$$L = 2(L_\mathrm{i} + L_\mathrm{a}) = \frac{\mu_0 l}{4\pi}\left(1 + 4\ln\frac{2d}{a}\right) \,. \tag{6.37}$$

Dabei wurde $\mu_\mathrm{i} = \mu_0$ gesetzt. Die Induktivität nimmt ab, wenn der Abstand der beiden Leiter verringert wird.

Praxisbezug

Widerstände sollen eine möglichst geringe Induktivität haben. Werden sie gewickelt, dann empfiehlt es sich, Hin- und Rückleiter, die natürlich gegeneinander isoliert sind, unmittelbar nebeneinander zu führen. Man nennt eine solche Wicklung *bifilar*.

6.6.2.4 Gegeninduktivität zwischen zwei Doppelleitungen

Praxisbezug

Verlaufen zwei Doppelleitungen parallel im Raum, so können durch Gegeninduktion von der einen Doppelleitung in die andere hinein Spannungen und Ströme induziert werden. In der Praxis ist dies fast immer unerwünscht. Bei Fernsprechleitungen spricht man in diesem Zusammenhang von *Übersprechen*, das auf jeden Fall verhindert werden muss, denn die Informationen würden dann nicht nur zu dem gewählten Empfänger gelangen, sondern auch zu einem oder mehreren anderen. Wir berechnen deshalb hier die Gegeninduktivität zwischen zwei Doppelleitungen, da ja mit der Gegeninduktivität die jeweils in der anderen Leitung induzierten Spannungen angegeben werden können. Bild 6.24 zeigt die Anordnung der Leiter im Querschnitt. Die Leiter 1 und 2 bilden eine (I) und die Leiter 3 und 4 die andere Doppelleitung (II). Die Abstände zwischen den Leitern werden mit r_{jk} bezeichnet, wobei j und k die Nummern der jeweiligen Leiter sind. Um den Gegeninduktionskoeffizienten L_{21} zu bestimmen, benötigen wir den Fluss durch die Leiterschleife der Leitung II des magnetischen Feldes, das allein von den Strömen der Leitung I herrührt. Die Richtungen der Ströme in den Leitern 1 und 2 sind im Bild 6.24 angegeben. Der magnetische Gesamtfluss, den ihre Felder durch die Doppelleitung II hervorrufen, ist die Summe der Flüsse der beiden Teilfelder. Diese Teilflüsse lassen sich einfacher

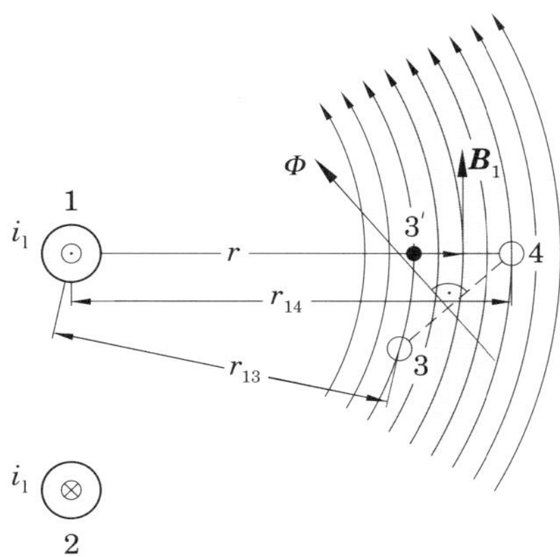

Bild 6.24: *Zur Berechnung der Gegeninduktivität zwischen der Doppelleitung I mit den Leitern 1 und 2 und der Doppelleitung II mit den Leitern 3 und 4*

berechnen als der Fluss der bereits überlagerten Felder. Haben wir den Teilfluss eines der beiden Leiter, dann können wir auch sofort den des anderen angeben. Wir wollen nun den Fluss des Leiters 1 durch die Doppelleitung II berechnen. Die Linien der magnetischen Flussdichte dieses Feldes sind bekanntlich konzentrische Kreise um den Leiter 1. Im Bild sind Teile dieser Linien im Bereich der Doppelleitung II dargestellt. Aus dem Bild erkennen wir auch sofort, dass der Fluss durch die Fläche[9)] zwischen den Leitern 3 und 4 gleich dem ist durch die Fläche zwischen 3' und 4; denn durch die Fläche zwischen 3' und 3 tritt kein Fluss hindurch. Der Vektor $\boldsymbol{B}_1$ steht auf der Fläche zwischen 3' und 4 an jeder Stelle senkrecht. Deshalb kann der Integrand im Flussintegral sofort in skalarer Form geschrieben werden. Der Betrag der magnetischen Flussdichte $\boldsymbol{B}_1$ im Abstand r vom Leiter 1 ist (s. Gl. (5.20))

$$B_1 = \frac{\mu_0 i_\mathrm{I}}{2\pi r} \ .$$

Zur Berechnung des Flusses durch einen Abschnitt der Leitung der Länge l wählen wir als Flächenelement einen Streifen der Breite $\mathrm{d}r$ an der Stelle r zwischen 3' und 4 und der Länge l parallel zu den Leitern. Wir erhalten dann

$$\Phi_{\mathrm{II}\,1} = \int\limits_{A_{3'4}} B_1 \,\mathrm{d}A = \frac{\mu_0 l}{2\pi} i_\mathrm{I} \int\limits_{r_{13}}^{r_{14}} \frac{\mathrm{d}r}{r}$$

und nach Integration

$$\Phi_{\mathrm{II}\,1} = \frac{\mu_0 l}{2\pi} i_\mathrm{I} \ln \frac{r_{14}}{r_{13}} \ . \tag{6.38}$$

Diese Gleichung liefert auch automatisch das richtige Vorzeichen für den Fluss in Bezug auf die Flusszählrichtung Φ. Für $r_{14} > r_{13}$ durchsetzt der Fluss $\Phi_{\mathrm{II}\,1}$ die Leitung in Richtung des Flusszählpfeiles, und Gl. (6.38) liefert ein positives Vorzeichen ($\ln r_{14}/r_{13} > 0$). Für $r_{13} > r_{14}$ durchsetzt $\Phi_{\mathrm{II}\,1}$ die Leitung II entgegengesetzt zum Flusszählpfeil, und Gl. (6.38) liefert ein negatives Vorzeichen ($\ln r_{14}/r_{13} < 0$). Die

9 Die dazu jeweils erforderliche zweite Dimension ist senkrecht zur Blattebene gerichtet.

Gleichung für den Flussanteil des Leiters 2 durch die Leitung II erhalten wir aus Gl. (6.38), indem wir bei r den Index 1 und 2 ersetzen. Außerdem müssen wir noch ein negatives Vorzeichen spendieren, denn der Strom im Leiter 2 hat entgegengesetzte Richtung zum Strom des Leiters 1. Es ist also

$$\Phi_{\mathrm{II}\,2} = -\frac{\mu_0 l}{2\pi} i_{\mathrm{I}} \ln \frac{r_{24}}{r_{23}} \; . \tag{6.39}$$

Der Gesamtfluss des Feldes der Leitung I durch die Leitung II ist nun gegeben durch die Summe der Flüsse $\Phi_{\mathrm{II}\,1}$ und $\Phi_{\mathrm{II}\,2}$:

$$\Phi_{\mathrm{II,I}} = \Phi_{\mathrm{II}\,1} + \Phi_{\mathrm{II}\,2} = \frac{\mu_0 l}{2\pi} i_{\mathrm{I}} \ln \frac{r_{14} r_{23}}{r_{13} r_{24}} \; ,$$

mit $\Phi_{\mathrm{II,I}} = L_{21} i_{\mathrm{I}}$ ergibt sich die Gegeninduktivität L_{21} zu

Ergebnis

$$L_{21} = \frac{\mu_0 l}{2\pi} \ln \frac{r_{14} r_{23}}{r_{13} r_{24}} \; . \tag{6.40}$$

Aus der Symmetrie dieser Gleichung erkennt man, dass $L_{12} = L_{21}$ ist. Dazu muss man natürlich auch die mit der Flusszählrichtung verknüpfte Zählrichtung für den positiven Strom gemäß der Rechtsschraubenregel beachten.

Praktische Folgerung

Die Gegeninduktivität zwischen den Leitungen verschwindet, wenn

$$\frac{r_{14} r_{23}}{r_{13} r_{24}} = 1 \tag{6.41}$$

und damit

$$\frac{r_{14}}{r_{24}} = \frac{r_{13}}{r_{23}} \qquad \text{oder} \qquad \frac{r_{14}}{r_{13}} = \frac{r_{24}}{r_{23}}$$

wird. Dazu müssen die Leitungen wie im Bild 6.25 angegeben angeordnet sein. Die

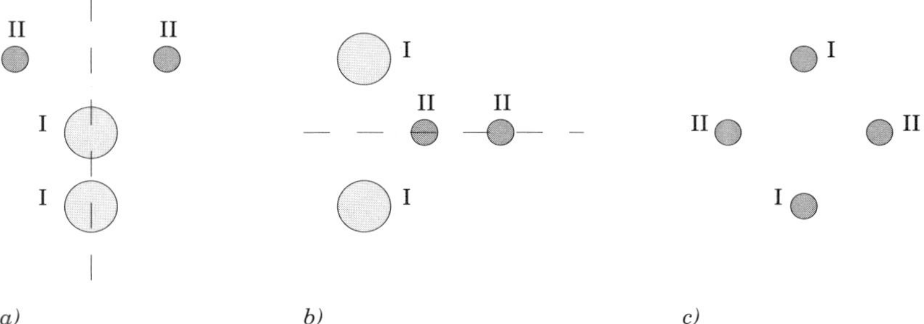

Bild 6.25: *Anordnung zweier Doppelleitungen ohne gegenseitige Beeinflussung*

Anordnung im Teilbild c als Sonderfall der Teilbilder a und b, bei der die Leiter recht eng beieinander liegen können und damit platzsparend angeordnet sind, verwendet man in Nachrichtenkabeln. Man bezeichnet ein so angeordnetes Doppelleitungspaar als *Sternvierer*.

Aktivierungselement 6.3

1. Erklären Sie den Vorgang der Selbstinduktion und die physikalischen Bedeutungen von Selbst- und Gegeninduktivitätskoeffizienten!

2. Was lässt sich über die Vorzeichen von L und M aussagen? Geben Sie eine physikalische Begründung!

3. Welchen Einfluss haben die Windungszahlen von Spulen auf die Selbst- und Gegeninduktivitäten?

4. Welche Berechnungsverfahren für Induktivitäten werden im Lernzyklus 6.3 dargestellt? Beschreiben Sie diese, und geben Sie Anwendungsbeispiele an! Welche Schwierigkeiten erwarten Sie vor allen Dingen bei dem zuerst dargestellten allgemeinen Verfahren?

5. Wie lässt sich die Induktivität von gewickelten Widerständen und die magnetische Einkopplung in Zweidrahtleitungen herabsetzen?

6. Erläutern Sie den Begriff "Sternvierer", und geben Sie eine Begründung für diese Anordnung!

Aufgaben zur Vertiefung 10

Übung

6.1 In einem Raum, beschrieben durch ein kartesisches Koordinatensystem, herrsche eine magnetische Flussdichte, die durch

$$B_z = B_0 \frac{x}{a} , \qquad B_y = B_x = 0$$

gegeben sei. Eine rechteckige Leiterschleife der Länge l, Breite b bewege sich mit der konstanten Geschwindigkeit v_0 in x-Richtung. Geben Sie die in der Schleife induzierte

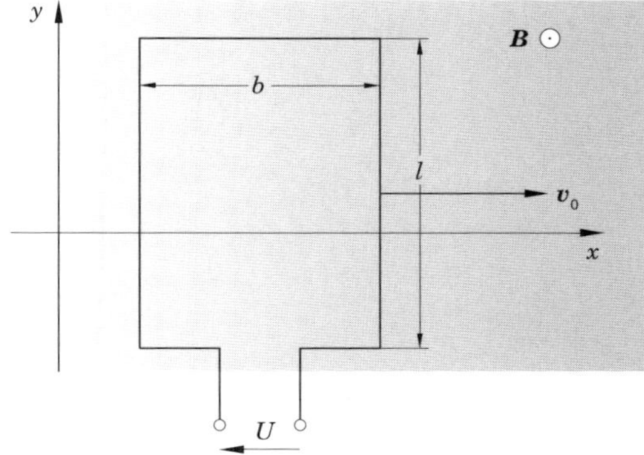

Spannung an, und zeigen Sie, dass Bewegungsinduktionsgesetz und Flussregel hier das gleiche Ergebnis liefern!

Theoretische Vertiefung

6.2 Gegeben sind zwei in Reihe geschaltete gekoppelte Spulen (L_1, L_2, M). Wie groß ist die Induktivität der Anordnung, wenn ein Strom i die Spulen

a) gleichsinnig,

b) gegensinnig durchfließt?

c) Wie groß ist die Gegeninduktivität M zwischen den beiden Spulen, wenn die Induktivitäten der Gesamtanordnungen für die Fälle a) und b) bekannt sind?

6.3 Die magnetische Flussdichte im Luftspalt eines Wechselstrommagneten M ändere sich zeitlich gemäß der Beziehung

$$B = \hat{B} \cos \omega t \; .$$

Im Luftspalt schwingt in Richtung der x-Achse ein stabförmiger Leiter sinusförmig mit der Geschwindigkeit

$$v = \hat{v} \cos \omega t \; ,$$

um die Ruhelage $x = 0$, d. h. mit der Auslenkung

$$x = \int v\mathrm{d}t = \frac{\hat{v}}{\omega} \sin \omega t \ .$$

Er bleibt aber immer innerhalb der Grenzen $|x| \leq b$. In der Ruhelage taucht das Magnetfeld mit der Breite b in die außerhalb des Magnetfeldes geschlossene Leiterschleife ein. Wie groß ist die bei der Schwingbewegung des Leiters in der Leiterschleife

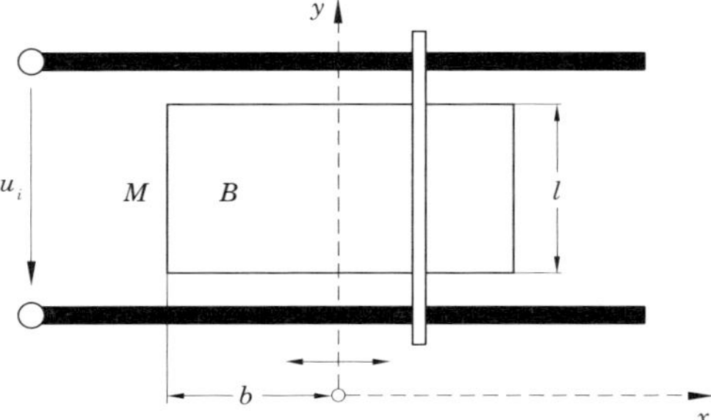

induzierte Spannung u_i?

Praktische Anwendung

6.4 Erklären Sie die Notwendigkeit des Schaltlichtbogens beim Abschalten eines induktiven Gleichstromkreises!

Vororientierung zur Kurseinheit 11

In dieser Kurseinheit kommen wir mit der allgemeinen Beschreibung des elektromagnetischen Feldes zum Abschluss. Am Ende werden uns nämlich die Maxwell'schen Gleichungen in integraler Form vorliegen. Diese Grundgleichungen sollten Sie sich zusammen mit ihrer Bedeutung gut einprägen, denn sie bilden die Ausgangsgleichungen für viele weitere Betrachtungen. Später werden wir z. B. aus ihnen die Ausbreitung elektromagnetischer Wellen im freien Raum und auf Leitungen ableiten.

Zunächst wird aber die Energiespeicherung im magnetischen Feld behandelt. Wir bestimmen die von Spulen aufgenommene Energie und dann mit Hilfe einer kleinen Probespule die Energiedichte in einem beliebigen Feld. Mit dem Prinzip der virtuellen Verschiebung können wir dann aus der Energieänderung auch gewisse Kraftwirkungen im magnetischen Feld bestimmen.

Ein besonderer Abschnitt ist den Phänomenen Wirbelströme und Stromverdrängung gewidmet. Wirbelströme müssen nämlich in bestimmten Fällen (z. B. in Transformatoren) nach Möglichkeit vermieden werden, in anderen Fällen finden sie praktische Anwendung (Wirbelstromdämpfung, Stromzähler). Die Stromverdrängung tritt im Bereich der Hochfrequenztechnik in Erscheinung und erfordert dort entsprechende Maßnahmen.

Lernzyklus 6.4

Studienziele

Nach dem Durcharbeiten dieses Lernzyklus sollen Sie in der Lage sein,

- die im magnetischen Feld einer Spule gespeicherte Energie anzugeben;
- Beziehungen zwischen Größen im magnetischen Feld und Größen der Mechanik herzustellen;
- die Energie im magnetischen Feld eines Spulensystems anzugeben;
- die Energiedichte in einem allgemeinen magnetischen Feld anzugeben;
- die Hystereseverluste bei der Ummagnetisierung von Eisen zu bestimmen;
- mit dem Prinzip der virtuellen Verschiebung aus der Energie im magnetischen Feld dessen Kraftwirkung zu bestimmen;
- aus der Energie im magnetischen Feld einer Anordnung deren Induktivität zu bestimmen.

6.7 Energie im magnetischen Feld

Im Abschnitt 1.8 haben wir gesehen, dass im elektrischen Feld Energie gespeichert wird. Für die Energiedichte fanden wir

$$w_{\mathrm{E}} = \frac{1}{2}\varepsilon \boldsymbol{E}^2 \ .$$

Auch im magnetischen Feld wird Energie gespeichert: Wenn wir beispielsweise den Abstand zwischen zwei stromführenden parallelen Drähten vergrößern wollen, müssen wir, wenn die Ströme die gleiche Richtung haben, die gegenseitige Anziehungskraft überwinden, d. h., wir müssen Arbeit verrichten. Diese Arbeit muss irgendwo als Energie ein Äquivalent finden, u. a. wird sie im magnetischen Feld gespeichert. Wir können allerdings die Energieänderung nicht allein aus der mechanisch aufgebrachten Arbeit bestimmen. Bei der Bewegung der Leiter werden Spannungen induziert, die auf die Quellen zurückwirken, die die Ströme treiben. Diese Quellen müssen daher in die Energiebetrachtungen für den angegebenen Fall mit einbezogen werden.

6.7.1 Magnetische Energie in Spulen

Gedankenexperiment

Wir betrachten zunächst den Fall, dass an eine Quelle mit der Klemmenspannung u_0 eine Spule angeschaltet wird. Außerdem möge ein Widerstand zur Strombegrenzung

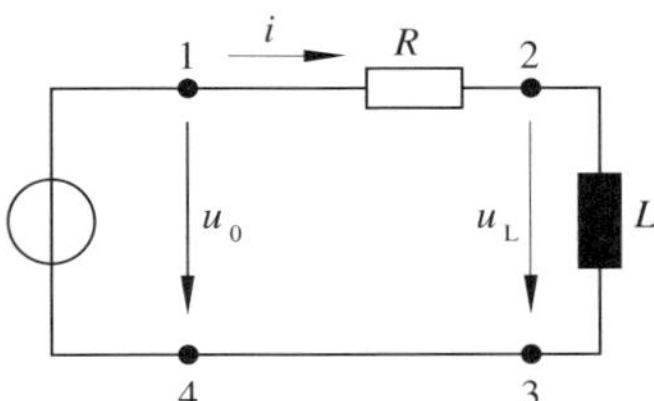

Bild 6.26: *Zur Berechnung der in einer Induktivität gespeicherten Energie*

im Kreis liegen. Der Strom, der nach dem Anschalten zu fließen beginnt, baut ein magnetisches Feld auf. Damit verbunden ist die Spannung u_{L} an den Klemmen der Spule, die den Aufbau zu verhindern sucht. Ein Maschenumlauf über die Klemmen 1-2-3-4 führt auf die Gleichung

$$u_0 = iR + u_{\mathrm{L}} = iR + L\frac{\mathrm{d}i}{\mathrm{d}t} \ . \tag{6.42}$$

Im Zeitintervall dt treibt die Quelle die Ladung $i\mathrm{d}t$ durch den Stromkreis und verrichtet deshalb die Arbeit $u_0 i\mathrm{d}t$, oder anders ausgedrückt: Sie gibt die Energie $u_0 i\mathrm{d}t$ ab. Um festzustellen, was aus dieser Energie wird, multiplizieren wir Gl. (6.42) mit $i\mathrm{d}t$ und betrachten die rechte Seite. Es ist dann

$$u_0 i \,\mathrm{d}t = i^2 R \,\mathrm{d}t + Li \,\mathrm{d}i \ .$$

Der erste Term der rechten Seite gibt die während der Zeit $\mathrm{d}t$ in R in Wärme umgesetzte Energie an. Der Rest der von der Quelle zur Verfügung gestellten Energie (zweiter Term der rechten Seite) wird von der Spule aufgenommen. Die Energie des Feldes der Spule wird also um

$$\mathrm{d}W_\mathrm{M} = Li\,\mathrm{d}i$$

vergrößert. Diese Energiezunahme ist der Stromzunahme proportional. In welcher Zeit diese erfolgt, spielt dabei keine Rolle. Durch Aufintegration aller $\mathrm{d}W_\mathrm{M}$, beginnend beim Strom $i = 0$ bis zu dem Strom i, erhalten wir die gesamte gespeicherte magnetische Energie der Spule

$$W_\mathrm{M} = \int \mathrm{d}W_\mathrm{M} = \int\limits_0^i Li'\,\mathrm{d}i' \;,$$

$$W_\mathrm{M} = \frac{1}{2}Li^2 \;. \tag{6.43}$$

Wir können allgemein formulieren:

Die in einer Induktivität gespeicherte magnetische Energie ist gleich dem halben Wert des Produkts aus Induktivität und Quadrat des Stromes.

Das Ergebnis in Gl. (6.43) können wir mit dem entsprechenden Ergebnis für die Energie im Kondensator, der eine Ladung Q trägt, vergleichen, nämlich

$$W_\mathrm{E} = \frac{1}{2}\frac{1}{C}Q^2 \;.$$

Auch dieses Ergebnis wurde aus der Arbeit, die zur Aufladung des Kondensators verrichtet werden musste, erhalten.

Analogien

Das Ergebnis in Gl. (6.43) kann auch mit der kinetischen Energie $\frac{1}{2}mv^2$ eines Teilchens der Masse m, das sich mit der Geschwindigkeit v bewegt, verglichen werden. Demnach entspräche die Induktivität L der Masse m und die Geschwindigkeit v dem Strom i. Es lassen sich noch weitere Analogien finden. Da eine Masse träge ist, widersetzt sie sich jeder Änderung ihres Bewegungszustandes. Eine Änderung kann nur durch eine äußere Krafteinwirkung erfolgen. Sie wird durch das Bewegungsgesetz von NEWTON ($F = m\,\mathrm{d}v/\mathrm{d}t$) beschrieben. Da die Kräfte immer endlich sind, erfolgt eine Geschwindigkeitsänderung niemals sprunghaft. Entsprechendes gilt für das magnetische Feld. Seine Trägheit kommt in der Induktivität L zum Ausdruck. Wollen wir den Strom und damit das Feld ändern, dann müssen wir diese an eine Quelle anschließen. Die dem Newton'schen Gesetz entsprechende Gleichung ist Gl. (6.42) mit $R = 0$. Daraus folgt

Die Änderung des Stromes durch eine Induktivität kann niemals sprunghaft erfolgen.

In welcher Weise die Änderung des Stromes in verschiedenen Schaltungen mit Induktivitäten erfolgt, wird später behandelt werden. Als weitere Analogie wäre anzugeben: Der Kraft in der Mechanik entspricht die Quellenspannung u_0 im elektrischen Analogon.

Gekoppelte Spulen

Wir wollen nun dieselben Überlegungen, die zu dem Ergebnis in Gl. (6.43) geführt haben, auf zwei nahe beieinander liegende Spulen wie im Bild 6.18 anwenden. Um alle in dem System möglichen Felder aufzubauen, werden die Spulen zur Überwindung der Trägheit an je eine Spannungsquelle (u_{01}, u_{02}) angeschlossen. Mit dem Gleichungssystem (6.25) wird dann

$$\begin{aligned} u_{01} i_1 \,\mathrm{d}t &= L_{11} i_1 \,\mathrm{d}i_1 + L_{12} i_1 \,\mathrm{d}i_2 \ , \\ u_{02} i_2 \,\mathrm{d}t &= L_{21} i_2 \,\mathrm{d}i_1 + L_{22} i_2 \,\mathrm{d}i_2 \ . \end{aligned}$$

Links stehen die von den Generatoren gelieferten und rechts die vom Feld aufgenommenen Energien. Insgesamt ergibt sich die Energiezunahme des Feldes aus der Summe der gelieferten Energien

$$\mathrm{d}W_\mathrm{M} = L_{11} i_1 \,\mathrm{d}i_1 + L_{12} i_1 \,\mathrm{d}i_2 + L_{21} i_2 \,\mathrm{d}i_1 + L_{22} i_2 \,\mathrm{d}i_2 \ .$$

Da diese Energiezunahme nicht vom zeitlichen Ablauf der Stromzunahme abhängt, kann auch die im Feld gespeicherte Energie in einem Zustand mit den Strömen i_1 und i_2 nur von i_1 und i_2 abhängen, *nicht aber von dem zeitlichen Ablauf*, der zu diesem Zustand geführt hat. Für die Bestimmung der gespeicherten Energie durch Aufintegration der $\mathrm{d}W_\mathrm{M}$ vom Zustand $i_1 = i_2 = 0$ bis zum Zustand i_1, i_2 können wir uns daher die Änderung von i_1 und i_2 beliebig vorgeben. Es möge beispielsweise zunächst nur der Strom i_1 von Null bis zum Wert i_1 ansteigen und i_2 währenddessen gleich Null sein. Die Energie des Feldes steigt dabei von Null auf den Wert $W_{\mathrm{M}1}$ an, der wegen $i_2 = \mathrm{d}i_2 = 0$ sich zu

$$W_{\mathrm{M}1} = \int \mathrm{d}W_\mathrm{M} = \int_0^{i_1} L_{11} i_1' \,\mathrm{d}i_1' = \frac{1}{2} L_{11} i_1^2$$

berechnet.

Jetzt möge i_1 konstant auf diesem Wert bleiben (d. h., $\mathrm{d}i_1 = 0$) und i_2 von Null auf den Wert i_2 zunehmen. Die Energie des Feldes nimmt dabei von $W_{\mathrm{M}1}$ auf den zu i_1

und i_2 gehörenden Wert W_M zu. Für diese Gesamtenergie erhalten wir

$$W_\mathrm{M} = W_{\mathrm{M}1} + \int \mathrm{d}W_\mathrm{M} = W_{\mathrm{M}1} + \int\limits_0^{i_2} L_{12} i_1 \,\mathrm{d}i_2' + \int\limits_0^{i_2} L_{22} i_2 \,\mathrm{d}i_2' \ ,$$

$$W_\mathrm{M} = \frac{1}{2} L_{11} i_1^2 + L_{12} i_1 i_2 + \frac{1}{2} L_{22} i_2^2 \ . \qquad (6.44)$$

Lassen wir bei $i_1 = 0$ zunächst i_2 von Null auf den Wert i_2 und dann bei konstantem i_2 den Strom i_1 von Null bis auf den Wert i_1 ansteigen, dann erhalten wir insgesamt

$$W_\mathrm{M} = \frac{1}{2} L_{11} i_1^2 + L_{21} i_1 i_2 + \frac{1}{2} L_{22} i_2^2 \ . \qquad (6.45)$$

Für beide Abläufe muss der Endwert der Energie gleich sein. Daraus folgt allgemein

$$L_{21} = L_{12} = M \ . \qquad (6.46)$$

Aufgabe 6.5

Geben Sie an, wie sich die von den Generatoren zu liefernde Gesamtenergie auf die beiden Generatoren aufteilt, und zwar abhängig vom zeitlichen Verlauf des Feldaufbaues und jeweils aufgeteilt auf die beiden Abschnitte.

Ableitung einer wichtigen Ungleichung

Mit Hilfe der Beziehung für die Energie des Systems aus zwei Spulen lässt sich eine interessante Ungleichung zwischen der Gegeninduktivität M und den Selbstinduktivitäten der beiden Spulen finden. Die im magnetischen Feld gespeicherte Energie muss immer positiv sein, welche Ströme auch immer durch die Spulen fließen mögen; d. h., es muss gelten

$$\frac{1}{2} L_{11} i_1^2 + M i_1 i_2 + \frac{1}{2} L_{22} i_2^2 \geq 0 \ .$$

An dieser Ungleichung ändert sich im Prinzip nichts, wenn wir sie durch die stets positive Größe $\frac{1}{2} L_{11} i_2^2$ ($i_2 \neq 0$) dividieren

$$\left(\frac{i_1}{i_2}\right)^2 + 2\,\frac{M}{L_{11}} \cdot \frac{i_1}{i_2} + \frac{L_{22}}{L_{11}} \geq 0 \ .$$

Die linke Seite ist ein Polynom in $(\frac{i_1}{i_2})$, das Nullstellen bei

$$\left(\frac{i_1}{i_2}\right)_{1,2} = \frac{-M \pm \sqrt{M^2 - L_{11} L_{22}}}{L_{11}}$$

besitzt. Damit die obige Ungleichung für alle Stromverhältnisse $-\infty < \frac{i_1}{i_2} < \infty$ erfüllt wird, dürfen in diesem Bereich aber keine Nullstellen liegen, d. h., die Nullstellen dürfen nicht reell sein. Dies führt auf die Bedingung

$$M^2 < L_{11} L_{22} \; . \tag{6.47}$$

Man schreibt anstelle dieser Relation auch

$$M = k\sqrt{L_{11} L_{22}} \; . \tag{6.48}$$

Die Konstante k ist der sogenannte *Koppelkoeffizient* zwischen den Spulen. Durchsetzt der Fluss der einen Spule praktisch auch die andere, dann ist k nahe bei 1, d. h., die Spulen sind fest verkoppelt. Der theoretische Grenzfall $k = 1$ liegt vor, wenn die Flüsse exakt gleich sind. In diesem Fall müssten wir oben auch noch das Gleichheitszeichen zulassen. Für Spulen mit einem nur geringen gemeinsamen Fluss ist k nahe bei Null.

6.7.2 Energiedichte im magnetischen Feld

Wir führen die Betrachtungen mit Hilfe einer kleinen idealisierten Zylinderspule durch. Ist diese Spule klein genug, dann können wir ein beliebiges Feld durch das Feld dieser Spule darstellen, denn das beliebige Feld soll dann in einem Volumenbereich, der der Spule entspricht, als homogen angenommen werden dürfen. Ändert sich das aktuelle Feld, so muss entsprechend das Feld der Spule verändert werden. Wir nehmen an, dass das Feld anwächst. Die Zunahme ist

$$\mathrm{d}W_\mathrm{M} = u_\mathrm{L} i \,\mathrm{d}t = N \frac{\mathrm{d}\Phi}{\mathrm{d}t} i \,\mathrm{d}t = N i \,\mathrm{d}\Phi \; .$$

Da das Feld innerhalb der Spule überall gleich sein soll, verteilt sich die gesamte Energie W_M gleichmäßig auf das vom Feld erfüllte Volumen $V = Al$ (A = Querschnittsfläche, l = Länge). Die Energie pro Volumeneinheit, die Energiedichte w_M, ist dann einfach durch

$$w_\mathrm{M} = \frac{W_\mathrm{M}}{V}$$

gegeben. Entsprechend gilt für die Zunahme der Energiedichte

$$\mathrm{d}w_\mathrm{M} = \mathrm{d}\left(\frac{W_\mathrm{M}}{V}\right) = \frac{1}{V}\,\mathrm{d}W_\mathrm{M}$$

und mit obigem $\mathrm{d}W_\mathrm{M}$

$$\mathrm{d}w_\mathrm{M} = \frac{Ni}{l} \cdot \frac{\mathrm{d}\Phi}{A} = \frac{\Theta}{l}\,\mathrm{d}\frac{\Phi}{A} \; .$$

Mit $\frac{\Phi}{A} = |\boldsymbol{B}|$ und dem Durchflutungsgesetz $\Theta = |\boldsymbol{H}|l$ erhalten wir

$$\mathrm{d}w_\mathrm{M} = |\boldsymbol{H}| \cdot \mathrm{d}|\boldsymbol{B}| \; . \tag{6.49}$$

Da $\boldsymbol{H}$ und $\boldsymbol{B}$ in unserem Fall stets gleichgerichtet sind, können wir auch die Betragsstriche bei $\boldsymbol{H}$ und $\boldsymbol{B}$ weglassen und erhalten

$$\mathrm{d}w_{\mathrm{M}} = \boldsymbol{H} \cdot \mathrm{d}\boldsymbol{B} \ . \tag{6.50}$$

Es sei unbewiesen erwähnt, dass diese Gleichung allgemein gilt, d. h. auch dann, wenn $\boldsymbol{H}$ und $\boldsymbol{B}$ nicht gleichgerichtet sind. Die Energiedichte w_{M} ergibt sich durch Aufintegration aller $\mathrm{d}w_{\mathrm{M}}$, die zu dem Anwachsen der magnetischen Flussdichte $\boldsymbol{B}$ von $\boldsymbol{B} = 0$ bis $\boldsymbol{B}$ gehören. Es ist daher

$$w_{\mathrm{M}} = \int\limits_0^{\boldsymbol{B}} \boldsymbol{H} \cdot \mathrm{d}\boldsymbol{B} \ , \tag{6.51}$$

oder wenn $\boldsymbol{H}$ und $\boldsymbol{B}$ gleichgerichtet sind

$$w_{\mathrm{M}} = \int\limits_0^{|\boldsymbol{B}|} |\boldsymbol{H}| \cdot \mathrm{d}|\boldsymbol{B}| \ . \tag{6.52}$$

Energiedichte in linearen Stoffen

Besteht ein proportionaler Zusammenhang zwischen $\boldsymbol{H}$ und $\boldsymbol{B}$, wie es praktisch in allen Stoffen außer den ferromagnetischen der Fall ist, dann kann die Integration analytisch ausgeführt werden. Mit $\boldsymbol{H} = \frac{1}{\mu}\boldsymbol{B}$ erhalten wir

$$w_{\mathrm{M}} = \frac{1}{\mu} \int\limits_0^{\boldsymbol{B}} \boldsymbol{B} \, \mathrm{d}\boldsymbol{B} = \frac{1}{2\mu} B^2 = \frac{1}{2} \mu H^2 \ . \tag{6.53}$$

Das ist die analoge Beziehung zu der oben für das elektrische Feld angegebenen. Die gesamte Energie in einem Volumengebiet V erhalten wir durch Integration von W_{M} über das Volumen V

$$W_{\mathrm{M}} = \oiiint\limits_V w_{\mathrm{M}} \, \mathrm{d}V = \oiiint\limits_V \int\limits_0^{\boldsymbol{B}} \boldsymbol{H} \, \mathrm{d}\boldsymbol{B} \, \mathrm{d}V \ . \tag{6.54}$$

6.7.3 Hystereseverluste

Die Bestimmung der Dichte der aufgenommenen Energie in einem Stoff, in dem kein linearer Zusammenhang zwischen H und B besteht (z. B. Eisen), erfolgt mit der Magnetisierungskurve (s. Bild 6.27). Wird die magnetische Flussdichte von B_1 um $\mathrm{d}B$ erhöht, dann entspricht nach der oben abgeleiteten Beziehung (s. Gl. (6.49)) die

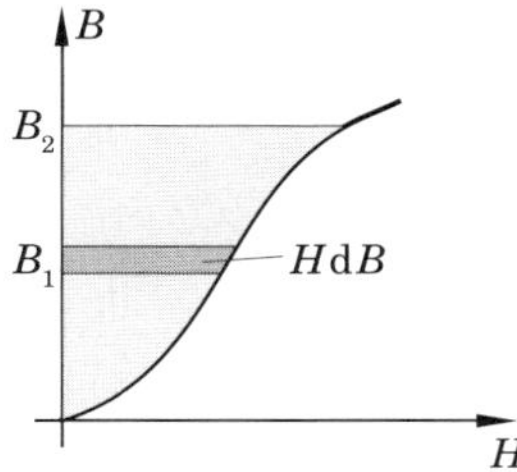

Bild 6.27: *Bestimmung der magnetischen Energie bei nichtlinearem Zusammenhang zwischen **B** und **H***

Zunahme der Energiedichte dem dunkelgrauen Flächenstück. Wird das Material von $B = 0$ bis zum Wert B_2 entlang der gegebenen Kurve magnetisiert, dann entspricht die Dichte der aufgenommenen Energie der hellgrauen Fläche. Die insgesamt aufgenommene Energie ergibt sich bei homogen angenommener Magnetisierung durch Multiplikation mit dem Volumen V. Beim Zurückfahren entlang der gleichen Kurve (keine Hysterese!) wird die gesamte Energie zurückgewonnen.

Nun betrachten wir einen Ummagnetisierungszyklus entlang einer Hystereseschleife (s. Bild 6.28).

Wird die magnetische Flussdichte von Null (Punkt 1) bis auf den Wert im Punkt 2 gebracht, dann muss pro Volumeneinheit eine Energie aufgewendet werden, die der Fläche 0-1-2-3-4-0 entspricht. Diese aufgenommene Energie wird jedoch nur zum Teil gespeichert, der Rest wird in andere Energieformen umgewandelt (u. a. Wärme) und kann nicht wieder zurückgewonnen werden. Verringern wir nämlich die Erregung H bis auf Null, dann sinkt B auf den Wert bei 4. Die dabei zurückgewonnene Energie

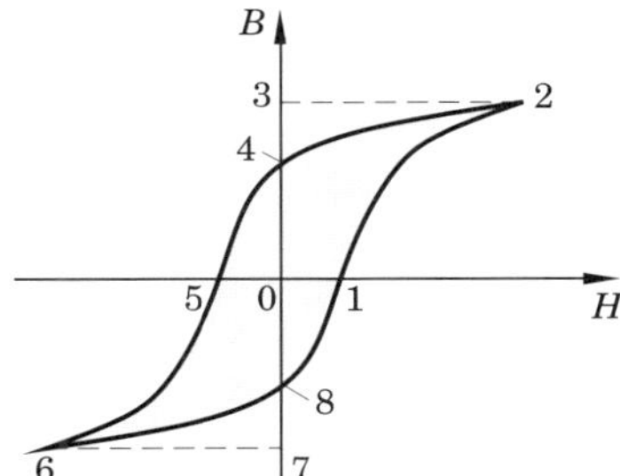

Bild 6.28: *Zur Bestimmung des Hystereseverlustes*

pro Volumeneinheit entspricht der Fläche 2-3-4-2. Soll B auf den Wert Null (Punkt 5) gebracht werden, dann muss wieder Energie aufgewendet (da sowohl H als auch $\mathrm{d}B$ negativ sind, wird $H\mathrm{d}B$ positiv) werden. Der Energieaufwand pro Volumeneinheit entspricht der Fläche 4-5-0-4. Insgesamt haben wir bisher pro Volumeneinheit Energie aufbringen müssen, die der Fläche innerhalb der Hystereseschleife oberhalb der H-Achse entspricht. Um vom Punkt 5 über 6 und 7 wieder zum Ausgangspunkt 1 zu gelangen, müssen wir entsprechend pro Volumeneinheit insgesamt eine Energie aufwenden, die gleich der Fläche innerhalb der Hystereseschleife unterhalb der H-Achse ist. Bei einer einmaligen Ummagnetisierung bleibt also pro Volumeneinheit eine Energie, die der Fläche der Hystereseschleife entspricht, im Material zurück, die nicht als elektrische Energie zurückgewonnen werden kann.

Praxisbezug

Man bezeichnet diesen Verlust an elektrischer Energie als *Hystereseverlust.* In der Wechselstromtechnik verwendet man deshalb in Maschinen und Transformatoren Eisensorten mit einer möglichst schmalen Hystereseschleife, um die Verluste gering zu halten, denn in jeder Periode des Wechselstromes wird die Hystereseschleife einmal durchfahren.

6.7.4 Berechnung von Kraftwirkungen aus der Energie

Virtuelle Arbeit

Wie im elektrischen Feld, so können wir auch hier das Prinzip der virtuellen Arbeit benutzen, um aus der Energie im magnetischen Feld auf die Kraftwirkungen zu schließen. Dazu betrachten wir einen einfachen, aber praktisch wichtigen Fall. Im Bild 6.29 ist aus einem magnetischen Kreis der Luftspalt mit näherer Umgebung und mit Feld dargestellt.

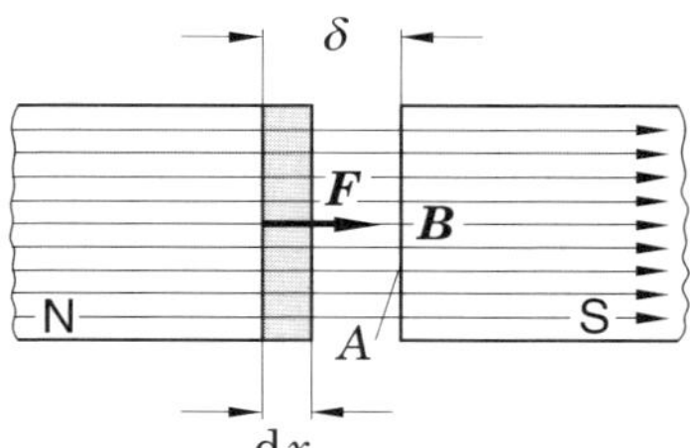

Bild 6.29: *Zur Berechnung der Anziehungskraft zwischen den Eisenteilen am Luftspalt*

Die Luftspaltweite δ sei gegenüber den Querschnittsabmessungen so gering, dass wir mit einem homogenen Feld innerhalb des Luftspaltes rechnen können. Das eine Eisenende wirkt wie ein magnetischer Nord-, das andere wie ein magnetischer Südpol, d. h., die beiden sich im Feld gegenüberliegenden Eisenenden ziehen einander an. Am linken Eisenende ist deshalb ein Kraftvektor $\boldsymbol{F}$ angegeben. Nun nehmen wir eine virtuelle Verschiebung dieses Endes um $\mathrm{d}x$ unter dem Einfluss der Kraft $\boldsymbol{F}$ an. Dann verrichtet das Feld eine Arbeit $|\boldsymbol{F}|\,\mathrm{d}x$, und seine Energie muss sich um den gleichen Wert verringern. Es gilt also

$$F\,\mathrm{d}x = -\mathrm{d}W_\mathrm{M} \; .$$

Dabei setzten wir allerdings voraus, dass sich bei diesem Verschiebungsvorgang die im Eisen und im Luftspalt gleiche magnetische Flussdichte $\boldsymbol{B}$ nicht ändert, damit keine Induktionsvorgänge berücksichtigt werden müssen. Das ist auch günstig für die Betrachtung der Energieverhältnisse. Eine Änderung dieser tritt nur im Bereich der Strecke $\mathrm{d}x$ auf. Die in diesem Bereich mit dem Volumen $V = A\,\mathrm{d}x$ vor der Verschiebung gespeicherte Energie erhalten wir mit Gl. (6.53). Sie beträgt

$$W_\mathrm{M1} = w_\mathrm{M1} V = \frac{1}{2\mu_0} B^2 A\,\mathrm{d}x \; .$$

Das in den Bereich eindringende Eisen hat eine Energie

$$W_{\mathrm{M2}} = V \int_0^{\boldsymbol{B}} \boldsymbol{H}\,\mathrm{d}\boldsymbol{B} \ ,$$

zu deren Berechnung wir annehmen, dass die Magnetisierungskennlinie durch $B = \mu_{\mathrm{r}}\mu_0 H$ ersetzt werden kann. μ_{r} ist dabei eine mittlere Permeabilität. Dann erhalten wir

$$W_{\mathrm{M2}} = \frac{1}{2\mu_{\mathrm{r}}\mu_0} B^2 A\,\mathrm{d}x \ .$$

Die Energieänderung beträgt

$$\mathrm{d}W_{\mathrm{M}} = W_{\mathrm{M2}} - W_{\mathrm{M1}} = -\frac{1}{2\mu_0} B^2 A\,\mathrm{d}x \left(1 - \frac{1}{\mu_{\mathrm{r}}}\right) \ .$$

Für die Anziehungskraft der Eisenstücke erhalten wir mit diesem $\mathrm{d}W_{\mathrm{M}}$

Wichtig für die Praxis

$$F = \frac{1}{2\mu_0} B^2 A \left(1 - \frac{1}{\mu_{\mathrm{r}}}\right) \ . \tag{6.55}$$

Näherung

Bei der praktischen Auswertung dieser Gleichung kann die Klammer oft durch 1 ersetzt werden, da bei Eisen $\frac{1}{\mu_{\mathrm{r}}} \ll 1$ ist.

Praktische Anwendungen

Ausgenutzt wird diese Kraftwirkung in Elektromagneten, die nicht nur in dem vielleicht am bekanntesten Lasthebemagneten, sondern in vielen anderen Apparaten zur Erfüllung verschiedenster Aufgaben eingesetzt werden. Beispielsweise kann ein beweglicher Anker, der vom Magnetfeld angezogen wird, einen oder mehrere Kontakte in anderen Stromkreisen öffnen, schließen oder umschalten. Das wird realisiert im elektromechanischen *Relais*, das unter anderem in vielen Elektrogeräten, in der Haustechnik und auch im Kraftfahrzeugbau eingesetzt wird. Dem Relais prinzipiell gleich ist das *Schütz*. Es handelt sich dabei um einen elektromagnetisch betätigten Schalter für die Starkstromtechnik.

Für den Fall, dass sich Eisenteile – wie in den eben geschilderten Beispielen – bewegen, wird die Induktion nicht konstant bleiben. Einmal wird durch Verkleinerung des Luftspalts der magnetische Widerstand des Kreises kleiner, so dass – bliebe die Durchflutung konstant – der magnetische Fluss und damit auch die magnetische Flussdichte $\boldsymbol{B}$ zunehmen würde. Eine Zunahme des magnetischen Flusses bedeutet aber andererseits, dass in der Erregerwicklung für die Durchflutung eine selbstinduktive Spannung induziert wird, die die Flusszunahme dadurch zu verhindern sucht, dass sie eine Abnahme des Erregerstromes bewirkt. Die Kraft wird sich damit während des Anzugsvorganges verändern.

Die magnetische Flussdichte geht in das Kraftgesetz der Gl. (6.55) quadratisch ein. Man wird deshalb bei der Auslegung von Elektromagneten die magnetische Flussdichte möglichst groß wählen, jedoch bleibt man unterhalb der Sättigungsmagnetisierung, weil sonst die erforderliche Erregerdurchflutung stark ansteigt.

Kraft zwischen zwei Spulen

Wir betrachten ein zweites Beispiel, bei dem deutlich wird, dass die von den Quellen gelieferten Energien in die Bilanz mit einbezogen werden müssen. Wir fragen nach der Kraft, die zwischen zwei beliebigen Spulen, die von den Strömen i_1 und i_2 durchflossen werden, in Richtung x wirkt. Im Bild 6.30 ist die Kraft eingetragen, die auf

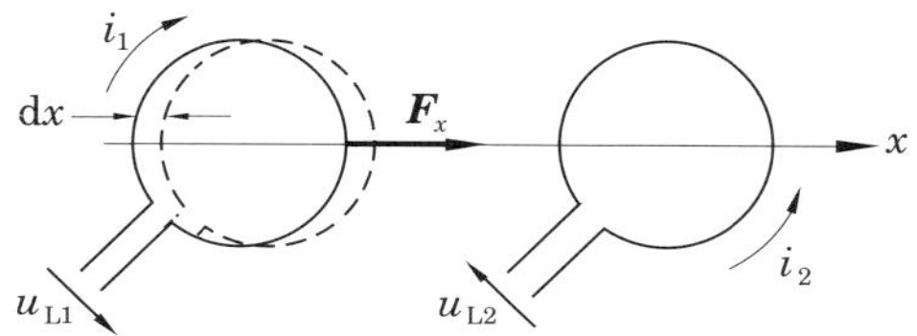

Bild 6.30: *Zur Bestimmung der Kraft zwischen zwei stromdurchflossenen Spulen in einer Richtung x (Zählrichtungen der Ströme und Spannungen wie im Bild 6.18)*

die linke Spule in dieser Richtung wirkt. Die magnetische Energie des Spulensystems ist durch eine der Gln. (6.44) oder (6.45) gegeben. Bei einer virtuellen Verschiebung der linken Spule um dx ändert sich lediglich die Gegeninduktivität. Die Änderung sei dM. Dann beträgt die Energieänderung

$$\mathrm{d}W_\mathrm{M} = i_1 i_2 \,\mathrm{d}M \ .$$

Schreiben wir wie im ersten Fall die Gleichung der virtuellen Arbeit an, dann wäre

Falsches Ergebnis!

$$F_x \mathrm{d}x = -\mathrm{d}W_\mathrm{M} = -i_1 i_2 \mathrm{d}M \ .$$

Diese Gleichung ist aber falsch. Durch die Änderung von M und damit der Spulenflüsse Ψ_{12} und Ψ_{21} werden an den Klemmen der Spulen die Spannungen

$$u_\mathrm{L1} = \frac{\mathrm{d}\,\Psi_{12}}{\mathrm{d}t} = i_2 \frac{\mathrm{d}M}{\mathrm{d}t} \ ,$$

$$u_\mathrm{L2} = \frac{\mathrm{d}\,\Psi_{21}}{\mathrm{d}t} = i_1 \frac{\mathrm{d}M}{\mathrm{d}t}$$

induziert. Um die Ströme i_1 und i_2 aufrechtzuhalten, müssen die an der Spule 1 und der Spule 2 angeschlossenen Quellen die Energien

$$u_\mathrm{L1} i_1 \,\mathrm{d}t = i_1 i_2 \mathrm{d}M = \mathrm{d}W_\mathrm{M} \ ,$$

$$u_\mathrm{L2} i_2 \,\mathrm{d}t = i_1 i_2 \mathrm{d}M = \mathrm{d}W_\mathrm{M}$$

liefern. Die gesamte Energiebilanz lautet daher

$$\mathrm{d}W_\mathrm{M} = \text{Energielieferung der Quellen minus virtuelle Arbeit} ,$$

$$\mathrm{d}W_\mathrm{M} = 2\,\mathrm{d}W_\mathrm{M} - F_x\,\mathrm{d}x .$$

Es ist also

Ergebnis

$$F_x = \frac{\mathrm{d}W_\mathrm{M}}{\mathrm{d}x} \qquad (a) ,$$

$$\text{und daher } F_x = i_1 i_2 \frac{\mathrm{d}M}{\mathrm{d}x} \qquad (b) . \tag{6.56}$$

Die Kraftwirkungen in die anderen Richtungen ergeben sich analog.

Aufgabe 6.6

Berechnen Sie mit Gl. (6.56) die Kraftwirkung pro Längeneinheit zwischen zwei parallelen stromdurchflossenen Leitern. Beachten Sie, dass sich zwar M nicht angeben lässt, aber $\mathrm{d}M$ lässt sich bei einer virtuellen Verschiebung des einen Leiters um $\mathrm{d}x$ sehr wohl berechnen!

6.7.5 Berechnung von Induktivitäten aus der Energie

Die Gl. (6.43) für die Energie in Induktivitäten lässt sich auch benutzen, um aus der gespeicherten magnetischen Energie in einer Anordnung deren Induktivität zu definieren und zu berechnen. Die Umkehrung liefert

$$L = \frac{2W_\mathrm{M}}{i^2} . \tag{6.57}$$

Auch die Gln. (6.27) und (6.28) sind aus der Energie, die im gesamten Feld der Drahtanordnung gespeichert wird, bestimmt bzw. definiert worden. Dazu vergleiche man diese Gleichung z. B. mit Gl. (6.44).

Vorteil dieser Methode

Die Berechnung der Induktivität aus der Energie ist gegenüber der Berechnung aus dem Fluss besonders dann von Vorteil, wenn das Feld nicht genau bekannt ist, also Näherungsannahmen gemacht werden müssen, oder wenn das Feld durch numerische Verfahren bestimmt wird. Man erhält mit Gl. (6.57) im Allgemeinen in solchen

Fällen genauere Ergebnisse. Das liegt daran, dass in einer gegebenen Anordnung das Feld sich so einstellt, dass seine Energie den kleinstmöglichen Wert annimmt. Näherungsfelder, die natürlich nicht beliebig sind, sondern gewisse Bedingungen erfüllen müssen, werden stets größere Energiewerte liefern. In der unmittelbaren Umgebung eines Minimums sind die Abweichungen vom Wert im Minimum aber klein.

Beispiel

Als Anwendungsbeispiel für Gl. (6.57) bestimmen wir hier noch einmal die innere Induktivität eines geraden Leiters.

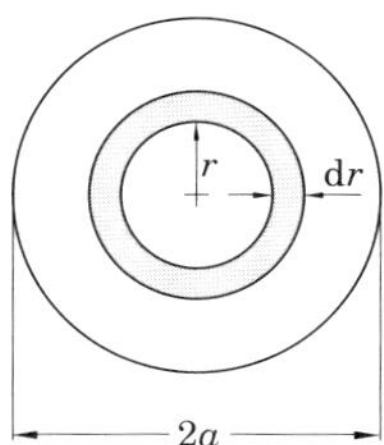

Bild 6.31: *Zur Bestimmung der magnetischen Energie im Inneren eines geraden Leiters kreisförmigen Querschnitts*

Bei gleichmäßiger Verteilung des Stromes i über den Querschnitt ist das Feld in dem Kreisringzylinder (s. Bild 6.31) der Länge l, dem Radius r und der Dicke $\mathrm{d}r$ konstant und hat den Betrag (s. Gl. (5.30))

$$B = \mu_\mathrm{i} \frac{r}{2\pi a^2} i \ .$$

In dem Volumen $\mathrm{d}V = 2\pi r l \, \mathrm{d}r$ dieses Zylinders ist die Energie (s. Gl. (6.53))

$$\begin{aligned} \mathrm{d}W_\mathrm{M} &= w_\mathrm{M} \mathrm{d}V = \frac{1}{2\mu_\mathrm{i}} B^2 \, \mathrm{d}V \ , \\ \mathrm{d}W_\mathrm{M} &= \frac{\mu_\mathrm{i} l}{4\pi a^4} i^2 r^3 \, \mathrm{d}r \end{aligned}$$

gespeichert. Für die gesamte magnetische Energie im Inneren des Leiters sind die Energien aller Kreiszylinder aufzuintegrieren. Das ergibt

$$W_\mathrm{M} = \int\limits_\mathrm{Leiter} \mathrm{d}W_\mathrm{M} = \frac{\mu_\mathrm{i} l i^2}{4\pi a^4} \int\limits_0^a r^3 \, \mathrm{d}r = \frac{\mu_\mathrm{i} l}{16\pi} i^2 \ .$$

Mit Gl. (6.57) erhalten wir nun die *innere* Induktivität

Ergebnis

$$L_\mathrm{i} = \frac{\mu_\mathrm{i} l}{8\pi} \ ,$$

also das gleiche Ergebnis wie in Gl. (6.36).

Aktivierungselement 6.4

1. Eine Spannung U_0 werde an eine als ideal angenommene Spule (Induktivität) angelegt. Wie sieht der zeitliche Verlauf des Stromes und der in der Spule gespeicherten Energie aus?
2. Warum müssen in einem linearen Spulensystem aus zwei Spulen die Gegeninduktivitäten L_{12} und L_{21} gleich sein?
3. Definieren Sie den Kopplungsfaktor k zwischen zwei Spulen, und zeigen Sie, warum $k \leq 1$ gelten muss!
4. Wie groß ist allgemein die magnetische Energie in einem Volumen V, das u. a. auch ferromagnetische Stoffe enthalten kann?
5. Erklären Sie den Begriff „Hystereseverlust“!
6. Leiten Sie die Beziehung für die Kraftwirkung zwischen zwei beliebigen Spulen her, und beachten Sie dabei besonders die von den Quellen zu liefernden Energien!
7. Bestimmen Sie die Induktivität einer Toroidspule wie in Kapitel 6.6.2.2 nach dem Energieprinzip!

Lernzyklus 6.5

Studienziele

Nach dem Durcharbeiten dieses Lernzyklus sollen Sie in der Lage sein,

- das Wesen der Wirbelströme zu charakterisieren;
- die Wirbelströme und Verlustleistungen in einem dünnen Blech näherungsweise zu berechnen;
- das Phänomen Stromverdrängung und seine Auswirkungen zu erläutern;
- die Differentialgleichung für die Stromdichte in einem runden Draht aufzustellen und eine Näherungslösung anzugeben.

6.8 Wirbelströme und Stromverdrängung

6.8.1 Beispiele für Wirbelströme

Bisher haben wir uns mit der Induktion von Spannungen und Strömen in drahtförmigen Leitern befasst. Vielfach haben aber auch induzierte Ströme in Blechen oder anderen räumlich ausgedehnten Körpern Bedeutung. Ersetzen wir z. B. in dem im Bild 6.6 dargestellten Versuch den Aluminiumring durch eine Aluminiumplatte, dann wird auch diese abgestoßen. Wir müssen daher vermuten, dass in der Platte kreisförmige Ströme zirkulieren (analog zum Ring), die die Feldänderung zu verhindern suchen. Solche Ströme bezeichnet man als *Wirbelströme.*

Versuch

In dem im Bild 6.32 dargestellten Fall wird eine Metallplatte aus einem Magnetfeld herausgezogen. Dabei spüren wir eine Kraftwirkung, die das Herausziehen zu

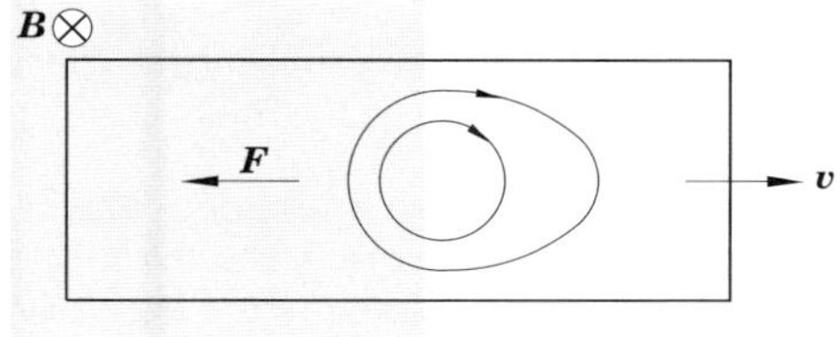

Bild 6.32: *Wirbelströme in einer Metallplatte, die aus einem Magnetfeld herausgezogen wird*

verhindern sucht. Ursache dafür sind wieder Wirbelströme, die in der Platte im Übergangsbereich zwischen dem vom Magnetfeld durchsetzten und dem nicht durchsetzten Gebiet fließen. Wird die Platte in das Feld hineingeschoben, so wirkt auch eine Kraft, die das Hineinschieben zu verhindern sucht. Eindrucksvoll kann man diese Kräfte in dem im Bild 6.33 dargestellten Versuch sichtbar machen. An einem Stab

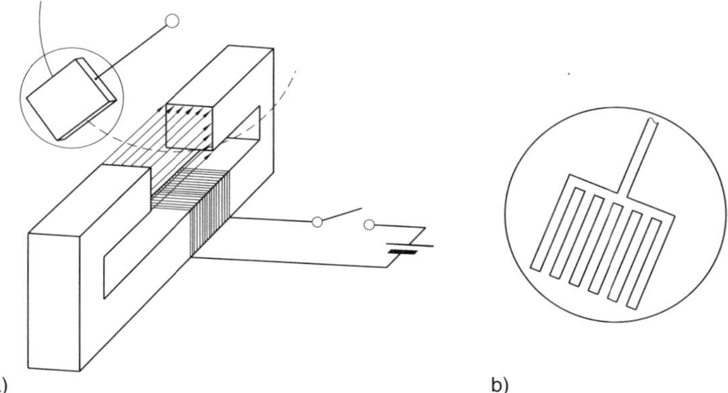

Bild 6.33: *Pendeln einer Metallplatte zwischen den Polen eines Elektromagneten*

a) Pendelbewegung wird durch Wirbelströme gedämpft

b) geschlitzte Pendelplatte verhindert Wirbelströme

aufgehängt pendelt eine Kupferplatte zwischen den Polen eines Elektromagneten hin und her. Wird das Magnetfeld eingeschaltet, so hält das Pendel fast sofort an, wenn die Kupferplatte in das Magnetfeld hineinkommt. Die Ströme, die sich in ihr ausbreiten, sind von der Form der Ströme in der Platte im Bild 6.32. Wäre das Kupfer idealleitend (Leitfähigkeit ∞), dann wären die Ströme und die damit verbundenen Kräfte so stark, dass das Pendel aus dem Magnetfeld wieder zurückschnellen würde. Wegen des endlichen Widerstandes des Kupfers wird die Platte zunächst nur stark abgebremst und bewegt sich dann langsam bis zur Ruhelage. Verwendet man anstelle der Platte ein kammartiges Pendel, dann beobachtet man kaum eine Störung der Pendelbewegung durch das Magnetfeld. In dieser geschlitzten Platte können sich nämlich die Stromwirbel nicht in so großen Schleifen ausbilden.

Erklärung

Die Ausbildung der Wirbel in der Platte im Bild 6.32 können wir uns folgendermaßen klarmachen: In dem Teil der Metallplatte, der im Feld liegt, erfahren die Ladungsträger eine Kraft durch das magnetische Feld (senkrecht zum Feld und senkrecht zur Bewegungsrichtung), die sie zu den Rändern der Platte hintreibt. Es erfolgt also eine Ladungstrennung. Ein Ladungsausgleich kann nur in dem Bereich außerhalb des magnetischen Feldes erfolgen. Deshalb finden wir die Stromwirbel in der Platte in dem Übergangsbereich zwischen felddurchsetztem und feldfreiem Teil.

Wirbelströme treten nicht nur in leitenden Körpern auf, die durch Magnetfelder bewegt werden, sondern überall dort, wo in leitenden Körpern Feldänderungen auftreten. Mit dem sich ändernden magnetischen Feld ist, wie wir wissen, ein elektrisches Wirbelfeld verknüpft, das in einem Leiter wegen $\boldsymbol{J} = \kappa \boldsymbol{E}$ dazugehörige Ströme erzeugt.

Supraleiter

Ein interessanter Fall ist bei einem ideal leitenden Material (Supraleiter) gegeben. Es können in ihm Ströme fließen, die einmal angeregt unbegrenzt lange weiter fließen, da sie keinen Widerstand vorfinden. Laufende Versuche zeigen, dass sich ein solcher Strom auch nach Jahren nicht messbar ändert. Wegen $\kappa = \infty$ würde ein beliebig kleines elektrisches Feld beliebig große Ströme hervorrufen. Wir schließen daraus, dass in solch einem Leiter kein elektrisches Feld existieren kann. Es kann deshalb auch kein magnetischer Fluss in das ideal leitende Material eindringen. Nähern wir z. B. einen starken Stabmagneten einer supraleitenden Platte, dann wird er auf ihrer Oberfläche gerade solche Ströme nach Größe und Verteilung erzeugen, dass sein Magnetfeld in der Platte kompensiert wird. Oder anders ausgedrückt, das Feld wird so verändert, dass alles außerhalb der Platte bleibt, es dringt kein Feld in die Platte ein. Im Bild 6.34 ist dieses Feld schematisch dargestellt. Die Wirbelströme, die in

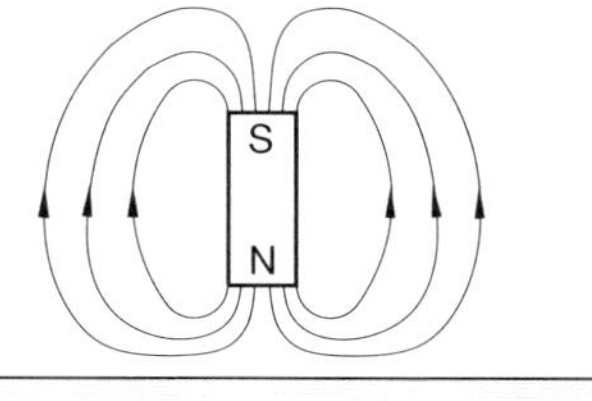

Bild 6.34: *Feld eines Stabmagneten über einer supraleitenden Platte*

der Platte fließen, üben eine abstoßende Kraft auf den Magneten aus. Diese Kraft wird schließlich, wenn der Magnet nur genügend nahe an die Platte herankommt, so groß, dass der Magnet freischwebend über ihr gehalten wird. (Für eine stabile Lage sollte die Platte zu einer Schale ausgeformt werden, und der Magnet sollte flach liegend schweben.) Wie für das Feld des Stabmagneten, so wird auch für jedes andere magnetische Feld das Eindringen verhindert. Ist der Leiter nicht ideal leitend, dann entstehen natürlich auch Wirbelströme, die das Eindringen der Felder zu verhindern suchen.

Zur Aufrechterhaltung dieser Ströme ist jetzt aber ein sich änderndes Feld erforderlich. Bei dem Permanentmagneten ist das dadurch gegeben, dass das Feld langsam in die Platte eindringt. Der über der Platte schwebende Magnet würde dann langsam herunterfallen.

Wechselfeld

Ist das Feld, das in die Platte einzudringen versucht, ein Wechselfeld (Feld einer Spule mit Wechselstrom), dann wird, noch ehe es richtig eindringen konnte, die Intensität wieder abnehmen, was einem Rückzug gleichkommt. Je schneller nun das Feld wechselt, desto weniger weit kann das Feld in das Material eindringen und desto weniger kann das Feld eine Platte durchdringen. Die Wirbelströme in einer leitenden Platte bewirken also, dass diese für magnetische Wechselfelder abschirmend wirkt. Diese Abschirmung ist umso besser, je höher die Frequenz und je höher die Leitfähigkeit des Materials ist. Sie wird in Hochfrequenzgeräten angewandt.

Praktische Anwendungen

Andere Anwendungen der Wirbelströme sind beispielsweise die wirbelstromgedämpften Zeiger in Messgeräten, die Wirbelstrombremsen, der Antrieb der Zählerscheiben in Messgeräten für die elektrische Arbeit von Wechselstrom („Stromzähler"). Mit dem Auftreten der Wirbelströme wird elektromagnetische Energie in Wärmeenergie umgewandelt. In den sogenannten Induktionsöfen wird das bewusst ausgenutzt. In vielen anderen Fällen ist diese Energieumwandlung aber unerwünscht, weil sie einen Verlust an Nutzenergie darstellt. Ein Beispiel dafür sind magnetische Kreise mit Eisen, z. B. in Transformatoren. Um die durch den Wechselfluss entstehenden Wirbelströme klein zu halten, wird der Eisenkreis aus gegeneinander isolierten Blechen zusammengesetzt. Entsprechendes gilt für die Eisenteile in elektrischen Maschinen, die von Wechselflüssen durchsetzt werden. Die Richtung des magnetischen Feldes ist parallel zum Blech. Wir wollen die Wirbelströme und die damit verbundenen Verluste in einem dünnen Blech näherungsweise berechnen.

6.8.2 Wirbelstrom in einem dünnen Blech

Berechnung der Verlustenergie

Gegeben sei das im Bild 6.35 dargestellte, von einem sich ändernden magnetischen Feld durchsetzte Blech. Die magnetische Flussdichte $\boldsymbol{B}$ hat in dem eingezeichneten

Koordinatensystem z-Richtung. Vernachlässigen wir das Feld, das von dem Wirbelstrom – induziert von dem sich ändernden $\boldsymbol{B}$ – erregt wird, dann können wir ein homogenes magnetisches Feld, d. h. einen gleichmäßig über den Querschnitt verteilten Fluss, ansetzen. Die Wirbel des elektrischen Feldes umschließen das magnetische Feld in Flächen senkrecht zu diesem, hier also in den Querschnittsflächen $z = \text{const.}$ Die Breite des Bleches ist sehr viel größer als seine Höhe. Deshalb verlaufen die Linien

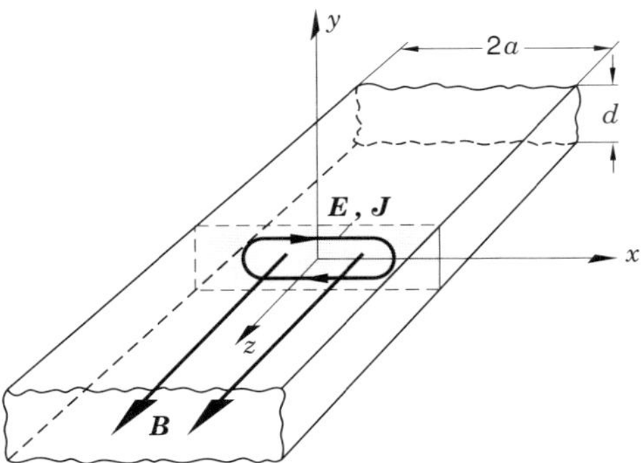

Bild 6.35: *Zur Berechnung des Wirbelstromes in einem dünnen Blech*

der elektrischen Feldstärke nahezu überall ungefähr parallel zu den Breitseiten (x-Richtung). Nur an den Kanten sind auf sehr kurzen Wegen y-Komponenten vorhanden. Zur Berechnung der elektrischen Feldstärke in einem Bereich $|x| < a, |y| \leq d/2$, d. h. im ganzen Blech, ausgenommen die Bereiche unmittelbar an den Kanten, nehmen wir an, dass $\boldsymbol{E}$ nur eine x-Komponente besitzt. Aus Symmetriegründen gilt $E_x(y) = -E_x(-y)$. Wir verwenden das Induktionsgesetz in der Fassung der Gl. (6.8)

$$\oint\limits_{C} \boldsymbol{E}\,\mathrm{d}\boldsymbol{l} = -\iint\limits_{A} \dot{\boldsymbol{B}}\,\mathrm{d}\boldsymbol{A}\ .$$

Als Fläche A wählen wir ein Rechteck (grau), das durch die Koordinatenlinien bei $x = \pm a$ und $\pm y$ ($|y| \leq d/2$) gegeben ist. Wegen der gleichmäßig angenommenen Flussverteilung können wir die rechte Seite sofort hinschreiben. Da $\boldsymbol{B}||\mathrm{d}\boldsymbol{A}$ und $\boldsymbol{B}(x,y) = \text{const.}$ ist

$$\iint\limits_{A} \dot{\boldsymbol{B}}\,\mathrm{d}\boldsymbol{A} = \dot{B}_z A = \dot{B}_z 2a2y = 4ay\dot{B}_z\ .$$

Zu dem Randintegral der elektrischen Feldstärke um die Fläche A liefern nur die Längsseiten des Rechtecks einen wesentlichen Beitrag. An den Schmalseiten ist praktisch $\boldsymbol{E} \perp \mathrm{d}\boldsymbol{l}$, so dass $\boldsymbol{E}\,\mathrm{d}\boldsymbol{l} = 0$ ist, oder, falls $x = a$ zu nahe an der Kante des Bleches liegt, dann ist der dazugehörige Beitrag doch gegenüber dem der Längsseiten zu vernachlässigen. Aufgrund der gemachten Annahmen ist E_x auf den Längsseiten unabhängig von x. Wegen der Rechtsschraubenregel muss die Integration, da $\mathrm{d}\boldsymbol{A}$ in z-Richtung gewählt wurde, entgegengesetzt zu der eingezeichneten $\boldsymbol{E}$-Feldlinie erfolgen. Es ist deshalb

$$\oint\limits_{C} \boldsymbol{E}\,\mathrm{d}\boldsymbol{l} = -4aE_x(y)\ .$$

Durch Einsetzen beider Ergebnisse in das obige Induktionsgesetz erhalten wir

$$-4aE_x(y) = -4ay\dot{B}_z \ .$$

Es ist also

Elektrisches Wirbelfeld

$$E_x(y) = y\dot{B}_z = y\frac{\mathrm{d}B_z}{\mathrm{d}t} \ . \tag{6.58}$$

Bei einem in der Technik häufig vorkommenden sinusförmigen Verlauf der magnetischen Flussdichte gemäß

$$B_z = \hat{B} \cdot \sin \omega t$$

erhalten wir

$$E_x = y\omega\hat{B} \cdot \cos \omega t \tag{6.59}$$

und die Wirbelstromdichte

Wirbelstromdichte

$$J_x = \kappa E_x = y\kappa\omega\hat{B} \cdot \cos \omega t \ . \tag{6.60}$$

Die Wirbelstromdichte nimmt nach dieser Näherung linear von der Blechmitte zu den Breitseiten hin zu. Ihr Maximalwert ist außerdem der Kreisfrequenz ω proportional. In einem Volumenelement $\mathrm{d}V = \mathrm{d}x \cdot \mathrm{d}y \cdot \mathrm{d}z$ an einer Stelle x, y, z beträgt die Spannung $\mathrm{d}u$ längs $\mathrm{d}x$

$$\mathrm{d}u = E_x \, \mathrm{d}x \ .$$

Der Strom $\mathrm{d}i$, der durch dieses Volumenelement hindurchfließt, ist gegeben durch

$$\mathrm{d}i = J_x \, \mathrm{d}y \, \mathrm{d}z \ .$$

Somit beträgt die in diesem Volumenelement in Wärme umgesetzte Leistung (s. Gl. (2.16))

$$\mathrm{d}P = \mathrm{d}u \cdot \mathrm{d}i = E_x J_x \, \mathrm{d}x \, \mathrm{d}y \, \mathrm{d}z = E_x J_x \, \mathrm{d}V \ .$$

Durch Einsetzen von E_x und J_x aus den Gln. (6.59) und (6.60) wird daraus

Verlustleistung

$$\mathrm{d}P = \kappa(\omega\hat{B} \cos \omega t)^2 y^2 \, \mathrm{d}V \ . \tag{6.61}$$

Frequenzabhängigkeit

Die Verlustleistung im ganzen Blech ergibt sich durch Aufintegration über dessen ganzes Volumen. Die Wirbelstromverluste sind dem Quadrat von ω proportional!

Aufgabe 6.7

Nehmen Sie an, dass die abgeleiteten Gleichungen in dem gesamten Blechvolumen gelten, und berechnen Sie dann die Verlustleistung für ein Blech der Breite b, der Länge l und der Dicke d! Skizzieren Sie die Verlustleistung über der Zeit t! Welche Energie wird in einer Periode umgesetzt, und wie groß ist die Verlustleistung im zeitlichen Mittel, d. h., die in einer Periode umgesetzte Energie bezogen auf die Periodendauer?
Anstelle des einen Bleches mit der Dicke d werden nun zwei Bleche mit jeweils der Dicke $d/2$ verwendet. Bei gleicher magnetischer Flussdichte wird durch den Gesamtquerschnitt der gleiche magnetische Fluss erreicht. Wie ändern sich die Wirbelstromverluste?

Berücksichtigt man die Rückwirkung der Wirbelströme auf das Feld, dann erhält man in der Blechmitte ein schwächeres Feld als an den Breitseiten. Die Wirbelstromdichte nimmt dann zu den Breitseiten hin aber stärker als linear zu.

6.8.3 Stromverdrängung

Wir haben bisher angenommen, dass der Strom in einem zylindrischen Leiter sich gleichmäßig über den Querschnitt verteilt. Das ist bei Gleichstrom richtig. Bei Wechselstrom wird aber der Strom mit steigender Frequenz immer mehr aus dem inneren Bereich des Querschnittes in die Zonen an der Oberfläche verdrängt. Die Stromdichte in der Achse des Leiters ist demnach kleiner als an der Oberfläche. Die als *Stromverdrängung* oder *Skineffekt* bezeichnete Erscheinung macht sich besonders auch bei größeren Leiterquerschnitten bemerkbar.

Ursache für diesen Effekt ist das magnetische Feld im Inneren des Leiters. Mit seiner Änderung ist ein elektrisches Wirbelfeld verknüpft, das in Richtung der Stromdichte zeigt.

Berechnungsbeispiel

Um eine gewisse Vorstellung von der Stromverdrängung zu erhalten, wollen wir hier die Gleichung zur Berechnung der Stromdichte in einem kreiszylindrischen Leiter (s. Bild 6.36) angeben, uns dann aber mit einer Näherungslösung begnügen. Die sich aufgrund der Symmetrie ergebenden Richtungen der einzelnen Vektoren sind im Bild 6.36 angegeben.

Zuerst wenden wir das Durchflutungsgesetz auf die Kreisfläche mit Radius r an und

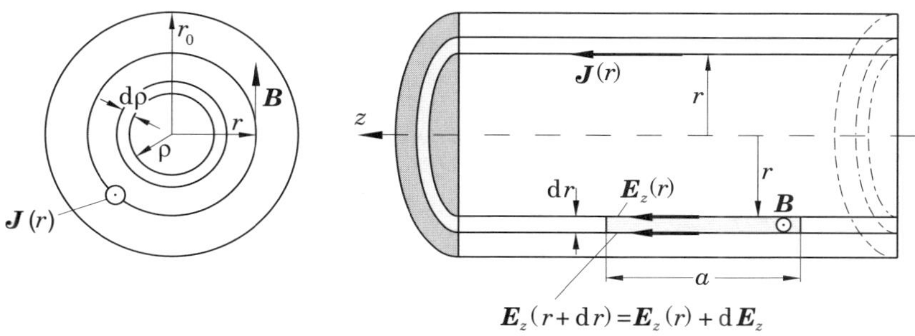

Bild 6.36: *Zur Berechnung der Stromverdrängung in einem kreiszylindrischen Leiter*

erhalten mit $|\boldsymbol{J}(\varrho)| = J(\varrho)$ und $|\mathrm{d}\boldsymbol{A}| = 2\pi\varrho\mathrm{d}\varrho$

$$\oint \frac{\boldsymbol{B}}{\mu_\mathrm{i}}\,\mathrm{d}\boldsymbol{l} = \iint \boldsymbol{J}\,\mathrm{d}\boldsymbol{A}\ ,$$

$$\frac{2\pi r}{\mu_\mathrm{i}}\cdot \boldsymbol{B} = \int_0^r J(\varrho)\cdot 2\pi\varrho\cdot \mathrm{d}\varrho\ ,$$

$$B(r) = \frac{\mu_\mathrm{i}}{r}\int_0^r J(\varrho)\varrho\,\mathrm{d}\varrho\ .$$

Das zeitlich nicht konstante Feld $\boldsymbol{B}$ erzeugt ein elektrisches Feld in z-Richtung. Wir wenden das Induktionsgesetz (Gl. (6.8)) auf das graue infinitesimal kleine Rechteck □ an. Es ist

$$\oint_\square \boldsymbol{E}\,\mathrm{d}\boldsymbol{l} = E_z(r)a - E_z(r+\mathrm{d}r)a = -\mathrm{d}E_z a$$

und

$$\iint_\square \dot{\boldsymbol{B}}\,\mathrm{d}\boldsymbol{A} = \dot{B}a\,\mathrm{d}r$$

und damit

$$\frac{\mathrm{d}E_z(r)}{\mathrm{d}r} = \dot{B}\ .$$

Hierin wird B aus dem Durchflutungsgesetz eingesetzt und E_z wegen $\boldsymbol{J} = \kappa\boldsymbol{E}$ durch J/κ ersetzt. Es ist dann

$$\frac{\mathrm{d}J}{\mathrm{d}r} = \frac{\kappa\mu_\mathrm{i}}{r}\frac{\mathrm{d}}{\mathrm{d}t}\int_0^r J(\varrho)\varrho\mathrm{d}\varrho = \frac{\kappa\mu_\mathrm{i}}{r}\int_0^r \dot{J}(\varrho)\varrho\,\mathrm{d}\varrho\ . \tag{6.62}$$

Die Reihenfolge von Integration und Differentiation kann vertauscht werden, weil das Medium nicht bewegt wird.

Man differenziert nun die Gl. (6.62) nach r. Das in der Ableitung vorkommende Integral wird erneut mit Hilfe von Gl. (6.62) ersetzt. Als Ergebnis erhält man für die Stromverteilung eine bekannte Differentialgleichung

$$\frac{\partial^2 J}{\partial r^2} + \frac{1}{r}\frac{\partial J}{\partial r} - \kappa\mu_\mathrm{i}\frac{\partial J}{\partial t} = 0 \;. \tag{6.63}$$ [10)]

Diese Gleichung beschreibt exakt das gestellte Problem. Um die Differentiation nach der Zeit und nach dem Ort auseinanderzuhalten, haben wir partielle Differentiale verwandt. Auf Ihre Lösung wollen wir hier nicht eingehen.

Näherungslösung

Wir bestimmen aus Gl. (6.62) eine Näherungslösung. Dabei gehen wir folgendermaßen vor: Wir geben eine Stromverteilung vor, setzen diese in das Integral der Gl. (6.62) ein und bestimmen dann aus der Gleichung eine neue, verbesserte Stromverteilung. Zunächst folgt aus dieser Gleichung die exakte Stromverteilung für den Gleichstromfall. Mit $\dot{J} = 0$ ist auch $\mathrm{d}J/\mathrm{d}r = 0$, also J unabhängig von r, d. h. überall im Querschnitt gleich. Wir nehmen nun an, dass auch im Wechselstromfall die Stromdichte in nullter Näherung im Querschnitt überall gleich ist, sich aber mit der Zeit gemäß

$$J_0 = J\cos\omega t$$

ändert. Setzen wir J_0 in das Integral in Gl. (6.62) ein, dann erhalten wir

$$\frac{\mathrm{d}J}{\mathrm{d}r} = \frac{\kappa\mu_\mathrm{i}}{r}\dot{J}_0\int\limits_0^r \varrho\,\mathrm{d}\varrho \;,$$

$$\frac{\mathrm{d}J}{\mathrm{d}r} = \frac{1}{2}\kappa\mu_i\dot{J}_0 r \;.$$

Um die Lösung dieser einfachen Differentialgleichung zu bestimmen, führen wir eine „Trennung der Variablen“ (J, r) durch. Dazu muss nur mit $\mathrm{d}r$ multipliziert werden. Die Aufintegration aller $\mathrm{d}J$ an einer Stelle r ergibt die Änderung von J_0 auf den neuen Wert J

$$\int\limits_{J_0}^{J}\mathrm{d}J = \frac{1}{2}\kappa\mu_\mathrm{i}\dot{J}_0\int\limits_0^r r\,\mathrm{d}r \;.$$

Als neue, verbesserte Stromverteilung erhalten wir also

$$J(r) = J_0 + \frac{1}{4}\kappa\mu_\mathrm{i}r^2\dot{J}_0 \;. \tag{6.64}$$

10 Bei sinusförmiger Zeitabhängigkeit erhält man daraus die Differentialgleichung für die Bessel'schen Funktionen nullter Ordnung, deren Lösungen man bei Bedarf in einschlägigen mathematischen Tafelwerken nachschlagen kann.

Zu der gleichmäßigen Stromverteilung J_0 überlagert sich nach dieser Näherung ein Term, der zum Rand hin mit r^2 zunimmt. Außerdem ist dieser Term proportional zu $\kappa\mu_i\omega$; ω kommt von $\dot{J}_0$.

Durch die Stromverdrängung ist der Leiterquerschnitt nicht mehr gleichmäßig ausgenutzt, wodurch der wirksame Widerstand des Leiters größer wird. Im Bild 6.37 ist dieser wirksame Widerstand R_ω, bezogen auf den Gleichstromwiderstand R_0, in Abhängigkeit von $x = (0{,}5\kappa\mu_i\omega r_0^2)$ in einem Diagramm dargestellt.

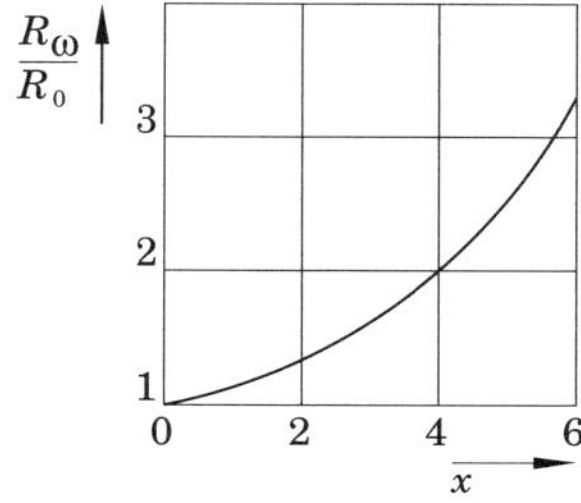

Bild 6.37: *Widerstandserhöhung eines runden Drahtes infolge Stromverdrängung*

Praxisbezug

In der Hochfrequenztechnik kann die Widerstandserhöhung gegenüber dem Gleichstromwert ein Vielfaches betragen. Da in x der Leiterradius r_0 sehr stark eingeht, ist es günstiger, den für einen Strom benötigten Leiterquerschnitt in mehreren miteinander verdrillten und voneinander isolierten Drähten (HF-Litzen) oder unterteilten Leiterstäben bereitzustellen als in einem einheitlichen Leiterquerschnitt. Bei sehr starker Stromverdrängung, bei der der Strom praktisch nur in einer dünnen Schicht unter der Leiteroberfläche fließt, verwendet man zwecks Werkstoffersparnis innen hohle Leiter.

Aktivierungselement 6.5

1. Wie kommen Wirbelströme zustande? Welche störenden Wirkungen haben sie, und durch welche Maßnahmen kann man ihnen begegnen?

2. Auf welchem Mechanismus beruht die abschirmende Wirkung gut leitender, nicht ferromagnetischer Bleche gegen magnetische Wechselfelder?

3. Erklären Sie das Zustandekommen der Stromverdrängung qualitativ!

4. Durch welche Maßnahmen kann in der Hochfrequenztechnik der schädliche Einfluss des Skineffekts vermindert werden?

Lernzyklus 6.6

Studienziele

Nach dem Durcharbeiten dieses Lernzyklus sollen Sie in der Lage sein,

- die Definition des Verschiebungsstromes und die Notwendigkeit seiner Einführung anzugeben;
- den Ladungserhaltungssatz qualitativ und quantitativ zu formulieren;
- das System der Maxwell'schen Gleichungen in integraler Form aufzuschreiben und die Bedeutung jeder einzelnen Gleichung zu erläutern;
- weitere Gleichungen, die zur Beschreibung der Elektrodynamik erforderlich sind, zusammenzustellen und zu erklären.

6.9 Die Grundgleichungen des elektromagnetischen Feldes

In diesem Abschnitt wollen wir das vollständige System der Gleichungen, die die elektrischen und die magnetischen Felder und die Verknüpfungen dieser Felder beschreiben, zusammenstellen. Als Grundgesetze für die Verknüpfung beider Felder haben wir das Durchflutungsgesetz und das Induktionsgesetz kennen gelernt und sie in Form der Gleichungen

$$\oint \boldsymbol{H}\,\mathrm{d}\boldsymbol{s} = \iint \boldsymbol{J}\,\mathrm{d}\boldsymbol{A}\,,$$

$$\oint \boldsymbol{E}\,\mathrm{d}\boldsymbol{s} = -\iint \frac{\partial \boldsymbol{B}}{\partial t}\,\mathrm{d}\boldsymbol{A}$$

angegeben. Bei beiden Gleichungen steht auf der rechten Seite ein Flächenintegral über eine Fläche A und auf der linken Seite ein Linienintegral über den Rand dieser Fläche. Die Gleichungen sind in ihrem Aufbau ähnlich. Auf der linken Seite sind jeweils nur $\boldsymbol{E}$ und $\boldsymbol{H}$ gegeneinander ausgetauscht. Auch für die rechte Seite werden wir noch Entsprechendes feststellen. Die zweite Gleichung sagt aus, dass mit der Änderung des magnetischen Feldes ein elektrisches Wirbelfeld verbunden ist. Eine Aussage, dass auch mit der Änderung des elektrischen Feldes ein magnetisches Feld entsteht, ist in der ersten Gleichung noch nicht enthalten. Es zeigt sich aber, dass ein entsprechender Term auf der rechten Seite der ersten Gleichung noch fehlt. Die Vermutung und die Einführung dieses Terms bzw. der entsprechenden „Stromdichte" geht auf MAXWELL [11)] zurück.

6.9.1 Das magnetische Feld des Verschiebungsstromes

Um die Notwendigkeit eines zusätzlichen Terms bei zeitlich veränderlichen Feldern in der ersten Gleichung zu zeigen, betrachten wir einen Draht, der dazu dient, die Platten eines Kondensators zu laden oder zu entladen (s. Bild 6.38). Die Anordnung möge sich im Vakuum befinden. Eine Änderung der Ladung auf den Kondensatorplatten um $\mathrm{d}Q$ kann nur erfolgen, wenn diese Ladung $\mathrm{d}Q$ über die Drähte zu- oder abfließt. Durch die Drähte fließt dann ein Strom

$$I = \frac{\mathrm{d}Q}{\mathrm{d}t}\,. \tag{6.65}$$

Zwischen den Kondensatorplatten werden keine Ladungen bewegt. Es ist dort $\boldsymbol{J} = 0$ und damit kein Leitungsstrom vorhanden. Der Strom im Draht erzeugt in der Nähe des Drahtes wie üblich ein kreisförmiges Magnetfeld, denn dieses kann nicht davon abhängen, was in einiger Entfernung geschieht bzw. wohin der Strom fließt. Wenden

11 Maxwell, J. C., 1831-1879, englischer Physiker.

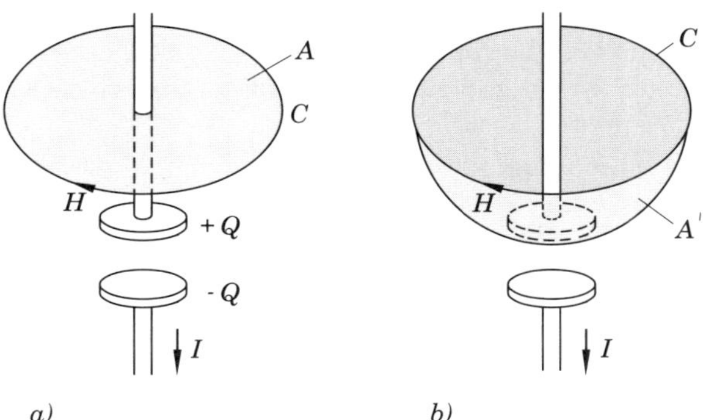

Bild 6.38: *Zur Anwendung des Durchflutungsgesetzes in einem Kreis mit Kondensator*

wir das Durchflutungsgesetz auf die im Bild 6.38 a angegebene Fläche A (grau) an, so erhalten wir wie erwartet

$$\oint_{\mathrm{C}} \boldsymbol{H}\,\mathrm{d}\boldsymbol{s} = I\;. \tag{6.66}$$

Wenden wir nun das Durchflutungsgesetz in der bisher gegebenen Form auf die im Bild 6.38b gegebene Fläche A' mit der gleichen Randkurve C an, dann ergibt sich auf der rechten Seite Null, weil durch A' an keiner Stelle eine Stromdichte $\boldsymbol{J}$ hindurchtritt. Danach dürfte auf der Randkurve C auch kein Magnetfeld vorhanden sein, was allerdings unseren Erfahrungen und den entsprechend oben gemachten Aussagen widerspricht. Die im Durchflutungsgesetz vorzunehmende Erweiterung wurde von MAXWELL angegeben. Durch die Fläche A' ist zwar $\boldsymbol{J} = 0$, aber sie wird im Bereich der Kondensatorplatten von einem elektrischen Feld durchsetzt, das von der Ladung Q auf den Kondensatorplatten erregt wird. Nach dem Gauß'schen Satz gilt

$$Q = \iint_{A'} D\,\mathrm{d}A = \Psi_{\mathrm{D}}\;,$$

wobei wir annehmen, dass alle Verschiebungslinien, die mit Q zusammenhängen, A' durchsetzen. Setzen wir Q nach dieser Gleichung in Gl. (6.65) ein, dann erhalten wir einen Zusammenhang zwischen dem Strom I im Draht und der elektrischen Erregung des Feldes zwischen den Kondensatorplatten; nämlich

$$I = \frac{\mathrm{d}\Psi_{\mathrm{D}}}{\mathrm{d}t} = \frac{\mathrm{d}}{\mathrm{d}t}\iint_{A'} \boldsymbol{D}\,\mathrm{d}\boldsymbol{A} = \iint_{A'} \frac{\partial \boldsymbol{D}}{\partial t}\,\mathrm{d}\boldsymbol{A}\;. \tag{6.67}$$

Erweiterung des Strombegriffs

$\mathrm{d}\Psi_{\mathrm{D}}/\mathrm{d}t$, d. h. die zeitliche Änderung des Verschiebungsflusses, kann als Strom und entsprechend $\partial \boldsymbol{D}/\partial t$ als Stromdichte aufgefasst werden. Nach MAXWELL werden sie als *Verschiebungsstrom* bzw. *Verschiebungsstromdichte* bezeichnet. Die Gl. (6.67) kann weiterhin auch so interpretiert werden, dass der Verschiebungsstrom die Fortsetzung des Leitungsstromes zwischen den Kondensatorplatten darstellt.

Befindet sich ein Dielektrikum im Feld zwischen den Platten, dann gelten die Gleichungen genauso. Für den Teil des Verschiebungsstromes, der wegen $\boldsymbol{D} = \varepsilon_0 \boldsymbol{E} + \boldsymbol{P}$ mit der Polarisation $\boldsymbol{P}$ zusammenhängt, kann man leicht eine Deutung angeben.

Dieser Teil entsteht durch eine tatsächliche Verschiebung von Ladungen. Durch die Änderung des elektrischen Feldes beispielsweise bei einer Zunahme werden die elektrischen Dipole ins Feld gedreht oder die Verzerrung (bei der Verzerrungspolarisation) nimmt zu.

Setzen wir nun das Durchflutungsgesetz für die Fläche A' in der Form

$$\oint_{\mathrm{C}} \boldsymbol{H}\,\mathrm{d}\boldsymbol{s} = \iint_{A'} \frac{\partial \boldsymbol{D}}{\partial t} \cdot \mathrm{d}\boldsymbol{A} \tag{6.68}$$

an, dann erhalten wir für $\boldsymbol{H}$ wegen Gl. (6.67) dasselbe Ergebnis wie in Gl. (6.66). Wir müssen deshalb feststellen:

Die magnetische Wirkung des Verschiebungsstromes ist die gleiche wie die eines gleichgroßen Leitungsstromes.

Aufgabe 6.8

Die Verschiebungsstromdichte ist bei niedrigen Frequenzen sehr klein. Betrachten Sie dazu einen Plattenkondensator mit Luft als Dielektrikum, in dem sich die Feldstärke sinusförmig mit $\omega = 2\pi \cdot 50/\mathsf{s}$ (d. h. 50 Hz) ändert. Der Maximalwert sei 1 kV/mm. (Bei höheren Feldstärken besteht Durchschlagsgefahr!) Vergleichen Sie die Verschiebungsstromdichte mit der gewöhnlich in einem Kupferdraht vorhandenen Stromdichte von einigen $\mathsf{A/mm^2}$. Wie viele Zehnerpotenzen liegen zwischen den beiden Werten?

Wie ändert sich das Verhältnis mit der Frequenz?

Aus der vorstehenden Aufgabe 6.8 erkennen wir, dass sich die Wirkung des Verschiebungsstromes erst bei hohen Frequenzen bemerkbar macht. Deshalb war es MAXWELL nicht möglich, die magnetischen Wirkungen des Verschiebungsstromes experimentell nachzuweisen.

Wird nun eine beliebige Fläche A sowohl von einer Stromdichte $\boldsymbol{J}$ als auch von einer Verschiebungsstromdichte $\partial \boldsymbol{D}/\partial t$ durchsetzt, dann sind beide Stromdichten zu summieren. Somit ist allgemein

$$\oint_{\mathrm{C}} \boldsymbol{H}\,\mathrm{d}\boldsymbol{s} = \iint_{A} \left(\boldsymbol{J} + \frac{\partial \boldsymbol{D}}{\partial t} \right) \mathrm{d}\boldsymbol{A}\,. \tag{6.69}$$

Aus dieser Gleichung können wir noch weitere Erkenntnisse gewinnen: Wir denken uns eine gekrümmte Fläche ähnlich wie im Bild 6.38 b und lassen die Randkurve C immer kleiner werden. Die Fläche A wird dabei immer mehr eine geschlossene Fläche. Im Grenzfall verschwindet die Randkurve und damit auch das Randintegral in Gl. (6.69). Wir erhalten für die jetzt vollkommen geschlossene Fläche A

$$0 = \oint\!\!\!\!\oint \left(\boldsymbol{J} + \frac{\partial \boldsymbol{D}}{\partial t}\right) \mathrm{d}\boldsymbol{A} \,. \tag{6.70}$$

Damit können wir die oben für Gl. (6.66) gegebene Deutung allgemein formulieren:

Der Verschiebungsstrom bildet die Fortsetzung des Teilchenstromes (Leitungsstrom und Konvektionsstrom). Der Gesamtstrom aus Teilchen- und Verschiebungsstrom bildet stets geschlossene Linien.

Schreiben wir die Gl. (6.70) in der Form (ruhende Medien)

$$\oint\!\!\!\!\oint \boldsymbol{J}\,\mathrm{d}\boldsymbol{A} = -\frac{\partial}{\partial t} \oint\!\!\!\!\oint \boldsymbol{D}\,\mathrm{d}\boldsymbol{A}$$

und beachten den Gauß'schen Satz für die Erregung $\boldsymbol{D}$, dann wird

Ladungserhaltungssatz

$$\oint\!\!\!\!\oint \boldsymbol{J}\,\mathrm{d}\boldsymbol{A} = -\frac{\partial}{\partial t} Q \,. \tag{6.71}$$

Auf der linken Seite in dieser Gleichung steht der gesamte aus dem durch die Fläche A begrenzten Volumen heraustretende Teilchenstrom, auf der rechten Seite die zeitliche Abnahme der Ladung in dem Volumen, d. h., der aus dem Volumen heraustretende Teilchenstrom verursacht eine entsprechende Abnahme der Ladung im Volumen. Man bezeichnet die Gl. (6.71), die in Übereinstimmung mit der Erfahrung steht, als *Ladungserhaltungssatz*. Wir sehen daraus auch, wie entscheidend notwendig der von MAXWELL eingeführte Term ist.

6.9.2 Die Maxwell'schen Gleichungen

Wir können nun die Grundgleichungen der elektromagnetischen Felder in vollständiger Form angeben. Sie lauten

$$\begin{aligned}
I.\ \oint_C \boldsymbol{H}\,\mathrm{d}\boldsymbol{s} &= \iint_A \left(\boldsymbol{J} + \frac{\partial \boldsymbol{D}}{\partial t}\right) \mathrm{d}\boldsymbol{A}\,, \\
II.\ \oint_C \boldsymbol{E}\,\mathrm{d}\boldsymbol{s} &= -\iint_A \frac{\partial \boldsymbol{B}}{\partial t} \mathrm{d}\boldsymbol{A}\,, \\
III.\ \oint\!\!\oint \boldsymbol{D}\,\mathrm{d}\boldsymbol{A} &= Q\,, \\
IV.\ \oint\!\!\oint \boldsymbol{B}\,\mathrm{d}\boldsymbol{A} &= 0 \qquad \mathrm{C} = \text{Rand von } A\,.
\end{aligned} \tag{6.72}$$

Man bezeichnet dieses erstmalig von MAXWELL zusammenfassend dargestellte System als Maxwell'sche Gleichungen. Die Gleichung I beschreibt die Erzeugung von magnetischen Feldern durch Ströme, Gleichung II ist das Induktionsgesetz, Gleichung III gibt die Erzeugung elektrischer Felder durch Ladungen an, und Gleichung IV drückt die Erfahrungstatsache aus, dass magnetische Felder quellenfrei sind.

Zahllose Experimente haben diese aus der Erfahrung gewonnenen Gleichungen bestätigt. Zu diesen Gleichungen kommen noch die Verknüpfungen zwischen den Vektoren in den verschiedenen Medien, nämlich:

Materialgleichungen

$$\boldsymbol{J} = \kappa \boldsymbol{E}, \qquad \boldsymbol{D} = \varepsilon_0 \boldsymbol{E} + \boldsymbol{P} = \varepsilon \boldsymbol{E}, \qquad \boldsymbol{B} = \mu_0(\boldsymbol{H} + \boldsymbol{M}) = \mu \boldsymbol{H}\,. \tag{6.73}$$

Die Maxwell'schen Gleichungen enthalten nicht die Kraftwirkung der Felder. Die Kraftwirkung der Felder auf Ladungen wird durch die uns schon bekannte

Lorentz-Beziehung

$$\boldsymbol{F} = Q(\boldsymbol{E} + \boldsymbol{v} \times \boldsymbol{B}) \tag{6.74}$$

beschrieben. Da die Ladungen stets an Materie gebunden sind, benötigen wir, um die Auswirkungen dieser Kraftwirkungen, d. h. die Bewegungsänderungen der Ladungsteilchen oder Körper, bestimmen zu können, noch die Gesetze der Mechanik. Von diesen sei das Bewegungsgesetz hier in der Form

Bewegungsgesetz der Mechanik

$$\frac{\mathrm{d}\boldsymbol{p}}{\mathrm{d}t} = \boldsymbol{F}; \qquad \boldsymbol{p} = m\boldsymbol{v} = \frac{m_0 \boldsymbol{v}}{\sqrt{1 - \left(\frac{v}{c}\right)^2}} \tag{6.75}$$

mit angegeben. Darin ist $\boldsymbol{p}$ der Impuls und m die relativistische Masse.

Die durch die Kraft bewirkten Veränderungen haben wiederum Auswirkungen auf das Feld; denn es werden Ströme erzeugt, Polarisationen und Magnetisierungen hervorgerufen.

Wir haben jetzt ein vollständiges System von Gleichungen, mit dem wir die ganze Elektrodynamik beschreiben können.

Wellenerscheinung

MAXWELL hat selbst auch schon erkannt und angegeben, dass die Gln. (6.72) eine Ausbreitung der elektromagnetischen Erscheinungen (elektromagnetischen Wellen) beinhalten, die im Vakuum mit der Lichtgeschwindigkeit erfolgt. Er schloss daraus auch, dass das Licht eine elektromagnetische Welle ist. Der Nachweis der elektromagnetischen Wellen gelang aber erst etwa zwei Jahrzehnte danach dem deutschen Physiker HEINRICH HERTZ [12)]

12 Hertz, Heinrich, 1857-1894, deutscher Physiker, 1886-1888 gelang ihm die Erzeugung, der Nachweis und die Übertragung elektromagnetischer Wellen.

Aktivierungselement 6.6

1. Begründen Sie die Einführung des Verschiebungsstromes!
2. Formulieren und erklären Sie den Ladungserhaltungssatz!
3. Nennen Sie die vier Maxwell'schen Gleichungen in integraler Form! Diese sollte man sich zumindest in kurzer Zeit aus dem Gedächtnis herleiten können.
4. Welche Beziehungen braucht man zusätzlich zu den Maxwell'schen Gleichungen, um ruhende Felder vollständig berechnen zu können? Gelten diese immer, oder kennen Sie Ausnahmen?
5. Welche Beziehung benötigen Sie zusätzlich, wenn sich Teile von Feldanordnungen relativ zueinander bewegen?

Aufgaben zur Vertiefung 11

Theoretische Vertiefung

6.5

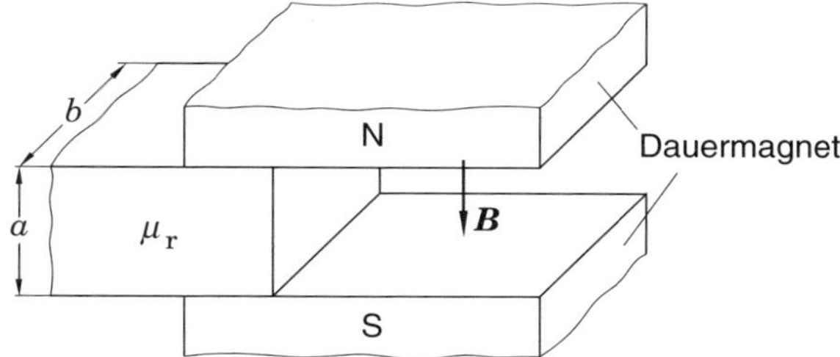

Der skizzierte Eisenklotz mit der relativen Permeabilität μ_r sei so gelagert, dass er waagerecht verschiebbar ist. Untersuchen Sie, ob auf den Klotz eine Kraft wirkt, d. h., ob der Klotz in das Magnetfeld hineingezogen oder herausgedrückt wird.

Hinweis: Berechnen Sie die Änderung der magnetischen Feldenergie bei waagerechter Verschiebung des Klotzes um δ_x (Prinzip der virtuellen Verschiebung)! Setzen Sie auch voraus, dass $\boldsymbol{B}$ konstant bleibt!

6.6 Berechnen Sie mit Hilfe der magnetischen Feldenergie die Induktivität eines Koaxialleitungsstückes der Länge l. Berücksichtigen Sie dabei auch die inneren Induktivitäten des Innen- und des Außenleiters.

Vororientierung zur Kurseinheit 12

In dieser Kurseinheit werden wir das prinzipielle Vorgehen bei der Berechnung von elektrischen Schaltungen bei zeitlich veränderlichen Strömen und Spannungen behandeln. Wir machen allerdings die Einschränkung, dass die zeitliche Änderung der Ströme und Spannungen noch so langsam erfolgt, dass wir entscheidende Vereinfachungen durchführen können und auf diese Weise zu einer übersichtlichen Darstellung gelangen. Reale Bauelemente werden wir mit Hilfe idealer Bauelemente, die durch integrale Konstanten charakterisiert werden, beschreiben. Für die Ströme und Spannungen in diesen Netzwerken gelten lineare Differentialgleichungen mit konstanten Koeffizienten. Wir zeigen Ihnen, wie man deren Lösung erhält, ohne aber dazu Beweise anzugeben. Das ist in diesem Rahmen auch nicht notwendig, und Sie brauchen sich zu diesem Zeitpunkt noch nicht selbst darum zu bemühen.

Es kommt uns an dieser Stelle nur darauf an, dass Sie einfache Schaltvorgänge zu behandeln lernen und erkennen, wodurch Spannung und Strom in weitem Abstand vom Schaltzeitpunkt bestimmt werden. Außerdem sollen Ihnen gedämpfte und ungedämpfte Schwingungen vorgestellt werden.

Lernzyklus 7.1

Studienziele

Nach dem Durcharbeiten dieses Lernzyklus sollen Sie in der Lage sein,

- den quasistationären Zustand zu erläutern;
- die Folgerungen daraus für die Schaltelemente anzugeben;
- die Gleichungen für die idealisierten Schaltelemente zu entwickeln und die Vernachlässigungen anzugeben;
- Ersatzschaltungen für reale Bauelemente zu entwickeln;
- die Kirchhoff'schen Regeln für Netzwerke im quasistationären Zustand anzugeben und zu begründen.

7 Der elektrische Stromkreis im quasistationären Zustand

7.1 Der quasistationäre Zustand

In den Kapiteln 3 und 4 behandelten wir elektrische Stromkreise, die aus der Zusammenschaltung von ohmschen Widerständen bestanden. Sie wurden von Gleichspannungsquellen angeregt, und die Ströme waren deshalb zeitlich konstant. Wir wollen nun Schaltungen untersuchen, die von nichtkonstanten Quellen angeregt werden. Außerdem sollen als Bauelemente noch Kondensatoren und Spulen in ihnen enthalten sein. Sollen in einer realen Schaltung alle Größen *exakt* bestimmt werden, dann müssen wir das vollständige System der Maxwell'schen Gleichungen zusammen mit den Materialgleichungen für die reale Struktur ansetzen. Bedenken wir, dass wir beispielsweise schon bei der Bestimmung des Magnetfeldes der Verbindungsdrähte wegen ihres krummlinigen Verlaufs auf erhebliche Schwierigkeiten stoßen, dann wird uns klar, dass wir um einige Idealisierungen nicht herumkommen.

Idealisierungen

Zunächst folgt aus den Maxwell'schen Gleichungen – was hier noch nicht gezeigt werden kann –, dass sich die elektromagnetischen Erscheinungen im Raum mit endlicher Geschwindigkeit ausbreiten. Das bedeutet, dass die Wirkung der Änderung beispielsweise einer Quellenspannung nicht sofort an einer anderen Stelle beobachtet werden kann, sondern erst eine gewisse Zeit danach. Erfolgt nun aber die Änderung der elektrischen und magnetischen Größen im Vergleich zu der Ausbreitungszeit der Erscheinungen durch die einzelnen Bauelemente und die Verbindungen recht langsam, dann gilt:

Die Zeiten der Ausbreitung können gegenüber den Zeiten, in denen die Änderungen erfolgen, vernachlässigt werden.

Wir wollen annehmen, dass das für unsere Betrachtungen gegeben ist.

Aufgabe 7.1

Im freien Raum erfolgt die Ausbreitung der elektromagnetischen Erscheinungen mit der Geschwindigkeit $v \approx 3 \cdot 10^8\,\mathsf{m/s}$. Vergleichen Sie die Zeit, die zum Zurücklegen einer Strecke von $6\,\mathsf{m}$ längs zweier Verbindungsdrähte benötigt wird, mit der Periodendauer einer Schwingung von $10^4\,\mathsf{Hz}$!

Beispielsweise erfolgt die Feldänderung in einer Spule dann praktisch überall gleichzeitig. Man bezeichnet diesen Zustand als *quasistationär*. Da die zeitliche Änderung quasi unabhängig vom Ort erfolgt, gilt:

> Im quasistationären Zustand ist das Feld darstellbar als Produkt aus einer Zeit- und einer Ortsfunktion.

Das wird sich für die Beschreibung des Verhaltens der Bauelemente als sehr vorteilhaft erweisen.

7.2 Die Schaltelemente im quasistationären Zustand

Nun wollen wir uns die Schaltelemente ansehen. Eine Spule ist nur dazu vorgesehen, magnetische Energie zu speichern. Ebenso soll ein Kondensator nur elektrische Energie speichern. Umsetzung in Wärmeenergie soll in ihnen nicht erfolgen. Das soll einzig und allein in dem Schaltelement Widerstand geschehen.

Diese *idealen Schaltelemente* sollen anstelle der *realen Schaltelemente* bei der Berechnung der Schaltung benutzt werden. Die Verbindungsdrähte zwischen den Bauelementen sollen widerstandslos und die sie umgebenden elektrischen und magnetischen Felder vernachlässigbar klein sein. Zwischen den Enden eines Verbindungsdrahtes ist dann keine Spannung vorhanden.

Ideale Spule

Wir behandeln die idealisierten Schaltelemente nun ausführlich im Einzelnen. Wir beginnen mit der Spule. Ihr magnetisches Feld soll sich nicht über den ganzen Raum ausbreiten, sondern auf einen bestimmten Bereich begrenzt sein. Das ist zum einen nötig, um die oben angegebene Bedingung zu erfüllen, und zum anderen, damit das Feld nicht mit anderen Teilen der Schaltung wechselwirkt. Man erreicht die Begrenzung dadurch, dass man die Spule in Toroidform ausbildet oder dass man das Feld durch einen Eisenkern führt. Eine weitere Möglichkeit ist die Verwendung eines magnetisch abschirmenden Gehäuses (s. Bild 7.1). Damit in dieser Anordnung nur

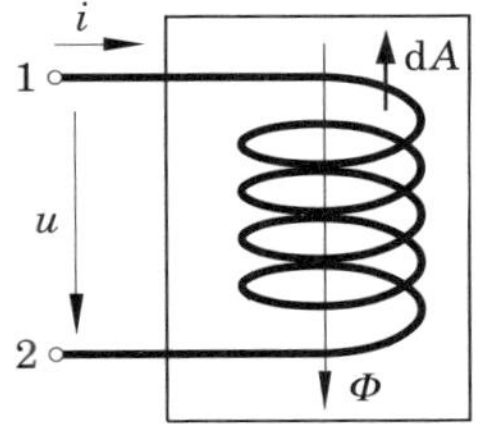

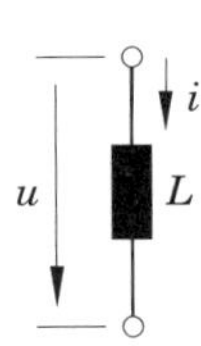

Bild 7.1: *Spule und Schaltsymbol mit Zählpfeilen*

die magnetischen Erscheinungen von Bedeutung sind, müssen die Leitfähigkeit der Leiter unendlich und das elektrische Feld (beispielsweise zwischen den Windungen) vernachlässigbar klein sein. Im quasistationären Zustand wird dann das Verhalten der Anordnung bezüglich der Klemmen durch eine integrale Konstante, die Induktivität L, bestimmt. Wir zeigen das mit dem Induktionsgesetz in der Form der zweiten Maxwell'schen Gleichung:

$$\oint \boldsymbol{E}\,\mathrm{d}\boldsymbol{s} = -\frac{\mathrm{d}}{\mathrm{d}t}\iint \boldsymbol{B}\,\mathrm{d}\boldsymbol{A}\,.$$

Als Randkurve wählen wir den Weg vom Anschlusspunkt 1 über den Zählpfeil u zum Abschlusspunkt 2 und dann weiter innerhalb des Spulendrahtes zum Abschlusspunkt 1 zurück. Aus dem Randintegral der elektrischen Feldstärke wird daher

$$\oint \boldsymbol{E}\,\mathrm{d}\boldsymbol{s} = \int\limits_{1\to u\to 2} \boldsymbol{E}\,\mathrm{d}\boldsymbol{s} + \int\limits_{2\to Sp.\to 1} \boldsymbol{E}\,\mathrm{d}\boldsymbol{s}\,. \qquad \text{(Sp. = Spule)}$$

Auf der rechten Seite des Induktionsgesetzes führen wir für das Flächenintegral der magnetischen Flussdichte den Gesamtfluss aller Windungen ein. Die Zählrichtung ist so gewählt, dass bei positivem i auch Ψ positiv wird. Mit dem durch die Umlaufrichtung festgelegten $\mathrm{d}\boldsymbol{A}$ ist $\Psi = -\iint \boldsymbol{B}\,\mathrm{d}\boldsymbol{A}$. Aus dem Induktionsgesetz wird nun

$$\int\limits_{1\to u\to 2} \boldsymbol{E}\,\mathrm{d}\boldsymbol{s} = -\int\limits_{2\to Sp.\to 1} \boldsymbol{E}\,\mathrm{d}\boldsymbol{s} + \frac{\mathrm{d}\Psi}{\mathrm{d}t}\,. \tag{7.1}$$

Das Integral der linken Seite ist gleich der Klemmenspannung u, das Integral der rechten Seite ist Null, denn in einem ideal leitenden Material muss die Feldstärke Null sein. Die Größen $\boldsymbol{B}$, Ψ und i haben im quasistationären Zustand überall die gleiche Zeitabhängigkeit. Bildet man den Quotienten zweier dieser Größen, dann hebt sich die Zeitabhängigkeit heraus. Somit ist

$$-\frac{1}{i}\iint \boldsymbol{B}\,\mathrm{d}\boldsymbol{A} = \frac{\Psi}{i}$$

zeitunabhängig und deshalb gleich dem entsprechenden Ausdruck im stationären Feld. Dort hatten wir dieses konstante Verhältnis als Induktivität L definiert:

$$\frac{\Psi}{i} = L\,. \tag{7.2}$$

Aus Gl. (7.1) erhalten wir deshalb

$$u = L\frac{\mathrm{d}i}{\mathrm{d}t} \tag{7.3}$$

als Beziehung zwischen Spannung und Strom an den Klemmen einer idealisierten Spule.

Idealer Kondensator

In entsprechender Weise betrachten wir auch einen Kondensator (s. Bild 7.2).

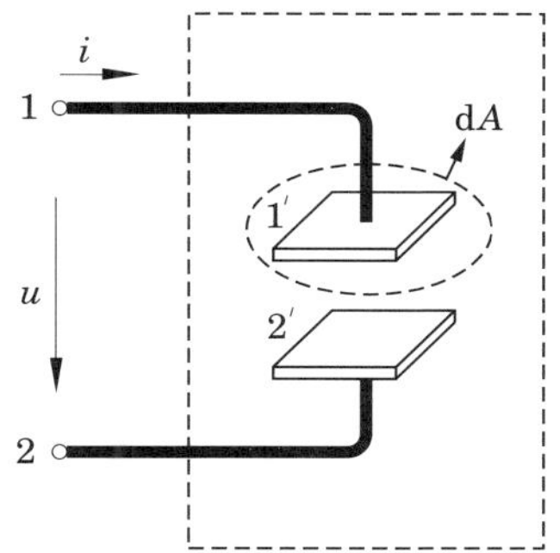

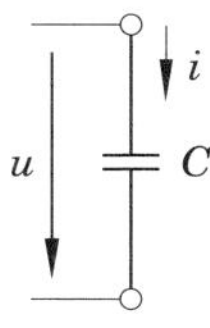

Bild 7.2: *Kondensator und Schaltsymbol mit Zählpfeilen*

Auch hier soll durch die Umhüllung angedeutet werden, dass die räumliche Ausdehnung des Feldes beschränkt sein soll. Die Kondensatorbeläge sollen so nahe beieinander liegen und alle anderen Metallflächen so weit weg sein, dass alle Feldlinien, die von einer Platte ausgehen, auf der anderen enden. Auf den Platten befinden sich dann immer entgegengesetzt gleichgroße Ladungen. Die Ladungen auf den Verbindungsdrähten sollen vernachlässigbar klein sein. Außerdem sollen auch die magnetischen Felder des Leitungs- und des Verschiebungsstromes vernachlässigt werden können. Das Dielektrikum zwischen den Kondensatorplatten sei ein idealer Isolator. Weil das Magnetfeld vernachlässigbar klein ist, folgt aus dem Induktionsgesetz

$$\oint \boldsymbol{E}\,\mathrm{d}\boldsymbol{s} = 0 \tag{7.4}$$

für einen Verlauf längs des Weges, der von 1 über den Zählpfeil für u nach 2 führt und der dann von 2 über den unteren Anschlussdraht von der unteren Platte den Kondensator zur oberen Platte durchquert und über den oberen Anschlussdraht zum Ausgangspunkt 1 zurückkehrt. Es ergibt sich daraus bei vollkommen leitenden Anschlussdrähten

$$u = -\int_{2'}^{1'} \boldsymbol{E}\,\mathrm{d}\boldsymbol{s} = \int_{1'}^{2'} \boldsymbol{E}\,\mathrm{d}\boldsymbol{s}\ . \tag{7.5}$$

Die Integration ist durch den Bereich zwischen den Kondensatorplatten hindurch auszuführen. Legen wir um die Platte 1' eine geschlossene Fläche, dann folgt aus der ersten Maxwell'schen Gleichung

$$\oint\!\!\!\oint_A \left(\boldsymbol{J} + \frac{\partial \boldsymbol{D}}{\partial t}\right) \mathrm{d}\boldsymbol{A} = \oint\!\!\!\oint_A \boldsymbol{J}\,\mathrm{d}\boldsymbol{A} + \oint\!\!\!\oint_A \frac{\partial \boldsymbol{D}}{\partial t}\,\mathrm{d}\boldsymbol{A} = 0\ . \tag{7.6}$$

Mit nach außen zeigendem d$\boldsymbol{A}$ (s. Bild 7.2) ist der erste Summand gleich dem negativen Betrag des Leitungsstromes i. Es wird deshalb

$$i = \frac{\mathrm{d}}{\mathrm{d}t} \oiint\limits_A \boldsymbol{D}\,\mathrm{d}\boldsymbol{A} \; . \tag{7.7}$$

Da $\boldsymbol{D}$ und $\boldsymbol{E}$ im quasistationären Zustand überall die gleiche Zeitabhängigkeit haben, hebt sich in

$$\frac{\oiint\limits_A \boldsymbol{D}\,\mathrm{d}\boldsymbol{A}}{\int\limits_{1'}^{2'} \boldsymbol{E}\,\mathrm{d}\boldsymbol{s}} = \frac{q}{u} = C$$

die Zeitabhängigkeit heraus, und die Konstante C ist die bereits für das statische elektrische Feld definierte Kapazität. Aus Gl. (7.7) erhalten wir schließlich

$$i = C\frac{\mathrm{d}u}{\mathrm{d}t} \tag{7.8}$$

als Beziehung zwischen Spannung und Strom an den Klemmen eines idealisierten Kondensators.

Idealer Widerstand

Für das dritte Element, den Widerstand (s. Bild 7.3), gilt bei entsprechenden Idealisierungen

$$u = R \cdot i \; , \tag{7.9}$$

wobei R der schon bekannte Widerstand ist.

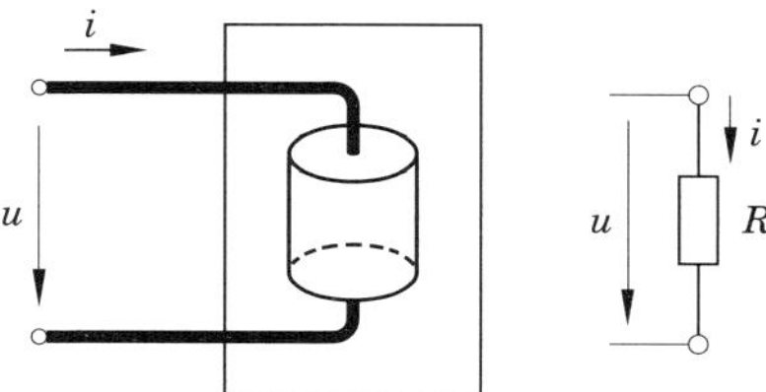

Bild 7.3: *Widerstand und Schaltsymbol mit Zählpfeilen*

Aufgabe 7.2

Beweisen Sie die Gl. (7.9) für den im Bild dargestellten zylindrischen Widerstandskörper! Welche Idealisierungen sind dabei anzunehmen?

7.3 Spannungsquellen

Auch die Spannungsquelle wollen wir in idealisierter Form annehmen. Im Bild 7.4 ist dazu noch einmal ein Generator im Prinzip dargestellt. Es handelt sich dabei um

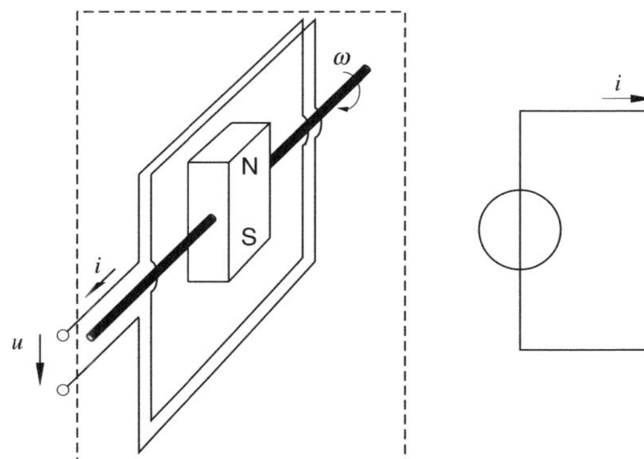

Bild 7.4: *Prinzip eines Generators mit Schaltsymbol der Spannungsquelle*

den Fall, dass in einer feststehenden Spule ein Magnet (Permanent- oder Elektromagnet) gedreht wird. Wir nehmen nun an, dass die Leitfähigkeit des Spulendrahtes unendlich groß und das Feld des Stromes i gegenüber dem Feld des Erregermagneten vernachlässigbar klein ist. Weiterhin soll das Feld auf den Bereich der Spule beschränkt sein, d. h., im Bereich der Anschlussklemmen außerhalb des Generators soll kein Feld vorhanden sein. Mit den gleichen Überlegungen wie bei der Spule im Bild 7.1 erhalten wir aus der zweiten Maxwell'schen Gleichung

$$u = \int\limits_{1 \to u \to 2} \boldsymbol{E}\,\mathrm{d}\boldsymbol{s} = - \int\limits_{2 \to \mathrm{Wdg.} \to 1} \boldsymbol{E}\,\mathrm{d}\boldsymbol{s} + \frac{\mathrm{d}\Psi}{\mathrm{d}t}\,. \qquad \text{Wdg.} = \text{Windungen} \tag{7.10}$$

Aufgrund der Idealisierungen ist $\boldsymbol{E}$ im Leiter gleich Null, und der Fluss Ψ besteht lediglich aus dem Fluss des Erregermagneten Ψ_{M}. Es ist daher

$$u = \frac{\mathrm{d}\Psi_{\mathrm{M}}}{\mathrm{d}t}\,. \tag{7.11}$$

Ψ_{M} und seine zeitliche Änderung werden einzig und allein durch die Bedingungen im Generator (Stärke des Erregerfeldes, Windungsfläche, Drehgeschwindigkeit) bestimmt. Die Klemmenspannung der idealen Quelle ist also unabhängig von i und damit auch von der äußeren Schaltung. Die Zählpfeile am Schaltsymbol sind so gewählt, dass das Produkt $u \cdot i$ die im Augenblick abgegebene Leistung ist.

Aufgabe 7.3

Im folgenden Bild ist ein weiteres Prinzip eines Generators angegeben:

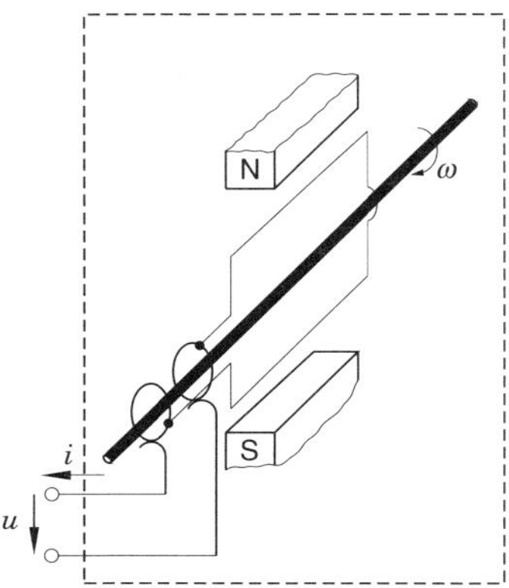

Hier ist das Magnetfeld fest, und die Spule wird gedreht. Geben Sie die Gleichung für die Spannung u an!

7.4 Die Kirchhoff'schen Gleichungen für den quasistationären Fall

Für die Ströme und Spannungen in einem Netzwerk im stationären Fall haben wir die Kirchhoff'schen Regeln (s. Abschn. 3.3) gefunden. Wir fragen nun, ob diese Regeln auch im quasistationären Fall gelten. Wir betrachten dazu ein Netzwerk, das aus den oben behandelten Schaltelementen besteht. Unseren Näherungen gemäß gibt es außerhalb der Schaltelemente kein Magnetfeld. Aus dem Induktionsgesetz (zweite Maxwell'sche Gleichung) folgt dann, dass das Linienintegral der elektrischen Feldstärke entlang eines jeden Weges, der nicht durch ein Schaltelement hindurchführt, Null sein muss. Das gilt dann auch für den im Bild 7.5 gestrichelt gezeichneten Weg von einem Klemmenpunkt zum anderen längs einer Masche. Die Beiträge zwischen den

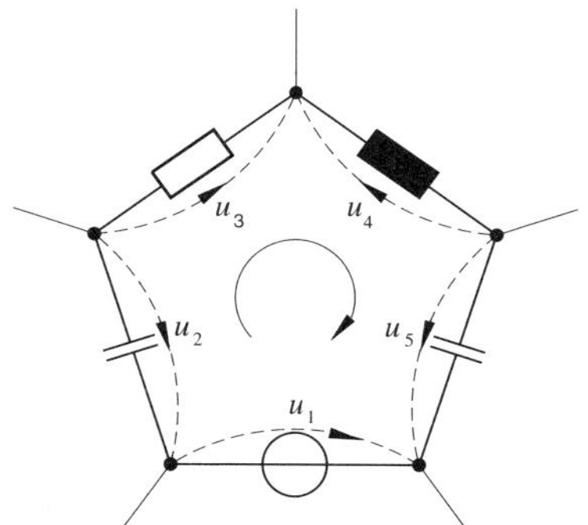

Bild 7.5: *Zur Summe der Spannungen in einer Masche des Netzwerkes*

Anschlusspunkten eines Schaltelementes sind gleich der Klemmenspannung, wenn

die frei gewählte Umlaufrichtung mit der Zählrichtung übereinstimmt, und sie sind gleich dem negativen Wert der Klemmenspannung, wenn die Zählrichtung entgegengesetzt zur Umlaufrichtung gerichtet ist.

Anstelle $\oint \boldsymbol{E}\,\mathrm{d}\boldsymbol{s} = 0$ schreiben wir deshalb

$$\sum_k u_k = 0 \; , \tag{7.12}$$

wobei die zur Umlaufrichtung entgegengesetzten Spannungen negativ einzusetzen sind. Die Kirchhoff'sche Maschenregel gilt also auch im quasistationären Zustand, und zwar in jedem Zeitpunkt.

Nun betrachten wir eine durch das Netzwerk gelegte geschlossene Fläche (siehe Bild 7.6), die allerdings kein Schaltelement schneiden darf. Da wir voraussetzungs-

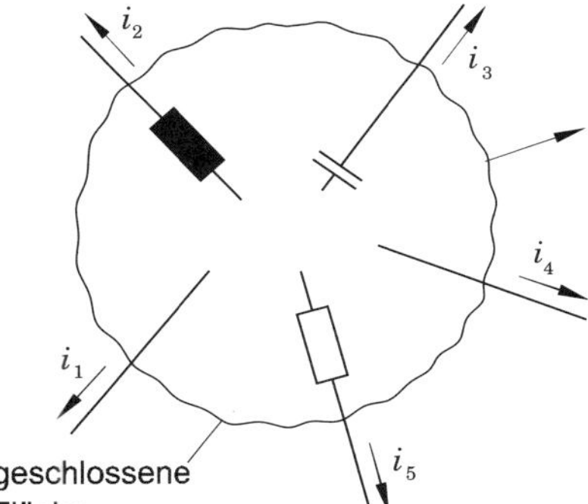

Bild 7.6: *Zur Summe der Ströme durch eine geschlossene Fläche im Netzwerk*

gemäß den Verschiebungsstrom zwischen den Verbindungsdrähten vernachlässigen wollen, gilt aufgrund der ersten Maxwell'schen Gleichung für diese Fläche

$$\oiint_A \boldsymbol{J}\,\mathrm{d}\boldsymbol{A} = 0 \; . \tag{7.13}$$

Endliche Beiträge für das Integral liefern nur die Querschnitte der Drähte, da nur dort $\boldsymbol{J}$ von Null verschieden ist. Dabei ergibt sich jeweils der Leiterstrom i_k, und zwar mit einem positiven Vorzeichen, wenn er aus dem durch die geschlossene Fläche begrenzten Volumen herausfließt. Anderenfalls ergibt er sich negativ. Dabei wurde $\mathrm{d}\boldsymbol{A}$ nach außen zeigend gewählt. Anstelle der Gl. (7.13) können wir deshalb auch

$$\sum_k i_k = 0 \tag{7.14}$$

schreiben, wobei die Ströme, die in das Volumengebiet hineinfließen, negativ einzusetzen sind. Damit gilt auch die Kirchhoff'sche Knotenregel in jedem Zeitaugenblick in einem Netzwerk, das sich im quasistationären Zustand befindet.

In einem Netzwerk gelten im quasistationären Zustand die Kirchhoff'schen Regeln.

7.5 Ersatzschaltungen realer Bauelemente

Die in den Abschnitten 7.2 und 7.3 vorgenommenen Idealisierungen gehen teilweise sehr weit. Trotzdem kann bei vielen Aufgabenstellungen in der Elektrotechnik in dieser Weise verfahren werden. Ein reales Bauelement weicht natürlich in seinem Verhalten mehr oder weniger von dem idealisierten ab. Es ist aber möglich, das Verhalten eines realen Bauelementes durch idealisierte Schaltelemente anzunähern.

Ersatzschaltung einer Spule

Dazu betrachten wir eine reale Spule. Die Leitfähigkeit des Drahtes sei endlich. Dann ist das Integral auf der rechten Seite der Gl. (7.1) nicht mehr Null.

Mit $\boldsymbol{E} = \frac{1}{\kappa}\boldsymbol{J}$ und $\boldsymbol{J}\mathrm{d}\boldsymbol{s} = -|\boldsymbol{J}||\mathrm{d}\boldsymbol{s}|$ wird aus diesem Integral

$$
\begin{aligned}
-\int\limits_{2\to\mathrm{Sp.}\to 1} \boldsymbol{E}\,\mathrm{d}\boldsymbol{s} &= \frac{1}{\kappa}\int\limits_{\mathrm{Sp.}} |\boldsymbol{J}||\mathrm{d}\boldsymbol{s}| = \frac{1}{\kappa}\int\limits_{\mathrm{Sp.}} \frac{i}{A_\mathrm{D}}|\mathrm{d}\boldsymbol{s}| \\
&= \frac{i}{\kappa A_\mathrm{D}}\int\limits_{\mathrm{Sp.}} |\mathrm{d}\boldsymbol{s}| = \frac{l}{\kappa A_\mathrm{D}} i = R_\mathrm{L} i \ .
\end{aligned}
$$

Dabei wurde eine gleichmäßige Verteilung des Stromes über die Querschnittsfläche A_D des Drahtes, der die Gesamtlänge l hat, angenommen. Mit diesem und dem früheren Ergebnis wird aus Gl. (7.1)

$$
u = R_\mathrm{L} i + L\frac{\mathrm{d}i}{\mathrm{d}t} \ . \tag{7.15}
$$

Dieser Gleichung entspricht die Hintereinanderschaltung zweier idealer Schaltelemente, nämlich der Induktivität L und des Widerstandes R_L (s. Bild 7.7).

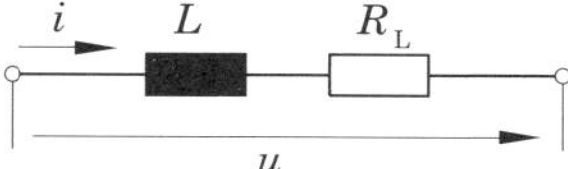

Bild 7.7: *Ersatzschaltung einer realen Spule bei niedrigen Frequenzen aus idealen Elementen*

Wir nennen diese Hintereinanderschaltung *Ersatzschaltung* der Spule. Sie gilt in guter Näherung bei niedrigen Frequenzen. Bei höheren Frequenzen müssen wir auch das elektrische Feld zwischen den Windungen berücksichtigen. Zu diesem Feld gehört ein Verschiebungsstrom. Es wird deshalb nicht der gesamte Klemmenstrom i durch die Windungen der Spule fließen, sondern ein Teil davon wird als Verschiebungsstrom über den Luftraum von Windung zu Windung gelangen. Im Ersatzschaltbild können wir das in erster Näherung durch einen idealen, parallel geschalteten Kondensator berücksichtigen.

Entsprechend können wir auch bei den anderen Bauelementen verfahren.

Beim Widerstand wurde insbesondere das magnetische Feld vernachlässigt, das der durch ihn fließende Strom erzeugt. Die Gleichung für die Spannung an den Klemmen der Anordnung im Bild 7.3 entspricht der Gl. (7.1). Der bisher vernachlässigte Term ist der zweite der rechten Seite. Wir erhalten analog zur Spule

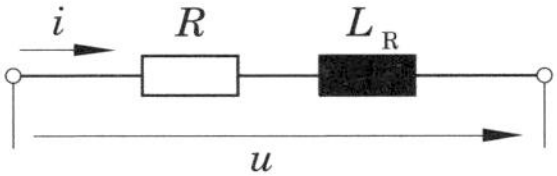

Bild 7.8: *Ersatzschaltung eines Widerstandes aus idealen Elementen bei niedrigen Frequenzen*

$$u = Ri + L_\mathrm{R}\frac{\mathrm{d}i}{\mathrm{d}t} \tag{7.16}$$

und daher das im Bild 7.8 dargestellte Ersatzschaltbild. R_L im Bild 7.7 und L_R im Bild 7.8 sind *parasitäre Elemente*. Man wird versuchen, die Bauelemente so zu konstruieren, dass die Werte solcher parasitären Elemente möglichst klein werden.

Aufgabe 7.4

Welche Ersatzschaltung müsste für einen Kondensator gewählt werden, wenn das Dielektrikum zwischen den Platten eine endliche Leitfähigkeit besitzt?

Ersatzschaltung eines Generators

Bei einem realen Generator nach dem Prinzip im Bild 7.4 müssen wir u. a. die endliche Leitfähigkeit des Drahtleiters und das magnetische Feld des Stromes i berücksichtigen. Wir können dabei auf die Ergebnisse, die wir für die Spule erhalten haben, zurückgreifen, müssen aber beachten, dass die Richtung des Stromzählpfeiles im Bild 7.4 entgegengesetzt zu der im Bild 7.1 gewählt wurde.

Es ist daher auf der rechten Seite der Gl. (7.10)

$$\boldsymbol{E}\mathrm{d}\boldsymbol{s} = \frac{1}{\kappa}|\boldsymbol{J}||\mathrm{d}\boldsymbol{s}| \text{ und } \Psi = \Psi_\mathrm{E} - L_\mathrm{s}i$$

und damit

$$u = \frac{\mathrm{d}\Psi_\mathrm{E}}{\mathrm{d}t} - R_\mathrm{s}i - L_\mathrm{s}\frac{\mathrm{d}i}{\mathrm{d}t} = u_0 - R_\mathrm{s}i - L_\mathrm{s}\frac{\mathrm{d}i}{\mathrm{d}t}\ , \tag{7.17}$$

wobei R_s der Widerstand und L_s die Induktivität der Generatorspule sind. Zu dieser Gleichung gehört die Ersatzschaltung im Bild 7.9.

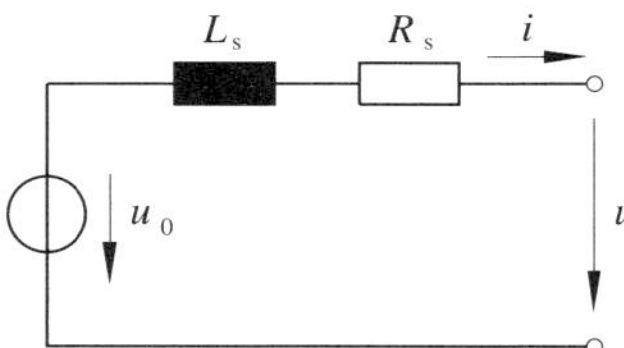

Bild 7.9: *Ersatzschaltung eines Generators bei Berücksichtigung der Eigenschaften der realen Spule*

Man ist bestrebt, L_s und R_s möglichst klein zu halten, damit bei Belastung der Spannungsabfall gering und die Verluste in R_s klein bleiben.

Aktivierungselement 7.1

1. Erklären Sie den Begriff „quasistationärer Zustand“! Unter welchen Voraussetzungen herrscht er, und wie äußert er sich mathematisch bei der Darstellung der Feldfunktionen?

2. Nennen Sie die Strom-Spannungs-Beziehungen an den Ihnen bekannten drei Arten von passiven Schaltelementen auswendig!

3. Erläutern Sie, warum die Kirchhoff'schen Regeln im quasistationären Fall genauso wie im Gleichstromfall gelten!

4. Warum gelten die Ersatzschaltungen der Spule und des Widerstandes (s. Bilder 7.7 und 7.8) nur bei niedrigen Frequenzen? Überlegen Sie die mit wachsender Frequenz vorzunehmenden Erweiterungen!

Lernzyklus 7.2

Studienziele

Nach dem Durcharbeiten dieses Lernzyklus sollen Sie in der Lage sein,

- die Gleichungen zur Beschreibung von Stromkreisen im quasistationären Fall aufzustellen;
- die Begriffe „Ausgleichsvorgang“ und „eingeschwungener Zustand“ zu erläutern;
- den eingeschwungenen Zustand in einfachen Netzwerken prinzipiell anzugeben;
- die Anfangsbedingungen für das Schalten in Kreisen mit R, L und C anzugeben;
- einfache Ausgleichsvorgänge zu bestimmen.

7.6 Ausgleichsvorgang und eingeschwungener Zustand

Beispiel

Wir betrachten das einfache, im Bild 7.10 dargestellte Netzwerk, das nur aus einer einzigen Masche besteht.

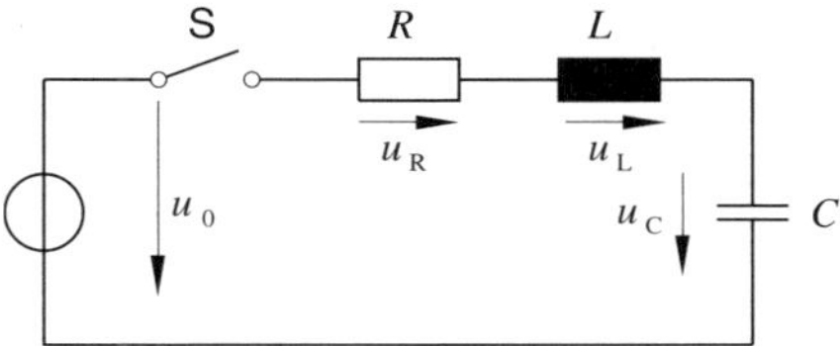

Bild 7.10: *Einfacher Kreis mit R, L und C*

Solange der Schalter S offen steht, ist $i = 0$, und deshalb sind auch u_R und u_L gleich Null. Sind keine Ladungen auf den Kondensatorplatten vorhanden, was wir annehmen wollen, dann ist auch u_C gleich Null. Wird der Schalter S zur Zeit $t = t_0$ geschlossen, dann gilt aufgrund der Kirchhoff'schen Maschenregel für $t \geq t_0$

$$u_0(t) = u_R(t) + u_L(t) + u_C(t) \ . \tag{7.18}$$

Die Generatorspannung sei unabhängig von der Schaltung durch

$$u_0(t) = \hat{U}_0 \sin \omega t \tag{7.19}$$

gegeben.[1] Mit den Gln. (7.8) und (7.9) und der Umkehrung von Gl. (7.8), wobei wegen $\mathrm{d}u_C = \frac{1}{C} i\mathrm{d}t$ und $u_C(t_0) = 0$ diese nach Umbenennung der Variablen t in τ zum Zweck der Integration durch

$$u_C(t) = \frac{1}{C} \int_{t_0}^{t} i(\tau)\mathrm{d}\tau \tag{7.20}$$

gegeben ist, erhalten wir aus Gl. (7.18)

$$\hat{U}_0 \sin \omega t = Ri + L\frac{\mathrm{d}i}{\mathrm{d}t} + \frac{1}{C} \int_{t_0}^{t} i(\tau)\mathrm{d}\tau \ . \tag{7.21}$$

Solch eine Gleichung, in der Differentiale und Integrale vorkommen, wird *Integrodifferentialgleichung* genannt. Wird Gl. (7.21) einmal nach der Zeit differenziert, so erhält man

---

1 Das „Dach" über U_0 ist das Symbol für den sogenannten Scheitelwert einer sinusförmigen Wechselgröße.

Inhomogene Differentialgleichung

$$\hat{U}_0\omega\cos\omega t = L\frac{\mathrm{d}^2 i}{\mathrm{d}t^2} + R\frac{\mathrm{d}i}{\mathrm{d}t} + \frac{1}{C}i\ . \tag{7.22}$$

Eingeschwungener Zustand

Die Lösung der Gl. (7.21) bzw. (7.22) für i besteht aus zwei Teilen. Ist der Zeitpunkt t sehr weit von dem Schaltzeitpunkt t_0 entfernt, so wird der Strom i in der Form seines Verlaufs und in seiner Größe von der anregenden Spannung bestimmt. Wir sprechen in diesem Fall vom *eingeschwungenen Zustand*. Insbesondere ergibt sich der eingeschwungene Zustand zur Zeit t dann, wenn der Einschaltzeitpunkt bei $-\infty$ liegt. Die Lösung der obigen Gleichungen kann dann mit dem Ansatz

$$i(t) = \hat{I}_1\cos\omega t + \hat{I}_2\sin\omega t = \hat{I}\cos(\omega t + \varphi) \tag{7.23}$$

erfolgen. $\hat{I}_1$ und $\hat{I}_2$ bzw. $\hat{I}$ und φ ergeben sich durch Einsetzen in Gl. (7.22) und Vergleich der rechten mit der linken Seite der Gleichung.

Aufgabe 7.5

Bestimmen Sie $\hat{I}_1$ und $\hat{I}_2$ bzw. I und φ in der angegebenen Weise!

Der Ansatz macht deutlich, dass bei sinusförmiger Erregung eines Netzwerkes aus den bekannten Elementen R, L und C im eingeschwungenen Zustand die Ströme und Spannungen auch sinusförmig verlaufen. Wir werden uns im nächsten Abschnitt ausführlich mit dem eingeschwungenen Zustand bei sinusförmiger Erregung befassen. Mathematisch gesehen wird der eingeschwungene Zustand durch die *Partikularlösung* der Differentialgleichung (hier Gl. (7.22)) beschrieben.

Ausgleichsvorgang

In der Nähe des Einschaltzeitpunktes ist die Lösung (7.23) nicht hinreichend. Je nach t_0 könnte danach $i(t_0)$ die verschiedensten Werte annehmen. Im Einschaltzeitpunkt und unmittelbar danach muss aber $i = 0$ sein, d. h., der Strom kann sich von Null bei $t = t_0$ ausgehend nur kontinuierlich ändern. Würde er bei $t = t_0$ von Null auf einen endlichen Wert ungleich Null springen, dann stiege auch die Energie in der Spule sprunghaft, was physikalisch nicht möglich ist. Das zeigt sich auch daran, dass dann $L \cdot \mathrm{d}i/\mathrm{d}t$, d. h. die Gegenspannung der Induktivität, unendlich groß würde. In der Nähe des Einschaltzeitpunktes ist dem Vorgang nach Gl. (7.23) noch ein sogenannter *Ausgleichsvorgang* überlagert. Dieser sorgt für den kontinuierlichen Übergang von $i = 0$ auf den Strom i nach Gl. (7.23) für genügend großes $t - t_0$.

Allgemein ist also

$$i(t) = i_\mathrm{A} + \hat{I}\cos(\omega t + \varphi)\ . \tag{7.24}$$

Die Form des Ausgleichsstromes i_A ist nur von den Schaltelementen (R, L und C) und deren Zusammenschaltung und nicht von der Anregung abhängig. Mathematisch ist i_A die Lösung der *homogenen* Differentialgleichung, in unserem Fall

Homogene Differentialgleichung

$$0 = L\frac{\mathrm{d}^2 i_\mathrm{A}}{\mathrm{d}t^2} + R\frac{\mathrm{d}i_\mathrm{A}}{\mathrm{d}t} + \frac{1}{C}i_\mathrm{A} \ . \tag{7.25}$$

Zur Lösung einer homogenen linearen Differentialgleichung mit konstanten Koeffizienten wie in Gl. (7.25) wählt man den Exponentialansatz

Lösungsansatz

$$i_\mathrm{A}(t) = ke^{\lambda t} \ , \tag{7.26}$$

weil sich die Exponentialfunktion bei Integration oder Differentiation bis auf eine Konstante wieder ergibt. k und λ sind Konstanten. Setzen wir dieses i in Gl. (7.25) ein, dann erhalten wir die sogenannte *charakteristische Gleichung* zur Bestimmung von λ.

Wegen

$$\frac{\mathrm{d}i_\mathrm{A}}{\mathrm{d}t} = \lambda k e^{\lambda t} = \lambda i_\mathrm{A} \quad \text{und} \quad \frac{\mathrm{d}^2 i_\mathrm{A}}{\mathrm{d}t^2} = \frac{\mathrm{d}(\lambda i_\mathrm{A})}{\mathrm{d}t} = \lambda\frac{\mathrm{d}i_\mathrm{A}}{\mathrm{d}t} = \lambda^2 i_\mathrm{A}$$

lautet sie nach Herauskürzen von i_A und Division durch L

Charakteristische Gleichung

$$0 = \lambda^2 + \frac{R}{L}\lambda + \frac{1}{LC} \ . \tag{7.27}$$

Dieses quadratische Polynom in λ hat zwei Nullstellen λ_1 und λ_2, die sogenannten *Eigenwerte*, die nur von R, L und C abhängen. Anstelle von Gl. (7.26) haben wir deshalb eine Linearkombination aller möglichen Lösungen, hier

$$i_\mathrm{A}(t) = k_1 e^{\lambda_1 t} + k_2 e^{\lambda_2 t}$$

anzusetzen. Jede der Exponentialfunktionen stellt eine sogenannte *Eigenlösung* dar. Die Gesamtlösung für i bei $t \geq 0$ lautet somit

Allgemeine Lösung

$$i(t) = k_1 e^{\lambda_1 t} + k_2 e^{\lambda_2 t} + \hat{I}\cos(\omega t + \varphi) \ . \tag{7.28}$$

Anfangsbedingungen

Die noch unbekannten Konstanten werden mit den sogenannten *Anfangsbedingungen* bestimmt: Wie oben ausgeführt, lautet die erste

$$i(t_0) = 0 \ .$$

Da $u_\mathrm{R}(t_0) = R\,i = 0$ und $u_\mathrm{C}(t_0) = 0$ ist, weil der Kondensator voraussetzungsgemäß ungeladen ist, fällt die gesamte Spannung zur Zeit $t = t_0$ an L ab. Deshalb lautet die zweite Anfangsbedingung hier

$$L\,\frac{\mathrm{d}i}{\mathrm{d}t}\bigg|_{t=t_0} = u_0(t_0)\ .$$

Damit haben wir zwei voneinander unabhängige Beziehungen zur Bestimmung von k_1 und k_2.

7.7 Verschiedene Ausgleichsvorgänge

7.7.1 Einfacher Kreis mit Spule oder Kondensator

Widerstand und Spule

Wir wollen uns nun verschiedene Ausgleichsvorgänge genauer ansehen. Zunächst betrachten wir den Vorgang, der sich beim Anschalten der Reihenschaltung aus einer Spule der Induktivität L und eines Widerstandes R an eine Gleichspannung ergibt (s. Bild 7.11).

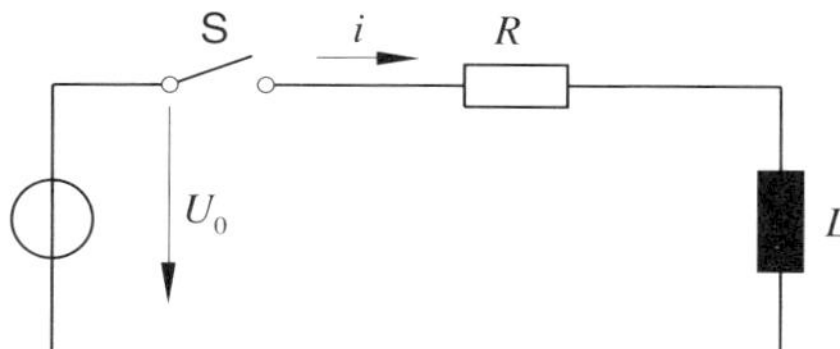

Bild 7.11: *Anschalten einer Spule mit Widerstand an eine Gleichspannung*

Der Schalter S werde im Zeitpunkt $t = 0$ geschlossen. Vor dem Zeitpunkt $t = 0$ ist deshalb $i = 0$, und für $t \geq 0$ gilt die Differentialgleichung

$$U_0 = iR + L\frac{\mathrm{d}i}{\mathrm{d}t}\ . \tag{7.29}$$

Im eingeschwungenen oder stationären Zustand ist wegen der Anregung durch eine Gleichspannungsquelle auch der Strom i ein Gleichstrom. Wir bezeichnen ihn mit I_0. Durch Einsetzen in Gl. (7.29) erhalten wir wegen $\mathrm{d}I_0/\mathrm{d}t = 0$

Partikularlösung

$$U_0 = I_0 R \rightarrow I_0 = \frac{U_0}{R}\ . \tag{7.30}$$

Der Ausgleichsvorgang wird durch die Differentialgleichung

$$0 = i_\mathrm{A} R + L\frac{\mathrm{d}i_\mathrm{A}}{\mathrm{d}t}$$

bestimmt. Der Ansatz Gl. (7.26) liefert hier die charakteristische Gleichung

$$0 = R + L\lambda \qquad \text{mit der Lösung} \qquad \lambda = -\frac{R}{L} \ .$$

Die vollständige Lösung für den Strom lautet daher

Allgemeine Lösung

$$i(t) = ke^{-\frac{R}{L}t} + \frac{U_0}{R} \ .$$

Das noch unbekannte k erhalten wir aus der Bedingung, dass der Strom in einer Spule nicht springen kann. Wegen $i(t < 0) = 0$ ist auch $i(0) = 0$ und daher $k = -U_0/R$. Deshalb ist schließlich

Endergebnis

$$i(t) = \frac{U_0}{R}(1 - e^{-\frac{t}{T}}) \ ; \qquad T = \frac{L}{R} \ . \tag{7.31}$$

Im Bild 7.12 ist der Verlauf des Einschaltstromes dargestellt. T wird als *Zeitkonstante* bezeichnet. Sie bestimmt den Anstieg des Stromes im Einschaltzeitpunkt.

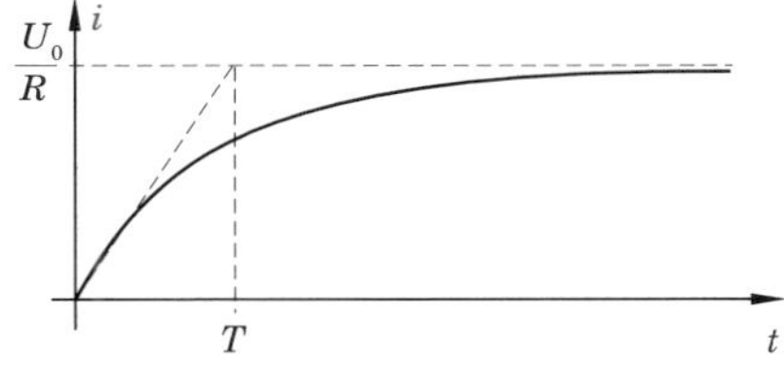

Bild 7.12: *Zeitlicher Verlauf des Stromes beim Einschalten einer Spule mit Widerstand an eine Gleichspannung*

Abschalten induktiver Gleichstromkreise

Würden wir den Schalter nach einer gewissen Zeit wieder öffnen, dann müsste der Strom sehr schnell gegen Null gehen. Er erzeugt dabei eine sehr große Spannung $L \cdot \mathrm{d}i/\mathrm{d}t$, die zwischen den Kontakten zur Funkenbildung bzw. bei großen Anordnungen zur Ausbildung eines Lichtbogens führt. Das Abschalten starker Magnetfelder erfordert daher spezielle Maßnahmen. Wird beispielsweise der Spule vor dem Öffnen des Schalters ein Widerstand parallel geschaltet, dann kann die magnetische Energie hinterher in diesem in Wärmeenergie umgewandelt werden. Der Strom würde langsam abnehmen und ein Überschlag verhindert werden.

Widerstand und Kondensator

Als nächsten Fall betrachten wir das Einschalten eines Kondensators mit einem Widerstand in Reihe an eine Gleichspannung (s. Bild 7.13). Der Schalter werde zur Zeit $t = 0$ geschlossen. Der Kondensator sei vor dem Schließen des Schalters völlig entladen; d. h., es ist $u_\mathrm{C} = 0$ für $t < 0$.

Da die Energie im Kondensator nicht plötzlich auf einen endlichen Wert springen kann, ist u_C auch unmittelbar nach dem Einschalten noch Null und steigt dann allmählich an. Für $t \geq 0$ gilt

$$U_0 = iR + u_\mathrm{C} \ . \tag{7.32}$$

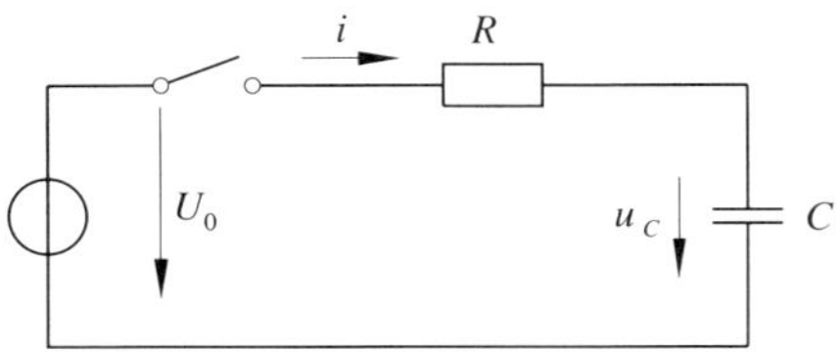

Bild 7.13: *Einschalten eines Kondensators mit Widerstand in Reihe an eine Gleichspannung*

Differenzieren wir diese Gleichung nach der Zeit, so ergibt sich

Differentialgleichung

$$0 = R\frac{\mathrm{d}i}{\mathrm{d}t} + \frac{\mathrm{d}u_\mathrm{C}}{\mathrm{d}t} \quad \text{oder} \quad 0 = R\frac{\mathrm{d}i}{\mathrm{d}t} + \frac{1}{C}i \ . \tag{7.33}$$

Der Einschalt- oder Ladestrom eines Kondensators über einen Widerstand an einer Gleichspannung genügt also einer homogenen Differentialgleichung, d. h., die Partikularlösung ist in diesem Fall Null. Mit dem Ansatz nach Gl. (7.26) erhalten wir

Charakteristische Gleichung

$$0 = R\lambda + \frac{1}{C} \qquad \text{mit der Lösung} \qquad \lambda = -\frac{1}{RC} \ .$$

Die Lösung für i lautet

Allgemeine Lösung

$$i(t) = k e^{-\frac{t}{RC}} \ .$$

Die Anfangsbedingung für i ergibt sich aus Gleichung (7.32). Wegen $u_\mathrm{C}(0) = 0$ gilt $U_0 = R \cdot i(0)$ und somit $i(0) = U_0/R$. Aus der allgemeinen Lösung für i ergibt sich $i(0) = k$, und somit ist

Ladestrom

$$i(t) = \frac{U_0}{R} e^{-\frac{t}{T}} \ ; \qquad T = RC \ . \tag{7.34}$$

Setzen wir dann i in Gl. (7.32) ein, erhalten wir auch u_C, und es ist

Ladespannung

$$u_\mathrm{C}(t) = U_0(1 - e^{-\frac{t}{T}}) \ . \tag{7.35}$$

Im Bild 7.14 sind $u_\mathrm{R} = iR$ und u_C über der Zeit dargestellt. Nach genügend langer

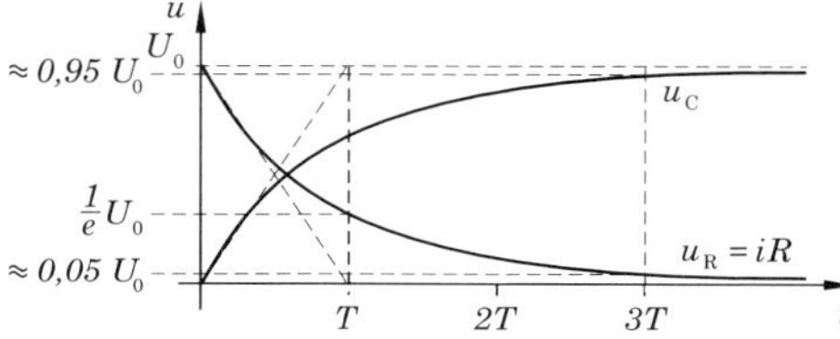

Bild 7.14: *Verlauf von Ladespannung und Ladestrom über der Zeit*

Zeit (etwa 5 T) ist u_C praktisch gleich U_0 und i gleich Null. Der Schalter kann nun geöffnet werden, die Spannung bleibt konstant.

Entladung über Widerstand

Wird nun die Gleichspannungsquelle durch einen Kurzschluss ersetzt und der Schalter erneut geschlossen, dann entlädt sich der Kondensator wieder. In Gl. (7.32) ist U_0 gleich Null zu setzen. Mit $i = C \cdot \mathrm{d}u_\mathrm{C}/\mathrm{d}t$ erhalten wir die homogene Differentialgleichung

$$0 = RC\frac{\mathrm{d}u_\mathrm{C}}{\mathrm{d}t} + u_\mathrm{C} \tag{7.36}$$

für die Spannung am Kondensator. t sei jetzt eine neue Zeitvariable mit dem Zeitnullpunkt im Schaltzeitpunkt für das Entladen. Mit der Entladeanfangsbedingung $u_\mathrm{C}(0) = U_0$ lautet deshalb die Lösung der Gl. (7.36) analog zu oben

Entladespannung

$$u_\mathrm{C}(t) = U_0 e^{-\frac{t}{T}} \; ; \qquad T = RC \; , \tag{7.37}$$

und der Entladestrom ist durch

Entladestrom

$$i(t) = C\frac{\mathrm{d}u_\mathrm{C}}{\mathrm{d}t} = -\frac{U_0}{R}e^{-\frac{t}{T}} \tag{7.38}$$

gegeben. Es ist selbstverständlich, dass der Entladestrom in entgegengesetzter Richtung zum Ladestrom fließt. Im Bild 7.15 sind u_C und iR für den Entladevorgang dargestellt.

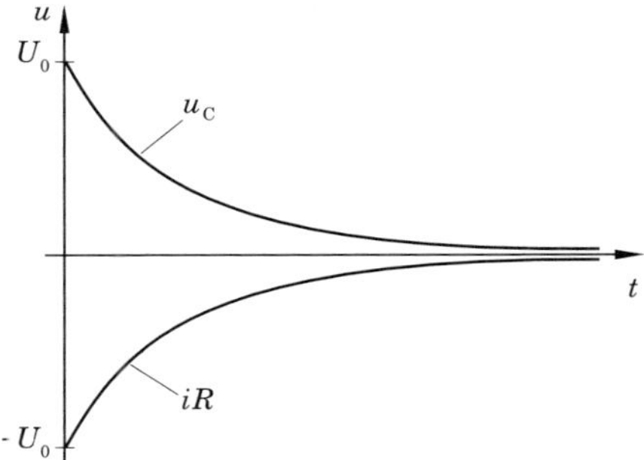

Bild 7.15: *Verlauf von Entladestrom und -spannung am Kondensator beim Entladen über einen Widerstand*

Alle Ausgleichsvorgänge, die wir betrachtet haben, werden jeweils durch eine Exponentialfunktion mit reellem Exponenten beschrieben. Dies ergibt sich immer, wenn die Schaltung nur eine Art von Energiespeichern enthält.

Aufgabe 7.6

Die Entladung eines Kondensators kann auch über sein eigenes Dielektrikum erfolgen. Wie groß ist die Entladezeitkonstante (dielektrische Relaxationszeit), wenn das Dielektrikum die Permittivität ε und die Leitfähigkeit κ aufweist?

7.7.2 Einfacher Kreis mit Spule und Kondensator

Verlustfreier Schwingkreis

Spule und Kondensator sind zwei Energiespeicher für unterschiedliche Energieformen. Durch fortwährenden Energieaustausch können in einer Schaltung, in der L und C vorkommen, Schwingungen auftreten.

Der Kondensator im Bild 7.16 sei auf U_0 aufgeladen. Zur Zeit $t = 0$ wird durch

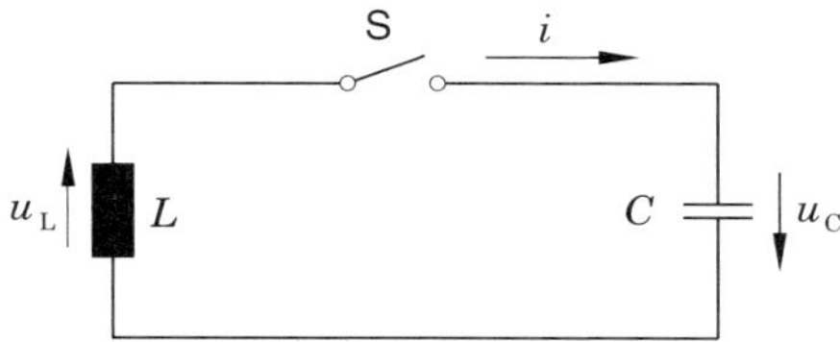

Bild 7.16: *Schwingkreis aus L und C (ungedämpft)*

Schließen des Schalters S über die Induktivität L ein geschlossener Kreis gebildet, für den

$$u_{\mathrm{L}} + u_{\mathrm{C}} = 0 \to L\frac{\mathrm{d}i}{\mathrm{d}t} + u_{\mathrm{C}} = 0 \tag{7.39}$$

gilt. Um aus dieser Integrodifferentialgleichung (u_{C} nach Gl. (7.20)!) eine Differentialgleichung zu erhalten, differenzieren wir nach t und ersetzen $\mathrm{d}u_{\mathrm{C}}/\mathrm{d}t$ durch i/C. Dividieren wir anschließend durch L, so erhalten wir

Differentialgleichung des harmonischen Oszillators

$$\frac{\mathrm{d}^2 i}{\mathrm{d}t^2} + \frac{1}{LC} i = 0 \ . \tag{7.40}$$

Diese Gleichung wird auch als Differentialgleichung des harmonischen Oszillators bezeichnet. Für diese Differentialgleichung können wir die beiden Lösungen

Lösungsansatz

$$i_1(t) = k_1 \cos \omega_0 t \ ; \qquad i_2(t) = k_2 \sin \omega_0 t \tag{7.41}$$

angeben, denn bei beiden erhält man nach zweifacher Differentiation bis auf einen konstanten Faktor die Ausgangsfunktion wieder zurück, so dass nach Einsetzen in Gl. (7.41) die Zeitfunktion herausgekürzt werden kann und eine Gleichung zur Bestimmung von ω_0 übrig bleibt. Es ist

$$\frac{\mathrm{d}^2}{\mathrm{d}t^2}\left\{\begin{array}{c} i_1 \\ i_2 \end{array}\right\} = -\omega_0^2 k_{1,2} \left\{\begin{array}{c} \cos \omega_0 t \\ \sin \omega_0 t \end{array}\right\} = -\omega_0^2 i_{1,2} \ ,$$

also

$$\frac{\mathrm{d}^2 i_{1,2}}{\mathrm{d}t^2} = -\omega_0^2 i_{1,2} \ .$$

Durch Einsetzen in Gl. (7.40) ergibt sich

$$-\omega_0^2 i_{1,2} + \frac{1}{LC} i_{1,2} = 0$$

und nach Herauskürzen von $i_{1,2}$

$$-\omega_0^2 + \frac{1}{LC} = 0 \; .$$

Daraus folgt

Resonanzkreisfrequenz

$$\omega_0 = \pm \frac{1}{\sqrt{LC}} \; . \tag{7.42}$$

Die Lösungen zum Eigenwert $-\omega_0$ unterscheiden sich nicht von denen zu $+\omega_0$, denn das Vorzeichen kann in den Konstanten k_1 und k_2 berücksichtigt werden.

Allgemeine Lösung

Die Gesamtlösung für i ist eine Linearkombination von i_1 und i_2:

$$i(t) = k_1 \cos \omega_0 t + k_2 \sin \omega_0 t \; . \tag{7.43}$$

Die Anfangsbedingungen sind

$$i(0) = 0 \; , \tag{7.44}$$

und wegen $u_C(0) = U_0$ folgt aus Gl. (7.39)

$$L \left. \frac{\mathrm{d}i}{\mathrm{d}t} \right|_{t=0} = -U_0 \; . \tag{7.45}$$

Die erste Anfangsbedingung wird mit $k_1 = 0$ erfüllt. Dann folgt aus der zweiten

$$L \left. \frac{\mathrm{d}}{\mathrm{d}t} (k_2 \sin \omega_0 t) \right|_{t=0} = -U_0 \; .$$

Nach Ausführung der Differentiation und Einsetzen von $t = 0$ erhält man

$$L\omega_0 k_2 = -U_0 \rightarrow k_2 = -\frac{U_0}{\omega_0 L} = -U_0 \sqrt{\frac{C}{L}} \; .$$

Die endgültige Lösung für den Strom lautet daher

$$i(t) = -U_0 \sqrt{\frac{C}{L}} \sin \omega_0 t \; , \tag{7.46}$$

und für die Spannung (s. Gl. (7.39)) gilt

$$u_C(t) = -L \frac{di}{dt} = U_0 \cos \omega_0 t \; . \tag{7.47}$$

Spannung und Strom ergeben sich also als sinusförmige Schwingungen.

Energiebetrachtung

Die im elektrischen Feld des Kondensators zu einem Zeitpunkt t gespeicherte Energie ist

$$W_\mathrm{E} = \frac{1}{2} C u_\mathrm{C}^2 = \frac{1}{2} C U_0^2 \cos^2 \omega_0 t \; .$$

Im magnetischen Feld der Spule wird im gleichen Zeitpunkt die Energie

$$W_\mathrm{M} = \frac{1}{2} L i^2 = \frac{1}{2} C U_0^2 \sin^2 \omega_0 t$$

gespeichert. Bilden wir die Summe der beiden Energien, so ergibt sich

$$W_\mathrm{E} + W_\mathrm{M} = \frac{1}{2} C U_0^2 (\cos^2 \omega_0 t + \sin^2 \omega_0 t) = \frac{1}{2} C U_0^2 \; . \tag{7.48}$$

Die Summe der Energien ist also konstant und gleich dem Wert, den die Energie im Schaltzeitpunkt im Kondensator hatte. Diese Energie schwingt zwischen Kondensator und Spule hin und her. Zu gewissen Zeiten ist sie nur in der Spule anzutreffen ($u_\mathrm{C} = 0 : i = \pm I_{max} = \pm U_0 \cdot \sqrt{C/L}$) und zu anderen nur im Kondensator ($i = 0 : U_\mathrm{C} = \pm U_{max} = \pm U_0$).

Das Hin- und Herpendeln der Energie zwischen zwei verschiedenen Energiespeichern ist das eigentliche Charakteristikum eines *Schwingkreises*, wie wir die Schaltung im Bild 7.16 nennen, oder allgemein eines schwingenden Systems.

Verlustbehafteter Schwingkreis

Bisher war die Summe der Energien in Spule und Kondensator zeitlich konstant, weil im Kreis keine Umsetzung in nichtelektrische Energie erfolgte. Enthält der Kreis aber zusätzlich einen ohmschen Widerstand, dann wird in diesem irreversibel elektrische Energie in Wärmeenergie umgesetzt, die an die Umgebung abgeleitet, dem Kreis also entzogen wird. Die Schwingungen klingen mit der Zeit ab. Wir sagen, der Schwingkreis ist (bzw. die Schwingungen sind) gedämpft. Dazu betrachten wir den

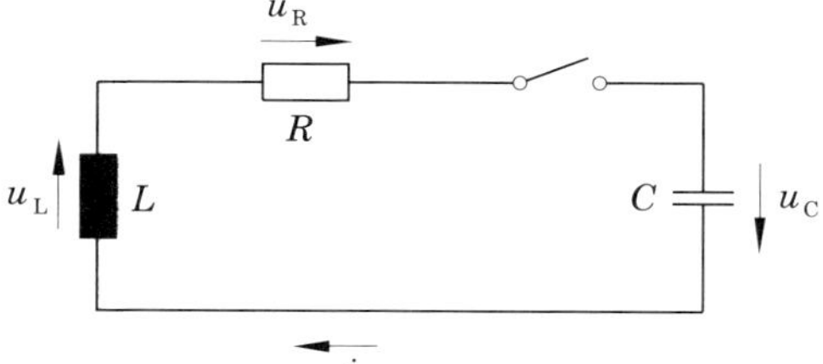

Bild 7.17: *Schwingkreis aus L, C und R*

Kreis im Bild 7.17. Wieder sei der Kondensator auf die Spannung $+U_0$ aufgeladen. Zur Zeit $t = 0$ wird der Schalter geschlossen.

Anstelle der Gl. (7.39) haben wir jetzt

$$u_\mathrm{L} + u_\mathrm{R} + u_\mathrm{C} = 0 \rightarrow L \frac{\mathrm{d}i}{\mathrm{d}t} + i_\mathrm{R} + u_\mathrm{C} = 0 \; , \tag{7.49}$$

und nach einmaliger Differentiation nach t und Division durch L lautet die homogene Differentialgleichung

$$\frac{\mathrm{d}^2 i}{\mathrm{d}t^2} + \frac{R}{L}\frac{\mathrm{d}i}{\mathrm{d}t} + \frac{1}{LC}i = 0 \,. \tag{7.50}$$

Die Anfangsbedingungen sind die gleichen wie in den Gln. (7.44) und (7.45). Die zu dem Exponentialansatz Gl. (7.26) gehörende charakteristische Gleichung ist bereits in Gl. (7.27) angegeben. Ihre Lösungen sind mit $\delta = R/2L$ und ω_0 nach Gl. (7.42)

$$\lambda_{1,2} = -\delta \pm \sqrt{\delta^2 - \omega_0^2} \,. \tag{7.51}$$

Je nachdem, ob der Radikand negativ, Null oder positiv ist, haben wir die Fälle *gedämpfte Schwingung, aperiodischer Grenzfall* und *aperiodischer Fall* zu unterscheiden.

Im letzten Fall sind λ_1 und λ_2 negativ reell. Wir setzten $\lambda_1 = -1/T_1$ und $\lambda_2 = -1/T_2$ und erhalten als Lösung

Aperiodischer Fall

$$i(t) = k_1 e^{-\frac{t}{T_1}} + k_2 e^{-\frac{t}{T_2}} \,. \tag{7.52}$$

Im aperiodischen Grenzfall werden T_1 und T_2 gleich. Es kann gezeigt werden, dass die Lösung dann durch

Aperiodischer Grenzfall

$$i(t) = k_1 e^{-\frac{t}{T}} + k_2 t e^{-\frac{t}{T}} \tag{7.53}$$

gegeben ist, wobei $T = 1/\delta$ ist.[2]

Im Fall $\delta < \omega_0$ erhalten wir mit $j = \sqrt{-1}$[3]

$$\lambda_{1,2} = -\delta \pm j\omega_1 \,; \qquad \omega_1 = \sqrt{\omega_0^2 - \delta^2} \,. \tag{7.54}$$

Die Lösung

$$i(t) = k_1 e^{\lambda_1 t} + k_2 e^{\lambda_2 t} = e^{-\delta t}(k_1 e^{j\omega_1 t} + k_2 e^{-j\omega_1 t})$$

können wir auch in der Form

Gedämpfte Schwingung

$$i(t) = e^{-\delta t}(b_1 \cos \omega_1 t + b_2 \sin \omega_1 t) \tag{7.55}$$

schreiben. b_1 und b_2 sind Linearkombinationen von k_1 und k_2. Wir bestimmen b_1 und b_2 aus den Anfangsbedingungen. Wegen $i(0) = 0$ muss $b_1 = 0$ sein. Wegen

$$\left.\frac{\mathrm{d}i}{\mathrm{d}t}\right|_{t=0} = \omega_1 b_1 \quad \text{(Ableitung von Gl. (7.55))}$$

2 Durch sogenannte „Variation der Konstanten“ nach Lagrange.

3 In der Elektrotechnik ist es international üblich, das Symbol für die imaginäre Einheit mit j zu bezeichnen, um eine Verwechslung mit dem Strom i zu vermeiden.

und wegen Gl. (7.45) ergibt sich

$$b_2 = -\frac{U_0}{\omega_1 L} \ .$$

Damit ist schließlich i durch

$$i(t) = -\frac{U_0}{\omega_1 L} e^{-\delta t} \sin \omega_1 t \tag{7.56}$$

gegeben. Der Faktor $e^{-\delta t}$ bewirkt, dass die Amplitude der Schwingung mit wachsender Zeit t exponentiell abnimmt. Im Bild 7.18 ist der zeitliche Verlauf zu Gl. (7.56) skizziert.

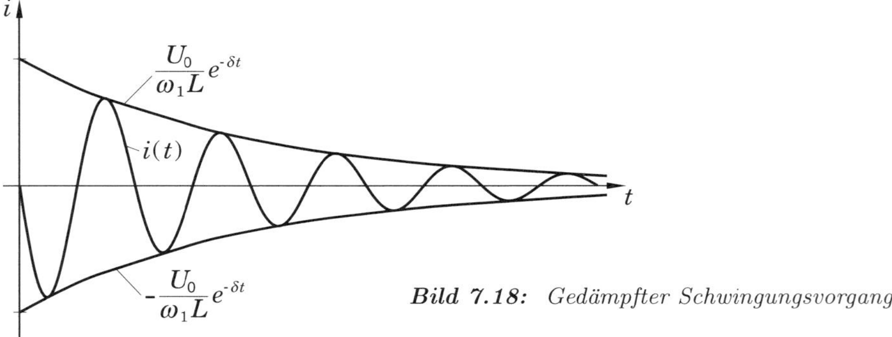

Bild 7.18: *Gedämpfter Schwingungsvorgang*

Aufgabe 7.7

Bestimmen Sie die Konstanten k_1 und k_2 in den Gln. (7.52) und (7.53), d. h. für den aperiodischen Fall und für den aperiodischen Grenzfall, und skizzieren Sie die Verläufe der Zeitfunktionen des Stromes!

Die hier angegebenen allgemeinen Lösungen Gln. (7.52) bis (7.55) für den Ausgleichsvorgang gelten auch für den Ausgleichsstrom in Gl. (7.28) oder nach entsprechendem Austausch der Größen auch bei anderen Einschwingvorgängen in der Physik, die durch eine lineare homogene Differentialgleichung zweiter Ordnung beschrieben werden (s. auch Abschn. 5.10.2 über den Einstellvorgang von Messinstrumenten).

Aktivierungselement 7.2

1. Stellen Sie analog zu dem Beispiel am Anfang dieses Lernzyklus die Differentialgleichung für eine Parallelschaltung von R, L und C auf!

2. Überlegen Sie sich, welche Konsequenzen es hätte, wenn in der Schaltung des Bildes 7.11 anstelle einer Spannungsquelle eine ideale Stromquelle eingebaut würde! Ist dieser Umbau überhaupt physikalisch zulässig?

3. Geben Sie eine physikalische Begründung dafür, dass der Strom in einer Spule bzw. die Spannung an einem Kondensator stetig verlaufen muss!

4. Welche Formen der Ausgleichsvorgänge können auftreten, wenn die betrachteten Schaltungen

   (a) entweder nur Spulen oder Kondensatoren,

   (b) beide Arten von Energiespeichern

   enthalten? Überlegen Sie sich Analogien zur Mechanik: Was sind z. B. beim Feder-Masse-System die beiden Energiespeicher?

5. In welchem Teil der komplexen Ebene müssen die Eigenwerte λ der charakteristischen Gleichung eines passiven Systems immer liegen? Betrachten Sie dazu Gl. (7.26), und schließen Sie physikalisch unsinnige Lösungen aus!

Aufgaben zur Vertiefung 12

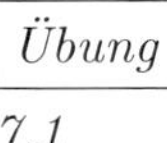

7.1

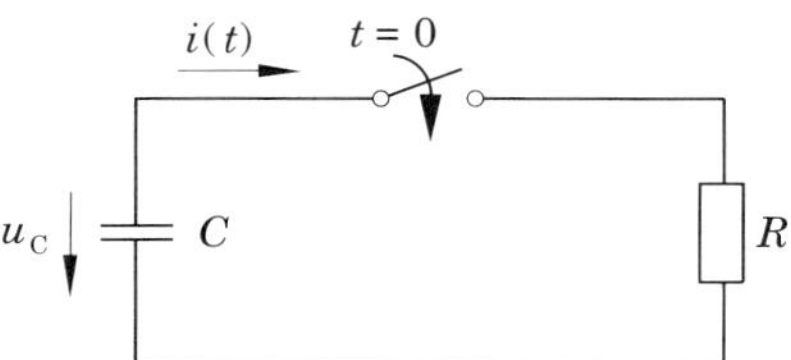

Der Kondensator sei auf die Spannung U_0 aufgeladen. Berechnen Sie den Verlauf von $i(t)$ und $u_C(t)$, wenn der Schalter im Zeitpunkt $t = 0$ geschlossen wird!

7.2

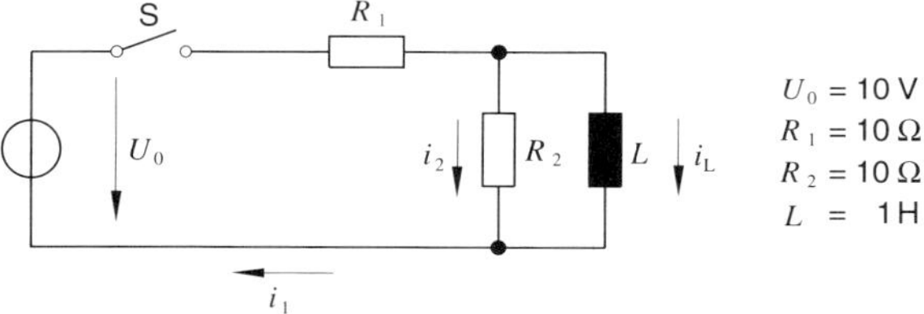

1. Wie groß sind die Ströme i_1, i_2 und i_L, wenn der Einschaltvorgang beendet ist?

2. Berechnen Sie den zeitlichen Verlauf der Ströme i_1, i_2 und i_L, wenn der Schalter S im Zeitpunkt $t = 0$ geöffnet wird! (Der Einschaltvorgang soll lange vor $t = 0$ beendet gewesen sein.)

Theoretische Vertiefung

7.3 Die Reihenschaltung eines ohmschen Widerstandes R mit einer Induktivität L werde im Zeitpunkt $t = 0$ an eine Wechselspannung $u(t) = \hat{U} \sin(\omega t + \alpha)$ gelegt.

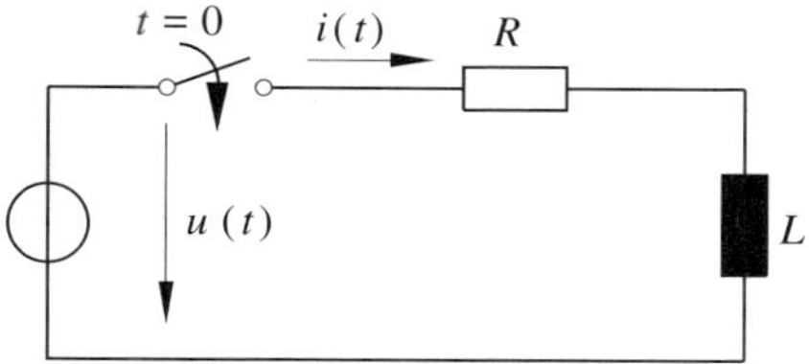

Berechnen Sie den zeitlichen Verlauf des Stromes $i(t)$, und stellen Sie ihn grafisch dar! Zerlegen Sie den Gesamtstrom in den stationären Wechselstrom und den Ausgleichsstrom! Wie groß muss der Phasenwinkel α der Wechselspannung $u(t)$ sein, damit kein Ausgleichsstrom auftritt?

Praktische Anwendung

7.4 Wenn ein Transistor als elektronischer Schalter für eine induktive Last, z. B. ein Relais, eingesetzt werden soll, so verwendet man oft die nachstehende Schaltung mit einer der Last parallel geschalteten Diode, um den Transistor vor gefährlichen Schaltüberspannungen zu schützen.

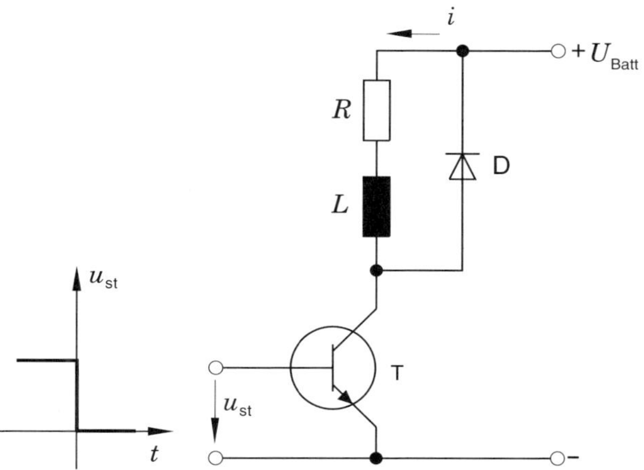

Für $t \geq 0$ soll ein konstanter Laststrom $i = I_0$ fließen. Wie sieht der zeitliche Verlauf des Stromes $i(t)$ aus, wenn der Transistor zum Zeitpunkt $t = 0$ vom leitenden in den sperrenden Zustand geschaltet wird? Es sei dabei eine ideale Diode vorausgesetzt.

Vororientierung zur Kurseinheit 13

Wechselströme haben in der Technik eine große Bedeutung. Insbesondere die elektrische Energietechnik arbeitet fast ausschließlich mit sinusförmigem Wechselstrom, bei uns mit der Frequenz 50 Hz. Er hat gegenüber Gleichstrom den Hauptvorteil, dass er sich mit Transformatoren auf hohe Spannungen bringen lässt, wodurch eine Energieübertragung über weite Strecken mit geringen Verlusten ermöglicht wird.

Mit Hilfe von sinusförmigen Vorgängen lassen sich alle periodischen Vorgänge darstellen. Deshalb ist es zunächst wichtig, den sinusförmigen Wechselvorgang genauer zu betrachten und zu beschreiben. Das geschieht mit Hilfe von komplexen Größen und Funktionen. Für Ströme und Spannungen werden wir dazu komplexe Amplituden und für die Schaltelemente komplexe Widerstände einführen.

Obwohl die einfachsten Rechenoperationen mit komplexen Zahlen im Text dargestellt sind, sollten Sie schon vorher mit ihnen vertraut sein.

Lernzyklus 8.1

Studienziele

Nach dem Durcharbeiten dieses Lernzyklus sollen Sie in der Lage sein,

- periodische Vorgänge und Wechselvorgänge zu charakterisieren, insbesondere auch die sie kennzeichnenden integralen Größen anzugeben;
- mit Hilfe von Zeigerdiagrammen Addition und Subtraktion sinusförmiger Wechselgrößen durchzuführen;
- Wechselgrößen mit Hilfe der komplexen Rechnung darzustellen;
- die reelle Schwingung aus dem komplexen Resultat zu bestimmen;
- Differentiation und Integration komplexer Schwingungen anzugeben.

8 Wechselströme und Netzwerke

8.1 Grundbegriffe und Definitionen

Die zeitlichen Verläufe der Vorgänge in der Physik und Technik werden eingeteilt in *Gleichvorgänge*, bei denen sich die betrachteten Größen, auch Gleichgrößen genannt, in einem genügend großen Zeitabschnitt nicht ändern, und in *veränderliche Vorgänge*, bei denen sich die Größen in ihrem Wert und evtl. auch in ihrer Richtung ändern. Die veränderlichen Vorgänge können *periodisch* oder *nichtperiodisch* sein. Beide haben in der Technik eine große Bedeutung. In diesem Kapitel wollen wir uns mit periodischen Vorgängen, und zwar hauptsächlich mit *Wechselvorgängen* (Wechselströmen und Wechselspannungen), in Netzwerken befassen. Unter Wechselvorgang verstehen wir einen periodischen Vorgang, bei dem der arithmetische Mittelwert (s. u.) Null ist. Der wichtigste Wechselvorgang ist der sinusförmige. Alle anderen periodischen Vorgänge lassen sich durch die Überlagerung von sinusförmigen Vorgängen darstellen.

Wichtige Begriffe

Anhand der beiden periodischen Verläufe im Bild 8.1, einem allgemeinen und einem sinusförmigen Verlauf, sollen zunächst einige charakteristische Größen definiert werden. Jeder periodische Vorgang ist dadurch gekennzeichnet, dass sich jeweils nach

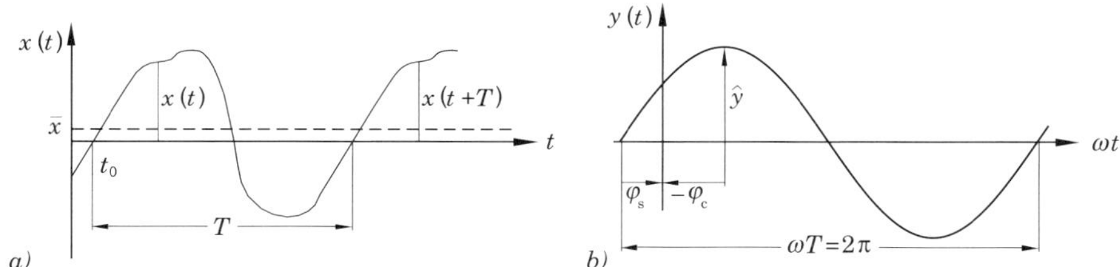

Bild 8.1: *Periodische Funktionen*
a) allgemein
b) sinusförmig

einer gewissen Zeit T der Vorgang gleichartig wiederholt. Wenn daher der Verlauf der Funktion in irgendeinem Zeitintervall der Dauer T gegeben ist, dann ist er zu allen Zeiten t bekannt, denn es gilt

$$x(t + nT) = x(t) \; , \tag{8.1}$$

wobei n eine ganze Zahl ist. Der Abschnitt der Funktion innerhalb T wird als *Periode*, das Zeitintervall T als *Periodendauer* bezeichnet. Die Zahl der Perioden in der Zeiteinheit heißt *Frequenz* (Formelzeichen f). Sie ist durch

$$f = \frac{1}{T} \tag{8.2}$$

gegeben und hat die Dimension Zeit^{-1}. Die Einheit der Frequenz nennt man Hertz.

$$1\mathsf{Hz} = 1\mathsf{s}^{-1}$$

Die Wahl des Zeitnullpunktes ist willkürlich. Die Zeit t_0 bis zum ersten positiven Nulldurchgang der Funktion vom gewählten Nullpunkt heißt *Nullzeit.* Der sinusförmige periodische Vorgang ist eindeutig bestimmt, wenn die drei Größen Periodendauer T (oder Frequenz f), *Amplitude* (Maximal- oder Scheitelwert) $\hat{y}$ und *Nullphasenwinkel* φ_s gegeben sind. Die funktionale Darstellung lautet

$$y(t) = \hat{y}\sin\left(2\pi\frac{t}{T} + \varphi_\mathrm{s}\right) = \hat{y}\sin(\omega t + \varphi_\mathrm{s})\ . \tag{8.3}$$

Die Größe $\omega = 2\pi/T = 2\pi f$ wird, da sie das 2π-fache der Frequenz ist, als *Kreisfrequenz* bezeichnet. Wegen $\sin\alpha = \cos\left(\alpha - \frac{\pi}{2}\right)$ können wir anstelle der Gl. (8.3) auch

$$y(t) = \hat{y}\cos\left(\omega t + \varphi_\mathrm{s} - \frac{\pi}{2}\right) \tag{8.4}$$

schreiben. Für die Darstellung mit der Kosinusfunktion ist demnach $\varphi_\mathrm{s} - \frac{\pi}{2} = \varphi_\mathrm{c}$ als Nullphasenwinkel zu bezeichnen. Die positive Zählrichtung dieser Winkel ist entsprechend der positiven Richtung von ωt zu wählen.

Neben dem zeitlichen Verlauf des periodischen Vorganges interessieren gewisse integrale Größen der Verläufe. Wir definieren diese hier allgemein und geben jeweils ihren Wert für sinusförmige Vorgänge an.

Arithmetischer Mittelwert

Als arithmetischen Mittelwert $\overline{x}$ [1)] bezeichnet man das Zeitintegral von $x(t)$ über eine Periode, bezogen auf die Periodendauer

$$\overline{x} = \frac{1}{T}\int_{t_1}^{t_1+T} x(t)dt\ . \tag{8.5}$$

Definition einer reinen Wechselgröße

Periodische Vorgänge, bei denen der arithmetische Mittelwert der sich mit der Zeit ändernden Augenblickswerte Null ist, werden als *Wechselvorgänge* bezeichnet. Sinusförmige Vorgänge sind Wechselvorgänge, denn die Flächen unterhalb und oberhalb der t-Achse sind von gleicher Form und Größe.

Die Gl. (8.5) können wir umschreiben in

$$0 = \frac{1}{T}\int_{t_1}^{t_1+T} (x(t) - \overline{x})\mathrm{d}t\ . \tag{8.6}$$

1 Der Querstrich über einer Größe oder einem Ausdruck soll hier allgemein die arithmetische Mittelwertbildung bezeichnen.

Jeder periodische Vorgang $y(t) = x(t) - \overline{x}$ ist also ein Wechselvorgang. Oder umgekehrt: Jeder periodische Vorgang ist die Überlagerung eines Wechselvorganges und eines Gleichvorganges. Der Gleichanteil ist gleich dem arithmetischen Mittelwert.

Gleichrichtwert

Der sogenannte Gleichrichtwert $|\overline{x}|$ einer periodischen Funktion $x(t)$ ist der arithmetische Mittelwert der stets mit einem positiven Vorzeichen versehenen Augenblickswerte (absolute Augenblickswerte):

$$|\overline{x}| = \frac{1}{T}\int_{t_1}^{t_1+T} |x(t)|\mathrm{d}t \ . \tag{8.7}$$

Für einen sinusförmigen Wechselvorgang (s. Bild 8.2) erhalten wir den Gleichricht-

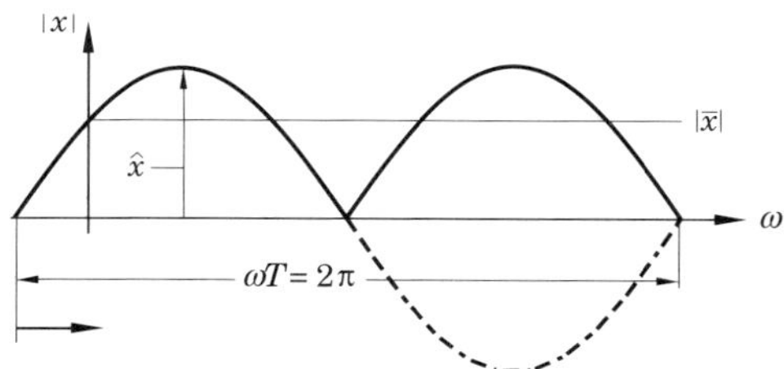

Bild 8.2: *Absolute Augenblickswerte und Gleichrichtwert einer sinusförmigen Wechselgröße*

wert aus

$$|\overline{x}| = \frac{\hat{x}}{\omega T}\int_{\omega t_1}^{\omega t_1+\omega T} |\sin(\omega t + \varphi)|\mathrm{d}\omega t \ .$$

Zur Integration setzen wir $\omega t + \varphi = \xi$ und $\omega t_1 = -\varphi$. Dann wird

$$|\overline{x}| = \frac{\hat{x}}{2\pi}\int_{o}^{2\pi} |\sin\xi|\mathrm{d}\xi = \frac{\hat{x}}{2\pi}\cdot 4\cdot\int_{o}^{\pi/2} \sin\xi\mathrm{d}\xi = -\frac{2}{\pi}\hat{x}\cos\xi\Big|_{o}^{\pi/2} ,$$

also

$$|\overline{x}| = \frac{2}{\pi}\hat{x} \ . \tag{8.8}$$

Effektivwert

Schließlich wird noch der quadratische Mittelwert oder auch Effektivwert durch

$$x_{\text{eff}} = \sqrt{\overline{x^2}} = \sqrt{\frac{1}{T}\int_{t_1}^{t_1+T} x^2(t)\mathrm{d}t} \tag{8.9}$$

definiert. Dieser wird insbesondere zur Angabe der mittleren Leistung benötigt. Bei einem sinusförmigen Wechselvorgang ist die Fläche zwischen der Kurve $x^2(t)$ und der t-Achse genau so groß wie das Rechteck mit der halben Höhe des Maximalwertes von x^2 (s. Bild 8.3). Es ist also

$$\int_{t_1}^{t_1+T} \hat{x}^2\sin^2(\omega t + \varphi)\mathrm{d}t = \frac{1}{2}\hat{x}^2 T$$

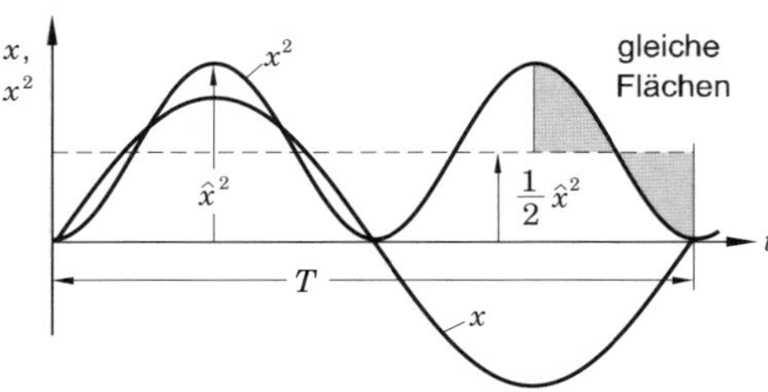

Bild 8.3: Verlauf der Quadrate der Augenblickswerte bei einer sinusförmigen Wechselgröße

und daher

$$x_{\text{eff}} = \frac{\hat{x}}{\sqrt{2}} \,. \tag{8.10}$$

Bei Wechselströmen und Wechselspannungen werden zur Angabe der Effektivwerte meistens die großen lateinischen Buchstaben I und U verwendet.

Mit den definierten Mittelwerten können zwar die mittleren Wirkungen von Wechselströmen und Wechselspannungen beschrieben werden, sie sagen aber nichts über die Kurvenform aus. Einen gewissen Eindruck von dieser vermitteln der *Formfaktor* und der *Scheitelfaktor*. Der erstere ist als Quotient aus Effektivwert und Gleichrichtwert und der zweite als Quotient aus Scheitelwert und Effektivwert definiert.

8.2 Zeigerdarstellung sinusförmiger Wechselgrößen

Ein sinusförmiger Zeitverlauf lässt sich sehr einfach aus der Bewegung eines rotierenden Radiuspfeiles, eines sogenannten *Drehzeigers*, darstellen. Der Drehzeiger $\underline{a}$ im

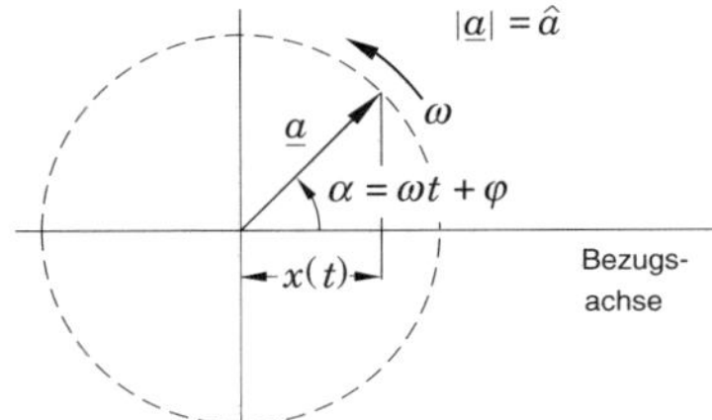

Bild 8.4: Darstellung einer sinusförmigen Wechselgröße aus einem rotierenden Zeiger

Bild 8.4 habe eine der Amplitude $\hat{a}$ entsprechende Länge, die durch einen gewählten Maßstab festgelegt wird, und möge mit der Drehwinkelgeschwindigkeit ω rotieren. Der Winkel zur Bezugsachse sei zur Zeit $t = 0$ gleich φ und ist deshalb zu einem beliebigen Zeitpunkt durch $\alpha = \omega t + \varphi$ gegeben. Die Projektion des Drehzeigers auf die horizontale Bezugsachse hat den Wert

$$x(t) = \hat{a} \cos \alpha = \hat{a} \cos(\omega t + \varphi) \tag{8.11}$$

und stellt eine allgemeine „sinusförmige" Zeitfunktion dar. Projiziert man den Drehzeiger auf die vertikale Achse im Bild 8.4, so erhält man als Projektion

$$y(t) = \hat{a} \sin \alpha = \hat{a} \sin(\omega t + \varphi) \; . \tag{8.12}$$

Bei entsprechender Wahl des Nullphasenwinkels φ kann also jede der beiden Projektionen zur Darstellung eines sinusförmigen Wechselvorganges gewählt werden. (Natürlich sind beliebig viele weitere Projektionsachsen möglich!)

Zeigerdiagramm

Nun betrachten wir zwei sinusförmige Wechselgrößen gleicher Frequenz, jedoch unterschiedlicher Amplitude und verschiedener Nullphasenwinkel. Die Phasenwinkel sind dann durch $\alpha_1 = \omega t + \varphi_1$ und $\alpha_2 = \omega t + \varphi_2$ gegeben. Bei den im Bild 8.5 gegebenen Verhältnissen sagen wir, dass der Drehzeiger $\underline{a}_1$ gegenüber $\underline{a}_2$ um den Winkel $\alpha_1 - \alpha_2$ voreilt; $\underline{a}_2$ eilt entsprechend $\underline{a}_1$ nach. Die relative Lage der beiden

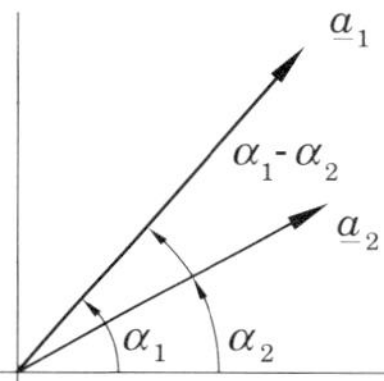

Bild 8.5: *Zeiger für zwei sinusförmige Wechselgrößen*

Drehzeiger zueinander ist in jedem Zeitaugenblick die gleiche, denn die Differenz der beiden Winkel α_1 und α_2 ist stets gleich der Differenz der Nullphasenwinkel φ_1 und φ_2. Es genügt deshalb bei gegebener Frequenz zur vollständigen Beschreibung der zeitlichen Verläufe, die Lage der Drehzeiger zu einem bestimmten Zeitaugenblick zu kennen. Wir zeichnen deshalb die Drehzeiger in Zukunft im Zeitpunkt $t = 0$ und bezeichnen sie in der festen Lage als *Zeiger*. Im Bild 8.5 ist dann $\alpha_1 = \varphi_1$ und $\alpha_2 = \varphi_2$. Eine Darstellung wie im Bild 8.5 bezeichnet man dann als *Zeigerdiagramm*.

Addition und Subtraktion von Zeigern

Die Darstellung sinusförmiger Wechselgrößen durch ein Zeigerdiagramm ist besonders von Vorteil, wenn diese durch Addition oder Subtraktion miteinander verknüpft werden sollen. Wir zeigen das an einem Beispiel. Die Spannungen u_1 und u_2 zweier räumlich verschobener Wicklungen am Ständerumfang einer Synchronmaschine sind gegeneinander phasenverschoben und können bei verschiedener Wicklungsfläche unterschiedliche Amplituden haben. Sind die Wicklungen hintereinander geschaltet, dann gilt für die Gesamtspannung

$$u = \underbrace{\hat{u}_1 \cos(\omega t + \varphi_1)}_{u_1} + \underbrace{\hat{u}_2 \cos(\omega t + \varphi_2)}_{u_2} = \hat{u} \cos(\omega t + \varphi) \; . \tag{8.13}$$

$\hat{u}_1, \hat{u}_2$ und φ_2 mögen bekannt sein. Durch die rechte Seite nach dem zweiten Gleichheitszeichen wird angedeutet, dass sich die beiden sinusförmigen Spannungen zu einer sinusförmigen Gesamtspannung mit der Amplitude $\hat{u}$ und dem Nullphasenwinkel φ addieren. Die Bestimmung von $\hat{u}$ und φ kann sehr einfach im Zeigerdiagramm erfolgen. Dazu betrachten wir die geometrische Summe $\underline{u}$ der beiden zu u_1 und u_2 gehörenden Zeiger $\underline{u}_1$ und $\underline{u}_2$ (s. Bild 8.6).

Wir erkennen, dass die Projektion des Summenzeigers auf die Bezugsachse gleich der Summe der Projektionen der beiden Zeiger $\underline{u}_1$ und $\underline{u}_2$ ist. Entsprechendes gilt auch für die Drehzeiger in jedem Zeitaugenblick. Der Summendrehzeiger rotiert mit der gleichen Winkelgeschwindigkeit.

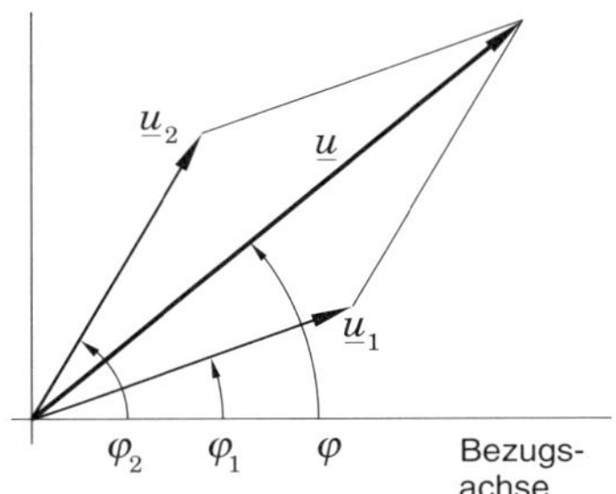

Bild 8.6: *Vektorielle Addition zweier Zeiger zur Bestimmung des Zeigers der Summe zweier sinusförmiger Vorgänge*

Wir können nun auch umgekehrt folgern:

1. Da sich die Summe zweier sinusförmiger Vorgänge gleicher Frequenz als Projektion eines Drehzeigers darstellen lässt, ist der Summenvorgang wieder sinusförmig und von gleicher Frequenz.

2. Amplitude und Phase des Summenvorganges sind durch den Summenzeiger gegeben.

Die Erweiterung auf mehr als zwei sinusförmige Verläufe ist trivial, ebenso die Subtraktion. Diese kann auf die Addition zurückgeführt werden, wenn man beachtet, dass $-\hat{a}\cos(\omega t + \varphi)$ gleich $\hat{a}\cos(\omega t + \varphi \pm \pi)$ ist. Der zu subtrahierende Zeiger ist also um 180° zu drehen und dann zu addieren. Mit den bekannten Gesetzen der Geometrie können wir Amplitude und Phase des Summenzeigers im Bild 8.6 auch formelmäßig angeben. Aus dem Kosinussatz erhalten wir die Amplitude

$$\hat{u} = \sqrt{\hat{u}_1^2 + \hat{u}_2^2 + 2\hat{u}_1\hat{u}_2\cos(\varphi_2 - \varphi_1)} \tag{8.14}$$

und aus

$$\tan\varphi = \frac{\hat{u}_1 \sin\varphi_1 + \hat{u}_2 \sin\varphi_2}{\hat{u}_1 \cos\varphi_1 + \hat{u}_2 \cos\varphi_2} \tag{8.15}$$

den Phasenwinkel φ.

8.3 Darstellung sinusförmiger Vorgänge mit Hilfe der komplexen Rechnung

Im vorangegangenen Abschnitt haben wir gezeigt, wie man sinusförmige Wechselvorgänge geometrisch darstellen und überlagern kann. Mit Hilfe der komplexen Zahlenebene kann man die Zeiger und deren Überlagerung nun auch analytisch beschreiben. Die Kenntnis der komplexen Zahlen wird vorausgesetzt. Lediglich an für unsere Anwendungen relevante Begriffe und Beziehungen soll hier kurz erinnert werden.

8.3.1 Komplexe Zahlen

Eine *komplexe Zahl* z besitzt die Form

$$\underline{z} = x + \mathrm{j}y \tag{8.16}$$

mit reellen Zahlen x und y und der imaginären Einheit $\mathrm{j} = \sqrt{-1}$. x heißt der *Realteil* und y der *Imaginärteil* der komplexen Zahl $\underline{z}$. Man schreibt $x = \mathrm{Re}(\underline{z})$ und $y = \mathrm{Im}(\underline{z})$. $\underline{z}$ wird als Punkt in der komplexen Zahlenebene $\underline{z}$ (s. Bild 8.7), deren rechtwinklige Koordinatenachsen den Realteil von $\underline{z}$ bzw. den Imaginärteil von $\underline{z}$ wiedergeben, dargestellt. x und y sind die jeweiligen Koordinaten. Der Punkt $\underline{z}$ kann aber auch durch den Zeiger vom Koordinatenursprung zum Punkt $\underline{z}$ angegeben werden. x und y sind seine rechtwinkligen Komponenten. Als *Betrag* $|\underline{z}|$ der komplexen Zahl $\underline{z}$ wird die Länge r des Zeigers definiert. Es ist

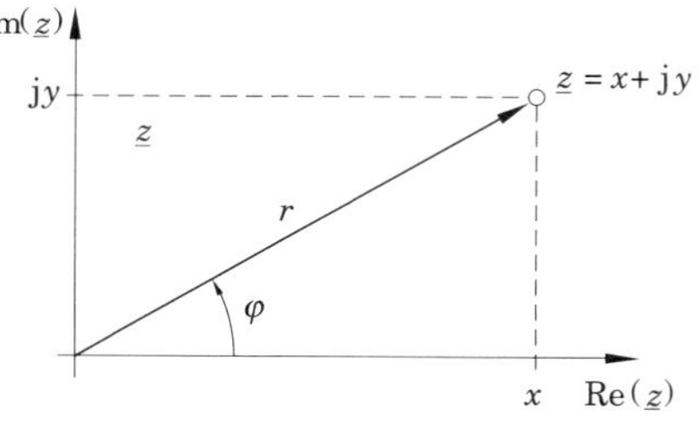

Bild 8.7: *Darstellung einer komplexen Zahl in der komplexen Zahlenebene*

$$|\underline{z}| = r = +\sqrt{x^2 + y^2} \ .$$

Der Winkel φ zwischen dem Zeiger und der reellen Achse wird auch als *Phase* oder *Argument* bezeichnet. Aus der Geometrie folgt

$$\varphi = \arctan \frac{y}{x} \ .$$

r und φ werden die *polaren Koordinaten* von $\underline{z}$ genannt. Auch diese legen $\underline{z}$ eindeutig fest. Wegen $\underline{z} = x + \mathrm{j}y = r\cos\varphi + \mathrm{j}r\sin\varphi$ gelten die Beziehungen

$$x = r\cos\varphi \ ; \qquad\qquad y = r\sin\varphi \ .$$

Mit den Euler'schen Formeln

$$\cos\varphi = \frac{1}{2}(e^{j\varphi} + e^{-j\varphi}) \ ; \qquad \sin\varphi = \frac{1}{2j}(e^{j\varphi} - e^{-j\varphi})$$

erhalten wir eine neue Schreibweise für $\underline{z}$, nämlich die *Exponentialdarstellung*:

$$\underline{z} = r\cdot\cos\varphi + jr\cdot\sin\varphi = re^{j\varphi} = r\cdot\exp(j\varphi)\ .$$

$\exp(j\varphi)$ wird als *Phasenfaktor*[2)] bezeichnet und gibt die Richtung des Zeigers an, in die er aus der reellen Bezugsachse zu drehen ist. Insbesondere ist

$$e^{jo} = 1\ , \quad e^{j\pi/2} = j\ , \quad e^{-j\pi/2} = -j\ , \quad e^{j\pi} = e^{-j\pi} = -1\ .$$

Als zu $\underline{z}$ *konjugiert komplexe Zahl* $\underline{z}^*$ wird die Spiegelung von $\underline{z}$ an der reellen Koordinatenachse definiert. Es ist also

$$\underline{z}^* = x - jy = r\cdot e^{-j\varphi}\ .$$

8.3.2 Rechenoperationen mit komplexen Zahlen

Die *Addition* zweier komplexer Zahlen $\underline{z}_1 = x_1 + jy_1$ und $\underline{z}_2 = x_2 + jy_2$ geschieht dadurch, dass die Realteile zum Realteil und die Imaginärteile zum Imaginärteil der Summe aufaddiert werden:

$$\underline{z} = \underline{z}_1 + \underline{z}_2 = (x_1 + x_2) + j(y_1 + y_2)\ .$$

Insbesondere ist

$$\underline{z} + \underline{z}^* = 2\mathrm{Re}(\underline{z}) = 2\mathrm{Re}(\underline{z}^*) = 2x\ .$$

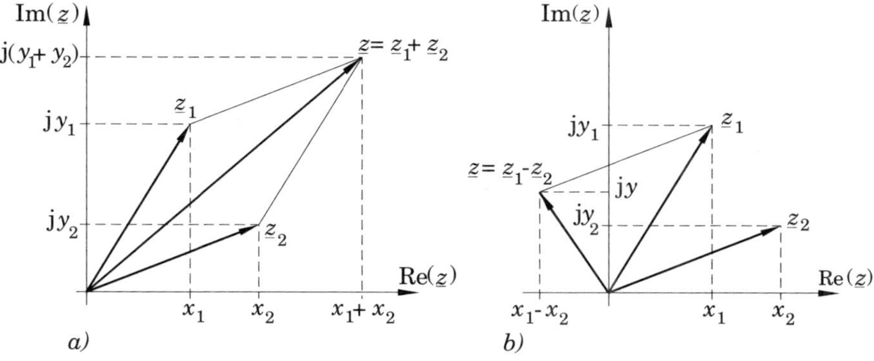

Bild 8.8: *Addition (a) und Subtraktion (b) zweier komplexer Zahlen in der komplexen Ebene*

2 Die Schreibweise „exp" anstelle von „e hoch" ist bei längeren Argumenten vorzuziehen.

Die *Subtraktion* erfolgt dadurch, dass die Realteile zum Realteil und die Imaginärteile zum Imaginärteil der Differenz subtrahiert werden:

$$\underline{z} = \underline{z}_1 - \underline{z}_2 = (x_1 - x_2) + \mathrm{j}(y_1 - y_2) \ .$$

Insbesondere ist

$$\underline{z} - \underline{z}^* = \mathrm{j}2\mathrm{Im}(\underline{z}) = -\mathrm{j}2\mathrm{Im}(\underline{z}^*) = \mathrm{j}2y \ .$$

Im Bild 8.8 sind Addition und Subtraktion in der komplexen Ebene dargestellt.

Die *Multiplikation* lässt sich besonders einfach mit der Exponentialdarstellung angeben. Mit $\underline{z}_1 = r_1 e^{\mathrm{j}\varphi_1}$ und $\underline{z}_2 = r_2 e^{\mathrm{j}\varphi_2}$ ist

$$\underline{z} = \underline{z}_1 \underline{z}_2 = r_1 e^{\mathrm{j}\varphi_1} \cdot r_2 e^{\mathrm{j}\varphi_2} = r_1 r_2 e^{\mathrm{j}(\varphi_1 + \varphi_2)} \ .$$

Die Beträge werden also multipliziert und die Winkel addiert. Insbesondere ist

$$\underline{z} \cdot \underline{z}^* = r e^{\mathrm{j}\varphi} \cdot r e^{-\mathrm{j}\varphi} = r^2 e^{\mathrm{j}o} = r^2$$

und deshalb

$$r = +\sqrt{\underline{z} \cdot \underline{z}^*} \ .$$

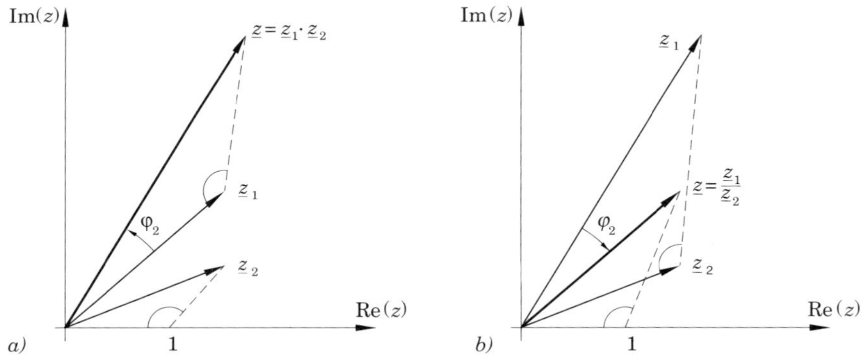

Bild 8.9: *Multiplikation (a) und Division (b) zweier komplexer Zahlen in der komplexen Ebene*

Für die *Division* zweier komplexer Zahlen $\underline{z}_1$ und $\underline{z}_2$ erhält man mit diesem Ergebnis

$$\underline{z} = \frac{\underline{z}_1}{\underline{z}_2} = \frac{\underline{z}_1 \underline{z}_2^*}{\underline{z}_2 \underline{z}_2^*} = \frac{r_1 e^{\mathrm{j}\varphi_1} \cdot r_2 e^{-\mathrm{j}\varphi_2}}{r_2^2} = \frac{r_1}{r_2} e^{\mathrm{j}(\varphi_1 - \varphi_2)} \ .$$

Die Beträge werden also dividiert und die Winkel subtrahiert. Insbesondere ist

$$\frac{\underline{z}}{\underline{z}^*} = e^{\mathrm{j}2\varphi} \ .$$

In der komplexen Zahlenebene bedeutet die Multiplikation von $\underline{z}_1$ mit $\underline{z}_2$, dass der Zeiger $\underline{z}_1$ um den Winkel φ_2 in positiver φ-Richtung gedreht und sein Betrag um den Faktor r_2 geändert wird. Entsprechend bedeutet die Division von $\underline{z}_1$ und $\underline{z}_2$, dass der Zeiger $\underline{z}_1$ um φ_2 in negativer φ-Richtung gedreht und sein Betrag durch r_2 dividiert wird. Im Bild 8.9 sind beide Operationen dargestellt. Eine geometrische Konstruktion ist aufgrund der Ähnlichkeit der mit Hilfe der gestrichelten Linien gebildeten Dreiecke leicht möglich.

8.3.3 Komplexe Darstellung sinusförmiger Schwingungen

Nach den Euler'schen Formeln ist $\exp(\mathrm{j}\alpha) = \cos\alpha + \mathrm{j}\sin\alpha$. Setzen wir $\alpha = \omega t + \varphi$, dann können wir eine sinusförmige Wechselgröße

$$a_1 = \hat{A}\cos(\omega t + \varphi) \tag{8.17}$$

darstellen als

$$a_1 = \mathrm{Re}\{\hat{A}e^{\mathrm{j}(\omega t+\varphi)}\} = \mathrm{Re}\{\hat{A}e^{\mathrm{j}\varphi} \cdot e^{\mathrm{j}\omega t}\}\ . \tag{8.18}$$

Entsprechend ist

$$a_2 = \hat{A}\sin(\omega t + \varphi) \tag{8.19}$$

auch darstellbar als

$$a_2 = \mathrm{Im}\{\hat{A}e^{\mathrm{j}(\omega t+\varphi)}\} = \mathrm{Im}\{\hat{A}e^{\mathrm{j}\varphi} \cdot e^{\mathrm{j}\omega t}\}\ . \tag{8.20}$$

Komplexe Amplitude

Die komplexe Größe $\underline{\hat{A}} = \hat{A}\exp(\mathrm{j}\varphi)$ wird als komplexe Amplitude des sinusförmigen Wechselvorganges bezeichnet. $\underline{\hat{A}}$ ist als Zeiger in der komplexen Zahlenebene identisch mit dem früher aufgrund geometrischer Überlegungen eingeführten Zeiger. Da der Betrag von $\underline{\hat{A}}$ gleich der Amplitude $\hat{A}$ und der Winkel von $\underline{\hat{A}}$ gleich dem Nullphasenwinkel φ ist, enthält die komplexe Amplitude bei bekannter Frequenz die zur Darstellung eines sinusförmigen Wechselvorganges notwendigen Informationen. Die Multiplikation von $\hat{A}$ mit $\exp(\mathrm{j}\omega t)$ ergibt einen mit der Winkelgeschwindigkeit ω in positivem Sinn rotierenden Zeiger, d. h. den zum Wechselvorgang gehörenden Drehzeiger.

Mit der komplexen Amplitude $\underline{\hat{A}}$ lauten die Darstellungen für a_1 und a_2

$$a_1 = \mathrm{Re}\{\underline{\hat{A}}e^{\mathrm{j}\omega t}\}\ , \qquad a_2 = \mathrm{Im}\{\underline{\hat{A}}e^{\mathrm{j}\omega t}\}\ . \tag{8.21}$$

Komplexe Schwingung

Die Verknüpfung von a_1 und a_2 zu der komplexen Größe

$$\underline{a} = a_1 + \mathrm{j}a_2 = \mathrm{Re}\{\underline{\hat{A}}e^{\mathrm{j}\omega t}\} + \mathrm{j}\,\mathrm{Im}\{\underline{\hat{A}}e^{\mathrm{j}\omega t}\} = \underline{\hat{A}}e^{\mathrm{j}\omega t} \tag{8.22}$$

wird als komplexe Schwingung bezeichnet. $\underline{a}$ stellt in der komplexen Ebene den eben erwähnten Drehzeiger dar. Da man mit Exponentialfunktionen wesentlich leichter rechnen kann als mit trigonometrischen, erweitert man einen gegebenen Wechselvorgang mit dem jeweils fehlenden Teil zum komplexen Wechselvorgang. Die komplexe Schwingung $\underline{a}$ wird dann *lediglich als Rechengröße* benutzt. Sie hat keine physikalische Realität. Physikalisch sind nur reelle Schwingungen möglich, also je nach Festlegung am Anfang der Rechnung nur der Realteil oder der Imaginärteil der komplexen Schwingung. Wir wollen die sinusförmigen Wechselvorgänge mit der Kosinusfunktion darstellen. Entsprechend ist der physikalische Vorgang als Realteil des komplexen Vorganges gegeben.

Wir können nun zeigen, dass wir anstelle der realen auch die komplexen Größen bestimmten Rechenoperationen unterwerfen und anschließend aus dem komplexen Rechenresultat den wirklichen Vorgang ablesen können. Diese Rechenoperationen sind Addition, Subtraktion, Multiplikation mit einer reellen Konstanten, Differentiation und Integration nach der Zeit.

Bevor wir das allgemein zeigen, sei bemerkt, dass dies gerade die Rechenoperationen sind, über die Strom und Spannung an den im Kapitel 7 betrachteten Schaltelementen und die Ströme an den Knoten und die Spannungen in den Maschen miteinander verknüpft sind. Gleichungen, in denen Größen nur über diese Rechenoperationen miteinander verknüpft sind, werden linear genannt. Es sei nun zum Beispiel die Größe $a(t)$ über eine solche lineare Beziehung aus der Größe $b(t)$ bestimmbar. Wir schreiben

$$a(t) = f(b(t)) \; . \tag{8.23}$$

Als lineare Beziehung hat f die folgenden Eigenschaften:

1. Erhält man für $b_1(t)$ ein $a_1(t)$ und für $b_2(t)$ ein $a_2(t)$, dann ergibt sich bei $b(t) = b_1(t) + b_2(t)$ als Lösung für $a(t)$ die Summe von $a_1(t)$ und $a_2(t)$, weil

$$f(b_1(t) + b_2(t)) = f(b_1(t)) + f(b_2(t)) \tag{8.24}$$

ist. Das heißt, es gilt das Überlagerungsprinzip. Daraus folgt auch sofort, dass

$$f(\lambda b_1(t)) = \lambda f(b_1(t)) \; , \tag{8.25}$$

wobei λ ein beliebiger konstanter Faktor ist. Formal können wir hier für λ auch die imaginäre Einheit j wählen.

2. Erhält man für $b(t) = b_1(t)$ ein $a(t) = a_1(t)$, dann ergibt sich für $b(t) = \mathrm{d}b_1/\mathrm{d}t$ ein $a(t) = \mathrm{d}a_1/\mathrm{d}t$, denn es gilt

$$\frac{\mathrm{d}f(b(t))}{\mathrm{d}t} = f\left(\frac{\mathrm{d}b(t)}{\mathrm{d}t}\right) \; . \tag{8.26}$$

Die Beziehung (8.23) ist also invariant gegenüber gewöhnlicher Differentiation.

Nun sei $b(t)$ eine sinusförmige Wechselgröße. Setzen wir zuerst

$$b(t) = b_1(t) = \hat{B}\cos(\omega t + \varphi_{\mathrm{b}}) \; .$$

Da die Ableitung und das Integral von b_1 nach der Zeit auch sinusförmig sind und die Summe bzw. die Differenz sinusförmiger Vorgänge ebenso, lässt sich $a(t)$ angeben als

$$a_1(t) = \hat{A}\cos(\omega t + \varphi_{\mathrm{a}}) .$$

Setzen wir für $b(t)$ nun

$$b(t) = b_2(t) = \hat{B}\sin(\omega t + \varphi_{\mathrm{b}}) ,$$

dann ist wegen $b_2(t) = -\mathrm{d}b_1/(\omega \mathrm{d}t)$ und wegen der Gln. (8.25) und (8.26) das dazugehörige $a(t)$ gleich

$$a_2(t) = \hat{A}\sin(\omega t + \varphi_a) .$$

Nun werden b_1 und b_2 überlagert zu $\underline{b} = b_1 + \mathrm{j}b_2$. Wegen der Gln. (8.24) und (8.25) mit $\lambda = \mathrm{j}$ erhalten wir mit den vorangegangenen Ergebnissen

$$a_1(t) + \mathrm{j}a_2(t) = f(b_1(t) + \mathrm{j}b_2(t)) \tag{8.27}$$

oder

$$\underline{a}(t) = f(\underline{b}(t)) , \tag{8.28}$$

wobei

$$f(\mathrm{Re}\{\underline{b}(t)\}) = \mathrm{Re}\{f(\underline{b}(t))\} = \mathrm{Re}\{\underline{a}(t)\} . \tag{8.29}$$

Damit ist gezeigt, dass die physikalischen Größen bei linearen physikalischen Beziehungen als Realteile der komplexen Größen gegeben sind. Wird als „Eingangsgröße“ der Imaginärteil einer komplexen Schwingung angenommen, dann muss entsprechend als Ergebnis der Imaginärteil gewählt werden (s. o.). dass dies nicht für nichtlineare Beziehungen gilt, werde an einem ganz einfachen Beispiel gezeigt. Es sei $a_1(t) = (b_1(t))^2$. Ersetzen wir darin $a_1(t)$ und $b_1(t)$ durch komplexe Größen $\underline{a}$ und $\underline{b}$, wobei $\mathrm{Re}(\underline{b}) = b_1(t)$ sein soll, dann ist

$$\mathrm{Re}\{\underline{a}(t)\} = \mathrm{Re}\{\underline{b}^2\} = \mathrm{Re}\{(b_1 + \mathrm{j}b_2)(b_1 + \mathrm{j}b_2)\} = b_1^2 - b_2^2 .$$

Auf der rechten Seite steht neben b_1^2 als Summand noch $-b_2^2$. Somit ist $\mathrm{Re}\{\underline{a}\} \neq a_1(t)$.

Die Benutzung der Gl. (8.28) anstelle der Gl. (8.23), d.h. das Rechnen mit komplexen Schwingungen, ist vor allem deshalb von Vorteil, weil der Differentialquotient und das Integral der Exponentialfunktion wieder die Exponentialfunktion ergeben, während bei den trigonometrischen Funktionen aus einer Sinusfunktion eine Kosinusfunktion wird und umgekehrt.

Differentiation

Für den Differentialquotienten $\underline{d}$ der komplexen Schwingungsfunktion $\underline{a}$ erhält man

$$\underline{d} = \frac{\mathrm{d}\underline{a}}{\mathrm{d}t} = \frac{\mathrm{d}}{\mathrm{d}t}\left(\underline{\hat{A}}\mathrm{e}^{\mathrm{j}\omega t}\right) = \mathrm{j}\omega\underline{\hat{A}}\mathrm{e}^{\mathrm{j}\omega t} = \underline{\hat{D}}\mathrm{e}^{\mathrm{j}\omega t} .$$

Die *Differentiation* ist also identisch mit der Multiplikation mit $\mathrm{j}\omega$. Der Zusammenhang der Zeiger sei noch explizite hingeschrieben:

$$\underline{\hat{D}} = \mathrm{j}\omega\underline{\hat{A}} . \tag{8.30}$$

Wegen des Faktors j eilen der Drehzeiger $\underline{d}$ und der Zeiger $\underline{\hat{D}}$ dem Drehzeiger $\underline{a}$ bzw. dem Zeiger $\underline{\hat{A}}$ um $\pi/2$ (d. h. 90°) voraus.

Integration

Für das Integral $\underline{i}$ der komplexen Schwingungsfunktion $\underline{a}$ erhält man

$$\underline{i} = \int \underline{a} \mathrm{d}t = \int \underline{\hat{A}} e^{\mathrm{j}\omega t} \mathrm{d}t = \frac{1}{\mathrm{j}\omega} \underline{\hat{A}} e^{\mathrm{j}\omega t} = \underline{\hat{I}} e^{\mathrm{j}\omega t} \ .$$

Das gilt für den Fall, dass die Integrationskonstante Null ist. Die *Integration* ist also entsprechend als Umkehrung der Differentiation identisch mit der Division durch jω. Der Zusammenhang für die Zeiger sei noch explizite hingeschrieben:

$$\underline{\hat{I}} = \frac{1}{\mathrm{j}\omega} \underline{\hat{A}} \ . \tag{8.31}$$

Wegen $1/\mathrm{j} = -\mathrm{j}$ eilen der Drehzeiger $\underline{i}$ und der Zeiger $\underline{\hat{i}}$ dem Drehzeiger $\underline{a}$ bzw.dem Zeiger $\underline{\hat{A}}$ um $\pi/2$ (90°) nach. Im Bild 8.10 sind die drei Zeiger $\underline{\hat{A}}, \underline{\hat{D}}$ und $\underline{\hat{I}}$ in ihrer Lage zueinander dargestellt. $\underline{\hat{D}}$ und $\underline{\hat{I}}$ wurden dabei mit ω normiert. Dann haben

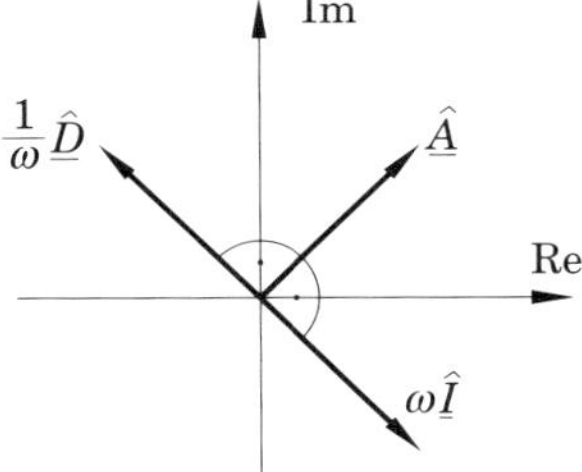

Bild 8.10: *Lage der drei Zeiger $\underline{\hat{A}}, \underline{\hat{D}}$ und $\underline{\hat{I}}$ zueinander*

alle normierten komplexen Amplituden den gleichen Betrag und die dazugehörigen Zeiger die gleiche Länge.

Wir haben in den Gln. (8.30) und (8.31) jeweils einmal nach der Zeit differenziert bzw. integriert. Jede weitere Differentiation oder Integration ergibt eine weitere Multiplikation bzw. Division mit jω. Der Zeitfaktor $\exp(\mathrm{j}\omega t)$ bleibt stets erhalten, und er kommt in allen Gliedern der Gl. (8.27) vor. Nach Ausführung von Differentiation und Integration kann er deshalb herausgestrichen werden, und es bleibt eine Beziehung für die komplexen Amplituden übrig.

Aktivierungselement 8.1

1. Erläutern Sie die Unterschiede zwischen

   (a) $\overline{x^2}$ und $\overline{x}^2$

   (b) $|\overline{x}|$ und $\overline{|x|}$!

2. Welche Eigenschaft kennzeichnet eine Wechselgröße?

3. Machen Sie sich die Definition des Effektivwertes plausibel!

4. Nennen Sie die Definitionen der charakteristischen Begriffe periodischer Zeitfunktionen!

5. Falls Sie noch nicht mit den komplexen Zahlen vertraut sind, üben Sie sich in deren Handhabung. Geben Sie sich ein paar konkrete komplexe Zahlen in beiden Darstellungsarten vor, rechnen Sie diese ineinander um und führen Sie einige Male die Grundrechenarten aus!

Lernzyklus 8.2

Studienziele

Nach dem Durcharbeiten dieses Lernzyklus sollen Sie in der Lage sein,

- die Strom-Spannungs-Beziehungen der linearen Schaltelemente für Wechselstrom in komplexer Form anzugeben;
- die Begriffe Impedanz und Admittanz zu definieren;
- die Gesamtimpedanz (-admittanz) von Zusammenschaltungen von Impedanzen (Admittanzen) zu bestimmen;
- die Bildung der Gesamtimpedanz (-admittanz) in der komplexen Ebene darzustellen bzw. durchzuführen;
- die Erweiterung der Analyseverfahren für Gleichstromnetzwerke auf Wechselstromnetzwerke vorzunehmen.

8.4 Komplexe Schwingungen und die linearen Schaltelemente

Wir wollen nun die im letzten Abschnitt allgemein formulierte Darstellung sinusförmiger Wechselgrößen auf die Strom-Spannungs-Beziehungen der Schaltelemente und auf die Kirchhoff'schen Regeln anwenden. In den Beziehungen

$$u = \mathrm{Re}\{\hat{U} e^{j\varphi_u} e^{j\omega t}\} = \hat{U}\cos(\omega t + \varphi_u) \tag{8.32}$$

und

$$i = Re\{\hat{I} e^{j\varphi_i} e^{j\omega t}\} = Re\{\underline{\hat{I}} e^{j\omega t}\} = \hat{I}\cos(\omega t + \varphi_i) \tag{8.33}$$

bezeichnen wir $\underline{\hat{U}}$ und $\underline{\hat{I}}$ als komplexe Spannungs- bzw. Stromamplitude.

Widerstand

Wird nun der Widerstand R von einem sinusförmigen Strom durchflossen, dann gilt wegen Gl. (7.9)

$$u_R = \hat{U}_R \cos(\omega t + \varphi_u) = R\, i_R = R\hat{I}_R \cos(\omega t + \varphi_i)\ , \tag{8.34}$$

woraus durch Vergleich

$$\hat{U}_R = R\hat{I}_R \quad \text{und} \quad \varphi_u = \varphi_i$$

folgt. In komplexer Schreibweise lautet Gl. (7.9)

$$\underline{\hat{U}}_R e^{j\omega t} = R\underline{\hat{I}}_R e^{j\omega t}\ . \tag{8.35}$$

Der Exponentialfaktor $\exp(j\omega t)$ kann herausgekürzt werden, und es bleibt

$$\underline{\hat{U}}_R = R\underline{\hat{I}}_R \tag{8.36}$$

übrig. Das ist die Gleichung, die die komplexen Amplituden an einem ohmschen Widerstand verknüpft. Die Zeiger $\underline{\hat{I}}_R$ und $\underline{\hat{U}}_R$ sind *in Phase*, denn $\underline{\hat{U}}_R$ ergibt sich nur durch Streckung des Zeigers $\underline{\hat{I}}_R$ mit dem reellen Faktor R. Wir setzen daher $\varphi_u = \varphi_i = \varphi$. Im Bild 8.11 sind beide Zeiger gemeinsam in einem Diagramm aufgetragen, wobei für sie wegen der unterschiedlichen Dimensionen verschiedene Maßstäbe gelten.

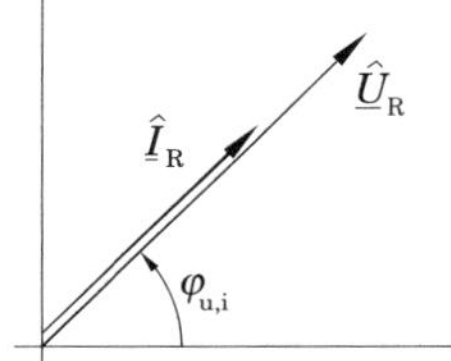

Bild 8.11: *Strom- und Spannungszeiger an einem ohmschen Widerstand*

Ideale Spule

Als nächstes betrachten wir den Zusammenhang zwischen Strom und Spannung an einer idealen Spule. Fließt durch sie ein sinusförmiger Strom gemäß Gl. (8.33), dann erhalten wir wegen Gl. (7.3) als Spannung an den Klemmen

$$\begin{aligned} u_\mathrm{L} = \hat{U}_\mathrm{L}\cos(\omega t + \varphi_\mathrm{u}) &= L\frac{\mathrm{d}i_\mathrm{L}}{\mathrm{d}t} = L\frac{\mathrm{d}}{\mathrm{d}t}(\hat{I}_\mathrm{L}\cos(\omega t + \varphi_\mathrm{i})) \\ &= \omega L\hat{I}_\mathrm{L}\cos\left(\omega t + \varphi_\mathrm{i} + \frac{\pi}{2}\right) . \end{aligned} \tag{8.37}$$

Durch Vergleich folgt

$$\hat{U}_\mathrm{L} = \omega L\hat{I}_\mathrm{L} , \qquad \varphi_\mathrm{u} = \varphi_\mathrm{i} + \frac{\pi}{2} .$$

Für sinusförmige Vorgänge lautet Gl. (7.3) in komplexer Schreibweise

$$\underline{\hat{U}}_\mathrm{L} e^{\mathrm{j}\omega t} = L\frac{\mathrm{d}}{\mathrm{d}t}(\underline{\hat{I}}_\mathrm{L} e^{\mathrm{j}\omega t}) = \mathrm{j}\omega t L\underline{\hat{I}}_\mathrm{L} e^{\mathrm{j}\omega t} . \tag{8.38}$$

Der Exponentialfaktor kann wieder herausgekürzt werden. Für die komplexen Amplituden erhalten wir

$$\underline{\hat{U}}_\mathrm{L} = \mathrm{j}\omega L\underline{\hat{I}}_\mathrm{L} . \tag{8.39}$$

Der Zeiger der Spulenspannung ergibt sich somit aus dem Zeiger des Spulenstromes durch Multiplikation mit $\mathrm{j}\omega L$, d. h. durch Streckung um ωL und durch Drehung um $\pi/2$ im mathematisch positiven Sinne. Im Bild 8.12 sind wieder Strom- und Spannungszeiger in ihrer Lage zueinander dargestellt. Man erkennt daraus, dass die

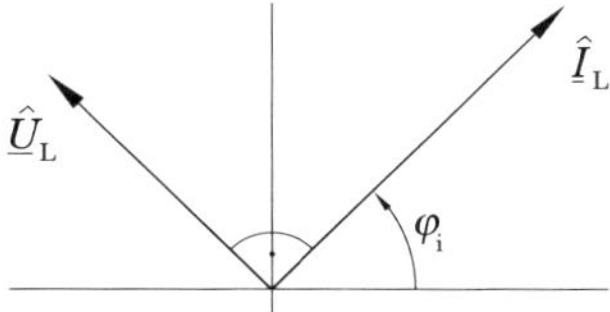

Bild 8.12: *Strom- und Spannungszeiger an einer Spule*

Spannung dem Strom um $\pi/2$ vorauseilt. Die Beziehung (8.39) ist formal mit derjenigen für den ohmschen Widerstand in Gl. (8.36) gleich. Anstelle des Widerstandes R steht in Gl. (8.39) der Faktor $\mathrm{j}\omega L$, der die gleiche Dimension wie R besitzt. Es wird $\mathrm{j}\omega L = \mathrm{j}X_\mathrm{L}$ gesetzt, und

Induktiver Blindwiderstand

$$X_\mathrm{L} = \omega L \tag{8.40}$$

wird als *induktiver Blindwiderstand* bezeichnet.

Kondensator

Für einen Kondensator, der an eine sinusförmige Spannungsquelle angeschlossen ist, gilt mit Gl. (7.8)

$$\begin{aligned} i_\mathrm{C} = \hat{I}_\mathrm{C}\cos(\omega t + \varphi_\mathrm{i}) &= C\frac{\mathrm{d}u_\mathrm{C}}{\mathrm{d}t} = C\frac{\mathrm{d}}{\mathrm{d}t}(\hat{U}_\mathrm{C}\cos(\omega t + \varphi_\mathrm{u})) \\ &= \omega C\hat{U}_\mathrm{C}\cos\left(\omega t + \varphi_\mathrm{u} + \frac{\pi}{2}\right) . \end{aligned} \tag{8.41}$$

Durch Vergleich folgt

$$\hat{U}_\mathrm{C} = \frac{1}{\omega C}\hat{I}_\mathrm{C} ; \qquad \varphi_\mathrm{u} = \varphi_\mathrm{i} - \frac{\pi}{2} .$$

Für sinusförmige Vorgänge erhält man aus Gl. (7.8) in komplexer Schreibweise

$$\hat{\underline{I}}_\mathrm{C}e^{\mathrm{j}\omega t} = C\frac{\mathrm{d}}{\mathrm{d}t}(\hat{\underline{U}}_\mathrm{C}e^{\mathrm{j}\omega t}) = \mathrm{j}\omega C\hat{\underline{U}}_\mathrm{C}e^{\mathrm{j}\omega t} . \tag{8.42}$$

Nach Wegstreichen von $\exp(\mathrm{j}\omega t)$ und Auflösen nach $\hat{\underline{U}}_\mathrm{C}$ wird daraus

$$\hat{\underline{U}}_\mathrm{C} = \frac{1}{\mathrm{j}\omega C}\hat{\underline{I}}_\mathrm{C} . \tag{8.43}$$

Der Zeiger der Kondensatorspannung ergibt sich durch Multiplikation des Zeigers des Kondensatorstromes mit $1/(\mathrm{j}\,\omega C) = -\mathrm{j}/\omega C$, d. h. durch Streckung um $1/\omega C$ und durch Drehung um $\pi/2$ im mathematisch negativen Sinn. Bei einem Kondensator eilt die Spannung dem Strom um $\pi/2$ nach. Im Bild 8.13 sind die Zeiger in ihrer Lage zueinander dargestellt.

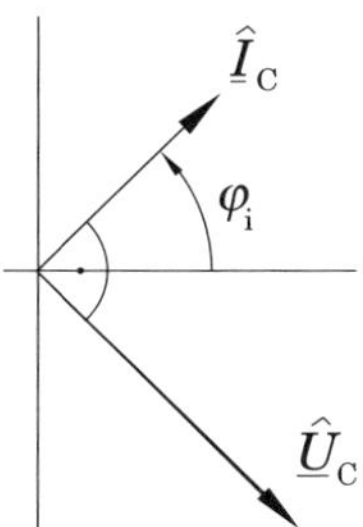

Bild 8.13: *Strom- und Spannungszeiger an einem Kondensator*

In Gl. (8.43) übernimmt $1/\mathrm{j}\omega C$ die Funktion des Widerstandes R in Gl. (8.36). Es wird $1/\mathrm{j}\omega C = \mathrm{j}X_\mathrm{C}$ gesetzt, und

Kapazitiver Blindwiderstand

$$X_\mathrm{C} = -\frac{1}{\omega C} \tag{8.44}$$

wird als *kapazitiver Blindwiderstand* bezeichnet.

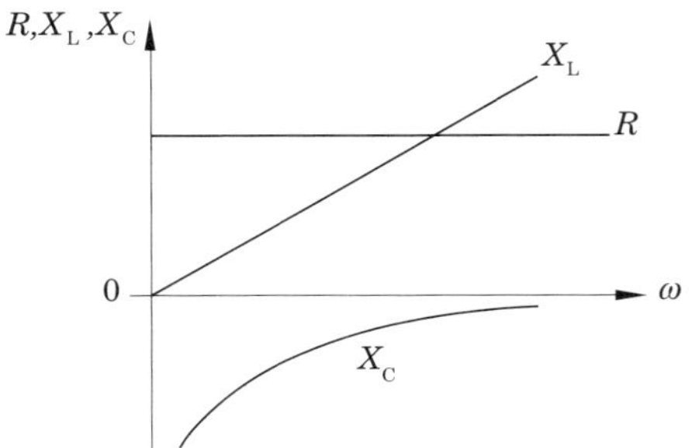

Bild 8.14: *R, X_L und X_C in Abhängigkeit von der Kreisfrequenz*

Die Blindwiderstände X_L und X_C sind frequenzabhängig, während R unabhängig von der Frequenz konstant ist. Im Bild 8.14 sind $X_\mathrm{L}, X_\mathrm{C}$ und R in Abhängigkeit von ω aufgetragen. X_L nimmt linear mit der Kreisfrequenz zu, $|X_\mathrm{C}|$ nimmt hyperbelförmig ab.

Im Bild 8.15 sind die drei Elemente und die „Widerstände", die sie für sinusförmigen Wechselstrom besitzen, zusammengestellt. Anstelle der Zählpfeile für u und i schreiben wir jetzt $\underline{\hat{U}}$ und $\underline{\hat{I}}$, wobei wir vereinbaren, dass sie mit den Richtungen von u und i übereinstimmen und in gleicher Weise benutzt werden sollen.

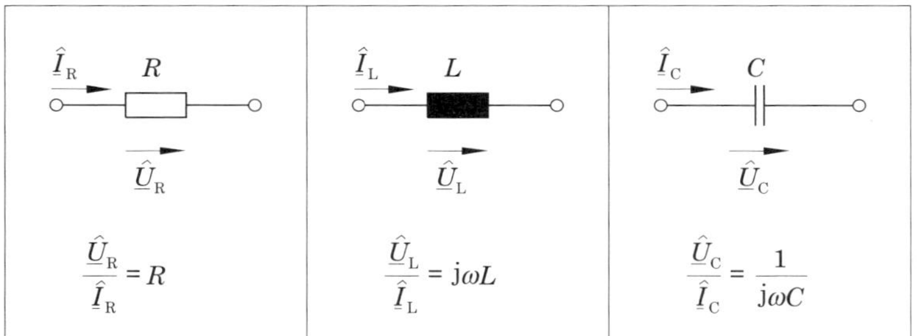

Bild 8.15: *Zusammenstellung der Schaltelemente und ihrer Widerstände*

Würde also beispielsweise die Richtung von $\underline{\hat{I}}_\mathrm{R}$ an R umgekehrt werden, dann hieße dies, dass auch der Zählpfeil i die umgekehrte Richtung zu u hätte, und es würde dann gelten $\underline{\hat{U}}_\mathrm{R} = -R\underline{\hat{I}}_\mathrm{R}$. Die zu den Elementen gehörenden zeitlichen Verläufe der Ströme und Spannungen sind im Bild 8.16 zusammengefasst dargestellt. Dabei wurde $i_\mathrm{R} = i_\mathrm{L} = i_\mathrm{C} = i$, wie z. B. in einer Reihenschaltung, gesetzt.

Kirchhoff'sche Regeln

Nun wollen wir auch die Kirchhoff'schen Regeln für sinusförmige Ströme und Spannungen in komplexer Schreibweise angeben. Werden in

$$\sum_n i_n = 0\,, \qquad \sum_n u_n = 0$$

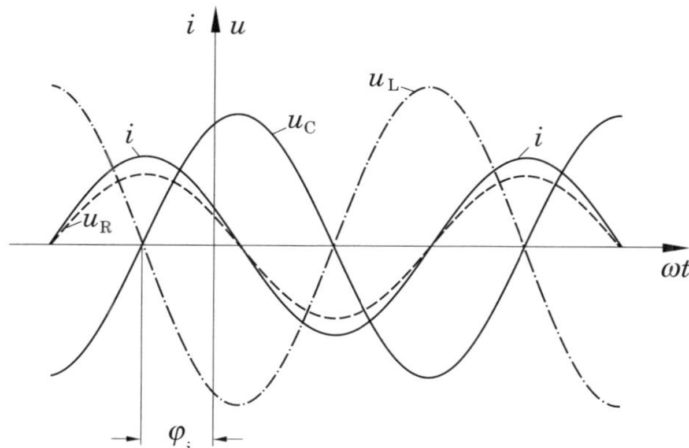

Bild 8.16: *Zeitliche Verläufe der Spannungen an R, L und C im eingeschwungenen Zustand bei vorgegebenem Strom i*

die i_n und u_n gemäß den Gln. (8.32) und (8.33) dargestellt, dann lautet die Erweiterung auf komplexe Funktionen

$$\sum_n \underline{\hat{I}}_n e^{\mathrm{j}\omega t} = 0 \, , \qquad \sum_n \underline{\hat{U}}_n e^{\mathrm{j}\omega t} = 0 \, .$$

Der allen Summanden gemeinsame Faktor $e^{\mathrm{j}\omega t}$ kann wieder herausgekürzt werden. Dann sind auch die Kirchhoff'schen Regeln mit den komplexen Amplituden allein darstellbar. Und zwar lautet die Kirchhoff'sche Knotenregel hier

$$\sum_n \underline{\hat{I}}_n = 0 \qquad (8.45)$$

und die Kirchhoff'sche Maschenregel

$$\sum_n \underline{\hat{U}}_n = 0 \, , \qquad (8.46)$$

wobei bezüglich der Vorzeichen das schon früher Gesagte gilt.

8.5 Netzwerke aus komplexen Widerständen

8.5.1 Komplexer Widerstand und komplexer Leitwert

Wir betrachten die Schaltung im Bild 8.17 a. Die Maschengleichung für die komplexen Spannungsamplituden ergibt

$$\underline{\hat{U}} = \underline{\hat{U}}_\mathrm{R} + \underline{\hat{U}}_\mathrm{L} + \underline{\hat{U}}_\mathrm{C} \, . \qquad (8.47)$$

Mit Hilfe der Beziehungen des Bildes 8.15 mit $\underline{\hat{I}}_{\mathrm{R}} = \underline{\hat{I}}_{\mathrm{L}} = \underline{\hat{I}}_{\mathrm{C}} = \underline{\hat{I}}$ erhalten wir

$$\underline{\hat{U}} = R\underline{\hat{I}} + \mathrm{j}\omega L \cdot \underline{\hat{I}} + \frac{1}{\mathrm{j}\omega C}\underline{\hat{I}} = \left(R + \mathrm{j}\omega L + \frac{1}{\mathrm{j}\omega C}\right)\underline{\hat{I}} \,. \tag{8.48}$$

Zur Erstellung des Zeigerdiagramms geben wir die Richtung des Stromzeigers $\underline{\hat{I}}$ vor. Da die Nullphase durch Wahl des Zeitnullpunktes bestimmt wird, können wir diesen so festlegen, dass hier $\underline{\hat{I}}$ auf der reellen Achse liegt. Von Interesse und Bedeutung

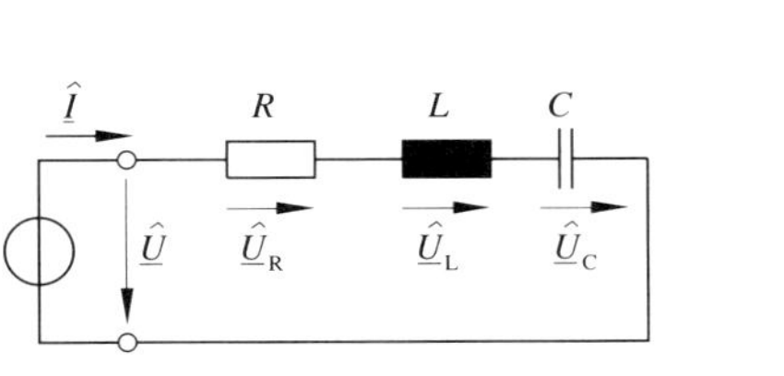

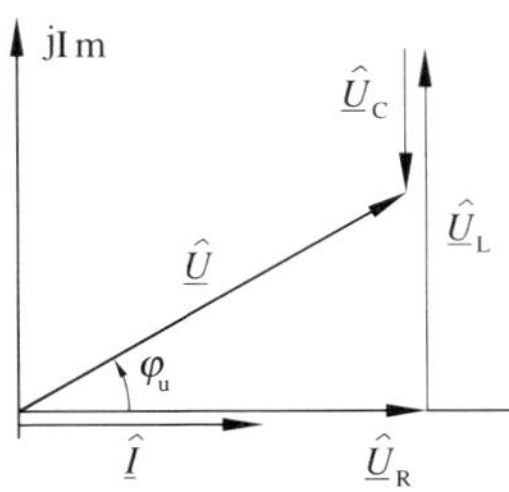

Bild 8.17: *Einfacher Wechselstromkreis und Zeigerdiagramm der komplexen Spannungsamplituden*

sind für uns auch nur die Winkel, die zwischen den einzelnen Zeigern vorhanden sind. Mit $\underline{\hat{I}}$ können nun die einzelnen Spannungszeiger in ihrer relativen Größe und Richtung eingetragen werden, wie es im Bild 8.17 b geschehen ist. Durch Addition bekommt man die Richtung des Zeigers der Gesamtspannung $\underline{\hat{U}}$, die gleich der Quellenspannung ist. Aus der Länge des Zeigers und der bekannten Amplitude der Quellenspannung wird der Maßstabfaktor für die Spannungen berechnet, und mit diesem können dann alle Spannungsamplituden aus dem Zeigerdiagramm bestimmt werden. Die Stromamplitude $\underline{\hat{I}}$ erhält man dann auch beispielsweise aus $\underline{\hat{U}}_{\mathrm{R}}$ durch Division durch R.

Aufgabe 8.1

Führen Sie analoge Überlegungen für die Parallelschaltung von R, L und C durch! Zeichnen Sie die entsprechenden Zeigerdiagramme!

In der weiteren analytischen Behandlung schreiben wir für Beziehungen wie in Gl. (8.48)

$$\underline{\hat{U}} = \underline{Z}\,\underline{\hat{I}} \tag{8.49}$$

und haben damit eine Beziehung, die formal dem Ohm'schen Gesetz entspricht. Die komplexe Größe $\underline{Z}$ wird komplexer *Widerstand* oder *Impedanz* genannt. Auch die Bezeichnung *Scheinwiderstand* ist anzutreffen. Bestimmt bzw. definiert wird $\underline{Z}$ als Quotient aus komplexer Spannungs- und Stromamplitude:

$$\underline{Z} = \frac{\underline{\hat{U}}}{\underline{\hat{I}}} = \frac{\underline{U}}{\underline{I}} \,. \tag{8.50}$$

Anstatt aus den komplexen Amplituden kann der Quotient auch aus den um den Faktor $1/\sqrt{2}$ kleineren Effektivwertgrößen $\underline{U} = \underline{\hat{U}}/\sqrt{2}$ und $\underline{I} = \underline{\hat{I}}/\sqrt{2}$ gebildet werden, da sich der gemeinsame Faktor herauskürzt. In der Darstellung durch rechtwinklige Koordinaten

$$\underline{Z} = R + \mathrm{j}X \tag{8.51}$$

wird der Realteil R als Wirkwiderstand oder *Resistanz* und der Imaginärteil X als Blindwiderstand oder *Reaktanz* bezeichnet. Für unser Beispiel in Gl. (8.48) ist X insbesondere durch

$$X = \omega L - \frac{1}{\omega C}$$

gegeben. Der Blindwiderstand X wird *induktiv* genannt, wenn $X > 0$ ist, und *kapazitiv*, wenn $X < 0$ ist. Betrag und Winkel von $\underline{Z}$ sind wegen Gl. (8.50) durch

$$|\underline{Z}| = \frac{\hat{U}}{\hat{I}} = \frac{U}{I} \quad \text{und} \quad \arg(\underline{Z}) = \varphi_\mathrm{u} - \varphi_\mathrm{i} \tag{8.52}$$

gegeben.

Wegen Gl. (8.51) gilt

$$|\underline{Z}| = \sqrt{R^2 + X^2} \quad \text{und} \quad \arg(\underline{Z}) = \arctan\frac{X}{R} \ . \tag{8.53}$$

Für die Stromamplitude in der Schaltung im Bild 8.17 erhalten wir nun

$$\hat{I} = |\underline{\hat{I}}| = \frac{|\underline{\hat{U}}|}{|\underline{\hat{Z}}|} = \frac{\hat{U}}{\sqrt{R^2 + X^2}} = \frac{\hat{U}}{\sqrt{R^2 + \left(\omega L - \dfrac{1}{\omega C}\right)^2}} \tag{8.54}$$

und für den Phasenunterschied zwischen Spannung und Strom

$$\varphi_\mathrm{u} - \varphi_\mathrm{i} = \arctan\frac{\omega L - \dfrac{1}{\omega C}}{R} \ . \tag{8.55}$$

In der Umkehrung der Gl. (8.49)

$$\underline{\hat{I}} = \frac{1}{\underline{Z}}\,\underline{\hat{U}} = \underline{Y}\,\underline{\hat{U}} \tag{8.56}$$

wird $\underline{Y} = 1/\underline{Z}$ in Analogie zum Ohm'schen Gesetz als *komplexer Leitwert, Admittanz* oder *Scheinleitwert* bezeichnet. In der Darstellung von $\underline{Y}$ durch rechtwinklige Koordinaten

$$\underline{Y} = G + \mathrm{j}B \tag{8.57}$$

heißen G *Wirkleitwert* oder *Konduktanz* und B *Blindleitwert* oder *Suszeptanz*. Der Betrag von $\underline{Y}$ ist gegeben durch

$$|\underline{Y}| = \frac{1}{|\underline{Z}|} = \frac{\hat{I}}{\hat{U}} = \frac{I}{U} \tag{8.58}$$

und der Winkel durch

$$\arg(\underline{Y}) = \varphi_\mathrm{i} - \varphi_\mathrm{u} = -\arg(\underline{Z}) \ . \tag{8.59}$$

8.5.2 Serien- und Parallelschaltungen komplexer Widerstände

Reihenschaltung

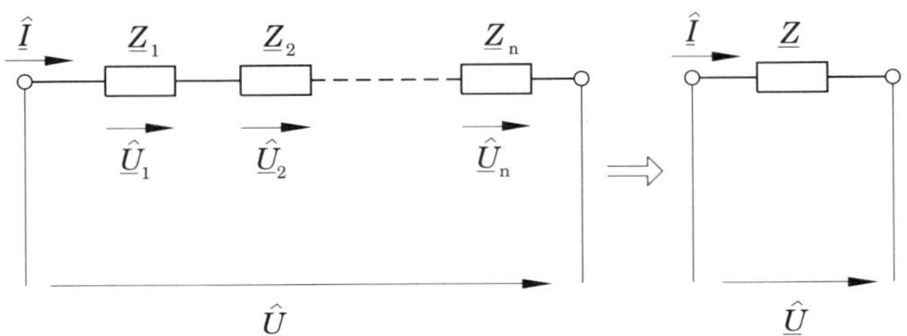

Bild 8.18: *Zur Serienschaltung komplexer Widerstände*

Sind n komplexe Widerstände in Reihe geschaltet (s. Bild 8.18), so ist wegen

$$\hat{\underline{U}} = \sum_{i=1}^{n} \hat{\underline{U}}_i \quad \text{und} \quad \hat{\underline{U}}_i = \underline{Z}_i \hat{\underline{I}} \quad \text{dann} \quad \hat{\underline{U}} = \left(\sum_{i=1}^{n} \underline{Z}_i \right) \hat{\underline{I}} \, .$$

Durch Vergleich mit $\hat{\underline{U}} = \underline{Z}\,\hat{\underline{I}}$ erhalten wir die Gesamtimpedanz

$$\underline{Z} = \sum_{i=1}^{n} \underline{Z}_i \, , \tag{8.60}$$

d. h., die Gesamtimpedanz ergibt sich als Summe aller Teilimpedanzen.

Parallelschaltung

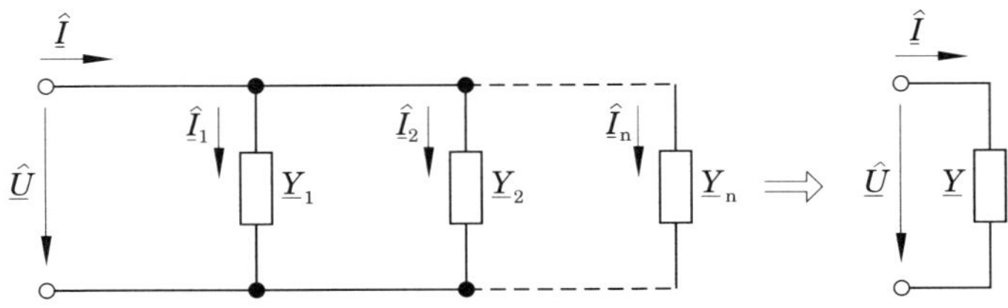

Bild 8.19: *Zur Parallelschaltung komplexer Leitwerte*

Sind n komplexe Leitwerte parallel geschaltet (s. Bild 8.19), so ist analog

$$\hat{\underline{I}} = \sum_{i=1}^{n} \underline{I}_i \quad \text{und wegen} \quad \hat{\underline{I}}_i = \underline{Y}_i \hat{\underline{U}} \quad \text{dann} \quad \hat{\underline{I}} = \left(\sum \underline{Y}_i \right) \hat{\underline{U}} \, .$$

Durch Vergleich mit $\underline{\hat{I}} = \underline{Y}\,\underline{\hat{U}}$ folgt die Gesamtadmittanz

$$\underline{Y} = \sum_{i=1}^{n} \underline{Y}_i \,, \tag{8.61}$$

d. h., die Gesamtadmittanz ergibt sich als Summe aller Teiladmittanzen.

Die Summation der komplexen Größen $\underline{Z}_i$ bzw. $\underline{Y}_i$ erfolgt wie im Abschn. 8.3.2 beschrieben.

Beispiel

Als Beispiel betrachten wir die Parallelschaltung von $\underline{Y}_1 = G$, $\underline{Y}_2 = \mathrm{j}\omega C$ und $\underline{Y}_3 = -\mathrm{j}/\omega L$ (s. Bild 8.20 a). Wir stellen die $\underline{Y}_\mathrm{i}$ als Zeiger in der komplexen $\underline{Y}$-

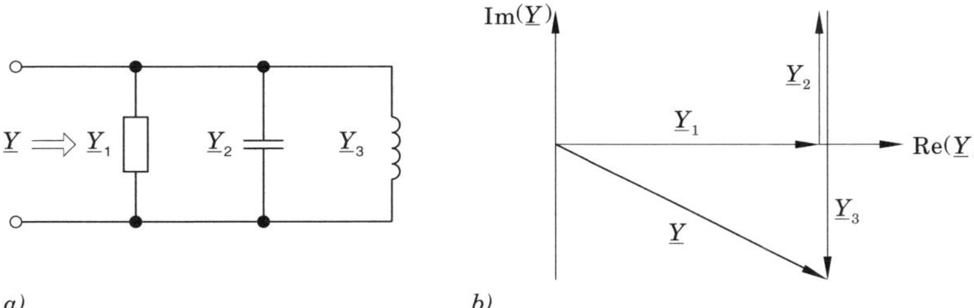

Bild 8.20: *Zur Bestimmung der Gesamtadmittanz der Parallelschaltung von G, L, C*
a) Schaltung
b) Zeigerdiagramm

Ebene dar und führen die Addition geometrisch durch (s. Bild 8.20 b). Dabei werden die einzelnen Zeiger in einer beliebigen Folge aneinander gereiht. Der Summenzeiger schließt den Polygonzug.

Kommen in einem größeren Netzwerk sowohl Reihen- als auch Parallelschaltungen vor, dann muss zwischendurch eine Umrechnung von einer Admittanz zur Impedanz oder umgekehrt erfolgen. Wir betrachten das Beispiel im Bild 8.21.

Auf analytischem Weg erhalten wir zunächst für die Parallelschaltung $\underline{Y}_\mathrm{a} = \underline{Y}_1 + \underline{Y}_2$. Die dazugehörige Impedanz ist

$$\underline{Z}_\mathrm{a} = \frac{1}{\underline{Y}_\mathrm{a}} = \frac{1}{\underline{Y}_1 + \underline{Y}_2} \,.$$

$\underline{Z}_\mathrm{a}$ ist nun mit $\underline{Z}_3$ und $\underline{Z}_4$ in Reihe geschaltet. Somit ist die Gesamtimpedanz

$$\underline{Z} = \underline{Z}_\mathrm{a} + \underline{Z}_3 + \underline{Z}_4 = \frac{1}{\underline{Y}_1 + \underline{Y}_2} + \underline{Z}_3 + \underline{Z}_4 \,.$$

Entsprechend gehen wir auch bei der geometrischen Bestimmung vor. Für das Zeigerdiagramm sei $\underline{Y}_1 = G_1$, $\underline{Y}_2 = 1/\mathrm{j}\omega L$, $\underline{Z}_3 = R_3$ und $\underline{Z}_4 = 1/\mathrm{j}\omega C$. Zunächst

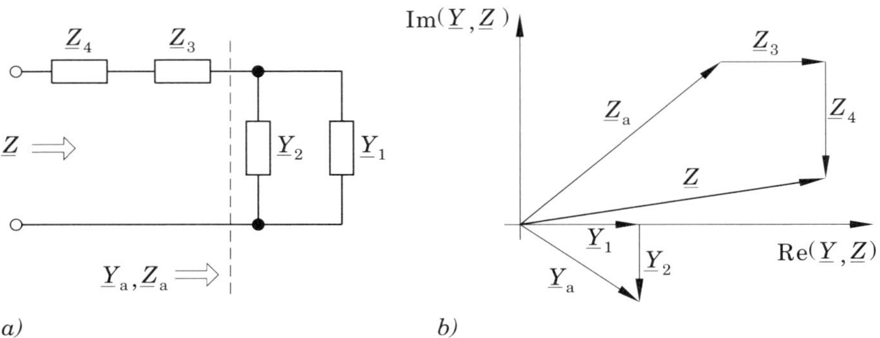

Bild 8.21: *Serien- und Parallelschaltung von Impedanzen*
a) Schaltung
b) Zeigerdiagramm

werden die Zeiger von $\underline{Y}_1$ und $\underline{Y}_1$ in der $\underline{Y}$-Ebene zu $\underline{Y}$ zusammengefügt. Die weiteren Operationen müssen in der $\underline{Z}$-Ebene ausgeführt werden. Deshalb ist zu $\underline{Y}_a$ mit den Beziehungen in den Gln. (8.58) und (8.59) zunächst der Zeiger $\underline{Z}_a$ zu bestimmen. Dann können die Zeiger $\underline{Z}_3$ und $\underline{Z}_4$ angefügt werden. Wir haben im Bild 8.21 b die beiden Ebenen in einem Diagramm dargestellt.

Ersatzschaltungen

Wir können umgekehrt eine gegebene Impedanz auch in einzelne Teilimpedanzen zerlegen. Insbesondere entspricht der Zerlegung eines allgemeinen komplexen Widerstandes in Real- und Imaginärteil ein Reihenersatzschaltbild von R und jX, und der Zerlegung eines allgemeinen komplexen Leitwertes in Real- und Imaginärteil entspricht die Parallelschaltung von G und jB (s. Bild 8.22).

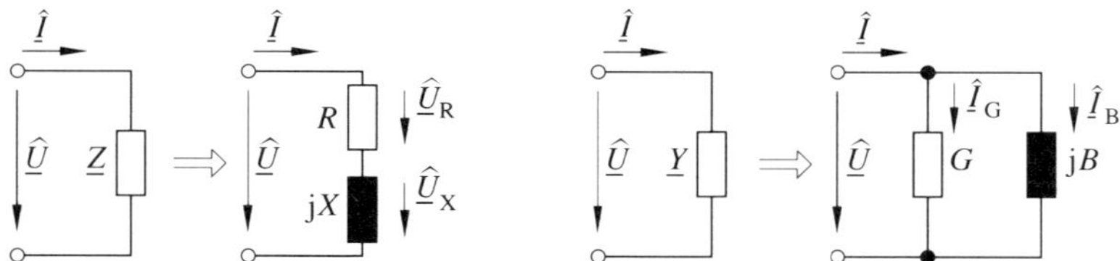

Bild 8.22: *Ersatzschaltbild für die Zerlegung von $\underline{Z}$ und $\underline{Y}$ in Real- und Imaginärteil*

Im ersten Fall zerfällt die Spannung $\hat{\underline{U}}$ in die Wirkspannungskomponente $\hat{\underline{U}}_R$ und in die Bildspannungskomponente $\hat{\underline{U}}_X$, mit

$$\hat{\underline{U}}_R = R\hat{\underline{I}} \quad \text{und} \quad \hat{\underline{U}}_X = \mathrm{j}X\hat{\underline{I}} \; ,$$

und im zweiten Fall zerfällt der Strom $\hat{\underline{I}}$ in den Wirkstromanteil $\hat{\underline{I}}_G$ und den Blindstromanteil $\underline{I}_B$, mit

$$\hat{\underline{I}}_G = G\hat{\underline{U}} \quad \text{und} \quad \hat{\underline{I}}_B = \mathrm{j}B\hat{\underline{U}} \; .$$

Im Bild 8.23 sind die dazugehörigen Zeigerdiagramme dargestellt.

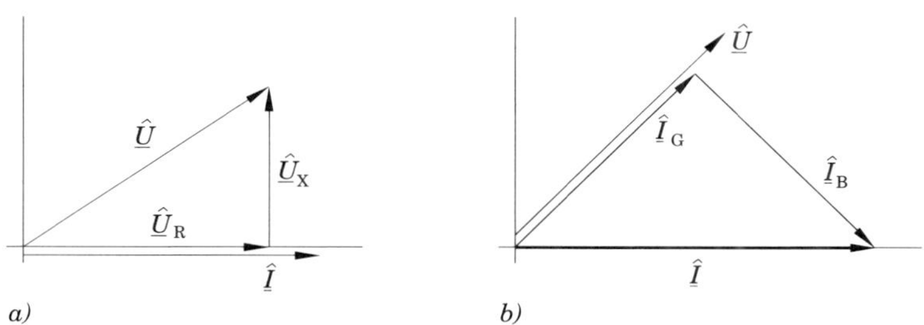

Bild 8.23: *Zeigerdiagramme für die Ersatzschaltungen im Bild 8.22*

8.5.3 Analysegleichungen für Netzwerke aus komplexen Widerständen

Es werde nun ein beliebiges Netzwerk aus R, L und C betrachtet, das sinusförmig angeregt wird und sich im eingeschwungenen Zustand befindet. Für einen Zweig m, in dem nur passive Elemente (R, L, C) vorkommen, gilt für die komplexen Amplituden von Zweigspannung und Zweigstrom

$$\hat{\underline{U}}_m = \underline{Z}_m \hat{\underline{I}}_m \quad \text{oder} \quad \hat{\underline{I}}_m = \underline{Y}_m \hat{\underline{U}}_m \; .$$

Für einen Zweig n mit einem Generator, der durch eine Ersatzspannungsquelle wie im Bild 7.9 dargestellt werden kann, gilt bei einer Zählpfeilwahl wie im Bild 8.24 a

$$\hat{\underline{U}}_n = \underline{Z}_n \hat{\underline{I}}_n - \hat{\underline{U}}_{0n} \; .$$

Dabei wurden die Widerstände von R_s und L_s zur Impedanz $\underline{Z}_n = R_\mathrm{s} + \mathrm{j}\omega L_\mathrm{s}$ zusammengefasst. Nach Division dieser Gleichung durch $\underline{Z}_n = 1/\underline{Y}_n$ und mit $\underline{I}_{0n} = \underline{U}_{0n}/\underline{Z}_n$ erhalten wir

$$\hat{\underline{I}}_n = \underline{Y}_n \hat{\underline{U}} - \hat{\underline{I}}_{0n} \; .$$

Dieser Gleichung entspricht wieder eine Ersatzstromquelle (s. Bild 8.24).

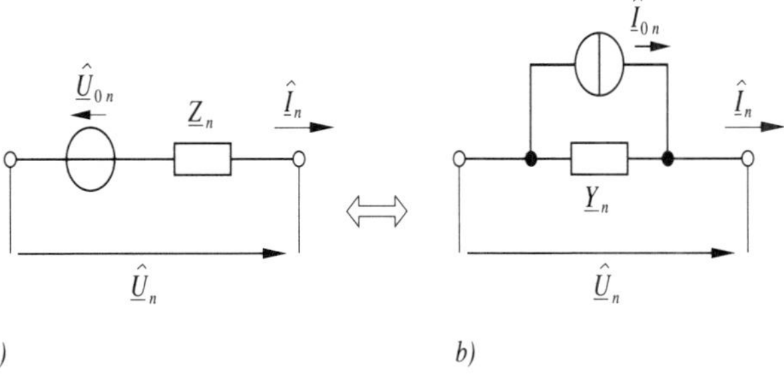

Bild 8.24: *Umformung einer Ersatzspannungsquelle in eine Ersatzstromquelle*

Aus diesen und den vorangegangenen Betrachtungen stellen wir fest, dass in einem Netzwerk aus R, L und C im eingeschwungenen Zustand mit Sinusschwingungen für die komplexen Amplituden die gleichen Beziehungen gelten wie für die Gleichströme und Gleichspannungen in einem Widerstandsnetzwerk. Wir können daher die dort vorgestellten Analyseverfahren auch hier verwenden und erhalten beim Maschenstromverfahren (s. Gl.(4.15))

$$[A]^T[\underline{Z}][A][\hat{\underline{I}}_n] = [A]^T[\hat{\underline{U}}_0] \ , \tag{8.62}$$

wobei in $[\underline{Z}]$ die Impedanzen der Zweige und in $[\hat{\underline{I}}_n]$ die komplexen Amplituden der Maschenströme zusammengefasst sind. Entsprechend erhalten wir beim Knotenverfahren (s. Gl.(4.19))

$$[B]^T[\underline{Y}][B][\hat{\underline{U}}] = [B]^T[\hat{\underline{I}}_0] \ . \tag{8.63}$$

Hierin ist $[\underline{Y}]$ die Matrix der Zweigadmittanzen, und in $[\underline{U}_{\mathrm{B}}]$ sind die komplexen Amplituden der Baumzweigspannungen zusammengefasst. Bis auf die Tatsache, dass hier mit komplexen Größen gerechnet wird, entsprechen die Analyseverfahren exakt denen im Kapitel 4.

8.6 Duale und reziproke Netzwerke

8.6.1 Eigenschaften dualer Netzwerke

Zur Bestimmung der Ströme und Spannungen in einem Netzwerk wurden im Abschnitt 4.5 zwei Verfahren angegeben. Die Matrixgleichungen, die sich ergeben hatten, haben im Prinzip die gleiche Form. Sind nun zwei Netzwerke gegeben und führt das Maschenverfahren bei dem einen und das Knotenverfahren bei dem anderen auf Gleichungssysteme, die formal identisch sind, so werden die Netzwerke als zueinander *dual* bezeichnet. Ein Beispiel möge dies demonstrieren. Wir greifen hier schon vor und beziehen Kondesatoren und Spulen in unsere Behandlung mit ein. Betrachten Sie die Gleichungen rein formal! Die Schaltung im Bild 8.25 a ist am einfachsten mit

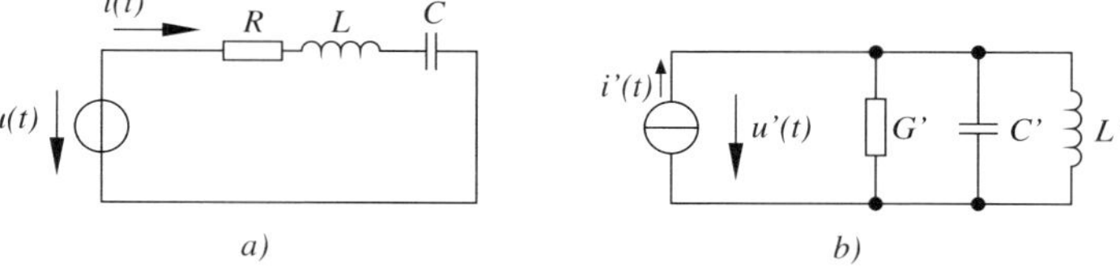

Bild 8.25: *Einfache duale Schaltungen*

der Maschenregel, die im Bild 8.25 b mit der Knotenregel zu behandeln. Es ergeben sich folgende Beziehungen:

$$\begin{aligned} &\text{Schaltung } (a): \quad L\,\frac{\mathrm{d}i}{\mathrm{d}t} + R\,i + \frac{1}{C}\int i\ \mathrm{d}t = u\,(t)\ , \\ &\text{Schaltung } (b): \quad C'\,\frac{\mathrm{d}u'}{\mathrm{d}t} + G'\,u' + \frac{1}{L'}\int u'\,\mathrm{d}t = i'\,(t)\ . \end{aligned} \tag{8.64}$$

Diese beiden Gleichungen sind bis auf die verschiedene Benennnung der Variablen in ihrer Form völlig identisch. Die Eigenschaften, die die Schaltung (a) in Bezug auf den Strom zeigt, weist die Schaltung (b) in Bezug auf die Spannung auf. Die Schaltungen sind zueinander dual. Zwei Aspektarten, qualitative und quantitative, lassen sich für duale Schaltungen herausarbeiten. Die qualitativen Aspekte beziehen sich auf die Eigenschaften der geometrischen Struktur. Einige dieser Aspekte sind in Tabelle 8.1 zusammengestellt.

Tabelle 8.1: *Qualitative Aspekte der dualen Schaltungen*

Netzwerk 1	Netzwerk 2
Masche	Knoten
Baumzweig	Maschenzweig
Serienschaltung	Parallelschaltung
Spannungsquelle	Stromquelle
Kurzschluss	Leerlauf

Tabelle 8.2: *Quantitative Aspekte der dualen Schaltungen*

Netzwerk 1	Netzwerk 2
$u = Ri$	$i' = G'u'$
$u = L\dfrac{\mathrm{d}i}{\mathrm{d}t}$	$i' = C'\dfrac{\mathrm{d}u'}{\mathrm{d}t}$
$u = \dfrac{1}{C}\int i\,\mathrm{d}t$	$i' = \dfrac{1}{L'}\int u'\mathrm{d}t$

Die duale geometrische Struktur äußert sich darin, dass die Matrix W_{A} gleich der Matrix W_{B} wird. Die quantitativen Aspekte sind eine Konsequenz der linearen Schaltungen (linearen Elemente). Sie sind in Tabelle 8.2 zusammengestellt. Sie bestehen in der Tatsache, dass die Vertauschung der Rollen von u und i mathematisch ähnliche Beziehungen für R und G und L und C ergibt.

Die Bestimmung dualer Netzwerke

Es besteht nun die Aufgabe, zu einem gegebenen Netzwerk N1 ein duales Netzwerk N2 zu bestimmen. Man trennt das Problem auf in die Bestimmung der dualen topologischen Struktur und die Ermittlung der dualen Schaltelemente. Da jeder Masche ein Knoten entspricht, gilt demnach für die Konstruktion des dualen Streckenkomplexes folgende Vorschrift:

1. In dem gegebenen Streckenkomplex (s. Bild 8.26) legt man in jede Masche einen Knoten, der dieselbe Bezeichnung bekommt wie die Masche. Außerdem wird noch außerhalb des Netzes ein zusätzlicher Knoten angebracht. (Auch der Außenraum bildet eine Masche!)

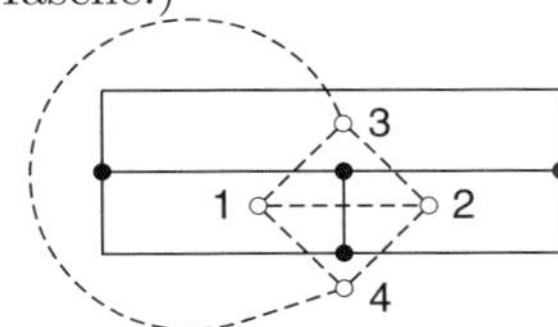

Bild 8.26: *Konstruktion des dualen Streckenkomplexes*

2. Zwischen den Knoten werden nun durch die Zweige des Streckenkomplexes Verbindungslinien gezogen. Bild 8.27 gibt an, wie die Zählpfeilrichtungen miteinander verknüpft werden können. Wichtig ist dabei nur, dass man sich auf eine Zuordnung festlegt. Gemäß der Zuordnung im Bild 8.27 soll also zu der positiven Zählweise im Uhrzeigersinn in den Maschen des Ausgangsnetzwerkes eine positive Zählweise vom Knoten wegweisend im neuen Netzwerk zugeordnet sein.

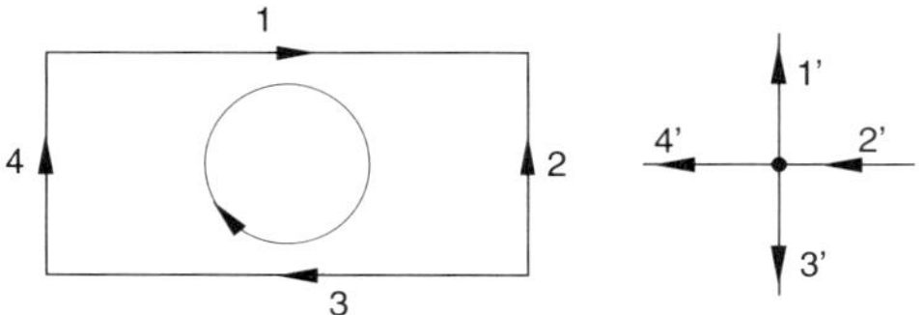

Bild 8.27: *Verknüpfung der Zählpfeilrichtungen*

Aufgrund der Beziehungen in Tabelle 8.2 gilt, dass R zu G und L zu C dual sind. Die Vorschrift zur Ermittlung der dualen Schaltung kann daher mit Punkt 3 fortgesetzt werden.

3. Durch jedes Element der Schaltung wird eine Verbindungslinie zwischen zwei Knoten gezogen. Die Verbindungslinie ergibt den Zweig in der dualen Schaltung, und das zu dem geschnittenen Element duale Element ist in den neuen Zweig einzufügen.

Bild 8.28 zeigt ein Beispiel für den beschriebenen Algorithmus.

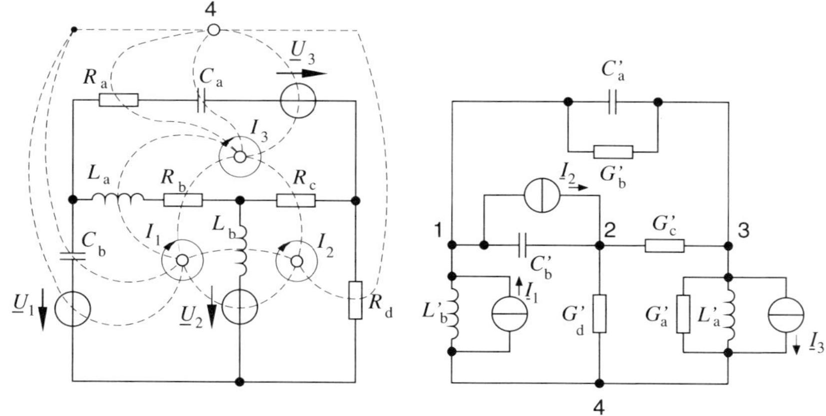

Bild 8.28: *Beispiel für eine duale Umwandlung*

Die Methode ist zwei Einschränkungen unterworfen:

1. Es dürfen keine magnetischen Kopplungen zugelassen werden, da sonst negative Elemente in der dualen Schaltung auftreten müssten.

2. Das Netzwerk muss planar sein, d. h., es muss möglich sein, es in der Zeichenebene ohne Überschneidung darzustellen. Man kann das Verfahren auch auf nichtplanare Netze anwenden, muss aber dann das Auftreten idealer Übertrager in Kauf nehmen.

Beispiel 1

Das beschriebene Verfahren soll im Folgenden durch zwei Beispiele veranschaulicht werden. Zu der im Bild 8.29 dargestellten Schaltung soll die duale Schaltung entwickelt werden. Bei dieser Schaltung handelt es sich um eine sogenannte Tiefpassfilterschaltung. Das genaue Verhalten sei hier aber nicht von Interesse.

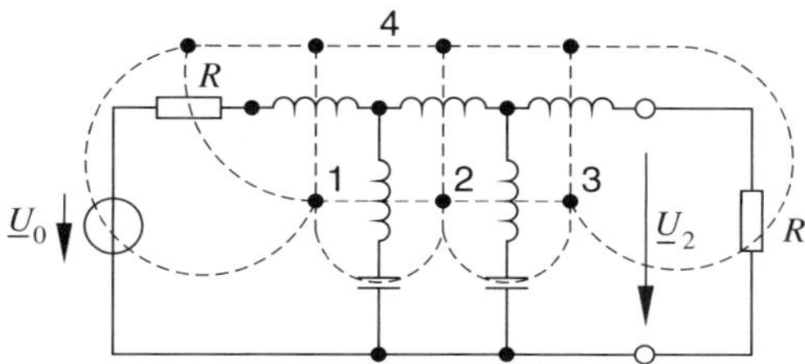

Bild 8.29: *Bestimmung der dualen Filterschaltung zu einem Tiefpass mit Dämpfungspolen im Sperrbereich*

Die duale Struktur ergibt sich gemäß den gestrichelten Verbindungslinien zu den neuen Netzwerkknoten. Der Knoten 4 werde dabei zu einer Linie ausgezogen. Diese wird nun als Masselinie in dem neuen Netzwerk gezeichnet (s. Bild 8.30) Die

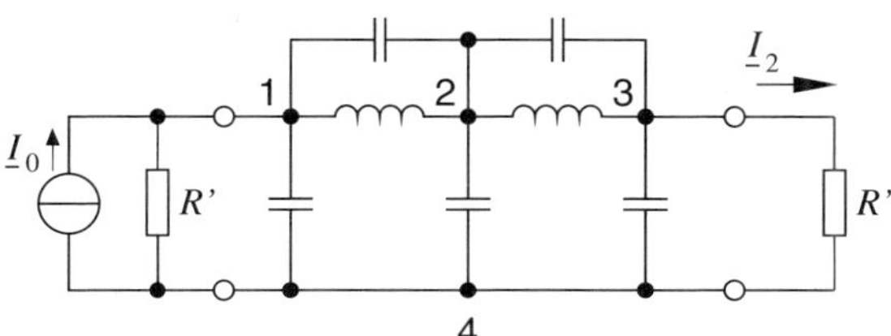

Bild 8.30: *Duale Schaltung zur Schaltung im Bild 8.29*

Ausgangsschaltung enthält Reihenresonanzkreise in den Querzweigen. Diese verursachen durch den Kurzschluss bei ihrer Resonanzfrequenz die Dämpfungspole im Sperrbereich des Filters. Die neue Schaltung hat statt dessen Parallelresonanzkreise in den Längszweigen, die durch den unendlich hohen Widerstand bei Resonanz den Stromfluss verhindern und dadurch Dämpfungspole erzeugen. Dem Spannungsübertragungsfaktor $\underline{U}_2/\underline{U}_0$ in der Ausgangsschaltung entspricht in der neuen Schaltung der Stromübertragungsfaktor $\underline{I}_2/\underline{I}_0$. Nun kann aber die Stromquelle in eine äquivalente Spannungsquelle mit $\underline{U}_0' = \underline{I}_0 R'$ umgewandelt werden. Die Spannung an R' am Ausgang beträgt $\underline{U}_2' = \underline{I}_2 R'$. Somit ist dem Stromübertragungsfaktor $\underline{I}_2/\underline{I}_0$ der Spannungsübertragungsfaktor $\underline{U}_2'/\underline{U}_0'$ gleichwertig. Bei richtiger Dimensionierung der Schaltungselemente hat die duale Filterschaltung also das gleiche Dämpfungsverhalten wie die Ausgangsschaltung.

Beispiel 2

Im Bild 8.31 ist eine Schaltung und ihr Spannungsübertragungsverhalten dargestellt. Diese Schaltung wird benutzt als Dämpfungsausgleichsschaltung. Die Frequenzen kleiner als ω_0 werden bedämpft, die Frequenzen $\omega > \omega_0$ fast überhaupt nicht. Es

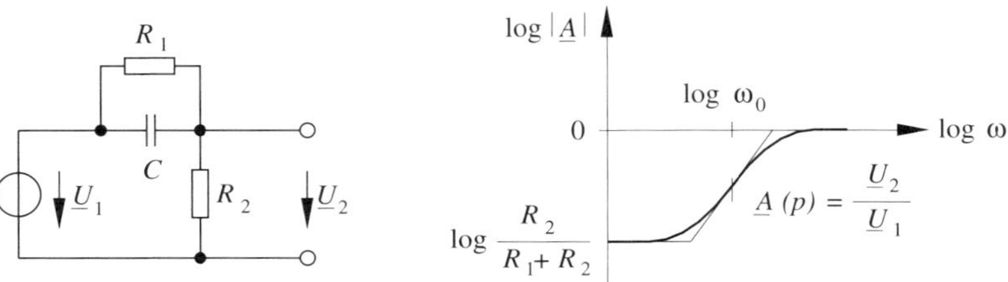

Bild 8.31: *Dämpfungsschaltung für tiefe Frequenzen*

werde nun eine Schaltung gesucht, die umgekehrtes Verhalten zeigt, also hohe Frequenzen dämpft und tiefe gut durchlässt. Das Dämpfungsverhalten im Bild 8.31 muss um den Punkt $\log \omega_0$ gespiegelt, d. h. $\log \omega - \log \omega_0$ durch $\log \omega_0 - \log \omega$ ersetzt werden. Der neue Übertragungsfaktor $\underline{A}_1$ ergibt sich durch Ersetzen von p durch ω_0^2/p in $\underline{A}(s)$: $\underline{A}_1(s) = \underline{A}(\omega_0^2/p)$. Ebenso ist die Impedanz $1/C$p zu ersetzen durch $p/C\omega_0^2$. Aus der Kapazität wird eine Induktivität der Größe $L_1 = 1/C_0^2\omega$. Bild 8.32 zeigt die neue Schaltung und ihr Übertragungsverhalten der Spannung.

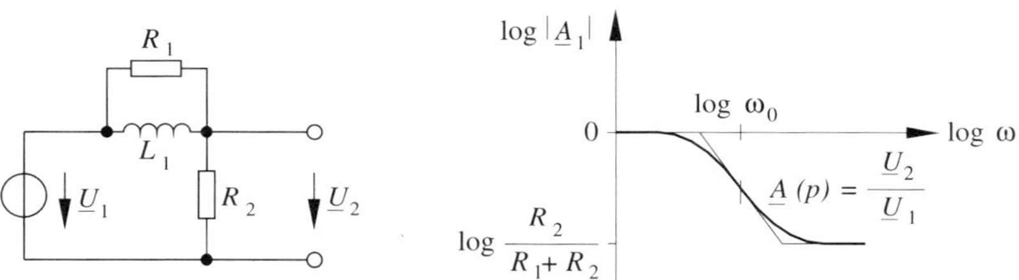

Bild 8.32: *Dämpfungsschaltung für hohe Frequenzen*

Nun bestehe ferner die Aufgabe, eine Schaltung mit dem gleichen Spannungsverhalten zu finden, jedoch ohne Induktivität. Dazu wird zunächst gemäß dem Reziprozitätstheorem eine Schaltung mit gleichem Stromverhalten (s. Bild 8.33 a) erzeugt und dann zu dieser die reziproke Schaltung bestimmt (s. Bild 8.33 b, c); denn von den dualen und reziproken Schaltungen ist bekannt, dass dem Verhalten der Ströme in der einen Schaltung das Verhalten der Spannungen in der anderen Schaltung entspricht.

Es gilt

$$\frac{\underline{U}_2}{\underline{U}_1} = \frac{\underline{I}_1}{\underline{I}_2} = \frac{\underline{U}_{1\mathrm{d}}}{\underline{U}_{2\mathrm{d}}} = \frac{\underline{U}_2'}{\underline{U}_1'}$$

und

$$R_1' = \frac{R_0^2}{R_1}\ ; \quad R_2' = \frac{R_0^2}{R_2}\ ; \quad C_2' = \frac{L_1}{R_0^2} = \frac{1}{C\omega_0^2 R_0^2}\ .$$

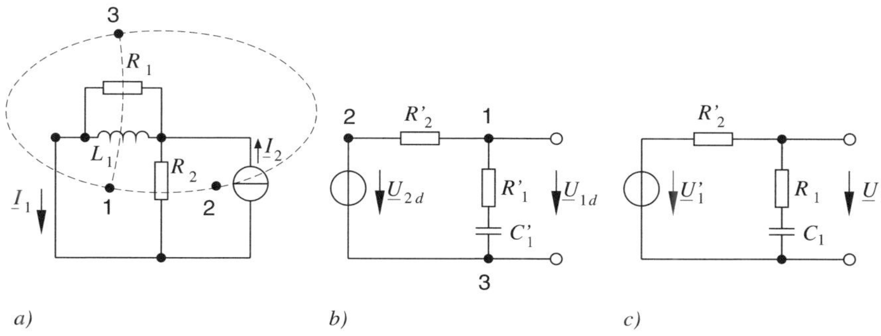

a) *b)* *c)*

Bild 8.33: *Bestimmung der Dämpfungsschaltung für hohe Frequenzen ohne Induktivitäten*

R_0 ist beliebig wählbar. Die Schaltung im Bild 8.33 c hat also das gleiche Spannungsverhalten wie die Schaltung im Bild 8.32.

8.6.2 Reziproke Netzwerke

In den bisherigen Betrachtungen über Dualität wurde auf die Größe der Elemente nicht geachtet. Darüber soll jetzt eine Aussage gemacht werden. Die Eigenschaften zweier, zueinander dualer Netze N1 und N2 lassen sich durch die Gleichungen

$$\begin{aligned} [\underline{W}_{\mathrm{M}}]\,[\underline{I}_{\mathrm{M}}] &= [A]^T[\underline{U}_0] \\ [\underline{W}_{\mathrm{B}}]\,[\underline{U}_{\mathrm{B}}] &= [B]^T[\underline{I}_0] \end{aligned}$$

für N1 bzw. N2 bestimmen. Man sagt nun, dass die Netzwerke N1 und N2 im engeren Sinn zueinander dual sind, wenn die Matrizen $\underline{W}_{\mathrm{M}}$ und $\underline{W}_{\mathrm{B}}$ nicht nur analog aufgebaut sind, sondern auch zahlenmäßig gleich sind. Nimmt man aber an, dass die beiden Matrizen über die Beziehung

$$[\underline{W}_{\mathrm{M}}] = K^2[\underline{W}_{\mathrm{B}}] \tag{8.65}$$

zusammenhängen, so heißt das Netzwerk N1 reziprok zum Netzwerk N2. Ist z. B. die Impedanz in einem Zweig des Netzwerkes N1 von der Form $\underline{Z} = R + Lp + 1/Cp$, so ist die dazu reziproke Admittanz durch $\underline{Y}' = G' + C'p + 1/L'p$ gegeben, wobei

$$G' = \frac{R}{K^2}\,; \qquad C' = \frac{L}{K^2} \text{ und } L' = CK^2 \tag{8.66}$$

ist.

Nun soll der Zusammenhang der Parameter reziproker Zweitore bestimmt werden. Als erster Schritt wird dazu die Zuordnung der Zählpfeile geklärt. Aus Bild 8.34 erkennt man, dass Strom- und Spannungszählpfeil des dualen Zweitores

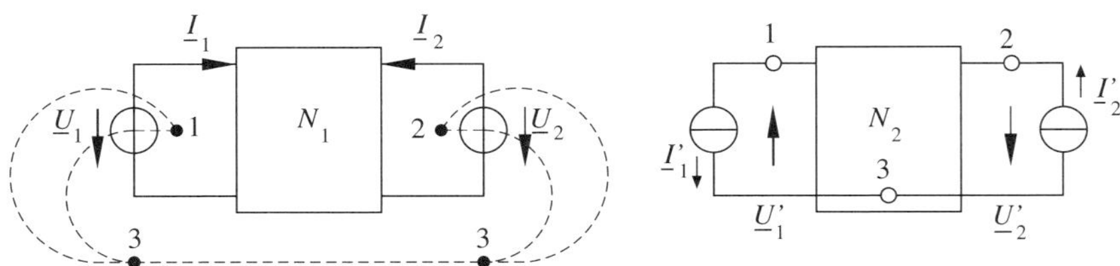

Bild 8.34: *Zuordnung der Zählpfeile dualer Zweitore*

entgegengesetzt gerichtet sind zur Richtung bei der Definition der Zweitorgleichungen (s. Bild 4.12). Setzt man $\underline{I}'_1 = -\underline{I}''_1$ und $\underline{U}'_1 = -\underline{U}''_1$, so gilt demnach für das

Netzwerk 1

$$[\underline{I}] = \begin{bmatrix} \underline{I}_1 \\ \underline{I}_2 \end{bmatrix} = \frac{1}{\underline{W}_\mathrm{M}} \begin{bmatrix} \underline{W}_{11} & \underline{W}_{21} \\ \underline{W}_{12} & \underline{W}_{22} \end{bmatrix} \begin{bmatrix} \underline{U}_1 \\ \underline{U}_2 \end{bmatrix} = [\underline{y}][\underline{U}]$$

und für das

Netzwerk 2

$$\begin{bmatrix} -\underline{U}''_1 \\ \underline{U}'_2 \end{bmatrix} = \frac{1}{\underline{W}_\mathrm{B}} \begin{bmatrix} \underline{Y}_{11} & \underline{Y}_{21} \\ \underline{Y}_{12} & \underline{Y}_{22} \end{bmatrix} \begin{bmatrix} -\underline{I}''_1 \\ \underline{I}'_2 \end{bmatrix}$$

oder

$$\underline{U} = \begin{bmatrix} \underline{U}''_1 \\ \underline{U}'_2 \end{bmatrix} = \frac{1}{\underline{W}_\mathrm{B}} \begin{bmatrix} \underline{Y}_{11} & -\underline{Y}_{21} \\ -\underline{Y}_{12} & \underline{Y}_{22} \end{bmatrix} \begin{bmatrix} \underline{I}''_1 \\ \underline{I}'_2 \end{bmatrix} = [\underline{z}][\underline{I}]\ .$$

Beachtet man, dass die Adjunkte immer eine Spalte und eine Zeile weniger als die Koeffizientendeterminante hat, so erhält man mit Gl. (8.65) folgende Beziehung zwischen den Zweitorparametern zweier zueinander reziproker Zweitore:

$$\begin{bmatrix} \underline{y}_{11} & \underline{y}_{12} \\ \underline{y}_{21} & \underline{y}_{22} \end{bmatrix}_{\mathrm{N1}} = \frac{1}{K^2} \begin{bmatrix} \underline{z}_{11} & -\underline{z}_{12} \\ -\underline{z}_{21} & \underline{z}_{22} \end{bmatrix}_{\mathrm{N2}}\ .$$

Aktivierungselement 8.2

Ohne Zuhilfenahme des Textes bearbeiten!

1. Zeichnen Sie das Zeigerdiagramm der Ströme und Spannungen für eine Reihenschaltung aus R, L und C für zwei verschiedene Frequenzen der Speisespannung!

2. Wie groß ist der Betrag des Scheinwiderstandes einer realen Spule der Induktivität 1 H bei 50 Hz? Bei Gleichspannung beträgt ihr Widerstand 6,28 Ω.

3. Wie groß ist die Suszeptanz eines ohmschen Widerstandes R?

4. Ein Zweipol (beliebige Zusammenschaltung mit zwei herausgeführten Klemmen) bestehe innerlich nur aus reaktiven Elementen (Reaktanzen, Suszeptanzen). Welche zwei Werte kann der Gleichstromwiderstand des Zweipols nur haben?

5. Auf welchen Teil der komplexen Ebene muss die Impedanz (Admittanz) eines passiven linearen Zweipols beschränkt bleiben?

Aufgaben zur Vertiefung 13

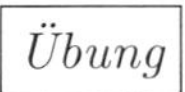

8.1

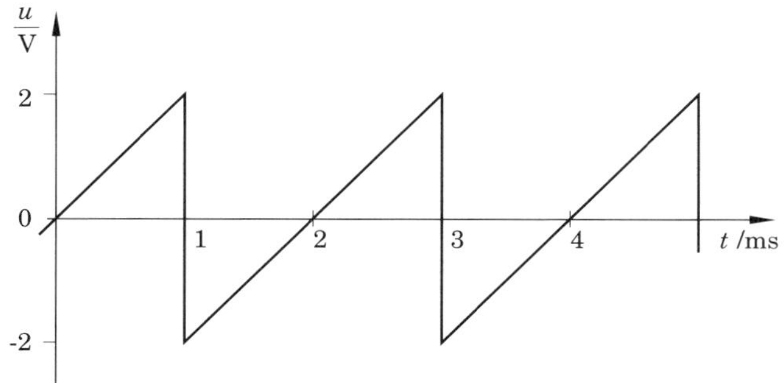

Bestimmen Sie für die gegebene sägezahnförmige Spannung den arithmetischen Mittelwert, den Gleichrichtwert, den Effektivwert, den Formfaktor und den Scheitelfaktor!

8.2 An eine Reihenschaltung aus einem ohmschen Widerstand R und einer realen Spule (R_{L}, L) wird eine sinusförmige Wechselspannung mit $f = 50\,\mathsf{Hz}$ und $\hat{U} = 60\,\mathsf{V}$ gelegt. Dabei misst man am Widerstand R die Spannung $\hat{U}_{\mathrm{R}} = 12\,\mathsf{V}$ und an der Spule die Spannung $\hat{U}_{\mathrm{Sp}} = 50\,\mathsf{V}$. Wie groß ist die Induktivität L der Spule, wenn der Strom $\hat{I} = 0{,}5$ A beträgt?

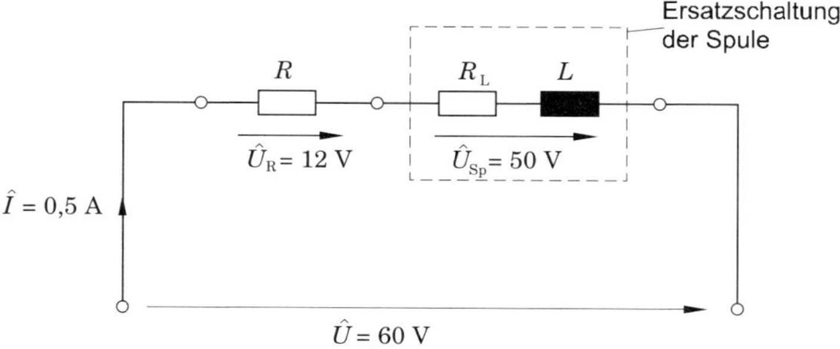

Theoretische Vertiefung

8.3 In der gegebenen Schaltung (sog. Hummel-Schaltung) soll der Strom $\underline{I}_2$ der Spannung $\underline{U}$ um 90° nacheilen. Wie groß muss dazu der Widerstand R_3 gewählt werden?

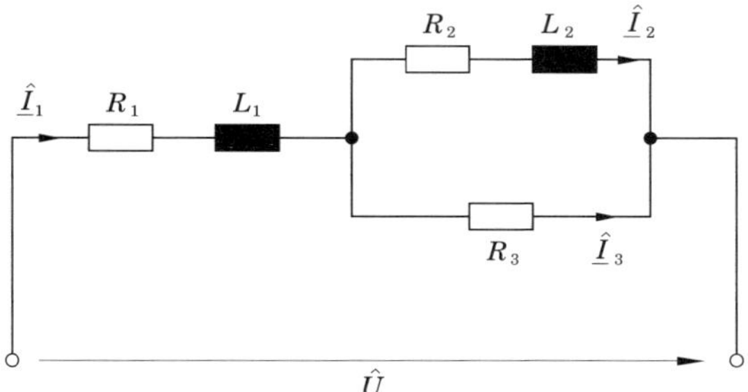

Praktische Anwendung

8.4 Folgende Schaltung kann als Spitzenwertmesser für Wechselspannungen verwendet werden:

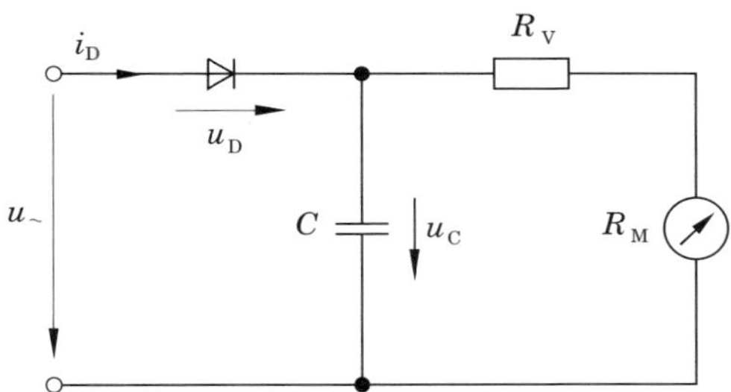

1. Geben Sie die qualitativen Verläufe von u_C, u_D und i_D an, wenn $u_\sim$ eine sinusförmige Wechselspannung ist!
2. Für welche maximale Sperrspannung muss die Diode ausgelegt sein?
3. Wie groß sollte die Entladezeitkonstante $\tau = (R_V + R_M)C$ im Vergleich zur Periodendauer T der Wechselspannung $u_\sim$ sein?
4. Leiten Sie eine Näherungsformel für den relativen Messfehler der Spitzenspannung her! Ersetzen Sie die Entladekurve durch eine Gerade!

8.5 Die abgebildete Schaltung hat die Eigenschaft, tiefe Frequenzen zu dämpfen und hohe ungehindert hindurchzulassen.

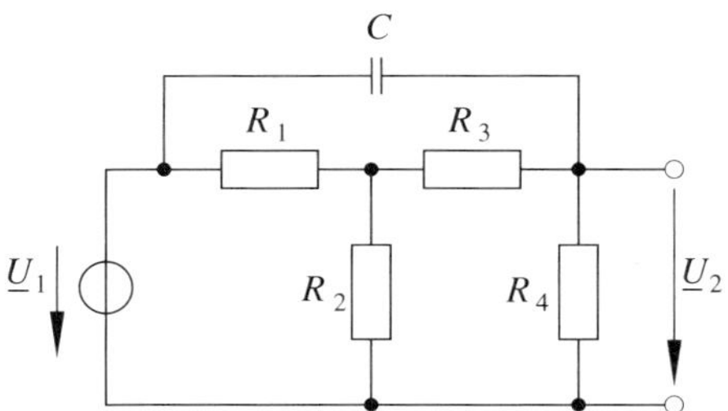

1. Man bestimme durch Frequenztransformation eine Schaltung, die bezüglich der Frequenz umgekehrtes Verhalten zeigt.

2. Mit Hilfe des Reziprozitätstheorems und der dualen Umwandlung soll eine zu 1. äquivalente Schaltung gefunden werden, die jedoch keine Induktivitäten enthält.

Vororientierung zur Kurseinheit 14

In dieser Kurseinheit werden wir uns zunächst mit der Ortskurvendarstellung von Wechselgrößen befassen. Solche Darstellungen vermitteln einen guten Überblick über das Verhalten einer Größe in Abhängigkeit von einem Parameter. Anschließend befassen wir uns mit der Bestimmung von Wechselstromwiderständen in Wechselstrommessbrücken und mit Schwingkreisen. Schwingkreise selektieren aus einem Gemisch von Schwingungen diejenigen heraus, deren Frequenz im Bereich ihrer Resonanzfrequenz liegt. Sie finden solche Kreise in Ihrem Rundfunkapparat und in anderen Empfängern.

Als eine wesentliche Größe haben wir früher die elektrische Leistung kennen gelernt. In dieser Kurseinheit werden wir uns mit dem Leistungsbegriff bei Wechselströmen befassen.

Außerdem behandeln wir die Messung von Wechselströmen. Es werden indirekte Messverfahren mit Hilfe von Gleichrichterschaltungen angegeben und Messinstrumente zur direkten Messung von Wechselströmen beschrieben.

Schließlich beenden wir das Kapitel über Wechselströme und Netzwerke mit der Behandlung des Transformators, der als eines der wichtigsten Bauelemente der Elektrotechnik bezeichnet werden kann. Sein Anwendungsfeld erstreckt sich von kleinsten (Nachrichtentechnik) zu größten Leistungen (Energiefernübertragung), und er ist daher fast überall anzutreffen.

Lernzyklus 8.3

Studienziele

Nach dem Durcharbeiten dieses Lernzyklus sollen Sie in der Lage sein,

- Impedanz- und Admittanzortskurven in Abhängigkeit von der Frequenz oder eines Schaltelementes für einfache Netzwerke zu entwickeln;
- Wechselstrommessbrücken anzugeben und diese auf ihre Eigenschaften hin zu untersuchen und zu bewerten;
- die Abgleichbedingungen in Wechselstrommessbrücken zu bestimmen; das Wesen eines Schwingkreises zu erläutern;
- die charakteristischen Eigenschaften von Schwingkreisen anzugeben bzw. zu bestimmen;
- die Definitionen von Güte und Bandbreite anzugeben und diese für gegebene Schwingkreise zu berechnen.

8.7 Ortskurven

Bisher haben wir die komplexen Größen und ihre Zeiger in der komplexen Ebene bei festen Werten der Elemente und bei fester Frequenz behandelt. Betrachtet man nun den Wert eines Schaltelementes oder die Frequenz als Veränderliche und lässt man diese Veränderliche alle Werte eines Wertebereiches, beispielsweise zwischen Null und Unendlich, durchlaufen, dann bezeichnet man den geometrischen Ort der Zeigerspitzen einer komplexen Größe – eine Kurve in der komplexen Ebene – als *Ortskurve* dieser Größe in Abhängigkeit von der entsprechenden Veränderlichen.

Die Werte dieser Veränderlichen, die wir hier allgemein λ nennen wollen, können selbst auch jeweils in eine komplexe Ebene eingetragen werden. Alle physikalisch möglichen Werte von λ bilden dabei zusammen etwa die positive reelle Achse der λ-Ebene. Wir können deshalb die sich ergebende Ortskurve der komplexen Größe als Abbildung der positiven reellen Achse der λ-Ebene auffassen.

Ist die Abbildungsfunktion $f(\lambda)$ eine linear gebrochene *Funktion* von λ, d. h. eine Funktion der Form $f(\lambda) = (a+b\lambda)/(c+d\lambda)$, dann ergibt sich als Ortskurve ein Kreis oder, als Grenzfall des Kreises, eine Gerade; denn es gilt allgemein, dass ein Kreis aus der einen Ebene mittels einer linear gebrochenen Funktion wieder auf einen Kreis in der neuen Ebene abgebildet wird.

In Abhängigkeit von den Schaltelementen sind die komplexen Größen Impedanz, Admittanz, komplexe Amplitude in Netzwerken stets solche linear gebrochenen Funktionen. Deshalb ist bei Variation des Wertes eines Schaltelementes als Ortskurve stets ein Kreisabschnitt oder eine Gerade zu erwarten. In Abhängigkeit von der Frequenz sind die komplexen Größen nur in den einfachsten Fällen linear gebrochene Funktionen. Deshalb ergibt sich hier im Allgemeinen kein Kreis.

Die Ortskurven geben sehr anschaulich das Verhalten einer komplexen Größe wieder.

Bei Netzwerken interessiert man sich insbesondere für die Ortskurven der Impedanz oder Admittanz.

Beispiele

Wir betrachten einige Beispiele und beginnen mit den Serienschaltungen von

a) R mit L, b) R mit C und c) R mit L und C.

Die zu den Schaltungen gehörenden Impedanzen sind

$$\text{a)}\ \underline{Z} = R + \mathrm{j}\omega L\ ; \quad \text{b)}\ \underline{Z} = R + \frac{1}{\mathrm{j}\omega C} = R - \frac{\mathrm{j}}{\omega C}\ ; \quad \text{c)}\ \underline{Z} = R + \mathrm{j}\left(\omega L - \frac{1}{\omega C}\right) .$$

In allen drei Fällen ändert sich jeweils nur der Imaginärteil mit ω, während der Realteil konstant bleibt. Die Ortskurven sind deshalb jeweils Parallelen im Abstand R von der imaginären Achse. Die Frequenz wächst in der jeweils im Bild 8.35 angegebenen Richtung an.

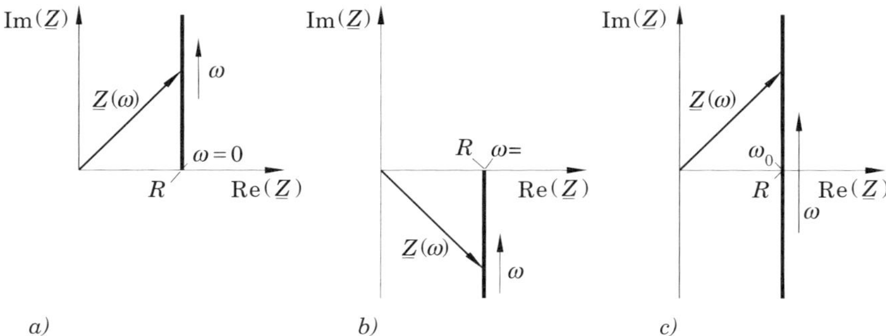

Bild 8.35: *Impedanzortskurven für die Serienschaltung von*
(a) R mit L
(b) R mit C
(c) R mit L und C

Inversion

Aus den Ortskurven der Impedanzen können wir leicht auch die Ortskurven der Admittanzen bestimmen, denn

$$\underline{Y} = \frac{1}{\underline{Z}}$$

ist eine lineare Abbildungsfunktion. Die Geraden in der $\underline{Z}$-Ebene werden deshalb in Kreise (bzw. Kreisteile) in der $\underline{Y}$-Ebene abgebildet. Zwei ausgezeichnete Punkte können sofort angegeben werden: Der Punkt $\underline{Z}$ auf der reellen Achse ($\underline{Z} = R$) wird wieder auf die reelle Achse, nämlich in $\underline{Y} = G = 1/R$, abgebildet, und der Punkt ∞ wird in den Nullpunkt abgebildet. Aus Symmetrieüberlegungen folgt, dass in den ersten beiden Fällen Halbkreise entstehen, während sich im dritten Fall ein voller Kreis ergibt. Im Bild 8.36 sind die Ortskurven dargestellt.

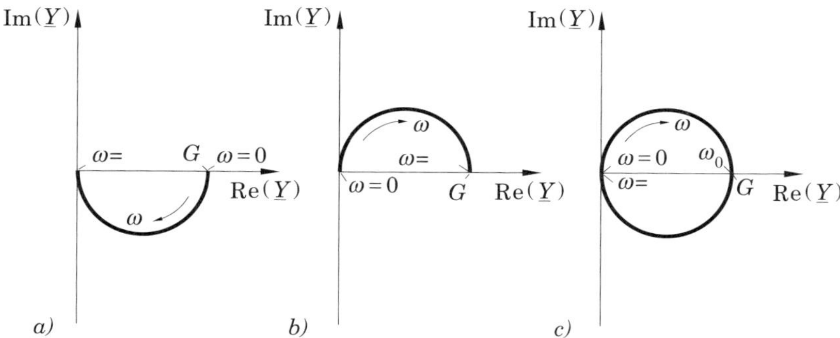

Bild 8.36: *Admittanzortskurven für die Serienschaltungen von*
(a) R mit L
(b) R mit C
(c) R mit L und C

Aufgabe 8.2

Bestimmen Sie die Admittanz- und Impedanzortskurven der *Parallel*schaltungen von a) R mit L, b) R mit C und von c) R mit L und C bei Variation der *Frequenz*!

Beispiel

Zum Schluss werde noch ein Beispiel für den Fall behandelt, dass der Wert eines Schaltelementes veränderlich ist. ω dagegen sei konstant. Dazu betrachten wir die Schaltung im Bild 8.37 a.

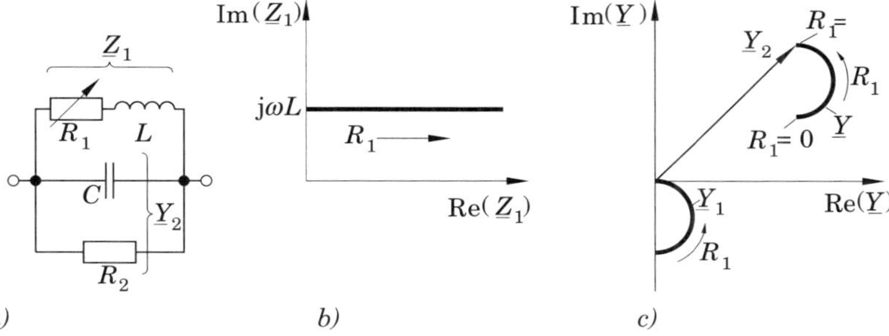

Bild 8.37: *Schaltung mit variablem Widerstand und Ortskurven von Impedanz und Admittanz*

Zur Bestimmung der Admittanzortskurve der Gesamtschaltung gehen wir schrittweise vor. Zunächst bestimmen wir die Ortskurve von $\underline{Z}_1 = R_1 + \mathrm{j}\omega L$. Da der Imaginärteil konstant ist und sich der Realteil ändert, ist die Ortskurve eine Parallele zur reellen Achse (s. Bild 8.37 b). Die Abbildung dieser Geraden in die $\underline{Y}$-Ebene ergibt die Ortskurve $\underline{Y}_1$ im Teilbild c). Diese Ortskurve ist wegen $\underline{Y}_1 = 1/\underline{Z}_1$ ein Halbkreis mit dem Mittelpunkt auf der imaginären Achse. Da $\underline{Y} = \underline{Y}_1 + \underline{Y}_2$ und $\underline{Y}_2$ ein fester Zeiger ist, ist lediglich noch eine Verschiebung der Ortskurve $\underline{Y}_1$ um $\underline{Y}_2$ erforderlich.

8.8 Wechselstrommessbrücken

Im Abschnitt 3.6 haben wir eine Brückenschaltung zur Bestimmung von ohmschen Widerständen kennen gelernt. Wir ersetzen nun die ohmschen Widerstände R_n durch komplexe Widerstände $\underline{Z}_n$ und regen die Schaltung mit einer Wechselspannungsquelle an (s. Bild 8.38). Auch hier können wir erreichen, dass der Brückenzweig C-D stromlos wird. Aus den Abgleichbedingungen erhält man dann die Möglichkeit,

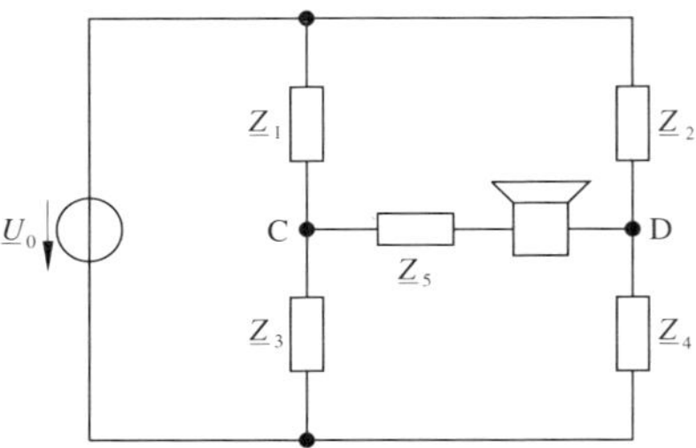

Bild 8.38: *Wechselstrommessbrücke*

eine der Größen zu bestimmen, wenn die anderen bekannt sind. Als Nullindikator verwenden wir hier ein Wechselstrommessinstrument oder einen Lautsprecher. Bezüglich der Wirkung auf die Schaltung kann der Lautsprecher durch eine komplexe Impedanz dargestellt werden, die in $\underline{Z}_5$ enthalten sein soll. Im abgeglichenen Zustand fließt jedoch durch den Brückenzweig kein Strom, und der Lautsprecher gibt deshalb keinen Ton ab. Die Abgleichbedingung kann sofort aus Gl.(3.12) abgeleitet werden. Dazu sind dort die R_n durch die entsprechenden Impedanzen $\underline{Z}_n$ zu ersetzen (s. Abschn. 8.5.3).

Wir erhalten hier

$$\frac{\underline{Z}_1}{\underline{Z}_3} = \frac{\underline{Z}_2}{\underline{Z}_4} \tag{8.67}$$

oder

$$\underline{Z}_1 \underline{Z}_4 = \underline{Z}_2 \underline{Z}_3 \ .$$

Die Gl. (8.67) ist dann erfüllt, wenn die Real- und Imaginärteile beider Seiten oder, was dasselbe bedeutet, wenn die Beträge und die Phasen beider Seiten gleich sind. Es sind also bei Wechselstrommessbrücken für den Abgleich *zwei Bedingungen* zu erfüllen. Weil aber zur Festlegung einer Impedanz zwei Größen notwendig sind, muss mit einer Impedanz, wenn diese beliebig einstellbar ist, das Brückengleichgewicht herstellbar sein. Wenn z. B. $\underline{Z}_i$ unbekannt ist, dann können zwei weitere Impedanzen beliebig, aber konstant sein, und der Abgleich kann mit der vierten erfolgen. Bei Gleichgewicht ist dann

$$|\underline{Z}_1| = \frac{|\underline{Z}_2|}{|\underline{Z}_4|} |\underline{Z}_3| \quad \text{und} \quad \varphi_1 = \varphi_2 + \varphi_3 - \varphi_4 \ . \tag{8.68}$$

Diese Beziehungen vereinfachen sich, wenn für die zwei konstanten Impedanzen ohmsche Widerstände gewählt werden.

Maxwell-Brücke, Messbrücke für Spulen

Wählen wir $\underline{Z}_2 = R_2$ und $\underline{Z}_3 = R_3$, dann wird

$$|\underline{Z}_1| = \frac{R_2 R_3}{|\underline{Z}_4|} \quad \text{und} \quad \varphi_1 = -\varphi_4 \ .$$

Da die Winkel von $\underline{Z}_1$ und $\underline{Z}_4$ entgegengesetzt gleich sein müssen, muss $\underline{Z}_4$ kapazitiv sein, wenn $\underline{Z}_1$ induktiv ist. Eine dazu passende Brückenschaltung, die sogenannte *Maxwell-Brücke*, ist im Bild 8.39 dargestellt.

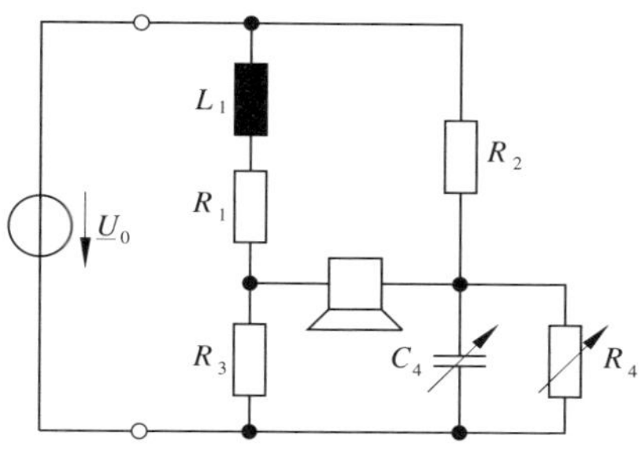

Bild 8.39: *Maxwell-Brückenschaltung*

Mit ihr können die Induktivität L_1 und der Verlustwiderstand R_1 einer Spule durch Abgleich mit R_4 und C_4 bestimmt werden. Der umgekehrte Fall ist theoretisch denkbar, aber praktisch nicht sinnvoll. Während Kondensatoren so realisiert werden können, dass ihre Verluste vernachlässigbar sind, ist das bei Spulen nicht möglich. Außerdem lassen sich die Kapazitätswerte genauer einstellen als Induktivitätswerte.

Für die Maxwell-Brücke gilt im Einzelnen

$$\begin{aligned}\varphi_1 &= \arg(\underline{Z}_1) = \arctan\frac{\omega L_1}{R_1}\ , \\ \varphi_4 &= \arg(\underline{Z}_4) = -\arg(\underline{Y}_4) = -\arctan\frac{\omega C_4}{G_4}\ ,\end{aligned}$$

wobei $\underline{Y}_4 = 1/\underline{Z}_4$ und $G_4 = 1/R_4$ ist.

Aus $\varphi_1 = -\varphi_4$ erhalten wir

$$\arctan\frac{\omega L_1}{R_1} = \arctan \omega C_4 R_4\ ,$$

woraus

$$\frac{L_1}{R_1} = C_4 R_4 \tag{8.69}$$

folgt. Die Betragsbedingung $|\underline{Z}_1||\underline{Z}_4| = R_2 R_3$ liefert

$$R_2 R_3 = \frac{|R_1 + \mathrm{j}\omega L_1|}{|\frac{1}{R_4} + \mathrm{j}\omega C_4|} = R_1 R_4 \frac{|1 + \mathrm{j}\omega \frac{L_1}{R_1}|}{|1 + \mathrm{j}\omega C_4 R_4|}\ . \tag{8.70}$$

Der Quotient der Beträge der komplexen Zahlen der rechten Seite ergibt wegen der Abgleichbedingung (8.69) den Wert 1. Somit erhalten wir

$$R_1 = \frac{R_2 R_3}{R_4} \quad \text{und} \quad L_1 = R_2 R_3 C_4\ . \tag{8.71}$$

Für die zweite Gleichung wurde in (8.69) R_1 durch die erste Gleichung ersetzt. Bei dem Ergebnis ist interessant, dass die Frequenz in die Abgleichbedingung nicht eingeht. Bei dem Messverfahren braucht also auf die Frequenzgenauigkeit der Spannungsquelle nicht geachtet zu werden.

Wien-Robinson-Brücke, Frequenzmessbrücke

Wählen wir $\underline{Z}_2 = R_2$ und $\underline{Z}_4 = R_4$, dann wird Gl. (8.68)

$$|\underline{Z}_1| = \frac{R_2}{R_4}|\underline{Z}_3| \quad \text{und} \quad \varphi_1 = \varphi_3 \ .$$

Dazu betrachten wir die Schaltung im Bild 8.40.

Es handelt sich um die Frequenzmessbrücke nach WIEN-ROBINSON. Der Abgleich erfolgt hier nicht dadurch, dass eine Impedanz nach Betrag und Phase geändert wird, sondern es werden die Widerstände R_1 und R_3 verändert. Wir zeigen, dass ein

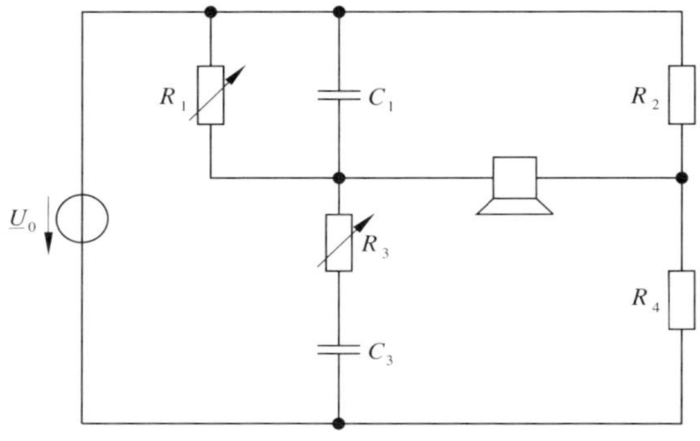

Bild 8.40: *Frequenzmessbrücke nach Wien-Robinson*

Abgleich sogar unter weiteren einschränkenden Annahmen möglich ist. Es ist hier

$$\varphi_1 = \arg(\underline{Z}_1) = -\arg\left(\frac{1}{\underline{Z}_1}\right) = -\arctan(\omega R_1 C_1)$$

und

$$\varphi_3 = \arg(\underline{Z}_3) = -\arctan\frac{1}{\omega C_3 R_3} \ .$$

Aus $\varphi_1 = \varphi_3$ folgt wegen $\tan\varphi_1 = \tan\varphi_3$

$$\omega^2 C_1 C_3 R_1 R_3 = 1 \ . \tag{8.72}$$

Aus der Betragsbedingung folgt

$$\frac{R_4}{R_2} = \frac{|\underline{Z}_3|}{|\underline{Z}_1|} = \frac{\left|R_3 + \dfrac{1}{\mathrm{j}\omega C_3}\right|}{\left|\dfrac{1}{\dfrac{1}{R_1} + \mathrm{j}\omega C_1}\right|} = \frac{|(1+\mathrm{j}\omega C_3 R_3)(1+\mathrm{j}\omega C_1 R_1)|}{R_1|\mathrm{j}\omega C_3|} \ .$$

Wird der Zähler ausmultipliziert und dabei Gl. (8.72) berücksichtigt, so wird daraus

$$\frac{R_4}{R_2} = \frac{|\mathrm{j}\omega C_3 R_3 + \mathrm{j}\omega C_1 R_1|}{R_1 |\mathrm{j}\omega C_3|} \rightarrow \frac{R_4}{R_2} = \frac{R_3}{R_1} + \frac{C_1}{C_3} \; . \tag{8.73}$$

Es möge nun $C_1 = C_3 = C$ (fest) und $R_1 = R_3 = R$ (verstellbar) sein. Die Abgleichbedingung (8.73) ist dann mit $R_4 = 2\,R_2$ immer erfüllt. Aus der Abgleichbedingung (8.72) folgt $\omega^2 C^2 R^2 = 1$ oder

$$\omega = \frac{1}{RC} \; . \tag{8.74}$$

Somit ist aus der Größe des eingestellten R und bei bekanntem C leicht die Kreisfrequenz ω zu berechnen. Der einstellbare Widerstand kann in technisch ausgeführten Brücken sofort in Frequenzeinheiten beschriftet werden.

Zum Problem der Empfindlichkeit von Brückenschaltungen finden Sie unter „Aufgaben zur Vertiefung 14“ ein Beispiel. Bezüglich weiterer Brückenschaltungen sei auf die Spezialliteratur verwiesen.

8.9 Schwingkreise

Induktiver und kapazitiver Blindwiderstand haben unterschiedliches Vorzeichen und verschiedene Frequenzabhängigkeit (s. Bild 8.14). Entsprechendes gilt auch für die Blindleitwerte. Bei der Zusammenschaltung der Elemente können daher bei bestimmten Frequenzen die Blindwiderstände oder Blindleitwerte gerade entgegengesetzt gleich groß werden und sich deshalb kompensieren. Es bleibt dann als resultierende Impedanz oder Admittanz ein Wirkwiderstand bzw. ein Wirkleitwert übrig.

Reihenschwingkreis

Wir betrachten die Zusammenschaltung von L, C und R im Bild 8.41. Von dieser Schaltung wissen wir bereits, dass in ihr bei verbundenen Klemmen 1 und 2 freie Schwingungen möglich sind, die allerdings wegen der Verluste in R abklingen. Weil

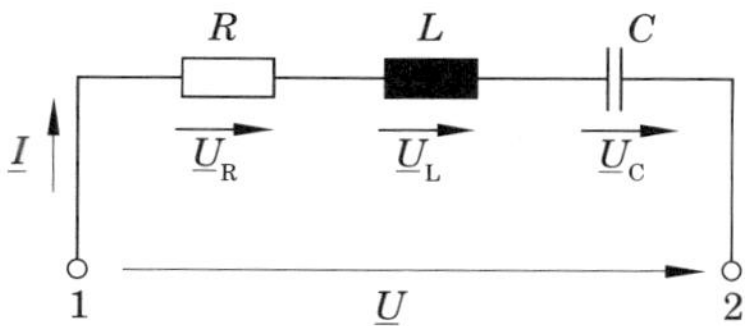

Bild 8.41: *Reihenschwingkreis*

R, L und C in Reihe liegen, nennt man diese Schaltung Reihenschwingkreis. Wird nun zwischen die Klemmen 1 und 2 eine Quelle der Kreisfrequenz ω eingefügt, dann liefert diese die in R umgesetzte Energie nach. Im eingeschwungenen Zustand ist

$$\underline{U} = \underline{I}\,\underline{Z} \quad \text{mit} \quad \underline{Z} = R + \mathrm{j}\omega L + \frac{1}{\mathrm{j}\omega C} = R + \mathrm{j}\left(\omega L - \frac{1}{\omega C}\right) \; . \tag{8.75}$$

Diese Schwingungen nennt man auch *erzwungene Schwingungen*, da sie mit der Kreisfrequenz ω der äußeren Quelle erfolgen. Bei Änderung von ω ändert sich der Imaginärteil von $\underline{Z}$, und es gibt insbesondere ein $\omega = \omega_0$, bei dem er Null wird. ω_0 erhält man aus der Forderung

$$\omega_0 L - \frac{1}{\omega_0 C} = 0$$

und ergibt sich zu

Resonanzkreisfrequenz

$$\omega_0 = \frac{1}{\sqrt{LC}} \, . \tag{8.76}$$

Das ist der gleiche Wert, mit dem der ungedämpfte Reihenkreis schwingt (s. Abschn. 7.7.2). $f_0 = \omega_0 / 2\pi$ bezeichnet man deshalb als *Resonanzfrequenz* des Schwingkreises.

Unter „Resonanz" versteht man allgemein, dass ein dämpfungsarmes schwingungsfähiges System mit der gleichen Taktfrequenz angeregt wird, bei der es selbst zu schwingen in der Lage ist.

Bei $\omega = \omega_0$ wird $\underline{Z} = R$. Spannung $\underline{U}$ und Strom $\underline{I}$ sind damit in Phase. Außerdem ist $\underline{U} = \underline{U}_\mathrm{R}$, d. h., die Spannungen $\underline{U}_\mathrm{L}$ und $\underline{U}_\mathrm{C}$ sind entgegengesetzt gleich und heben sich heraus, wie das Zeigerdiagramm des Bildes 8.42 anschaulich zeigt. Physikalisch

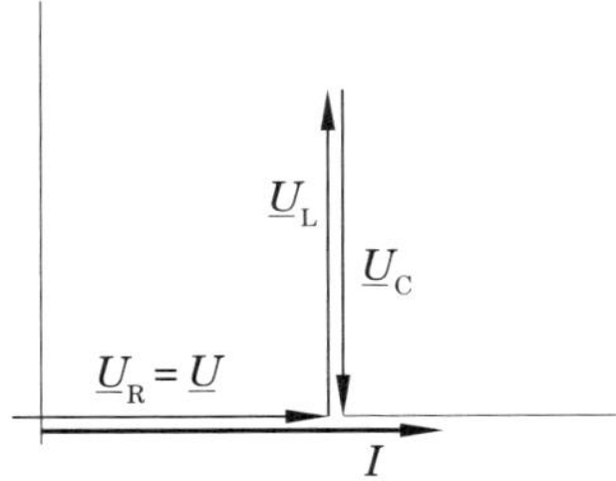

Bild 8.42: *Zeigerdiagramm für den Reihenschwingkreis bei Resonanz*

bedeutet das, dass die Quelle lediglich zur Deckung der Verluste in R in den Kreis Energie liefert. Die Summe der gespeicherten Energien in L und C ist konstant (s. Abschn. 7.7.2). Sie schwingt zwischen L und C hin und her.

Bei $\omega = \omega_0$ nimmt der Betrag von $\underline{Z}$ sein Minimum $|\underline{Z}|_\mathrm{min} = R$ an, denn $\sqrt{R^2 + X^2}$ ist stets größer als R. Bei fester Spannung $\underline{U}$ ist deshalb – besonders bei kleinem R – der Strom $\underline{I}$ besonders groß. An den Blindelementen können dann hohe Spannungen auftreten, die wesentlich größer als die Gesamtspannung $\underline{U}$ sein können. Die Höhe wird bestimmt durch die Blindwiderstände

Kennwiderstand

$$\omega_0 L = \frac{1}{\omega_0 C} = \frac{\sqrt{LC}}{C} = \sqrt{\frac{L}{C}} = Z_0 \, . \tag{8.77}$$

Z_0 heißt Schwingungs- oder *Kennwiderstand*. Für das Verhältnis der Spannungen $U_\mathrm{L} = U_\mathrm{C}$ zu $U = U_\mathrm{R}$ bei Resonanz gilt

Güte

$$Q = \frac{U_\mathrm{L}}{U} = \frac{IZ_0}{IR} = \frac{Z_0}{R} = \frac{\omega_0 L}{R} = \frac{1}{\omega_0 CR}\,. \tag{8.78}$$

Q wird als *Güte* des Kreises bezeichnet. Dieser Begriff wird weiter unten bei der Darstellung der Resonanzkurven plausibel. Um eine allgemeine Definition für die Güte schwingfähiger Anordnungen (Schwingkreise, Resonatoren) zu geben, verweisen wir auf die Ausführungen im Abschnitt 7.7.2. Dort haben wir gesehen, dass die gespeicherte Energie zwischen dem elektrischen Feld (im Kondensator) und dem magnetischen Feld (in der Spule) hin- und herschwingt. Praktische Resonanzanordnungen sind aber nicht verlustfrei. Durch Energieumwandlungen (meist in Wärme) geht dem System Energie verloren. Beim Schwingkreis z. B. wird Wärmeenergie im Wirkwiderstand umgesetzt. Bezeichnet man nun die Gesamtenergie mit W, dann ist die Energieabnahme in der Zeiteinheit durch $-\mathrm{d}W/\mathrm{d}t$ gegeben. Als Gütefaktor definiert man nun

$$Q = \omega_0 \frac{W}{\dfrac{-\mathrm{d}W}{\mathrm{d}t}}$$

oder in Worten

Allgemeine Definition der Güte

$$Q = 2\pi \frac{\text{gespeicherte Energie}}{\text{Energieverlust pro Schwingperiode}}$$

Die in Gl. (8.78) angegebene Definition steht natürlich im Einklang mit dieser allgemeinen Definition.

Wir betrachten nun das Verhalten des Kreises abseits der Resonanz. Insbesondere wollen wir Betrag und Winkel der Impedanz und den Betrag des Stromes über der Frequenz darstellen. Aus Gl. (8.75) erhalten wir mit ω_0, Z_0 und Q

$$\underline{Z} = R + \mathrm{j}Z_0\left(\frac{\omega}{\omega_0} - \frac{\omega_0}{\omega}\right) = R\left[1 + \mathrm{j}Q\left(\frac{\omega}{\omega_0} - \frac{\omega_0}{\omega}\right)\right]\,.$$

Oft werden folgende Abkürzungen verwendet:

Definition

$$\frac{\omega}{\omega_0} = \frac{f}{f_0} = \nu \qquad \text{normierte Frequenz}$$

$$\frac{\omega}{\omega_0} - \frac{\omega_0}{\omega} = \nu - \frac{1}{\nu} = v \qquad \text{Verstimmung}$$

$$\frac{1}{Q} = d \qquad \text{Dämpfungsfaktor}$$

$$Qv = \Omega \qquad \text{normierte Verstimmung}$$

Die Größe Ω kann als neue Frequenzvariable aufgefasst werden. Insbesondere ist $\Omega = -\infty$ für $\omega = 0$, $\Omega = 0$ für $\omega = \omega_0$ und $\Omega = \infty$ für $\omega = \infty$.

Mit den Abkürzungen ist

$$\frac{\underline{Z}}{R} = 1 + \mathrm{j}Q\left(\nu - \frac{1}{\nu}\right) = 1 + \mathrm{j}\Omega\ . \tag{8.79}$$

Den Strom $\underline{I}$ normieren wir auf den Strom $\underline{I}_0$ bei Resonanz. Da $\underline{U}$ konstant sein soll, ist

$$\frac{\underline{I}}{\underline{I}_0} = \frac{\underline{Z}(\omega = \omega_0)}{\underline{Z}(\omega)} = \frac{1}{1 + \mathrm{j}Q\left(\nu - \frac{1}{\nu}\right)} = \frac{1}{1 + \mathrm{j}\Omega}\ . \tag{8.80}$$

Die Beträge von $\underline{Z}/R$ und $\underline{I}/\underline{I}_0$ sind reziprok, und die Phasen sind entgegengesetzt gleich. Es genügt somit, eine der beiden Größen darzustellen. Im Bild 8.43 ist der

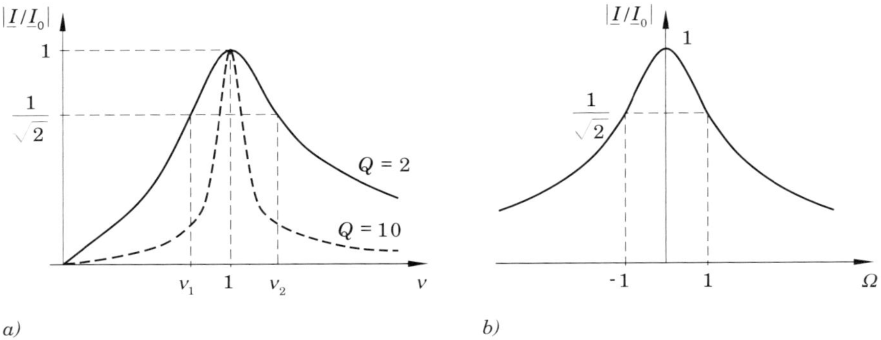

Bild 8.43: *Resonanzkurven des Reihenschwingkreises, a) über* ν *und b) über* Ω *aufgetragen*

Betrag von $\underline{I}/\underline{I}_0$ einmal über ν und einmal über Ω aufgetragen. Diese Kurven werden *Resonanzkurven* des Reihenschwingkreises genannt.

Symmetriebetrachtung

Über Ω aufgetragen, ergibt sich eine zu $\Omega = 0$ symmetrische Kurve. Die Kurven über ν sind nicht symmetrisch bezüglich $\nu = 1$. Mit zunehmender Güte werden sie immer schmaler. Oft ist die Güte des Kreises so hoch, dass der Betrag abseits der Resonanz sehr schnell auf kleine Werte abfällt. In diesem Fall ist die Kurve praktisch auch über der ν-Achse zu $\nu = 1$ symmetrisch. Zwischen den relevanten ν-Werten in der Nähe von $\nu = 1$ lässt sich nämlich näherungsweise ein linearer Zusammenhang zwischen ν und Ω angeben. Es ist

$$\Omega = Q\left(\nu - \frac{1}{\nu}\right) = Q\frac{\nu^2 - 1}{\nu} \approx 2Q(\nu - 1)\ . \tag{8.81}$$

Bandbreite

Die Breite der Resonanzkurve, die sogenannte *Bandbreite* B, wird durch die Differenz der Frequenzen f_1 und f_2 angegeben, bei denen $|\underline{I}/\underline{I}_0|$ auf $1/\sqrt{2}$ abgesunken ist, d. h., es muss $1/\sqrt{1 + \Omega_{1,2}^2} = 1/\sqrt{2}$ sein. Die Bandgrenzen liegen also bei $\Omega_{1,2} = \pm 1$. Aus der Näherungsformel (8.81) folgt daraus

$$2Q(\nu_{1,2} - 1) = \mp 1 \rightarrow \nu_{1,2} = 1 \mp \frac{1}{2Q}$$

oder

$$\nu_2 - \nu_1 = \frac{1}{Q} \, .$$

Wird in $\Omega = Q(\nu - (1/\nu))$ das ν durch $1/\nu$ ersetzt, dann ändert sich lediglich das Vorzeichen von Ω. Zu $\Omega = \pm 1$ gehören deshalb ν_1 und ν_2, die über $\nu_2 = 1/\nu_1$ miteinander in Zusammenhang stehen. Aus beispielsweise

$$Q\left(\nu_2 - \frac{1}{\nu_2}\right) = 1$$

erhalten wir dann mit $1/\nu_2 = \nu_1$ ebenso wieder

Normierte Bandbreite

$$\nu_2 - \nu_1 = \frac{f_2 - f_1}{f_0} = \frac{B}{f_0} = \frac{1}{Q} \, . \tag{8.82}$$

Die auf die Resonanzfrequenz normierte Bandbreite ist also gleich dem Kehrwert der Güte.

Der Phasenverlauf von $\underline{I}/\underline{I}_0$ ist im Bild 8.44 dargestellt.

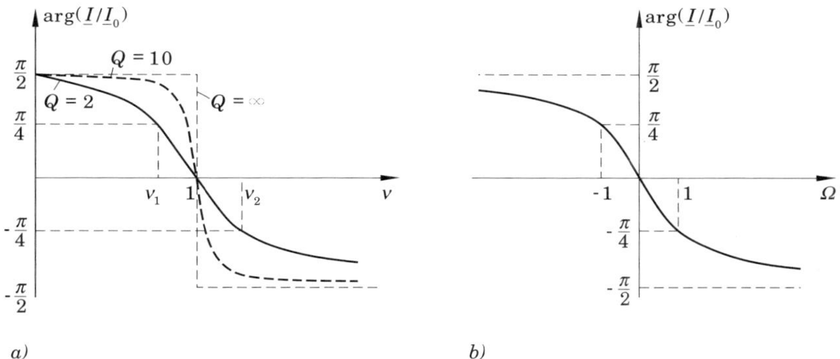

Bild 8.44: *Phasenverlauf von $\underline{I}/\underline{I}_0$ in Abhängigkeit von ν a) und Ω b)*

Aus der Darstellung über Ω ist leicht zu ersehen, dass die Phase an den Bandgrenzen f_1 und f_2 $\pm\,\pi/4$ beträgt.

Parallelschwingkreis

Bisher waren die Elemente R, L und C in Reihe geschaltet. Aber auch die Parallelschaltung (s. Bild 8.45) stellt einen schwingungsfähigen Kreis dar. Er wird entsprechend *Parallelschwingkreis* genannt. Im eingeschwungenen Zustand ist

$$\underline{I} = \underline{U}\,\underline{Y} \quad \text{mit} \quad \underline{Y} = G + \mathrm{j}\omega C + \frac{1}{\mathrm{j}\omega L} = G + \mathrm{j}\left(\omega C - \frac{1}{\omega L}\right) \, . \tag{8.83}$$

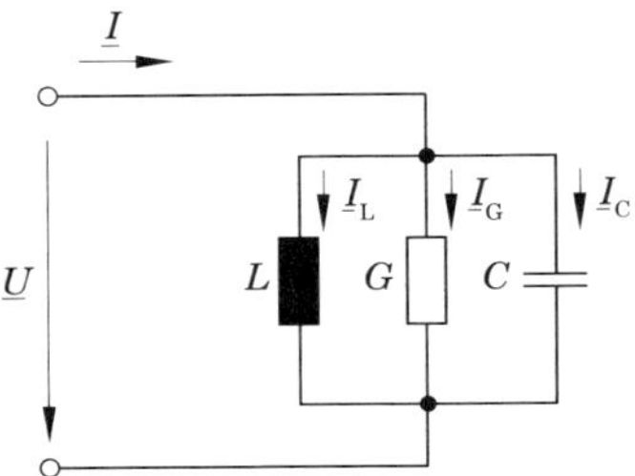

Bild 8.45: *Parallelschwingkreis*

Das ist formal die gleiche Beziehung wie in Gl. (8.75) für den Reihenschwingkreis. Man erhält Gl. (8.83) aus Gl. (8.75), wenn dort folgende Umbenennungen durchgeführt werden:

$$\underline{Z} \to \underline{Y} \quad \text{d.h.} \quad R \to G, L \to C, C \to L; \qquad \underline{I} \to \underline{U}, \underline{U} \to \underline{I}\,.$$

Schaltungen, bei denen die Gleichungen durch solche Vertauschungen ineinander übergehen, nennt man zueinander *dual.* Entsprechendes gilt für die Größen $\underline{I}$ und $\underline{U}$ und die Schaltungselemente. Wir brauchen deshalb den Parallelschwingkreis nicht ausführlich zu behandeln. Alles, was wir beim Reihenschwingkreis gesagt haben, gilt hier entsprechend für die dualen Größen. Insbesondere liegt hier die Resonanz auch bei

$$\omega_0 = \frac{1}{\sqrt{LC}} \quad \text{bzw.} \quad f_0 = \frac{1}{2\pi\sqrt{LC}} \tag{8.84}$$

vor. Bei Resonanz ist $\underline{I} = \underline{I}_G$, und die Ströme $\underline{I}_L = -\underline{I}_C$ können wesentlich größer als $\underline{I}$ sein.

Resonanzkreise

Wir haben gesehen, dass Schwingkreise – sie werden auch als *Resonanzkreise* bezeichnet – bestimmte Frequenzen bevorzugen. Sie werden deshalb allein oder in Zusammenschaltung dazu verwendet, um aus einem Gemisch von Schwingungen verschiedener Frequenzen Schwingungen bestimmter Frequenzen herauszufiltern.

Aktivierungselement 8.3

1. Welche wichtigen Eigenschaften hat eine linear gebrochen rationale Funktion?

2. Wie viele Größen muss man einstellen, um eine Wechselstrommessbrücke abzugleichen?

3. Skizzieren Sie eine Messbrücke, deren Abgleich frequenzunabhängig ist!

4. Die skizzierten Schaltungen enthalten Schwingkreise. Diskutieren Sie die Bedeutung der Begriffe *Sperrkreis* (links) und *Saugkreis* (rechts).

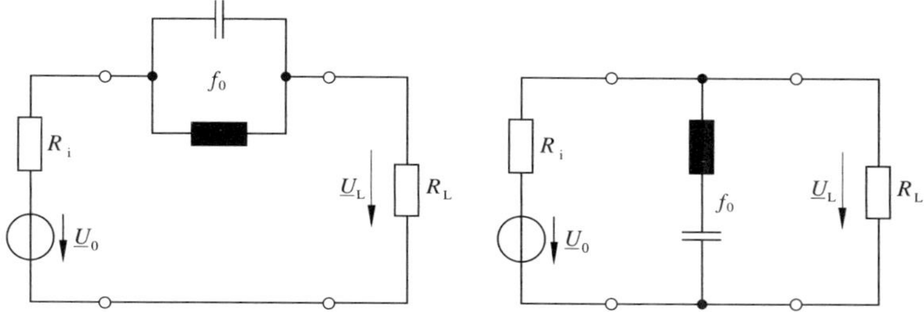

5. Skizzieren Sie zu den Bildern von Aufgabe 4 die Verläufe von $|\underline{U}_\mathrm{L}|/|\underline{U}_0|$ qualitativ über der Frequenz!

Lernzyklus 8.4

Studienziele

Nach dem Durcharbeiten dieses Lernzyklus sollen Sie in der Lage sein,

- Wirk-, Blind- und Scheinleistung in einem Wechselstromkreis zu charakterisieren und anzugeben;
- die Abhängigkeit des Zeigerausschlages eines Messinstrumentes von der Messgröße bei Wechselstrom zu bestimmen;
- eine Schaltung zur Messung von Wechselstrom mit dem Drehspulmessinstrument anzugeben.

8.10 Leistungen im Wechselstromkreis

Im stationären Fall haben wir für die in einem Zweipol umgesetzte Leistung den Ausdruck

$$P = UI$$

gefunden. Im quasistationären Fall gilt entsprechend

$$p(t) = u(t)i(t) \; . \tag{8.85}$$

Weil u und i zeitabhängig sind, ist auch die Leistung eine zeitabhängige Größe. Bei sinusförmigen Größen

$$u(t) = \hat{U}\cos(\omega t + \varphi_\mathrm{u})$$

und

$$i(t) = \hat{I}\cos(\omega t + \varphi_\mathrm{i})$$

erhalten wir insbesondere die momentane Leistung

$$p(t) = \hat{U}\hat{I}\cos(\omega t + \varphi_\mathrm{u})\cos(\omega t + \varphi_\mathrm{i}) \; . \tag{8.86}$$

Bei $\varphi_\mathrm{u} \neq \varphi_\mathrm{i}$ gibt es Zeitintervalle, in denen $p(t) > 0$, und Zeitintervalle, in denen $p(t) < 0$ ist, wie es im Diagramm von Bild 8.46 zu sehen ist. Bei $p(t) > 0$ nimmt der

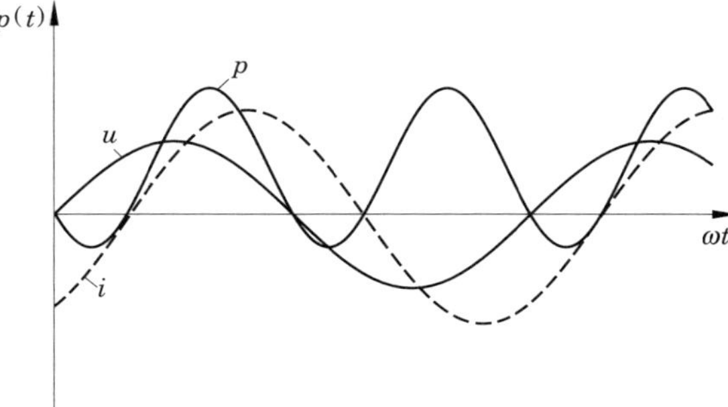

Bild 8.46: *Zeitlicher Verlauf der Leistung* $(0<\varphi_\mathrm{u}-\varphi_\mathrm{i}<\pi/2)$

Zweipol Leistung auf, und bei $p(t) < 0$ gibt er Leistung ab. Mit der Beziehung

$$\cos\alpha\cos\beta = \frac{1}{2}[\cos(\alpha-\beta) + \cos(\alpha+\beta)]$$

lässt sich $p(t)$ umformen in

$$p(t) = \frac{1}{2}\hat{U}\hat{I}[\cos(\varphi_\mathrm{u} - \varphi_\mathrm{i}) + \cos(2\omega t + \varphi_\mathrm{u} + \varphi_\mathrm{i})] \; . \tag{8.87}$$

Danach besteht $p(t)$ aus einem Gleichanteil (erster Summand) und einem Wechselanteil (zweiter Summand), der mit der doppelten Frequenz von Strom und Spannung wechselt. Der Gleichanteil P ist gleich dem arithmetischen Mittelwert $\overline{p}$ (s. Abschn. 8.1), stellt also physikalisch die im zeitlichen Mittel vom Zweipol aufgenommene und in ihm umgesetzte Leistung dar. Mit $\varphi_\mathrm{u} - \varphi_\mathrm{i} = \varphi$ und den Effektivwerten

$U = \hat{U}/\sqrt{2}$ und $I = \hat{I}/\sqrt{2}$ wird

Wirkleistung

$$P = \overline{p} = \frac{1}{2}\hat{U}\hat{I}\cos\varphi = UI\cos\varphi \; . \tag{8.88}$$

P wird als *Wirkleistung* bezeichnet. Sie hängt nicht nur von den Amplituden oder den Effektivwerten von Spannung und Strom ab, sondern auch von der Phasenverschiebung zwischen beiden Größen. Für den ohmschen Widerstand ist wegen $\varphi = 0$

$$P = UI = I^2 R = \frac{U^2}{R} \; . \tag{8.89}$$

Hier wird deutlich, dass die Einführung des Effektivwertes sehr sinnvoll war, denn die Beziehungen in Gl. (8.89) entsprechen formal denen bei Gleichstrom.

Leistungsaufnahme von Reaktanzen

Bei einer Spule oder einem Kondensator ist wegen $\varphi = \pi/2$ bzw. $\varphi = -\pi/2$ der $\cos\varphi$ gleich Null und damit auch $P = 0$. Kondensator und Spule nehmen im zeitlichen Mittel keine Leistung auf. Von $p(t)$ bleibt aber noch der zweite Anteil übrig. Mit $\varphi_\mathrm{i} = \pm\pi/2$ lautet er

$$p(t) = \pm\frac{1}{2}\hat{U}\hat{I}\sin(2\omega t + \varphi_\mathrm{u}) \; . \tag{8.90}$$

Danach nehmen Spule und Kondensator während einer Viertelperiode Energie auf und geben sie in der nächsten Viertelperiode wieder ab. Diese Energie pendelt zwischen dem Blindwiderstand und der Quelle hin und her. Sie ist in vielen Fällen unerwünscht, denn der dadurch verursachte Strom erzeugt auf den Anschlussleitungen zum Generator Wärmeverluste.

Definition

Um die pendelnde Energie zu erfassen, hat man die sogenannte *Blindleistung*, die wir mit Q (nicht verwechseln mit der Güte Q!) bezeichnen wollen, eingeführt. Sie wird als Amplitude der Leistung am Blindwiderstand definiert und mit einem positiven Vorzeichen versehen, wenn dieser induktiv, und mit einem negativen, wenn dieser kapazitiv ist. Für einen Zweipol aus Spule oder Kondensator brauchen wir dazu nur aus Gl. (8.90) den Faktor vor dem Sinus einschließlich des Vorzeichens abzulesen. In der Energietechnik werden die Blindströme in den Zuleitungen oft durch Zusatzeinrichtungen kompensiert. Sehen Sie sich dazu auch das Beispiel in den „Aufgaben zur Vertiefung 14" an.

Bei einem Zweipol mit einer beliebigen Impedanz gehen wir von dem Parallelersatzschaltbild im Bild 8.47 aus. X ist darin eine beliebige Reaktanz, die kapazitiv oder induktiv sein kann.

Der Parallelschaltung entsprechend haben wir den Strom i in die beiden Anteile i_W und i_B, d. h. in einen mit u phasengleichen und einen zu u um $\pi/2$ phasenverschobenen, aufzuteilen. Mit Hilfe des im Bild 8.47 b dargestellten Zeigerdiagramms können

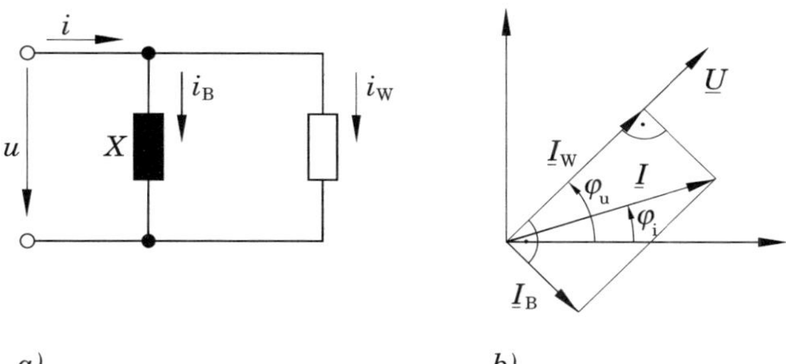

Bild 8.47: *Zur Aufteilung des Stromes in einen Wirk- und einen Blindanteil*

wir dafür sofort

$$
\begin{aligned}
i &= i_W + i_B = \hat{I}_W \cos(\omega t + \varphi_u) + \hat{I}_B \cos\left(\omega t + \varphi_u - \frac{\pi}{2}\right) \\
&= \hat{I}\cos(\varphi_u - \varphi_i)\cos(\omega t + \varphi_u) + \hat{I}\sin(\varphi_u - \varphi_i)\sin(\omega t + \varphi_u)
\end{aligned}
$$

angeben. Nach Multiplikation mit $u = \hat{U}\cos(\omega t + \varphi_u)$ und Anwendung des Additionstheorems auf den zweiten Term wird daraus

$$
\begin{aligned}
p(t) = ui &= \underbrace{\hat{I}\hat{U}\cos(\varphi_u - \varphi_i)\cos^2(\omega t + \varphi_u)}_{i_W u} + \\
&\quad \underbrace{\frac{1}{2}\hat{I}\hat{U}\sin(\varphi_u - \varphi_i)\sin(2\omega t + 2\varphi_u)}_{i_B u} \; .
\end{aligned}
\tag{8.91}
$$

Der erste, stets positive Anteil ist die im Wirkwiderstand umgesetzte Leistung mit dem Mittelwert P gemäß Gl. (8.89). Der zweite Anteil beschreibt das Pendeln der Energie. Seine Amplitude ist der Definition entsprechend gleich der Blindleistung

Blindleistung

$$Q = \frac{1}{2}\hat{U}\hat{I}\sin\varphi = UI\sin\varphi \; . \tag{8.92}$$

Das per Definition gewünschte Vorzeichen wird wegen $\varphi = \varphi_u - \varphi_i$ automatisch geliefert. Wären wir vom Reihenersatzschaltbild ausgegangen, dann hätten wir nicht sofort das gewünschte Vorzeichen erhalten.

Scheinleistung

Wirkleistung P und Blindleistung Q können als rechtwinklige Komponenten einer komplexen Größe

$$\underline{S} = P + \mathrm{j}Q \tag{8.93}$$

aufgefasst werden. $\underline{S}$ wird *komplexe Scheinleistung* genannt. Ihr Betrag S heißt *Scheinleistung* und ist durch

$$S = \sqrt{P^2 + Q^2} = \frac{1}{2}\hat{U}\hat{I} = UI \tag{8.94}$$

gegeben. Die Wirkleistung wird in Watt (W) gemessen. Blind- und Scheinleistung gibt man dagegen in *Volt-Ampere* (VA) an, um anzudeuten, dass es sich um formale Rechengrößen handelt. Die Scheinleistung S wird allerdings als charakteristische Größe für die Bemessung von elektrischen Anlagen der Energietechnik und von elektrischen Maschinen benutzt, denn für die Leiterquerschnitte ist der Strom und für die Isolatoren die Spannung maßgebend.

Das Verhältnis von Wirkleistung zu Scheinleistung wird Leistungs- oder auch Wirkfaktor genannt. Bei Sinusform von Spannung und Strom gilt

$$\frac{P}{S} = \cos\varphi \; .$$

Die komplexe Scheinleistung lässt sich nun auch sehr einfach mit den komplexen Strom- und Spannungsamplituden darstellen. Dazu gehen wir von Gl. (8.93) aus und erhalten mit den Gln. (8.88) und (8.92)

$$\underline{S} = P + \mathrm{j}Q = \frac{1}{2}\hat{U}\hat{I}(\cos\varphi + \mathrm{j}\sin\varphi) = \frac{1}{2}\hat{U}\hat{I}e^{\mathrm{j}\varphi} = \frac{1}{2}\hat{U}\hat{I}e^{\mathrm{j}(\varphi_\mathrm{u} - \varphi_\mathrm{i})}$$

und nach Umordnen

$$\underline{S} = \frac{1}{2}\hat{U}e^{\mathrm{j}\varphi_\mathrm{u}}\hat{I}e^{-\mathrm{j}\varphi_\mathrm{i}} \; .$$

Man sieht sofort, dass $\hat{U}e^{\mathrm{j}\varphi_\mathrm{u}}$ die komplexe Spannungsamplitude und $\hat{I}e^{-\mathrm{j}\varphi_\mathrm{i}}$ die konjugiert komplexe Stromamplitude ist. Somit ist

$$\underline{S} = \frac{1}{2}\underline{\hat{U}}\,\underline{\hat{I}}^* \tag{8.95}$$

und

$$P = \frac{1}{2}\mathrm{Re}\{\underline{\hat{U}}\,\underline{\hat{I}}^*\} \; , \qquad Q = \frac{1}{2}\mathrm{Im}\{\underline{\hat{U}}\,\underline{\hat{I}}^*\} \; . \tag{8.96}$$

Wird der Faktor 1/2 weggelassen, dann sind anstelle der komplexen Amplituden die Effektivwertzeiger einzusetzen:

$$\underline{S} = \underline{U}\,\underline{I}^* \; ; \quad P = \mathrm{Re}\{\underline{U}\,\underline{I}^*\} \; ; \quad Q = \mathrm{Im}\{\underline{U}\,\underline{I}^*\} \; . \tag{8.97}$$

Diese werden wir in Zukunft mit wenigen Ausnahmen benutzen.

8.11 Messen von Wechselströmen

Im Abschnitt 5.10.2 haben wir gezeigt, wie der Zeigerausschlag α eines Messinstrumentes und das diesen Zeigerausschlag bewirkende Drehmoment T_d miteinander verknüpft sind (s. Gl. (5.73)). Ist T_d eine periodische Funktion der Zeit, dann wird im eingeschwungenen Zustand auch α_A eine periodische Funktion der Zeit sein. Wir zerlegen beide in ihre Gleich- und Wechselanteile

$$\begin{aligned} T_\mathrm{d} &= \overline{T}_\mathrm{d} + \tilde{T}_\mathrm{d} \\ \alpha_\mathrm{A} &= \overline{\alpha}_\mathrm{A} + \tilde{\alpha}_\mathrm{A} \; . \end{aligned} \tag{8.98}$$

Die Gleichanteile sind den arithmetischen Mittelwerten gleich und entsprechend gekennzeichnet. Die Wechselanteile sind mit $\sim$ markiert. Die Gl. (5.73) ist linear. Werden T_d und α_A nach Gl. (8.98) eingesetzt, kann eine Trennung für die Gleich- und Wechselanteile erfolgen.

Wegen $\overline{\dot{\alpha}} = \overline{\ddot{\alpha}} = 0$ gilt für den mittleren Zeigerausschlag

$$\overline{\alpha} = \frac{\overline{T}_\mathrm{d}}{k} \; , \tag{8.99}$$

d. h., der mittlere Zeigerausschlag ist dem arithmetischen Mittelwert des Drehmomentes T_d proportional (mechanische Trägheit). Die Wechselgrößen brauchen wir nicht zu betrachten, denn das mechanische Trägheitsmoment ist meist so groß, dass $\tilde{\alpha}_\mathrm{A}$ bereits bei der Frequenz des technischen Wechselstromes unmerkbar klein wird. Deshalb ist praktisch $\alpha_\mathrm{A} = \overline{\alpha}_\mathrm{A}$.

Messung mit dem Drehspulmesswerk

Beim Drehspulmessgerät ist T_d proportional dem Strom i (s. Gl. (5.70)). Da der Mittelwert des Stromverlaufs von Wechselstrom Null ist, ist das Drehspulinstrument daher ohne Zusatzeinrichtungen zur Wechselstrommessung nicht geeignet. Es kann zur Wechselstrommessung in eine Brückenschaltung aus vier Dioden (s. Bild 8.48) eingebaut werden. Die Dioden werden zur Erläuterung ideal angenommen.

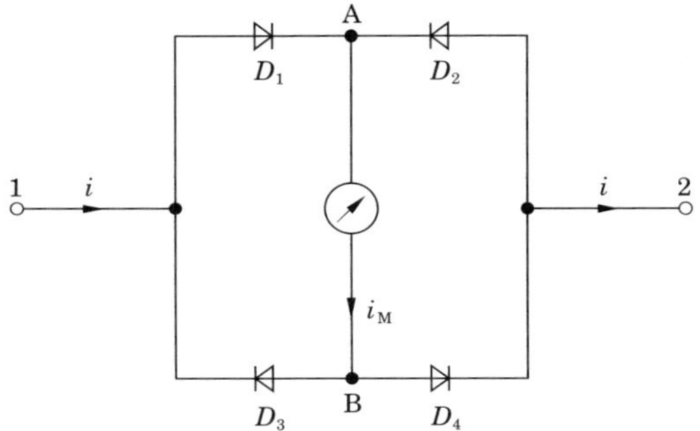

Bild 8.48: *Gleichrichterschaltung zur Messung von Wechselstrom mit dem Drehspulmessgerät*

Während der positiven Halbwelle von i, d. h. Stromfluss in Richtung des Stromzählpfeiles, kann der Strom nur über D_1, das Messinstrument und D_4 von 1 nach 2 gelangen. Während der negativen Halbwelle, d. h. Stromfluss in Gegenrichtung zum Zählpfeil i, kann der Strom nur über D_2, das Messinstrument und D_3 von 2 nach 1 gelangen. In beiden Fällen durchfließt der Strom das Messinstrument in der Richtung von A nach B, also stets in der gleichen Richtung. Der zeitliche Verlauf von i_M ist durch

$$i_\mathrm{M} = |i|$$

gegeben. Die Diodenbrückenschaltung bewirkt also eine *Gleichrichtung.*

Gleichrichtwert

Der Mittelwert von i_M ist der Gleichrichtwert von i. Der Zeigerausschlag ist daher mit Gl. (5.72)

$$\alpha_\mathrm{A} = K\overline{|i|} \ . \tag{8.100}$$

Praxisbezug

Bei sinusförmigem Wechselstrom kann die Skala wegen des bekannten und festen Formfaktors in Effektivwerten geeicht werden. In Vielfachmessgeräten ist die Brückenschaltung im Gerät eingebaut. Bei Messung von Gleichgrößen wird sie abgeschaltet. Das Gerät hat wegen der Nichtlinearität der Diodenschaltung für Gleich- und Wechselgrößen verschiedene Skalen.

Aktivierungselement 8.4

1. Warum sollte man in Wechselstromnetzen das Auftreten hoher Blindleistungen verhindern?

2. Unter welchen Voraussetzungen arbeitet das Drehspulmessgerät mit Gleichrichterschaltung zuverlässig, wenn man den Effektivwert einer Wechselgröße bestimmen will? Ist die Anzeige in der idealisierten Darstellung frequenzabhängig?

Lernzyklus 8.5

Studienziele

Nach dem Durcharbeiten dieses Lernzyklus sollen Sie in der Lage sein,

- die Eigenschaften des idealen Transformators zu nennen;
- die Widerstandstransformation des idealen Transformators zu zeigen und anzuwenden;
- das Ersatzschaltbild für den Transformator bei Berücksichtigung der Streuflüsse und der Magnetisierungsdurchflutung zu entwickeln;
- die Zeigerdiagramme für Ströme und Spannungen bei vorgegebener Belastung zu konstruieren;
- die Sekundärspannung bei beliebiger Last zu berechnen;
- die Einsatzbereiche für den Transformator zu erläutern.

8.12 Der Transformator

Im Abschnitt 6.5.2 haben wir die gegenseitige Spannungsinduktion zwischen zwei elektrisch getrennten Spulen kennen gelernt. Werden diese Spulen so angeordnet, dass der in Gl. (6.48) definierte Kopplungsfaktor dem Wert 1 nahe kommt, dann bezeichnet man die Anordnung allgemein als *Transformator*.

Anwendungsgebiete

Die Anordnung wird in der Energietechnik auch als *Umformer*, in der Nachrichtentechnik als *Übertrager* und in der Messtechnik als *Wandler* bezeichnet. Die vielen Anwendungsbereiche machen deutlich, dass der Transformator zu den wichtigsten Bauelementen der Elektrotechnik zählt. Er wird von sehr kleinen (< 1 VA) bis zu sehr großen (> 500 MVA) Leistungen gebaut.

Aufbau

Er wird als „Lufttransformator“, d. h. ohne Eisen (z. B. in der Hochfrequenztechnik), oder mit Eisenkreis realisiert. In der Energietechnik kommt wegen der erwünschten festen Kopplung nur die Realisierung mit Eisenkreis in Betracht. Im Bild 8.49 ist für beide Fälle je eine prinzipielle Möglichkeit der Spulenanordnung angegeben. Form und Größe der Spulen und des Eisenkreises und auch die Anordnung der Spulen richten sich nach Leistung und Einsatzgebiet und können daher sehr verschieden sein.

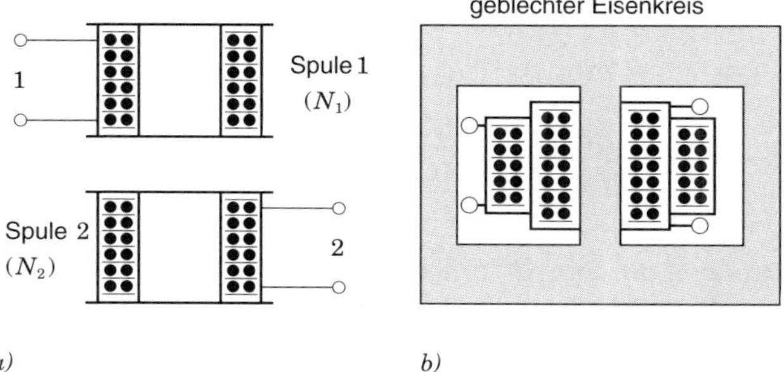

Bild 8.49: *Beispiele zur Anordnung der Spulen in Transformatoren*
a) ohne Eisenkreis (lose Kopplung)
b) mit Eisenkreis (feste Kopplung)

8.12.1 Der ideale Transformator

Wir betrachten die Anordnung im Bild 8.50. Es sei wieder die Bedingung für den quasistationären Zustand erfüllt. Außerdem soll $k = 1$ sein. Das bedeutet, dass es nur einen gemeinsamen Fluss $\Phi = \Phi_{11} + \Phi_{12} = \Phi_{22} + \Phi_{21}$ (vgl. Abschnitt 6.5.2) geben soll, der beide Spulen durchsetzt. Die Anwendung des Induktionsgesetzes wie im

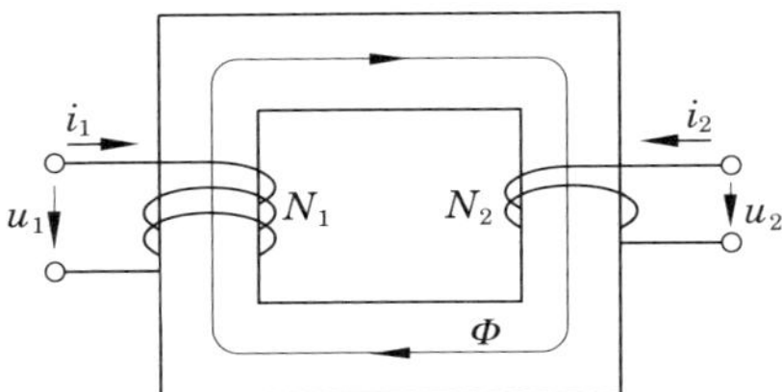

Bild 8.50: *Zum Prinzip des idealen Übertragers*

Abschnitt 7.2 ergibt bei entsprechenden Idealisierungen (insbesondere Vernachlässigung der ohmschen Widerstände der Spulendrähte)

$$u_1 = N_1 \frac{\mathrm{d}\Phi}{\mathrm{d}t} \qquad \text{und} \qquad u_2 = N_2 \frac{\mathrm{d}\Phi}{\mathrm{d}t} \; . \tag{8.101}$$

Bei Spannungen und Strömen verwenden wir im Gegensatz zu manchen anderen Größen, wie z. B. Fluss Φ, nur noch Effektivwertzeiger. Bei sinusförmigen Wechselspannungen ist auch der Fluss sinusförmig, und für die komplexen Amplituden gilt

$$\underline{U}_1 = \frac{1}{\sqrt{2}} \mathrm{j}\omega N_1 \underline{\hat{\Phi}} \qquad \text{und} \qquad \underline{U}_2 = \frac{1}{\sqrt{2}} \mathrm{j}\omega N_2 \underline{\hat{\Phi}} \; . \tag{8.102}$$

Für das Verhältnis der Spannungen erhalten wir demnach

Spannungsübersetzung

$$\frac{u_1}{u_2} = \frac{N_1}{N_2} \tag{8.103}$$

und für die komplexen Amplituden

$$\frac{\underline{U}_1}{\underline{U}_2} = \frac{N_1}{N_2} \; .$$

Die Spannungen an den Klemmen der Spulen eines idealen Transformators verhalten sich zueinander wie die Windungszahlen der Spulen.

Da der magnetische Kreis sehr einfach ist, können wir sofort mit dem Ohm'schen Gesetz des magnetischen Kreises (s. Gl. (5.57)) den Zusammenhang zwischen Durchflutung und Fluss angeben. Mit $\Theta_1 = N_1 i_1$ und $\Theta_2 = N_2 i_2$ wird die Gesamtdurchflutung

$$\Theta = \Theta_1 + \Theta_2 = N_1 i_1 + N_2 i_2 = R_\mathrm{m} \Phi \; . \tag{8.104}$$

Wir nehmen an, dass in

$$R_\mathrm{m} = \frac{l}{\mu_\mathrm{r} \mu_0 A} \; ,$$

Gl. (5.58), die relative Permeabilität μ_r des Eisens so groß ist, dass wir sie für den idealen Transformator unendlich setzen können. Dann ist $R_\mathrm{M} = 0$, und aus Gl. (8.104) wird

$$N_1 i_1 + N_2 i_2 = 0$$

oder

Stromübersetzung

$$-\frac{i_1}{i_2} = \frac{N_2}{N_1} \ . \tag{8.105}$$

Bei sinusförmigen Vorgängen gilt entsprechend für die komplexen Amplituden

$$-\frac{\underline{I}_1}{\underline{I}_2} = \frac{N_2}{N_1} \ . \tag{8.106}$$

Die Beträge der Ströme in den Spulen eines idealen Transformators verhalten sich zueinander umgekehrt wie die Windungszahlen der Spulen.

Leistungsbilanz

Multiplizieren wir die Gl. (8.103) mit der Gl. (8.105), so erhalten wir daraus

$$u_1 i_1 + u_2 i_2 = 0 \ . \tag{8.107}$$

$u_1 i_1$ und $u_2 i_2$ sind die in die Spulen 1 bzw. 2 hineingeschickten momentanen Leistungen $p_1(t)$ bzw. $p_2(t)$. Es gilt also

$$p_1(t) + p_2(t) = 0 \ . \tag{8.108}$$

$p_2(t)$ ist entgegengesetzt gleich $p_1(t)$. Die Leistung, die in die eine Spule hineinfließt, kommt aus der anderen wieder heraus. Im idealen Transformator bleibt keine Leistung zurück. Es wird nichts verbraucht und nichts gespeichert. Das Verhalten des idealen Transformators kann durch das sogenannte Übersetzungsverhältnis $\ddot{u}$ der Spannungen, das gleich dem Verhältnis der Windungszahlen ist, eindeutig beschrieben werden. Wir setzen

Übersetzungsverhältnis

$$\ddot{u} = \frac{u_1}{u_2} \ ; \qquad |\ddot{u}| = \frac{N_1}{N_2} \tag{8.109}$$

und verwenden für den idealen Transformator das im Bild 8.51 gezeigte Schaltsymbol.

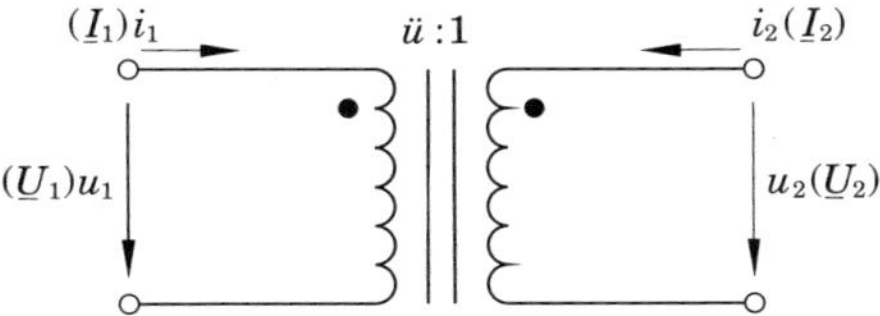

Bild 8.51: *Schaltsymbol für den idealen Transformator*

Der Doppelstrich zwischen den Schaltsymbolen der Spulen deutet auf die feste Kopplung hin. Die Punkte an den Spulen sollen den Wicklungssinn angeben. Sie korrespondieren zu dem Wicklungssinn im Bild 8.50. Die Versetzung eines Punktes von oben nach unten bedeutet Umkehr des Wicklungssinnes der entsprechenden Spule und deshalb auch eine Vorzeichenumkehr für den dazugehörigen Strom und die dazugehörige Spannung in den jeweiligen Gleichungen. Insbesondere wird dann $\ddot{u}$ negativ. Sind beide Punkte von oben nach unten versetzt, dann ist der Wicklungssinn beider Spulen umgekehrt worden. In den Beziehungen für die Ströme und Spannungen würde sich die Umkehr der Vorzeichen für beide Seiten kompensieren. $\ddot{u}$ ist wieder positiv. Es ist noch zu bemerken, dass stets

$$-\frac{i_1}{i_2} = \frac{1}{\ddot{u}} \tag{8.110}$$

gilt.

Impedanztransformation

Nun werde die Sekundärseite in der im Bild 8.52 gezeigten Weise beschaltet. Der

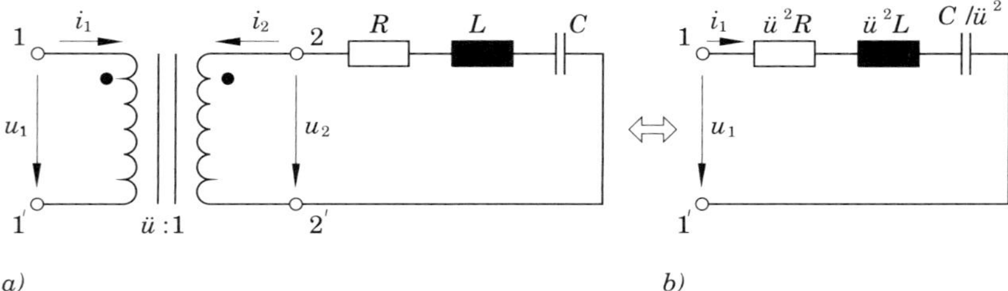

Bild 8.52: *Zur Widerstandstransformation durch einen idealen Transformator*

Zusammenhang zwischen Strom und Spannung auf der Sekundärseite wird durch die Beschaltung bestimmt und ist durch

$$u_2 = (-i_2)R + L\frac{\mathrm{d}(-i_2)}{\mathrm{d}t} + \frac{1}{C}\int(-i_2)\mathrm{d}t \tag{8.111}$$

gegeben. Um den Zusammenhang zwischen u_1 und i_1, d. h. den Größen auf der Primärseite, zu erhalten, ersetzen wir $(-i_2)$ mit Hilfe der Gl. (8.109) durch u_1 und erhalten

$$u_1 = \ddot{u}^2 R i_1 + \ddot{u}^2 L\frac{\mathrm{d}i_1}{\mathrm{d}t} + \frac{\ddot{u}^2}{C}\int i_1 \mathrm{d}t\ . \tag{8.112}$$

Zu dieser Gleichung gehört die im Bild 8.52 b gezeigte Ersatzschaltung, mit der eine an die Primärseite angeschlossene Quelle belastet wird. Die Elemente der Ersatzschaltung sind von der gleichen Art, und ihre Zusammenschaltung ist von der gleichen Form wie auf der Sekundärseite des Transformators. Die Werte der Elemente haben sich aber mit $\ddot{u}^2$ verändert. Allgemein gilt, dass eine Impedanz $\underline{Z}$ auf der Sekundärseite in eine Impedanz $\ddot{u}^2\underline{Z}$ auf der Primärseite übergeht.

Der ideale Transformator transformiert Impedanzen mit dem Quadrat seines Übersetzungsverhältnisses.

Aufgabe 8.3

Zeigen Sie die Äquivalenz der beiden unten stehend gezeichneten Schaltungen!

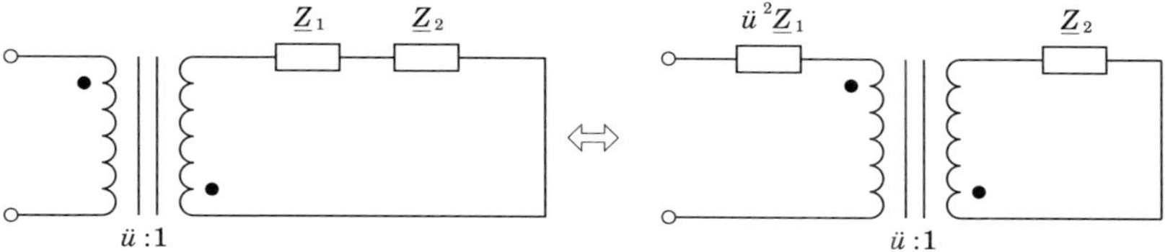

8.12.2 Ersatzschaltungen für den realen Transformator

Bei dem realen Transformator sind die Wicklungsdrähte nicht ideal leitend; es treten Streuflüsse auf, und die magnetischen Widerstände sind nicht Null. Dazu kommen noch Verluste im Eisen, nichtkonstante Permeabilität u. a. Wir betrachten das Modell im Bild 8.53. Φ_h bezeichnet man als *Hauptfluss*. Φ_S1 und Φ_S2 sind die *Streuflüsse*

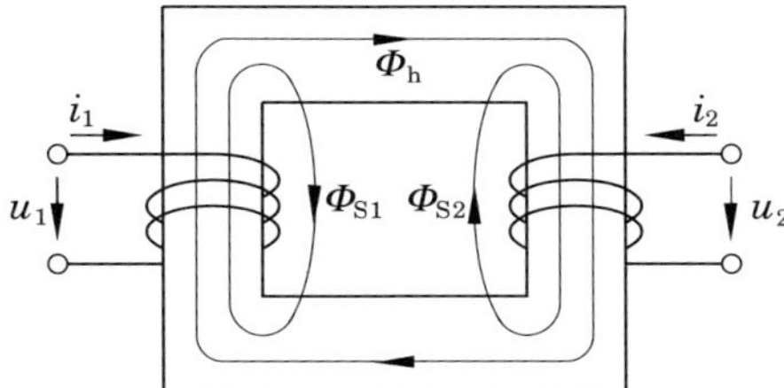

Bild 8.53: *Transformatormodell mit Hauptfluss und Streuflüssen*

der Primär- bzw. Sekundärspule. Die Anwendung des Induktionsgesetzes führt im quasistationären Zustand auf die Gleichungen

$$
\begin{aligned}
u_1 &= i_1 R_1 + N_1 \frac{\mathrm{d}}{\mathrm{d}t}(\Phi_\mathrm{S1} + \Phi_\mathrm{h}) \ , \\
u_2 &= i_2 R_2 + N_2 \frac{\mathrm{d}}{\mathrm{d}t}(\Phi_\mathrm{S2} + \Phi_\mathrm{h}) \ .
\end{aligned}
\tag{8.113}
$$

Die Streuflüsse sind mit i_1 bzw. i_2 verknüpft. Wie im Abschnitt 6.5.2 setzen wir

$$N_1 \Phi_\mathrm{S1} = L_\mathrm{S1} i_1 \qquad \text{und} \qquad N_2 \Phi_\mathrm{S2} = L_\mathrm{S2} i_2 \ ,$$

wobei L_S1 und L_S2 die primäre bzw. sekundäre *Streuinduktivität* genannt werden.

Aus den Gln. (8.113) wird dann

$$\begin{aligned} u_1 &= i_1 R_1 + L_{S1}\frac{di_1}{dt} + u_{1i}\,, \qquad u_{1i} = N_1\frac{d\Phi_h}{dt}\,, \\ u_2 &= i_2 R_2 + L_{S2}\frac{di_2}{dt} + u_{2i}\,, \qquad u_{2i} = N_2\frac{d\Phi_h}{dt}\,. \end{aligned} \tag{8.114}$$

Anstelle der Gl. (8.104) gilt jetzt

$$N_1 i_1 + N_2 i_2 = R_m \Phi_h\,. \tag{8.115}$$

Wir setzen

$$L_{h1} = \frac{N_1^2}{R_m}\,, \qquad L_{h2} = \frac{N_2^2}{R_m}\,, \qquad M = \frac{N_1 N_2}{R_m}\,. \tag{8.116}$$

L_{h1} wird als *primäre* und L_{h2} als *sekundäre Hauptinduktivität* bezeichnet. M ist die Gegeninduktivität. Wir ersetzen nun in den Gln. (8.113) Φ_h mit Hilfe der Gl. (8.115) und führen außerdem die Definition für L_{h1} ein. Anstelle der Gl. (8.114) erhalten wir dann die folgenden Gleichungen:

$$\begin{aligned} u_1 &= i_1 R_1 + L_{S1}\frac{di_1}{dt} + L_{h1}\frac{d}{dt}\underbrace{\left(i_1 + \frac{N_2}{N_1} i_2\right)}_{i_{M1}}\,, \\ u_2 &= i_2 R_2 + L_{S2}\frac{di_2}{dt} + \frac{N_2}{N_1} L_{h1}\frac{d}{dt}\overbrace{\left(i_1 + \frac{N_2}{N_1} i_2\right)}\,. \end{aligned} \tag{8.117}$$

In der Klammer steht die Summe aus Primärstrom und dem auf die Primärseite transformierten Sekundärstrom. Dieser Gesamtstrom ist der auf die Primärseite bezogene *Magnetisierungsstrom* i_{M1}. Er durchfließt die Hauptinduktivität L_{h1} und erzeugt in ihr die Spannung $L_{h1} \cdot di_{M1}/dt$.

Zu den beiden Maschengleichungen (8.117) können wir nun sofort das im Bild 8.54 gezeichnete Ersatzschaltbild angeben, wobei wir, um das Übersetzungsverhältnis zu realisieren, den idealen Transformator aus Bild 8.51 verwenden.

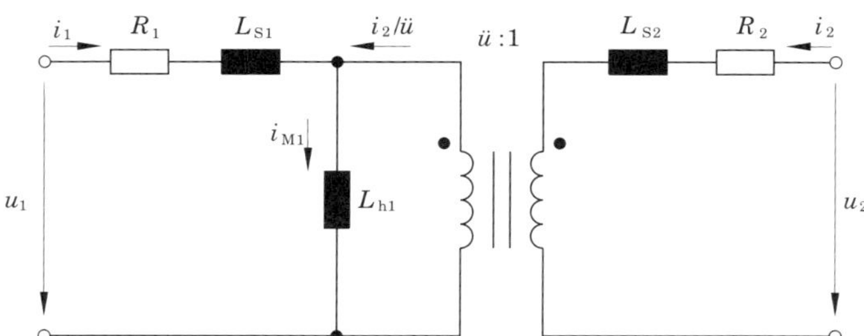

Bild 8.54: *Ersatzschaltbild eines Transformators*

Die Elemente L_{S2} und R_2 können nun auch auf die Primärseite gebracht werden, wenn sie entsprechend umgerechnet werden. Der ideale Transformator rückt dann

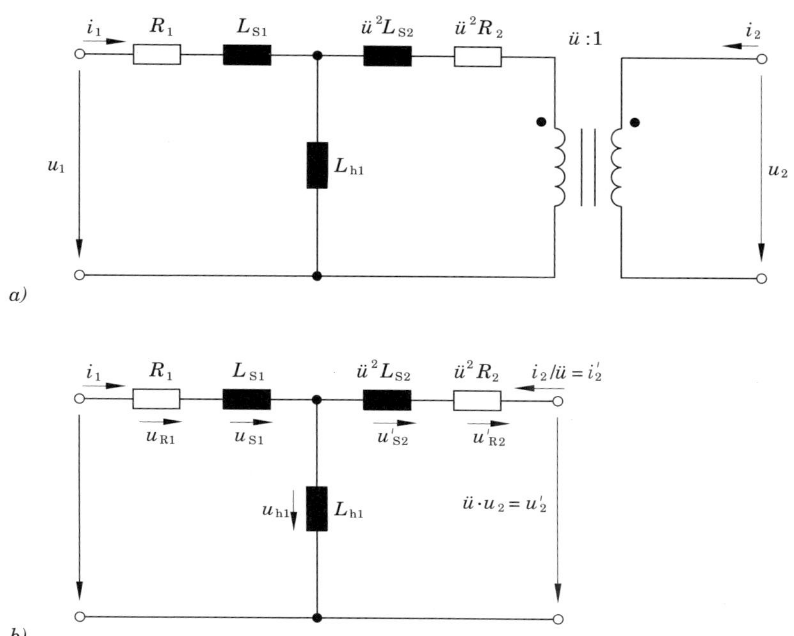

Bild 8.55: *Ersatzschaltbild mit auf die Primärseite umgerechneten Ersatzelementen*

ans Ende (s. Bild 8.55 a). Man kann dann auch noch diesen weglassen, wenn man mit den mit *ü* umgerechneten Werten von u_2 und i_2 arbeitet (s. Bild 8.55 b).

Belasteter Transformator

Um die Strom- und Spannungsverhältnisse im stationären Zustand für sinusförmige Größen vorzuführen, nehmen wir in einem Beispiel auf der Sekundärseite eine Belastung aus einem ohmschen Widerstand und einer Induktivität an. Der durch die Last bestimmte Stromzeiger $-\underline{I}'_2$ eilt also dem Spannungszeiger $\underline{U}'_2$, den wir als Ausgangspunkt der Betrachtung wählen wollen, nach. Mit dem umgerechneten Laststrom $-\underline{I}'_2$ können wir die Spannungsabfälle $\underline{U}'_{\mathrm{R2}}$ und $\underline{U}'_{\mathrm{S2}}$ bestimmen. Diese addieren wir zu $\underline{U}'_2$ und erhalten $\underline{U}_{\mathrm{h1}}$.

Die Spannung u_{h1} bestimmt den Fluss im Eisen, der zu seiner Erregung eine Durchflutung Θ benötigt, die in einfacher Weise mit i_{M1} verknüpft ist. Es ist nämlich $\Theta = N_1 i_{\mathrm{M1}}$. Der Zeiger $\underline{I}_{\mathrm{M1}}$ eilt dem Zeiger $\underline{U}_{\mathrm{h1}}$ um $\pi/2$ nach. Er wird aufgebracht durch $\underline{I}_1$ und $\underline{I}'_2$ gemäß

$$\underline{I}_{\mathrm{M1}} = \underline{I}_1 + \underline{I}'_2 \,. \qquad (8.118)$$

Damit können nun auch $\underline{I}_1$ und mit ihm $\underline{U}_{\mathrm{R1}}$ und $\underline{U}_{\mathrm{S1}}$ bestimmt werden. $\underline{U}_{\mathrm{R1}}$ und $\underline{U}_{\mathrm{S1}}$ werden zu $\underline{U}_{\mathrm{h1}}$ addiert, und wir erhalten $\underline{U}_1$. Mit der bekannten Amplitude von u_1 können die Maßstabsfaktoren und alle Größen nach Betrag und Phase bestimmt werden. Aus dem Diagramm ist ersichtlich, dass sich beim realen Transformator weder die Spannungen noch die Ströme in idealer Weise transformieren.

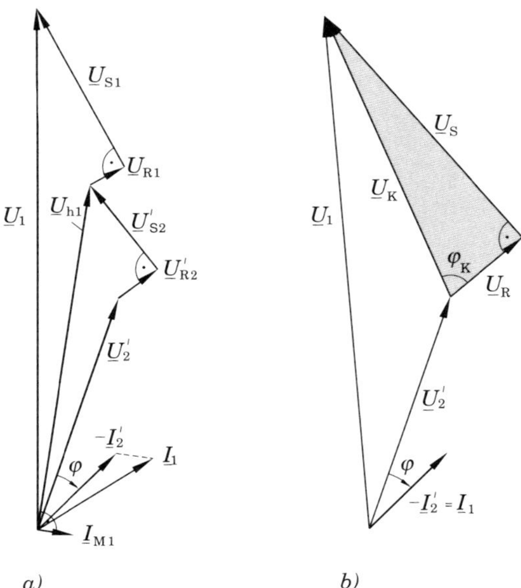

Bild 8.56: *Zeigerdiagramme für die Ersatzschaltung im Bild 8.55 b*
a) vollständig
b) bei Vernachlässigung von $\underline{I}_{\mathrm{M1}}$

Bei den meisten Transformatoren ist der Magnetisierungsstrom allerdings gegenüber i_1 und i_2 sehr klein. Vernachlässigt man ihn, so bedeutet das, dass L_{h1} unendlich groß angenommen wird. In diesem Fall ist $i_1 = -i'_2$ und $\underline{I}_1 = -\underline{I}'_2$. Die Widerstände in den Längszweigen können dann zusammengefasst werden:

$$R = R_1 + \ddot{u}^2 R_2 \; ; \qquad X_{\mathrm{S}} = \omega(L_{\mathrm{S1}} + \ddot{u}^2 L_{\mathrm{S2}}) \; . \tag{8.119}$$

Entsprechendes gilt für die Spannungsabfälle

$$\underline{U}_{\mathrm{R}} = \underline{U}_{\mathrm{R1}} + \underline{U}'_{\mathrm{R2}} \; ; \qquad \underline{U}_{\mathrm{S}} = \underline{U}_{\mathrm{S1}} + \underline{U}'_{\mathrm{S2}} \; . \tag{8.120}$$

Das Zeigerdiagramm für diesen vereinfachten Fall ist im Bild 8.56b dargestellt. Das schraffierte Dreieck in diesem Diagramm heißt *Kapp'sches Dreieck.* Wird der Transformator mit einem Strom konstanten Betrages, aber unterschiedlichen Phasenwinkels gegenüber der Spannung betrieben, dann bleibt dieses Dreieck in seiner Form und Größe konstant, es ändert lediglich seine Lage. Der Betrag der Summe von $\underline{U}_{\mathrm{R}}$ und $\underline{U}_{\mathrm{S}}$ ergibt bei Nennstrom die *Kurzschlussspannung* $\underline{U}_{\mathrm{K}}$. Diese wird meist auf die Nennspannung bezogen und in Prozent angegeben.

Die Kurzschlussspannung $\underline{U}_{\mathrm{K}}$ und der Winkel φ_{K} sind wichtige Größen, insbesondere für den Parallelbetrieb von Transformatoren. Für gleichmäßige Belastung – bezogen auf die Nennleistung – müssen diese Größen übereinstimmen. Die Kurzschlussspannung kann leicht gemessen werden. Dazu wird der Transformator auf einer Seite kurzgeschlossen und die Spannung dann von Null ausgehend langsam erhöht, bis sich der Nennstrom einstellt. Die dazugehörige Spannung ist die Kurzschlussspannung, und der Phasenwinkel zwischen $\underline{U}_\mathrm{K}$ und $\underline{I}_1$ ist der Winkel φ_K.

Noch nicht im Ersatzschaltbild berücksichtigt sind die Eisenverluste. Einfache Überlegungen zeigen, dass dies durch einen ohmschen Widerstand parallel zu $L_{\mathrm{h}1}$ geschehen kann. Bestimmt werden die Eisenverluste im *Leerlaufversuch*.

Bei den in der Messtechnik verwendeten Wandlern liegt ein Sonderbetrieb vor. Während der Spannungswandler nahezu im Leerlauf betrieben wird, liegt beim Stromwandler praktisch Kurzschlussbetrieb vor. Entsprechend ist auch die Auslegung dieser Transformatoren.

8.12.3 Der verlustfreie Lufttransformator

Für den verlustfreien Lufttransformator kann ein Ersatzschaltbild sofort aus den Gln. (6.25), die ja die magnetische Verkopplung zweier verlustfreier Spulen beschreiben, angegeben werden. Wir setzen

$$L_{11} = L_1 \ ; \qquad L_{12} = L_{21} \ ; \qquad L_{22} = L_2 \ .$$

Dann ist

$$\begin{aligned} u_1 &= L_1 \frac{\mathrm{d}i_1}{\mathrm{d}t} + M \frac{\mathrm{d}i_2}{\mathrm{d}t} \ , \\ u_2 &= M \frac{\mathrm{d}i_1}{\mathrm{d}t} + L_2 \frac{\mathrm{d}i_2}{\mathrm{d}t} \ . \end{aligned} \tag{8.121}$$

Im Bild 8.57 sind Schaltsymbol und Ersatzschaltung dargestellt. M sei positiv, wenn

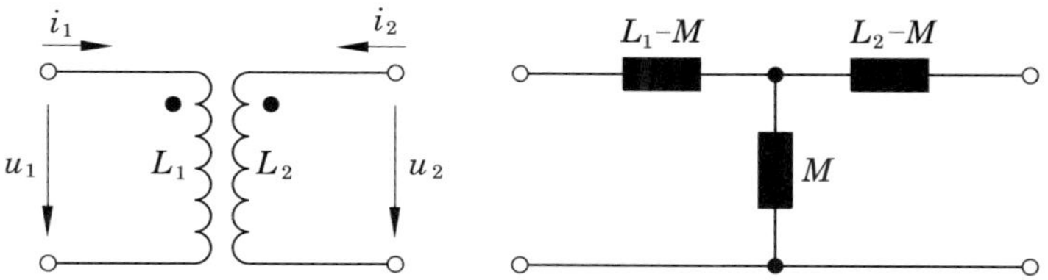

Bild 8.57: *Schaltsymbol und Ersatzschaltbild zweier magnetisch verkoppelter Spulen*

die Punkte an den Spulen auf der gleichen Seite liegen. Im Prinzip kann dieses Ersatzschaltbild auch für den verlustfreien Eisentransformator verwendet werden, wenn mit μ_r = const. gerechnet werden darf.

Aus diesem Ersatzschaltbild lässt sich aber das Betriebsverhalten nicht so leicht erkennen. Es kann nämlich beispielsweise negative Elemente enthalten. Die Wicklungsverluste lassen sich durch ohmsche Widerstände in den Längszweigen wie in den anderen Ersatzschaltbildern berücksichtigen.

8.12.4 Einsatzbereiche von Transformatoren

Ein paar Anwendungen sollen hier kurz angegeben werden. Der größte Anwendungsbereich ist die Energietechnik. Mit Transformatoren lassen sich die jeweils günstigsten oder erforderlichen Spannungen erzielen. Zum Übertragen von elektrischer Leistung über größere Entfernungen soll die Spannung möglichst hoch und der Strom möglichst klein sein, denn dieser verursacht in den ohmschen Widerständen der Leitung Wärmeverluste gemäß I_2R. Man verwendet dazu Spannungen von bis zu 500 (735) kV.

Aufgabe 8.4

Geben Sie Übertragungsverluste pro Längeneinheit der Übertragungsleitung in Abhängigkeit von der Übertragungsspannung an!

Ohne Transformatoren wäre somit eine wirtschaftliche Übertragung überhaupt nicht möglich, denn mit Generatoren erzeugt man nur Spannungen bis zu 20 kV. Transformatoren werden auch zur *Potentialtrennung* eingesetzt, um einen Stromkreis an einer gewünschten Stelle z. B. aus Sicherheitsgründen zu erden. Das ist vor allem in Hochspannungsanlagen wichtig. In der Nachrichtentechnik werden sie eingesetzt, um einen Verbraucher optimal an eine Quelle *anzupassen*. Hier macht man sich vor allem die Widerstandstransformation zunutze. Da Transformatoren keinen Gleichstrom übertragen, kann mit ihnen aus einem Gemisch von Gleich- und Wechselstrom der Wechselstrom herausgeholt werden, wie es z. B. in der Fernsprechtechnik geschieht. Die Anwendung als Wandler in der Messtechnik wurde bereits erwähnt.

Aktivierungselement 8.5

1. Erläutern Sie das Grundprinzip aller Transformatoren!

2. Begründen Sie die Tatsache, dass die Transformatoren der Energietechnik einen Eisenkreis haben müssen!

3. Welche Eigenschaften kennzeichnen einen idealen Transformator? Transformiert er auch Gleichspannungen?

4. Wie unterscheidet sich der *verlustlose* Transformator vom *idealen* Transformator?

5. Kann eine gewisse Streuinduktivität erwünscht sein? Diskutieren Sie die Wirkung eines sekundärseitigen Kurzschlusses auf die Primärseite!

6. Wie verhält sich beim realen Transformator die Amplitude des magnetischen Hauptflusses in Abhängigkeit von dem sekundärseitig entnommenen Laststrom? Diskutieren Sie dies anhand des Ersatzschaltbildes und der Zeigerdiagramme!

Aufgaben zur Vertiefung 14

Übung

8.6

a) Berechnen Sie für den Reihenschwingkreis (R, L, C) die Kreisfrequenzen der anliegenden Wechselspannung, bei denen der Strom $\underline{I}$, die Spannung $\underline{U}_\mathrm{C}$ und die Spannung $\underline{U}_\mathrm{L}$ jeweils ihr Maximum haben. Zeichnen Sie qualitativ die Resonanzkurven dieser drei Größen in ein Diagramm!

b) Der Kondensator des Reihenschwingkreises sei auf die Gleichspannung U_0 aufgeladen. Berechnen Sie die Kreisfrequenz der gedämpften Schwingungen, wenn der Schwingkreis zur Zeit $t = 0$ kurzgeschlossen wird!

8.7 Zeichnen Sie die Ortskurve für den Strom $\underline{I}$ bei Veränderung von C. Die angelegte Spannung soll als Bezugszeiger in der reellen Achse liegen: $\underline{U} = 22\,\mathrm{V}\cdot e^{\mathrm{j}0°}$.

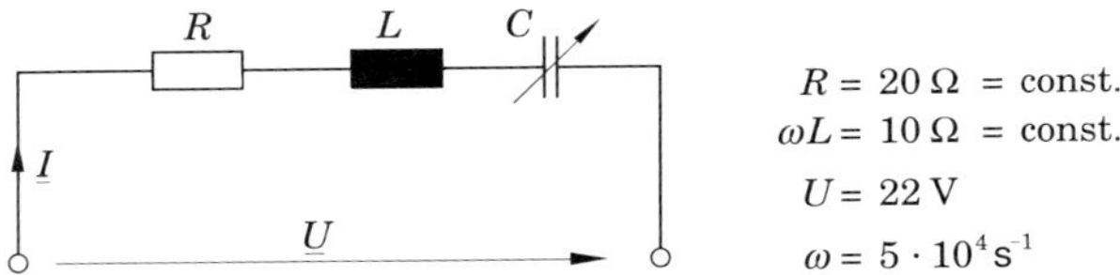

Theoretische Vertiefung

8.8 Verstimmt man eine *abgeglichene Brücke*, indem man z. B. den Widerstand R_j um ΔR_j vergrößert

$$R'_j = R_j + \Delta R_j \ ,$$

so fließt ein Strom $\underline{I}_5$ durch das Nullinstrument $\underline{Z}_5$. Als Brückenempfindlichkeit $S_{\mathrm{R_j}}$ kann man das Verhältnis

$$S_{\mathrm{R_j}} = \lim_{\Delta R_j \to 0} R_j \frac{|\underline{I}_5|}{\Delta R_j}$$

definieren.

Bestimmen Sie allgemein für die Maxwell-Brücke (s. Bild 8.39) die beiden Empfindlichkeiten

$$S_{\mathrm{R_4}} = \lim_{\Delta R_4 \to 0} R_4 \frac{|\underline{I}_5|}{\Delta R_4} \quad \text{und} \quad S_{\mathrm{C_4}} = \lim_{\Delta C_4 \to 0} C_4 \frac{|\underline{I}_5|}{\Delta C_4} \ .$$

8.9 Am Eingang der Einweggleichrichterschaltung (mit idealer Diode) liege eine sinusförmige Wechselspannung an. Berechnen Sie den Leistungsfaktor $\lambda = P/S$ für diesen Fall!

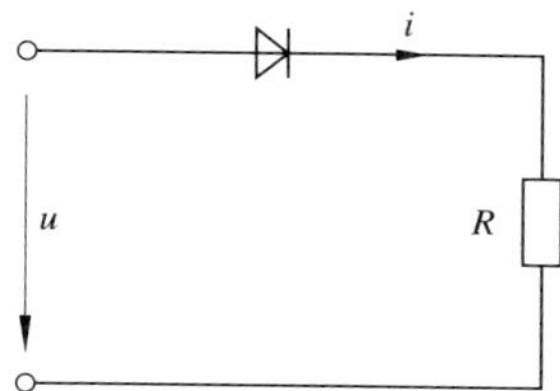

8.10 Vorausgesetzt werde ein verlustfreier Transformator. Gehen Sie vom Ersatzschaltbild gekoppelter Induktivitäten aus (L_1, L_2, M), und beweisen Sie, dass die Ströme i_1 und i_2 im Fall von Streufreiheit unstetig sein können!

Praktische Anwendung

8.11

Die Blindleistung elektrischer Wechselstromverbraucher hat zwar keinen Verbrauch elektrischer Arbeit zur Folge, wohl aber höhere Stromstärken in den Zuleitungen. Diese müssen daher für größere Ströme ausgelegt werden, was die Kosten erheblich erhöht. Die Industrie mit ihren großen, meist induktiven Verbrauchern (elektrischen Maschinen, Trafos usw.) verwendet daher sogenannte *Kompensationskondensatoren*, die den Verbrauchern parallel geschaltet werden. Durch diese Maßnahme wird die Phasenverschiebung zwischen der Spannung U und dem Strom I ganz bzw. teilweise aufgehoben, d. h., der Leistungsfaktor $\cos\varphi$ wird verbessert, der dem Netz entnommene Strom vermindert.

Als Beispiel diene folgende Aufgabe:

Zwei Induktionsöfen liegen an einem gemeinsamen Netz ($U = 500\,\mathrm{V}$, $f = 50\,\mathrm{Hz}$).

$$\text{Daten der Öfen:}\quad \begin{aligned} S_1 &= 500\,\mathrm{kVA}, & \cos\varphi_1 &= 0{,}75 \\ S_2 &= 300\,\mathrm{kVA}, & \cos\varphi_2 &= 0{,}7 \end{aligned}$$

Berechnen Sie

1. den vom Netz zu liefernden Strom I_N sowie dessen $\cos\varphi_\mathrm{N}$,
2. die Blindleistung einer Kondensatorbatterie, die den Leistungsfaktor auf $\varphi'_\mathrm{N} = 0{,}95$ verbessert,
3. die hierfür erforderliche Kapazität,
4. den vom Netz zu liefernden Strom I'_N nach der Kompensation.

8.12 Für die Erweiterung bestehender Anlagen hat der Parallelbetrieb von Transformatoren große praktische Bedeutung. Dabei müssen aber auf jeden Fall die primären und sekundären Nennspannungen übereinstimmen.

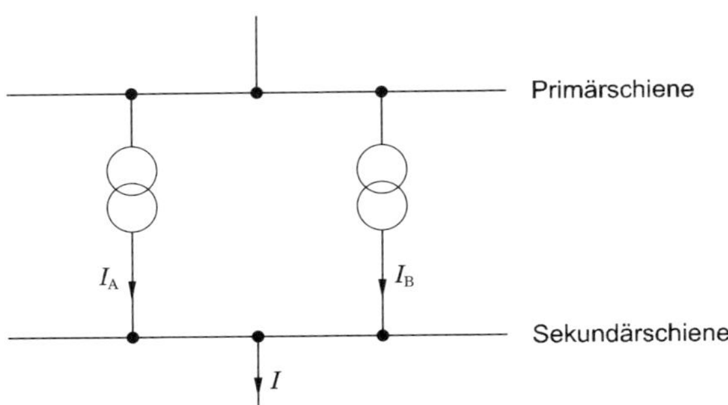

a) Wie verhalten sich die Ströme I_A zu I_B? Gehen Sie vom vereinfachten Transformatorenersatzschaltbild (Vernachlässigung des Magnetisierungsstromes!) aus!

b) Gegeben seien folgende Daten:

$$\begin{array}{lllll} \text{Trafo I:} & 6000/400\,\mathsf{V}, & S_{\mathrm{NA}} = 600\,\mathsf{kVA}, & U_{\mathrm{KA}} = 4\,\% \\ \text{Trafo II:} & 6000/400\,\mathsf{V}, & S_{\mathrm{NA}} = 600\,\mathsf{kVA}, & U_{\mathrm{KA}} = 5\,\%\,. \end{array}$$

Außerdem gelte noch

$$\varphi_{\mathrm{KA}} = \varphi_{\mathrm{KB}}\,.$$

Welche Scheinleistung kann maximal entnommen werden, ohne dass einer der beiden Transformatoren überlastet wird? Wie teilt sich die Leistung auf die beiden Transformatoren auf, und wie groß sind die Ströme I_A, I_B und I? Welche Bedingung kann man daraus für die Kurzschlussspannungen beim Parallelbetrieb von Transformatoren ableiten?

Glossar

Adjunkte (A_{ik}) GET 07/211
(adjunct)
Unter der Adjunkte A_{ik} versteht man die mit dem Vorzeichen $(-1)^{i+k}$ versehene (n-1)-reihige ↗ Determinante, die entsteht, wenn man in der gegebenen Determinante die i-te Zeile und die k-te Spalte streicht.

Admittanz GET 13/441
(admittance)
Siehe komplexer Leitwert.

Aktiv GET 06/167
(active)
Ein aktiver Zweipol ist eine Schaltung, die in der Lage ist, elektrische Energie abzugeben. Aktiv bedeutet also, dass im Zweipol Quellen enthalten sind.

Akzeptor GET 05/134
(acceptor)
Wird ein dreiwertiges Fremdatom (z. B. Aluminium, lndium, Bor) in einen Halbleiterkristall (Germanium oder Silizium) eingebaut, so fehlt ein Elektron in der Bindung, da das Halbleitermaterial vierwertig ist. Diese Störstelle hat das Bestreben, ein Elektron aus einer anderen, vollständigen Bindung einzufangen. Diese Fremdatome heißen deshalb Akzeptoren.

Ampere (A) GET 01/6
Die Basiseinheit 1 A ist die Stärke eines zeitlich unveränderlichen Stromes, der, durch zwei im Vakuum parallel im Abstand 1 Meter voneinander angeordnete, geradlinige, unendlich lange Leiter von vernachlässigbar kleinem, kreisförmigem Querschnitt fließend, zwischen diesen Leitern je 1 Meter Leiterlänge die Kraft $2 \cdot 10^{-7}$ Newton hervorrufen würde.

Amplitude GET 13/421
(amplitude)
Der maximale Betrag einer Wechselgröße wird Amplitude genannt. Es gibt auch Fälle, bei denen zwischen der Amplitude der positiven und der negativen Halbschwingungen unterschieden werden muss.

Aperiodischer Grenzfall GET 09/303
(aperiodic limit) GET 12/413
Wird die Eingangsgröße eines Systems (z. B. die Spannung an den Klemmen eines Messgerätes) sprunghaft geändert, so stellt sich die Ausgangsgröße (z. B. der Zeigerausschlag eines Messgerätes) nicht sprunghaft auf den stationären Wert ein. Bei geringer Dämpfung wird sich die Ausgangsgröße mit einer gedämpften Schwingung einstellen. Bei starker Dämpfung dagegen tritt kein Überschwingen auf, d. h., die Einstellung verläuft "kriechend".
Wird die Dämpfung so groß gewählt, dass gerade kein Überschwingen auftritt, so liegt der aperiodische Grenzfall vor.

Äquipotentialfläche GET 02/40
(equipotential surface)
Eine Fläche im Raum, auf der alle Punkte das gleiche elektrostatische Potential haben.

Arbeit im elektrischen Feld (W_{el})
(work in electric field) GET 02/33
Im elektrischen Feld wirke auf eine Ladung Q eine Kraft $\boldsymbol{F}$. Die Arbeit, die das Feld bei der Verschiebung der Ladung von einem Punkt P_1 zu einem anderen Punkt P_2 aufbringen muss, ist gleich dem Produkt der Ladung Q mit dem Wegintegral der elektrischen Feldstärke $\boldsymbol{E}$.

$$W_{\text{el}} = Q \int_{\mathrm{P}_1}^{\mathrm{P}_2} \boldsymbol{E} \mathrm{d}\boldsymbol{s}$$

Arbeit, mechanische (W_{mech}) GET 02/33
(work, mechanical)
Die mechanische Arbeit ist gleich dem Wegintegral der Kraft. Wirkt die Kraft $\boldsymbol{F}$ längs eines Weges $\boldsymbol{s}$, wobei die Kraft durchaus ortsabhängig sein darf, so wird die folgende Arbeit verrichtet:

$$W_{\text{mech}} = \int_{\mathrm{P}_1}^{\mathrm{P}_2} \boldsymbol{F} \mathrm{d}\boldsymbol{s}$$

Arithmetischer Mittelwert GET 13/421
(arithmetic mean)
Der arithmetische oder lineare Mittelwert $\overline{x}$ ei-

ner periodischen Funktion $x(t)$ ist das Integral dieser Funktion über eine ↗ Periode, dividiert durch die Länge einer Periode.

$$\overline{x} = \frac{1}{T} \int_{t_1}^{t_1+T} x(t)\mathrm{d}t$$

Ausgleichsvorgang GET 12/404
(transient)
nennt man den Übergang von einem ↗ stationären Zustand der Systemgröße eines physikalischen Systems in einen anderen stationären Zustand. Ausgleichsvorgänge treten bei Schaltvorgängen in elektrischen Stromkreisen auf, wobei Spannung und Strom die Systemgrößen darstellen.

Austrittsarbeit GET 04/120
(work function)
Als Austrittsarbeit bezeichnet man die Energie, die nötig ist, um ein Elektron aus der Oberfläche eines Stoffes herauszulösen.

Bandbreite GET 12/468
(bandwidth)
Im Zusammenhang mit einem Schwingkreis definiert man die Bandbreite als dasjenige Frequenzintervall, innerhalb dessen die auf das Maximum normierte ↗ Resonanzkurve größer oder gleich $1/\sqrt{2}$ ist.

Basisgrößen GET 01/3
(basic quantities)
Die Größen, aus denen alle anderen Größen eines physikalischen Teilgebietes abgeleitet werden können, heißen Basisgrößen.

Baum GET 07/202
(tree)
Werden in einem ↗ Netzwerk alle Knoten durch Linien derart verbunden, dass keine geschlossenen Maschen auftreten, so wird der erhaltene Streckenkomplex Baum genannt. Für ein gegebenes Netzwerk lassen sich im Allgemeinen mehrere verschiedene Bäume angeben.

Beweglichkeit (μ_e) GET 04/107
(mobility)
Die mittlere Driftgeschwindigkeit der Leitungselektronen in einem Metall ist proportional der ↗ elektrischen Feldstärke:

$$\boldsymbol{v} = -\mu_e \boldsymbol{E}$$

Die Proportionalitätskonstante μ_e wird als (Elektronen-) Beweglichkeit bezeichnet.

Bifilare Wicklung GET 10/347
(bifilar winding)
Wird die eine Hälfte einer Spule in dem einen, die andere Hälfte in entgegengesetztem Wicklungssinn gewickelt, so ist der resultierende magnetische Fluss näherungsweise Null. Eine solche bifilare Wicklung wird z. B. bei gewickelten Drahtwiderständen angewandt, um die ↗ Selbstinduktivität so gering wie möglich zu halten.

Blindleistung GET 14/474
(reactive power)
Allgemein ist Blindleistung durch folgende Beziehung definiert:

$$Q = \sqrt{S^2 - P^2} ,$$

wobei S die ↗ Schein- und P die ↗ Wirkleistung darstellt. Sind Spannung und Strom rein sinusförmig, dann ist die Blindleistung nach dieser Definition auch gleich der Amplitude des Leistungsverlaufs am Blindwiderstand. Die Blindleistung ist positiv, wenn der Blindwiderstand induktiv, und negativ, wenn der Blindwiderstand kapazitiv ist.

Blindleitwert GET 13/441
(reactive conductance)
Der Blindleitwert ist der Kehrwert des ↗ Blindwiderstandes.

Blindwiderstand GET 13/441
(reactance)
Erzeugt eine sinusförmige Spannung an einem Zweipol einen sinusförmigen Strom, der der Spannung um 90° vor- bzw. nacheilt, so bezeichnet man den Zweipol als Blindwiderstand. Bei einer Induktivität eilt der Strom der anliegenden Spannung um 90° nach, bei einer Kapazität eilt der Strom der Spannung um 90° voraus. Man unterscheidet deshalb zwischen induktivem und kapazitivem Blindwiderstand.

Coulomb (C) GET 01/20
Abgeleitete Einheit für die elektrische Ladung. 1 C ist die Ladungsmenge, die bei einem Strom von 1 A in der Sekunde durch den betrachteten Querschnitt fließt.

Coulomb'sches Gesetz GET 01/21
(Coulomb's law)
Das Coulomb'sche Gesetz gibt die Kraft an, die zwei Ladungen Q_A und Q_B im Abstand r auf-

einander ausüben. Die Kraft ist proportional dem Produkt beider Ladungen und umgekehrt proportional dem Quadrat des Abstandes.

$$|\boldsymbol{F}| = \frac{1}{4\pi\varepsilon} \frac{Q_\mathrm{A} Q_\mathrm{B}}{r^2}$$

Die Wirkungslinie ist durch die Verbindungsgerade gegeben. Gleichnamige Ladungen stoßen sich ab, ungleichnamige ziehen sich an.

Curie-Temperatur GET 09/276
(Curie temperature)
Bei sehr hohen Temperaturen ($> 1000\,^\circ\mathsf{C}$) gibt es keinen Ferromagnetismus, und alle Stoffe verhalten sich magnetisch neutral. Senkt man die Temperatur, so tritt bei einer für den Stoff charakteristischen Temperatur, die man nach dem Entdecker CURIE-Temperatur nennt, spontane ↗ Magnetisierung in Form der ↗ Weiß'schen Bezirke auf. Die Curie-Temperatur beträgt bei Eisen 1033 K (760 ° C), bei Nickel 573 K 300 (° C).

Dämpfungsfaktor GET 14/467
(damping coefficient)
Der Dämpfungsfaktor ist der Kehrwert der ↗ Güte.

Defektelektron GET 05/135
(defect electron)
Wird aus dem Kristallgitter eines Halbleiters ein Bindungselektron, auch ↗ Valenzelektron genannt, durch Zufuhr von Energie, z. B. thermischer, in den freien Zustand überführt, so entsteht im Gitterverband eine Lücke, die im Allgemeinen als Loch oder Defektelektron bezeichnet wird.

Determinante GET 07/211
(determinant)
Unter einer n-reihigen Determinante versteht man eine quadratische Anordnung von n^2 gegebenen Zahlen.
Den Wert einer Determinante bestimmt man, indem man jedes Glied a_{ik} einer beliebigen Zeile oder Spalte mit seiner zugehörigen ↗ Adjunkte A_{ik} multipliziert und die sich ergebenden Produkte addiert.

Diamagnetismus GET 09/272
(diamagnetism)
Diamagnetismus nennt man die magnetischen Erscheinungen in Stoffen, deren Permeabilität kleiner als die des leeren Raumes ist. Die Abweichung ist aber nur sehr gering.
Die Permeabilität hängt nicht von der magnetischen Feldstärke ab.

Dielektrikum GET 03/88
(dielectric)
Ein Dielektrikum ist ein Stoff, der keine elektrische Leitfähigkeit besitzt.
Alle Isolatoren sind somit Dielektrika.
Die Eigenschaft des Dielektrikums im elektrischen Feld wird im einfachsten Fall durch die ↗ Permittivität beschrieben.

Diffusionsspannung GET 05/142
(diffusion voltage)
Bedingt durch das Konzentrationsgefälle der Ladungsträger an einem pn-Übergang haben die Löcher des p-Halbleiters das Bestreben, in das n-leitende Gebiet zu diffundieren, während die Leitungselektronen des n-Halbleiters in das p-Gebiet hineindiffundieren.
Da sich durch die Wanderung der Ladungsträger der p-Halbleiter in der Nähe der Berührungszone negativ, der n-Halbleiter positiv auflädt, tritt am pn-Übergang ohne Anlegen einer äußeren Spannung eine Potentialdifferenz auf.
Das dieser Potentialdifferenz entsprechende elektrische Feld ist so gerichtet, dass auf die freien Ladungsträger eine der Diffusionsrichtung entgegengesetzte Kraft ausgeübt wird. Es wird somit bei einer bestimmten Potentialdifferenz, der sog. Diffusionsspannung, ein Gleichgewichtszustand herrschen.

Dimension GET 01/8
(dimension)
Unter der Dimension einer physikalischen Größe x versteht man die Darstellung dieser physikalischen Größe durch Basisgrößen unter Weglassung aller Zahlenwerte.
Mit den Basisdimensionen L, T, M, I für Länge, Zeit, Masse bzw. Stromstärke ist

$$\dim[x] = f(\mathsf{L}, \mathsf{T}, \mathsf{M}, \mathsf{I})\ .$$

Dipol, elektrischer GET 03/82
(dipole, electric)
Unter einem elektrischen Dipol versteht man eine Anordnung aus zwei Punktladungen $+|Q|$ und $-|Q|$ im festen Abstand d, der im idealisierten Fall infinitesimal klein ist.

Dipol, magnetischer GET 08/245
(dipole, magnetic)
Hierunter versteht man einen kreisförmigen, elektrischen Ringstrom von sehr kleinen Abmessungen.
Das ↗ magnetische Feld eines solchen Ringstromes, bezogen auf seine Achse, hat nämlich dieselbe Form wie das elektrische Feld bei einem elektrischen Dipol, daher der Name.

Dipolmoment, elektrisches ($\boldsymbol{p}$) GET 03/83
(dipole moment, electric)
Das Dipolmoment ($\boldsymbol{p}$) eines elektrischen ↗ Dipols ist definiert als ein Vektor mit dem Betrag Ladung mal Abstand ($|\boldsymbol{p}| = |Q|d$) und der Richtung von der negativen zur positiven Ladung.

Dipolmoment, magnetisches ($\boldsymbol{m}$)
(dipole moment, magnetic) GET 08/246
Eine vom Strom i durchflossene Stromschleife mit der Fläche $\boldsymbol{A}$ wirkt wie ein magnetischer Dipol mit dem Dipolmoment

$$\boldsymbol{m} = i\boldsymbol{A} \ .$$

Donator GET 05/134
(donator)
Werden in das Gitter des vierwertigen Halbleitermaterials fünfwertige Fremdatome (wie Arsen, Antimon oder Phosphor) eingebaut, besitzt also das Fremdatom ein ↗ Valenzelektron mehr als das Halbleiteratom, dann können nur vier Valenzelektronen des Fremdatoms von den benachbarten Halbleiteratomen fest gebunden werden, während das fünfte als quasifreies Elektron zur Leitfähigkeit beitragen kann. Man nennt die Elektronen spendenden Fremdatome Donatoren.

Drehimpuls ($\boldsymbol{L}$) GET 09/269
(angular momentum)
Dreht sich ein Körper um eine beliebige Achse, bezüglich derer er ein Trägheitsmoment J hat, mit der Winkelgeschwindigkeit ω, so besitzt er einen Drehimpuls

$$\boldsymbol{L} = J\omega \ .$$

Wirkt auf den Körper mit dem Drehimpuls $\boldsymbol{L}$ das Drehmoment $\boldsymbol{T}$, so ändert sich der Drehimpuls um

$$\mathrm{d}\boldsymbol{L} = \boldsymbol{T}\,\mathrm{d}t \ .$$

Drehmoment ($\boldsymbol{T}$) GET 03/84
(torque)
Zwei parallele, entgegengesetzt gerichtete Kräfte, die betragsmäßig gleich groß sind und deren Wirkungslinien den senkrechten Abstand a zueinander haben, nennt man ein Kräftepaar.
Wirkt ein solches Kräftepaar auf einen Körper, so wird auf ihn ein Drehmoment ausgeübt.

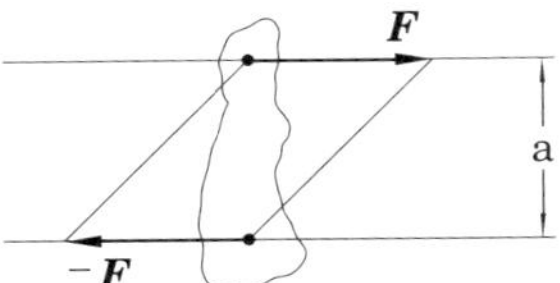

Der Betrag des Drehmoments ist gleich dem Produkt der Kraft $\boldsymbol{F}$ mit dem Abstand a der beiden Wirkungslinien.

$$|\boldsymbol{T}| = Fa$$

Anschaulich kann man den Betrag des Drehmoments auch als den Flächeninhalt des von den beiden Kräften aufgespannten Parallelogramms auffassen, wenn man die Kräfte mit Hilfe eines gewählten Maßstabes als Strecken darstellt. Die Richtung des Drehmomentenvektors $\boldsymbol{T}$ steht senkrecht auf der Fläche dieses Parallelogramms und ist der Drehrichtung des Kräftepaars rechtsschraubig zugeordnet.

Dual GET14 /470
(dual)
Ersetzt man in einem Netzwerk alle Reihenschaltungen durch Parallelschaltungen, Widerstände durch Leitwerte, Spulen durch Kondensatoren und umgekehrt, so sind beide Schaltungen dual zueinander. Die Beziehungen $u(i)$ des einen Netzwerks sind formal dieselben wie $i(u)$ des anderen Netzwerks.

Durchflutung (Θ) GET 08/254
(magnetomotive force (mmf))
Unter der Durchflutung durch eine Fläche $\boldsymbol{A}$ versteht man das Flächenintegral der elektrischen Stromdichte durch diese Fläche.

$$\Theta = \iint_A \boldsymbol{J}\,\mathrm{d}\boldsymbol{A}$$

Durchflutungsgesetz GET 08/254
(Ampere's circuital law)
Das auf MAXWELL zurückgehende Durch-

flutungsgesetz ist ein Verknüpfungsgesetz zwischen dem elektrischen und magnetischen Feld. Es besagt, dass die magnetische Randspannung gleich der ↗ elektrischen Durchflutung ist.

$$\oint_C \boldsymbol{H}\,\mathrm{d}\boldsymbol{s} = \iint_A \boldsymbol{J}\,\mathrm{d}\boldsymbol{A}$$

Eingeschwungener Zustand GET 12/404
(forced response)
Wird ein physikalisches System mit einer periodischen Zeitfunktion angeregt, so lässt sich der Verlauf der Systemgrößen als Überlagerung eines ↗ Ausgleichsvorganges und einer periodischen Funktion darstellen. Nach theoretisch unendlich langer Zeit ist der Ausgleichsvorgang abgeklungen, so dass sich die Systemgrößen nach einer periodischen Zeitfunktion ändern. Diesen neuen ↗ stationären Zustand nennt man eingeschwungenen Zustand.

Einheit GET 01/5
(unit)
Sinnvoll vereinbarte Bezugsgröße. Eine physikalische Größe wird in Vielfachen dieser Bezugseinheit angegeben.

Eisenfaktor (k_E) GET 09/292
(iron factor)
In einem magnetischen Kreis mit Luftspalt kann die magnetische Spannung des Eisenweges gegenüber der des Luftweges in erster Näherung vernachlässigt werden. Die magnetische Gesamtspannung V_ges ist also nur wenig größer als die magnetische Luftspaltspannung V_L. Die magnetische Spannung im Eisenweg wird durch den sog. Eisenfaktor k_E (> 1) berücksichtigt:

$$V_\mathrm{ges} = k_\mathrm{E} \cdot V_\mathrm{L}$$

Eisenverluste GET 14/484
(iron loss)
nennt man die Energie, die in den Eisenteilen elektrischer Maschinen infolge von Ummagnetisierungsverlusten und Wirbelstromverlusten in Wärme umgewandelt wird.

Elektrische Feldstärke ($\boldsymbol{E}$) GET 01/15
(electric field intensity)
Auf eine elektrische Punktladung Q wirkt im elektrischen Feld eine Kraft $\boldsymbol{F}$.
Man definiert nun einen Vektor der elektrischen Feldstärke gemäß

$$\boldsymbol{E} = \frac{\boldsymbol{F}}{Q}\,.$$

Elektrische Spannung (U) GET 02/39
(electric voltage)
Die elektrische Spannung U zwischen zwei Punkten P_1 und P_2 ist das wegunabhängige Linienintegral der elektrischen Feldstärke:

$$U_{12} = \int_{\mathrm{P}_1}^{\mathrm{P}_2} \boldsymbol{E}\,\mathrm{d}\boldsymbol{s}$$

Da das Integral wegunabhängig ist, lässt sich die Spannung U auch als Differenz zweier Potentiale, die nur vom Ort abhängen, angeben:

$$U = \Phi(\mathrm{P}_1) - \Phi(\mathrm{P}_2)$$

Elektrischer Leitwert (G) GET 04/109
(electric conductance)
Die Stromstärke in einem metallischen Leiter ist der angelegten Spannung proportional:

$$I = GU$$

Die Proportionalitätskonstante G heißt elektrischer Leitwert.

Elektrischer Strom (I) GET 04/102
(electric current)
Von einem elektrischen Strom wird gesprochen, wenn elektrische Ladungen in Bewegung sind. Siehe auch Stromstärke.

Elektrischer Widerstand (R) GET 04/109
(electric resistance)
Der elektrische Widerstand ist der Kehrwert des ↗ elektrischen Leitwertes.

$$R = \frac{1}{G}$$

Der elektrische Widerstand eines zylindrischen Leiters ist gegeben durch

$$R = \frac{l}{\kappa A}\,.$$

l = Länge, A = Querschnitt, κ = spezifische Leitfähigkeit.

Elektron GET 01/13
(electron)
Elementarteilchen mit der Ruhemasse

$$m_0 = 0{,}911 \cdot 10^{-27}\ \mathrm{g}.$$

Das Elektron trägt eine negative elektrische ↗ Elementarladung.

Elektronenvolt (eV) GET 04/120
(electron-volt)
Das Elektronenvolt ist eine Energieeinheit. Sie findet Anwendung im Bereich der Atomphysik. 1 eV ist die Energie, die ein Elektron beim Durchlaufen der Spannung von 1 V aufnimmt oder abgibt.

$$1\ \mathsf{eV} = 1{,}602 \cdot 10^{-19}\ \mathsf{J}$$

Elementarladung (e) GET 01/20
(elementary charge)
Kleinste, in der Natur bisher bekannte Ladungsmenge.
Alle Elementarteilchen, wie Elektron, Positron, Proton tragen jeweils eine Elementarladung, wobei das Vorzeichen der Ladung verschieden sein kann.
Der Betrag der Elementarladung ist

$$e = 1{,}602 \cdot 10^{-19}\ \mathsf{C}.$$

Energie (W) GET 02/77
(energy)
Energie ist gespeicherte ↗ Arbeit.
Beispiele:
Ladung im elektrischen Feld

$$W = Q\Phi \qquad \text{(S. 77)}$$

elektrischer Dipol im elektrischen Feld

$$W = -\boldsymbol{pE} \qquad \text{(S. 247)}$$

magnetischer Dipol im magnetischen Feld

$$W = -\boldsymbol{mB} \qquad \text{(S. 247)}$$

Energieerhaltungsprinzip GET 03/77
(principle of energy conservation)
Das Energieerhaltungsprinzip besagt, dass Energie weder vernichtet noch erzeugt, sondern nur umgewandelt werden kann.
Zum Beispiel wird in einer Batterie keine elektrische Energie erzeugt, sondern chemische Energie in elektrische Energie umgewandelt.

Erregung, magnetische GET 08/251
(excitation, magnetic)
Der Vektor der ↗ magnetischen Feldstärke $\boldsymbol{H}$ ist die Ursache für die magnetische ↗ Flussdichte und wird deshalb magnetische Erregung genannt.

Farad (F) GET 03/66
Das Farad ist die Einheit für die ↗ Kapazität. Es ist eine abgeleitete Einheit, und es gilt:

$$1\ \mathsf{F} = 1\frac{\mathsf{As}}{\mathsf{V}}$$

Feld GET 01/15
(field)
Das Feld ist ein physikalischer Zustand des Raumes.
Wenn irgendeine physikalische Größe, z. B. Temperatur, Kraft, als Funktion der drei Raumkoordinaten dargestellt werden kann, so sagt man, es bestehe ein Feld, z. B. Temperaturfeld, Kraftfeld.
Man unterscheidet zwischen skalaren Feldern (z. B. Temperaturfeld) und Vektorfeldern (z. B. elektrisches und magnetisches Feld).

Feldeffekttransistor GET 05/153
(field-effect transistor)
Die Wirkungsweise des Feldeffekttransistors (abgekürzt FET) beruht auf der Steuerung des Stromflusses von Majoritätsträgern mit Hilfe eines elektrischen Feldes.
Man unterscheidet zwischen Sperrschicht-FET und MIS-FET (Metall-Isolator-Semiconductor-FET) sowie zwischen selbstleitendem und selbstsperrendem FET.

Feldlinie (field line) GET 01/23
(field line)
Eine Kurve, für die in jedem Punkt der Feldvektor ein Tangentenvektor ist, heißt Feldlinie des Vektorfeldes.

Feldplatte GET 09/298
(magnetoresistance)
Die Feldplatte, auch Magnetoresistor genannt, ist ein Bauelement, das den ↗ HALL-Effekt zu einer magnetfeldabhängigen Widerstandssteuerung ausnutzt.

Ferminiveau GET 05/138
(fermi level)
Nach der klassischen Physik haben alle Elektronen eines Körpers beim absoluten Temperaturnullpunkt $T = 0\,\mathsf{K}$ die Energie Null. Die Quantentheorie zeigt jedoch, dass ein Elektron bei $T = 0$ K noch eine ganz geringe sog. Nullpunktenergie besitzt.
Wenn man jetzt noch das Pauli-Prinzip beachtet, nach dem ein Energiezustand höchstens von zwei Elektronen mit entgegengesetztem

Spin besetzt werden kann, so wird klar, dass die Elektronen immer höhere Energiezustände einnehmen müssen, und zwar so weit, bis alle Elektronen einen Platz gefunden haben.
Das höchste, bei $T = 0\,\mathsf{K}$ besetzte Energieniveau heißt Ferminiveau oder Fermienergie. Die Fermienergie ist vom Material abhängig.

Ferromagnetismus GET 09/275
(ferromagnetism)
nennt man die magnetischen Erscheinungen in Stoffen, deren ↗ Permeabilität groß gegen die des leeren Raumes ist.
Außer dem wichtigsten Vertreter dieser Art, dem Eisen, zeigen auch Nickel und Kobalt sowie einige Legierungen das Verhalten des Ferromagnetismus.

Flächenladungsdichte (ρ_F) GET 02/47
(surface charge density)
Befindet sich auf der Oberfläche A eines Körpers die Ladungsmenge Q, dann kann man eine Flächenladungsdichte ρ_F wie folgt definieren:

$$\rho_F = \lim_{\Delta A \to 0} \frac{\Delta Q}{\Delta A}$$

Fluss (Ψ) GET 02/49
(flux)
Der Fluss Ψ eines Vektorfeldes $\boldsymbol{B}$ durch eine gegebene Fläche $\boldsymbol{A}$ ist gleich dem Flächenintegral des Feldvektors über diese Fläche.

$$\Psi = \iint_A \boldsymbol{B}\,\mathrm{d}\boldsymbol{A}$$

Flussdichte, magnetische ($\boldsymbol{B}$) GET 08/233
(flux density, magnetic)
Die magnetische Flussdichte $\boldsymbol{B}$ beschreibt die Kraftwirkung auf ein bewegtes Teilchen bekannter Masse und Ladung im magnetischen Feld.
$\boldsymbol{B}$ ist ein überall quellenfreier Vektor, der in isotropen Stoffen der ↗ magnetischen Feldstärke $\boldsymbol{H}$ gleichgerichtet und ihr proportional ist.

Flussregel GET 10/315
(flux rule)
Siehe Induktionsgesetz.

Freie Weglänge (free path) GET 04/107
Unter der freien Weglänge versteht man die Strecke, die ein bewegtes Teilchen zwischen zwei Zusammenstößen mit anderen Teilchen zurücklegt.

Galvanometer GET 09/303
Als Galvanometer bezeichnet man sehr empfindliche elektrische Messinstrumente, die häufig nur als Nullinstrument dienen (z. B. in der Wheatstone-Brücke), also nicht geeicht zu sein brauchen. Sie werden meist als Drehspulinstrument gebaut.

Gauß (G) GET 08/239
Ältere Einheit für die magnetische Flussdichte.

$$1\,\mathsf{G} = 10^{-4}\,\frac{\mathsf{Vs}}{\mathsf{m}^2} = 10^{-4}\mathsf{T}$$

Siehe auch Tesla.

Gauß'scher Satz GET 02/52
(Gauss's law) GET 08/260
Der Gauß'sche Satz stellt allgemein einen Zusammenhang zwischen einem Flächenintegral und einem Volumenintegral dar. Für das elektrische Feld besagt er:
Der aus einer beliebigen geschlossenen Fläche austretende Fluss ist gleich der innerhalb der Fläche liegenden Gesamtladung.

$$\iint_{\mathrm{O.v.V}} \boldsymbol{D}\,\mathrm{d}\boldsymbol{A} = \iiint_V \rho\,\mathrm{d}V = Q$$

Gegeninduktion GET 10/337
(mutual induction)
Befindet sich in der Nachbarschaft eines Stromkreises 1 ein zweiter Stromkreis 2, so wird bei Änderung des durch den Kreis 1 erzeugten magnetischen Feldes nach dem ↗ Induktionsgesetz eine Spannung im Kreis 2 induziert. Umgekehrt entsteht eine induzierte Spannung im Kreis 1 bei Stromänderung im Kreis 2. Man nennt diese Erscheinungen Gegeninduktion und kennzeichnet die gegenseitige magnetische Einwirkung zweier Stromkreise, die auch als ***magnetische Kopplung*** bezeichnet wird, durch die ***Gegeninduktivität***.

Gegeninduktivität GET 10/339
(mutual inductance)
Siehe Gegeninduktion.

Gleichrichtwert GET 13/422
(DC component)
Der Gleichrichtwert einer periodischen Spannung bzw. eines periodischen Stromes ist der ↗ arithmetische Mittelwert des Betrages der Spannungs- bzw. Stromfunktion, $|\overline{u}|$ bzw. $|\overline{i}|$.

Graph GET 07/202
Siehe Streckenkomplex.

Güte (beim Schwingkreis) GET 14/467
(quality factor (of oscillatory circuit))
Als Güte bezeichnet man das Verhältnis ↗ Resonanzfrequenz zur ↗ Bandbreite. Je schmaler die ↗ Resonanzkurve ist, desto höher ist also die Güte.

Hall-Effekt GET 09/296
(Hall effect)
Durchsetzt ein Magnetfeld ein stromdurchflossenes Material senkrecht zur Strömungsrichtung, so werden die beweglichen Ladungsträger abgelenkt. Dadurch lässt sich quer zur Strömungs- und zur Magnetfeldrichtung eine Spannung, die sog. Hall-Spannung, messen.
Der Hall-Effekt wurde zuerst von E. H. HALL bei einigen Metallen entdeckt.
Bei Halbleitern ist der Hall-Effekt jedoch sehr viel stärker ausgeprägt.

Hauptfluss GET 14/485
(main flux)
nennt man den beiden Wicklungen eines Transformators gemeinsamen Fluss.

Henry (H) GET 10/337
Einheit für die ↗ Selbst- und ↗ Gegeninduktivität:

$$1\,\mathrm{H} = 1\frac{\mathrm{Vs}}{\mathrm{A}}$$

Hysterese GET 09/277
(hysteresis)
nennt man folgende Erscheinung: Steigert man eine Größe X, so vergrößert sich die davon abhängige Größe Y nach einer bestimmten Gesetzmäßigkeit. Hört man mit der Steigerung auf und vermindert man die Größe X auf den ursprünglichen Wert, so kehrt die Größe Y nicht auf den ursprünglichen Wert zurück, sondern bleibt größer, sie "hinkt nach".
Beim ↗ Ferromagnetismus spielt die Hysterese eine große Rolle, und zwar in der Beziehung zwischen der ↗ magnetischen Flussdichte $\boldsymbol{B}$ und der ↗ Feldstärke $\boldsymbol{H}$.

Impedanz GET 13/440
(impedance)
Siehe komplexer Widerstand.

Induktionsgesetz GET 10/321
(law of electromagnetic induction)
Das Induktionsgesetz ist ein Verknüpfungsgesetz zwischen dem elektrischen und dem magnetischen Feld:

$$\oint \boldsymbol{E} \cdot \mathrm{d}l = -\frac{\mathrm{d}}{\mathrm{d}t} \iint_A \boldsymbol{B}\,\mathrm{d}\boldsymbol{A}$$

D. h., das Randintegral der elektrischen Feldstärke $\boldsymbol{E}$ ist gleich der Abnahmegeschwindigkeit des Flächenintegrals der magnetischen Flussdichte $\boldsymbol{B}$ durch diesen Rand.

Influenz GET 02/45
(influenzierte Ladung = induced charge)
Wird ein leitender Körper in ein ↗ elektrisches ↗ Feld gebracht, so findet in ihm unter Einfluss des elektrischen Feldes eine Ladungstrennung statt. Diesen Vorgang nennt man Influenz.

Injektionstransistor GET 05/150
(injection transistor)
Transistor, der aus zwei pn-Übergängen gebildet wird.
Der Mechanismus beruht auf der Injektion von ↗ Minoritätsträgern in ein Gebiet von ↗Majoritätsträgern.
Sie werden auch als bipolare Transistoren bezeichnet, da zwei Ladungsträgerarten eine Rolle spielen.

Inversions- oder Eigenleitungsdichte
(intrinsic carrier density) GET 05/141
Auch ein undotierter Halbleiter besitzt eine gewisse Eigenleitfähigkeit, da schon bei Zimmertemperatur einige ↗ Valenzelektronen in das Leitungsband gelangen können. Ein im Leitungsband befindliches Elektron hinterlässt im Valenzband ein Loch. Somit ist die Anzahl der Leitungselektronen gleich der Anzahl der Löcher. Die Dichte der Elektronen oder Löcher ist die sog. Inversions- oder Eigenleitungsdichte n_i. Sie ist stark temperaturabhängig, da bei höherer Temperatur auch mehr Elektronen ins Leitfähigkeitsband gelangen können. Im nichtentarteten dotierten Halbleiter ist das Produkt aus Löcher- und Elektronenkonzentration (p bzw. n)

$$np = n_\mathrm{i}^2 .$$

Inversionskanal GET 05/157
(inversion channel)
Bei einem ↗ MOS-FET im Anreicherungsbetrieb ($U_{GS} > 0$ für n-Kanal) braucht keine besondere Schicht als Kanal vorgesehen zu werden, d. h., das p-Substrat kann bis zur Isolierschicht reichen. Bei positiver Gatespannung bildet sich durch die Elektronenansammlung unter der Isolierschicht ein n-leitender Kanal aus, der als Inversionskanal bezeichnet wird, weil er vom entgegengesetzten Leitungstyp wie das Grundmaterial ist.

Inzidenzmatrix GET 07/206
(incident matrix)
Die Inzidenzmatrix verbindet beim Maschenverfahren den Vektor der Maschenströme mit dem Vektor der Zweigströme.
Die Inzidenzmatrix verbindet beim Knotenverfahren den Vektor der Knotenspannungen mit dem Vektor der Zweigspannungen.

Joule (J) GET 02/40
Maßeinheit für die ↗ Energie:

$$1\,\mathsf{J} = 1\,\mathsf{Nm} = 1\,\mathsf{Ws}$$

Kanalstrom GET 05/154
(channel current)
ist der zu steuernde Strom in einem ↗ Feldeffekttransistor.

Kapazität (C) GET 03/64
(capacitance)
Die in einer Anordnung aus zwei voneinander isoliert leitenden Körpern gespeicherten Ladungen Q sind proportional zur elektrischen Spannung U zwischen den beiden Körpern:

$$Q = CU$$

Der Proportionalitätsfaktor C wird Kapazität der Anordnung genannt.

Kapp'sches Dreieck GET 14/488
Das Kapp'sche Dreieck tritt als charakteristische Figur im vereinfachten Zeigerdiagramm eines Transformators auf und wird in der Energietechnik oft bei der praktischen Berechnung von Belastungsfällen verwendet.

Komplexe Amplitude GET 13/429
(complex amplitude)
Die komplexe Amplitude einer sinusförmigen Wechselgröße (Strom oder Spannung) ist das Produkt aus ↗ Amplitude dieser Wechselgröße mit dem sog. Phasenfaktor, der die relative Phasenverschiebung zu einer Bezugswechselgröße angibt (siehe auch Zeigerdigramm).

Komplexe Scheinleistung GET 13/475
(complex apparent power)
Man kann die ↗ Scheinleistung auch als komplexe Größe darstellen, wenn man die ↗ Wirkleistung als Realteil und die ↗ Blindleistung als Imaginärteil auffasst. Die Scheinleistung ist dann der Betrag der komplexen Scheinleistung.

Komplexe Schwingung GET 13/429
(complex oscillation)
Die komplexe Schwingung ist das Produkt der ↗ komplexen Amplitude mit dem sog. Zeitfaktor. Der Zeiger der komplexen Amplitude dreht sich also mit der Winkelgeschwindigkeit ω im mathematisch positiven Sinn in der komplexen Ebene (siehe auch Zeigerdiagramm).

Komplexer Leitwert GET 13/441
(admittance)
Der komplexe Leitwert ist der Kehrwert des ↗ komplexen Widerstandes.

Komplexer Widerstand GET 13/440
(impedance)
Der komplexe Widerstand eines Zweipols lässt sich im ↗ Zeigerdiagramm als Verhältnis der komplexen Spannungsamplitude und der komplexen Stromamplitude (siehe komplexe Amplitude) darstellen und ergibt wieder einen Zeiger. Der komplexe Widerstand kann durch die Reihenschaltung eines ↗ Wirk- und eines ↗ Blindwiderstandes ersetzt werden, wobei der Wirkwiderstand durch den Realteil und der Blindwiderstand durch den Imaginärteil des komplexen Widerstandes gebildet wird.

Koppelkoeffizient GET 11/359
(coupling coefficient)
Der Koppelkoeffizient ist ein Maß für die magnetische Verkopplung zweier Leiterschleifen oder Spulen.

Kurzschlussspannung GET 14/488
(short-circuit voltage)
Als Kurzschlussspannung bezeichnet man die Spannung, die man bei kurzgeschlossener Sekundärwicklung an die Primärwicklung eines Transformators legen muss, damit Nennstrom fließt.

Leistungsfaktor GET 14/476
(power factor)
Das Verhältnis zwischen ↗ Wirkleistung und ↗ Scheinleistung wird als Leistungsfaktor bezeichnet.

Lenz'sche Regel GET 10/315
(Lenz's law)
Der in einem Stromkreis induzierte Strom hat eine solche Richtung, dass er durch sein Feld die Flussänderung, durch die er entsteht, zu verhindern versucht.

Magnetische Spannung (V_m) GET 08/254
(magnetic voltage)
Als magnetische Spannung zwischen zwei Punkten bezeichnet man das Linienintegral der ↗ magnetischen Feldstärke zwischen diesen beiden Punkten.

$$V_m = \int_1^2 \boldsymbol{H} \, d\boldsymbol{s}$$

Magnetischer Fluss (Φ) GET 09/284
(magnetic flux)
Der magnetische Fluss Φ durch eine Fläche $\boldsymbol{A}$ ist definiert durch das Flächenintegral der magnetischen ↗ Flussdichte $\boldsymbol{B}$:

$$\Phi = \iint_A \boldsymbol{B} \, d\boldsymbol{A}$$

Dabei zeigt der Vektor $d\boldsymbol{A}$ in die gewählte Zählrichtung für den Fluss.

Magnetisches Feld GET 08/232
(magnetic field)
Zustand des Raumes, durch den auf bewegte elektrische Ladungen Kräfte ausgeübt werden.

Magnetisierung ($\boldsymbol{M}$) GET 09/267
(magnetization)
Wird ein Stoff in ein Magnetfeld gebracht, so richten sich die atomaren Dipole je nach Stärke des Magnetfeldes mehr oder weniger stark in Richtung des Feldes aus.
Die Magnetisierung $\boldsymbol{M}$ ist nun definiert als die vektorielle Summe aller Dipolmomente in einem Volumen, dividiert durch das Volumen.

$$\boldsymbol{M} = \frac{1}{V} \sum \boldsymbol{m}_i$$

Magnetisierungsdurchflutung GET 14/485
Diejenige Durchflutung, die zur Erzeugung des magnetischen ↗ Hauptflusses nötig ist, wird Magnetisierungsdurchflutung genannt.

Magnetisierungskurve GET 09/276
(magnetization curve)
Unter der Magnetisierungskurve versteht man die Abhängigkeit der magnetischen ↗ Induktion B von der ↗ Erregung H.

Magnetoresistor GET 09/298
Siehe Feldplatte.

Majoritätsträger GET 05/134
(majority carriers)
Enthält ein Halbleiter ↗ Donatoren, dann ist er überwiegend n-leitend, enthält er ↗ Akzeptoren, so ist er überwiegend p-leitend.
Majoritätsträger sind im n-Halbleiter die Elektronen, im p-Halbleiter dagegen die ↗ Defektelektronen oder Löcher.

Matrix GET 07/206
(matrix)
Rechteckige Anordnung von $m{\cdot}n$ Größen (m Zeilen, n Spalten).

Maxwell'sche Gleichungen GET 11/383
(Maxwell equations)
Die Maxwell'schen Gleichungen sind zusammen mit den Materialgleichungen die Grundgleichungen der elektromagnetischen Feldtheorie.
Sie bilden ein vollständiges System zur Bestimmung des Gesamtfeldes ($\boldsymbol{E}, \boldsymbol{D}, \boldsymbol{S}$ und $\boldsymbol{H}, \boldsymbol{B}$).

Minoritätsträger GET 05/134
(minority carriers)
In einem n-Halbleiter sind wegen der Eigenleitfähigkeit auch ↗ Defektelektronen vorhanden. Aus dem gleichen Grund befinden sich in einem p-Halbleiter auch Elektronen im Leitungsband.
Diese Ladungsträger, Löcher im n-Halbleiter und Elektronen im p-Halbleiter, nennt man Minoritätsträger.

MKSA-System GET 01/7
Gesetzlich vorgeschriebenes Basisgrößensystem mit den vier ↗ Basisgrößen: Meter, Kilogramm, Sekunde und Ampere.
Alle anderen Größen in der Mechanik und Elektrizitätslehre lassen sich aus diesen vier Basisgrößen ableiten.

MOS-FET, selbstleitend GET 05/156
(MOS-FET, self-conducting (depletion type))
Bei dieser Art des FET kann sich schon bei der Gatespannung Null ein ↗ Inversionskanal ausbilden, so dass ein Strom über die Source-Drain-Strecke fließen kann.
Der FET ist also selbstleitend.

MOS-FET, selbstsperrend GET 05/156
(MOS-FET, self-locking (enhancement type))
Bei dieser Art des FET kann sich bei der Gatespannung Null kein ↗ Inversionskanal ausbilden, so dass kein Strom über die Source-Drain-Strecke fließen kann.
Der FET ist also selbstsperrend.

Nahewirkung GET 02/51
(near-action theory)
Die Nahewirkungstheorie geht im Gegensatz zur Fernwirkungstheorie von der Vorstellung aus, dass alle Erscheinungen aus einem besonderen Zustand des Raumes, dem sog.↗ Feld, herrühren, das sich mit endlicher Geschwindigkeit ausbreitet. Die Nahewirkungstheorie hat die falsche Fernwirkungstheorie abgelöst.

Netzwerk GET 06/167
(network)
Werden mehrere ↗ Zweipole durch Verbindungsdrähte, die als widerstandslos angenommen werden, in irgendeiner Weise zusammengeschaltet, so spricht man von einem Netzwerk.

Newton (N) GET 01/7
Das Newton ist die (abgeleitete) Einheit für die Kraft.
1N ist die Kraft, die der Masse von 1kg die Beschleunigung 1 $\mathrm{m/s^2}$ erteilt.

Ohm (Ω) GET 04/109
Das Ohm ist die (abgeleitete) Einheit für den elektrischen Widerstand.
1 Ohm ist der Widerstand, an dem bei einem Stromfluss von 1 Ampere eine Spannung von 1 Volt abfällt.

$$1\,\Omega = 1\frac{\mathrm{V}}{\mathrm{A}}$$

Ohm'sches Gesetz GET 04/109
(Ohm's law)
Das 1827 von OHM gefundene und nach ihm benannte Gesetz besagt, dass Strom und Spannung an einem metallischen Leiter, aber auch an einigen anderen leitenden Stoffen, miteinander in einem linearen Zusammenhang stehen.
Es gilt:

$$U = RI$$

Die Proportionalitätskonstante R wird als ohmscher ↗ Widerstand bezeichnet.

Ortskurve GET 14/459
(locus curve)
Wird in einer Wechselstromschaltung ein Parameter, z. B. die Frequenz oder irgend ein Schaltelement, geändert, so ändert sich auch das Zeigerdiagramm.
Eine Ortskurve ist nun diejenige Kurve, die die Lage der Endpunkte irgendeines Zeigers bei Änderungen des Parameters beschreibt.

Paarbildung GET 05/132
(pair generation)
Wird in einem Halbleiter ein ↗ Valenzelektron durch thermische Energie ins Leitungsband gebracht, so entsteht gleichzeitig ein Loch. Diesen Vorgang nennt man Paarbildung oder Generation.

Paramagnetismus GET 09/274
(paramagnetism)
nennt man die magnetischen Erscheinungen in Stoffen, deren ↗ Permeabilität etwas größer als die des leeren Raumes und unabhängig von der Feldstärke ist. Die Abweichung ist nur sehr gering, so dass man sie für praktische Anwendungen vernachlässigen kann.

Partikularlösung GET 12/404
(particular solution)
nennt man eine Einzellösung einer inhomogenen Differentialgleichung. Sie ist ein Teil der allgemeinen Lösung.

Passiv GET 06/166
(passive)
Ein passiver ↗ Zweipol ist eine Schaltung, die keine elektrische Energie abgeben, sondern nur aufnehmen kann.
Passiv bedeutet also, dass im Zweipol keine Quellen enthalten sind.

Permeabilität (μ) GET 09/268
(permeability)
Die Permeabilität ist der Proportionalitätsfaktor zwischen der magnetischen ↗ Flussdichte $\boldsymbol{B}$ und der magnetischen Feldstärke $\boldsymbol{H}$.

$$\boldsymbol{B} = \mu \boldsymbol{H}$$

Der Faktor, um den die Permeabilität größer als die des leeren Raumes ist, heißt relative Permeabilität μ_r.
Da der Zusammenhang zwischen $\boldsymbol{B}$ und $\boldsymbol{H}$ im Allgemeinen nichtlinear ist, können μ sowie μ_r von der Feldstärke $\boldsymbol{H}$ abhängig sein.

Permeabilitätskonstante (μ_0) GET 08/250
(free space permeability)
Im Vakuum und in gasförmigen Medien gilt:

$$\boldsymbol{B} = \mu_0 \boldsymbol{H}$$

Man bezeichnet dabei $\mu_0 = 4\pi 10^{-7} \frac{\mathsf{Vs}}{\mathsf{Am}}$ als Permeabilitätskonstante.

Permittivität (ε) GET 03/89
(permittivity)
In den meisten Stoffen ist die elektrische ↗Verschiebungsdichte proportional der elektrischen Feldstärke:

$$\boldsymbol{D} = \varepsilon \boldsymbol{E}$$

Die Proportionalitätskonstante ε wird Permittivität genannt.
Der Faktor, um den die Permittivität größer ist als die Permittivität des Vakuums ε_0, heißt relative Permittivität ε_r. (Früher auch als relative Dielektrizitätskonstante bezeichnet.)
Damit ist $\varepsilon = \varepsilon_r \cdot \varepsilon_0$.

Permittivität des Vakuums (ε_0)
(free space permittivity) GET 02/46
Im Vakuum sind die elektrische Verschiebungsdichte und die elektrische Feldstärke einander proportional.

$$\boldsymbol{D} = \varepsilon_0 \cdot \boldsymbol{E}$$

Der Proportionalitätsfaktor ε_0 ist die sog. Permittivität des Vakuums. Sie beträgt:

$$\varepsilon_0 = 8{,}854 \cdot 10^{-12} \frac{\mathsf{As}}{\mathsf{Vm}}$$

Pinch-Off-Effekt GET 05/155
(pinch-off effect)
Unter dem Pinch-off-Effekt versteht man das Abschnüren des Kanals im ↗ Feldeffekttransistor mit wachsender Drain-Source-Spannung U_{DS}, bis sich die ↗ Sperrschichten nahezu berühren und eine Sättigung des Stromflusses eintritt.

Polarisation GET 03/88
(polarization)
Wird ein Isolator in ein elektrisches Feld gebracht, so werden unter dem Einfluss des elektrischen Feldes die positiven und negativen Bestandteile der Atome elastisch gegeneinander verschoben. Dieser Vorgang wird Polarisation genannt.
Durch die Polarisation entstehen an der Oberfläche eines ↗ Dielektrikums sog. Polarisationsladungen. Man definiert nun einen Vektor mit dem Betrag dieser Oberflächenladungsdichte und der Richtung von den negativen zu den positiven Polarisationsladungen.
Dieser Vektor $\boldsymbol{P}$ wird ebenfalls Polarisation oder Gegenerregung genannt.

Potential (Φ) GET 02/38
des elektrostatischen Feldes
(potential of a conservative field)
Das elektrostatische Potential ϕ ist eine skalare Hilfsgröße für das statische elektrische Feld.
Es gilt:

$$\boldsymbol{E}\,\mathrm{d}\boldsymbol{s} = -\,\mathrm{d}\Phi$$

Φ ist daher nur bis auf eine additive Konstante bestimmt.
Die Differenz zweier Potentiale ist allerdings eindeutig und wird ↗ elektrische Spannung genannt.

quasistationär GET 12/388
(quasi-stationary)
Erfolgt die zeitliche Veränderung von Feldgrößen in einem elektrischen Netzwerk im Vergleich zur Ausbreitungszeit dieser Feldänderungen im Netzwerk sehr langsam, so spricht man vom quasistationären Fall. Man nimmt also näherungsweise an, dass Änderungen von Feldgrößen überall gleichzeitig im Netzwerk erfolgen.

Quelle GET 01/25
(source)
Als Quelle eines elektrischen Feldes werden definitionsgemäß die positiven Ladungen angesehen. Die ↗ Feldlinien beginnen somit bei den positiven Ladungen.

Quelle, gesteuerte GET 07/216
(source, controlled)
Strom- und Spannungsquellen, deren Größe

von einem Strom oder einer Spannung in einem anderen Zweig des Netzwerks abhängt. Entsprechend unterscheidet man zwischen stromgesteuerter Stromquelle, stromgesteuerter Spannungsquelle, spannungsgesteuerter Spannungsquelle, spannungsgesteuerter Stromquelle.

Raumladungsdichte (ρ) GET 02/53
(space charge density)
Die Raumladungsdichte ist definiert als der Grenzwert

$$\rho = \lim_{\Delta V \to 0} \frac{\Delta Q}{\Delta V} .$$

Rekombination GET 05/132
(recombination)
Bei der Wanderung im Kristallgitter kann ein Elektron von einem Loch eingefangen werden. Bei dieser sog. Rekombination verschwinden also gleichzeitig ein freies Elektron und ein ↗ Defektelektron.

Remanenzflussdichte GET 09/277
(remanent magnetic flux density)
Wird ein ↗ ferromagnetischer Stoff bis zur ↗ Sättigung magnetisiert und schaltet man dann die äußere Erregung ab, so wird wegen der ↗ Hysterese nicht der unmagnetische Zustand $B = 0$ erreicht, sondern es bleibt ein Restmagnetismus, die sog. Remanenzflussdichte, erhalten. Siehe auch magnetisch weich (hart).

Resonanzfrequenz GET 14/466
(resonance frequency)
Jedes schwingfähige System besitzt mindestens eine charakteristische Frequenz, die sog. Resonanzfrequenz, mit der es schwingt, wenn es eine gewisse Anfangsenergie hat und sich dann selbst überlassen bleibt. Ein System, das von außen mit seiner Resonanzfrequenz angeregt wird, zeigt besonders große Schwingungsamplituden, es befindet sich in Resonanz.

Resonanzkurve GET 14/468
(resonance curve)
Trägt man irgendeine Zustandsgröße eines schwingfähigen Systems, z. B. die Spannung am Kondensator eines Schwingkreises oder den maximalen Ausschlag eines Federpendels, in Abhängingkeit von der Frequenz der anregenden Größe konstanter Amplitude auf, so erhält man die sog. Resonanzkurve, die bei der ↗ Resonanzfrequenz entweder ein Maximum oder ein Minimum aufweist.

Reversibler Prozess GET 09/278
(reversible process)
Unter einem reversiblen Prozess versteht man einen Vorgang, der auf irgendeine Weise so rückgängig gemacht werden kann, dass keinerlei Veränderungen in der Natur zurückbleiben.

Reziprozitätstheorem GET 07/213
(theorem of reciprocity)
Das Reziprozitätstheorem gilt in Netzwerken, die aus Widerständen, Spulen, Kondensatoren und Transformatoren bestehen. Es besagt, dass eine Quelle in einem (beliebigen) Zweig l auf einen Zweig m im Netzwerk dieselbe Wirkung ausübt wie im Zweig m auf den Zweig l: Die Übertragung ist in beide Richtungen gleich.

Sättigung, magnetische GET 09/276
(saturation, magnetic)
Wird ein Körper so stark magnetisiert, dass alle atomaren Dipolmomente parallel zum Feld ausgerichtet sind, so ist der Körper magnetisch gesättigt. Im Sättigungsbereich ist die differentielle ↗ Permeabilität, d. h. $\Delta B/\Delta H$, gleich der Permeabilität des leeren Raumes.

Scheinleistung GET 14/475
(apparent power)
Als Scheinleistung eines elektrischen Zweipols, an dem eine Spannung beliebiger Kurvenform liegt, bezeichnet man das Produkt $U \cdot I$, wobei U und I Effektivwerte sind. Die Scheinleistung ist wie die ↗ Blindleistung eine reine Rechengröße und darf nicht im physikalischen Sinn als Leistung verstanden werden.

Scherung GET 09/291
(linearization)
Bei einem magnetischen Kreis mit Luftspalt erscheint die resultierende ↗ Magnetisierungskurve des Gesamtkreises geschert, d. h. im Vergleich zur Magnetisierungskurve des Eisens stark linearisiert. Das liegt an dem sehr großen und linearen magnetischen Widerstand des Luftspaltes.

Selbstinduktion GET 10/336
(self-induction)
Da jeder Strom in seiner Umgebung ein magnetisches Feld hervorruft, dessen Feldlinien mit den Stromlinien verkettet sind, tritt eine

induzierte Quellenspannung in diesem Leiter auf, wenn sich die eigene Stromstärke in ihm ändert. Diese Erscheinung wird als Selbstinduktion bezeichnet. Wenn nur Stoffe mit konstanter Permeabilität in der Umgebung des Stromkreises vorhanden sind, so ist der gesamte magnetische Fluss Φ_g proportional dem diesen Fluss erzeugenden und mit ihm verketteten Strom i.

$$\Phi_g = Li$$

Selbstinduktivität GET 10/337
(self-inductance)
Siehe Selbstinduktion.

Senke GET 01/25
Als Senke eines elektrischen Feldes werden definitionsgemäß die negativen Ladungen angesehen. Die ↗ Feldlinien enden somit bei den negativen Ladungen.

Siemens (S) GET 04/109
Das Siemens ist die (abgeleitete) Einheit für den ↗ elektrischen Leitwert.

$$1\,\mathsf{S} = 1\,\frac{\mathsf{A}}{\mathsf{V}}$$

Skalar GET 01/20
(scalar)
Einen Skalar nennt man in der Physik eine Größe, die nur durch einen Zahlenwert und Einheit gekennzeichnet ist.
Beispiele: Temperatur, Volumen, Arbeit.

Skineffekt GET 11/374
Siehe Stromverdrängung.

Sperrschicht GET 05/143
(depletion (barrier) layer)
An der Grenzfläche eines p-leitenden und eines n-leitenden Halbleiters entsteht durch Diffusion der ↗ Majoritätsträger ins jeweils andere Gebiet und ↗ Rekombination mit den dort vorhandenen Majoritätsträgern eine an freien Ladungsträgern verarmte Schicht, die sog. Sperrschicht.

Spinmoment GET 09/271
(spin moment)
Mit der Quantentheorie kann begründet werden, dass ein Elektron neben dem Bahndrehimpuls auch noch einen sog. Spindrehimpuls haben kann.
Anschaulich kann man sich den Spin als Eigenbewegung des Elektrons um seine Achse vorstellen. Damit tritt aber gleichzeitig auch ein magnetisches Moment, das sog. Spinmoment, auf.

Stationärer Zustand GET 12/406
(steady-state)
Der Zustand, der sich nach Anregung eines Systems einstellt, wenn der ↗ Ausgleichsvorgang abgeklungen ist, heißt stationärer Zustand. Er wird durch die ↗ Partikularlösung der zugehörigen Differentialgleichung beschrieben.

Sternvierer GET 10/349
(four-arm star arrangement)
Als Sternvierer bezeichnet man ein Doppelleitungspaar, bei dem die Leiter so angeordnet sind, dass keine magnetische Kopplung durch ↗ Gegeninduktion auftritt.

Streckenkomplex GET 07/202
(graph)
Werden in einem Netzwerk alle Zweige durch einfache Linien ersetzt, so erhält man einen sog. Streckenkomplex oder Graph.

Streufluss, Streuinduktivität GET 14/485
leakage (stray) flux, -inductance
Nicht alle magnetischen Feldlinien einer stromdurchflossenen Transformatorwicklung durchsetzen auch die andere Wicklung, ein Teil von ihnen schließt sich über die Luft. Dieser Anteil wird Streufluss genannt. Er wird im Ersatzschaltbild durch eine ungekoppelte Streuinduktivität berücksichtigt.

Strömungsfeld GET 04/112
(current field)
Die elektrische Strömung in Leitern kann in jedem Punkt durch die elektrische Feldstärke $\boldsymbol{E}$ und die ↗ Stromdichte $\boldsymbol{J}$ charakterisiert werden. Das Feld, das sie repräsentieren, heißt Strömungsfeld.

Stromdichte ($\boldsymbol{J}$) GET 04/104
(current density)
Die Stromdichte ist ein Vektor mit der Richtung der Strömungslinien eines fließenden Stromes. Den Betrag der Stromdichte erhält man durch Division der ↗ Stromstärke $\mathrm{d}I$ durch die infinitesimal kleine Fläche $\mathrm{d}A$ senkrecht zur Strömungsrichtung.

$$\boldsymbol{J} = \frac{\mathrm{d}I}{\mathrm{d}A}$$

Stromstärke (I) GET 04/103
(current intensity)
Die Stromstärke ist die pro Zeiteinheit durch einen gegebenen Querschnitt hindurchfließende Ladungsmenge.

$$I = \frac{dQ}{dt}$$

Stromverdrängung GET 11/374
(skin effect)
Der Effekt, dass ein Wechselstrom mit steigender Frequenz immer mehr aus dem inneren Bereich eines Leiterquerschnitts in die Zonen an der Oberfläche verdrängt wird, heißt Stromverdrängung oder Skineffekt.

Superpositionsprinzip GET 07/212
(principle of superposition)
Ist eine Wirkung die Folge verschiedener Ursachen und lässt sich diese Gesamtwirkung als Summe aller Einzelwirkungen, die aufgrund der Einzelursachen folgen, bestimmen, so spricht man vom Superpositions- oder Überlagerungsprinzip.
Das Superpositionsprinzip gilt nur dann, wenn das Gesetz zwischen Ursache und Wirkung ein lineares ist.

Supraleiter GET 04/114
(superconductor)
Stoffe, deren elektrischer Widerstand bei Temperaturen nahe am absoluten Nullpunkt exakt auf Null absinkt, nennt man Supraleiter. Z. B. ist Quecksilber unterhalb 4,2 K supraleitend.

Suszeptibilität, elektrische (χ) GET 03/89
(susceptibility, electric)
Die ↗ Polarisation $\boldsymbol{P}$ ist im einfachsten Fall proportional dem im Innern des ↗ Dielektrikums herrschenden elektrischen Feld.

$$\boldsymbol{P} = \chi\varepsilon_0\boldsymbol{E}_\mathrm{i}$$

Die Konstante χ heißt elektrische Suszeptibilität.

Suszeptibilität, magnetische (χ)
(susceptibility, magnetic) GET 09/268
Die magnetische Suszeptibilität ist der Proportionalitätsfaktor zwischen der ↗ Magnetisierung $\boldsymbol{M}$ und der ↗ magnetischen Feldstärke H:

$$\boldsymbol{M} = \chi\boldsymbol{H}$$

Tellegen, Theorem von GET 07/221
(Tellegen, theorem of)
Es gilt für jedes Netzwerk aus konzentrierten Elementen (linear oder nichtlinear). Werden in jedem Zweig Spannung und Strom in der gleichen Richtung positiv gezählt, dann ist die Summe der Produkte $u_k \cdot i_k$ für alle Zweige gleich Null.

Tesla (T) GET 08/239
Einheit für die magnetische ↗ Flussdichte.

$$1\,\mathrm{T} = 1\frac{\mathrm{Vs}}{\mathrm{m}^2}$$

Siehe auch Gauß.

Transistoren GET 05/150
(transistors)
Transistoren sind elektronische Bauelemente, bei denen der Stromfluss zwischen zwei Anschlüssen mit Hilfe eines dritten Anschlusses gesteuert wird.
Man unterscheidet zwischen ↗ Injektionstransistoren und ↗ Feldeffekttransistoren.

Transponierte Matrix GET 07/206
(transposed matrix)
Die transponierte Matrix einer ↗ Matrix ist die an der Hauptdiagonalen gespiegelte Matrix.

Übersprechen GET 10/347
(cross talk)
Unter Übersprechen versteht man die unerwünschte gegenseitige Beeinflussung zweier Fernsprechleitungen durch ↗ Gegeninduktion. Es können somit Informationen von einer Leitung auf die andere gelangen.

Valenzelektronen GET 05/131
(valence electrons)
Die Elektronen, die sich auf der äußeren Schale eines Atoms befinden, sind für die Bindung mit anderen Atomen maßgebend. Man nennt sie Valenzelektronen. Sie sind die am lockersten noch an das Atom gebundenen Elektronen.

Vektor GET 01/18
(vector)
Allgemein ist ein Vektor ein Verbund mehrerer Größen. Vektoren in der Physik sind z. B. die Kraft und die elektrische Feldstärke. Diese lassen sich z. B. durch drei räumliche Komponenten oder durch ihren Absolutbetrag und ihre Richtung kennzeichnen.

Vektorprodukt (Kreuzprodukt)
(vector- or cross product) GET 03/84

Das Vektorprodukt oder Kreuzprodukt zweier Vektoren $\boldsymbol{A}$ und $\boldsymbol{B}$ ergibt wieder einen Vektor $\boldsymbol{C}$, dessen Betrag gleich dem Produkt der Beträge von $\boldsymbol{A}$ und $\boldsymbol{B}$, multipliziert mit dem Sinus des eingeschlossenen Winkels α, ist.

$$\begin{aligned} \boldsymbol{C} &= \boldsymbol{A} \times \boldsymbol{B} \\ \text{mit} \quad |\boldsymbol{C}| &= |\boldsymbol{A}||\boldsymbol{B}| \sin\alpha \\ \text{und} \quad \boldsymbol{C} &\perp \boldsymbol{A}, \boldsymbol{B} \end{aligned}$$

d. h., der Vektor $\boldsymbol{C}$ steht senkrecht auf der von den Vektoren $\boldsymbol{A}$ und $\boldsymbol{B}$ aufgespannten Fläche. Wird der Vektor $\boldsymbol{A}$ auf kürzestem Weg in den Vektor $\boldsymbol{B}$ hineingedreht, so bewegt sich eine mitgedrehte Rechtsschraube in die Richtung von $\boldsymbol{C}$.

Vektorprodukt, skalares GET 02/33
(scalar vector product)

Das skalare Vektorprodukt zweier Vektoren $\boldsymbol{A}$ und $\boldsymbol{B}$ ist definiert als das Produkt der Beträge, multipliziert mit dem Kosinus des eingeschlossenen Winkels α.
Anschaulich ist es das Produkt eines Vektors mit der Projektion des anderen Vektors auf diesen.
Das Ergebnis C ist ein ↗ Skalar.

$$C = \boldsymbol{A} \cdot \boldsymbol{B} = |\boldsymbol{A}||\boldsymbol{B}| \cos\alpha$$

Verbraucher GET 04/118
(consumer)

Allgemein versteht man unter einem Verbraucher ein elektrisches Gerät oder Bauelement, das elektrische Energie aufnimmt und in eine andere Energieform, z. B. Wärmeenergie oder mechanische Energie, umformt.
Der Begriff Verbraucher ist insofern etwas unglücklich, als Energie ja nicht verbraucht, sondern nur umgewandelt wird.

Verschiebungsdichte ($\boldsymbol{D}$) GET 02/52
(displacement density)

Die Verschiebungsdichte, auch elektrische Erregung genannt, kann als Ursache für das elektrische Feld angesehen werden. Wird eine kleine Metallscheibe mit der Fläche A derart in ein elektrisches Feld gebracht, dass die Feldlinien senkrecht auf die Fläche auftreffen, so wird auf ihr eine Ladung Q influenziert.

Die elektrische Verschiebungsdichte $\boldsymbol{D}$ ist nun definiert als:

$$|\boldsymbol{D}| = \lim_{\Delta A \to 0} \frac{\Delta Q}{\Delta A}$$

$\boldsymbol{D}$ hat also die Dimension einer Flächenladungsdichte.
Die Richtung von $\boldsymbol{D}$ ist in den meisten Stoffen mit der Richtung von $\boldsymbol{E}$ identisch.
Der Proportionalitätsfaktor zwischen $\boldsymbol{D}$ und $\boldsymbol{E}$ ist die sog. ↗ Permittivität ε.
Es gilt:

$$\boldsymbol{D} = \varepsilon \boldsymbol{E}$$

Verschiebungsstrom GET 11/381
(displacement current)

Die Verschiebungsstromdichte $\partial \boldsymbol{D}/\partial t$ kann in einem offenen Stromkreis als Fortsetzung des Leitungsstromes im Dielektrikum angesehen werden. Das wesentlich Neue an MAXWELLS Theorie ist nun, diesem Verschiebungsstrom genau wie dem Leitungsstrom ein magnetisches Feld zuzuschreiben. Versuche haben diese Theorie bestätigt.

Verstimmung GET 14/467
(off-tuning)

Die Verstimmung wird beim Schwingkreis als dimensionsloses Maß für die Abweichung von der ↗ Resonanzfrequenz verwendet.

Virtuelle Verschiebung GET 03/80,95
(virtual displacement)

Allgemeines Prinzip zur Berechnung der Kraft auf einen Körper. Man stellt sich eine scheinbare (virtuelle) Verschiebung des Körpers um die infinitesimal kleine Strecke $\mathrm{d}\boldsymbol{s}$ vor und bestimmt die daraus resultierende Änderungsenergie $\mathrm{d}W$ im System.
Damit lässt sich die Kraft nach folgender Gleichung berechnen:

$$\boldsymbol{F} = \left(\frac{\mathrm{d}W}{\mathrm{d}x}, \frac{\mathrm{d}W}{\mathrm{d}y}, \frac{\mathrm{d}W}{\mathrm{d}z} \right)$$

mit $\mathrm{d}\boldsymbol{s} = (\mathrm{d}x, \mathrm{d}y, \mathrm{d}z)$.

Volt (V) GET 02/39

Abgeleitete Einheit für die ↗ elektrische Spannung. Man hat die elektrischen Einheiten über die Energie an die mechanischen Einheiten angeschlossen.
Da das ↗ Ampere bereits als ↗ Basisgröße im MKSA-System festgelegt wurde, ist das Volt

durch folgende Beziehung definiert:

$$1\text{V As} = 1\text{ Nm}$$
$$1\text{V} = 1\frac{\text{kg m}^2}{\text{A s}^3}$$

Wandverschiebung GET 09/278
(wall displacement)
In ↗ ferromagnetischen Stoffen liegen die ↗ Weiß'schen Bezirke ungeordnet nebeneinander, so dass die resultierende ↗ Magnetisierung Null ist. Die Bezirke verschiedener Magnetisierungsrichtungen sind durch sog. BLOCH-Wände voneinander getrennt.
Wirkt auf ein solches Material ein äußeres Magnetfeld ein, dann verschieben sich zunächst die Wände so, dass die Bezirke mit der gleichen Magnetisierungsrichtung größer und die anderen kleiner werden.

Weber (Wb) GET 09/285
Das Weber ist die (abgeleitete) Einheit für den ↗ magnetischen Fluss:

$$1\text{Wb} = 1\text{Vs}$$

Wechselvorgang GET 13/421
(alternating process)
Periodischer Vorgang, dessen ↗ arithmetischer Mittelwert Null ist.

Weiß'sche Bezirke GET 09/275
(Weiss domains)
Bei ↗ ferromagnetischen Stoffen bestehen starke Wechselwirkungen zwischen atomaren Dipolmomenten. Aus diesem Grund können sich Bezirke mit spontaner Magnetisierung bilden, obwohl kein äußeres Magnetfeld vorhanden ist.
Die sog. Weiß'schen Bezirke mit einer Ausdehnung von etwa 0,01 bis 1 mm stellen kleine Elementarmagnete dar, die regellos im Material verteilt sind und sich erst beim Anlegen eines äußeren Feldes ausrichten.

Widerstand (R) GET 04/109
(resistance, resistor)
Unter einem Widerstand versteht man einerseits eine physikalische Größe (z. B. $R = 25\,\Omega$), andererseits aber auch ein Bauelement, das einen bestimmten Widerstandswert in Ω verkörpert.

Wirbelfrei GET 02/36
(irrotational (conservative field))
Ein Vektorfeld $\boldsymbol{E}$ ist wirbelfrei, wenn gilt

$$\oint \boldsymbol{E} \cdot \mathrm{d}\boldsymbol{s} = 0$$

Ein solches Feld hat keine in sich geschlossenen ↗ Feldlinien. Diese entspringen in ↗ Quellen und enden in ↗ Senken des Feldes.

Wirkfaktor GET 14/476
Siehe Leistungsfaktor.

Wirkleistung GET 14/474
(average power)
Die Wirkleistung ist die Leistung im physikalisch definierten Sinn. Bei einem zeitperiodischen Leistungsverlauf bezeichnet man als Wirkleistung den Mittelwert von $p(t)$.

Wirkleitwert GET 13/441
(real conductivity)
Der Wirkleitwert ist der Kehrwert des ↗ Wirkwiderstandes.

Wirkungsgrad (η) GET 06/184
(efficiency)
Unter dem Wirkungsgrad η eines technischen Systems versteht man im Allgemeinen das Verhältnis einer erwünschten Nutzleistung P_{N} zur insgesamt aufgewendeten Leistung P_{G}.
Die Gesamtleistung enthält neben der Nutzleistung auch noch Verlustleistungen, so dass die Gesamtleistung immer größer als die Nutzleistung ist. Damit ist aber der Wirkungsgrad η immer ≤ 1.

$$\eta = \frac{P_{\text{N}}}{P_{\text{G}}}$$

Zeigerdiagramm GET 13/424
(phasor diagram)
Das Zeigerdiagramm ist ein wichtiges Hilfsmittel bei der Betrachtung von sinusförmigen Wechselvorgängen. Man kann sich einen sinusförmigen Wechselvorgang als Projektion eines Drehzeigers (siehe komplexe Schwingung) in der komplexen Ebene auf die reelle oder die imaginäre Achse vorstellen. Haben alle Ströme und Spannungen in einem Wechselstromnetz die gleiche Frequenz, aber beliebige Phasenverschiebungen gegeneinander, so lässt sich jeder Strom bzw. jede Spannung als Drehzeiger mit der Winkelgeschwindigkeit ω darstellen. Da sich aber die relative Lage aller Zeiger zueinander nicht ändert, kann man einen beliebi-

gen Zeiger als Bezugszeiger wählen, der z. B. in die reelle Achse gelegt wird, während die anderen Zeiger mit der entsprechenden Phasenlage zu diesem Bezugszeiger gezeichnet werden. Eine solche geometrische Konstruktion heißt Zeigerdiagramm.

Zeitkonstante GET 12/407
(time constant)
↗ Ausgleichsvorgänge verlaufen meist nach einer exponentiellen Zeitfunktion, also proportional dem Faktor $e^{-t/T}$. Die Konstante T wird dabei Zeitkonstante genannt. Nach der Zeit $t = T$ ist also die betrachtete Größe des Ausgleichsvorganges auf den 1/e-ten Teil des Anfangswertes abgefallen.

Zweipol GET 06/165
(two-pole element)
Ein elektrischer Zweipol ist ein Bauelement mit zwei zugänglichen Anschlussklemmen oder Polen.

Alternative Bücher zu Grundlagen der Elektrotechnik

Becker; Hofmann: Grundlagen der Elektrotechnik Übungen und Lösungen. 1. Aufl. Verlag Technik 2000

Clausert, H.; Wiesemann, G.: Grundgebiete der Elektrotechnik 1 (8. Aufl.) und Grundgebiete der Elektrotechnik 2 (8. Aufl.). Oldenbourg 2003

Frohne, H.; Löcherer, Karl H.; Müller, Hans: Moeller Grundlagen der Elektrotechnik. 19. Aufl. B.G. Teubner 2002, Reihe: Leitfaden der Elektrotechnik

Führer, A.; Heidemann, K.; Nerrter, W.: Grundgebiete der Elektrotechnik. Band 1: 7. Aufl., Band 2: 6. Aufl., Band 3: Aufgaben. Hanser Verlag 2003 (Band 1), 1998 (Band 2), 2000 (Band 3)

Hagmann, G.: Grundlagen der Elektrotechnik. 9. Aufl. Aula Verlag 2002

Hagmann, G.: Aufgabensammlung zu den Grundlagen der Elektrotechnik. 10. Aufl. Aula Verlag 2002

Haase, H.; Garbe H.: Elektrotechnik Theorie und Grundlagen. Springer 1998

Haase, H.; Garbe H.: Elektrotechnik Aufgaben und Lösungen. Springer 2002

Lunze, K.: Einführung in die Elektrotechnik. 13. Aufl. Verlag Technik 1991

Marinescu, M.: Wechselstromtechnik. 5. Aufl. Vieweg 2000

Philippow, E.: Grundlagen der Elektrotechnik. 10. Aufl. Verlag Technik 2000

Prechtl, A.: Vorlesungen über die Grundlagen der Elektrotechnik. Springer 1994 (Band 1), 1995 (Band 2)

Weißgerber, W.: Elektrotechnik für Ingenieure. Band 1: 5. Aufl., Band 2: 4. Aufl. Vieweg 2000 (Band 1), 1999 (Band 2)

Sachwörterverzeichnis